$$\min \frac{1}{2} \boldsymbol{w}^{\mathrm{T}} \boldsymbol{w}$$

$$y_i(\boldsymbol{w}^{\mathrm{T}} \boldsymbol{x}_i + b) \geqslant 1$$

U0280087

Mathematics of
Machine Learning

机器学习的数学

雷明 —— 著

人民邮电出版社
北京

图书在版编目（CIP）数据

机器学习的数学 / 雷明著. -- 北京：人民邮电出
版社，2021.1
ISBN 978-7-115-54293-9

Ⅰ. ①机… Ⅱ. ①雷… Ⅲ. ①机器学习—高等学校—
教材②计算数学—高等学校—教材 Ⅳ. ①TP181②O24

中国版本图书馆CIP数据核字(2020)第114527号

内 容 提 要

本书的目标是帮助读者全面、系统地掌握机器学习所必需的数学知识。全书由 8 章组成，内容包括一元函数微积分、线性代数与矩阵论、多元函数微积分、最优化方法、概率论、信息论、随机过程，以及图论。本书从机器学习的角度讲授这些数学知识，举例说明它们在该领域的应用，使读者对某些抽象的数学概念和理论的实际应用有直观、具体的认识。

本书内容紧凑，结构清晰，深入浅出，讲解详细，可作为计算机、人工智能、电子工程、自动化、数学等相关专业的教材与教学参考书。对于人工智能领域的工程技术人员与产品研发人员，本书也有很高的参考价值。对于广大数学爱好者，本书亦为适合自学的读本。

◆ 著　　　　雷　明

责任编辑　张　涛

责任印制　焦志炜

◆ 人民邮电出版社出版发行　　北京市丰台区成寿寺路 11 号

邮编　100164　电子邮件　315@ptpress.com.cn

网址　https://www.ptpress.com.cn

北京天宇星印刷厂印刷

◆ 开本：787×1092　1/16

印张：25.25　　　　　　2021 年 1 月第 1 版

字数：660 千字　　　　　2025 年 1 月北京第 14 次印刷

定价：109.00 元

读者服务热线：(010)81055410　印装质量热线：(010)81055316

反盗版热线：(010)81055315

广告经营许可证：京东市监广登字 20170147 号

推荐序

工欲善其事，必先利其器

自 1956 年达特茅斯会议至今，人工智能已发展 60 年有余。尤其在最近这 10 年中，随着存储能力和计算能力的不断提升，人工智能迎来了迅猛的发展，开始在金融、医疗、教育、公共安全等方面发挥出巨大的作用。其中关于大数据、深度学习、智能芯片等新型领域的研究催生了刷脸支付、智能音箱、以图搜图、智能翻译等新的应用场景和产品，这不仅推动了人类社会的进步，还极大地改变了人们的生活。人工智能引领了一场崭新的技术变革，在科技的赋能下，诸多行业将会快速发展。

放眼世界，人工智能正成为国际竞争的新焦点。2018 年，欧盟委员会宣布在人工智能领域采取三大措施，以促进相关的教育和培训体系升级。回首国内，国务院于 2017 年发布了《新一代人工智能发展规划》，提出了要建立新一代人工智能关键共性技术体系。现如今，学术界对人工智能的研究方兴未艾，呈现出高校与企业共同发展、相辅相成的局面。我国各大知名高校（包括清华大学、上海交通大学、南京大学、西安电子科技大学等）陆续成立了人工智能研究院/学院，旨在推动人工智能在学术领域的发展。在工业界，不仅阿里巴巴、腾讯、百度等企业率先跻身于人工智能领域，引领了人工智能技术在国内的落地与发展，与此同时，以商汤、旷视、依图等为代表的人工智能"独角兽"企业也在快速发展。人工智能技术的发展可期！

《机器学习的数学》一书覆盖了人工智能领域中与机器学习相关的数学知识体系，不仅囊括了微积分和线性代数等基本数学原理，还详细讲解了概率论、信息论、最优化方法等诸多内容，这些知识是机器学习中的目标函数构造、模型优化以及各种机器学习算法的核心和基础。本书希望通过对数学知识的讲解帮助读者深刻理解算法背后的机理，并厘清各种算法之间的内在联系。本书重视理论与实践相结合，在讲解数学知识的同时也对其在机器学习领域的实际应用进行了举例说明，方便读者更具象化地理解抽象的数学理论，同时对机器学习算法有更深刻的认识。

本书语言精练，条理清晰，内容翔实全面，公式推导严格周密，将理论与工程实践相结合，展示了机器学习方法背后的数学原理，是集专业性与通俗性为一体的上乘之作。通过本书，初学者可以奠定扎实的数学基础，从而为后续掌握机器学习的具体技术和应用铺平道路。从业者也可以利用本书强化巩固基础知识，从技术背后的数学本质出发来解决工程问题。

仰之弥高，钻之弥坚。人工智能的大厦越建越高，终会长久屹立于人类科技历史之中。开卷有益，希望本书能够帮助读者认识和理解机器学习的数学原理，助力读者在人工智能领域大放异彩！

严骏驰

上海交通大学特别研究员

前言

自 2012 年以来，随着深度学习与强化学习的兴起，机器学习与人工智能成为科技领域热门的话题。越来越多的在校生与在职人员开始学习这些知识。然而，机器学习（包括深度学习与强化学习）对数学有较高的要求。不少数学知识（如最优化方法、矩阵论、信息论、随机过程、图论）超出了理工科本科和研究生的学习范畴。即使对于理工科学生学习过的微积分、线性代数与概率论，机器学习中所用到的不少知识也超出了本科的教学范围。看到书或论文中的公式和理论而不知其意，是很多读者面临的一大难题。

本书的目标是为读者学好机器学习打下坚实的数学基础，用最小的篇幅精准地覆盖机器学习所需的数学知识体系。全书由 8 章构成，包括一元函数微积分、线性代数与矩阵论、多元函数微积分、最优化方法、概率论、信息论、随机过程、图论。对章节的顺序与结构安排，作者有细致的考量。

第 1 章介绍一元函数微积分的核心知识，包括有关基础知识、一元函数微分学、一元函数积分学，以及常微分方程，它们是理解后面各章的基础。第 2 章介绍线性代数与矩阵论的核心知识，包括向量与矩阵、行列式、线性方程组、矩阵的特征值与特征向量、二次型，以及矩阵分解，它们是学习多元函数微积分、最优化方法、概率论，以及图论等知识的基础。第 3 章介绍多元函数微积分，包括多元函数微分、多元函数积分，以及无穷级数。第 4 章介绍最优化方法，侧重于连续优化问题，包括各种数值优化算法、凸优化问题、带约束的优化问题、多目标优化问题、变分法，以及目标函数的构造，它们在机器学习中处于核心地位。第 5 章介绍概率论的核心知识，包括随机事件与概率、随机变量与概率分布、极限定理、参数估计问题、在机器学习中常用的随机算法，以及采样算法。用概率论的观点对机器学习问题进行建模是一类重要的方法。第 6 章介绍信息论的知识，包括熵、交叉熵、KL 散度等，它们被广泛用于构造目标函数，对机器学习算法进行理论分析。第 7 章介绍随机过程，包括马尔可夫过程与高斯过程，以及马尔可夫链采样算法。高斯过程回归是贝叶斯优化的基础。第 8 章介绍图论的核心知识，包括基本概念、机器学习中使用的各种典型的图、图的重要算法，以及谱图理论。它们被用于流形学习、谱聚类、概率图模型、图神经网络等机器学习算法。

全书结构合理，内容紧凑，讲解深入浅出。在工科数学（偏重计算）与数学专业（偏重理论与证明，更深入和系统）的教学内容和讲授模式上进行了折中，使得读者不仅知其然，还知其所以然，在掌握数学知识的同时培养数学思维与建模能力。

学习数学知识后不知有何用，不知怎么用，是数学教学中长期存在的问题。本书通过从机器学习的角度讲授数学知识，举例说明其在机器学习领域的实际应用，使得某些抽象、复杂的数学知识不再抽象。部分内容紧跟机器学习的新进展。对于线性代数等知识，本书还配合 Python 实验程序进行讲解，使得读者对数学理论的结果有直观的认识。

由于作者水平与精力有限，书中难免会有错误或不妥当的地方，敬请读者指正！编辑联系邮箱为：zhangtao@ptpress.com.cn。

雷明

目录

第 1 章　　一元函数微积分

本章讲述一元函数微积分的核心知识。微分学为研究函数的性质提供了统一的方法与理论，尤其是寻找函数的极值，在机器学习领域被大量使用。积分则在机器学习中被用于计算某些概率分布的数字特征，如数学期望和方差，在概率图模型中也被使用。对于微积分的系统学习可以阅读本章末尾列出的参考文献 [1] 和参考文献 [2]，参考文献 [1] 是国内工科专业使用量较大的教材，侧重于计算；参考文献 [2] 是数学专业的教材，更为系统和深入，是深刻理解微积分的优秀教材。

1.1　极限与连续

极限是微积分中最基本的概念，也是理解导数与积分等概念的基础。本节介绍数列的极限与函数的极限、函数的连续性与间断点、集合的上确界与下确界，以及函数的李普希茨连续性等。

1.1.1　可数集与不可数集

初等数学已经对元素数有限的集合进行了系统阐述，对于无限集，有些概念和规则不再适用。即使是常用的自然数集 $\mathbb{N}$ 和实数集 $\mathbb{R}$，其性质也需要重新定义。在定积分，概率论中会使用可数集与不可数集的概念。本节介绍无限集的性质与分类。

集合 A 的元素数量称为其基数或者势，记为 $|A|$。在这里复用了绝对值符号。对于下面的集合

$$A = \{1, 3, 5, 7\}$$

其基数为 $|A| = 4$。基数为有限值的集合称为有限集；基数为无限值的集合称为无限集，是本节重点分析的对象。对于两个有限集，如果集合 A 是集合 B 的真子集，即 $A \subset B$，则有

$$|A| < |B|$$

无限集的基数为 $+\infty$，因此不能直接使用这种规则进行基数的比较。考虑正整数集 $\mathbb{N}^+$，令集合 A_1 为所有正奇数组成的集合，集合 A_2 为所有正偶数组成的集合。由于一个正整数不是奇数就是偶数，而且两个集合均不是空集，因此

$$\mathbb{N}^+ = A_1 \cup A_2$$
$$A_1 \subset \mathbb{N}^+$$
$$A_2 \subset \mathbb{N}^+$$

这是否意味着 $|A_2| < |\mathbb{N}^+|$？答案是否定的。下面从另外一个角度考虑这个问题。对于集合

$\mathbb{N}^+$ 中的任意元素 i，都有 A_2 中的元素 $2i$ 与之对应，反过来 A_2 中的每个元素 $2i$ 也有 A_1 中的唯一元素 i 与之对应。从这个角度来说，两个集合的元素数量是"相等的"。显然，这一规则对于有限集也是适用的。

下面给出两个集合基数相等的定义。对于集合 A 和 B，如果集合 A 中的任意元素 a，在集合 B 中都有唯一的元素 b 通过某种映射关系与之对应，即存在如下的双射函数（Bijection，一对一映射函数）

$$b = f(a), \ a \in A, b \in B \tag{1.1}$$

则称这两个集合的基数相等。根据式 (1.1) 的定义，正整数集与正偶数集的基数相等，因为它们中的元素之间存在如下的双射关系

$$i \to 2i, \ i \in \mathbb{N}^+, 2i \in A_2$$

同样地，集合 A_1 和集合 A_2 的基数也相等。因为

$$i \to i + 1, \ i \in A_1, i + 1 \in A_2$$

下面从自然数集扩展到实数集。令集合 D 为如下的区间

$$D = (0, 1)$$

则该区间与整个实数集 $\mathbb{R}$ 是等势的，因为集合 D 中的任意元素 x 与实数集 $\mathbb{R}$ 中元素之间存在如下双射函数

$$f(x) = \tan\left(\pi\left(x - \frac{1}{2}\right)\right)$$

此函数将区间 $(0, 1)$ 拉升至 $(-\infty, +\infty)$，且存在反函数。其实现的映射如图 1.1 所示。因此，可以认为集合 D 与实数集 $\mathbb{R}$ 等势。

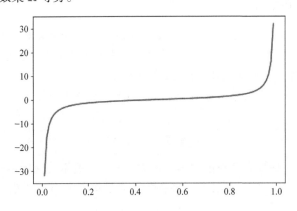

图 1.1　区间 $(0, 1)$ 到实数集的映射

类似地，区间 $\left[0, \dfrac{\pi}{2}\right]$ 与区间 $[0, 1]$ 是等势的，因为存在如下双射函数

$$f(x) = \sin(x), \ x \in \left[0, \frac{\pi}{2}\right]$$

反过来，实数集 $\mathbb{R}$ 与区间 $(0, 1)$ 也是等势的。它们之间存在如下映射

$$f(x) = \frac{1}{1 + \mathrm{e}^{-x}}, \ x \in \mathbb{R}$$

此函数称为 logistic 函数或 sigmoid 函数，有着优良的性质，在机器学习与深度学习中被广泛使用，1.2.2 节将会详细介绍。

借助式 (1.1) 所定义的集合基数相等的概念，无限集可进一步分为可数集（Countable Set）与不可数集（Uncountable Set）。可数集中的每个元素可以用正整数进行编号，即与正整数集等势。

正偶数集是可数集，它的每个元素可以写成

$$a_n = 2n, \; n = 1, \cdots, +\infty$$

下面给出可数集的严格定义。如果存在从正整数集 $\mathbb{N}^+$ 到集合 A 的双射关系

$$f : \mathbb{N}^+ \to A$$

则集合 A 是可数的。整数集是可数的，对于所有整数

$$\cdots \; -4 \; -3 \; -2 \; -1 \; 0 \; 1 \; 2 \; 3 \; 4 \; \cdots$$

可以按照下面的形式（按绝对值）对其进行排列

$$0 \; 1 \; -1 \; 2 \; -2 \; 3 \; -3 \; \cdots$$

有理数集也是可数集。所有的有理数都可以写成两个整数相除的形式

$$\frac{p}{q} (q \neq 0)$$

无理数则是不能表示成如上两个整数比值的数，如 $\sqrt{2}$、圆周率 π 以及后面要介绍的自然对数底数 e 都是无理数。下面考虑正有理数的情况，包含负数的情况可以按照前面处理整数集时的排列形式进行处理。将正有理数以分母值为行、分子值为列排列。可以采用按对角线折回连接的方式对其进行编号，如图 1.2 所示。

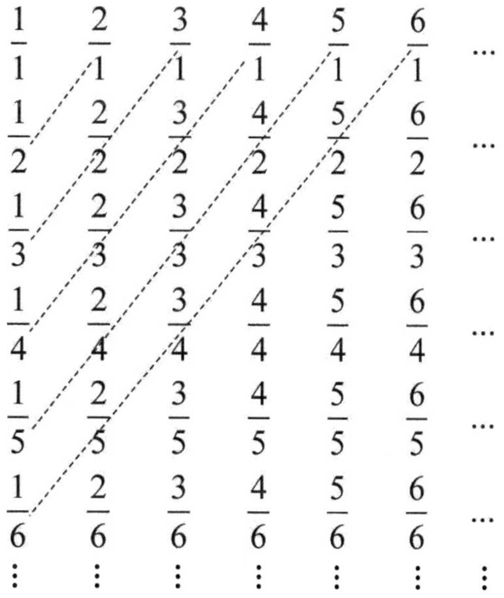

按照这种方式排列的结果如下

$$\frac{1}{1} \; \frac{1}{2} \; \frac{2}{1} \; \frac{1}{3} \; \frac{2}{2} \; \frac{3}{1} \; \frac{1}{4} \; \frac{2}{3} \; \frac{3}{2} \; \frac{4}{1} \; \cdots$$

这里有个规律：每条对角线上分子与分母之和相等，等于对角线的编号加 1。整数集和有理数集是离散的，这里的离散与可数等价。任意两个不相等有理数 a_1 和 a_2 之间都存在大量的无理数，它们不属于有理数的集合，这是离散的直观解释。任意可数集在数轴上的"长度"为 0。

图 1.2　正有理数集的可数性

实数集 $\mathbb{R}$ 或长度不为 0 的实数区间都是不可数的，其中的元素是连续的。任意长度不为 0 的实数区间 (a_1, a_2) 中的所有数都属于实数集，因此它们在数轴上是稠密或者说连续的。使用前面这种构造双射函数的方式可以证明任意长度不为 0 的实数区间都与整个实数集 $\mathbb{R}$ 等势，它们中的元素可以建立双射关系。不可数集在数轴上的"长度"大于 0。可数与不可数的概念将用于定积分中函数的可积性，以及概率论中的离散型与连续型随机变量等重要概念中。对于本节所讲述内容的更严格和系统的介绍可以阅读实变函数教材。

1.1.2　数列的极限

数列的极限（Limit）反映了当数列元素下标趋向于 $+\infty$ 时数列项取值的趋势，下面给出其严格定义。对于数列 $\{a_n\}$ 以及某一实数 a，如果对于任意给定的 $\varepsilon > 0$ 都存在正整数 N，使得

对于任意满足 $n > N$ 的 n 都有下面不等式成立

$$|a_n - a| < \varepsilon \tag{1.2}$$

则称此数列 $\{a_n\}$ 的极限为 a，或称其收敛于 a。数列的极限记为

$$\lim_{n \to +\infty} a_n$$

这里 lim 是 limit 一词的简写，$\to$ 表示"趋向于"。数列极限的直观解释是当 n 增加时数列的值 a_n 无限接近于 a，可接近到任意指定的程度，由 ε 控制。如果数列的极限不存在，则称该数列发散。如果数列的极限存在，则其值必定唯一。

证明数列极限存在且为某一值的方法是证明式 (1.2) 成立。下面举例说明。证明下面的极限成立

$$\lim_{n \to +\infty} \frac{1}{n} = 0$$

任意给定 $\varepsilon > 0$，如果令 $N = \lceil 1/\varepsilon \rceil$（$\lceil x \rceil$ 表示向上取整 x），则当 $n > N$ 时，有 $\left|\frac{1}{n} - 0\right| < \varepsilon$，因此该数列的极限为 0。同样可以证明

$$\lim_{n \to +\infty} \frac{1}{n^2} = 0$$

并非所有数列都存在极限。考虑数列 $\left\{\sin\left(n\pi + \frac{\pi}{2}\right)\right\}$，当 $n \to +\infty$ 时，该数列的值在 -1 与 1 之间振荡，极限不存在。对于数列 $\{n\}$，当 $n \to +\infty$ 时，数列的值趋向于 $+\infty$，极限也不存在。

如果 $\lim\limits_{n \to +\infty} a_n = a$、$\lim\limits_{n \to +\infty} b_n = b$，数列极限的四则运算满足下面等式

$$\lim_{n \to +\infty} (a_n \pm b_n) = \lim_{n \to +\infty} a_n \pm \lim_{n \to +\infty} b_n$$

$$\lim_{n \to +\infty} a_n \cdot b_n = \lim_{n \to +\infty} a_n \cdot \lim_{n \to +\infty} b_n$$

$$\lim_{n \to +\infty} \frac{a_n}{b_n} = \frac{\lim_{n \to +\infty} a_n}{\lim_{n \to +\infty} b_n}$$

计算下面的极限

$$\lim_{n \to +\infty} \left(1 + \frac{1}{n}\right)\left(2 + \frac{1}{n^2}\right)$$

根据极限的乘法与加法运算法则，有

$$\lim_{n \to +\infty} \left(1 + \frac{1}{n}\right)\left(2 + \frac{1}{n^2}\right) = \lim_{n \to +\infty} \left(1 + \frac{1}{n}\right) \cdot \lim_{n \to +\infty} \left(2 + \frac{1}{n^2}\right) = 1 \times 2 = 2$$

下面给出数列极限存在的判定法则。首先定义数列上界与下界的概念。对于数列 $\{a_n\}$，如果它的任意元素都满足

$$a_n \leqslant U$$

则称 U 为数列的上界。需要强调的是上界不唯一。相应地，如果它的任意元素都满足

$$a_n \geqslant L$$

则称 L 为其下界。

如果数列单调递增且存在上界，则极限存在；如果数列单调递减并且有下界，则极限存在。合并之后为：单调有界的数列收敛。此结论称为单调收敛定理。根据单调收敛定理可以得到微积

分中的一个重要极限，对于数列 a_n

$$a_n = \left\{ \left(1 + \frac{1}{n}\right)^n \right\}$$

其极限为

$$\lim_{n \to +\infty} \left(1 + \frac{1}{n}\right)^n = \mathrm{e} \tag{1.3}$$

其中 e 为自然对数的底数，约为 2.71828，是数学中最重要的常数之一。图 1.3 为该数列极限的示意图，随着 n 增加，数列单调递增且有上界，最后收敛于 2.7 附近。

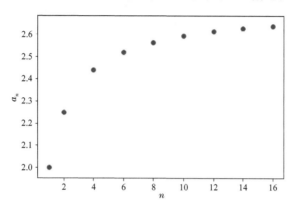

图 1.3 单调有界的数列收敛

下面给出证明。首先证明该数列有界，使用二项式定理，有

$$\left(1 + \frac{1}{n}\right)^n = 1 + n\frac{1}{n} + \frac{n(n-1)}{2}\frac{1}{n^2} + \frac{n(n-1)(n-2)}{3!}\frac{1}{n^3}$$
$$+ \cdots + \frac{n(n-1)\cdots(n-k+1)}{k!}\frac{1}{n^k} + \cdots + \frac{1}{n^n}$$
$$= 1 + 1 + \frac{1}{2}\left(1 - \frac{1}{n}\right) + \frac{1}{3!}\left(1 - \frac{1}{n}\right)\left(1 - \frac{2}{n}\right) + \cdots + \frac{1}{n!}\left(1 - \frac{1}{n}\right)\cdots\left(1 - \frac{n-1}{n}\right)$$
$$\leqslant 1 + 1 + \frac{1}{2} + \frac{1}{3!} + \cdots + \frac{1}{n!} \leqslant 1 + 1 + \frac{1}{2} + \frac{1}{2^2} + \cdots + \frac{1}{2^{n-1}}$$
$$= 1 + \frac{1 - \left(\frac{1}{2}\right)^n}{1 - \frac{1}{2}} < 1 + \frac{1}{1 - \frac{1}{2}} = 3$$

因此该数列存在上界。接下来证明该数列单调递增，由于

$$a_n = 1 + 1 + \frac{1}{2}\left(1 - \frac{1}{n}\right) + \frac{1}{3!}\left(1 - \frac{1}{n}\right)\left(1 - \frac{2}{n}\right) + \cdots + \frac{1}{n!}\left(1 - \frac{1}{n}\right)\cdots\left(1 - \frac{n-1}{n}\right)$$
$$a_{n+1} = 1 + 1 + \frac{1}{2}\left(1 - \frac{1}{n+1}\right) + \frac{1}{3!}\left(1 - \frac{1}{n+1}\right)\left(1 - \frac{2}{n+1}\right) + \cdots$$
$$+ \frac{1}{(n+1)!}\left(1 - \frac{1}{n+1}\right)\cdots\left(1 - \frac{n}{n+1}\right)$$

显然 a_{n+1} 展开式中的第 3 项到第 $n+1$ 项都比 a_n 的大，且多出了第 $n+2$ 项，因此有

$$a_n < a_{n+1}$$

式 (1.3) 的极限在微积分中被广泛使用，根据它可以计算出大量的极限值。

下面计算数列 $\left\{\left(1-\frac{1}{n}\right)^n\right\}$ 的极限。显然有

$$\lim_{n\to+\infty}\left(1-\frac{1}{n}\right)^n = \lim_{n\to+\infty}\frac{1}{\left(\frac{n}{n-1}\right)^n} = \lim_{n\to+\infty}\frac{1}{\left(1+\frac{1}{n-1}\right)^n} = \lim_{n\to+\infty}\frac{1}{\left(1+\frac{1}{n-1}\right)^{n-1}\left(1+\frac{1}{n-1}\right)}$$

$$= \lim_{n\to+\infty}\frac{1}{\left(1+\frac{1}{n}\right)^n} \times \lim_{n\to+\infty}\frac{1}{1+\frac{1}{n-1}} = \frac{1}{e} \tag{1.4}$$

在第 4 步利用了式 (1.3) 的结果。这可以考虑成对 n 个样本进行 n 次有放回等概率抽样，当样本数趋于无穷大时，每个样本一次都没被抽中的概率，在随机森林中将会使用式 (1.4) 的极限。

需要强调的是，单调有界是数列收敛的充分条件而非必要条件。对于下面的数列 a_n

$$a_n = \frac{(-1)^n}{n}$$

它不满足单调收敛条件但极限存在且为 0。它的两个子数列都是单调有界的，且都收敛到 0。其图像如图 1.4 所示。

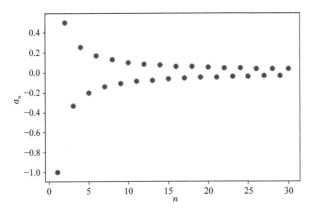

图 1.4   不满足单调有界条件但收敛的数列

下面介绍数列极限存在性的第二种判别方法。如果对于 $\forall n \in \mathbb{N}$ 有 $b_n \leqslant a_n \leqslant c_n$ 且 $\lim\limits_{n\to+\infty} b_n = \lim\limits_{n\to+\infty} c_n = c$，则 $\lim\limits_{n\to+\infty} a_n = c$。这一结论称为夹逼定理。

下面用夹逼定理计算一个重要极限。假设 x_i 不全为 0，计算下面的极限

$$\lim_{p\to+\infty}\left(\sum_{i=1}^{n}|x_i|^p\right)^{1/p}$$

由于 x_i 不全为 0，因此 $\max|x_i| \neq 0$，从而有

$$\lim_{p\to+\infty}\left(\sum_{i=1}^{n}|x_i|^p\right)^{1/p} = \lim_{p\to+\infty}\max|x_i| \times \left(\sum_{i=1}^{n}\left|\frac{x_i}{\max|x_i|}\right|^p\right)^{1/p}$$

$$= \max|x_i| \lim_{p\to+\infty}\left(\sum_{i=1}^{n}\left|\frac{x_i}{\max|x_i|}\right|^p\right)^{1/p}$$

而

$$1 \leqslant \sum_{i=1}^{n}\left|\frac{x_i}{\max|x_i|}\right|^p \leqslant n$$

显然下面的极限成立

$$\lim_{p \to +\infty} 1^{1/p} = 1$$

另外有

$$\lim_{p \to +\infty} n^{1/p} = 1$$

下面给出证明过程。根据二项式定理可以得到

$$n = (1 + (n^{1/p} - 1))^p \geqslant 1 + p(n^{1/p} - 1)$$

因此有

$$n^{1/p} \leqslant \frac{n-1}{p} + 1$$

而

$$\lim_{p \to +\infty} \frac{n-1}{p} + 1 = 1$$

另外有

$$n^{1/p} \geqslant 1$$

根据夹逼定理有

$$\lim_{p \to +\infty} n^{1/p} = 1$$

再次利用夹逼定理可以得到

$$\lim_{p \to +\infty} \left(\sum_{i=1}^{n} \left| \frac{x_i}{\max |x_i|} \right|^p \right)^{1/p} = 1$$

从而有

$$\lim_{p \to +\infty} \left(\sum_{i=1}^{n} |x_i|^p \right)^{1/p} = \max |x_i|$$

该极限对应于向量的 $+\infty$ 范数，在 2.1.3 节介绍。

如果数列无界，则必定发散。数列 $\{n^2\}$ 没有上界，其极限不存在。有界是数列收敛的必要条件而非充分条件，如数列 $\{(-1)^n\}$ 有界但不收敛。

1.1.3   函数的极限

函数极限的严格定义由法国数学家柯西（Cauchy）给出，即当前广泛使用的 ε-δ 定义。首先定义邻域的概念。点 x_0 的 δ 邻域是指满足不等式

$$|x - x_0| < \delta \tag{1.5}$$

的所有 x 构成的集合，即区间 $(x_0 - \delta, x_0 + \delta)$，$\delta$ 称为邻域的半径。点 x_0 的去心 δ 邻域是指满足式 (1.5) 且去掉 x_0 的点构成的集合，即区间

$$(x_0 - \delta, x_0) \cup (x_0, x_0 + \delta)$$

下面借助去心邻域给出函数极限的概念。对于函数 $f(x)$，如果对任意 $\varepsilon > 0$，均存在 x_0 的 δ 去心邻域，使得去心邻域内的所有 x 都有

$$|f(x) - a| < \varepsilon \tag{1.6}$$

则称函数在 x_0 点处的极限为 a。函数在 x_0 点处的极限记为

$$\lim_{x \to x_0} f(x)$$

函数极限的直观解释是当自变量 x 的值无限接近于 x_0 时，函数值 $f(x)$ 无限接近于 a，即在 $(x_0 - \delta, x_0) \cup (x_0, x_0 + \delta)$ 内的函数值都在 $(a - \varepsilon, a + \varepsilon)$ 区间内。接近程度由 ε 控制。下面是函数极限的例子。

$$\lim_{x \to 1} x^2 = 1$$

以及

$$\lim_{x \to 1} \frac{1}{1+x} = \frac{1}{2}$$

证明函数极限的方法与数列类似，核心是证明存在一个去心邻域使得式 (1.6) 成立。下面证明极限 $\lim\limits_{x \to 1} x^2 = 1$ 成立。对于任意给定的 $\varepsilon > 0$，要使得

$$|x^2 - 1| < \varepsilon$$

即

$$-\varepsilon < x^2 - 1 < \varepsilon$$

解得

$$\sqrt{1 - \varepsilon} < x < \sqrt{1 + \varepsilon}$$

取

$$\delta = \min(\sqrt{1 + \varepsilon} - 1, 1 - \sqrt{1 - \varepsilon})$$

即可满足要求。

一维数轴上有两个方向，变量 x 可以从左侧趋向于 x_0，也可以从右侧趋向于 x_0，因此函数的极限可分为左极限与右极限。左极限是自变量从左侧趋向于 x_0 的极限值，右极限则是自变量从右侧趋向于 x_0 时的极限值。左极限与右极限分别记为

$$\lim_{x \to x_0^-} f(x) = a \qquad\qquad \lim_{x \to x_0^+} f(x) = a$$

函数在某一点处的左极限和右极限均可能不存在，即使存在，二者也可能不相等。函数在某一点处极限存在的条件是在该点处的左右极限均存在并且相等。

假设 I 是包含点 a 的区间，f、g、h 为定义在该区间上的函数，如果对所有属于 I 但不等于点 a 的点 x 都有 $g(x) \leqslant f(x) \leqslant h(x)$，且

$$\lim_{x \to a} g(x) = \lim_{x \to a} h(x) = a$$

则有

$$\lim_{x \to a} f(x) = a$$

这一结论称为夹逼定理。根据夹逼定理可以得到微积分中另外一个重要极限

$$\lim_{x \to 0} \frac{\sin(x)}{x} = 1 \tag{1.7}$$

下面给出证明。下面的不等式是成立的

$$\sin(x) < x < \tan(x), \ \forall x \in \left(0, \frac{\pi}{2}\right)$$

变形之后可以得到

$$\cos(x) < \frac{\sin(x)}{x} < 1$$

由于 $\cos(x)$ 和 $\frac{\sin(x)}{x}$ 都是偶函数，因此，当 $x \in \left(-\frac{\pi}{2}, 0\right)$ 时，上面的不等式也成立。而

$$\lim_{x \to 0} \cos(x) = 1$$

因此结论成立。

将式 (1.3) 推广到函数极限的情况，可以得到

$$\lim_{x \to +\infty} \left(1 + \frac{1}{x}\right)^x = \mathrm{e} \tag{1.8}$$

根据该结果可以得到

$$\lim_{x \to -\infty} \left(1 + \frac{1}{x}\right)^x = \lim_{y \to +\infty} \left(1 + \frac{1}{-y}\right)^{-y} = \lim_{y \to +\infty} \left(\frac{y}{y-1}\right)^y = \lim_{y \to +\infty} \left(1 + \frac{1}{y-1}\right)^y$$

$$= \lim_{y \to +\infty} \left(1 + \frac{1}{y-1}\right)^{y-1} \left(1 + \frac{1}{y-1}\right) = \mathrm{e}$$

式 (1.8) 两边取对数，由于同样有 $\lim\limits_{x \to -\infty} \left(1 + \frac{1}{x}\right)^x = \mathrm{e}$，可以得到

$$\lim_{x \to +\infty} x \ln\left(1 + \frac{1}{x}\right) = \lim_{x \to +\infty} \frac{\ln\left(1 + \frac{1}{x}\right)}{\frac{1}{x}} = \lim_{t \to 0} \frac{\ln(1+t)}{t} = 1$$

由此得到下面的重要极限

$$\lim_{x \to 0} \frac{\ln(1+x)}{x} = 1 \tag{1.9}$$

证明下面的极限成立

$$\lim_{x \to 0} \frac{\mathrm{e}^x - 1}{x} = 1 \tag{1.10}$$

令 $\mathrm{e}^x - 1 = t$，则 $x = \ln(1+t)$，因此有

$$\lim_{x \to 0} \frac{\mathrm{e}^x - 1}{x} = \lim_{t \to 0} \frac{t}{\ln(1+t)} = 1$$

最后可以得到

$$\lim_{x \to 0} \frac{(1+x)^a - 1}{x} = a \tag{1.11}$$

这是因为

$$\lim_{x \to 0} \frac{(1+x)^a - 1}{x} = \lim_{x \to 0} \frac{\mathrm{e}^{a\ln(1+x)} - 1}{x} = \lim_{x \to 0} \frac{\mathrm{e}^{a\ln(1+x)} - 1}{a\ln(1+x)} \cdot \frac{a\ln(1+x)}{x} = a$$

上面这些极限将用于计算基本函数的导数，在 1.2.1 节讲述。

1.1.4 函数的连续性与间断点

函数的连续性（Continuity）通过极限定义，是其最基本的性质之一。函数连续的直观表现为：如果自变量的改变很小，则因变量的改变也非常小，函数值不会突然发生跳跃。如果函数 $f(x)$ 满足

$$\lim_{x \to a} f(x) = f(a)$$

则称它在 a 点处连续。函数连续的几何解释是在该点处的函数曲线没有"断"。关于函数的连续性有如下重要结论。

（1）基本初等函数在其定义域内都是连续的，包括多项式函数、有理分式函数、指数函数、对数函数、三角函数、反三角函数。

（2）绝对值函数在其定义域内是连续的。

（3）由基本初等函数经过有限次四则运算和复合而形成的函数在其定义域内连续，这样的函数称为初等函数。

（4）如果函数 $f(x)$ 和 $g(x)$ 在定义域内连续，则复合函数 $f(g(x))$ 在定义域内连续。

如果函数在点 x_0 处不连续，则称该点为间断点，间断点可分为以下几种情况。

情况一：函数在 x_0 处的左极限和右极限都存在，但不相等

$$f(x_0^-) \neq f(x_0^+) \tag{1.12}$$

或者左右极限相等但不等于在该点处的函数值

$$f(x_0^-) = f(x_0^+) \neq f(x_0) \tag{1.13}$$

情况二：函数在 x_0 点处的左极限和右极限至少有一个不存在。

情况一称为第一类间断点，情况二则称为第二类间断点。对于第一类间断点，如果是式 (1.12) 的情况，则称为跳跃间断点；如果是式 (1.13) 的情况，则称为可去间断点。下面举例说明。

对于函数

$$f(x) = \begin{cases} x^2, & x \neq 1 \\ 2, & x = 1 \end{cases}$$

$x = 1$ 是其可去间断点，在该点处左右极限都存在且相等，但不等于在该点处的函数值。

对于函数

$$f(x) = \begin{cases} x^2, & x < 1 \\ x^2 + 1, & x \geqslant 1 \end{cases}$$

$x = 1$ 是其跳跃间断点，函数的图像如图 1.5 所示，在该点处左右极限都存在但不相等，函数发生了跳跃。

对于正切函数

$$f(x) = \tan(x)$$

在 $x = \dfrac{k\pi}{2}, k = 1, 2, 3 \cdots$ 处极限值不存在，为第二类间断点。函数的图像如图 1.6 所示，在该间断点处函数的值趋向于 $+\infty$ 和 $-\infty$。

对于反比例函数

$$f(x) = \frac{1}{x}$$

其图像如图 1.7 所示，$x = 0$ 为函数的第二类间断点，在该点处函数的极限不存在。

连续函数具有很多优良的性质。闭区间 $[a, b]$ 上的连续函数 $f(x)$ 一定存在极大值 M 和极小值 m，使得对于该区间内任意的 x 有

$$m \leqslant f(x) \leqslant M$$

开区间上的连续函数则不能保证存在极大值与极小值。如图 1.7 所示的反比例函数，它在

$(0,1]$ 内连续，但在该区间内不存在极大值。

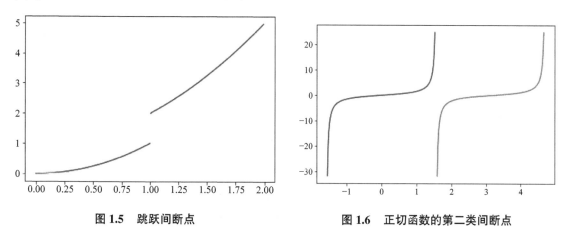

图 1.5　跳跃间断点　　　　　　　　　　图 1.6　正切函数的第二类间断点

如果函数 $f(x)$ 在闭区间 $[a,b]$ 内连续，c 是介于 $f(a)$ 和 $f(b)$ 之间的一个数，则存在 $[a,b]$ 中的某个点 x，使得 $f(x)=c$。这一结论称为介值定理，如图 1.8 所示。图 1.8 中的函数为

$$f(x) = x^3$$

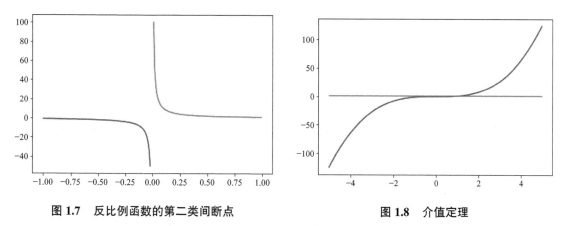

图 1.7　反比例函数的第二类间断点　　　　　　　图 1.8　介值定理

对于区间 $[-4,4]$，在左右端点处的函数值分别为 -64 与 64。因此对于任意的 $-64 \leqslant c \leqslant 64$，均存在至少一个点 $x \in [-4,4]$，使得 $f(x)=c$。如果 $c=0$，则该曲线必然存在一点 x 使得 $f(x)=0$。这就是方程的根。事实上，$x=0$ 满足此条件。

介值定理的几何意义是函数曲线 $f(x)$ 在区间 $[a,b]$ 内一定与直线 $y=c$ 至少有一个交点，其中 c 介于 $f(a)$ 和 $f(b)$ 之间。图 1.8 中的水平灰线为此直线，曲线为函数的曲线。需要强调的是，介值定理保证至少存在一点使得 $f(x)=c$，满足此条件的 x 可能有多个。

自然界中的很多函数是连续的，例如温度随着时间的变化是连续的。机器学习与深度学习算法所使用的绝大多数模型假设函数 $h(x)$ 是连续函数，以保证输入变量小的变化不至于导致预测值的突变，这称为连续性假设。连续性通常能够保证机器学习算法有更好的泛化性能。

1.1.5　上确界与下确界

1.1.2 节介绍了数列的上界与下界，本节在其基础上定义上确界与下确界。上确界与下确界可看作是集合最大值与最小值的推广。

上确界（Supremum）也称为最小上界。对于 $\mathbb{R}$ 的非空子集 S，如果该集合中的任意元素 s 均有 $s \leqslant t$，即 t 是集合的一个上界，且 t 是满足此不等式条件的最小值，则 t 为集合 S 的上确界，记为 $\sup(S)$。如果满足此条件的 t 不存在，则称此集合的上确界为 $+\infty$。如果集合的上确界存在，则必定唯一。

如果集合 S 的元素存在最大值，则最大值为其上确界，如闭区间 $[0,1]$ 的上确界为 1。集合可能不存在最大值，如开区间 $(0,1)$，其上确界为 1 但不是集合的最大值。

下面计算几个集合的上确界。集合 $\{1,2,3,4\}$ 是有限集，其上确界为集合元素的最大值，值为 4。集合 $\left\{\dfrac{n}{n+1}\right\}$ 是无限可数集，并且该数列单调递增，其上确界为数列的极限

$$\lim_{n \to +\infty} \frac{n}{n+1} = 1$$

集合 $\{\sin x, x \in \mathbb{R}\}$ 是无限不可数集，其上确界为该函数的极大值 1。

集合存在上确界的充分必要条件是集合有上界。实数集 $\mathbb{R}$ 的任意非空有界子集 D 均存在上确界。

下确界（Infimum）也称为最大下界。t 是集合 S 的一个下界，即对 S 中的任意元素 s 均有 $s \geqslant t$，且 t 是最大的下界，则称 t 为 S 的下确界，记为 $\inf(S)$。对于闭区间 $[0,1]$，下确界为 0；对于开区间 $(0,1)$，其下确界也为 0。

下面计算几个集合的下确界。集合 $\{1,2,3,4\}$ 的下确界为该集合元素的最小值 1。集合 $\left\{\dfrac{n}{n+1}\right\}$ 的下确界为 $\dfrac{1}{2}$，在 $n = 1$ 时取得。集合 $\{\sin x, x \in \mathbb{R}\}$ 的下确界为 -1，是函数的最小值。

1.1.6　李普希茨连续性

李普希茨（Lipschitz）连续是比连续更强的条件，它不但保证了函数值不间断，而且限定了函数的变化速度，由德国数学家李普希茨提出。

给定函数 $f(x)$，如果对于区间 D 内任意两点 a、b 都存在常数 K 使得下面的不等式成立

$$|f(a) - f(b)| \leqslant K|a - b| \tag{1.14}$$

则称函数 $f(x)$ 在区间 D 内满足李普希茨条件，也称函数李普希茨连续。使得式 (1.14) 成立的最小 K 值称为李普希茨常数，其值与具体的函数有关。如果 $K < 1$，则称函数 $f(x)$ 为压缩映射。

函数满足李普希茨连续条件的几何含义是在任意两点 $(x_1, f(x_1)), (x_2, f(x_2))$ 处函数割线斜率的绝对值 $\left|\dfrac{f(x_2) - f(x_1)}{x_2 - x_1}\right|$ 均不大于 K。在任意点 x_0 处，曲线 $f(x)$ 均夹在直线 $y - f(x_0) = K(x - x_0)$ 与 $y - f(x_0) = -K(x - x_0)$ 之间，如图 1.9 所示。其中曲线为 $f(x)$，向右上倾斜的直线与向左上倾斜的直线分别为 $y = K(x - x_0) + f(x_0)$ 与 $y = -K(x - x_0) + f(x_0)$。在这里，$x_0 = 0, f(x_0) = 0$。

下面列举几个李普希茨连续和非李普希茨连续的函数。一次函数 $f(x) = x$ 在 $\mathbb{R}$ 内是李普希茨连续的。因为对于任意 a 和 b 都有

$$|f(a) - f(b)| = |a - b| \leqslant 1 \times |a - b|$$

因此该函数李普希茨连续且李普希茨常数为 1。二次函数 $f(x) = x^2$ 在 $\mathbb{R}$ 内不是李普希茨连续的。因为对于 $\mathbb{R}$ 内任意 a 和 b 都有

$$|f(a) - f(b)| = |a^2 - b^2| = |a + b| \times |a - b|$$

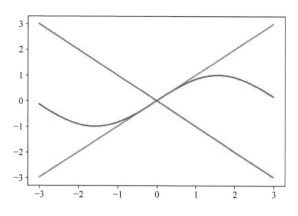

图 1.9　李普希茨连续性

显然不存在常数 K 使得任意 a 和 b 都满足 $|a+b| \leqslant K$，因此该函数不是李普希茨连续的。函数 $f(x) = \sqrt{x}$ 在 $[1, +\infty)$ 内李普希茨连续。对于区间 $[1, +\infty)$ 内的任意 a 和 b 都有

$$|f(a) - f(b)| = |\sqrt{a} - \sqrt{b}| = \frac{1}{|\sqrt{a} + \sqrt{b}|} \times |a - b| \leqslant \frac{1}{2}|a - b|$$

在区间 $[0, 1]$ 内 $f(x) = \sqrt{x}$ 不是李普希茨连续的。对于该区间内任意点 a 和 b 有

$$|f(a) - f(b)| = |\sqrt{a} - \sqrt{b}| = \frac{1}{|\sqrt{a} + \sqrt{b}|} \times |a - b|$$

当 $0 < a, b < 1$ 时，不存在常数 K 满足

$$\frac{1}{|\sqrt{a} + \sqrt{b}|} \leqslant K$$

李普希茨连续要求函数在区间上不能有超过线性的变化速度，对于分析和确保机器学习算法的稳定性有重要的作用。

1.1.7　无穷小量

本小节考虑一种特殊的函数极限值：极限为 0 的情况。如果函数 $f(x)$ 在 x_0 的某去心邻域内有定义且

$$\lim_{x \to x_0} f(x) = 0$$

则称 $f(x)$ 是 $x \to x_0$ 时的无穷小量。假设 $f(x)$ 和 $g(x)$ 都是 $x \to x_0$ 的无穷小量，虽然它们的极限值均为 0，但它们之间比值的极限却有几种情况。

情况一：$\lim\limits_{x \to x_0} \dfrac{f(x)}{g(x)} = 0$，该比值也是无穷小量。例如

$$\lim_{x \to 0} \frac{x^2}{x} = \lim_{x \to 0} x = 0$$

情况二：$\lim\limits_{x \to x_0} \dfrac{f(x)}{g(x)} = c, c \neq 0$，比值的极限为非 0 有界变量。例如

$$\lim_{x \to 0} \frac{\sin(x)}{x} = 1$$

以及

$$\lim_{x \to 0} \frac{\ln(1 + x)}{x} = 1$$

情况三：$\lim\limits_{x \to x_0} \dfrac{f(x)}{g(x)} = \infty$，比值的极限为无界变量（称为无穷大量）。例如

$$\lim_{x \to 0} \frac{x}{x^2} = \lim_{x \to 0} \frac{1}{x} = \infty$$

直观来看，这些比值反映了无穷小量趋向于 0 的速度快慢。其中情况一称 $f(x)$ 为 $g(x)$ 的高阶无穷小，记为

$$f(x) = o(g(x))$$

$o(\cdot)$ 为高阶无穷小符号，本书后面都将采用这种写法。第二种情况称 $f(x)$ 为 $g(x)$ 的同阶无穷小，如果 $\lim\limits_{x \to x_0} \dfrac{f(x)}{g(x)} = 1$，则称为等价无穷小。记为

$$f(x) \sim g(x)$$

情况三称 $f(x)$ 为 $g(x)$ 的低阶无穷小。

下面是一些典型的等价无穷小，当 $x \to 0$ 时，有

$$\sin(x) \sim x \qquad \arcsin(x) \sim x \qquad \tan x \sim x \qquad \ln(1+x) \sim x$$

$$e^x - 1 \sim x \qquad 1 - \cos(x) \sim \frac{x^2}{2} \qquad \sqrt[n]{1+x} - 1 \sim \frac{x}{n} \qquad a^x - 1 \sim x \ln a$$

等价无穷小在计算极限时起着重要的作用。

1.2　导数与微分

导数是微分学中的核心概念，它决定了可导函数的基本性质，包括单调性与极值，以及凹凸性。在机器学习中，绝大多数算法可以归结为求解最优化问题，对于连续型优化问题在求解时一般需要使用导数。

1.2.1　一阶导数

导数（Derivative）定义为函数的自变量变化值趋向于 0 时，函数值的变化量与自变量变化量比值的极限，在 x 点处的导数为

$$f'(x) = \lim_{\Delta x \to 0} \frac{f(x + \Delta x) - f(x)}{\Delta x} \tag{1.15}$$

如果式 (1.15) 的极限存在，则称函数在点 x 处可导。除了用 $f'(x)$ 表示之外，导数也可写成 $\dfrac{\mathrm{d}y}{\mathrm{d}x}$。上面的极限也可以写成另外一种形式

$$f'(x_0) = \lim_{x \to x_0} \frac{f(x) - f(x_0)}{x - x_0}$$

二者是等价的。类似于极限，导数也分为左导数与右导数，左导数是从左侧趋向于 x 时的极限

$$f'_-(x) = \lim_{\Delta x \to 0_-} \frac{f(x + \Delta x) - f(x)}{\Delta x}$$

右导数为自变量从右侧趋近于 x 时的极限

$$f'_+(x) = \lim_{\Delta x \to 0_+} \frac{f(x + \Delta x) - f(x)}{\Delta x}$$

函数可导的充分必要条件是左右导数均存在并相等，其必要条件是函数连续。如果导数不存

在，则称函数不可导。

函数 $f(x) = |x|$ 在 $x = 0$ 点处不可导，其左导数为 -1、右导数为 $+1$，二者不相等。函数在定义域内所有点处的导数值构成的函数称为导函数，简称导数。

导数的几何意义是函数在点 $(x, f(x))$ 处切线的斜率，反映了函数值在此点处变化的快慢。考虑函数

$$f(x) = -(x - 1)^2$$

在 $x = 0.5$ 处，根据导数的定义有

$$f'(0.5) = \lim_{\Delta x \to 0} \frac{f(0.5 + \Delta x) - f(0.5)}{\Delta x} = \lim_{\Delta x \to 0} \frac{-(0.5 + \Delta x - 1)^2 + (0.5 - 1)^2}{\Delta x}$$
$$= \lim_{\Delta x \to 0} \frac{-\Delta x^2 + \Delta x - 0.25 + 0.25}{\Delta x} = \lim_{\Delta x \to 0} (-\Delta x + 1) = 1$$

因此在该点处的切线斜率为 1，由于切线经过 $(0.5, -0.25)$，因此切线的方程为

$$y + 0.25 = 1 \times (x - 0.5)$$

即

$$y = x - 0.75$$

图 1.10 中曲线为该函数的曲线，直线为其在 $x = 0.5$ 处的切线。

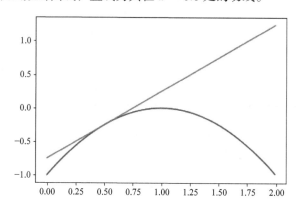

图 1.10　导数的几何意义

导数的典型物理意义是瞬时速度。如果函数 $f(t)$ 表示运动物体在 t 时刻的位移，则其导数 $f'(t)$ 为物体在该时刻的瞬时速度 $v(t)$

$$v(t) = \lim_{\Delta t \to 0} \frac{f(t + \Delta t) - f(t)}{\Delta t}$$

如果 Δx 的值接近于 0，则在点 x 处的导数可以用下面的公式近似计算

$$f'(x) \approx \frac{f(x + \Delta x)}{\Delta x}$$

称为单侧差分公式。根据导数的定义有

$$\lim_{\Delta x \to 0} \frac{f(x + \Delta x) - f(x - \Delta x)}{2\Delta x} = \lim_{\Delta x \to 0} \frac{f(x + \Delta x) - f(x) + f(x) - f(x - \Delta x)}{2\Delta x}$$
$$= \lim_{\Delta x \to 0} \frac{f(x + \Delta x) - f(x)}{2\Delta x} + \lim_{\Delta x \to 0} \frac{f(x - \Delta x) - f(x)}{-2\Delta x} = \frac{1}{2} f'(x) + \frac{1}{2} f'(x)$$
$$= f'(x)$$

因此可用下面的公式近似计算 x 点处的一阶导数值

$$f'(x) \approx \frac{f(x + \Delta x) - f(x - \Delta x)}{2\Delta x}$$

其中 Δx 为接近于 0 的正数。这称为中心差分公式，用于数值计算导数值，在 3.6.2 节将会详细介绍。

表 1.1 列出了各种基本初等函数的求导公式，下面分别进行推导。

表 1.1 基本函数的求导公式

基本函数	求导公式
幂函数	$(x^a)' = ax^{a-1}$
指数函数	$(\mathrm{e}^x)' = \mathrm{e}^x$
指数函数	$(a^x)' = a^x \ln a$
三角函数	$(\sin x)' = \cos x$
三角函数	$(\cos x)' = -\sin x$
三角函数	$(\tan x)' = \sec^2 x$
三角函数	$(\cot x)' = -\csc^2 x$
对数函数	$(\ln x)' = \dfrac{1}{x}$
对数函数	$(\log_a x)' = \dfrac{1}{\ln a}\dfrac{1}{x}$
反三角函数	$(\arcsin x)' = \dfrac{1}{\sqrt{1 - x^2}}$
反三角函数	$(\arccos x)' = -\dfrac{1}{\sqrt{1 - x^2}}$
反三角函数	$(\arctan x)' = \dfrac{1}{1 + x^2}$

首先考虑常数函数 $f(x) = c$，根据导数的定义有

$$f'(x) = \lim_{\Delta x \to 0} \frac{f(x + \Delta x) - f(x)}{\Delta x} = \lim_{\Delta x \to 0} \frac{c - c}{\Delta x} = 0$$

考虑幂函数，假设 $m \in \mathbb{N}$，计算 x^m 的导数。由于

$$\begin{aligned}
\frac{f(x + \Delta x) - f(x)}{\Delta x} &= \frac{(x + \Delta x)^m - x^m}{\Delta x} \\
&= \frac{x^m + mx^{m-1}\Delta x + \frac{m(m-1)}{2}x^{m-2}\Delta x^2 + \cdots + \Delta x^m - x^m}{\Delta x} \\
&= mx^{m-1} + \frac{m(m-1)}{2}x^{m-2}\Delta x + \cdots + \Delta x^{m-1}
\end{aligned}$$

因此有

$$(x^m)' = \lim_{\Delta x \to 0} mx^{m-1} + \frac{m(m-1)}{2}x^{m-2}\Delta x + \cdots + \Delta x^{m-1} = mx^{m-1}$$

接下来考虑 $a \in \mathbb{R}$ 的情况，对于 $f(x) = x^a, x > 0$，根据导数的定义有

$$\begin{aligned}
(x^a)' &= \lim_{\Delta x \to 0} \frac{(x + \Delta x)^a - x^a}{\Delta x} = \lim_{\Delta x \to 0} x^a \frac{(1 + \frac{\Delta x}{x})^a - 1}{\Delta x} = \lim_{\Delta x \to 0} x^{a-1} \frac{(1 + \frac{\Delta x}{x})^a - 1}{\frac{\Delta x}{x}} \\
&= x^{a-1} \lim_{t \to 0} \frac{(1 + t)^a - 1}{t} = ax^{a-1}
\end{aligned}$$

最后一步利用了式 (1.11) 的结果。

根据定义，正弦函数的导数为

$$(\sin x)' = \lim_{\Delta x \to 0} \frac{\sin(x + \Delta x) - \sin x}{\Delta x} = \lim_{\Delta x \to 0} \frac{2 \sin \frac{\Delta x}{2} \cos(x + \frac{\Delta x}{2})}{\Delta x} = \lim_{\Delta x \to 0} \frac{\sin \frac{\Delta x}{2} \cos(x + \frac{\Delta x}{2})}{\frac{\Delta x}{2}}$$

$$= \lim_{\Delta x \to 0} \frac{\sin \frac{\Delta x}{2}}{\frac{\Delta x}{2}} \times \lim_{\Delta x \to 0} \cos\left(x + \frac{\Delta x}{2}\right) = \cos x$$

上式第 2 步使用了三角函数的和差化积公式，最后一步使用了式 (1.7) 的结论。接下来计算余弦函数的导数，利用和差化积公式有

$$\cos'(x) = \lim_{\Delta x \to 0} \frac{\cos(x + \Delta x) - \cos(x)}{\Delta x} = \lim_{\Delta x \to 0} \frac{-2 \sin\left(x + \frac{\Delta x}{2}\right) \sin\left(\frac{\Delta x}{2}\right)}{\Delta x}$$

$$= \lim_{\Delta x \to 0} -2 \sin\left(x + \frac{\Delta x}{2}\right) \times \lim_{\Delta x \to 0} \frac{\sin\left(\frac{\Delta x}{2}\right)}{\frac{\Delta x}{2}} = -2 \sin(x) \times 1 = -\sin(x)$$

第 4 步利用了式 (1.7) 的结论。对数函数的导数为

$$(\ln x)' = \lim_{\Delta x \to 0} \frac{\ln(x + \Delta x) - \ln x}{\Delta x} = \lim_{\Delta x \to 0} \frac{\ln\left(1 + \frac{\Delta x}{x}\right)}{\Delta x} = \lim_{\Delta x \to 0} \frac{1}{x} \frac{\ln\left(1 + \frac{\Delta x}{x}\right)}{\frac{\Delta x}{x}}$$

$$= \lim_{\Delta x \to 0} \frac{1}{x} \times \lim_{\Delta x \to 0} \frac{\ln\left(1 + \frac{\Delta x}{x}\right)}{\frac{\Delta x}{x}} = \frac{1}{x}$$

最后一步利用了式 (1.9) 的结论。利用换底公式可以得到 $\log_a x$ 的导数。对于指数函数，按照导数的定义有

$$(e^x)' = \lim_{\Delta x \to 0} \frac{e^{x + \Delta x} - e^x}{\Delta x} = \lim_{\Delta x \to 0} \frac{e^x(e^{\Delta x} - 1)}{\Delta x} = e^x$$

最后一步利用了式 (1.10) 的结论。指数函数的导数具有优良的性质，它满足

$$f'(x) = f(x)$$

用类似的方法可以计算出 a^x 的导数，留给读者作为练习。根据导数的定义可以推导出四则运算的求导公式，如表 1.2 所示。

表 1.2 四则运算的求导公式

基本运算	求导公式
加法	$(f(x) + g(x))' = f'(x) + g'(x)$
减法	$(f(x) - g(x))' = f'(x) - g'(x)$
数乘	$(cf(x))' = cf'(x)$
乘法	$(f(x)g(x))' = f'(x)g(x) + f(x)g'(x)$
除法	$\left(\dfrac{f(x)}{g(x)}\right)' = \dfrac{f'(x)g(x) - f(x)g'(x)}{g^2(x)}$
倒数	$\left(\dfrac{1}{f(x)}\right)' = -\dfrac{f'(x)}{f^2(x)}$

加法和减法、数乘的求导公式可以根据导数的定义直接得出。下面推导乘法和除法的求导公式。根据导数的定义

$$(f(x)g(x))' = \lim_{\Delta x \to 0} \frac{f(x + \Delta x)g(x + \Delta x) - f(x)g(x)}{\Delta x}$$

$$= \lim_{\Delta x \to 0} \frac{f(x + \Delta x)g(x + \Delta x) - f(x + \Delta x)g(x) + f(x + \Delta x)g(x) - f(x)g(x)}{\Delta x}$$

$$= \lim_{\Delta x \to 0} \frac{f(x + \Delta x)(g(x + \Delta x) - g(x))}{\Delta x} + \lim_{\Delta x \to 0} \frac{(f(x + \Delta x) - f(x))g(x)}{\Delta x}$$

$$= f(x)g'(x) + f'(x)g(x)$$

对于除法有

$$\left(\frac{f(x)}{g(x)}\right)' = \lim_{\Delta x \to 0} \frac{\frac{f(x+\Delta x)}{g(x+\Delta x)} - \frac{f(x)}{g(x)}}{\Delta x} = \lim_{\Delta x \to 0} \frac{\frac{f(x+\Delta x)g(x) - f(x)g(x+\Delta x)}{g(x+\Delta x)g(x)}}{\Delta x}$$

$$= \lim_{\Delta x \to 0} \frac{f(x + \Delta x)g(x) - f(x)g(x) + f(x)g(x) - f(x)g(x + \Delta x)}{g(x + \Delta x)g(x)\Delta x}$$

$$= \lim_{\Delta x \to 0} \frac{\frac{f(x+\Delta x)g(x) - f(x)g(x)}{\Delta x} - \frac{f(x)g(x+\Delta x) - f(x)g(x)}{\Delta x}}{g(x + \Delta x)g(x)}$$

$$= \frac{\lim_{\Delta x \to 0} \frac{(f(x+\Delta x) - f(x))g(x)}{\Delta x} - \lim_{\Delta x \to 0} \frac{f(x)(g(x+\Delta x) - g(x))}{\Delta x}}{\lim_{\Delta x \to 0} g(x + \Delta x)g(x)}$$

$$= \frac{f'(x)g(x) - f(x)g'(x)}{g^2(x)}$$

根据除法的求导公式，如果令 $f(x) = 1$，则有

$$\left(\frac{f(x)}{g(x)}\right)' = \frac{f'(x)g(x) - f(x)g'(x)}{g^2(x)} = -\frac{g'(x)}{g^2(x)}$$

由此得到倒数的求导公式。

下面根据四则运算的求导公式计算函数的导数。对于函数

$$f(x) = (x + x^2)\sin(x)$$

根据乘法与加法的求导公式有

$$f'(x) = (x + x^2)'\sin(x) + (x + x^2)\sin'(x) = (x' + (x^2)')\sin(x) + (x + x^2)\cos(x)$$

$$= (1 + 2x)\sin(x) + (x + x^2)\cos(x)$$

对于函数

$$f(x) = \frac{x}{\sin(x)}$$

根据除法的求导公式有

$$f'(x) = \frac{(x)'\sin(x) - x\sin'(x)}{\sin^2(x)} = \frac{\sin(x) - x\cos(x)}{\sin^2(x)}$$

下面根据除法的求导公式推导正切函数的求导公式

$$(\tan x)' = \left(\frac{\sin x}{\cos x}\right)' = \frac{(\sin x)'\cos x - \sin x(\cos x)'}{\cos^2 x} = \frac{\cos x \cos x + \sin x \sin x}{\cos^2 x} = \sec^2 x$$

类似的可以得到余切函数的求导公式。

下面推导复合函数求导的公式。假设 $f(x)$ 和 $g(x)$ 均可导，对于复合函数有

$$(f(g(x)))' = f'(g(x))g'(x) \tag{1.16}$$

下面证明此结论。根据定义

$$(f(g(x)))' = \lim_{\Delta x \to 0} \frac{f(g(x + \Delta x)) - f(g(x))}{\Delta x} = \lim_{\Delta x \to 0} \frac{f(g(x + \Delta x)) - f(g(x))}{g(x + \Delta x) - g(x)} \frac{g(x + \Delta x) - g(x)}{\Delta x}$$

$$= f'(g(x))g'(x)$$

对于复合函数 $z = f(y)$ 与 $y = g(x)$，复合函数的求导公式可以写成下面的形式

$$\frac{\mathrm{d}z}{\mathrm{d}x} = \frac{\mathrm{d}z}{\mathrm{d}y} \cdot \frac{\mathrm{d}y}{\mathrm{d}x}$$

这称为链式法则，该法则可以推广到多元函数，在第 3 章讲述。

利用复合函数的求导公式计算函数 $\sin(x^2)$ 的导数。该函数是 $\sin(x)$ 与 x^2 的复合函数，其导数为

$$(\sin(x^2))' = \cos(x^2)(x^2)' = 2x\cos(x^2)$$

下面根据复合函数的求导公式推导一般指数函数的求导公式。由于 $x = \mathrm{e}^{\ln x}$，因此有

$$(a^x)' = (\mathrm{e}^{\ln a^x})' = (\mathrm{e}^{x\ln a})' = \mathrm{e}^{x\ln a}(x\ln a)' = \mathrm{e}^{x\ln a}\ln a = a^x\ln a$$

复合函数的求导公式可以推广到多层复合的情况，每次复合都要乘以该层的导数值。下面计算 logistic 函数的导数。

在机器学习中广泛使用的 logistic 函数（也称为 sigmoid 函数）定义为

$$f(x) = \frac{1}{1 + \mathrm{e}^{-x}} \tag{1.17}$$

它可以看作是如下函数的复合

$$f(u) = u^{-1}, u = 1 + \mathrm{e}^v, v = -x$$

根据复合函数与基本函数的求导公式，其导数为

$$f'(x) = -\frac{1}{(1 + \mathrm{e}^{-x})^2}(1 + \mathrm{e}^{-x})' = -\frac{1}{(1 + \mathrm{e}^{-x})^2}(\mathrm{e}^{-x})' = -\frac{1}{(1 + \mathrm{e}^{-x})^2}(\mathrm{e}^{-x})(-x)' = \frac{\mathrm{e}^{-x}}{(1 + \mathrm{e}^{-x})^2}$$

而

$$\frac{\mathrm{e}^{-x}}{(1 + \mathrm{e}^{-x})^2} = \frac{1}{1 + \mathrm{e}^{-x}}\frac{\mathrm{e}^{-x}}{1 + \mathrm{e}^{-x}} = \frac{1}{1 + \mathrm{e}^{-x}}\left(1 - \frac{1}{1 + \mathrm{e}^{-x}}\right)$$

因此

$$f'(x) = f(x)(1 - f(x))$$

下面考虑反函数的导数。假设函数 $f(x)$ 在区间 I 上连续单调，在 $x_0 \in I$ 处可导且 $f'(x_0) \neq 0$。因此函数 $f(x)$ 在该区间存在反函数 $x = g(y)$，令 $y_0 = f(x_0)$，则有

$$g'(y_0) = \frac{1}{f'(x_0)} = \frac{1}{f'(g(y_0))}$$

从几何上看这是成立的，因为 $f(x)$ 与 $g(y)$ 是相同的曲线，二者在同一点处的切线相同。这里颠倒了自变量与因变量的关系，因此切线的斜率在两种坐标系表示下互为倒数关系。下面给出严格的证明。

根据导数的定义有

$$\lim_{y \to y_0}\frac{g(y) - g(y_0)}{y - y_0} = \lim_{y \to y_0}\frac{1}{\frac{y - y_0}{g(y) - g(y_0)}} = \lim_{x \to x_0}\frac{1}{\frac{f(x) - f(x_0)}{x - x_0}} = \frac{1}{\lim\limits_{x \to x_0}\frac{f(x) - f(x_0)}{x - x_0}}$$

$$= \frac{1}{f'(x_0)} = \frac{1}{f'(g(y_0))}$$

因此在所有点处有

$$g'(y) = \frac{1}{f'(g(y))} \tag{1.18}$$

下面用该结论来计算对数函数的导数。假设 $f(x) = \mathrm{e}^x$，$g(y) = \ln y$。而

$$f'(x) = \mathrm{e}^x$$

因此有

$$g'(y) = \frac{1}{f'(g(y))} = \frac{1}{\mathrm{e}^{\ln y}} = \frac{1}{y}$$

下面计算反三角函数的导数。如果令 $g(y) = \arcsin(y)$，其反函数为 $f(x) = \sin(x)$。因此有

$$g'(y) = \frac{1}{f'(g(y))} = \frac{1}{\cos(\arcsin(y))} = \frac{1}{\sqrt{1-y^2}}$$

令 $g(y) = \arccos(y)$，其反函数为 $f(x) = \cos(x)$。从而有

$$g'(y) = \frac{1}{f'(g(y))} = \frac{1}{-\sin(\arccos(y))} = -\frac{1}{\sqrt{1-y^2}}$$

令 $g(y) = \arctan(y)$，其反函数为 $f(x) = \tan(x)$。从而有

$$g'(y) = \frac{1}{f'(g(y))} = \frac{1}{\frac{1}{\cos^2(\arctan(y))}} = \cos^2(\arctan(y)) = \frac{1}{1+\tan^2(\arctan(y))} = \frac{1}{1+y^2}$$

1.2.2　机器学习中的常用函数

接下来介绍机器学习中若干重要函数及其导数。在 logistic 回归和神经网络中将会使用 logistic 函数。logistic 函数的曲线如图 1.11 所示，为一条 S 形曲线。该函数的导数公式已经在前面推导。logistic 函数可用作神经网络的激活函数。

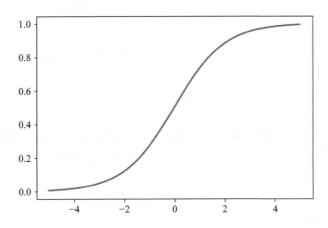

图 1.11　logistic 函数的曲线

softplus 函数定义为

$$f(x) = \ln(1 + \mathrm{e}^x)$$

其曲线如图 1.12 所示，该函数可以看作是 ReLU 函数即 $\max(0, x)$ 的光滑近似。函数的导数为

$$f'(x) = \frac{1}{1+\mathrm{e}^x}(1+\mathrm{e}^x)' = \frac{\mathrm{e}^x}{1+\mathrm{e}^x} = \frac{1}{1+\mathrm{e}^{-x}}$$

该函数的导数为 logistic 函数。

在深度学习中被广泛使用的 ReLU 函数定义为

$$f(x) = \begin{cases} x, & x \geqslant 0 \\ 0, & x < 0 \end{cases}$$

该函数的曲线如图 1.13 所示。显然在 0 点处该函数是不可导的。在该点处的左导数为 0，右导数为 1。

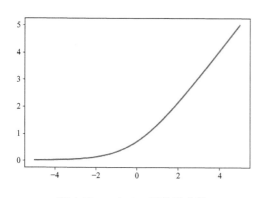

图 1.12 softplus 函数的曲线

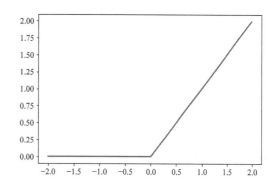

图 1.13 ReLU 函数的曲线

去掉 0 点，该函数的导数为

$$f'(x) = \begin{cases} 1, & x > 0 \\ 0, & x < 0 \end{cases}$$

ReLU 函数常用作神经网络的激活函数。下面考虑绝对值函数

$$f(x) = |x| = \begin{cases} x, & x \geqslant 0 \\ -x, & x < 0 \end{cases}$$

其曲线如图 1.14 所示。在 0 点处该函数不可导，左导数为 −1，右导数为 1。去掉该点，此函数的导数为

$$f'(x) = \begin{cases} 1, & x > 0 \\ -1, & x < 0 \end{cases}$$

绝对值函数常用于构造机器学习算法训练目标函数中的正则化项。

符号函数（sgn）定义为

$$f(x) = \begin{cases} 1, & x \geqslant 0 \\ -1, & x < 0 \end{cases}$$

该函数在 0 点处不连续，因此不可导。去掉该点，此函数在所有点处的导数均为 0。图 1.15 是此函数的曲线。

符号函数常用于分类器的预测函数，表示二值化的分类结果。在支持向量机、logistic 回归中都被使用。函数值为 1 时表示分类结果为正样本，−1 时为负样本。

如果一个函数所有不可导点的集合为有限集或无限可数集，则称该函数几乎处处可导。本节介绍的绝对值函数、ReLU 函数、符号函数均是几乎处处可导的函数。人工神经网络中的激活函

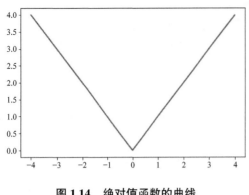

图 1.14   绝对值函数的曲线

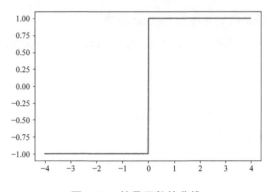

图 1.15   符号函数的曲线

数需要满足几乎处处可导的条件，以保证在训练时能够使用梯度下降法求解函数的极值，在后续
章节中会继续讲述。

1.2.3   高阶导数

对导数继续求导可以得到高阶导数。二阶导数是一阶导数的导数，记为

$$f''(x)$$

也可以写成

$$\frac{\mathrm{d}^2 y}{\mathrm{d}x^2}$$

在计算时，二阶导数可以通过先计算一阶导数、然后对一阶导数继续求导得到。下面通过例
子说明。对于函数

$$f(x) = x\mathrm{e}^x + 4x^3$$

其一阶导数为

$$f'(x) = \mathrm{e}^x + x\mathrm{e}^x + 12x^2$$

二阶导数为

$$f''(x) = (\mathrm{e}^x + x\mathrm{e}^x + 12x^2)' = \mathrm{e}^x + \mathrm{e}^x + x\mathrm{e}^x + 24x = 2\mathrm{e}^x + x\mathrm{e}^x + 24x$$

对二阶导数继续求导可以得到三阶导数，依此类推，可以得到 n 阶导数。n 阶导数记为

$$f^{(n)}(x)$$

类似地，n 阶导数也可以写成

$$\frac{\mathrm{d}^n y}{\mathrm{d}x^n}$$

下面计算 $f(x) = x^m$ 的 n 阶导数，其中 $m \geqslant n$。其一阶导数为

$$f'(x) = mx^{m-1}$$

二阶导数为

$$f''(x) = m(m-1)x^{m-2}$$

依此类推，n 阶导数为

$$f^{(n)}(x) = m \cdot (m-1) \cdots (m-n+1)x^{m-n}$$

如果 $m = n$，则

$$f^{(n)}(x) = n!$$

计算 $f(x) = \dfrac{1}{1-x}$ 的 n 阶导数。其一阶导数为

$$f'(x) = (1-x)^{-2}$$

其二阶导数为

$$f''(x) = 2(1-x)^{-3}$$

其三阶导数为

$$f^{(3)}(x) = 2 \cdot 3(1-x)^{-4}$$

依此类推，有

$$f^{(n)}(x) = n!(1-x)^{-(n+1)}$$

计算 $f(x) = \ln(1+x)$ 的 n 阶导数。其一阶导数为

$$f'(x) = \frac{1}{1+x}$$

二阶导数为

$$f''(x) = -(1+x)^{-2}$$

依此类推，有

$$f^{(n)}(x) = (-1)(-2) \cdots (-(n-1))(1+x)^{-n} = (-1)^{n-1}(n-1)!(1+x)^{-n}$$

计算 $f(x) = \mathrm{e}^x$ 的 n 阶导数。其一阶导数为

$$f'(x) = \mathrm{e}^x$$

是该函数本身，其 n 阶导数仍为函数自身

$$f^{(n)}(x) = \mathrm{e}^x$$

计算 $f(x) = \sin x$ 的 n 阶导数。显然有

$$f'(x) = \cos x \qquad f''(x) = -\sin x \qquad f^{(3)}(x) = -\cos x \qquad f^{(4)}(x) = \sin x$$

根据此规律有

$$f^{(n)}(x) = \sin\left(x + \frac{2\pi}{n}\right)$$

类似地，对于余弦函数 $f(x) = \cos x$ 有

$$f^{(n)}(x) = \cos\left(x + \frac{2\pi}{n}\right)$$

二阶导数典型的物理意义是加速度，如果 $f(t)$ 为位移函数，则其二阶导数为 t 时刻的加速度。

$$a(t) = f''(t) = v'(t)$$

其中 $a(t)$ 为 t 时刻的加速度，$v(t)$ 为 t 时刻的速度。

在 Python 语言中，符号计算（即计算问题的公式解，也称为解析解）库 sympy 提供了计算各阶导数的功能，由函数 diff 实现。函数的输入值为被求导函数的表达式，要求导的变量，以及导数的阶数（如果不指定，则默认计算一阶导数）；函数的输出值为导数的表达式。下面是示例代码，计算 $\cos(x)$ 的一阶导数。

```
from sympy import *
x = symbols('x')
r = diff(cos(x),x)
print(r)
```

程序运行结果为

```
-sin(x)
```

1.2.4 微分

函数 $y = f(x)$ 在某一区间上有定义，对于区间内的点 x_0，当 x 变为 $x_0 + \Delta x$ 时，如果函数的增量 $\Delta y = f(x_0 + \Delta x) - f(x_0)$ 可以表示成

$$\Delta y = A\Delta x + o(\Delta x)$$

其中 A 是不依赖于 Δx 的常数，$o(\Delta x)$ 是 Δx 的高阶无穷小，则称函数在 x_0 处可微。$A\Delta x$ 称为函数在 x_0 处的微分，记为 dy，即 d$y = A\Delta x$。dy 为 Δy 的线性主部。通常把 Δx 称为自变量的微分，记为 dx。如果函数可微，则导数与微分的关系为

$$\mathrm{d}y = f'(x)\mathrm{d}x$$

微分用一次函数近似代替邻域内的函数值而忽略了更高次的项。微分的几何意义是在点 $(x_0, f(x_0))$ 处自变量增加 Δx 时切线函数 $y = f'(x_0)(x - x_0) + f(x_0)$ 的增量 $f'(x_0)\Delta x$。

下面举例说明微分的计算。对于函数

$$y = \sin(x^2)$$

其导数为

$$y' = 2x\cos(x^2)$$

其微分为

$$\mathrm{d}y = 2x\cos(x^2)\mathrm{d}x$$

从基本函数、各种运算的求导公式可以得到与其对应的微分公式。

下面考虑复合函数的微分。对于复合函数

$$z = f(y), y = g(x)$$

根据复合函数求导公式有

$$\frac{\mathrm{d}z}{\mathrm{d}x} = f'(y)g'(x)$$

因此其微分为

$$\mathrm{d}z = f'(y)g'(x)\mathrm{d}x \tag{1.19}$$

由于有 $\mathrm{d}y = g'(x)\mathrm{d}x$，因此式 (1.19) 也可以写成

$$\mathrm{d}z = f'(y)\mathrm{d}y$$

这称为微分形式的不变性。该性质表明，无论 y 是自变量还是另一个自变量的函数，$f(y)$ 的微分具有相同的形式 $\mathrm{d}z = f'(y)\mathrm{d}y$。

1.2.5 导数与函数的单调性

导数决定了可导函数的重要性质，包括单调性与极值，是研究函数性质的有力工具。本节介绍一阶导数和函数的单调性之间的关系。

根据直观认识，由于导数是函数变化率的极限，因此如果在 x 点处它的值为正，则在该点处自变量增大时函数值也增大；如果为负，则自变量增大时函数值减小。假设 $f(x)$ 在区间 $[a, b]$ 内连续，在区间 (a, b) 内可导。如果在 (a, b) 内 $f'(x) > 0$，则函数在 $[a, b]$ 内单调递增。如果在 (a, b) 内 $f'(x) < 0$，则函数在 $[a, b]$ 内单调递减。这可以通过拉格朗日中值定理证明，在 1.3.2 节给出。下面举例说明。

对于函数

$$f(x) = x^3 + 4x^2 - 10x + 1$$

其一阶导数为

$$f'(x) = 3x^2 + 8x - 10$$

方程 $f'(x) = 0$ 的根为

$$x = \frac{-8 \pm \sqrt{64 + 120}}{6} = \frac{-4 \pm \sqrt{46}}{3}$$

在区间 $\left(-\infty, \dfrac{-4 - \sqrt{46}}{3}\right)$ 内 $f'(x) > 0$，函数单调递增。在区间 $\left(\dfrac{-4 - \sqrt{46}}{3}, \dfrac{-4 + \sqrt{46}}{3}\right)$ 内 $f'(x) < 0$，函数单调递减。在区间 $\left(\dfrac{-4 + \sqrt{46}}{3}, +\infty\right)$ 内 $f'(x) > 0$，函数单调递增。在 $x = \dfrac{-4 - \sqrt{46}}{3}$ 处函数有极大值，在 $x = \dfrac{-4 + \sqrt{46}}{3}$ 处函数有极小值。图 1.16 为该函数的曲线。

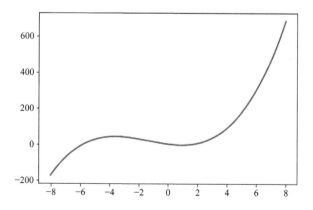

图 1.16　导数值与函数的单调性

下面考察 logistic 函数的单调性。根据 1.2.1 节的结论，logistic 函数的导数为

$$f'(x) = \frac{\mathrm{e}^{-x}}{(1 + \mathrm{e}^{-x})^2} > 0$$

因此该函数在 $\mathbb{R}$ 内单调递增。

利用导数可以证明某些不等式，其思路是证明函数在某一区间内单调，因此在区间的端点处取得极值。证明当 $x > 0$ 时下面不等式成立

$$\ln x \leqslant x - 1$$

构造函数

$$f(x) = x - 1 - \ln x$$

其导数为

$$f'(x) = 1 - \frac{1}{x}$$

当 $x < 1$ 时有 $f'(x) < 0$，函数单调递减；当 $x > 1$ 时有 $f'(x) > 0$，函数单调递增。1 是该函数的极小值点，且 $f(1) = 0$，因此不等式成立。在 6.3.2 节中将会使用此不等式。

1.2.6   极值判别法则

首先给出极值的定义，这里所指的是局部极值。函数 $f(x)$ 在区间 I 内有定义，x_0 该是该区间内的一个点。如果存在 x_0 的一个 δ 邻域，对于该邻域内任意点 x 都有 $f(x_0) \geqslant f(x)$，则称 x_0 是函数的极大值。如果邻域内任意点 x 都有 $f(x_0) \leqslant f(x)$，则称 x_0 是函数的极小值。极大值和极小值统称为极值。

如果存在 x_0 的一个 δ 邻域，对于该去心邻域内任意点 x 都有 $f(x_0) > f(x)$，则称 x_0 是函数的严格极大值。如果去心邻域内任意点 x 都有 $f(x_0) < f(x)$，则称 x_0 是函数的严格极小值。

假设函数 $f(x)$ 在 x_0 点处可导，如果在 x_0 点处取得极值，则必定有

$$f'(x_0) = 0$$

这一结论称为费马（Fermat）定理，它给出了可导函数取极值的一阶必要条件，为求函数的极值提供了依据。导数等于 0 的点称为函数的驻点（Stationary Point）。后续将要讲述的各种最优化算法一般通过寻找函数的驻点而求解函数极值问题。需要注意的是，导数为 0 是函数取得极值的必要条件而非充分条件，后文中会详细说明。

下面在费马定理的基础上给出函数取极值的充分条件。假设函数 $f(x)$ 在 x_0 点的一个邻域内可导，且有 $f'(x_0) = 0$。考察在 x_0 去心邻域内的导数值符号，有 3 种情况。

情况一：在 x_0 的左侧 $f'(x) > 0$，在 x_0 的右侧 $f'(x) < 0$，则函数在 x_0 取严格极大值。

情况二：在 x_0 的左侧 $f'(x) < 0$，在 x_0 的右侧 $f'(x) > 0$，则函数在 x_0 取严格极小值。

情况三：在 x_0 的左侧和右侧 $f'(x)$ 同号，则 x_0 不是极值点。

对于第一种情况，函数在 x_0 的左侧单调增，在右侧单调减，因此 x_0 是极大值点；对于第二种情况，函数在 x_0 的左侧单调减，在右侧单调增，因此 x_0 是极小值点；对于第三种情况，函数在 x_0 的两侧均单调增或者单调减，因此 x_0 不是极值点。

根据此结论，求函数的极值点的方法是首先求解方程 $f'(x) = 0$ 得到函数的所有驻点，然后判定驻点两侧一阶导数值的符号。

下面利用二阶导数的信息给出函数取极值的充分条件。假设 x_0 为函数的驻点，且在该点处

二阶可导。对于驻点处二阶导数的符号，可分为 3 种情况。

情况一：$f''(x_0) > 0$，则 x_0 为函数 $f(x)$ 的严格极小值点。

情况二：$f''(x_0) < 0$，则 x_0 为函数 $f(x)$ 的严格极大值点。

情况三：$f''(x_0) = 0$，则不定，x_0 可能是极值点也可能不是极值点，需作进一步讨论。

下面对第三种情况进一步细分，假设 $f'(x_0) = \cdots = f^{(n-1)}(x_0) = 0$，且 $f^{(n)}(x_0) \neq 0$。可分为两种情况。

情况一：如果 n 是偶数，则 x_0 是极值点。当时 $f^{(n)}(x_0) > 0$ 是 $f(x)$ 的严格极小值点，当 $f^{(n)}(x_0) < 0$ 时是 $f(x)$ 的严格极大值点。

情况二：如果 n 是奇数，则 x_0 不是 $f(x)$ 的极值点。

该充分条件可以用泰勒公式证明，在 1.4 节给出。

下面举例说明。考虑函数

$$f(x) = x^2$$

其一阶导数为

$$f'(x) = 2x$$

令 $f'(x) = 0$ 可以解得其驻点为 $x = 0$。由于 $f''(0) = 2 > 0$，该点是函数的极小值点。

对于函数

$$f(x) = -x^2$$

其一阶导数为

$$f'(x) = -2x$$

令 $f'(x) = 0$ 可以解得其驻点为 $x = 0$。由于 $f''(0) = -2 < 0$，该点是函数的极大值点。

对于函数

$$f(x) = x^3$$

其一阶导数为

$$f'(x) = 3x^2$$

令 $f'(x) = 0$ 可以解得其驻点为 $x = 0$。其二阶导数为 $f''(x) = 6x$，三阶导数为 $f^{(3)}(x) = 6$。由于 $f''(0) = 0$，$f^{(3)}(0) = 6$，因此该点不是极值点。这种情况称为鞍点（Saddle Point），会导致数值优化算法如梯度下降法无法找到真正的极值点，在 3.3.3 节和 4.5.1 节会做更详细的介绍。此函数的图像如图 1.17 所示。

1.2.7 导数与函数的凹凸性

凹凸性是函数的另一个重要性质，它与单调性共同决定了函数曲线的形状。对于函数 $f(x)$，在它的定义域内有两点 x、y，如果对于任意的实数 $0 \leqslant \theta \leqslant 1$ 都满足如下不等式

$$f(\theta x + (1 - \theta)y) \leqslant \theta f(x) + (1 - \theta)f(y) \tag{1.20}$$

则函数为凸函数。从图像上看，如果函数是凸函数，那么它是向下凸的。用直线连接函数上的任何两点（即这两点的割线），线段上的点都在函数曲线的上方，如图 1.18 所示。反之，如果满足

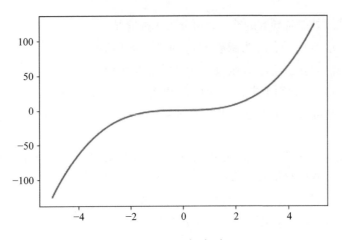

图 1.17　凸函数（1）

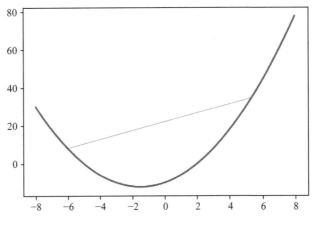

图 1.18　凸函数（2）

不等式

$$f(\theta x + (1-\theta)y) \geqslant \theta f(x) + (1-\theta)f(y)$$

则称为凹函数。需求强调的是，这里遵循的是欧美国家的定义，与国内某些高等数学教材的定义刚好相反。

函数 $f(x) = x^2$ 为凸函数，一次函数 $f(x) = x$ 也是凸函数，绝对值函数 $f(x) = |x|$ 同样为凸函数。这可以根据式 (1.20) 的定义进行证明。对于 $\forall x, y$ 以及 $0 \leqslant \theta \leqslant 1$ 有

$$f(\theta x + (1-\theta)y) = (\theta x + (1-\theta)y)^2$$
$$\theta f(x) + (1-\theta)f(y) = \theta x^2 + (1-\theta)y^2$$

显然有

$$\theta x^2 + (1-\theta)y^2 - (\theta x + (1-\theta)y)^2 = \theta(x^2 - y^2) + y^2 - (\theta x + (1-\theta)y)^2$$
$$= \theta(x+y)(x-y) + (y + \theta x + (1-\theta)y)(y - \theta x - (1-\theta)y)$$
$$= \theta(x+y)(x-y) + (\theta x + (2-\theta)y)(-\theta x + \theta y)$$
$$= \theta(x-y)(x + y - \theta x - (2-\theta)y) = \theta(1-\theta)(x-y)(x-y) \geqslant 0$$

因此有

$$f(\theta x + (1 - \theta)y) \leqslant \theta f(x) + (1 - \theta)f(y)$$

如果把式 (1.20) 中的等号去掉，即

$$f(\theta x + (1 - \theta)y) < \theta f(x) + (1 - \theta)f(y)$$

则称函数是严格凸函数。类似地可以定义严格凹函数。

假设 $f(x)$ 在区间 $[a, b]$ 内连续，在区间 (a, b) 内一阶导数和二阶导数均存在。如果在 (a, b) 内 $f''(x) \geqslant 0$，则函数在 $[a, b]$ 内为凸函数。如果在 (a, b) 内 $f''(x) \leqslant 0$，则函数在 $[a, b]$ 内为凹函数。如果 $f''(x) > 0$ 则为严格凸函数，如果 $f''(x) < 0$ 则为严格凹函数。这是二阶可导函数是凸函数和凹函数的充分必要条件。下面举例说明。

函数 $f(x) = x^2$ 在 $(-\infty, +\infty)$ 内二阶导数均为正，因此在整个实数域内为凸函数。函数 $f(x) = -x^2$ 在 $(-\infty, +\infty)$ 内二阶导数均为负，因此在整个实数域内为凹函数。

函数凹凸性的分界点称为拐点。如果函数二阶可导，则在拐点处有 $f''(x) = 0$，且在拐点两侧二阶导数值异号。

对于函数 $f(x) = x^3$，其二阶导数为 $6x$，0 点处二阶导数值为 0，且在 0 点两侧的二阶导数值异号，因此 0 为其拐点。该函数的曲线如图 1.17 所示。

凸函数有优良的性质，可以保证优化算法找到函数的极小值点，在第 4 章详细讲述。

1.3　微分中值定理

微分中值定理建立了导数与函数值之间的关系。本节介绍罗尔中值定理、拉格朗日中值定理和柯西中值定理，它们将被用于后续的证明与计算。

1.3.1　罗尔中值定理

罗尔中值定理（Rolle Mean Value Theorem）是指如果函数 $f(x)$ 在闭区间 $[a, b]$ 内连续，在开区间 (a, b) 内可导，且在区间的两个端点处的值相等，即 $f(a) = f(b)$，则在区间 $[a, b]$ 内至少存在一点 ξ 使得 $f'(\xi) = 0$。图 1.19 为罗尔中值定理的示例。该函数为

$$f(x) = \sin(x)$$

考虑区间 $[0, \pi]$，有 $f(0) = f(\pi) = 0$。函数在 $x = \dfrac{\pi}{2}$ 处有极大值。显然在该点的导数值为 0。

可以用费马定理证明罗尔中值定理。如果 $f(x)$ 在闭区间 $[a, b]$ 内是常数，则在该区间内任何点处都有 $f'(x) = 0$。如果不为常数，则必定存在极大值点和极小值点，根据连续函数的性质，极大值和极小值中至少有一个在区间 (a, b) 内取得，在该点处有 $f'(x) = 0$。

罗尔中值定理的几何意义是对于区间两个端点处的函数值相等的函数，在区间内至少存在一点的导数值为 0，该点处的切线与 x 轴平行。

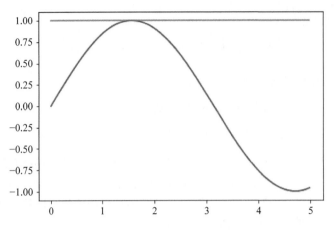

图 1.19　罗尔中值定理示例

1.3.2　拉格朗日中值定理

拉格朗日中值定理（Lagrange Mean Value Theorem）是指如果函数 $f(x)$ 在闭区间 $[a,b]$ 内连续，在开区间 (a,b) 内可导，则在区间 (a,b) 内至少存在一点 ξ 使得

$$f'(\xi) = \frac{f(b) - f(a)}{b - a} \tag{1.21}$$

这是罗尔中值定理的推广。构造辅助函数

$$g(x) = f(x) - \frac{f(b) - f(a)}{b - a}(x - a)$$

显然

$$g(a) = f(a) - \frac{f(b) - f(a)}{b - a}(a - a) = f(a)$$

$$g(b) = f(b) - \frac{f(b) - f(a)}{b - a}(b - a) = f(a)$$

且

$$g'(x) = f'(x) - \frac{f(b) - f(a)}{b - a}$$

$g(x)$ 满足罗尔中值定理的条件，因此在 (a,b) 内至少存在一点 ξ 使得

$$g'(\xi) = f'(\xi) - \frac{f(b) - f(a)}{b - a} = 0$$

其直观解释是将函数减掉一个线性函数，构造出两个端点的值相等的函数，以满足罗尔中值定理的条件。

拉格朗日中值定理的几何意义是在区间 (a,b) 内至少存在一个点 ξ，在 $(\xi, f(\xi))$ 处的切线与两点之间的割线平行，即斜率相等。考虑函数

$$f(x) = x^2$$

它经过 $(0,0)$ 与 $(1,1)$ 这两个点，因此在区间 $(0,1)$ 内至少存在某一点 ξ，使得

$$f'(\xi) = \frac{f(1) - f(0)}{1 - 0}$$

在这里 $\xi = 0.5$。在该点处的切线与经过 $(0,0)$ 与 $(1,1)$ 这两个点的割线平行，如图 1.20 所示。

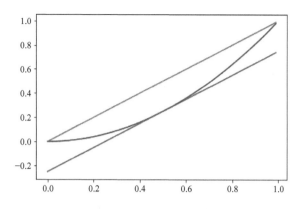

图 1.20 拉格朗日中值定理示例

下面用拉格朗日中值定理证明函数的一阶导数与其单调性的关系。假设函数 $f(x)$ 在 $[a, b]$ 内连续，在 (a, b) 内可导。如果在 (a, b) 内所有点处均有 $f'(x) > 0$，则函数在 $[a, b]$ 内单调递增。对于区间内任意的点 x_1, x_2，存在一点 $x_1 < \xi < x_2$，使得

$$f(x_2) - f(x_1) = f'(\xi)(x_2 - x_1)$$

这里 $f'(\xi) > 0$，由于 $x_1 < x_2$，因此

$$f(x_2) - f(x_1) > 0$$

函数单调递增。对于单调递减的情况可以用相同的方法证明。

拉格朗日中值定理在很多问题的证明中起到了关键的作用，包括 1.6.2 节将要讲述的牛顿-莱布尼茨公式。

1.3.3 柯西中值定理

函数 $f(x)$ 和 $g(x)$ 在 $[a, b]$ 内连续，在 (a, b) 内可导，且对 $\forall x \in (a, b)$ 有 $g'(x) \neq 0$，则存在 $\xi \in (a, b)$ 使得

$$\frac{f(b) - f(a)}{g(b) - g(a)} = \frac{f'(\xi)}{g'(\xi)}$$

下面借助于罗尔中值定理进行证明。构造辅助函数

$$F(x) = f(x) - f(a) - \frac{f(b) - f(a)}{g(b) - g(a)}(g(x) - g(a))$$

显然有

$$F(a) = F(b) = 0$$

且

$$F'(x) = f'(x) - \frac{f(b) - f(a)}{g(b) - g(a)}g'(x)$$

根据罗尔中值定理，存在 $\xi \in (a, b)$ 使得

$$F'(\xi) = f'(\xi) - \frac{f(b) - f(a)}{g(b) - g(a)}g'(\xi) = 0$$

因此柯西中值定理成立。

1.4　泰勒公式

如果一个函数足够光滑且在某点处各阶导数均存在，泰勒公式（Taylor's Formula）以该点处的各阶导数作为系数，构造出多项式来近似函数在该点邻域中任意点处的函数值，此多项式称为泰勒多项式。

根据微分的定义，如果 $f(x)$ 在点 a 处可导，可用一次函数近似代替函数 $f(x)$，误差是 $x - a$ 的高阶无穷小

$$f(x) = f(a) + f'(a)(x - a) + o(x - a)$$

下面将一次函数推广到更高次的多项式。如果函数 n 阶可导，则可以建立一个如下形式的多项式近似代替 $f(x)$

$$p(x) = A_0 + A_1(x - a) + \cdots + A_n(x - a)^n$$

满足

$$f(x) = A_0 + A_1(x - a) + \cdots + A_n(x - a)^n + o((x - a)^n) \tag{1.22}$$

误差项是 $(x - a)^n$ 的高阶无穷小。下面确定多项式的系数。对于式 (1.22)，首先令 $x = a$，含有 $x - a$ 各项的值均为 0，可以解得

$$A_0 = f(a)$$

接下来将式 (1.22) 两边同时求导

$$f'(x) = A_1 + 2A_2(x - a) + \cdots + nA_n(x - a)^{n-1} + o((x - a)^{n-1})$$

令 $x = a$，可以解得

$$A_1 = f'(a)$$

依此类推，对式 (1.22) 两边同时求 m 阶导数，并令 $x = a$。可以解得

$$A_m = \frac{1}{m!} f^{(m)}(a)$$

因此我们要找的多项式为

$$p(x) = f(a) + f'(a)(x - a) + \frac{1}{2!} f''(a)(x - a)^2 + \cdots + \frac{1}{n!} f^{(n)}(a)(x - a)^n$$

称为泰勒多项式（Taylor polynomial）。由此得到带皮亚诺（Peano）余项的泰勒公式

$$f(x) = f(a) + f'(a)(x - a) + \frac{1}{2!} f''(a)(x - a)^2 + \cdots + \frac{1}{n!} f^{(n)}(a)(x - a)^n + o((x - a)^n)$$

如果令 $\Delta x = x - a$，泰勒公式也可以写成

$$f(a + \Delta x) = f(a) + f'(a)\Delta x + \frac{1}{2!} f''(a)\Delta x^2 + \cdots + \frac{1}{n!} f^{(n)}(a)\Delta x^n + o(\Delta x^n)$$

如果函数 $n + 1$ 阶可导。借助于柯西中值定理可以证明泰勒公式的另外一种形式，称为带拉格朗日余项的泰勒公式

$$f(x) = f(a) + f'(a)(x - a) + \frac{1}{2!} f''(a)(x - a)^2 + \cdots + \frac{1}{n!} f^{(n)}(a)(x - a)^n + \frac{f^{(n+1)}(\theta)}{(n + 1)!}(x - a)^{n+1}$$

其中 $\theta \in (a, x)$。两种泰勒公式可以统一写成

$$f(x) = f(a) + f'(a)(x - a) + \frac{1}{2!} f''(a)(x - a)^2 + \cdots + \frac{1}{n!} f^{(n)}(a)(x - a)^n + R_n(x)$$

其中 $R_n(x)$ 称为余项,是 $(x-a)^n$ 的高阶无穷小。

函数在 $x=0$ 点处的泰勒公式称为麦克劳林(Maclaurin)公式,为如下形式

$$f(x) = f(0) + f'(0)x + \frac{1}{2!}f''(0)x^2 + \cdots + \frac{1}{n!}f^{(n)}(0)x^n + R_n(x)$$

表 1.3 列出了典型函数的麦克劳林公式。根据 1.2.3 节基本函数的 n 阶导数计算公式可以得到这些结果。

表 1.3　基本函数的麦克劳林公式

函数	麦克劳林公式
$\dfrac{1}{1-x}$	$1 + x + x^2 + \cdots + x^n + o(x^n)$
e^x	$1 + x + \dfrac{x^2}{2!} + \cdots + \dfrac{x^n}{n!} + o(x^n)$
$\sin x$	$x - \dfrac{x^3}{3!} + \dfrac{x^5}{5!} - \cdots + \dfrac{(-1)^{n-1}}{(2n-1)!}x^{2n-1} + o(x^{2n-1})$
$\cos x$	$1 - \dfrac{x^2}{2!} + \dfrac{x^4}{4!} - \cdots + \dfrac{(-1)^n}{(2n)!}x^{2n} + o(x^{2n})$
$\ln(1+x)$	$x - \dfrac{x^2}{2} + \dfrac{x^3}{3} - \cdots + \dfrac{(-1)^{n+1}}{n}x^n + o(x^n)$

泰勒公式建立了可导函数与其各阶导数之间的联系,同时用多项式对函数进行逼近。它被用于对函数的分析与计算,包括第 4 章将要介绍的梯度下降法、牛顿法、拟牛顿法的推导。

利用泰勒公式可以证明 1.2.6 节的极值判别法则。将 $f(x)$ 在 x_0 点处作泰勒展开,如果

$$f^{(i)}(x_0) = 0, \ i = 1, \cdots, n-1$$
$$f^{(n)}(x_0) \neq 0$$

则泰勒展开的结果为

$$f(x) = f(x_0) + \frac{f^{(n)}(x_0)}{n!}(x-x_0)^n + o((x-x_0)^n)$$

如果 n 为偶数,则在 x_0 的去心邻域内忽略高阶无穷小,有

$$f(x) - f(x_0) = \frac{f^{(n)}(x_0)}{n!}(x-x_0)^n$$

由于

$$(x-x_0)^n > 0$$

$\dfrac{f^{(n)}(x_0)}{n!}(x-x_0)^n$ 与 $\dfrac{f^{(n)}(x_0)}{n!}$ 同号,总为正或者总为负,因此 x_0 是极值点。如果 n 为奇数,则 $\dfrac{f^{(n)}(x_0)}{n!}(x-x_0)^n$ 在 x_0 的两侧变号,因此 x_0 不是极值点。

1.5　不定积分

不定积分是积分学的核心概念,可看作求导和微分的逆运算,同样将一个函数变换成另外一个函数,称为原函数。

1.5.1　不定积分的定义与性质

对于定义在区间 $[a, b]$ 内的函数 $f(x)$，如果存在一个在区间 (a, b) 内可导的函数 $F(x)$，对于任意的 $x \in (a, b)$ 均有

$$F'(x) = f(x) \tag{1.23}$$

则称 $F(x)$ 是 $f(x)$ 的一个原函数，也称为不定积分。不定积分是求导和微分的逆运算，记为

$$\int f(x) \mathrm{d}x$$

积分符号 $\int$ 表示拉长的 s，意为求和（Sum）。如果 $F(x)$ 是 $f(x)$ 的一个原函数，则 $F(x) + C$ 也是 $f(x)$ 的原函数，其中 C 为任意常数。因此不定积分与原函数的关系为

$$\int f(x) \mathrm{d}x = F(x) + C$$

这是因为

$$(F(x) + C)' = F'(x) = f(x)$$

如果函数 $f(x)$ 的原函数存在，则称其可积。如果函数在区间 $[a, b]$ 内连续，则其原函数存在，连续是可积的充分条件。一切初等函数在其定义域内都是连续的，因此都是可积的。

下面举例说明不定积分的计算。对于函数

$$f(x) = x^2$$

其不定积分为

$$\int x^2 \mathrm{d}x = \frac{1}{3} x^3 + C$$

对于常数函数

$$f(x) = c$$

其不定积分为线性函数（一次函数）

$$\int c \mathrm{d}x = cx + C$$

下面介绍不定积分的若干重要性质。对于加法运算有

$$\int (f(x) + g(x)) \mathrm{d}x = \int f(x) \mathrm{d}x + \int g(x) \mathrm{d}x \tag{1.24}$$

对于减法运算有类似的结论。对于数乘运算有

$$\int k f(x) \mathrm{d}x = k \int f(x) \mathrm{d}x \tag{1.25}$$

其中 k 为一个常数。这些结论可以根据求导公式得到。

根据基本函数的求导公式可以得到它们的积分公式，如表 1.4 所示。

下面根据基本函数的积分公式以及式 (1.24) 和式 (1.25) 计算一些不定积分。计算

$$\int \tan^2(x) \mathrm{d}x$$

根据三角函数之间的关系有

$$\int \tan^2(x) \mathrm{d}x = \int \frac{1 - \cos^2(x)}{\cos^2(x)} \mathrm{d}x = \int \frac{1}{\cos^2(x)} \mathrm{d}x - \int 1 \mathrm{d}x = \tan(x) - x + C$$

表 1.4   基本函数的积分公式

函数	积分公式
常数函数	$\int a\mathrm{d}x = ax + C$
幂函数	$\int x^a\mathrm{d}x = \dfrac{1}{a+1}x^{a+1} + C,\ a \neq -1$
幂函数	$\int \dfrac{1}{x}\mathrm{d}x = \ln|x| + C$
指数函数	$\int \mathrm{e}^x\mathrm{d}x = \mathrm{e}^x + C$
指数函数	$\int a^x\mathrm{d}x = \dfrac{1}{\ln a}a^x + C,\ a > 0, a \neq 1$
三角函数	$\int \sin x\mathrm{d}x = -\cos x + C$
三角函数	$\int \cos x\mathrm{d}x = \sin x + C$
三角函数	$\int \tan x\mathrm{d}x = -\ln|\cos x| + C$
三角函数	$\int \cot x\mathrm{d}x = \ln|\sin x| + C$
三角函数	$\int \dfrac{1}{\cos^2 x}\mathrm{d}x = \tan x + C$
三角函数	$\int \dfrac{1}{\sin^2 x}\mathrm{d}x = -\cot x + C$
反三角函数	$\int \dfrac{1}{\sqrt{1-x^2}}\mathrm{d}x = \arcsin x + C$
反三角函数	$\int \dfrac{1}{\sqrt{1-x^2}}\mathrm{d}x = -\arccos x + C$
反三角函数	$\int \dfrac{1}{1+x^2}\mathrm{d}x = \arctan x + C$

计算

$$\int \frac{1}{(x-a)(x-b)}\mathrm{d}x$$

对分式进行拆分，可以得到

$$\int \frac{1}{(x-a)(x-b)}\mathrm{d}x = \int \frac{1}{a-b}\left(\frac{1}{x-a} - \frac{1}{x-b}\right)\mathrm{d}x = \frac{1}{a-b}\left(\int \frac{1}{x-a}\mathrm{d}x + \int \frac{1}{x-b}\mathrm{d}x\right)$$

$$= \frac{1}{a-b}(\ln|x-a| + \ln|x-b|) + C$$

在 1.5.2 节和 1.5.3 节将介绍更复杂的计算不定积分的技巧。

1.5.2   换元积分法

换元积分法分为两种类型，第一种称为凑微分法，也称为第一类换元法，由复合函数的求导公式导出，对应于微分形式的不变性。根据复合函数求导公式有

$$(F(u(x)))' = F'(u(x))u'(x)$$

如果 $F'(x) = f(x)$，则有

$$(F(u(x)))' = f(u(x))u'(x)$$

根据不定积分的定义可以得到

$$\int f(u(x))u'(x)\mathrm{d}x = F(u(x))$$

由于

$$\int f(u)\mathrm{d}u = F(u)$$

因此有

$$\int f(u(x))u'(x)\mathrm{d}x = \int f(u)\mathrm{d}u \tag{1.26}$$

这种方法的关键是将被积函数写成一个函数 $f(u(x))$ 与另一个函数的导数 $u'(x)$ 的乘积。根据凑微分法计算不定积分

$$\int x\cos(x^2+1)\mathrm{d}x$$

这里凑出 x^2+1，有

$$\int x\cos(x^2+1)\mathrm{d}x = \frac{1}{2}\int \cos(x^2+1)\mathrm{d}(x^2+1) = \frac{1}{2}\sin(x^2+1)+C$$

这种方法的关键步骤是"凑出"所需要的复合函数的微分。计算下面的不定积分

$$\int x\mathrm{e}^{x^2}\mathrm{d}x$$

这里凑出 x^2，有

$$\int x\mathrm{e}^{x^2}\mathrm{d}x = \frac{1}{2}\int \mathrm{e}^{x^2}\mathrm{d}x^2 = \frac{1}{2}\mathrm{e}^{x^2}+C$$

第二种换元法称为变量替换法，同样根据复合函数的求导公式求出。对于下面的不定积分

$$\int f(x)\mathrm{d}x$$

令

$$x = u(t)$$

如果 $u(t)$ 在区间 I 内单调且可导，反函数 $t = u^{-1}(x)$ 存在，则有

$$\int f(x)\mathrm{d}x = \int f(u(t))\mathrm{d}u(t) \tag{1.27}$$

式 (1.27) 的右侧积出之后，用 $t = u^{-1}(x)$ 将 t 替换回 x 即可。下面来看几个简单的例子。计算下面的积分

$$\int \frac{1}{1+\sqrt{x}}\mathrm{d}x$$

这里的主要困难是 $\sqrt{x}$，因此令 $t = \sqrt{x}$，则 $x = t^2$，从而有

$$\int \frac{1}{1+\sqrt{x}}\mathrm{d}x = \int \frac{1}{1+t}\mathrm{d}t^2 = \int \frac{2t}{1+t}\mathrm{d}t = 2\int \left(1 - \frac{1}{1+t}\right)\mathrm{d}t$$
$$= 2t - 2\ln|1+t| + C = 2\sqrt{x} - 2\ln|1+\sqrt{x}| + C$$

计算下面的积分

$$\int \arcsin(x)\mathrm{d}x$$

令 $t = \arcsin(x)$，则 $x = \sin(t)$，从而有

$$\int \arcsin(x)\mathrm{d}x = \int t\,\mathrm{d}\sin(t) = t\sin(t) - \int \sin(t)\mathrm{d}t$$
$$= t\sin(t) + \cos(t) + C = x\arcsin(x) + \sqrt{1-x^2} + C$$

上面第 2 步利用了分部积分法，稍后会介绍。计算下面的不定积分

$$\int \sqrt{a^2 - x^2}\mathrm{d}x$$

令 $x = a\sin(t)$，利用倍角公式有

$$\int \sqrt{a^2 - x^2}\mathrm{d}x = \int \sqrt{a^2 - a^2\sin^2(t)}\,\mathrm{d}a\sin(t) = a^2\int \cos^2(t)\mathrm{d}t$$
$$= a^2\int \frac{1+\cos(2t)}{2}\mathrm{d}t = a^2\left(\frac{1}{2}t + \frac{1}{4}\sin(2t)\right) + C = a^2\left(\frac{1}{2}\arcsin\frac{x}{a} + \frac{1}{2}\sin(t)\cos(t)\right) + C$$
$$= \frac{1}{2}a^2\arcsin\frac{x}{a} + \frac{1}{2}x\sqrt{a^2 - x^2} + C$$

换元法的核心是确定要替换的部分。

1.5.3 分部积分法

分部积分法由乘法求导公式导出。根据乘法的求导公式

$$(f(x)g(x))' = f'(x)g(x) + f(x)g'(x)$$

变形后得到

$$f(x)g'(x) = (f(x)g(x))' - f'(x)g(x)$$

两边同时求积分可以得到

$$\int f(x)g'(x)\mathrm{d}x = f(x)g(x) - \int f'(x)g(x)\mathrm{d}x \tag{1.28}$$

根据分部积分法计算下面的不定积分

$$\int x\cos(x)\mathrm{d}x = \int x\,\mathrm{d}\sin(x) = x\sin(x) - \int \sin(x)\mathrm{d}x = x\sin(x) + \cos(x) + C$$

计算下面不定积分

$$\int x^2\cos(x)\mathrm{d}x$$

根据分部积分法有

$$\int x^2\cos(x)\mathrm{d}x = \int x^2\,\mathrm{d}\sin(x) = x^2\sin(x) - \int \sin(x)\mathrm{d}x^2 = x^2\sin(x) - 2\int x\sin(x)\mathrm{d}x$$
$$= x^2\sin(x) + 2\int x\,\mathrm{d}\cos(x) = x^2\sin(x) + 2x\cos(x) - 2\int \cos(x)\mathrm{d}x$$
$$= x^2\sin(x) + 2x\cos(x) - 2\sin(x) + C$$

初等函数是由幂函数、指数函数、对数函数、三角函数、反三角函数与常数经过有限次的有理运算及有限次函数复合所产生，并且能用一个解析式表示的函数。显然初等函数的导数仍然是初等函数。但初等函数的原函数不一定是初等函数。例如 e^{-x^2} 的原函数无法写成初等函数，类似的还有 $\dfrac{\sin x}{x}$、$\dfrac{1}{\ln x}$ 等，这些函数的不定积分都无法得到解析表达式。刘维尔定理指出，一个初等函数如果有初等的原函数，则它一定能写成同一个微分域的函数加上有限项该域上函数的对数的线性组合，否则不存在初等的原函数。

在 Python 中，符号计算库 `sympy` 提供了计算不定积分的功能，由函数 `integrate` 实现。函数的输入值为被积函数的表达式，以及被积分变量，输出值为不定积分的表达式。下面是示例代码，计算余弦函数的不定积分。

```python
from sympy import *
x = symbols ('x')
r = integrate (cos (x), x)
print(r)
```

程序运行结果为

```
sin (x)
```

这里忽略了常数 C。

1.6　定积分

定积分将函数映射成实数，是和式的极限。它最初用于解决几何和物理问题，如计算函数曲线围成的面积、曲线长度、运动物体的位移等。本节介绍定积分的概念与计算方法，以及典型应用，核心是牛顿-莱布尼茨公式。

1.6.1　定积分的定义与性质

定积分是和式的极限，常见的有黎曼积分和勒贝格积分，本书只介绍黎曼（Riemann）积分，即通常所说的定积分。勒贝格（Lebesgue）积分的知识可以阅读实变函数教材。函数 $f(x)$ 在区间 $[a,b]$ 上的定积分是下面的极限

$$\lim_{\Delta x \to 0} \sum_{i=1}^{n} f(\xi_i) \Delta x_i \tag{1.29}$$

这里用一系列点 $a = x_0, x_1, \cdots, x_n = b$ 将区间 $[a,b]$ 划分成 n 份，第 i 份的区间长度为 $\Delta x_i = x_i - x_{i-1}$，$\xi_i$ 为第 i 个区间 $[x_{i-1}, x_i]$ 内的任意一个点。只要划分的足够细且函数 $f(x)$ 满足一定的条件，式 (1.29) 的极限存在。式 (1.29) 的定积分记为

$$\int_a^b f(x)\mathrm{d}x$$

若式 (1.29) 的极限存在，则称函数在区间 $[a,b]$ 内可积。定积分的几何意义是函数在某一区间上与横轴围成的区域的面积，如图 1.21 所示。在计算时采用了逐步逼近取极限的方法，式 (1.29) 右侧的和即为图 1.21 中矩形条的面积之和。矩形的宽度为 Δx_i，高度为 $[x_{i-1}, x_i]$ 内任意一点 ξ_i 的函数值 $f(\xi_i)$。

定积分存在的条件是函数几乎处处连续，不连续点的测度为 0。直观解释是不连续点的集合是有限集或无限可数集。

根据定义计算下面的定积分

$$\int_0^1 x^2 \mathrm{d}x$$

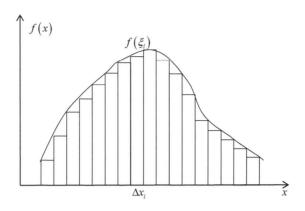

图 1.21　定积分的几何意义

利用下面的公式

$$\sum_{i=1}^{n} i^2 = \frac{1}{6}n(n+1)(2n+1)$$

将区间 $[0,1]$ 等分为 n 份，$\Delta x_i = \dfrac{1}{n}$，根据定积分的定义有

$$\int_0^1 x^2 \mathrm{d}x = \lim_{n \to +\infty} \sum_{i=1}^{n} \frac{1}{n}\left(\frac{i}{n}\right)^2 = \lim_{n \to +\infty} \frac{1}{n^3} \sum_{i=1}^{n} i^2 = \lim_{n \to +\infty} \frac{1}{n^3} \frac{n(n+1)(2n+1)}{6} = \frac{1}{3}$$

　　直接根据定义来计算定积分是烦琐而困难的，利用 1.6.2 节将要介绍的牛顿-莱布尼茨公式可以简化计算。

　　假设函数 $f(x)$ 与 $g(x)$ 在区间 $[a,b]$ 内可积，λ 是一个常数，则 $f(x) + g(x)$ 与 $\lambda f(x)$ 在区间 $[a,b]$ 内也可积，且有

$$\int_a^b (f(x) + g(x))\mathrm{d}x = \int_a^b f(x)\mathrm{d}x + \int_a^b g(x)\mathrm{d}x$$

$$\int_a^b \lambda f(x)\mathrm{d}x = \lambda \int_a^b f(x)\mathrm{d}x \tag{1.30}$$

　　式 (1.30) 表明定积分具有线性的性质。如果函数 $f(x)$ 在区间 $[a,c]$ 及其子区间 $[a,b]$ 和 $[b,c]$ 内均可积，则有

$$\int_a^b f(x)\mathrm{d}x + \int_b^c f(x)\mathrm{d}x = \int_a^c f(x)\mathrm{d}x \tag{1.31}$$

式 (1.31) 称为区间可加性。将积分上下限颠倒，积分值反号

$$\int_b^a f(x)\mathrm{d}x = -\int_a^b f(x)\mathrm{d}x \tag{1.32}$$

1.6.2　牛顿-莱布尼茨公式

　　直接按照定义计算定积分非常烦琐，更高效的方法是利用微积分基本定理，即牛顿-莱布尼茨（Newton-Leibniz）公式。牛顿-莱布尼茨公式建立了定积分与原函数的关系。如果函数 $f(x)$ 在区间 $[a,b]$ 内可积，则在此区间内定积分的值等于其原函数在区间两个端点处函数值之差

$$\int_a^b f(x)\mathrm{d}x = F(b) - F(a) \tag{1.33}$$

其中 $F(x)$ 是 $f(x)$ 的一个原函数。通常将 $F(b) - F(a)$ 记为 $F(x)|_a^b$，牛顿-莱布尼茨公式也可

以写成

$$\int_a^b f(x)\mathrm{d}x = F(x)\big|_a^b$$

可以使用拉格朗日中值定理证明该定理。根据定积分的定义有

$$F(b) - F(a) = \sum_{i=1}^n \left(F(x_i) - F(x_{i-1})\right) = \sum_{i=1}^n F'(\eta_i)(x_i - x_{i-1}) = \sum_{i=1}^n f(\eta_i)\Delta x_i$$

令 $\Delta x \to 0$ 取极限即可得到结论。这一定理为计算定积分提供了统一的依据，是微积分中最重要的结论。只需要计算出原函数，然后即可根据原函数的值计算任意区间上的定积分。

下面用实例来说明定积分的计算。对于如下函数，其定积分为

$$\int_1^2 x^2\mathrm{d}x = \frac{1}{3}x^3\bigg|_1^2 = \frac{1}{3}2^3 - \frac{1}{3}1^3 = \frac{7}{3}$$

这也是函数 x^2 在区间 $[1,2]$ 内与 x 轴围成的区域的面积。

计算下面的定积分

$$\int_0^\pi \sin(x)\mathrm{d}x$$

显然有

$$\int_0^\pi \sin(x)\mathrm{d}x = -\cos(x)\big|_0^\pi = 2$$

在 Python 中，符号计算包 `sympy` 提供了计算定积分的功能，由函数 `integrate` 实现。函数的输入值为被积函数的表达式、被积变量，以及积分下限和上限，输出值为定积分的值。下面是示例代码，计算余弦函数在区间 $[-\pi, \pi]$ 内的定积分。

```
from sympy import *
x = symbols ('x')
r = integrate (cos (x), (x, -pi, pi))
print(r)
```

程序运行结果为

```
0
```

1.6.3   定积分的计算

定积分的计算可以借助牛顿-莱布尼茨公式完成，因此问题的核心是计算不定积分。同样可以使用换元法以及分部积分法。下面举例说明。

第一类换元法通过凑微分而得到原函数，在计算定积分时，直接将积分下限和上限代入原函数中即可得到结果。用第一类换元法计算如下的定积分

$$\int_0^1 x\mathrm{e}^{x^2}\mathrm{d}x = \frac{1}{2}\int_0^1 \mathrm{e}^{x^2}\mathrm{d}x^2 = \frac{1}{2}\mathrm{e}^{x^2}\bigg|_0^1 = \frac{1}{2}\mathrm{e} - \frac{1}{2}$$

下面介绍第二类换元法，由于进行了变量替换，因此积分下限和上限要进行相应的改变。假设函数 $f(x)$ 在区间 $[a,b]$ 内可积。令 $x = \varphi(t)$ 是一个单调函数，且

$$\varphi(\alpha) = a, \varphi(\beta) = b$$

对于第二类换元法有

$$\int_a^b f(x)\mathrm{d}x = \int_\alpha^\beta f(\varphi(t))\mathrm{d}\varphi(t)$$

或者写成

$$\int_a^b f(x)\mathrm{d}x = \int_\alpha^\beta f(\varphi(t))\varphi'(t)\mathrm{d}t$$

用换元法计算下面的定积分

$$\int_0^1 \sqrt{1-x^2}\mathrm{d}x$$

如果令 $x = \sin(t)$，则有

$$\int_0^1 \sqrt{1-x^2}\mathrm{d}x = \int_0^{\frac{\pi}{2}} \cos(t)\mathrm{d}\sin(t) = \int_0^{\frac{\pi}{2}} \cos^2(t)\mathrm{d}t = \int_0^{\frac{\pi}{2}} \frac{1+\cos(2t)}{2}\mathrm{d}t$$

$$= \frac{1}{2}t + \frac{1}{4}\sin(2t)\Big|_0^{\frac{\pi}{2}} = \frac{\pi}{4}$$

这恰好是 $\frac{1}{4}$ 的单位圆的面积。

对于定积分，其分部积分法为

$$\int_a^b f(x)g'(x)\mathrm{d}x = f(x)g(x)|_a^b - \int_a^b f'(x)g(x)\mathrm{d}x$$

用分部积分法计算下面的定积分

$$\int_0^\pi x\sin(x)\mathrm{d}x = -\int_0^\pi x\mathrm{d}\cos(x) = -x\cos(x)|_0^\pi + \int_0^\pi \cos(x)\mathrm{d}x = \pi$$

下面证明一个重要结论，这个结论在 4.8.2 节的欧拉-拉格朗日方程推导中将会被使用。假设函数 $f(x)$ 在区间 $[a, b]$ 内连续，函数 $\eta(x)$ 满足端点值约束条件 $\eta(a) = \eta(b) = 0$，如果对任意的 $\eta(x)$ 都有

$$\int_a^b f(x)\eta(x)\mathrm{d}x = 0 \tag{1.34}$$

则 $f(x) \equiv 0$。下面用反证法证明。假设 $f(x)$ 不恒为 0，由于 $\eta(x)$ 是满足端点值约束条件的任意函数，可以令

$$\eta(x) = -f(x)(x-a)(x-b)$$

显然此函数满足端点值约束条件，且在 (a, b) 内

$$-(x-a)(x-b) > 0$$

因此有

$$\int_a^b f(x)\eta(x)\mathrm{d}x = \int_a^b -f(x)f(x)(x-a)(x-b)\mathrm{d}x > 0$$

这与式 (1.34) 矛盾，因此结论成立。

1.6.4 变上限积分

变上限积分函数是以积分上限为自变量的定积分对应的函数。假设函数 $f(x)$ 在区间 $[a, b]$ 内可积，$x \in [a, b]$，则变上限积分定义为

$$F(x) = \int_a^x f(u)\mathrm{d}u \tag{1.35}$$

如果 $G(x)$ 是 $f(x)$ 的一个原函数，根据牛顿-莱布尼茨公式有

$$F(x) = G(x) - G(a)$$

变上限积分函数是被积分函数的一个原函数。概率论中连续型随机变量的分布函数是典型的变上限积分函数，在 5.2.2 节介绍。

假设 $f(x) = x^2$，则变上限积分对应的函数为

$$F(x) = \int_1^x u^2 \mathrm{d}u = \left. \frac{1}{3}u^3 \right|_1^x = \frac{1}{3}x^3 - \frac{1}{3}$$

如果 $f(x)$ 在区间 $[a, b]$ 内连续，则变上限积分是可导的，且其导数为

$$F'(x) = \left(\int_a^x f(u)\mathrm{d}u \right)' = f(x)$$

下面给出证明。假设 $G(x)$ 是 $f(x)$ 的一个原函数，则有

$$\left(\int_a^x f(u)\mathrm{d}u \right)' = (G(x) - G(a))' = f(x)$$

下面利用这个公式计算变上限积分的导数。对于下面的变上限积分

$$\int_a^x \mathrm{e}^{t^2} \mathrm{d}t$$

其导数为

$$\left(\int_a^x \mathrm{e}^{t^2} \mathrm{d}t \right)' = \mathrm{e}^{x^2}$$

下面考虑变上限积分的复合函数，对于如下的变上限积分函数

$$\int_a^{g(x)} f(u)\mathrm{d}u$$

根据复合函数的求导公式，其导数为

$$\left(\int_a^{g(x)} f(u)\mathrm{d}u \right)' = f(g(x))g'(x) \tag{1.36}$$

计算下面的变上限积分的导数值

$$\int_a^{x^2} \mathrm{e}^{t^2} \mathrm{d}t$$

根据上面的公式有

$$\left(\int_a^{x^2} \mathrm{e}^{t^2} \mathrm{d}t \right)' = \mathrm{e}^{(x^2)^2}(x^2)' = 2x\mathrm{e}^{x^4}$$

1.6.5 定积分的应用

定积分可以用于计算某些几何量和物理量，包括曲线所围成的面积、曲线的长度、运动物体的位移、变力的做功等。本节选取部分进行介绍。

函数在区间内的积分值为其代数面积，即以 $[a, b]$ 区间的两个端点、x 轴、函数曲线围成的封闭区域的面积，带有正负号。这等于如下的定积分

$$\int_a^b f(x)\mathrm{d}x \tag{1.37}$$

计算椭圆 $\dfrac{x^2}{a^2} + \dfrac{y^2}{b^2} = 1$ 的面积。由于椭圆是对称的，因此计算出它在第一象限内的面积，然

后乘以 4，即可得到整个椭圆的面积。因此

$$S = 4\int_0^a y\mathrm{d}x = 4\int_0^a \sqrt{b^2\left(1 - \frac{x^2}{a^2}\right)}\mathrm{d}x = 4b\int_0^a \sqrt{1 - \frac{x^2}{a^2}}\mathrm{d}x$$

令 $x = a\sin(t)$，利用倍角公式有

$$S = 4b\int_0^{\frac{\pi}{2}} \cos(t)\mathrm{d}a\sin(t) = 4ab\int_0^{\frac{\pi}{2}} \cos^2(t)\mathrm{d}t = 2ab\int_0^{\frac{\pi}{2}} (1 + \cos(2t))\mathrm{d}t = \pi ab$$

假设有区间 $[a, b]$ 内的可积函数 $f(x)$ 与 $g(x)$，则由直线 $x = a$、$x = b$ 以及这两条曲线所围成的区域的面积为

$$\int_a^b (f(x) - g(x))\mathrm{d}x \tag{1.38}$$

如图 1.22 所示，计算抛物线 $y = x^2$ 与直线 $y = x$ 所围成的区域的面积。抛物线与直线的交点为 $(0, 0)$ 以及 $(1, 1)$。因此所围成的区域的面积为

$$S = \int_0^1 (x - x^2)\mathrm{d}x = \frac{1}{2}x^2 - \frac{1}{3}x^3\bigg|_0^1 = \frac{1}{6}$$

接下来介绍如何利用定积分计算曲线的长度。首先考虑直角坐标系的情况。计算 $f(x)$ 在区间 $[a, b]$ 内的弧长。这可以通过折线逼近函数曲线、累加折线的长度得到，如图 1.23 所示。其中实线为要计算长度的曲线，虚线是用折线对曲线进行近似的结果。当划分得足够细的时候，这些折线的长度之和的极限就是曲线的弧长。用点 $a = x_0, x_1, \cdots, x_n = b$ 对区间 $[a, b]$ 进行划分，区间 $[x_i, x_{i+1}]$ 内的折线长度为

$$\sqrt{(x_{i+1} - x_i)^2 + (y_{i+1} - y_i)^2} = \sqrt{\Delta x_i^2 + \Delta y_i^2} = \sqrt{1 + \left(\frac{\Delta y_i}{\Delta x_i}\right)^2}\Delta x_i \approx \sqrt{1 + y'^2}\Delta x_i$$

令点 $M_i = (x_i, y_i)$，则曲线的弧长为如下的极限

$$\lim_{\Delta x \to 0} \sum_{i=1}^n |M_{i-1}M_i| = \lim_{\Delta x \to 0} \sum_{i=1}^n \sqrt{1 + y'^2}\Delta x_i$$

由此得到曲线在区间 $[a, b]$ 内的弧长为如下的定积分

$$s = \int_a^b \sqrt{1 + y'^2}\mathrm{d}x \tag{1.39}$$

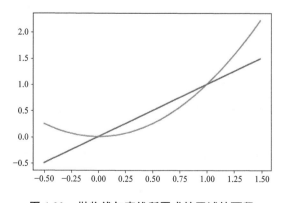

图 1.22 抛物线与直线所围成的区域的面积

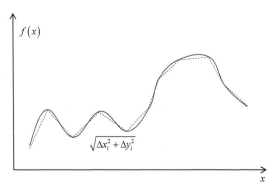

图 1.23 用定积分计算曲线长度

下面用一个实际例子说明弧长的计算。计算曲线 $y = \frac{2}{3}x^{\frac{3}{2}}$ 在区间 $[1, 2]$ 内的弧长。根据

式 (1.39) 有

$$s = \int_1^2 \sqrt{1 + \left(\left(\frac{2}{3}x^{\frac{3}{2}}\right)'\right)^2}\mathrm{d}x = \int_1^2 \sqrt{1 + (x^{\frac{1}{2}})^2}\mathrm{d}x = \int_1^2 \sqrt{1+x}\mathrm{d}x = \frac{2}{3}(1+x)^{\frac{3}{2}}\Big|_1^2$$
$$= \frac{2}{3} \times \left(3^{\frac{3}{2}} - 2^{\frac{3}{2}}\right)$$

计算单位圆 $x^2 + y^2 = 1$ 的周长。由于圆是对称的，因此只需要计算其在第一象限的弧长，然后乘以 4 即可。第一象限的曲线方程为 $y = \sqrt{1-x^2}$。因此有

$$s = 4\int_0^1 \sqrt{1 + ((\sqrt{1-x^2})')^2}\mathrm{d}x = 4\int_0^1 \sqrt{1 + (-x(1-x^2)^{-\frac{1}{2}})^2}\mathrm{d}x = 4\int_0^1 \frac{1}{\sqrt{1-x^2}}\mathrm{d}x$$
$$= 4\arcsin(x)|_0^1 = 2\pi$$

接下来考虑参数方程的情况。曲线的参数方程为

$$x = \varphi(t) \qquad y = \psi(t)$$

其中 $t \in [\alpha, \beta]$。假设 $\varphi(t)$ 和 $\psi(t)$ 在该区间上连续可导，则弧长元为

$$\mathrm{d}s = \sqrt{(\mathrm{d}x)^2 + (\mathrm{d}y)^2} = \sqrt{\varphi'^2(t) + \psi'^2(t)}\mathrm{d}t$$

从而得到弧长的计算公式为

$$s = \int_\alpha^\beta \sqrt{\varphi'^2(t) + \psi'^2(t)}\mathrm{d}t \tag{1.40}$$

下面来看一个实际例子。计算星形线的弧长，其参数方程为

$$x = a\cos^3 t \qquad y = a\sin^3 t$$

其形状如图 1.24 所示。

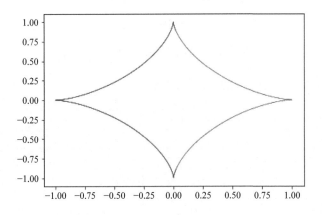

图 1.24 星形线的形状

由于星形线的形状是对称的，只用计算第一象限的曲线弧长，然后乘以 4 即可得到整个星形线的弧长。根据式 (1.40) 有

$$s = 4\int_0^{\frac{\pi}{2}} \sqrt{9a^2\cos^4 t\sin^2 t + 9a^2\sin^4 t\cos^2 t}\mathrm{d}t = 4 \times \frac{3}{2}a\int_0^{\frac{\pi}{2}}\sin 2t\mathrm{d}t = 6a$$

1.6.6 广义积分

广义积分（Improper Integral）是定积分的推广，用于积分区间为无限或积分区间有限但被积分函数无界的情况，也称为反常积分。前者称为无穷限广义积分，或称无穷积分；后者称为无界

函数的广义积分，或称瑕积分。

首先考虑积分区间无限的情况。此时可以使用牛顿-莱布尼茨公式的推广。函数 $f(x)$ 在 $[a, +\infty)$ 内有定义且连续，$F(x)$ 是其原函数，如果下面的极限存在

$$\lim_{x \to +\infty} F(x) = F(+\infty)$$

则有

$$\int_a^{+\infty} f(x)\mathrm{d}x = F(+\infty) - F(a) = F(x)|_a^{+\infty} \tag{1.41}$$

对于下面的函数

$$f(x) = \mathrm{e}^{-x}$$

其曲线如图 1.25 所示。

在区间 $[0, +\infty)$ 内的广义积分为

$$\int_0^{+\infty} \mathrm{e}^{-x}\mathrm{d}x = -\mathrm{e}^{-x}|_0^{+\infty} = \lim_{x \to +\infty} -\mathrm{e}^{-x} + 1 = 1$$

下面考虑函数值为无限的情况。函数 $f(x)$ 在 $[a, b)$ 内有定义且连续，$F(x)$ 是其原函数，如果下面的极限存在

$$\lim_{x \to b^-} F(x) = F(b^-)$$

则有

$$\int_a^b f(x)\mathrm{d}x = F(b^-) - F(a) = F(x)|_a^b \tag{1.42}$$

函数 $\dfrac{1}{\sqrt{1-x^2}}$ 的曲线如图 1.26 所示。

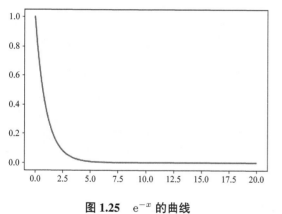

图 1.25 e^{-x} 的曲线　　　**图 1.26** $\dfrac{1}{\sqrt{1-x^2}}$ 的曲线

计算下面的广义积分

$$\int_0^1 \frac{1}{\sqrt{1-x^2}}\mathrm{d}x = \arcsin x|_0^1 = \frac{\pi}{2}$$

对于某些连续型随机变量，如正态分布随机变量，其概率密度函数的定义区间无限。这种随机变量的数学期望和方差即为广义积分，在第 5 章介绍。

1.7 常微分方程

微分方程（Differential Equation，DE）是含有自变量、函数与其导数的方程，方程的解是函数。普通的代数方程如二次方程、三次方程的解是实数或复数。微分方程的应用十分广泛，可以解决很多要寻找符合要求的函数的问题。物理中涉及变力的动力学问题，如空气的阻力随运动速度而变化的问题，可以用微分方程求解。

1.7.1 基本概念

含有自变量、函数以及函数各阶导数的方程称为常微分方程（Ordinary Differential Equation，ODE），它的解为一元函数。常微分方程可以写成

$$f(x, y^{(n)}, \cdots, y', y) = 0$$

在这里 f 是一个函数，y 是 x 的函数。下面是一个常微分方程的例子

$$x^2 y'' - x^3 y' + 2y - 4x = 0$$

微分方程中出现的导数的最高阶数称为微分方程的阶数，上面的方程是二阶方程。如果微分方程是未知函数以及各阶导数的一次方程，则称为线性微分方程，否则为非线性微分方程。n 阶线性微分方程可以写成如下形式

$$a_n(x) y^{(n)} + a_{n-1}(x) y^{(n-1)} + \cdots + a_0(x) y = g(x)$$

其中 $a_n(x) \neq 0$。如果线性微分方程中未知函数项以及各阶导数项的系数都是常数，则称为常系数线性微分方程。下面是一个二阶常系数微分方程

$$y'' - 2y' + y - 4x = 0$$

微分方程在物理学中经常被使用。以力学为例，物体在自由落体时如果不考虑空气阻力，则只有重力加速度的作用。根据牛顿第二定律可以建立下面的微分方程

$$y'' = g$$

其中 y 为 t 时刻的位移，g 为重力加速度，解此方程可以得到位移函数 $y(t)$。如果考虑空气的阻力，对于低速运动的物体，阻力大小与速度大小成正比，方向与重力的方向相反。速度是位移函数的一阶导数 y'，加速度是位移函数的二阶导数 y''。根据牛顿第二定律可以得到下面的微分方程

$$my'' = mg - ky'$$

其中 k 为常数，m 为物体的质量。变形后可以得到

$$y'' + \frac{k}{m} y' - g = 0$$

通常情况下微分方程的解不唯一，加上限定条件可以保证解的唯一性。可以指定函数在某一点或某些点处的值

$$y(x_0) = c_0$$

或是其导数在某一点处的值

$$y'(x_0) = c_1$$

加上这种限定条件之后称为初值问题。

　　并非所有微分方程的解都存在。对于初值问题，柯西-李普希茨（Cauchy-Lipschitz）定理给出了解的存在性和唯一性的判别条件。即使解存在，也只有少数简单的微分方程可以求得解析解。在无法求得解析解时，可以利用数值计算的方法近似求解，常用的有龙格-库塔（Runge-Kutta）法和理查森（Richardson）外推法。

1.7.2　一阶线性微分方程

　　由于在机器学习和深度学习中所用到的通常是最简单的方程，尤其是一阶方程，因此本节只介绍几种简单的一阶方程的求解方法。对于最简单的一阶方程

$$y' = f(x)$$

直接对其积分即可得到方程的解

$$y = \int f(x)\mathrm{d}x + C$$

　　对于方程一侧只含有更高阶导数的方程

$$y^{(n)} = f(x)$$

可以通过多次积分求解。这类方程称为可积分的微分方程。

　　对于下面的方程

$$y' + ay = 0 \tag{1.43}$$

将方程两边同乘以 e^{ax} 可得

$$\mathrm{e}^{ax}y' + ay\mathrm{e}^{ax} = 0$$

根据乘法的求导公式可以得到

$$(\mathrm{e}^{ax}y)' = 0$$

因此

$$\mathrm{e}^{ax}y = C$$

从而解得

$$y = C\mathrm{e}^{-ax}$$

　　对于更一般的方程

$$y' + ay = b(x) \tag{1.44}$$

同样的将方程两边同乘以 e^{ax} 可得

$$\mathrm{e}^{ax}y' + ay\mathrm{e}^{ax} = \mathrm{e}^{ax}b(x)$$

即

$$(\mathrm{e}^{ax}y)' = \mathrm{e}^{ax}b(x)$$

从而有

$$\mathrm{e}^{ax}y = \int \mathrm{e}^{ax}b(x)\mathrm{d}x + C$$

可以解得

$$y = e^{-ax} \left(\int e^{ax} b(x) dx + C \right)$$

式 (1.43) 和式 (1.44) 的微分方程均为一阶常系数线性微分方程，前者称为齐次方程，后者称为非齐次方程。

下面来看更复杂的情况。对于如下的方程

$$y' + a(x)y = b(x)$$

这是一阶线性微分方程。将方程两边同乘以 $e^{\int a(x) dx}$ 可得

$$y' e^{\int a(x) dx} + a(x) y e^{\int a(x) dx} = b(x) e^{\int a(x) dx}$$

即

$$(e^{\int a(x) dx} y)' = b(x) e^{\int a(x) dx}$$

因此

$$e^{\int a(x) dx} y = \int e^{\int a(x) dx} b(x) dx + C$$

从而可以解得

$$y = e^{-\int a(x) dx} \left(\int e^{\int a(x) dx} b(x) dx + C \right)$$

这些方程的求解都利用了指数函数求导的优良性质，方程两边同乘以指数函数之后，利用乘积的求导公式，将方程左侧的两项求和转为某两个函数相乘的导数。

参考文献

[1] 同济大学数学系. 高等数学 [M].7 版. 北京：高等教育出版社，2014.

[2] 张筑生. 数学分析新讲 [M]. 北京：北京大学出版社，1990.

第 2 章　　线性代数与矩阵论

线性代数在机器学习和深度学习中扮演着重要的角色。机器学习和深度学习算法的输入、输出、中间结果通常是向量、矩阵或张量。如支持向量机的输入数据是样本的特征向量；深度卷积神经网络的输入数据为张量。机器学习算法的模型参数也通常以向量或矩阵的形式表示，如 logistic 回归的权重向量、全连接神经网络的权重矩阵、卷积神经网络的卷积核矩阵。向量与矩阵可以简洁而优雅地表述数据和问题。

线性代数是多元函数微积分的基础。在图论中，矩阵也有广泛的用途，如图的邻接矩阵、可达性矩阵、拉普拉斯矩阵，用线性代数的方法研究图是一种常用的思路。线性代数在随机过程中也有广泛的应用，如马尔可夫过程的状态转移矩阵。

本章介绍线性代数与矩阵论的核心知识。线性代数较为抽象，对于某些概念的解释会使用 Python 代码。数值计算库 Numpy 中的线性代数算法类 `linalg` 实现了常见的线性代数算法。某些重要的概念也会结合机器学习中的应用进行介绍。对线性代数深入和全面的学习可以阅读参考文献 [1]，对矩阵论的系统学习可以阅读参考文献 [2]。

2.1　向量及其运算

向量在机器学习中被广泛使用，样本数据的特征向量是其典型代表，它是很多机器学习算法的输入数据。本节介绍向量的定义以及基本运算。

2.1.1　基本概念

向量（Vector）是具有大小和方向的量，是由多个数构成的一维数组，每个数称为向量的分量。向量分量的数量称为向量的维数。

物理中的力、速度以及加速度是典型的向量。n 维向量 $\boldsymbol{x}$ 有 n 个分量，可以写成行向量的形式

$$(x_1 \; \cdots \; x_n)$$

通常将向量写成小写黑体斜体字符，本书后续章节均遵守此规范。如果写成列的形式则称为列向量，这些分量在列方向排列

$$\begin{pmatrix} x_1 \\ \vdots \\ x_n \end{pmatrix}$$

如果向量的分量是实数，则称为实向量；如果是复数，则称为复向量。

与向量相对应的是标量（Scalar），标量只有大小而无方向。物理中的时间、质量以及电流是典型的标量。下面是一个三维向量

$$(0 \quad 1 \quad 0)$$

n 维实向量的集合记为 $\mathbb{R}^n$，后续章节中将经常使用这种写法。在数学中通常把向量表示成列向量，而在计算机程序设计语言中向量一般按行存储。因此算法实现时与数学公式通常有所不同。

图 2.1 是二维平面内的一个向量，其在 x 轴方向和 y 轴方向的分量分别为 3 和 1。写成行向量形式为

$$(3 \quad 1)$$

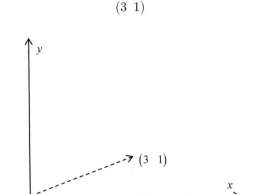

图 2.1　二维平面内的向量

图 2.1 中的向量以虚线箭头表示，起点为原点，终点是以向量的分量为坐标的点。三维空间中的力是三维向量，力 $\boldsymbol{F}$ 有 3 个分量，写成向量形式为

$$(F_x \quad F_y \quad F_z)$$

力的加法遵守平行四边形法则，与 2.1.2 节定义的向量加法一致。所有分量全为 0 的向量称为零向量，记为 $\mathbf{0}$，它的方向是不确定的。向量与空间中的点是一一对应的，向量 $\boldsymbol{x}$ 以原点为起点，以 $\boldsymbol{x}$ 点为终点。

在机器学习中，样本数据通常用向量的形式表示，称为特征向量（Feature Vector），用于描述样本的特征。注意，不要将样本的特征向量与矩阵的特征向量混淆，二者是不同的概念，后者将在 2.5 节介绍。表 2.1 列出了著名的 iris 数据集，包含 3 类鸢尾花的数据，分别为 setosa、versicolour、virginica，每类有 50 个样本。样本包含 4 个特征，分别是花萼长度（Sepal Length）、花萼宽度（Sepal Width）、花瓣长度（Petal Length），花瓣宽度（Petal Width）。因此特征向量是 4 维的。限于篇幅，表 2.1 只显示了一部分样本。

表 2.1　iris 数据集中的部分样本

Sepal Length	Sepal Width	Petal Length	Petal Width	类型
5.1	3.5	1.4	0.2	setosa
4.9	3.0	1.4	0.2	setosa
7.0	3.2	4.7	1.4	versicolour
6.4	3.2	4.5	1.5	versicolour
6.3	3.3	6.0	2.5	virginica
5.8	2.7	5.1	1.9	virginica

2.1.2 基本运算

转置运算（Transpose）将列向量变成行向量，将行向量变成列向量。向量 $\boldsymbol{x}$ 的转置记为 $\boldsymbol{x}^{\mathrm{T}}$。下面是对一个行向量的转置

$$(1\ 0\ 0)^{\mathrm{T}} = \begin{pmatrix} 1 \\ 0 \\ 0 \end{pmatrix}$$

两个向量的加法定义为对应分量相加，它要求参与运算的两个向量维数相等。向量 $\boldsymbol{x}$ 和 $\boldsymbol{y}$ 相加记为 $\boldsymbol{x} + \boldsymbol{y}$。下面是加法运算的一个例子。

$$(1\ 2\ 3) + (4\ 0\ 1) = (1+4\ 2+0\ 3+1) = (5\ 2\ 4)$$

这与力的加法的平行四边形法则一致，是其在高维空间中的推广。图 2.2 显示了两个二维向量的加法。

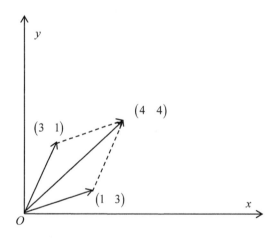

图 2.2 向量的加法

向量加法满足交换律与结合律

$$\boldsymbol{x} + \boldsymbol{y} = \boldsymbol{y} + \boldsymbol{x} \qquad\qquad \boldsymbol{x} + \boldsymbol{y} + \boldsymbol{z} = \boldsymbol{x} + (\boldsymbol{y} + \boldsymbol{z})$$

两个向量的减法为它们对应分量相减，同样要求参与运算的两个向量维数相等。向量 $\boldsymbol{x}$ 和 $\boldsymbol{y}$ 相减记为 $\boldsymbol{x} - \boldsymbol{y}$。下面是减法运算的一个例子。

$$(1\ 2\ 3) - (4\ 0\ 1) = (1-4\ 2-0\ 3-1) = (-3\ 2\ 2)$$

与向量加法的平行四边形法则相对应，向量减法符合三角形法则。$\boldsymbol{x} - \boldsymbol{y}$ 的结果是以 $\boldsymbol{y}$ 为起点，以 $\boldsymbol{x}$ 为终点的向量。

向量 $\boldsymbol{x}$ 与标量 k 的乘积 $k\boldsymbol{x}$ 定义为标量与向量的每个分量相乘，下面是一个标量乘的例子。

$$5 \times (2\ 3\ 1) = (5\times2\ 5\times3\ 5\times1) = (10\ 15\ 5)$$

乘积运算可以改变向量的大小，还可以将向量反向。

加法和数乘满足分配率

$$k(\boldsymbol{x} + \boldsymbol{y}) = k\boldsymbol{x} + k\boldsymbol{y}$$

两个向量 $\boldsymbol{x}$ 和 $\boldsymbol{y}$ 的内积（Inner Product）定义为它们对应分量乘积之和，即

$$\boldsymbol{x}^{\mathrm{T}}\boldsymbol{y} = \sum_{i=1}^{n} x_i y_i$$

内积也可以记为 $\boldsymbol{x} \cdot \boldsymbol{y}$。下面是计算两个向量内积的例子。

$$\begin{pmatrix} 1 \\ 2 \\ 3 \end{pmatrix}^{\mathrm{T}} \begin{pmatrix} 1 \\ 0 \\ 1 \end{pmatrix} = 1 \times 1 + 2 \times 0 + 3 \times 1 = 4$$

两个 n 维向量的内积运算需要执行 n 次乘法运算和 $n-1$ 次加法运算。

内积运算满足下面的规律

$$\boldsymbol{x}^{\mathrm{T}}\boldsymbol{y} = \boldsymbol{y}^{\mathrm{T}}\boldsymbol{x} \qquad\qquad (k\boldsymbol{x})^{\mathrm{T}}\boldsymbol{y} = k\boldsymbol{x}^{\mathrm{T}}\boldsymbol{y}$$

$$(\boldsymbol{x}+\boldsymbol{y})^{\mathrm{T}}\boldsymbol{z} = \boldsymbol{x}^{\mathrm{T}}\boldsymbol{z} + \boldsymbol{y}^{\mathrm{T}}\boldsymbol{z} \qquad\qquad \boldsymbol{z}^{\mathrm{T}}(\boldsymbol{x}+\boldsymbol{y}) = \boldsymbol{z}^{\mathrm{T}}\boldsymbol{x} + \boldsymbol{z}^{\mathrm{T}}\boldsymbol{y}$$

利用内积可以简化线性函数（一次函数）的表述。对于机器学习中广泛使用的线性模型的预测函数

$$w_1 x_1 + \cdots + w_n x_n + b$$

定义系数（权重）向量 $\boldsymbol{w} = (w_1 \ \cdots \ w_n)^{\mathrm{T}}$，输入向量 $\boldsymbol{x} = (x_1 \ \cdots \ x_n)^{\mathrm{T}}$，$b$ 为偏置项。预测函数写成向量内积形式为

$$\boldsymbol{w}^{\mathrm{T}}\boldsymbol{x} + b$$

线性回归和线性分类器的预测函数具有这种形式，在 2.1.7 节和 2.1.8 节介绍。

向量与自身内积的结果为其所有分量的平方和，即

$$\boldsymbol{x}^{\mathrm{T}}\boldsymbol{x} = \sum_{i=1}^{n} x_i^2$$

显然 $\boldsymbol{x}^{\mathrm{T}}\boldsymbol{x} \geqslant 0$，这一结论经常被使用。

如果两个向量的内积为 0，则称它们正交（Orthogonal）。正交是几何中垂直这一概念在高维空间的推广。下面两个三维空间中的向量相互正交，它们的方向是两个坐标轴方向。

$$\begin{pmatrix} 1 \\ 0 \\ 0 \end{pmatrix}^{\mathrm{T}} \begin{pmatrix} 0 \\ 1 \\ 0 \end{pmatrix} = 0$$

两个向量的阿达马（Hadamard）积定义为它们对应分量相乘，结果为相同维数的向量，记为 $\boldsymbol{x} \odot \boldsymbol{y}$。对于两个向量

$$\boldsymbol{x} = (x_1 \ \cdots \ x_n)^{\mathrm{T}} \qquad\qquad \boldsymbol{y} = (y_1 \ \cdots \ y_n)^{\mathrm{T}}$$

它们的阿达马积为

$$\boldsymbol{x} \odot \boldsymbol{y} = (x_1 y_1 \ \cdots \ x_n y_n)^{\mathrm{T}}$$

下面是阿达马积的例子。

$$(1\ 2\ 3) \odot (4\ 2\ 5) = (1 \times 4\ \ 2 \times 2\ \ 3 \times 5) = (4\ 4\ 15)$$

阿达马积可以简化问题的表述，在反向传播算法、各种梯度下降法中被使用。

2.1.3 向量的范数

向量的范数（Norm）是向量的模（长度）这一概念的推广。向量的 L-p 范数是一个标量，定义为

$$\|\boldsymbol{x}\|_p = \left(\sum_{i=1}^{n} |x_i|^p\right)^{1/p} \tag{2.1}$$

p 为正整数。常用的是 L1 和 L2 范数，p 的取值分别为 1 和 2。L1 范数是所有分量的绝对值之和

$$\|\boldsymbol{x}\|_1 = \sum_{i=1}^{n} |x_i|$$

对于向量

$$\boldsymbol{x} = (1 \ -1 \ 2)$$

其 L1 范数为

$$\|\boldsymbol{x}\|_1 = |1| + |-1| + |2| = 4$$

L2 范数也称为向量的模，即向量的长度，定义为

$$\|\boldsymbol{x}\|_2 = \sqrt{\sum_{i=1}^{n} (x_i)^2}$$

此即欧几里得范数（Euclidean Norm）。L2 范数可以简写为 $\|\boldsymbol{x}\|$。长度为 1 的向量称为单位向量。上面这个向量的 L2 范数为

$$\|\boldsymbol{x}\|_2 = \sqrt{1^2 + (-1)^2 + 2^2} = \sqrt{6}$$

L1 范数和 L2 范数被用于构造机器学习中的正则化项。

根据范数的定义，向量数乘运算之后的范数为

$$\|k\boldsymbol{x}\| = |k| \cdot \|\boldsymbol{x}\|$$

显然有

$$\boldsymbol{x}^{\mathrm{T}}\boldsymbol{x} = \|\boldsymbol{x}\|_2^2$$

对于非 **0** 向量，通过数乘向量模的倒数，可以将向量单位化（或称为标准化），使得其长度为 1

$$\frac{\boldsymbol{x}}{\|\boldsymbol{x}\|}$$

对于上面的向量，单位化之后为

$$\left(\frac{1}{\sqrt{6}} \ \frac{-1}{\sqrt{6}} \ \frac{2}{\sqrt{6}}\right)$$

当 $p = \infty$ 时，称为 L-∞ 范数，其值为

$$\|\boldsymbol{x}\|_\infty = \max |x_i|$$

即向量分量绝对值的最大值。上面这个向量的 L-∞ 范数为

$$\|\boldsymbol{x}\|_\infty = \max(|1|, |-1|, |2|) = 2$$

L-∞ 范数是 L-p 范数的极限

$$\|\boldsymbol{x}\|_\infty = \lim_{p\to+\infty}\left(\sum_{i=1}^n |x_i|^p\right)^{1/p}$$

在 1.1.2 节已经证明了此结论。

如不作特殊说明，本书后续章节的向量范数均默认指 L2 范数。

向量内积和 L2 范数满足著名的柯西-施瓦茨（Cauchy-Schwarz）不等式

$$\boldsymbol{x}^{\mathrm{T}}\boldsymbol{y} \leqslant \|\boldsymbol{x}\| \cdot \|\boldsymbol{y}\|$$

可以通过构造一元二次方程证明。由于

$$(\boldsymbol{x}+t\boldsymbol{y})^{\mathrm{T}}(\boldsymbol{x}+t\boldsymbol{y}) = \boldsymbol{y}^{\mathrm{T}}\boldsymbol{y}t^2 + 2\boldsymbol{x}^{\mathrm{T}}\boldsymbol{y}t + \boldsymbol{x}^{\mathrm{T}}\boldsymbol{x} \geqslant 0$$

对于 t 的一元二次方程

$$\boldsymbol{y}^{\mathrm{T}}\boldsymbol{y}t^2 + 2\boldsymbol{x}^{\mathrm{T}}\boldsymbol{y}t + \boldsymbol{x}^{\mathrm{T}}\boldsymbol{x} = 0$$

只有 $\boldsymbol{x}+t\boldsymbol{y}=\boldsymbol{0}$ 时才有实数解，根据二次方程的判别法则有

$$\Delta = (2\boldsymbol{x}^{\mathrm{T}}\boldsymbol{y})^2 - 4\boldsymbol{y}^{\mathrm{T}}\boldsymbol{y}\boldsymbol{x}^{\mathrm{T}}\boldsymbol{x} \leqslant 0$$

即

$$(\boldsymbol{x}^{\mathrm{T}}\boldsymbol{y})^2 \leqslant \|\boldsymbol{x}\|^2\|\boldsymbol{y}\|^2$$

当且仅当 $\boldsymbol{x}+t\boldsymbol{y}=\boldsymbol{0}$ 即两个向量成比例时不等式取等号。

向量内积、向量模与向量夹角之间的关系可以表述为

$$\boldsymbol{x}^{\mathrm{T}}\boldsymbol{y} = \|\boldsymbol{x}\| \cdot \|\boldsymbol{y}\| \cdot \cos\theta \tag{2.2}$$

其中 θ 为两个向量之间的夹角，其取值范围为 $[0,\pi]$。变形后得到向量夹角计算公式

$$\cos\theta = \frac{\boldsymbol{x}^{\mathrm{T}}\boldsymbol{y}}{\|\boldsymbol{x}\| \cdot \|\boldsymbol{y}\|} \tag{2.3}$$

根据此式可以计算两个向量之间的夹角。当两个向量之间的夹角超过 $\frac{\pi}{2}$ 时，它们的内积为负。

对于两个长度确定的向量，当夹角为 0 时它们的内积有最大值，此时 $\cos\theta = 1$；夹角为 π 时它们的内积有最小值，此时 $\cos\theta = -1$。这一结论在梯度下降法和最速下降法的推导中被使用。

对于向量 $\boldsymbol{x} = (1\ 1\ 0)^{\mathrm{T}}$、$\boldsymbol{y} = (0\ 1\ 1)^{\mathrm{T}}$，它们夹角的余弦为

$$\cos\theta = \frac{\boldsymbol{x}^{\mathrm{T}}\boldsymbol{y}}{\|\boldsymbol{x}\| \cdot \|\boldsymbol{y}\|} = \frac{1\times 0 + 1\times 1 + 0\times 1}{\sqrt{1^2+1^2+0^2}\times\sqrt{0^2+1^2+1^2}} = \frac{1}{2}$$

因此它们的夹角为 $\frac{\pi}{3}$。

对于向量 $\boldsymbol{x} = (1\ 0\ 0)$ 与 $\boldsymbol{y} = (0\ 1\ 0)$，它们夹角的余弦为

$$\cos\theta = \frac{\boldsymbol{x}^{\mathrm{T}}\boldsymbol{y}}{\|\boldsymbol{x}\|\|\boldsymbol{y}\|} = \frac{1\times 0 + 0\times 1 + 0\times 0}{\sqrt{1^2+0^2+0^2}\sqrt{0^2+1^2+0^2}} = 0$$

这两个向量正交。显然，第一个向量方向为 x 轴方向，第二个向量方向为 y 轴方向。

范数满足三角不等式，这是平面几何中三角不等式的抽象。

$$\|\boldsymbol{x}+\boldsymbol{y}\| \leqslant \|\boldsymbol{x}\| + \|\boldsymbol{y}\|$$

将三角不等式两边同时平方，有

$$\|\boldsymbol{x}+\boldsymbol{y}\|^2 = (\boldsymbol{x}+\boldsymbol{y})^{\mathrm{T}}(\boldsymbol{x}+\boldsymbol{y}) = \boldsymbol{x}^{\mathrm{T}}\boldsymbol{x} + 2\boldsymbol{x}^{\mathrm{T}}\boldsymbol{y} + \boldsymbol{y}^{\mathrm{T}}\boldsymbol{y}$$

以及

$$(\|\boldsymbol{x}\| + \|\boldsymbol{y}\|)^2 = \|\boldsymbol{x}\|^2 + 2\|\boldsymbol{x}\|\|\boldsymbol{y}\| + \|\boldsymbol{y}\|^2 = \boldsymbol{x}^{\mathrm{T}}\boldsymbol{x} + 2\|\boldsymbol{x}\|\|\boldsymbol{y}\| + \boldsymbol{y}^{\mathrm{T}}\boldsymbol{y}$$

根据柯西-施瓦茨不等式，三角不等式成立。

两个向量相减之后的 L2 范数是它们对应的点之间的距离，称为欧氏距离

$$\|\boldsymbol{x} - \boldsymbol{y}\|$$

对于三维空间中的两个点 $\boldsymbol{x}_1 = (1, 2, 1)$ 与 $\boldsymbol{x}_2 = (1, 2, 3)$，它们之间的距离为

$$d = \|\boldsymbol{x}_1 - \boldsymbol{x}_2\| = \sqrt{(1-1)^2 + (2-2)^2 + (1-3)^2} = 2$$

除欧氏距离之外还可以定义其他距离函数。一个将两个向量映射为实数的函数 $d(\boldsymbol{x}_1, \boldsymbol{x}_2)$ 只要满足下面的性质，均可作为距离函数。

（1）非负性。距离值必须是非负的，对于 $\forall \boldsymbol{x}_1, \boldsymbol{x}_2 \in \mathbb{R}^n$，均有 $d(\boldsymbol{x}_1, \boldsymbol{x}_2) \geqslant 0$。

（2）对称性。距离函数是对称的，对于 $\forall \boldsymbol{x}_1, \boldsymbol{x}_2 \in \mathbb{R}^n$，均有 $d(\boldsymbol{x}_1, \boldsymbol{x}_2) = d(\boldsymbol{x}_2, \boldsymbol{x}_1)$。

（3）三角不等式。对于 $\forall \boldsymbol{x}_1, \boldsymbol{x}_2, \boldsymbol{x}_3 \in \mathbb{R}^n$，均有 $d(\boldsymbol{x}_1, \boldsymbol{x}_2) + d(\boldsymbol{x}_2, \boldsymbol{x}_3) \geqslant d(\boldsymbol{x}_1, \boldsymbol{x}_3)$。

这些性质是欧氏几何中距离特性的抽象。

2.1.4 解析几何

下面介绍线性代数在解析几何中的应用，所有结论均可以从二维平面和三维空间推广到更高维的空间。

平面解析几何中直线方程为

$$ax + by + c = 0$$

空间解析几何中平面方程为

$$ax + by + cz + d = 0$$

将它们推广到 n 维空间，得到如下的超平面（Hyperplane）方程

$$\boldsymbol{w}^{\mathrm{T}}\boldsymbol{x} + b = 0 \tag{2.4}$$

二维平面的直线、三维空间的平面是其特例。在这种表示中，$\boldsymbol{w}$ 称为法向量，它与超平面内任意两个不同点之间连成的直线垂直，如图 2.3 所示。

图 2.3 中黑色虚线为平面的法向量，它与平面垂直，对于平面内任意两点 $\boldsymbol{x}_1$ 与 $\boldsymbol{x}_2$，它们连起来的直线（平面上的虚线）均与法向量垂直。事实上，如果这两个点在平面内，则它们满足平面的方程，有

$$\boldsymbol{w}^{\mathrm{T}}\boldsymbol{x}_1 + b = 0 \qquad\qquad \boldsymbol{w}^{\mathrm{T}}\boldsymbol{x}_2 + b = 0$$

两式相减可以得到

$$\boldsymbol{w}^{\mathrm{T}}(\boldsymbol{x}_1 - \boldsymbol{x}_2) = 0$$

因此法向量 $\boldsymbol{w}$ 与平面内任意两点之间的连线 $\boldsymbol{x}_1\boldsymbol{x}_2$ 正交。将线性方程式 (2.4) 的两侧同时乘以一个非 0 的系数，表示的还是同一个超平面。例如对于下面的直线方程

$$x - y + 1 = 0$$

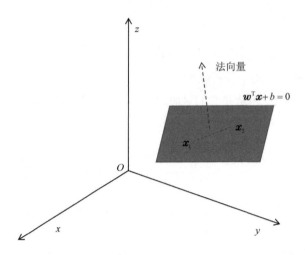

图 2.3 平面的法向量

将方程两侧同时乘以 2，得到新的方程

$$2x - 2y + 2 = 0$$

它和原方程表示的是同一条直线。

下面介绍点到超平面的距离公式。在平面解析几何中，点 (x, y) 到直线的距离为

$$d = \frac{|ax + by + c|}{\sqrt{a^2 + b^2}}$$

在空间解析几何中，点到平面的距离为

$$d = \frac{|ax + by + cz + d|}{\sqrt{a^2 + b^2 + c^2}}$$

将其推广到 n 维空间，根据向量内积和范数可以计算出点到超平面的距离。对于式 (2.4) 所定义的超平面，点 $\boldsymbol{x}$ 到它的距离为

$$d = \frac{|\boldsymbol{w}^{\mathrm{T}}\boldsymbol{x} + b|}{\|\boldsymbol{w}\|_2} \tag{2.5}$$

这与二维平面、三维空间中点到直线和平面的距离公式在形式上是统一的。在支持向量机的推导过程中将会使用此距离公式。

下面用一个例子说明。有如下的超平面

$$x_1 - 2x_2 + x_3 - 3x_4 + 1 = 0$$

根据式 (2.5)，点 $(1, 1, 1, 1)$ 到它的距离为

$$d = \frac{|1 - 2 \times 1 + 1 - 3 \times 1 + 1|}{\sqrt{1^2 + (-2)^2 + 1^2 + (-3)^2}} = \frac{2}{\sqrt{15}}$$

2.1.5 线性相关性

下面根据数乘和加法运算定义线性组合的概念。有向量组 $\boldsymbol{x}_1, \cdots, \boldsymbol{x}_l$，如果存在一组实数 $k_1, \cdots, k_l$ 使得

$$\boldsymbol{x} = k_1\boldsymbol{x}_1 + \cdots + k_l\boldsymbol{x}_l \tag{2.6}$$

则称向量 $\boldsymbol{x}$ 可由向量组 $\boldsymbol{x}_1, \cdots, \boldsymbol{x}_l$ 线性表达。式 (2.6) 右侧称为向量组 $\boldsymbol{x}_1, \cdots, \boldsymbol{x}_l$ 的线性组合（Linear Combination），$k_1, \cdots, k_l$ 为组合系数。对于如下的向量组

$$\boldsymbol{x}_1 = (1 \ 2 \ 3) \qquad \boldsymbol{x}_2 = (1 \ 0 \ 2) \qquad \boldsymbol{x}_3 = (0 \ 0 \ 1)$$

向量 $\boldsymbol{x}$

$$\boldsymbol{x} = \boldsymbol{x}_1 + 2\boldsymbol{x}_2 + \boldsymbol{x}_3 = (3 \ 2 \ 8)$$

可由该向量组线性表达，组合系数为 1,2,1。

对于向量组 $\boldsymbol{x}_1, \cdots, \boldsymbol{x}_l$，如果存在一组不全为 0 的数 $k_1, \cdots, k_l$，使得

$$k_1 \boldsymbol{x}_1 + k_2 \boldsymbol{x}_2 + \cdots + k_l \boldsymbol{x}_l = \boldsymbol{0}$$

则称这组向量线性相关。如果不存在一组全不为 0 的数使得上式成立，则称这组向量线性无关，也称为线性独立（Linear Independence）。

线性相关意味着这组向量存在冗余，至少有一个向量可以由其他向量线性表达。如果 $k_i \neq 0$，则有

$$\boldsymbol{x}_i = -\frac{k_1}{k_i} \boldsymbol{x}_1 - \cdots - \frac{k_{i-1}}{k_i} \boldsymbol{x}_{i-1} - \frac{k_{i+1}}{k_i} \boldsymbol{x}_{i+1} - \cdots - \frac{k_l}{k_i} \boldsymbol{x}_l$$

行向量组

$$\boldsymbol{x}_1 = (1 \ 0 \ 0) \qquad \boldsymbol{x}_2 = (0 \ 1 \ 0) \qquad \boldsymbol{x}_3 = (0 \ 0 \ 1) \qquad (2.7)$$

线性无关。给定组合系数 k_1、k_2、k_3，有

$$k_1(1 \ 0 \ 0) + k_2(0 \ 1 \ 0) + k_3(0 \ 0 \ 1) = (k_1 \ k_2 \ k_3)$$

欲使该向量为 $\boldsymbol{0}$，则有 $k_1 = k_2 = k_3 = 0$，因此这组向量线性无关。

下面的行向量组

$$\boldsymbol{x}_1 = (1 \ 1 \ 0) \qquad \boldsymbol{x}_2 = (2 \ 2 \ 0) \qquad \boldsymbol{x}_3 = (3 \ 3 \ 0) \qquad (2.8)$$

线性相关，因为存在如下的组合系数

$$1 \times (1 \ 1 \ 0) + 1 \times (2 \ 2 \ 0) + (-1) \times (3 \ 3 \ 0) = (0 \ 0 \ 0)$$

一个向量组数量最大的线性无关向量子集称为极大线性无关组。给定向量组 $\boldsymbol{x}_1, \cdots, \boldsymbol{x}_l$，如果 $\boldsymbol{x}_{i_1}, \boldsymbol{x}_{i_2}, \cdots, \boldsymbol{x}_{i_m}$ 线性无关，但任意加入一个向量 $\boldsymbol{x}_{i_{m+1}}$ 之后线性相关，则 $\boldsymbol{x}_{i_1}, \boldsymbol{x}_{i_2}, \cdots, \boldsymbol{x}_{i_m}$ 是极大线性无关组。极大线性无关组可能不唯一。对于式 (2.7) 的例子，其极大线性无关组为 $\boldsymbol{x}_1$、$\boldsymbol{x}_2$、$\boldsymbol{x}_3$。对于式 (2.8) 的例子，$\boldsymbol{x}_1$、$\boldsymbol{x}_2$ 或者 $\boldsymbol{x}_3$ 中的任意一个向量均可以作为极大线性无关组。

可以证明，n 维向量的极大线性无关组最多有 n 个向量。这意味着任意一个向量均可以由 n 个线性无关的 n 维向量线性表达。

2.1.6　向量空间

有 n 维向量的集合 X，如果在其上定义了加法运算和数乘运算，且对两种运算封闭，即运算结果仍属于此集合，则称 X 为向量空间（Vector Space），也称为线性空间。对于任意的向量 $\boldsymbol{x}, \boldsymbol{y} \in X$，都有

$$\boldsymbol{x} + \boldsymbol{y} \in X \qquad\qquad k\boldsymbol{x} \in X$$

则集合 X 为向量空间。根据线性组合的定义，向量空间中任意向量的线性组合仍然属于此空间。设 S 是向量空间 X 的子集，如果 S 对加法和数乘运算都封闭，则称 S 为 X 的子空间。下面举例说明。

由三维实向量构成的集合 $\mathbb{R}^3$ 是一个线性空间。显然对于任意的 $\boldsymbol{x}, \boldsymbol{y} \in \mathbb{R}^3$ 以及 $k \in \mathbb{R}$，都有

$$\boldsymbol{x} + \boldsymbol{y} \in \mathbb{R}^3 \qquad\qquad\qquad k\boldsymbol{x} \in \mathbb{R}^3$$

集合 $S = \{\boldsymbol{x} \in \mathbb{R}^3, x_i > 0\}$，即分量全为正的三维向量的集合不是线性空间，因为它对数乘不封闭。S 中的向量 $\boldsymbol{x}$ 数乘一个负数，结果向量的分量为负，不再属于该集合。

向量空间的极大线性无关组称为空间的基，基所包含的向量数称为空间的维数。

如果 $\boldsymbol{u}_1, \cdots, \boldsymbol{u}_n$ 是空间的一组基，空间中的任意向量 $\boldsymbol{x}$ 均可由这组基线性表达

$$\boldsymbol{x} = k_1 \boldsymbol{u}_1 + \cdots + k_n \boldsymbol{u}_n$$

$k_1, \cdots, k_n$ 称为向量 $\boldsymbol{x}$ 在这组基下的坐标。

如果基向量 $\boldsymbol{u}_1, \cdots, \boldsymbol{u}_n$ 相互正交

$$\boldsymbol{u}_i^{\mathrm{T}} \boldsymbol{u}_j = 0, i \neq j$$

则称为正交基。如果基向量相互正交且长度均为 1

$$\boldsymbol{u}_i^{\mathrm{T}} \boldsymbol{u}_j = 0, \ i \neq j \qquad\qquad\qquad \boldsymbol{u}_i^{\mathrm{T}} \boldsymbol{u}_i = 1$$

则称为标准正交基。

下面的向量组

$$(1\ 0\ 0) \qquad\qquad (0\ 1\ 0) \qquad\qquad (0\ 0\ 1)$$

为 $\mathbb{R}^3$ 的一组标准正交基，其方向对应三维空间中的 3 个坐标轴方向。需要强调的是，空间的基和标准正交基不是唯一的。

给定一组线性无关的向量，可以根据它们构造出标准正交基，采用的方法是格拉姆-施密特（Gram-Schmidt）正交化。给定一组非 $\boldsymbol{0}$ 且线性无关的向量 $\boldsymbol{x}_1, \cdots, \boldsymbol{x}_l$，格拉姆-施密特正交化先构造出一组正交基 $\boldsymbol{u}_1, \cdots, \boldsymbol{u}_l$，然后将这组正交基进行标准化得到标准正交基 $\boldsymbol{e}_1, \cdots, \boldsymbol{e}_l$。首先选择向量 $\boldsymbol{x}_1$ 作为第一个正交基方向，令

$$\boldsymbol{u}_1 = \boldsymbol{x}_1$$

然后加入 $\boldsymbol{x}_2$，构造 $\boldsymbol{u}_1$ 和 $\boldsymbol{x}_2$ 的线性组合，使得它与 $\boldsymbol{u}_1$ 正交

$$\boldsymbol{u}_2 = \boldsymbol{x}_2 - \alpha_{21} \boldsymbol{u}_1$$

由于 $\boldsymbol{u}_2$ 与 $\boldsymbol{u}_1$ 正交，因此有

$$(\boldsymbol{x}_2 - \alpha_{21} \boldsymbol{u}_1)^{\mathrm{T}} \boldsymbol{u}_1 = 0$$

解得

$$\alpha_{21} = \frac{\boldsymbol{x}_2^{\mathrm{T}} \boldsymbol{u}_1}{\boldsymbol{u}_1^{\mathrm{T}} \boldsymbol{u}_1}$$

下面解释这种做法的几何意义，如图 2.4 所示。由于

$$\boldsymbol{x}_2^{\mathrm{T}} \boldsymbol{u}_1 = \|\boldsymbol{x}_2\| \|\boldsymbol{u}_1\| \cos \theta$$

因此 $\dfrac{\boldsymbol{x}_2^{\mathrm{T}} \boldsymbol{u}_1}{\|\boldsymbol{u}_1\|} = \|\boldsymbol{x}_2\| \cos \theta$ 就是 $\boldsymbol{x}_2$ 在 $\boldsymbol{u}_1$ 方向上投影向量的长度，是图 2.4 中的直角三角形

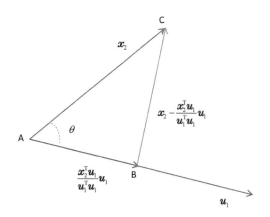

图 2.4 通过向量投影构造垂直向量

ABC 的直角边 AB 的长度，这里 $\boldsymbol{x}_2$ 是三角形的斜边 AC。由于 $\dfrac{\boldsymbol{u}_1}{\|\boldsymbol{u}_1\|}$ 是 $\boldsymbol{u}_1$ 方向的单位向量，$\dfrac{\boldsymbol{x}_2^{\mathrm{T}}\boldsymbol{u}_1}{\|\boldsymbol{u}_1\|}\dfrac{\boldsymbol{u}_1}{\|\boldsymbol{u}_1\|} = \dfrac{\boldsymbol{x}_2^{\mathrm{T}}\boldsymbol{u}_1}{\boldsymbol{u}_1^{\mathrm{T}}\boldsymbol{u}_1}\boldsymbol{u}_1$ 就是 $\boldsymbol{x}_2$ 在 $\boldsymbol{u}_1$ 方向上的投影向量，是图中的向量 AB。根据向量减法的三角形法则，$\boldsymbol{x}_2 - \dfrac{\boldsymbol{x}_2^{\mathrm{T}}\boldsymbol{u}_1}{\boldsymbol{u}_1^{\mathrm{T}}\boldsymbol{u}_1}\boldsymbol{u}_1$ 就是图中的向量 BC，与 $\boldsymbol{u}_1$ 垂直。

接下来加入 $\boldsymbol{x}_3$，构造出 $\boldsymbol{u}_3$，是 $\boldsymbol{u}_1$、$\boldsymbol{u}_2$ 和 $\boldsymbol{x}_3$ 的线性组合，使得它与 $\boldsymbol{u}_1$ 及 $\boldsymbol{u}_2$ 均正交

$$\boldsymbol{u}_3 = \boldsymbol{x}_3 - \alpha_{31}\boldsymbol{u}_1 - \alpha_{32}\boldsymbol{u}_2$$

由于 $\boldsymbol{u}_3$ 与 $\boldsymbol{u}_1$ 正交，因此有

$$(\boldsymbol{x}_3 - \alpha_{31}\boldsymbol{u}_1 - \alpha_{32}\boldsymbol{u}_2)^{\mathrm{T}}\boldsymbol{u}_1 = 0$$

而 $\boldsymbol{u}_1$ 与 $\boldsymbol{u}_2$ 正交，$(\alpha_{32}\boldsymbol{u}_2)^{\mathrm{T}}\boldsymbol{u}_1 = 0$，因此可以解得

$$\alpha_{31} = \frac{\boldsymbol{x}_3^{\mathrm{T}}\boldsymbol{u}_1}{\boldsymbol{u}_1^{\mathrm{T}}\boldsymbol{u}_1}$$

由于 $\boldsymbol{u}_3$ 与 $\boldsymbol{u}_2$ 正交，因此有

$$(\boldsymbol{x}_3 - \alpha_{31}\boldsymbol{u}_1 - \alpha_{32}\boldsymbol{u}_2)^{\mathrm{T}}\boldsymbol{u}_2 = 0$$

而 $\boldsymbol{u}_1$ 与 $\boldsymbol{u}_2$ 正交，$(\alpha_{31}\boldsymbol{u}_1)^{\mathrm{T}}\boldsymbol{u}_2 = 0$，因此可以解得

$$\alpha_{32} = \frac{\boldsymbol{x}_3^{\mathrm{T}}\boldsymbol{u}_2}{\boldsymbol{u}_2^{\mathrm{T}}\boldsymbol{u}_2}$$

依此类推，在加入 $\boldsymbol{x}_k$ 时构造下面的线性组合

$$\boldsymbol{u}_k = \boldsymbol{x}_k - \sum_{i=1}^{k-1}\alpha_{ki}\boldsymbol{u}_i \tag{2.9}$$

由于它与 $\boldsymbol{u}_1,\cdots,\boldsymbol{u}_{k-1}$ 均正交，因此

$$\left(\boldsymbol{x}_k - \sum_{i=1}^{k-1}\alpha_{ki}\boldsymbol{u}_i\right)^{\mathrm{T}}\boldsymbol{u}_j = 0, \ \ j = 1,\cdots,k-1$$

而 $\boldsymbol{u}_j$ 与 $\boldsymbol{u}_i, i = 1,\cdots,k-1, i \neq j$ 均正交，从而解得

$$\alpha_{ki} = \frac{\boldsymbol{x}_k^{\mathrm{T}}\boldsymbol{u}_i}{\boldsymbol{u}_i^{\mathrm{T}}\boldsymbol{u}_i} \tag{2.10}$$

反复执行上面的过程，得到一组正交基

$$\boldsymbol{u}_1, \cdots, \boldsymbol{u}_l$$

将它们分别标准化，得到标准正交基

$$\frac{\boldsymbol{u}_1}{\|\boldsymbol{u}_1\|}, \cdots, \frac{\boldsymbol{u}_l}{\|\boldsymbol{u}_l\|}$$

下面解释格拉姆-施密特正交化的几何意义。首先考虑二维的情况，如图 2.5 所示。

图 2.5 中向量 $\dfrac{\boldsymbol{x}_2^{\mathrm{T}}\boldsymbol{u}_1}{\boldsymbol{u}_1^{\mathrm{T}}\boldsymbol{u}_1}\boldsymbol{u}_1$ 与 $\boldsymbol{u}_1$ 同向，是向量 $\boldsymbol{x}_2$ 在 $\boldsymbol{x}_1$ 方向的投影，显然 $\boldsymbol{x}_2$ 减掉该投影之后的向量，即向量 $\boldsymbol{u}_2$，与 $\boldsymbol{u}_1$ 垂直。

下面考虑三维的情况，如图 2.6 所示。首先构造出 $\boldsymbol{u}_2$，与二维平面的方法相同，保证 $\boldsymbol{u}_2$ 与 $\boldsymbol{u}_1$ 垂直。然后处理 $\boldsymbol{x}_3$，首先减掉其在 $\boldsymbol{u}_1$ 方向的投影，保证相减之后与 $\boldsymbol{u}_1$ 垂直。然后减掉在 $\boldsymbol{u}_2$ 方向的投影，保证与 $\boldsymbol{u}_2$ 垂直。

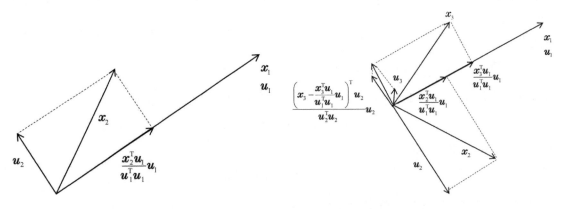

图 2.5　二维平面的格拉姆-施密特正交化　　　图 2.6　三维空间的格拉姆-施密特正交化

下面举例说明。有如下的向量组

$$\boldsymbol{x}_1 = \begin{pmatrix} 1 \\ 0 \\ 1 \end{pmatrix}, \boldsymbol{x}_2 = \begin{pmatrix} 1 \\ 1 \\ 0 \end{pmatrix}, \boldsymbol{x}_3 = \begin{pmatrix} 0 \\ 1 \\ 1 \end{pmatrix}$$

首先生成 $\boldsymbol{u}_1$

$$\boldsymbol{u}_1 = \boldsymbol{x}_1 = \begin{pmatrix} 1 \\ 0 \\ 1 \end{pmatrix}$$

然后生成 $\boldsymbol{u}_2$，组合系数为

$$\alpha_{21} = \frac{\boldsymbol{x}_2^{\mathrm{T}}\boldsymbol{u}_1}{\boldsymbol{u}_1^{\mathrm{T}}\boldsymbol{u}_1} = \frac{1 \times 1 + 0 \times 1 + 1 \times 0}{1^2 + 0^2 + 1^2} = \frac{1}{2}$$

因此

$$\boldsymbol{u}_2 = \boldsymbol{x}_2 - \alpha_{21}\boldsymbol{u}_1 = \begin{pmatrix} 1 \\ 1 \\ 0 \end{pmatrix} - \frac{1}{2} \begin{pmatrix} 1 \\ 0 \\ 1 \end{pmatrix} = \frac{1}{2} \begin{pmatrix} 1 \\ 2 \\ -1 \end{pmatrix}$$

最后生成 $\boldsymbol{u}_3$，组合系数为

$$\alpha_{31} = \frac{\boldsymbol{x}_3^{\mathrm{T}} \boldsymbol{u}_1}{\boldsymbol{u}_1^{\mathrm{T}} \boldsymbol{u}_1} = \frac{1 \times 0 + 0 \times 1 + 1 \times 1}{1^2 + 0^2 + 1^2} = \frac{1}{2}$$

以及

$$\alpha_{32} = \frac{\boldsymbol{x}_3^{\mathrm{T}} \boldsymbol{u}_2}{\boldsymbol{u}_2^{\mathrm{T}} \boldsymbol{u}_2} = \frac{\frac{1}{2}(1 \times 0 + 2 \times 1 + (-1) \times 1)}{\frac{1}{4}(1^2 + 2^2 + (-1)^2)} = \frac{1}{3}$$

因此

$$\boldsymbol{u}_3 = \boldsymbol{x}_3 - \alpha_{31} \boldsymbol{u}_1 - \alpha_{32} \boldsymbol{u}_2 = \begin{pmatrix} 0 \\ 1 \\ 1 \end{pmatrix} - \frac{1}{2} \begin{pmatrix} 1 \\ 0 \\ 1 \end{pmatrix} - \frac{1}{3} \times \frac{1}{2} \begin{pmatrix} 1 \\ 2 \\ -1 \end{pmatrix} = \frac{2}{3} \begin{pmatrix} -1 \\ 1 \\ 1 \end{pmatrix}$$

最后对 $\boldsymbol{u}_1$、$\boldsymbol{u}_2$ 和 $\boldsymbol{u}_3$ 进行单位化

$$\boldsymbol{e}_1 = \frac{\boldsymbol{u}_1}{\|\boldsymbol{u}_1\|} = \frac{1}{\sqrt{2}} \begin{pmatrix} 1 \\ 0 \\ 1 \end{pmatrix} \qquad \boldsymbol{e}_2 = \frac{\boldsymbol{u}_2}{\|\boldsymbol{u}_2\|} = \frac{1}{\sqrt{6}} \begin{pmatrix} 1 \\ 2 \\ -1 \end{pmatrix} \qquad \boldsymbol{e}_3 = \frac{\boldsymbol{u}_3}{\|\boldsymbol{u}_3\|} = \frac{1}{\sqrt{3}} \begin{pmatrix} -1 \\ 1 \\ 1 \end{pmatrix}$$

即为一组标准正交基。

2.1.7 应用——线性回归

线性模型是非常简单的机器学习模型，本节介绍线性回归。有 l 个样本 $(\boldsymbol{x}_i, y_i), i = 1, \cdots, l$，其中 $\boldsymbol{x}_i \in \mathbb{R}^n$ 为特征向量，$y_i \in \mathbb{R}$ 为实数标签值。线性回归用线性函数拟合这组样本数据。给定输入向量 $\boldsymbol{x}$，其预测函数为

$$h(\boldsymbol{x}) = \boldsymbol{w}^{\mathrm{T}} \boldsymbol{x} + b \tag{2.11}$$

权重向量 $\boldsymbol{w}$ 和偏置 b 是模型的参数。对于一维输入向量，线性回归拟合的是平面内的直线，横轴为输入数据，纵轴为实数标签值。下面举例说明。

对于表 2.2 的房价数据，现在用线性回归进行预测，建立房屋面积与价格之间的关系。线性回归所拟合出的直线如图 2.7 所示。

表 2.2　房价数据

面积 / m^2	价格 / 万元
150	6450
200	7450
250	8450
300	9450
350	11450
400	15450
600	18450

图 2.7 中的直线为线性回归拟合的函数，圆点为样本点。横轴为输入变量，即面积，纵轴为预测的标签值，即房屋的价格。任意给定一个 x 值，代入式 (2.11) 均可预测出该面积的房屋的价格。

模型的参数 $\boldsymbol{w}$ 和 b 通过训练确定。训练的目标通常是最小化均方误差（Mean Squared Error, MSE）函数，它在机器学习中被广泛使用，用于衡量两个向量之间的差距，其中一个向量是真实

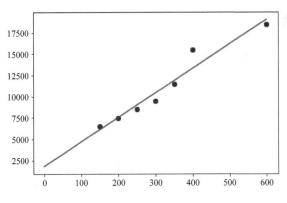

图 2.7 一维数据的线性回归

值，另外一个向量是预测值。目标函数定义为

$$\frac{1}{2l} \sum_{i=1}^{l} (h(\boldsymbol{x}_i) - y_i)^2$$

将线性回归的预测函数代入，可以得到优化的目标为

$$L(\boldsymbol{w}, b) = \frac{1}{2l} \sum_{i=1}^{l} (\boldsymbol{w}^{\mathrm{T}} \boldsymbol{x}_i + b - y_i)^2 \tag{2.12}$$

求式 (2.12) 多元函数的极小值即可得到模型的参数，在 3.3.4 节将进一步讨论如何求解此问题。

2.1.8 应用——线性分类器与支持向量机

分类算法的目标是确定样本的所属类别。例如对于表 2.1 的 iris 数据集，根据花的各种特征判定它属于哪一类。本节重点讨论二分类问题，样本可以分为正样本和负样本两类，正样本的标签值为 +1、负样本的标签值为 −1。线性分类器是最简单的分类器之一，是 n 维空间中的分类超平面，它将空间切分成两部分。线性分类器的超平面方程为

$$\boldsymbol{w}^{\mathrm{T}} \boldsymbol{x} + b = 0$$

其中 $\boldsymbol{x}$ 为输入向量，$\boldsymbol{w}$ 是权重向量，b 是偏置项，它们通过训练得到。对于一个样本 $\boldsymbol{x}$，如果满足

$$\boldsymbol{w}^{\mathrm{T}} \boldsymbol{x} + b > 0 \tag{2.13}$$

则被判定为正样本，否则被判定为负样本。图 2.8 是一个线性分类器对二维平面进行分割的示意图。

在图 2.8 中，直线将平面分成两部分。落在直线左侧的点被判定成第一类；落在直线右侧的点被判定成第二类。线性分类器的预测函数可以写成

$$\mathrm{sgn}(\boldsymbol{w}^{\mathrm{T}} \boldsymbol{x} + b) \tag{2.14}$$

其中 sgn 为符号函数，在 1.2.2 节已经定义，其输出值为 +1 或者 −1。给定一个样本的向量 $\boldsymbol{x}$，代入式 (2.14) 就可以得到它的类别值 ±1。这分别对应正样本和负样本。

有一个问题是，究竟在超平面哪一侧的样本是正样本，哪一侧的样本是负样本？事实上，无论哪一侧，都可以是正样本。因为只要将超平面方程乘以一个负数，即可实现式 (2.13) 的反号。下面用一个例子说明，如图 2.9 所示。

在图 2.9 中，正样本有一个样本点 $(5,5)$；负样本有一个样本点 $(1,1)$。分类超平面即图中的

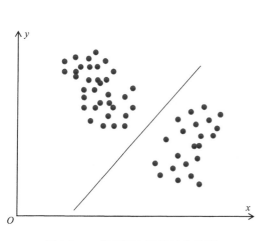

图 2.8 二维平面中的线性分类器

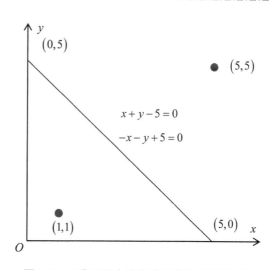

图 2.9 二维平面中的线性分类器分割的平面

直线的方程为

$$x + y - 5 = 0$$

将正样本的点代入上面的方程，计算出的值为正。将负样本的点代入，计算出来的结果为负。但如果我们将方程两边同乘以 -1，得到新的方程

$$-x - y + 5 = 0$$

此方程所表示的还是同一条直线，但将正样本代入方程之后，计算出的结果为负，负样本则为正。因此，可以通过控制权重向量 w 和偏置项 b 的值使得正样本的预测值一定为正。

线性分类器的参数通过训练得到，其目标是最大化训练样本集的预测正确率。目前有多种优化目标的构造，在 4.9.1 节将介绍感知器模型的损失函数。

通常情况下，对于一个样本集，可行的分类器是不唯一的。图 2.10 是典型的例子，图中两条直线均可将两种颜色的样本分开。支持向量机（不考虑核函数）是线性分类器的特例，是最大化分类间隔的线性分类器。其目标是寻找一个分类超平面，它不仅能正确地分类每一个样本，并且要使得每一类样本中距离超平面最近的样本到超平面的距离尽可能远，这样有更好的泛化性能。只要样本落在本侧的间隔内，都能被正确分类。

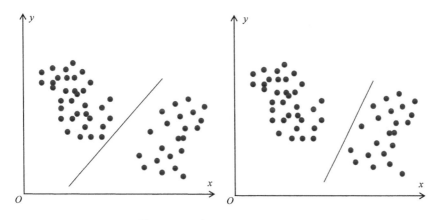

图 2.10 两个不同的线性分类器

　　假设训练样本集有 l 个样本，特征向量 $\boldsymbol{x}_i$ 是 n 维向量，类别标签 y_i 取值为 +1 或者 −1。支持向量机为这些样本寻找一个最优分类超平面，其方程为

$$\boldsymbol{w}^{\mathrm{T}}\boldsymbol{x} + b = 0$$

首先要保证每个样本都被正确分类。对于正样本有

$$\boldsymbol{w}^{\mathrm{T}}\boldsymbol{x} + b > 0$$

对于负样本有

$$\boldsymbol{w}^{\mathrm{T}}\boldsymbol{x} + b < 0$$

这与线性分类器的做法相同。由于正样本的的类别标签为 +1，负样本的类别标签为 −1，可统一写成如下不等式约束

$$y_i(\boldsymbol{w}^{\mathrm{T}}\boldsymbol{x}_i + b) > 0$$

　　其次，要求超平面到两类样本的距离要尽可能远。根据点到超平面的距离公式，每个样本到分类超平面的距离为

$$d = \frac{|\boldsymbol{w}^{\mathrm{T}}\boldsymbol{x}_i + b|}{\|\boldsymbol{w}\|}$$

在 2.1.4 节已经介绍，上面的超平面方程有冗余，将方程两边都乘以不等于 0 的常数，还是同一个超平面，利用这个特点可以简化求解的问题。对 $\boldsymbol{w}$ 和 b 加上如下约束可以消掉冗余

$$\min_{\boldsymbol{x}_i}|\boldsymbol{w}^{\mathrm{T}}\boldsymbol{x}_i + b| = 1$$

同时简化点到超平面距离计算公式。对分类超平面的约束变成

$$y_i(\boldsymbol{w}^{\mathrm{T}}\boldsymbol{x}_i + b) \geqslant 1$$

这是上面那个不等式约束的加强版。该等式约束的意义是两类样本中离分类超平面最近的样本点代入超平面方程之后，其绝对值为 1。分类超平面与两类样本之间的间隔为

$$d(\boldsymbol{w}, b) = \min_{\boldsymbol{x}_i, y_i=-1} d(\boldsymbol{w}, b; \boldsymbol{x}_i) + \min_{\boldsymbol{x}_i, y_i=1} d(\boldsymbol{w}, b; \boldsymbol{x}_i) = \min_{\boldsymbol{x}_i, y_i=-1} \frac{|\boldsymbol{w}^{\mathrm{T}}\boldsymbol{x}_i + b|}{\|\boldsymbol{w}\|} + \min_{\boldsymbol{x}_i, y_i=1} \frac{|\boldsymbol{w}^{\mathrm{T}}\boldsymbol{x}_i + b|}{\|\boldsymbol{w}\|}$$

$$= \frac{1}{\|\boldsymbol{w}\|}\left(\min_{\boldsymbol{x}_i, y_i=-1}|\boldsymbol{w}^{\mathrm{T}}\boldsymbol{x}_i + b| + \min_{\boldsymbol{x}_i, y_i=1}|\boldsymbol{w}^{\mathrm{T}}\boldsymbol{x}_i + b|\right) = \frac{2}{\|\boldsymbol{w}\|}$$

目标是使得这个间隔最大化，这等价于最小化下面的目标函数

$$\frac{1}{2}\|\boldsymbol{w}\|^2$$

加上前面定义的约束条件之后，求解的优化问题可以写成

$$\min \frac{1}{2}\boldsymbol{w}^{\mathrm{T}}\boldsymbol{w}$$
$$y_i(\boldsymbol{w}^{\mathrm{T}}\boldsymbol{x}_i + b) \geqslant 1 \tag{2.15}$$

　　这是一个带不等式约束的二次函数极值问题，在第 4 章将介绍其求解方法。图 2.11 是最大间隔分类超平面示意图。

　　在图 2.11 中，两侧的样本点都有 2 个样本点离分类直线最近。把同一类型的这些最近样本点连接起来，形成两条平行的直线，分类直线位于这两条线的中间位置。若对支持向量机系统地进行了解，可以阅读参考文献 [3]。

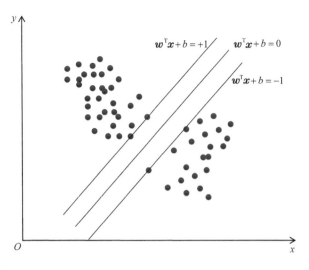

图 2.11　最大化分类间隔

2.2　矩阵及其运算

矩阵即计算机程序设计语言中的二维数组，是机器学习中使用最广泛的数据类型之一。单通道的灰度图像是矩阵的典型代表，其每个元素为一个像素值。在数学和机器学习领域，矩阵都有广泛的用途，典型的有图的邻接矩阵（见本书第 8 章）、随机过程中的状态转移矩阵（见本书第 7 章）。

2.2.1　基本概念

矩阵 A 是二维数组，一个 $m \times n$ 的矩阵有 m 行和 n 列，每个位置 (i, j) 处的元素 a_{ij} 是一个数，记为

$$\begin{pmatrix} a_{11} & \cdots & a_{1n} \\ \vdots & & \vdots \\ a_{m1} & \cdots & a_{mn} \end{pmatrix}$$

矩阵通常用大写的黑体、斜体字母表示，本书后续章节均遵守此约定。一张灰度图像可以看作矩阵，其每个元素对应图像的一个像素，矩阵的行数为图像的高度，矩阵的列数为图像的宽度。

矩阵的元素可以是实数，称为实矩阵；也可以是复数，称为复矩阵。全体 $m \times n$ 实矩阵的集合记为 $\mathbb{R}^{m \times n}$。

下面是一个 2×3 的矩阵

$$\begin{pmatrix} 1 & 2 & 3 \\ 3 & 2 & 1 \end{pmatrix}$$

如果矩阵的行数和列数相等，则称为方阵。$n \times n$ 的方阵称为 n 阶方阵。如果一个方阵的元素满足

$$a_{ij} = a_{ji}$$

则称该矩阵为对称矩阵。下面是一个对称矩阵

$$\begin{pmatrix} 1 & 2 & 3 \\ 2 & 2 & 4 \\ 3 & 4 & 0 \end{pmatrix}$$

矩阵所有行号和列号相等的元素 a_{ii} 的全体称为主对角线。如果一个矩阵除主对角线之外所有元素都为 0，则称为对角矩阵。下面是一个对角矩阵

$$\begin{pmatrix} 1 & 0 & 0 \\ 0 & 2 & 0 \\ 0 & 0 & 3 \end{pmatrix}$$

该对角矩阵可以简记为

$$\mathrm{diag}(1,2,3)$$

通常将对角矩阵记为 $\boldsymbol{\Lambda}$。

如果一个矩阵的主对角线元素为 1、其他元素都为 0，则称为单位矩阵，记为 $\boldsymbol{I}$。下面是一个单位矩阵

$$\begin{pmatrix} 1 & 0 & 0 \\ 0 & 1 & 0 \\ 0 & 0 & 1 \end{pmatrix}$$

单位矩阵的作用类似于实数中的 1，在矩阵乘法和逆矩阵中会作说明。n 阶单位矩阵记为 $\boldsymbol{I}_n$。

如果一个矩阵的所有元素都为 0，则称为零矩阵，记为 $\boldsymbol{0}$，其作用类似于实数中的 0。如果方阵的主对角线以下位置的元素全为 0，则称为上三角矩阵。下面是一个上三角矩阵

$$\begin{pmatrix} 1 & 1 & 0 \\ 0 & 2 & 1 \\ 0 & 0 & 3 \end{pmatrix}$$

如果方阵的主对角线以上位置的元素都为 0，则称为下三角矩阵。下面是一个下三角矩阵

$$\begin{pmatrix} 1 & 0 & 0 \\ 4 & 2 & 0 \\ 6 & 5 & 3 \end{pmatrix}$$

一个向量组 $\boldsymbol{x}_1, \cdots, \boldsymbol{x}_n$ 的格拉姆（Gram）矩阵是一个 $n \times n$ 的矩阵，其每一个元素 G_{ij} 为向量 $\boldsymbol{x}_i$ 与 $\boldsymbol{x}_j$ 的内积。即

$$\boldsymbol{G} = \begin{pmatrix} \boldsymbol{x}_1^{\mathrm{T}} \boldsymbol{x}_1 & \boldsymbol{x}_1^{\mathrm{T}} \boldsymbol{x}_2 & \cdots & \boldsymbol{x}_1^{\mathrm{T}} \boldsymbol{x}_n \\ \boldsymbol{x}_2^{\mathrm{T}} \boldsymbol{x}_1 & \boldsymbol{x}_2^{\mathrm{T}} \boldsymbol{x}_2 & \cdots & \boldsymbol{x}_2^{\mathrm{T}} \boldsymbol{x}_n \\ \vdots & \vdots & & \vdots \\ \boldsymbol{x}_n^{\mathrm{T}} \boldsymbol{x}_1 & \boldsymbol{x}_n^{\mathrm{T}} \boldsymbol{x}_2 & \cdots & \boldsymbol{x}_n^{\mathrm{T}} \boldsymbol{x}_n \end{pmatrix}$$

由于

$$\boldsymbol{x}_i^{\mathrm{T}} \boldsymbol{x}_j = \boldsymbol{x}_j^{\mathrm{T}} \boldsymbol{x}_i$$

因此格拉姆矩阵是一个对称矩阵。对于下面的向量组

$$\boldsymbol{x}_1 = (1\ 2\ 3)^{\mathrm{T}} \qquad\qquad \boldsymbol{x}_2 = (1\ 0\ 1)^{\mathrm{T}}$$

其格拉姆矩阵为

$$G = \begin{pmatrix} \boldsymbol{x}_1^{\mathrm{T}} \boldsymbol{x}_1 & \boldsymbol{x}_1^{\mathrm{T}} \boldsymbol{x}_2 \\ \boldsymbol{x}_2^{\mathrm{T}} \boldsymbol{x}_1 & \boldsymbol{x}_2^{\mathrm{T}} \boldsymbol{x}_2 \end{pmatrix} = \begin{pmatrix} 14 & 4 \\ 4 & 2 \end{pmatrix}$$

在机器学习中该矩阵经常出现，包括主成分分析、核主成分分析、线性判别分析、线性回归、logistic 回归以及支持向量机的推导和证明。

2.2.2 基本运算

矩阵的转置（Transpose）定义为行和列下标相互交换，一个 $m \times n$ 的矩阵转置之后为 $n \times m$ 的矩阵。矩阵 $\boldsymbol{A}$ 的转置记为 $\boldsymbol{A}^{\mathrm{T}}$，下面是一个矩阵转置的例子

$$\begin{pmatrix} 1 & 2 & 3 \\ 4 & 5 & 6 \end{pmatrix}^{\mathrm{T}} = \begin{pmatrix} 1 & 4 \\ 2 & 5 \\ 3 & 6 \end{pmatrix}$$

两个矩阵的加法为其对应位置元素相加，显然执行加法运算的两个矩阵必须有相同的尺寸。矩阵 $\boldsymbol{A}$ 和 $\boldsymbol{B}$ 相加记为

$$\boldsymbol{A} + \boldsymbol{B}$$

下面是两个矩阵相加的例子

$$\begin{pmatrix} 1 & 2 & 3 \\ 4 & 5 & 6 \end{pmatrix} + \begin{pmatrix} 7 & 8 & 9 \\ 10 & 11 & 12 \end{pmatrix} = \begin{pmatrix} 8 & 10 & 12 \\ 14 & 16 & 18 \end{pmatrix}$$

加法和转置满足

$$(\boldsymbol{A} + \boldsymbol{B})^{\mathrm{T}} = \boldsymbol{A}^{\mathrm{T}} + \boldsymbol{B}^{\mathrm{T}}$$

加法满足交换律与结合律

$$\boldsymbol{A} + \boldsymbol{B} = \boldsymbol{B} + \boldsymbol{A} \qquad \boldsymbol{A} + \boldsymbol{B} + \boldsymbol{C} = \boldsymbol{A} + (\boldsymbol{B} + \boldsymbol{C})$$

两个矩阵的减法为对应位置元素相减，同样地，执行减法运算的两个矩阵必须尺寸相等。矩阵 $\boldsymbol{A}$ 和 $\boldsymbol{B}$ 相减记为

$$\boldsymbol{A} - \boldsymbol{B}$$

矩阵与标量的乘法，即数乘，定义为标量与矩阵的每个元素相乘。矩阵 $\boldsymbol{A}$ 和 k 数乘记为

$$k\boldsymbol{A}$$

下面是数乘的一个例子

$$5 \times \begin{pmatrix} 1 & 2 & 3 \\ 4 & 5 & 6 \end{pmatrix} = \begin{pmatrix} 5 & 10 & 15 \\ 20 & 25 & 30 \end{pmatrix}$$

数乘和加法满足分配率

$$k(\boldsymbol{A} + \boldsymbol{B}) = k\boldsymbol{A} + k\boldsymbol{B}$$

两个矩阵的乘法定义为用第一个矩阵的每个行向量和第二个矩阵的每个列向量做内积，形成结果矩阵的每个元素，显然第一个矩阵的列数要和第二个矩阵的行数相等。矩阵 $\boldsymbol{A}$ 和 $\boldsymbol{B}$ 相乘记

为

$$AB$$

一个 $m \times p$ 和一个 $p \times n$ 的矩阵相乘的结果为一个 $m \times n$ 的矩阵。结果矩阵第 i 行第 j 列位置处的元素为 A 的第 i 行与 B 的第 j 列的内积 $\sum_{k=1}^{p} a_{ip}b_{pj}$。下面是两个矩阵相乘的例子

$$\begin{pmatrix} 1 & 1 & 0 \\ 0 & 0 & 1 \end{pmatrix} \times \begin{pmatrix} 0 & 1 \\ 0 & 0 \\ 1 & 0 \end{pmatrix} = \begin{pmatrix} 1 \times 0 + 1 \times 0 + 0 \times 1 & 1 \times 1 + 1 \times 0 + 0 \times 0 \\ 0 \times 0 + 0 \times 0 + 1 \times 1 & 0 \times 1 + 0 \times 0 + 1 \times 0 \end{pmatrix} = \begin{pmatrix} 0 & 1 \\ 1 & 0 \end{pmatrix}$$

结果矩阵的每个元素都需要执行 p 次乘法运算、$p-1$ 次加法运算得到，结果矩阵有 $m \times n$ 个元素，因此矩阵相乘的计算量是 $m \times n \times p$ 次乘法、$m \times n \times (p-1)$ 次加法。借助图形处理器（GPU），矩阵乘法可以高效地并行实现。

使用矩阵乘法可以简化线性方程组的表述，对于如下线性方程组

$$\begin{cases} a_{11}x_1 + a_{12}x_2 + \cdots + a_{1n}x_n = b_1 \\ \qquad\qquad\vdots \\ a_{n1}x_1 + a_{n2}x_2 + \cdots + a_{nn}x_n = b_n \end{cases}$$

定义系数矩阵为

$$A = \begin{pmatrix} a_{11} & \cdots & a_{1n} \\ \vdots & & \vdots \\ a_{n1} & \cdots & a_{nn} \end{pmatrix}$$

定义解向量为

$$x = \begin{pmatrix} x_1 \\ \vdots \\ x_n \end{pmatrix}$$

定义常数向量为

$$b = \begin{pmatrix} b_1 \\ \vdots \\ b_n \end{pmatrix}$$

则可将方程组写成矩阵乘法形式

$$Ax = b \tag{2.16}$$

这种表示可以与一元一次方程 $ax = b$ 达成形式上的统一。系数矩阵和常数向量合并之后称为增广矩阵，记为 $(A\ b)$。对于下面的三元一次方程组

$$\begin{cases} x_1 + x_2 + x_3 = 1 \\ x_1 - x_2 + x_3 = 0 \\ x_1 + x_2 - x_3 = 1 \end{cases}$$

写成矩阵形式为

$$\begin{pmatrix} 1 & 1 & 1 \\ 1 & -1 & 1 \\ 1 & 1 & -1 \end{pmatrix} \begin{pmatrix} x_1 \\ x_2 \\ x_3 \end{pmatrix} = \begin{pmatrix} 1 \\ 0 \\ 1 \end{pmatrix}$$

系数矩阵为

$$\begin{pmatrix} 1 & 1 & 1 \\ 1 & -1 & 1 \\ 1 & 1 & -1 \end{pmatrix}$$

常数向量为

$$\begin{pmatrix} 1 \\ 0 \\ 1 \end{pmatrix}$$

增广矩阵为

$$\begin{pmatrix} 1 & 1 & 1 & 1 \\ 1 & -1 & 1 & 0 \\ 1 & 1 & -1 & 1 \end{pmatrix}$$

numpy 的 dot 函数提供了矩阵乘法的功能。函数的输入参数为要计算乘积的两个矩阵，返回值是它们相乘的结果。下面是示例代码。

```
import numpy as np
A = np.array([1, 0], [0, 1])
B = np.array([[4, 1], [2, 2]])
C = np.dot(A, B)
print(C)
```

程序运行结果为

```
[[4, 1],
 [2, 2]]
```

可以证明，单位矩阵与任意矩阵的左乘和右乘都等于该矩阵本身，即

$$IA = A \qquad\qquad AI = A$$

因此单位矩阵在矩阵乘法中的作用类似于 1 在标量乘法中的作用。下面举例说明。

$$\begin{pmatrix} 1 & 0 & 0 \\ 0 & 1 & 0 \\ 0 & 0 & 1 \end{pmatrix} \begin{pmatrix} 1 & 2 & 3 \\ 4 & 5 & 6 \\ 7 & 8 & 9 \end{pmatrix} = \begin{pmatrix} 1 & 2 & 3 \\ 4 & 5 & 6 \\ 7 & 8 & 9 \end{pmatrix} \qquad \begin{pmatrix} 1 & 2 & 3 \\ 4 & 5 & 6 \\ 7 & 8 & 9 \end{pmatrix} \begin{pmatrix} 1 & 0 & 0 \\ 0 & 1 & 0 \\ 0 & 0 & 1 \end{pmatrix} = \begin{pmatrix} 1 & 2 & 3 \\ 4 & 5 & 6 \\ 7 & 8 & 9 \end{pmatrix}$$

矩阵 A 左乘对角矩阵 $\Lambda = \mathrm{diag}(k_1, \cdots, k_n)$ 相当于将 A 的第 i 行的所有元素都乘以 k_i

$$\begin{pmatrix} k_1 & 0 & \cdots & 0 \\ 0 & k_2 & \cdots & 0 \\ \cdots & \cdots & \cdots & \cdots \\ 0 & 0 & \cdots & k_n \end{pmatrix} \begin{pmatrix} a_{11} & a_{12} & \cdots & a_{1n} \\ a_{21} & a_{22} & \cdots & a_{2n} \\ \cdots & \cdots & \cdots & \cdots \\ a_{n1} & a_{n2} & \cdots & a_{nn} \end{pmatrix} = \begin{pmatrix} k_1 a_{11} & k_1 a_{12} & \cdots & k_1 a_{1n} \\ k_2 a_{21} & k_2 a_{22} & \cdots & k_2 a_{2n} \\ \cdots & \cdots & \cdots & \cdots \\ k_n a_{n1} & k_n a_{n2} & \cdots & k_n a_{nn} \end{pmatrix}$$

矩阵 $\boldsymbol{A}$ 右乘对角矩阵 $\boldsymbol{\Lambda} = \mathrm{diag}(k_1, \cdots, k_n)$ 相当于将 $\boldsymbol{A}$ 的第 i 列的所有元素都乘以 k_i

$$\begin{pmatrix} a_{11} & a_{12} & \cdots & a_{1n} \\ a_{21} & a_{22} & \cdots & a_{2n} \\ \cdots & \cdots & \cdots & \cdots \\ a_{n1} & a_{n2} & \cdots & a_{nn} \end{pmatrix} \begin{pmatrix} k_1 & 0 & \cdots & 0 \\ 0 & k_2 & \cdots & 0 \\ \cdots & \cdots & \cdots & \cdots \\ 0 & 0 & \cdots & k_n \end{pmatrix} = \begin{pmatrix} k_1 a_{11} & k_2 a_{12} & \cdots & k_n a_{1n} \\ k_1 a_{21} & k_2 a_{22} & \cdots & k_n a_{2n} \\ \cdots & \cdots & \cdots & \cdots \\ k_1 a_{n1} & k_2 a_{n2} & \cdots & k_n a_{nn} \end{pmatrix}$$

根据 2.2.1 节的定义，向量组 $\boldsymbol{x}_1, \boldsymbol{x}_2, \cdots, \boldsymbol{x}_n$ 的格拉姆矩阵可以写成一个矩阵与其转置的乘积

$$\boldsymbol{G} = \begin{pmatrix} \boldsymbol{x}_1^{\mathrm{T}} \\ \vdots \\ \boldsymbol{x}_n^{\mathrm{T}} \end{pmatrix} (\boldsymbol{x}_1 \ \cdots \ \boldsymbol{x}_n) = \boldsymbol{X}^{\mathrm{T}} \boldsymbol{X}$$

其中

$$\boldsymbol{X} = (\boldsymbol{x}_1 \ \cdots \ \boldsymbol{x}_n)$$

是所有向量按列形成的矩阵。

可以证明矩阵的乘法满足结合律

$$(\boldsymbol{A}\boldsymbol{B})\boldsymbol{C} = \boldsymbol{A}(\boldsymbol{B}\boldsymbol{C}) \tag{2.17}$$

这由标量乘法的结合律可得。矩阵乘法和加法满足左分配律和右分配律

$$\boldsymbol{A}(\boldsymbol{B} + \boldsymbol{C}) = \boldsymbol{A}\boldsymbol{B} + \boldsymbol{A}\boldsymbol{C}$$
$$(\boldsymbol{A} + \boldsymbol{B})\boldsymbol{C} = \boldsymbol{A}\boldsymbol{C} + \boldsymbol{B}\boldsymbol{C} \tag{2.18}$$

需要注意的是，矩阵的乘法不满足交换律，即一般情况下

$$\boldsymbol{A}\boldsymbol{B} \neq \boldsymbol{B}\boldsymbol{A}$$

矩阵乘法和转置满足"穿脱原则"

$$(\boldsymbol{A}\boldsymbol{B})^{\mathrm{T}} = \boldsymbol{B}^{\mathrm{T}} \boldsymbol{A}^{\mathrm{T}} \tag{2.19}$$

如果将矩阵 $\boldsymbol{A}$ 和 $\boldsymbol{B}$ 看作依次穿到身上的两件衣服，在脱衣服的时候，外面的衣服要先脱掉，且翻过来（转置运算），即先有 $\boldsymbol{B}^{\mathrm{T}}$ 后有 $\boldsymbol{A}^{\mathrm{T}}$。

与向量相同，两个矩阵的阿达马积是它们对应位置的元素相乘形成的矩阵，记为 $\boldsymbol{A} \odot \boldsymbol{B}$。下面是两个矩阵的阿达马积。

$$\begin{pmatrix} 1 & 2 & 3 \\ 4 & 5 & 6 \end{pmatrix} \odot \begin{pmatrix} 1 & 2 & 4 \\ 3 & 6 & 9 \end{pmatrix} = \begin{pmatrix} 1 \times 1 & 2 \times 2 & 3 \times 4 \\ 4 \times 3 & 5 \times 6 & 6 \times 9 \end{pmatrix} = \begin{pmatrix} 1 & 4 & 12 \\ 12 & 30 & 54 \end{pmatrix}$$

有些时候会将矩阵用分块的形式表示，每个块是一个子矩阵。对于下面的矩阵

$$\boldsymbol{A} = \begin{pmatrix} 1 & 2 & 3 & 4 & 0 & 0 & 0 \\ 5 & 6 & 7 & 8 & 0 & 0 & 0 \\ 9 & 10 & 11 & 12 & 0 & 0 & 0 \\ 0 & 0 & 0 & 0 & 1 & 0 & 0 \\ 0 & 0 & 0 & 0 & 0 & 1 & 0 \\ 0 & 0 & 0 & 0 & 0 & 0 & 1 \\ 0 & 0 & 0 & 0 & 1 & 1 & 1 \end{pmatrix}$$

可以将其分块表示为

$$A = \begin{pmatrix} A_{11} & A_{12} \\ A_{21} & A_{22} \end{pmatrix}$$

其中各个子矩阵为

$$A_{11} = \begin{pmatrix} 1 & 2 & 3 & 4 \\ 5 & 6 & 7 & 8 \\ 9 & 10 & 11 & 12 \end{pmatrix}, \quad A_{12} = \begin{pmatrix} 0 & 0 & 0 \\ 0 & 0 & 0 \\ 0 & 0 & 0 \end{pmatrix} \quad A_{21} = \begin{pmatrix} 0 & 0 & 0 & 0 \\ 0 & 0 & 0 & 0 \\ 0 & 0 & 0 & 0 \\ 0 & 0 & 0 & 0 \end{pmatrix}, \quad A_{22} = \begin{pmatrix} 1 & 0 & 0 \\ 0 & 1 & 0 \\ 0 & 0 & 1 \\ 1 & 1 & 1 \end{pmatrix}$$

如果矩阵的子矩阵为 $\mathbf{0}$ 矩阵或单位矩阵等特殊类型的矩阵，这种表示会非常有效。

如果对矩阵 A, B 进行分块后各个块的尺寸以及水平、垂直方向的块数量均相容，那么可以将块当作标量来计算乘积 AB。对于下面两个分块矩阵

$$A = \begin{pmatrix} A_{11} & \cdots & A_{1s} \\ \vdots & & \vdots \\ A_{r1} & \cdots & A_{rs} \end{pmatrix}, B = \begin{pmatrix} B_{11} & \cdots & B_{1t} \\ \vdots & & \vdots \\ B_{s1} & \cdots & B_{st} \end{pmatrix}$$

如果各个位置处对应的两个子块尺寸相容，那么可以进行矩阵乘积运算。则有

$$AB = \begin{pmatrix} \sum_{i=1}^{s} A_{1i}B_{i1} & \cdots & \sum_{i=1}^{s} A_{1i}B_{it} \\ \vdots & & \vdots \\ \sum_{i=1}^{s} A_{ri}B_{i1} & \cdots & \sum_{i=1}^{s} A_{ri}B_{it} \end{pmatrix}$$

这可以根据矩阵乘法的定义证明。下面举例说明分块乘法的计算。对于如下的矩阵

$$A = \begin{pmatrix} 1 & 0 & 0 & 0 & 0 \\ 0 & 1 & 0 & 0 & 0 \\ -1 & 2 & 1 & 0 & 0 \\ 1 & 1 & 0 & 1 & 0 \\ -2 & 0 & 0 & 0 & 1 \end{pmatrix}, B = \begin{pmatrix} 3 & 2 & 0 & 1 & 0 \\ 1 & 3 & 0 & 0 & 1 \\ -1 & 0 & 0 & 0 & 0 \\ 0 & -1 & 0 & 0 & 0 \\ 0 & 0 & -1 & 0 & 0 \end{pmatrix}$$

将 A 按照下面的方式分成 4 块

$$A = \begin{pmatrix} I_2 & \mathbf{0}_{2\times3} \\ A_1 & I_3 \end{pmatrix}, A_1 = \begin{pmatrix} -1 & 2 \\ 1 & 1 \\ -2 & 0 \end{pmatrix}$$

其中 $\mathbf{0}_{2\times3}$ 为 2×3 的 $\mathbf{0}$ 矩阵。将 B 分块为

$$B = \begin{pmatrix} B_1 & I_2 \\ -I_3 & \mathbf{0}_{3\times2} \end{pmatrix}, B_1 = \begin{pmatrix} 3 & 2 & 0 \\ 1 & 3 & 0 \end{pmatrix}$$

它们的乘积为

$$AB = \begin{pmatrix} I_2 & \mathbf{0}_{2\times3} \\ A_1 & I_3 \end{pmatrix} \begin{pmatrix} B_1 & I_2 \\ -I_3 & \mathbf{0}_{3\times2} \end{pmatrix} = \begin{pmatrix} B_1 & I_2 \\ A_1B_1 - I_3 & A_1 \end{pmatrix}$$

其中

$$A_1B_1 - I_3 = \begin{pmatrix} -1 & 2 \\ 1 & 1 \\ -2 & 0 \end{pmatrix} \begin{pmatrix} 3 & 2 & 0 \\ 1 & 3 & 0 \end{pmatrix} - \begin{pmatrix} 1 & 0 & 0 \\ 0 & 1 & 0 \\ 0 & 0 & 1 \end{pmatrix} = \begin{pmatrix} -2 & 4 & 0 \\ 4 & 4 & 0 \\ -6 & -4 & -1 \end{pmatrix}$$

因此

$$AB = \begin{pmatrix} 3 & 2 & 0 & 1 & 0 \\ 1 & 3 & 0 & 0 & 1 \\ -2 & 4 & 0 & -1 & 2 \\ 4 & 4 & 0 & 1 & 1 \\ -6 & -4 & -1 & -2 & 0 \end{pmatrix}$$

在 5.5.5 节的多维正态分布中，将会对协方差矩阵进行分块。

2.2.3　逆矩阵

逆矩阵对应标量的倒数运算。对于 n 阶矩阵 A，如果存在另一个 n 阶矩阵 B，使得它们的乘积为单位矩阵

$$AB = I \qquad\qquad\qquad BA = I$$

对于 $AB = I$，B 称为 A 的右逆矩阵，对于 $BA = I$，B 称为 A 的左逆矩阵。

如果矩阵的左逆矩阵和右逆矩阵存在，则它们相等，统称为矩阵的逆，记为 A^{-1}。下面给出证明。假设 B_1 是 A 的左逆，B_2 是 A 的右逆，则有

$$B_1AB_2 = (B_1A)B_2 = IB_2 = B_2 \qquad\qquad B_1AB_2 = B_1(AB_2) = B_1I = B_1$$

因此 $B_1 = B_2$。

如果矩阵的逆矩阵存在，则称其可逆（Invertable）。可逆矩阵也称为非奇异矩阵，不可逆矩阵也称为奇异矩阵。

如果矩阵可逆，则其逆矩阵唯一。下面给出证明。假设 B 和 C 都是 A 的逆矩阵，则有

$$AB = BA = I \qquad\qquad\qquad AC = CA = I$$

从而有

$$CAB = (CA)B = IB = B \qquad\qquad CAB = C(AB) = CI = C$$

因此 $B = C$。

对于式 (2.16) 的线性方程组，如果能得到系数矩阵的逆矩阵，方程两边同乘以该逆矩阵，可以得到方程的解

$$A^{-1}Ax = A^{-1}b \Rightarrow x = A^{-1}b$$

这与一元一次方程的求解在形式上是统一的

$$ax = b \Rightarrow x = a^{-1}b$$

如果对角矩阵 A 的主对角线元素非 0，则其逆矩阵存在，且逆矩阵为对角矩阵，主对角线元

素为矩阵 $\boldsymbol{A}$ 的主对角线元素的逆。即有

$$\begin{pmatrix} a_{11} & \cdots & 0 \\ \cdots & \cdots & \cdots \\ 0 & \cdots & a_{nn} \end{pmatrix}^{-1} = \begin{pmatrix} a_{11}^{-1} & \cdots & 0 \\ \cdots & \cdots & \cdots \\ 0 & \cdots & a_{nn}^{-1} \end{pmatrix}$$

这很容易根据逆矩阵的定义证明。对于下面的对角矩阵

$$\begin{pmatrix} 1 & 0 & 0 \\ 0 & 2 & 0 \\ 0 & 0 & 3 \end{pmatrix}$$

其逆矩阵为

$$\begin{pmatrix} 1 & 0 & 0 \\ 0 & 1/2 & 0 \\ 0 & 0 & 1/3 \end{pmatrix}$$

可以证明，上三角矩阵的逆矩阵仍然是上三角矩阵。

对于逆矩阵，可以证明有下面公式成立

$$(\boldsymbol{AB})^{-1} = \boldsymbol{B}^{-1}\boldsymbol{A}^{-1} \qquad\qquad (\boldsymbol{A}^{-1})^{-1} = \boldsymbol{A}$$

$$(\boldsymbol{A}^{\mathrm{T}})^{-1} = (\boldsymbol{A}^{-1})^{\mathrm{T}} \qquad\qquad (\lambda\boldsymbol{A})^{-1} = \lambda^{-1}\boldsymbol{A}^{-1}$$

上面第 1 个等式与矩阵乘法的转置类似。下面给出证明。

$$(\boldsymbol{AB})(\boldsymbol{B}^{-1}\boldsymbol{A}^{-1}) = \boldsymbol{ABB}^{-1}\boldsymbol{A}^{-1} = \boldsymbol{A}(\boldsymbol{BB}^{-1})\boldsymbol{A}^{-1} = \boldsymbol{AIA}^{-1} = \boldsymbol{AA}^{-1} = \boldsymbol{I}$$

因此第 1 个等式成立。这里利用了矩阵乘法的结合律。由于

$$\boldsymbol{AA}^{-1} = \boldsymbol{I}$$

根据逆矩阵的定义，第 2 个等式成立。由于

$$(\boldsymbol{A}^{-1})^{\mathrm{T}}\boldsymbol{A}^{\mathrm{T}} = (\boldsymbol{AA}^{-1})^{\mathrm{T}} = \boldsymbol{I}^{\mathrm{T}} = \boldsymbol{I}$$

根据逆矩阵的定义，第 3 个等式成立。根据该等式可以证明对称矩阵的逆矩阵也是对称矩阵。用类似的方法可以证明第 4 个等式成立。

矩阵的秩定义为矩阵线性无关的行向量或列向量的最大数量，记为 $r(\boldsymbol{A})$。对于下面的矩阵

$$\begin{pmatrix} 1 & 2 & 0 & 0 \\ 1 & 0 & 0 & 0 \\ 0 & 0 & 0 & 0 \\ 0 & 0 & 0 & 0 \end{pmatrix}$$

其秩为 2。该矩阵的极大线性无关组为矩阵的前两个行向量或列向量。如果 n 阶方阵的秩为 n，则称其满秩。矩阵可逆的充分必要条件是满秩。

对于 $m \times n$ 的矩阵 $\boldsymbol{A}$，其秩满足

$$r(\boldsymbol{A}) \leqslant \min(m, n)$$

即矩阵的秩不超过其行数和列数的较小值。关于矩阵的秩有以下结论成立

$$r(\boldsymbol{A}) = r(\boldsymbol{A}^{\mathrm{T}}) \qquad r(\boldsymbol{A} + \boldsymbol{B}) \leqslant r(\boldsymbol{A}) + r(\boldsymbol{B}) \qquad r(\boldsymbol{AB}) \leqslant \min(r(\boldsymbol{A}), r(\boldsymbol{B})) \qquad (2.20)$$

可以通过初等行变换计算逆矩阵。所谓矩阵的初等行变换是指以下 3 种变换。

（1）用一个非零的数 k 乘矩阵的某一行。

（2）把矩阵的某一行的 k 倍加到另一行，这里 k 是任意实数。

（3）互换矩阵中两行的位置。

下面举例说明。对于第 1 种初等行变换，将矩阵的第 1 行乘以 2

$$\begin{pmatrix} 1 & 2 & 3 \\ 4 & 5 & 6 \\ 7 & 8 & 9 \end{pmatrix} \xrightarrow{r_1 \times 2} \begin{pmatrix} 2 & 4 & 6 \\ 4 & 5 & 6 \\ 7 & 8 & 9 \end{pmatrix}$$

对于第 2 种初等行变换，将矩阵的第 1 行乘以 2 之后加到第 2 行

$$\begin{pmatrix} 1 & 2 & 3 \\ 4 & 5 & 6 \\ 7 & 8 & 9 \end{pmatrix} \xrightarrow{r_2 + r_1 \times 2} \begin{pmatrix} 1 & 2 & 3 \\ 6 & 9 & 12 \\ 7 & 8 & 9 \end{pmatrix}$$

对于第 3 种初等行变换，交换矩阵第 2 行和第 3 行

$$\begin{pmatrix} 1 & 2 & 3 \\ 4 & 5 & 6 \\ 7 & 8 & 9 \end{pmatrix} \xrightarrow{r_2 \text{与} r_3 \text{互换}} \begin{pmatrix} 1 & 2 & 3 \\ 7 & 8 & 9 \\ 4 & 5 & 6 \end{pmatrix}$$

这 3 种初等行变换对应于初等矩阵。初等矩阵是单位矩阵 I 经过一次初等行变换之后得到的矩阵。对于第 1 种初等行变换，对应的初等矩阵为

$$\begin{pmatrix} 1 & & & & & & \\ & \ddots & & & & & \\ & & 1 & & & & \\ & & & k & & & \\ & & & & 1 & & \\ & & & & & \ddots & \\ & & & & & & 1 \end{pmatrix}$$

其逆矩阵为

$$\begin{pmatrix} 1 & & & & & & \\ & \ddots & & & & & \\ & & 1 & & & & \\ & & & \dfrac{1}{k} & & & \\ & & & & 1 & & \\ & & & & & \ddots & \\ & & & & & & 1 \end{pmatrix}$$

这意味着，将单位矩阵的第 i 行乘以 k，然后再乘以 $\dfrac{1}{k}$，将变回单位矩阵。

对于第 2 种初等行变换，对应的初等矩阵为

$$\begin{pmatrix} 1 & & & & & & \\ & \ddots & & & & & \\ & & 1 & & & & \\ & & \vdots & \ddots & & & \\ & & k & \cdots & 1 & & \\ & & & & & \ddots & \\ & & & & & & 1 \end{pmatrix}$$

其逆矩阵为

$$\begin{pmatrix} 1 & & & & & & \\ & \ddots & & & & & \\ & & 1 & & & & \\ & & \vdots & \ddots & & & \\ & & -k & \cdots & 1 & & \\ & & & & & \ddots & \\ & & & & & & 1 \end{pmatrix}$$

这意味着将单位矩阵的第 i 行乘以 k 之后加到第 j 行，然后将第 i 行乘以 $-k$ 之后加到第 j 行，将变回单位矩阵。

对于第 3 种初等行变换，对应的初等矩阵为

$$\begin{pmatrix} 1 & & & & & & \\ & \ddots & & & & & \\ & & 0 & \cdots & 1 & & \\ & & \vdots & \ddots & \vdots & & \\ & & 1 & \cdots & 0 & & \\ & & & & & \ddots & \\ & & & & & & 1 \end{pmatrix}$$

其逆矩阵为该矩阵自身。这意味着将单位矩阵的第 i 行与第 j 互换，然后再一次互换，将变回单位矩阵。

可以证明，对矩阵做初等行变换，等价于左乘对应的初等矩阵。下面进行验证。对于第 1 种初等变换有

$$\begin{pmatrix} 1 & 0 & 0 \\ 0 & k & 0 \\ 0 & 0 & 1 \end{pmatrix} \begin{pmatrix} a_{11} & a_{12} & a_{13} \\ a_{21} & a_{22} & a_{23} \\ a_{31} & a_{32} & a_{33} \end{pmatrix} = \begin{pmatrix} a_{11} & a_{12} & a_{13} \\ ka_{21} & ka_{22} & ka_{23} \\ a_{31} & a_{32} & a_{33} \end{pmatrix}$$

对于第 2 种初等行变换有

$$\begin{pmatrix} 1 & 0 & 0 \\ 0 & 1 & 0 \\ 0 & k & 1 \end{pmatrix} \begin{pmatrix} a_{11} & a_{12} & a_{13} \\ a_{21} & a_{22} & a_{23} \\ a_{31} & a_{32} & a_{33} \end{pmatrix} = \begin{pmatrix} a_{11} & a_{12} & a_{13} \\ a_{21} & a_{22} & a_{23} \\ a_{31}+ka_{21} & a_{32}+ka_{22} & a_{33}+ka_{23} \end{pmatrix}$$

对于第 3 种初等行变换有

$$\begin{pmatrix} 0 & 1 & 0 \\ 1 & 0 & 0 \\ 0 & 0 & 1 \end{pmatrix} \begin{pmatrix} a_{11} & a_{12} & a_{13} \\ a_{21} & a_{22} & a_{23} \\ a_{31} & a_{32} & a_{33} \end{pmatrix} = \begin{pmatrix} a_{21} & a_{22} & a_{23} \\ a_{11} & a_{12} & a_{13} \\ a_{31} & a_{32} & a_{33} \end{pmatrix}$$

下面介绍使用初等行变换求逆矩阵的方法。如果矩阵 A 可逆，则可用初等行变换将其化为单位矩阵，对应于依次左乘初等矩阵 $P_1, P_2, \cdots, P_s$

$$P_s \cdots P_2 P_1 A = I \tag{2.21}$$

式 (2.21) 两侧同时右乘 A^{-1} 可以得到

$$P_s \cdots P_2 P_1 I = A^{-1} \tag{2.22}$$

式 (2.21) 和式 (2.22) 意味着同样的初等行变换序列，在将矩阵 A 化为单位矩阵的同时，可将矩阵 I 化为 A^{-1}，这就是我们想要的结果。下面举例说明。

用初等行变换求如下矩阵的逆矩阵。

$$A = \begin{pmatrix} 2 & 3 & 1 \\ 0 & 1 & 3 \\ 1 & 2 & 5 \end{pmatrix}$$

采用初等行变换的求解过程如下

$$(A \ I) = \begin{pmatrix} 2 & 3 & 1 & 1 & 0 & 0 \\ 0 & 1 & 3 & 0 & 1 & 0 \\ 1 & 2 & 5 & 0 & 0 & 1 \end{pmatrix} \xrightarrow{r_1 \text{ 与 } r_3 \text{ 互换}} \begin{pmatrix} 1 & 2 & 5 & 0 & 0 & 1 \\ 0 & 1 & 3 & 0 & 1 & 0 \\ 2 & 3 & 1 & 1 & 0 & 0 \end{pmatrix}$$

$$\xrightarrow{r_3 - 2 \times r_1} \begin{pmatrix} 1 & 2 & 5 & 0 & 0 & 1 \\ 0 & 1 & 3 & 0 & 1 & 0 \\ 0 & -1 & -9 & 1 & 0 & -2 \end{pmatrix} \xrightarrow{r_3 + r_2} \begin{pmatrix} 1 & 2 & 5 & 0 & 0 & 1 \\ 0 & 1 & 3 & 0 & 1 & 0 \\ 0 & 0 & -6 & 1 & 1 & -2 \end{pmatrix}$$

$$\xrightarrow{r_3 \times \left(-\frac{1}{6}\right)} \begin{pmatrix} 1 & 2 & 5 & 0 & 0 & 1 \\ 0 & 1 & 3 & 0 & 1 & 0 \\ 0 & 0 & 1 & -1/6 & -1/6 & 1/3 \end{pmatrix} \xrightarrow{r_2 - r_3 \times 3} \begin{pmatrix} 1 & 2 & 5 & 0 & 0 & 1 \\ 0 & 1 & 0 & 1/2 & 3/2 & -1 \\ 0 & 0 & 1 & -1/6 & -1/6 & 1/3 \end{pmatrix}$$

$$\xrightarrow{r_1 - r_3 \times 5} \begin{pmatrix} 1 & 2 & 0 & 5/6 & 5/6 & -2/3 \\ 0 & 1 & 0 & 1/2 & 3/2 & -1 \\ 0 & 0 & 1 & -1/6 & -1/6 & 1/3 \end{pmatrix} \xrightarrow{r_1 - r_2 \times 2} \begin{pmatrix} 1 & 0 & 0 & -1/6 & -13/6 & 4/3 \\ 0 & 1 & 0 & 1/2 & 3/2 & -1 \\ 0 & 0 & 1 & -1/6 & -1/6 & 1/3 \end{pmatrix}$$

因此

$$A^{-1} = \begin{pmatrix} -1/6 & -13/6 & 4/3 \\ 1/2 & 3/2 & -1 \\ -1/6 & -1/6 & 1/3 \end{pmatrix}$$

Python 中 `linalg` 的 `inv` 函数实现了计算逆矩阵的功能。下面以示例代码计算如下矩阵的逆矩阵

$$\begin{pmatrix} 1 & 0 & 0 \\ 0 & 1 & 0 \\ 0 & 0 & 5 \end{pmatrix}$$

程序代码如下。

```
import numpy as np
A = np.array ([[1, 0, 0], [0, 1, 0], [0, 0, 5]])
B = np.linalg.inv (A)
print (B)
```

程序运行结果如下。

```
[[1. 0. 0.]
 [0. 1. 0.]
 [0. 0. 0.2]]
```

如果一个方阵满足

$$AA^{\mathrm{T}} = A^{\mathrm{T}}A = I$$

则称为正交矩阵（Orthogonal Matrix）。正交矩阵的行向量均为单位向量且相互正交，构成标准正交基。对于列向量，也是如此。对矩阵按行分块，有

$$AA^{\mathrm{T}} = \begin{pmatrix} a_1 \\ a_2 \\ \vdots \\ a_n \end{pmatrix} \begin{pmatrix} a_1^{\mathrm{T}} & a_2^{\mathrm{T}} & \cdots & a_n^{\mathrm{T}} \end{pmatrix} = \begin{pmatrix} a_1 a_1^{\mathrm{T}} & a_1 a_2^{\mathrm{T}} & \cdots & a_1 a_n^{\mathrm{T}} \\ a_2 a_1^{\mathrm{T}} & a_2 a_2^{\mathrm{T}} & \cdots & a_2 a_n^{\mathrm{T}} \\ \vdots & \vdots & & \vdots \\ a_n a_1^{\mathrm{T}} & a_n a_2^{\mathrm{T}} & \cdots & a_n a_n^{\mathrm{T}} \end{pmatrix} = \begin{pmatrix} 1 & 0 & \cdots & 0 \\ 0 & 1 & \cdots & 0 \\ \vdots & \vdots & & \vdots \\ 0 & 0 & \cdots & 1 \end{pmatrix}$$

因此有

$$a_i a_i^{\mathrm{T}} = 1$$
$$a_i a_j^{\mathrm{T}} = 0, \ i \neq j$$

如果一个矩阵是正交矩阵，根据逆矩阵的定义，有

$$A^{-1} = A^{\mathrm{T}}$$

下面是一个正交矩阵的例子。

$$\begin{pmatrix} \dfrac{1}{\sqrt{2}} & -\dfrac{1}{\sqrt{2}} \\ \dfrac{1}{\sqrt{2}} & \dfrac{1}{\sqrt{2}} \end{pmatrix}$$

可以验证其行向量和列向量均为单位向量，且相互正交。

正交矩阵的乘积仍然是正交矩阵。如果

$$A^{-1} = A^{\mathrm{T}}$$
$$B^{-1} = B^{\mathrm{T}}$$

则

$$(AB)^{-1} = B^{-1}A^{-1} = B^{\mathrm{T}}A^{\mathrm{T}} = (AB)^{\mathrm{T}}$$

正交矩阵的逆矩阵仍然是正交矩阵。如果有

$$A^{-1} = A^{\mathrm{T}}$$

则

$$(A^{-1})^{-1} = (A^{T})^{-1} = (A^{-1})^{T}$$

正交矩阵的转置仍然是正交矩阵。因为

$$A^{-1} = A^{T}$$

而 A^{-1} 是正交矩阵，因此 A^{T} 也是正交矩阵。

2.2.4　矩阵的范数

在 2.1.3 节介绍了向量的范数，类似地可以定义矩阵的范数。矩阵 W 的范数定义为

$$\|W\|_p = \max_{x \neq 0} \frac{\|Wx\|_p}{\|x\|_p} \tag{2.23}$$

该范数通过向量的 L-p 范数定义，因此也称为诱导范数（Induced Norm）。式（2.23）右侧分母为向量 x 的 L-p 范数，分子是经过矩阵对应的线性映射作用之后的向量的 L-p 范数。因此诱导范数的几何意义是矩阵所代表的线性变换对向量进行变换后，向量长度的最大拉伸倍数。如果 $p = 2$，此时诱导范数称为谱范数（Spectral Norm）。

$$\|W\| = \max_{x \neq 0} \frac{\|Wx\|}{\|x\|}$$

在 2.5.7 节将讨论谱范数与矩阵特征值之间的关系。

矩阵的 Frobenius 范数（F 范数）定义为

$$\|W\|_F = \sqrt{\sum_{i=1}^{m} \sum_{j=1}^{n} w_{ij}^2} \tag{2.24}$$

这等价于向量的 L2 范数，将矩阵按行或列展开之后形成向量，然后计算 L2 范数。对于下面的矩阵

$$A = \begin{pmatrix} 1 & 2 & 3 \\ 4 & 5 & 6 \end{pmatrix}$$

其 F 范数为

$$\|A\|_F = \sqrt{1^2 + 2^2 + 3^2 + 4^2 + 5^2 + 6^2} = \sqrt{91}$$

根据柯西不等式，对于任意的 x，下面不等式成立

$$\|Wx\| \leqslant \|W\|_F \cdot \|x\|$$

如果 $x \neq 0$，上式两边同时除以 $\|x\|$ 可以得到

$$\frac{\|Wx\|}{\|x\|} \leqslant \|W\|_F \tag{2.25}$$

因此 F 范数是谱范数的一个上界。矩阵的范数对于分析线性映射函数的特性有重要的作用，典型的应用是深度神经网络稳定性与泛化性能的分析。

2.2.5　应用——人工神经网络

下面介绍矩阵在人工神经网络中的应用。人工神经网络是一种仿生的机器学习算法，借鉴于大脑的神经系统工作原理。大脑的神经元通过突触与其他神经元相连接，接收来自其他神经元的信号，经过汇总处理之后产生输出。在人工神经网络中，神经元的作用与这类似。图 2.12 是神经

元的示意图。左侧为输入数据，右侧为输出数据。

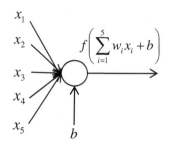

图 2.12　单个神经元的示意图

图 2.12 所示神经元接收的输入信号为 $(x_1, x_2, x_3, x_4, x_5)^{\mathrm{T}}$；$(w_1, w_2, w_3, w_4, w_5)^{\mathrm{T}}$ 为输入向量的组合权重；b 为偏置项，是一个标量。神经元的作用是对输入向量进行加权求和，并加上偏置项，最后经过激活函数变换产生输出

$$y = f\left(\sum_{i=1}^{5} w_i x_i + b\right)$$

对于每个神经元，假设它从其他神经元接收的输入向量为 $\boldsymbol{x}$、本节点的权重向量为 $\boldsymbol{w}$、偏置项为 b，该神经元的输出值为

$$f(\boldsymbol{w}^{\mathrm{T}}\boldsymbol{x} + b)$$

先计算输入向量与权重向量的内积，加上偏置项，再送入激活函数进行变换，最后得到输出。一种典型的激活函数是 sigmoid 函数，在 1.2.1 节已经介绍，该函数定义为

$$\sigma(x) = \frac{1}{1 + \exp(-x)}$$

这个函数也被用于 logistic 回归。该函数的值域为 $(0, 1)$，是单调增函数。sigmoid 函数的导数为

$$\sigma'(x) = \sigma(x)(1 - \sigma(x))$$

按照该公式，根据函数值可以很方便地计算出导数值，在反向传播算法中会看到这种特性带来的好处。

前面定义的是单个神经元。整个神经网络由多个层构成，每个层有多个神经元。每个神经元从前面层的所有神经元接收数据，作为其输入向量。在经过变换之后，将输出值送入下一层的所有神经元。

下面我们来看一个简单神经网络的例子，如图 2.13 所示。

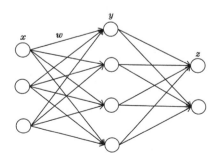

图 2.13　一个简单的神经网络

　　这个神经网络有 3 层。第 1 层是输入层，有 3 个神经元，对应的输入向量为 $\boldsymbol{x}$，写成分量形式为 $(x_1, x_2, x_3)^{\mathrm{T}}$，神经元不对数据做任何处理，直接送入下一层。第 2 层是中间层，有 4 个神经元，接收的输入数据为向量 $\boldsymbol{x}$，输出向量为 $\boldsymbol{y}$，写成分量形式为 $(y_1, y_2, y_3, y_4)^{\mathrm{T}}$。第 3 层是输出层，接收的输入数据为向量 $\boldsymbol{y}$，输出向量为 $\boldsymbol{z}$，写成分量形式为 $(z_1, z_2)^{\mathrm{T}}$。第 1 层到第 2 层的权重矩阵为 $\boldsymbol{W}^{(1)}$，第 2 层到第 3 层的权重矩阵为 $\boldsymbol{W}^{(2)}$。权重矩阵的每一行为一个权重向量，是上一层所有神经元到本层某一个神经元的连接权重，这里的上标表示层号。

　　如果激活函数选用 sigmoid 函数，第 2 层神经元的输出值为

$$y_1 = \frac{1}{1 + \exp(-(w_{11}^{(1)}x_1 + w_{12}^{(1)}x_2 + w_{13}^{(1)}x_3 + b_1^{(1)}))}$$

$$y_2 = \frac{1}{1 + \exp(-(w_{21}^{(1)}x_1 + w_{22}^{(1)}x_2 + w_{23}^{(1)}x_3 + b_2^{(1)}))}$$

$$y_3 = \frac{1}{1 + \exp(-(w_{31}^{(1)}x_1 + w_{32}^{(1)}x_2 + w_{33}^{(1)}x_3 + b_3^{(1)}))}$$

$$y_4 = \frac{1}{1 + \exp(-(w_{41}^{(1)}x_1 + w_{42}^{(1)}x_2 + w_{43}^{(1)}x_3 + b_4^{(1)}))}$$

第 3 层神经元的输出值为

$$z_1 = \frac{1}{1 + \exp(-(w_{11}^{(2)}y_1 + w_{12}^{(2)}y_2 + w_{13}^{(2)}y_3 + w_{14}^{(2)}y_4 + b_1^{(2)}))}$$

$$z_2 = \frac{1}{1 + \exp(-(w_{21}^{(2)}y_1 + w_{22}^{(2)}y_2 + w_{23}^{(2)}y_3 + w_{24}^{(2)}y_4 + b_2^{(2)}))}$$

如果把 y_i 代入上面二式中，可以将输出向量 $\boldsymbol{z}$ 表示成输入向量 $\boldsymbol{x}$ 的函数。通过调整权重矩阵和偏置项可以实现不同的函数映射。

　　下面把上述简单的例子推广到更一般的情况。假设神经网络的输入是 n 维向量 $\boldsymbol{x}$，输出是 m 维向量 $\boldsymbol{y}$，它实现了向量到向量的映射

$$\mathbb{R}^n \rightarrow \mathbb{R}^m$$

将此函数记为

$$\boldsymbol{y} = h(\boldsymbol{x})$$

用于分类问题时，比较输出向量中每个分量的大小，求其最大值，最大值对应的分量下标即为分类的结果。用于回归问题时，直接将输出向量作为回归值。

　　神经网络第 l 层的变换写成矩阵和向量形式为

$$\boldsymbol{u}^{(l)} = \boldsymbol{W}^{(l)}\boldsymbol{x}^{(l-1)} + \boldsymbol{b}^{(l)} \qquad\qquad \boldsymbol{x}^{(l)} = f(\boldsymbol{u}^{(l)}) \qquad\qquad (2.26)$$

其中 $\boldsymbol{x}^{(l-1)}$ 为前一层（第 $l-1$ 层）的输出向量，也是本层的输入向量。$\boldsymbol{W}^{(l)}$ 为本层神经元和上一层神经元的连接权重矩阵，是一个 $s_l \times s_{l-1}$ 的矩阵，其中 s_l 为本层神经元数量，s_{l-1} 为前一层神经元数量。$\boldsymbol{W}^{(l)}$ 的每行为本层一个神经元与上一层所有神经元的权重向量。$\boldsymbol{b}^{(l)}$ 为本层的偏置向量，是一个 s_l 维的列向量。激活函数作用于输入向量的每一个分量，产生一个输出向量。

　　在计算网络输出值的时候，从输入层开始，对于每一层都用式 (2.26) 的两个公式进行计算，最后得到神经网络的输出，这个过程称为正向传播，用于神经网络的预测阶段以及训练时的正向传播阶段。

可以将前面例子中的 3 层神经网络实现的映射写成如下的完整形式

$$z = f(W^{(2)} f(W^{(1)} x + b^{(1)}) + b^{(2)})$$

从上式可以看出这个神经网络是一个 2 层复合函数。从这里可以看到激活函数的作用，如果没有激活函数，无论经过多少次复合，神经网络的映射是一个线性函数，无法处理非线性问题。

神经网络的参数通过训练得到，通常使用反向传播算法与梯度下降法，在 3.5.2 节和 4.2.5 节介绍。若对人工神经网络系统、深入地进行了解，可以阅读参考文献 [3]。

2.2.6　线性变换

矩阵与向量的乘法可以解释为线性变换（Linear Transformation），它将一个向量变成另外一个向量。对于线性空间 X，如果在其上定义了一种变换（即映射）A，对任意 x、$y \in X$ 以及数域中的数 k 均满足

$$A(x + y) = A(x) + A(y)$$

以及

$$A(kx) = kA(x)$$

即对加法和数乘具有线性关系，则称这种映射为线性变换。线性变换对向量的加法与数乘运算具有线性。矩阵乘法是一种线性变换，显然它满足线性变换的定义要求。对任意的向量 $x, y \in \mathbb{R}^n$ 以及实数 k 有

$$A(x + y) = Ax + Ay \qquad\qquad A(kx) = kAx$$

几何中的旋转变换是一种线性变换，下面以二维平面的旋转为例进行说明。对于二维平面内的向量 $x = (x_1 \ x_2)^{\mathrm{T}}$，其在极坐标系下的坐标为 $(r \ \theta)^{\mathrm{T}}$，从极坐标系到直角坐标系的转换公式为

$$x_1 = r \cos\theta \qquad\qquad x_2 = r \sin\theta$$

将极坐标为 $(r \ \alpha)^{\mathrm{T}}$ 的向量 $x = (x_1 \ x_2)^{\mathrm{T}}$ 逆时针旋转 α 度之后的结果向量 x' 的极坐标为 $(r \ \alpha + \theta)^{\mathrm{T}}$，其直角坐标为

$$
\begin{aligned}
x' &= (r\cos(\alpha + \theta) \ \ r\sin(\alpha + \theta))^{\mathrm{T}} \\
&= (r\cos(\alpha)\cos(\theta) - r\sin(\alpha)\sin(\theta) \ \ r\sin(\alpha)\cos(\theta) + r\cos(\alpha)\sin(\theta))^{\mathrm{T}} \\
&= (x_1\cos(\theta) - x_2\sin(\theta) \ \ x_2\cos(\theta) + x_1\sin(\theta))^{\mathrm{T}} \\
&= \begin{pmatrix} \cos\theta & -\sin\theta \\ \sin\theta & \cos\theta \end{pmatrix} \begin{pmatrix} x_1 \\ x_2 \end{pmatrix}
\end{aligned}
$$

因此旋转变换的变换矩阵为

$$A = \begin{pmatrix} \cos\theta & -\sin\theta \\ \sin\theta & \cos\theta \end{pmatrix} \tag{2.27}$$

二维平面的旋转变换如图 2.14 所示。

如果一个线性变换能保持向量之间的角度以及向量的长度不变，即变换之后两个向量的夹角不变，且向量的长度不变，则称为正交变换。正交变换对应的矩阵是正交矩阵。下面给出证明。

如果 A 是正交矩阵，使用它对向量 x 进行变换之后的向量长度为

$$\|Ax\| = \sqrt{(Ax)^{\mathrm{T}}(Ax)} = \sqrt{x^{\mathrm{T}} A^{\mathrm{T}} A x} = \sqrt{x^{\mathrm{T}}(A^{\mathrm{T}} A)x} = \sqrt{x^{\mathrm{T}} x} = \|x\|$$

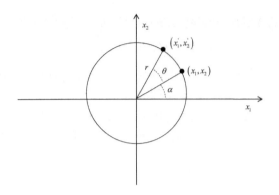

图 2.14　二维平面的旋转变换

变换之后向量长度不变。对向量 $\boldsymbol{x}$ 和 $\boldsymbol{y}$ 变换之后的内积为

$$(\boldsymbol{Ax})^{\mathrm{T}}(\boldsymbol{Ay}) = \boldsymbol{x}^{\mathrm{T}}\boldsymbol{A}^{\mathrm{T}}\boldsymbol{Ay} = \boldsymbol{x}^{\mathrm{T}}(\boldsymbol{A}^{\mathrm{T}}\boldsymbol{A})\boldsymbol{y} = \boldsymbol{x}^{\mathrm{T}}\boldsymbol{y}$$

根据向量夹角公式

$$\cos\theta = \frac{\boldsymbol{x}^{\mathrm{T}}\boldsymbol{y}}{\|\boldsymbol{x}\|\|\boldsymbol{y}\|}$$

内积和向量长度均不变，因此保持向量夹角不变。

　　旋转变换是正交变换。以二维平面的旋转矩阵为例，有

$$\boldsymbol{A}^{\mathrm{T}}\boldsymbol{A} = \begin{pmatrix} \cos\theta & \sin\theta \\ -\sin\theta & \cos\theta \end{pmatrix} \begin{pmatrix} \cos\theta & -\sin\theta \\ \sin\theta & \cos\theta \end{pmatrix}$$

$$= \begin{pmatrix} \cos^2\theta + \sin^2\theta & -\cos\theta\sin\theta + \sin\theta\cos\theta \\ -\sin\theta\cos\theta + \cos\theta\sin\theta & \sin^2\theta + \cos^2\theta \end{pmatrix} = \begin{pmatrix} 1 & 0 \\ 0 & 1 \end{pmatrix}$$

旋转变换矩阵是正交矩阵，因此旋转变换是正交变换。

　　几何中的缩放变换也是一种线性变换。对于二维平面的向量 $\boldsymbol{x} = (x_1 \ x_2)^{\mathrm{T}}$，如果有下面的缩放变换矩阵

$$\boldsymbol{A} = \begin{pmatrix} 2 & 0 \\ 0 & 3 \end{pmatrix}$$

则变换之后的向量为

$$\boldsymbol{x}' = \boldsymbol{Ax} = \begin{pmatrix} 2 & 0 \\ 0 & 3 \end{pmatrix} \begin{pmatrix} x_1 \\ x_2 \end{pmatrix} = \begin{pmatrix} 2x_1 \\ 3x_2 \end{pmatrix}$$

这相当于在 x_1 方向拉伸 2 倍，在 x_2 方向拉伸 3 倍。缩放变换对应的矩阵为对角矩阵，主对角线元素为在该方向上的拉伸倍数，如果为负，则表示反向。缩放变换和旋转变换被广泛应用于数字图像处理、计算机图形学，以及机器视觉等领域，实现对几何体和图像的旋转和缩放等操作。

2.3　行列式

　　行列式（Determinant，det）是对矩阵的一种运算，它作用于方阵，将其映射成一个标量。本节介绍行列式的定义、性质以及计算方法。

2.3.1 行列式的定义与性质

n 阶方阵 $\boldsymbol{A}$ 的行列式记为 $|\boldsymbol{A}|$ 或 $\det(\boldsymbol{A})$，称为 n 阶行列式。计算公式为

$$|\boldsymbol{A}| = \begin{vmatrix} a_{11} & a_{12} & \cdots & a_{1n} \\ a_{21} & a_{22} & \cdots & a_{2n} \\ \vdots & \vdots & & \vdots \\ a_{n_1} & a_{n2} & \cdots & a_{nn} \end{vmatrix} = \sum_{j_1 j_2 \cdots j_n \in S_n} (-1)^{\tau(j_1 j_2 \cdots j_n)} \prod_{i=1}^{n} a_{i,j_i} \tag{2.28}$$

其中 $j_1 j_2 \cdots j_n$ 为正整数 $1, 2, \cdots, n$ 的一个排列，S_n 是这 n 个正整数所有排列构成的集合，显然有 $n!$ 种排列。$\tau(j_1 j_2 \cdots j_n)$ 为排列 $j_1 j_2 \cdots j_n$ 的逆序数，对于一个排列 $j_1 j_2 \cdots j_n$，如果 $m < n$ 但 $j_m > j_n$，则称为一个逆序，排列中所有逆序的数量称为排列的逆序数。下面举例说明。

对于 3 个正整数 1,2,3，其所有排列的集合 S_n 为

$1, 2, 3$	$1, 3, 2$	$2, 1, 3$
$2, 3, 1$	$3, 1, 2$	$3, 2, 1$

排列 3,2,1 的所有逆序为

$$(3, 2), (2, 1), (3, 1)$$

因此其逆序数为 3。

排列 2,1,3 的所有逆序为

$$(2, 1)$$

因此其逆序数为 1。按照式 (2.28) 的定义，n 阶行列式的求和项有 $n!$ 项，每个求和项中的 $\prod_{i=1}^{n} a_{i,j_i}$ 表示按行号递增的顺序从 $\boldsymbol{A}$ 的每一行各抽取一个元素相乘，且这些元素的列号不能重复。它们的列号 $j_1 j_2 \cdots j_n$ 是 $1, 2, \cdots, n$ 的一个排列。$(-1)^{\tau(j_1 j_2 \cdots j_n)}$ 决定了求和项的符号，它意味着如果这些元素的列号排列的逆序数为偶数，则其值为 1；如果为奇数，则为 -1。$n!$ 种排列中逆序数为奇数的排列和逆序数为偶数的排列各占一半，因此求和项中正号和负号各占一半。

下面按照定义计算 3 阶行列式的值。

$$\begin{vmatrix} 1 & 2 & 3 \\ 1 & 0 & 1 \\ 1 & 1 & 0 \end{vmatrix} = (-1)^{\tau(1,2,3)} a_{11} a_{22} a_{33} + (-1)^{\tau(1,3,2)} a_{11} a_{23} a_{32} + (-1)^{\tau(2,1,3)} a_{12} a_{21} a_{33}$$

$$+ (-1)^{\tau(2,3,1)} a_{12} a_{23} a_{31} + (-1)^{\tau(3,1,2)} a_{13} a_{21} a_{32} + (-1)^{\tau(3,2,1)} a_{13} a_{22} a_{31}$$

$$= (-1)^0 \times 1 \times 0 \times 0 + (-1)^1 \times 1 \times 1 \times 1 + (-1)^1 \times 2 \times 1 \times 0$$

$$+ (-1)^2 \times 3 \times 1 \times 1 + (-1)^3 \times 3 \times 0 \times 1$$

$$= 4$$

下面推导 2 阶和 3 阶行列式的计算公式。2 阶矩阵的行列式的计算公式为

$$\begin{vmatrix} a_{11} & a_{12} \\ a_{21} & a_{22} \end{vmatrix} = (-1)^{\tau(1,2)} a_{11} a_{22} + (-1)^{\tau(2,1)} a_{12} a_{21} = a_{11} a_{22} - a_{12} a_{21}$$

下面的 2 阶行列式值为

$$\begin{vmatrix} 1 & 2 \\ 3 & 4 \end{vmatrix} = 1 \times 4 - 2 \times 3 = -2$$

3 阶矩阵的行列式的计算公式为

$$\begin{vmatrix} a_{11} & a_{12} & a_{13} \\ u_{21} & a_{22} & a_{23} \\ a_{31} & a_{32} & a_{33} \end{vmatrix} = (-1)^{\tau(1,2,3)} a_{11} a_{22} a_{33} + (-1)^{\tau(2,3,1)} a_{12} a_{23} a_{31} + (-1)^{\tau(3,1,2)} a_{13} a_{21} a_{32}$$

$$+ (-1)^{\tau(3,2,1)} a_{13} a_{22} a_{31} + (-1)^{\tau(1,3,2)} a_{11} a_{23} a_{32} + (-1)^{\tau(2,1,3)} a_{12} a_{21} a_{33}$$

$$= a_{11} a_{22} a_{33} + a_{12} a_{23} a_{31} + a_{13} a_{21} a_{32} - a_{13} a_{22} a_{31} - a_{11} a_{23} a_{32} - a_{12} a_{21} a_{33}$$

下面的 3 阶行列式值为

$$\begin{vmatrix} 1 & 2 & 3 \\ 4 & 5 & 6 \\ 1 & 2 & 2 \end{vmatrix} = 1 \times 5 \times 2 + 2 \times 6 \times 1 + 3 \times 4 \times 2 - 3 \times 5 \times 1 - 1 \times 6 \times 2 - 2 \times 4 \times 2 = 3$$

行列式可以表示平行四边形与平行六面体的有向面积和体积，也是线性变换的伸缩因子。如果将方阵看作线性变换，则其行列式的绝对值表示该变换导致的体积元变化系数。在第 3 章将要介绍的多元函数微积分中，雅克比行列式被广泛应用于多元函数微分与积分的计算，代表了多元换元后的比例量。

按照定义，一个行列式可以按照行或列进行递归展开，称为拉普拉斯展开（Laplace Expansion）

$$|\boldsymbol{A}| = a_{i1} A_{i1} + a_{i2} A_{i2} + \cdots + a_{in} A_{in} = a_{1j} A_{1j} + a_{2j} A_{2j} + \cdots + a_{nj} A_{nj} \tag{2.29}$$

其中

$$A_{ij} = (-1)^{i+j} \begin{vmatrix} a_{11} & \cdots & a_{1,j-1} & a_{1,j+1} & \cdots & a_{1n} \\ \vdots & & \vdots & \vdots & & \vdots \\ a_{i-1,1} & \cdots & a_{i-1,j-1} & a_{i-1,j+1} & \cdots & a_{i-1,n} \\ a_{i+1,1} & \cdots & a_{i+1,j-1} & a_{i+1,j+1} & \cdots & a_{i+1,n} \\ \vdots & & \vdots & \vdots & & \vdots \\ a_{n1} & \cdots & a_{n,j-1} & a_{n,j+1} & \cdots & a_{nn} \end{vmatrix}$$

是去掉矩阵 $\boldsymbol{A}$ 的第 i 行和第 j 列之后的 $n-1$ 阶矩阵的行列式，并且带有符号 $(-1)^{i+j}$，$i+j$ 为行号和列号之和。称 A_{ij} 为 a_{ij} 的代数余子式，不带符号的子行列式则称为余子式。

按照式 (2.29) 的结论，下面的行列式可以按第一行展开为

$$\begin{vmatrix} 1 & 2 & 3 \\ 1 & 0 & 1 \\ 1 & 1 & 0 \end{vmatrix} = 1 \times (-1)^{1+1} \times \begin{vmatrix} 0 & 1 \\ 1 & 0 \end{vmatrix} + 2 \times (-1)^{1+2} \times \begin{vmatrix} 1 & 1 \\ 1 & 0 \end{vmatrix} + 3 \times (-1)^{1+3} \times \begin{vmatrix} 1 & 0 \\ 1 & 1 \end{vmatrix}$$

下面计算几种特殊行列式的值。某一行（列）全为 0 的行列式值为 0。根据拉普拉斯展开可以得到此结论，根据行列式的定义也可以直接得到此结果，$n!$ 个求和项中每一项都必然包含某一行/列的一个元素。根据此结论，下面的行列式值为 0

$$\begin{vmatrix} 0 & 0 & 0 \\ 1 & 2 & 3 \\ 4 & 5 & 6 \end{vmatrix} = 0$$

根据式 (2.28) 的定义，如果一个矩阵为对角矩阵，则其行列式为矩阵主对角线元素的乘积，这是因为 $n!$ 个求和项中，除了全部由主对角线元素构成的项之外，其他的项的乘积中都含有 0。

$$\begin{vmatrix} a_{11} & 0 & 0 \\ 0 & \ddots & 0 \\ 0 & 0 & a_{nn} \end{vmatrix} = \prod_{i=1}^{n} a_{ii}$$

下面的对角矩阵的行列式值为

$$\begin{vmatrix} 1 & 0 & 0 \\ 0 & 2 & 0 \\ 0 & 0 & 3 \end{vmatrix} = 1 \times 2 \times 3 = 6$$

单位矩阵的行列式为 1

$$|\boldsymbol{I}| = \begin{vmatrix} 1 & \cdots & 0 \\ \vdots & \ddots & \vdots \\ 0 & \cdots & 1 \end{vmatrix} = 1 \times 1 \times \cdots \times 1 = 1$$

上三角矩阵和下三角矩阵的行列式为其主对角线元素的乘积。这是因为式 (2.28) 的 $n!$ 个求和项中，除了全部由主对角线元素构成的项之外，其他的项的乘积中都含有 0。

$$\begin{vmatrix} a_{11} & \cdots & a_{1n} \\ \vdots & \ddots & \vdots \\ 0 & \cdots & a_{nn} \end{vmatrix} = \prod_{i=1}^{n} a_{ii}$$

根据这一结论有

$$\begin{vmatrix} 1 & 4 & 6 \\ 0 & 2 & 5 \\ 0 & 0 & 3 \end{vmatrix} = 1 \times 2 \times 3 = 6$$

下面介绍行列式的若干重要性质。行列式具有多线性，可以按照某一行或列的线性组合拆分成两个行列式之和

$$\begin{vmatrix} a_{11} & \cdots & a_{1n} \\ \vdots & & \vdots \\ a_{i-1,1} & \cdots & a_{i-1,n} \\ \alpha a_{i1}+\beta b_{i1} & \cdots & \alpha a_{in}+\beta b_{in} \\ a_{i+1,1} & \cdots & a_{i+1,n} \\ \vdots & & \vdots \\ a_{n1} & \cdots & a_{nn} \end{vmatrix} = \alpha \begin{vmatrix} a_{11} & \cdots & a_{1n} \\ \vdots & & \vdots \\ a_{i-1,1} & \cdots & a_{i-1,n} \\ a_{i1} & \cdots & a_{in} \\ a_{i+1,1} & \cdots & a_{i+1,n} \\ \vdots & & \vdots \\ a_{n1} & \cdots & a_{nn} \end{vmatrix} + \beta \begin{vmatrix} a_{11} & \cdots & a_{1n} \\ \vdots & & \vdots \\ a_{i-1,1} & \cdots & a_{i-1,n} \\ b_{i1} & \cdots & b_{in} \\ a_{i+1,1} & \cdots & a_{i+1,n} \\ \vdots & & \vdots \\ a_{n1} & \cdots & a_{nn} \end{vmatrix} \quad (2.30)$$

因为

$$
\begin{vmatrix}
a_{11} & \cdots & a_{1n} \\
\vdots & & \vdots \\
a_{i-1,1} & \cdots & a_{i-1,n} \\
\alpha a_{i1} + \beta b_{i1} & \cdots & \alpha a_{in} + \beta b_{in} \\
a_{i+1,1} & \cdots & a_{i+1,n} \\
\vdots & & \vdots \\
a_{n1} & \cdots & a_{nn}
\end{vmatrix}
= \sum_{j_1 j_2 \cdots j_n} (-1)^{\tau(j_1 j_2 \cdots j_n)} a_{1j_1} \cdots (\alpha a_{ij_i} + \beta b_{ij_i}) \cdots a_{nj_n}
$$

$$
= \alpha \sum_{j_1 j_2 \cdots j_n} (-1)^{\tau(j_1 j_2 \cdots j_n)} a_{1j_1} \cdots a_{ij_i} \cdots a_{nj_n} + \beta \sum_{j_1 j_2 \cdots j_n} (-1)^{\tau(j_1 j_2 \cdots j_n)} a_{1j_1} \cdots b_{ij_i} \cdots a_{nj_n}
$$

$$
= \alpha
\begin{vmatrix}
a_{11} & \cdots & a_{1n} \\
\vdots & & \vdots \\
a_{i-1,1} & \cdots & a_{i-1,n} \\
a_{i1} & \cdots & a_{in} \\
a_{i+1,1} & \cdots & a_{i+1,n} \\
\vdots & & \vdots \\
a_{n1} & \cdots & a_{nn}
\end{vmatrix}
+ \beta
\begin{vmatrix}
a_{11} & \cdots & a_{1n} \\
\vdots & & \vdots \\
a_{i-1,1} & \cdots & a_{i-1,n} \\
b_{i1} & \cdots & b_{in} \\
a_{i+1,1} & \cdots & a_{i+1,n} \\
\vdots & & \vdots \\
a_{n1} & \cdots & a_{nn}
\end{vmatrix}
$$

按照这一结论有

$$
\begin{vmatrix}
1+2 & 2+3 & 3+4 \\
1 & 0 & 0 \\
0 & 1 & 1
\end{vmatrix}
=
\begin{vmatrix}
1 & 2 & 3 \\
1 & 0 & 0 \\
0 & 1 & 1
\end{vmatrix}
+
\begin{vmatrix}
2 & 3 & 4 \\
1 & 0 & 0 \\
0 & 1 & 1
\end{vmatrix}
$$

如果行列式的两行或列相等,那么行列式的值为 0。即

$$
\begin{vmatrix}
a_{11} & \cdots & a_{1n} \\
\vdots & & \vdots \\
a_{i1} & \cdots & a_{in} \\
\vdots & & \vdots \\
a_{i1} & \cdots & a_{in} \\
\vdots & & \vdots \\
a_{n1} & \cdots & a_{nn}
\end{vmatrix}
= 0
\tag{2.31}
$$

下面给出证明。假设行列式的第 i 行和第 k 行相等,式 (2.28) 中 $n!$ 个求和项可以分成两组,即

$$
(-1)^{\tau(j_1 \cdots j_i \cdots j_k \cdots j_n)} a_{1j_1} \cdots a_{ij_i} \cdots a_{kj_k} \cdots a_{nj_n}
$$

与

$$
(-1)^{\tau(j_1 \cdots j_k \cdots j_i \cdots j_n)} a_{1j_1} \cdots a_{ij_k} \cdots a_{kj_i} \cdots a_{nj_n}
$$

由于 $a_{ij_i} = a_{kj_i}, a_{kj_k} = a_{ij_k}$ 且排列 $j_1 \cdots j_i \cdots j_k \cdots j_n$ 与 $j_1 \cdots j_i \cdots j_k \cdots j_n$ 的逆序数的奇偶性相反（二者通过一次置换可以互相得到）,因此这两项的符号相反,故行列式的值为 0。

根据这一结论，下面的行列式为 0

$$\begin{vmatrix} 1 & 2 & 3 \\ 1 & 1 & 1 \\ 1 & 1 & 1 \end{vmatrix} = 0$$

根据这一结论可以构造出可逆矩阵的逆矩阵。对于矩阵

$$\boldsymbol{A} = \begin{pmatrix} a_{11} & a_{12} & \cdots & a_{1n} \\ a_{21} & a_{22} & \cdots & a_{2n} \\ \vdots & \vdots & & \vdots \\ a_{n1} & a_{n2} & \cdots & u_{nn} \end{pmatrix}$$

假设 A_{ij} 是 a_{ij} 的代数余子式，利用它们构造如下的伴随矩阵

$$\boldsymbol{A}^* = \begin{pmatrix} A_{11} & A_{21} & \cdots & A_{n1} \\ A_{12} & A_{22} & \cdots & A_{n2} \\ \vdots & \vdots & & \vdots \\ A_{1n} & A_{2n} & \cdots & A_{nn} \end{pmatrix}$$

根据拉普拉斯展开，第 i 行与其代数余子式的内积为行列式本身

$$|\boldsymbol{A}| = a_{i1}A_{i1} + a_{i2}A_{i2} + \cdots + a_{in}A_{in}$$

第 i 行与第 $j, j \neq i$ 行的代数余子式的内积为 0，这是因为它是第 j 行与第 i 行相等的行列式的拉普拉斯展开，其值为 0

$$0 = a_{i1}A_{j1} + a_{i2}A_{j2} + \cdots + a_{in}A_{jn}, j \neq i$$

因此有

$$\boldsymbol{A}\boldsymbol{A}^* = \begin{pmatrix} a_{11} & a_{12} & \cdots & a_{1n} \\ a_{21} & a_{22} & \cdots & a_{2n} \\ \vdots & \vdots & & \vdots \\ a_{n1} & a_{n2} & \cdots & a_{nn} \end{pmatrix} \begin{pmatrix} A_{11} & A_{21} & \cdots & A_{n1} \\ A_{12} & A_{22} & \cdots & A_{n2} \\ \vdots & \vdots & & \vdots \\ A_{1n} & A_{2n} & \cdots & A_{nn} \end{pmatrix} = \begin{pmatrix} |\boldsymbol{A}| & 0 & \cdots & 0 \\ 0 & |\boldsymbol{A}| & \cdots & 0 \\ \vdots & \vdots & & \vdots \\ 0 & 0 & \cdots & |\boldsymbol{A}| \end{pmatrix} = |\boldsymbol{A}|\boldsymbol{I}$$

如果 $|\boldsymbol{A}| \neq 0$，则有

$$\boldsymbol{A} \frac{1}{|\boldsymbol{A}|} \boldsymbol{A}^* = \boldsymbol{I}$$

因此

$$\boldsymbol{A}^{-1} = \frac{1}{|\boldsymbol{A}|} \boldsymbol{A}^*$$

这也证明了矩阵 $\boldsymbol{A}$ 可逆的充分必要条件是 $|\boldsymbol{A}| \neq 0$。

如果把行列式的某一行元素都乘以 k，则行列式变为之前的 k 倍。即

$$\begin{vmatrix} a_{11} & \cdots & a_{1n} \\ \vdots & & \vdots \\ ka_{i1} & \cdots & ka_{in} \\ \vdots & & \vdots \\ a_{n1} & \cdots & a_{nn} \end{vmatrix} = k \begin{vmatrix} a_{11} & \cdots & a_{1n} \\ \vdots & & \vdots \\ a_{i1} & \cdots & a_{in} \\ \vdots & & \vdots \\ a_{n1} & \cdots & a_{nn} \end{vmatrix} \tag{2.32}$$

可以根据行列式的定义直接证明。

如果将行列式的两行交换，行列式反号。根据式 (2.30) 与式 (2.31)

$$
0 = \begin{vmatrix} a_{11} & \cdots & a_{1n} \\ \vdots & & \vdots \\ a_{i1}+a_{j1} & \cdots & a_{in}+a_{jn} \\ \vdots & & \vdots \\ a_{i1}+a_{j1} & \cdots & a_{in}+a_{jn} \\ \vdots & & \vdots \\ a_{n1} & \cdots & a_{nn} \end{vmatrix} = \begin{vmatrix} a_{11} & \cdots & a_{1n} \\ \vdots & & \vdots \\ a_{i1} & \cdots & a_{in} \\ \vdots & & \vdots \\ a_{i1}+a_{j1} & \cdots & a_{in}+a_{jn} \\ \vdots & & \vdots \\ a_{n1} & \cdots & a_{nn} \end{vmatrix} + \begin{vmatrix} a_{11} & \cdots & a_{1n} \\ \vdots & & \vdots \\ a_{j1} & \cdots & a_{jn} \\ \vdots & & \vdots \\ a_{i1}+a_{j1} & \cdots & a_{in}+a_{jn} \\ \vdots & & \vdots \\ a_{n1} & \cdots & a_{nn} \end{vmatrix}
$$

$$
= \begin{vmatrix} a_{11} & \cdots & a_{1n} \\ \vdots & & \vdots \\ a_{i1} & \cdots & a_{in} \\ \vdots & & \vdots \\ a_{i1} & \cdots & a_{in} \\ \vdots & & \vdots \\ a_{n1} & \cdots & a_{nn} \end{vmatrix} + \begin{vmatrix} a_{11} & \cdots & a_{1n} \\ \vdots & & \vdots \\ a_{i1} & \cdots & a_{in} \\ \vdots & & \vdots \\ a_{j1} & \cdots & a_{jn} \\ \vdots & & \vdots \\ a_{n1} & \cdots & a_{nn} \end{vmatrix} + \begin{vmatrix} a_{11} & \cdots & a_{1n} \\ \vdots & & \vdots \\ a_{j1} & \cdots & a_{jn} \\ \vdots & & \vdots \\ a_{i1} & \cdots & a_{in} \\ \vdots & & \vdots \\ a_{n1} & \cdots & a_{nn} \end{vmatrix} + \begin{vmatrix} a_{11} & \cdots & a_{1n} \\ \vdots & & \vdots \\ a_{j1} & \cdots & a_{jn} \\ \vdots & & \vdots \\ a_{j1} & \cdots & a_{jn} \\ \vdots & & \vdots \\ a_{n1} & \cdots & a_{nn} \end{vmatrix}
$$

$$
= \begin{vmatrix} a_{11} & \cdots & a_{1n} \\ \vdots & & \vdots \\ a_{i1} & \cdots & a_{in} \\ \vdots & & \vdots \\ a_{j1} & \cdots & a_{jn} \\ \vdots & & \vdots \\ a_{n1} & \cdots & a_{nn} \end{vmatrix} + \begin{vmatrix} a_{11} & \cdots & a_{1n} \\ \vdots & & \vdots \\ a_{j1} & \cdots & a_{jn} \\ \vdots & & \vdots \\ a_{i1} & \cdots & a_{in} \\ \vdots & & \vdots \\ a_{n1} & \cdots & a_{nn} \end{vmatrix}
$$

因此

$$
\begin{vmatrix} a_{11} & \cdots & a_{1n} \\ \vdots & & \vdots \\ a_{i1} & \cdots & a_{in} \\ \vdots & & \vdots \\ a_{j1} & \cdots & a_{jn} \\ \vdots & & \vdots \\ a_{n1} & \cdots & a_{nn} \end{vmatrix} = - \begin{vmatrix} a_{11} & \cdots & a_{1n} \\ \vdots & & \vdots \\ a_{j1} & \cdots & a_{jn} \\ \vdots & & \vdots \\ a_{i1} & \cdots & a_{in} \\ \vdots & & \vdots \\ a_{n1} & \cdots & a_{nn} \end{vmatrix}
$$

根据这一结论，下面两个行列式值相反

$$
\begin{vmatrix} 1 & 1 & 1 \\ 1 & 2 & 3 \\ 4 & 5 & 6 \end{vmatrix} = - \begin{vmatrix} 1 & 2 & 3 \\ 1 & 1 & 1 \\ 4 & 5 & 6 \end{vmatrix}
$$

根据式 (2.31) 与式 (2.32) 可以证明, 如果一个行列式的两个行成比例关系, 则其值为 0。

$$\begin{vmatrix} a_{11} & \cdots & a_{1n} \\ \vdots & & \vdots \\ a_{i1} & \cdots & a_{in} \\ \vdots & & \vdots \\ ka_{i1} & \cdots & ka_{in} \\ \vdots & & \vdots \\ a_{n1} & \cdots & a_{nn} \end{vmatrix} = k \begin{vmatrix} a_{11} & \cdots & a_{1n} \\ \vdots & & \vdots \\ a_{i1} & \cdots & a_{in} \\ \vdots & & \vdots \\ a_{i1} & \cdots & a_{in} \\ \vdots & & \vdots \\ a_{n1} & \cdots & a_{nn} \end{vmatrix} = 0$$

按照这一结论, 下面的行列式为 0。

$$\begin{vmatrix} 1 & 1 & 1 \\ 2 & 2 & 2 \\ 1 & 2 & 3 \end{vmatrix} = 0$$

根据式 (2.30) 与式 (2.31)、式 (2.32) 可以证明, 行列式的一个行加上另一个行的 k 倍, 行列式的值不变。这是因为

$$\begin{vmatrix} a_{11} & \cdots & a_{1n} \\ \vdots & & \vdots \\ a_{i1}+ka_{j1} & \cdots & a_{in}+ka_{jn} \\ \vdots & & \vdots \\ a_{j1} & \cdots & a_{jn} \\ \vdots & & \vdots \\ a_{n1} & \cdots & a_{nn} \end{vmatrix} = \begin{vmatrix} a_{11} & \cdots & a_{1n} \\ \vdots & & \vdots \\ a_{i1} & \cdots & a_{in} \\ \vdots & & \vdots \\ a_{j1} & \cdots & a_{jn} \\ \vdots & & \vdots \\ a_{n1} & \cdots & a_{nn} \end{vmatrix} + k \begin{vmatrix} a_{11} & \cdots & a_{1n} \\ \vdots & & \vdots \\ a_{j1} & \cdots & a_{jn} \\ \vdots & & \vdots \\ a_{j1} & \cdots & a_{jn} \\ \vdots & & \vdots \\ a_{n1} & \cdots & a_{nn} \end{vmatrix} = \begin{vmatrix} a_{11} & \cdots & a_{1n} \\ \vdots & & \vdots \\ a_{i1} & \cdots & a_{in} \\ \vdots & & \vdots \\ a_{j1} & \cdots & a_{jn} \\ \vdots & & \vdots \\ a_{n1} & \cdots & a_{nn} \end{vmatrix}$$

按照这一结论, 下面两个行列式的值相等

$$\begin{vmatrix} 1 & 1 & 1 \\ 1 & 2 & 3 \\ 4 & 5 & 6 \end{vmatrix} = \begin{vmatrix} 1+1 & 1+2 & 1+3 \\ 1 & 2 & 3 \\ 4 & 5 & 6 \end{vmatrix}$$

可以通过这种变换将矩阵化为三角矩阵, 然后计算其行列式的值。

根据拉普拉斯展开可以证明下面的结论成立

$$\begin{vmatrix} a_{11} & a_{12} & \cdots & a_{1n} & 0 & \cdots & \cdots & 0 \\ a_{21} & a_{22} & \cdots & a_{2n} & \cdots & \cdots & \cdots & \cdots \\ \vdots & \vdots & & \vdots & \vdots & \vdots & & \vdots \\ a_{n1} & a_{n2} & \cdots & a_{nn} & 0 & \cdots & \cdots & 0 \\ c_{11} & c_{12} & \cdots & c_{1n} & b_{11} & b_{12} & \cdots & b_{1m} \\ c_{21} & c_{22} & \cdots & c_{2n} & b_{21} & b_{22} & \cdots & b_{2m} \\ \vdots & \vdots & & \vdots & \vdots & \vdots & & \vdots \\ c_{m1} & c_{m2} & \cdots & c_{mn} & b_{m1} & b_{m2} & \cdots & b_{mm} \end{vmatrix} = \begin{vmatrix} a_{11} & a_{12} & \cdots & a_{1n} \\ a_{21} & a_{22} & \cdots & a_{2n} \\ \vdots & \vdots & & \vdots \\ a_{n1} & a_{n2} & \cdots & a_{nn} \end{vmatrix} \begin{vmatrix} b_{11} & b_{12} & \cdots & b_{1m} \\ b_{21} & b_{22} & \cdots & b_{2m} \\ \vdots & \vdots & & \vdots \\ b_{m1} & b_{m2} & \cdots & b_{mm} \end{vmatrix}$$

如果矩阵 $\boldsymbol{A}$ 和 $\boldsymbol{B}$ 是尺寸相同的 n 阶矩阵，则有

$$|\boldsymbol{AB}| = |\boldsymbol{A}||\boldsymbol{B}| \tag{2.33}$$

即矩阵乘积的行列式等于矩阵行列式的乘积。下面给出证明，由于

$$|\boldsymbol{A}||\boldsymbol{B}| = \begin{vmatrix} a_{11} & a_{12} & \cdots & a_{1n} & 0 & \cdots & \cdots & 0 \\ a_{21} & a_{22} & \cdots & a_{2n} & \cdots & & & \cdots \\ \vdots & \vdots & & \vdots & \vdots & \vdots & & \vdots \\ a_{n1} & a_{n2} & \cdots & a_{nn} & 0 & \cdots & \cdots & 0 \\ -1 & 0 & \cdots & 0 & b_{11} & b_{12} & \cdots & b_{1n} \\ 0 & -1 & \cdots & \cdots & b_{21} & b_{22} & \cdots & b_{2n} \\ \vdots & \vdots & & \vdots & \vdots & \vdots & & \vdots \\ 0 & 0 & \cdots & -1 & b_{n1} & b_{n2} & \cdots & b_{nn} \end{vmatrix}$$

将 $n+1$ 行乘以 a_{11} 加到第 1 行，第 $n+2$ 行乘以 a_{12} 加到第 1 行，$\cdots\cdots$，将第 $2n$ 行乘以 a_{1n} 加到第 1 行，可以得到

$$|\boldsymbol{A}||\boldsymbol{B}| = \begin{vmatrix} 0 & 0 & \cdots & 0 & \sum\limits_{k=1}^{n} a_{1k}b_{k1} & \cdots & \cdots & \sum\limits_{k=1}^{n} a_{1k}b_{kn} \\ a_{21} & a_{22} & \cdots & a_{2n} & \cdots & & & \cdots \\ \vdots & \vdots & & \vdots & \vdots & \vdots & & \vdots \\ a_{n1} & a_{n2} & \cdots & a_{nn} & 0 & \cdots & & 0 \\ -1 & 0 & \cdots & 0 & b_{11} & b_{12} & \cdots & b_{1n} \\ 0 & -1 & \cdots & \cdots & b_{21} & b_{22} & \cdots & b_{2n} \\ \vdots & \vdots & & \vdots & \vdots & \vdots & & \vdots \\ 0 & 0 & \cdots & -1 & b_{n1} & b_{n2} & \cdots & b_{nn} \end{vmatrix}$$

对第 $2 \sim n$ 行执行类似的操作，将上式右侧行列式的左上角全部消为 0，最后可以得到

$$|\boldsymbol{A}||\boldsymbol{B}| = \begin{vmatrix} 0 & 0 & \cdots & 0 & \sum\limits_{k=1}^{n} a_{1k}b_{k1} & \cdots & \cdots & \sum\limits_{k=1}^{n} a_{1k}b_{kn} \\ 0 & 0 & \cdots & 0 & \sum\limits_{k=1}^{n} a_{2k}b_{k1} & \cdots & \cdots & \sum\limits_{k=1}^{n} a_{2k}b_{kn} \\ \vdots & \vdots & & \vdots & \vdots & \vdots & & \vdots \\ 0 & 0 & \cdots & 0 & \sum\limits_{k=1}^{n} a_{nk}b_{k1} & \cdots & \cdots & \sum\limits_{k=1}^{n} a_{nk}b_{kn} \\ -1 & 0 & \cdots & 0 & b_{11} & b_{12} & \cdots & b_{1n} \\ 0 & -1 & \cdots & \cdots & b_{21} & b_{22} & \cdots & b_{2n} \\ \vdots & \vdots & & \vdots & \vdots & \vdots & & \vdots \\ 0 & 0 & \cdots & -1 & b_{n1} & b_{n2} & \cdots & b_{nn} \end{vmatrix}$$

$$= \begin{vmatrix} \boldsymbol{0} & \boldsymbol{AB} \\ -\boldsymbol{I} & \boldsymbol{B} \end{vmatrix} = (-1)^n \begin{vmatrix} \boldsymbol{AB} & \boldsymbol{0} \\ \boldsymbol{B} & -\boldsymbol{I} \end{vmatrix} = (-1)^n |\boldsymbol{AB}||-\boldsymbol{I}| = (-1)^n |\boldsymbol{AB}|(-1)^n = |\boldsymbol{AB}|$$

上式第 3 步将行列式左侧的 n 列与右侧的 n 列对换，因此出现 $(-1)^n$；第 4 步利用了拉普拉斯展开，第 5 步利用了对角矩阵的行列式计算公式。式 (2.33) 具有很强的实用价值，通常使用它计算矩阵乘积的行列式。

根据式 (2.33) 可以直接得到下面的结论：如果矩阵可逆，则其行列式不为 0，且其逆矩阵的行列式等于行列式的逆，即

$$|\boldsymbol{A}^{-1}| = |\boldsymbol{A}|^{-1}$$

这是因为 $\boldsymbol{A}\boldsymbol{A}^{-1} = \boldsymbol{I}$，因此

$$|\boldsymbol{A}||\boldsymbol{A}^{-1}| = |\boldsymbol{I}| = 1$$

矩阵与标量乘法的行列式为

$$|\alpha\boldsymbol{A}| = \alpha^n|\boldsymbol{A}|$$

其中 n 为矩阵的阶数。这可以根据行列式的定义直接证明。式 (2.28) 所有求和项 $(-1)^{\tau(j_1 j_2 \cdots j_n)}\prod\limits_{i=1}^{n} a_{i,j_i}$ 中 a_{i,j_i} 均变为 $\alpha a_{i,j_i}$，因此最后出现 α^n。根据这一结论有

$$\begin{vmatrix} 2 & 4 & 6 \\ 8 & 10 & 12 \\ 14 & 16 & 18 \end{vmatrix} = 2^3 \times \begin{vmatrix} 1 & 2 & 3 \\ 4 & 5 & 6 \\ 7 & 8 & 9 \end{vmatrix}$$

矩阵转置之后行列式不变

$$|\boldsymbol{A}| = |\boldsymbol{A}^{\mathrm{T}}|$$

这可以根据行列式的定义以及行列对换进行证明。

正交矩阵的行列式为 ± 1。如果 $\boldsymbol{A}$ 是正交矩阵，则有

$$|\boldsymbol{A}\boldsymbol{A}^{\mathrm{T}}| = |\boldsymbol{A}||\boldsymbol{A}^{\mathrm{T}}| = |\boldsymbol{A}||\boldsymbol{A}| = |\boldsymbol{I}| = 1$$

因此 $|\boldsymbol{A}| = \pm 1$。

2.3.2 计算方法

下面介绍行列式的计算，分为手动计算与编程计算两种方式。对于手动计算，重点介绍将矩阵化为上三角矩阵这种方法。

上三角矩阵或下三角矩阵的行列式是易于计算的，等于其主对角线元素的乘积。根据下面的初等行变换：

（1）将行列式的两行交换；

（2）将行列式的某一行乘以 k 倍之后加到另外一行。

可以将行列式化为上三角形式。根据前面介绍的行列式的性质，第一种变换使得行列式的值反号，第二种变换保证行列式的值不变。下面举例说明。

对于下面的行列式

$$\begin{vmatrix} 1 & 2 & 3 \\ 4 & 5 & 6 \\ 7 & 8 & 9 \end{vmatrix} \tag{2.34}$$

将其化为上三角矩阵，然后计算行列式的值

$$\begin{vmatrix} 1 & 2 & 3 \\ 4 & 5 & 6 \\ 7 & 8 & 9 \end{vmatrix} \xrightarrow{r_2-4\times r_1,\ r_3-7\times r_1} \begin{vmatrix} 1 & 2 & 3 \\ 0 & -3 & -6 \\ 0 & -6 & -12 \end{vmatrix} \xrightarrow{r_3-2\times r_2} \begin{vmatrix} 1 & 2 & 3 \\ 0 & -3 & -6 \\ 0 & 0 & 0 \end{vmatrix} = 0$$

Python 中 linalg 的 det 函数实现了计算方阵行列式的功能。下面是计算矩阵行列式的示例代码。

```python
import numpy as np
A = np.array ([[1, 0, 0], [0, 1, 0], [0, 0, 5]])
d = np.linalg.det (A)
print (d)
```

程序运行结果为 5，对角矩阵的行列式为主对角线元素的乘积。

下面用 Python 程序验证式 (2.34) 的行列式值。代码如下。

```python
import numpy as np
A = np.array ([[1, 2, 3], [4, 5, 6], [7, 8, 9]])
d = np.linalg.det (A)
print (d)
```

程序运行结果为 0，与手动计算结果一致。

2.4　线性方程组

线性方程组是线性代数研究的主体对象之一。本节介绍线性方程组的求解方法以及解的理论。

2.4.1　高斯消元法

高斯消元法（Gaussian Elimination Method）即加减消元法，是求解线性方程组的经典方法。通过将一个方程减掉另一个方程的倍数消掉未知数，得到阶梯型方程组，然后依次解出每一个未知数。下面用一个简单的例子进行说明。对于如下的线性方程组

$$\begin{cases} 2x_1 + x_2 + x_3 = 1 \\ 6x_1 + 2x_2 + x_3 = -1 \\ -2x_1 + 2x_2 + x_3 = 7 \end{cases}$$

先消去方程 2 和方程 3 的第一个未知数。将方程 2 减去方程 1 的 3 倍，将方程 3 加上方程 1，消掉方程 2 和方程 3 中的 x_1，得

$$\begin{cases} 2x_1 + x_2 + x_3 = 1 \\ -x_2 - 2x_3 = -4 \\ 3x_2 + 2x_3 = 8 \end{cases}$$

然后将方程 3 加上方程 2 的 3 倍，消掉方程 3 中的 x_2，得

$$\begin{cases} 2x_1 + x_2 + x_3 = 1 \\ -x_2 - 2x_3 = -4 \\ -4x_3 = -4 \end{cases}$$

根据方程 3 可以解得

$$x_3 = 1$$

将 x_3 的值代入方程 2 可以解得

$$x_2 = 2$$

再将 x_2 和 x_3 代入方程 1，可以解得

$$x_1 = -1$$

下面用矩阵的形式描述这一求解过程，如下所示

$$\begin{pmatrix} 2 & 1 & 1 & 1 \\ 6 & 2 & 1 & -1 \\ -2 & 2 & 1 & 7 \end{pmatrix} \xrightarrow{r_2-3\times r_1,\ r_3+r_1} \begin{pmatrix} 2 & 1 & 1 & 1 \\ 0 & -1 & -2 & -4 \\ 0 & 3 & 2 & 8 \end{pmatrix} \xrightarrow{r_3+3\times r_2} \begin{pmatrix} 2 & 1 & 1 & 1 \\ 0 & -1 & -2 & -4 \\ 0 & 0 & -4 & -4 \end{pmatrix}$$

下面将这种消元法进行推广。对于任意的线性方程组，采用如下的初等变换对其进行变形，方程组的解不变。

（1）交换两个方程的位置。

（2）用非 0 的常数乘以某方程的两端。

（3）将一个方程的常数倍加到另一个方程上去。

采用这种初等变换，每次消掉一个未知数，最后得到一个阶梯形方程组，即可求出方程的解。

2.4.2 齐次方程组

齐次线性方程组（Homogeneous Linear Equations）是常数项全部为 0 的线性方程组。可以写成如下形式

$$\boldsymbol{A}\boldsymbol{x} = \boldsymbol{0}$$

其中 $\boldsymbol{A} \in \mathbb{R}^{m \times n}$，$\boldsymbol{x} \in \mathbb{R}^n$。将系数矩阵 $\boldsymbol{A}$ 按列分块为 $(\boldsymbol{a}_1 \ \cdots \ \boldsymbol{a}_n)$，齐次方程可以写成

$$x_1\boldsymbol{a}_1 + \cdots + x_n\boldsymbol{a}_n = \boldsymbol{0}$$

以解向量 $\boldsymbol{x} = (x_1 \ \cdots \ x_n)^{\mathrm{T}}$ 为组合系数，向量组 $\boldsymbol{a}_1, \cdots, \boldsymbol{a}_n$ 的线性组合为 $\boldsymbol{0}$ 向量。显然 $\boldsymbol{x} = \boldsymbol{0}$ 是方程组的解，因此齐次方程一定有解。更重要的是，除 $\boldsymbol{x} = \boldsymbol{0}$ 之外的解，称为非 $\boldsymbol{0}$ 解，下面讨论这种解的存在性。

根据线性相关性的定义，如果向量组 $\boldsymbol{a}_1, \cdots, \boldsymbol{a}_n$ 线性无关，则不存在一组不全为 0 的系数 $\boldsymbol{x}$ 使得其线性组合为 $\boldsymbol{0}$。如果向量组 $\boldsymbol{a}_1, \cdots, \boldsymbol{a}_n$ 线性相关，则存在一组不全为 0 的系数 $\boldsymbol{x}$ 使得其线性组合为 $\boldsymbol{0}$。这就是方程组的非 $\boldsymbol{0}$ 解。前者对应于矩阵 $\boldsymbol{A}$ 的秩为 n，后者秩小于 n。由此得到齐次方程组解的存在性判定条件，分下面两种情况。

（1）如果 $r(\boldsymbol{A}) = n$，方程组只有 $\boldsymbol{0}$ 解。

（2）如果 $r(\boldsymbol{A}) < n$，方程组有非 $\boldsymbol{0}$ 解。

方程组有非 $\boldsymbol{0}$ 解的充分必要条件是 $r(\boldsymbol{A}) < n$。如果 $\boldsymbol{A}$ 是方阵，$r(\boldsymbol{A}) < n$ 等同于 $\boldsymbol{A}$ 不可逆。如果 $m < n$，即方程的数量小于未知数的数量，则有

$$r(\boldsymbol{A}) \leqslant \min(m, n) \leqslant m < n$$

此时方程组必定有非 **0** 解。对于如下的线性方程组

$$\begin{cases} x_1 - x_2 + x_3 = 0 \\ -x_1 + x_2 + x_3 = 0 \\ x_1 + x_2 - x_3 = 0 \end{cases}$$

其系数矩阵的秩为

$$r\left(\begin{pmatrix} 1 & -1 & 1 \\ -1 & 1 & 1 \\ 1 & 1 & -1 \end{pmatrix} \right) = 3$$

因此方程组只有 **0** 解。对于如下的方程组

$$\begin{cases} x_1 + x_2 + x_3 = 0 \\ 2x_1 + 2x_2 + 2x_3 = 0 \end{cases}$$

其系数矩阵的秩为

$$r\left(\begin{pmatrix} 1 & 1 & 1 \\ 2 & 2 & 2 \end{pmatrix} \right) = 1$$

因此方程组有非 **0** 解。

　　下面分析解的性质与结构。如果 $\boldsymbol{x}_1, \cdots, \boldsymbol{x}_l$ 都是方程组的解，它们的任意线性组合 $\sum\limits_{i=1}^{l} k_i \boldsymbol{x}_i$ 也是方程组的解，证明如下。

$$\boldsymbol{A}\left(\sum_{i=1}^{l} k_i \boldsymbol{x}_i \right) = \sum_{i=1}^{l} k_i \boldsymbol{A} \boldsymbol{x}_i = \sum_{i=1}^{l} k_i \boldsymbol{0} = \boldsymbol{0}$$

　　假设 $\boldsymbol{x}_1, \cdots, \boldsymbol{x}_l$ 都是方程组的解，如果这组解线性无关且方程组的任意一个解都可以由这组解线性表示，则称 $\boldsymbol{x}_1, \cdots, \boldsymbol{x}_l$ 是方程组的一个基础解系。

　　如果 $r(\boldsymbol{A}) < n$，则存在基础解系，且基础解系中包含 $n - r(\boldsymbol{A})$ 个解。

　　下面介绍齐次线性方程组的求解方法。通常采用的是初等行变换法，对应高斯消元法。经过初等行变换将系数矩阵化为阶梯形矩阵之后，如果出现自由未知数，可以将它们设为特殊值，形成基础解系，然后得到方程组的通解（General Solution）。如果 $x_{r+1}, \cdots, x_n$ 是自由未知数，通常将它们的值依次设为

$$(1 \ 0 \ \cdots \ 0) \qquad\qquad (0 \ 1 \ \cdots \ 0) \qquad\qquad \cdots \qquad\qquad (0 \ 0 \ \cdots \ 1)$$

这是 $\mathbb{R}^{n-r}$ 空间一组最简单的标准正交基。然后根据它们的值解出其他的未知数。下面举例说明。

　　对于如下的方程组

$$\begin{cases} x_1 + 2x_2 + 2x_3 + x_4 = 0 \\ 2x_1 + x_2 - 2x_3 - 2x_4 = 0 \\ x_1 - x_2 - 4x_3 - 3x_4 = 0 \end{cases}$$

对其系数矩阵进行初等行变换

$$\boldsymbol{A} = \begin{pmatrix} 1 & 2 & 2 & 1 \\ 2 & 1 & -2 & -2 \\ 1 & -1 & -4 & -3 \end{pmatrix} \xrightarrow{r_2-2r_1,\ r_3-r_1} \begin{pmatrix} 1 & 2 & 2 & 1 \\ 0 & -3 & -6 & -4 \\ 0 & -3 & -6 & -4 \end{pmatrix}$$

$$\xrightarrow{r_3-r_2,\ r_2\times(-1/3)} \begin{pmatrix} 1 & 2 & 2 & 1 \\ 0 & 1 & 2 & 4/3 \\ 0 & 0 & 0 & 0 \end{pmatrix} \xrightarrow{r_1-2\times r_2} \begin{pmatrix} 1 & 0 & -2 & -5/3 \\ 0 & 1 & 2 & 4/3 \\ 0 & 0 & 0 & 0 \end{pmatrix}$$

由于 $r(\boldsymbol{A}) = 2 < 4$，因此方程组有非 $\boldsymbol{0}$ 解，最后两个未知数为自由变量。令 $x_3 = 1, x_4 = 0$，得到基础解系的第一个解

$$\boldsymbol{x}_1 = (2\ -2\ 1\ 0)^{\mathrm{T}}$$

令 $x_3 = 0, x_4 = 1$，得到基础解系的第二个解

$$\boldsymbol{x}_2 = (5/3\ -4/3\ 0\ 1)^{\mathrm{T}}$$

方程组的通解为

$$\boldsymbol{x} = k_1\boldsymbol{x}_1 + k_2\boldsymbol{x}_2$$

其中 k_1, k_2 为任意常数。

2.4.3 非齐次方程组

非齐次线性方程组（Non-homogeneous Linear Equations）的常数项不全为 0，可写成如下形式

$$\boldsymbol{A}\boldsymbol{x} = \boldsymbol{b}$$

这与一元一次方程 $ax = 0$ 在形式上是统一的。方程组的增广矩阵是系数矩阵和常数向量合并构成的矩阵

$$\boldsymbol{B} = (\boldsymbol{A}\ \boldsymbol{b})$$

对于如下的线性方程组

$$\begin{cases} 2x_1 - 3x_2 + x_3 = 1 \\ 4x_1 - 2x_2 + x_3 = 2 \\ 3x_1 + 3x_2 + x_3 = 0 \end{cases}$$

其系数矩阵为

$$\begin{pmatrix} 2 & -3 & 1 \\ 4 & -2 & 1 \\ 3 & 3 & 1 \end{pmatrix}$$

增广矩阵为

$$\begin{pmatrix} 2 & -3 & 1 & 1 \\ 4 & -2 & 1 & 2 \\ 3 & 3 & 1 & 0 \end{pmatrix}$$

假设 $\boldsymbol{A} \in \mathbb{R}^{m \times n}$，$\boldsymbol{x} \in \mathbb{R}^n$。系数矩阵 $\boldsymbol{A}$ 按列分块为 $(\boldsymbol{a}_1\ \cdots\ \boldsymbol{a}_n)$，非齐次方程可以写成

$$x_1\boldsymbol{a}_1 + \cdots + x_n\boldsymbol{a}_n = \boldsymbol{b}$$

以 $\boldsymbol{x}$ 为组合系数，向量组 $\boldsymbol{a}_1, \cdots, \boldsymbol{a}_n$ 的线性组合为向量 $\boldsymbol{b}$。如果 $\boldsymbol{b}$ 可以由 $\boldsymbol{A}$ 的列向量线性表示，则方程组有解，否则方程组无解。用初等行变换将增广矩阵化为阶梯矩阵

$$
\begin{pmatrix}
1 & \cdots & c_{1r} & c_{1,r+1} & \cdots & c_{1n} & d_1 \\
\vdots & & \vdots & \vdots & & \vdots & \vdots \\
0 & \cdots & 1 & c_{r,r+1} & \cdots & c_{rn} & d_r \\
0 & \cdots & 0 & 0 & \cdots & 0 & d_{r+1} \\
0 & \cdots & 0 & 0 & \cdots & 0 & 0 \\
\vdots & & \vdots & \vdots & & \vdots & \vdots \\
0 & \cdots & 0 & 0 & \cdots & 0 & 0
\end{pmatrix}
$$

如果 $d_{r+1} \neq 0$，则意味着出现矛盾方程，方程无解。如果 $d_{r+1} = 0$，则方程组有解。对于第二种情况，增广矩阵的秩与系数矩阵的秩相等；第一种情况是系数矩阵的秩小于增广矩阵的秩，且

$$
r(\boldsymbol{B}) = r(\boldsymbol{A}) + 1
$$

由此得到非齐次方程组解的存在性判定条件。

（1）如果 $r(\boldsymbol{A}) = r(\boldsymbol{B})$，那么方程组的解存在。

（2）如果 $r(\boldsymbol{A}) < r(\boldsymbol{B})$，那么方程组的解不存在。

对于第一种情况，如果 $r(\boldsymbol{A}) = n$，那么方程组有唯一解。如果 $r(\boldsymbol{A}) < n$，那么方程组有无穷多组解。

下面分析解的性质与结构。如果 $\boldsymbol{x}_1, \cdots, \boldsymbol{x}_l$ 是非齐次方程组所对应的齐次方程的一组解，$\boldsymbol{x}^*$ 是非齐次方程的一个解，则 $\sum\limits_{i=1}^{l} k_i \boldsymbol{x}_i + \boldsymbol{x}^*$ 是非齐次方程的解。显然

$$
\boldsymbol{A}\left(\sum_{i=1}^{l} k_i \boldsymbol{x}_i + \boldsymbol{x}^* \right) = \sum_{i=1}^{l} k_i \boldsymbol{A} \boldsymbol{x}_i + \boldsymbol{A} \boldsymbol{x}^* = \sum_{i=1}^{l} k_i \boldsymbol{0} + \boldsymbol{b} = \boldsymbol{b}
$$

如果 $\boldsymbol{x}_1, \cdots, \boldsymbol{x}_l$ 是齐次方程组的基础解系，$\boldsymbol{x}^*$ 是非齐次方程组的一个解，则非齐次方程组的解可以表示为

$$
\sum_{i=1}^{l} k_i \boldsymbol{x}_i + \boldsymbol{x}^*
$$

同样可以用初等行变换求解非齐次方程组。其解为对应的齐次方程组的通解加上它的一个特解（Particular Solution）。齐次方程组通解的求解方法在前面已经介绍，非齐次方程组的特解可以任意选取，通常令自由未知数的值全为 0。下面举例说明。

用初等行变换解下面的非齐次线性方程组

$$
\begin{cases}
x_1 + 5x_2 - x_3 - x_4 = -1 \\
x_1 - 2x_2 + x_3 + 3x_4 = 3 \\
3x_1 + 8x_2 - x_3 + x_4 = 1 \\
x_1 - 9x_2 + 3x_3 + 7x_4 = 7
\end{cases}
$$

对其增广矩阵进行初等行变换

$$\begin{pmatrix} 1 & 5 & -1 & -1 & -1 \\ 1 & -2 & 1 & 3 & 3 \\ 3 & 8 & -1 & 1 & 1 \\ 1 & -9 & 3 & 7 & 7 \end{pmatrix} \rightarrow \begin{pmatrix} 1 & 5 & -1 & -1 & -1 \\ 0 & -7 & 2 & 4 & 4 \\ 0 & 0 & 0 & 0 & 0 \\ 0 & 0 & 0 & 0 & 0 \end{pmatrix} \rightarrow \begin{pmatrix} 1 & 5 & -1 & -1 & -1 \\ 0 & 1 & -2/7 & -4/7 & -4/7 \\ 0 & 0 & 0 & 0 & 0 \\ 0 & 0 & 0 & 0 & 0 \end{pmatrix}$$

x_3, x_4 是自由未知数。令 $x_3 = x_4 = 0$，得到一个特解

$$\boldsymbol{x}^* = \begin{pmatrix} 13/7 \\ -4/7 \\ 0 \\ 0 \end{pmatrix}$$

齐次方程组的基础解系为

$$\boldsymbol{x}_1 = \begin{pmatrix} -3/7 \\ 2/7 \\ 1 \\ 0 \end{pmatrix}, \boldsymbol{x}_2 = \begin{pmatrix} -13/7 \\ 4/7 \\ 0 \\ 1 \end{pmatrix}$$

因此方程的解为

$$\boldsymbol{x} = \boldsymbol{x}^* + k_1 \boldsymbol{x}_1 + k_2 \boldsymbol{x}_2$$

其中 k_1, k_2 为任意常数。

Python 中 linalg 的 solve 函数提供了求解非齐次线性方程组的功能。函数的传入参数为系数矩阵 $\boldsymbol{A}$，以及常数向量 $\boldsymbol{b}$，返回值是方程组 $\boldsymbol{Ax} = \boldsymbol{b}$ 的解向量 $\boldsymbol{x}$。对于方程组

$$3x_1 + x_2 = 9$$
$$x_1 + 2x_2 = 8$$

下面是求解该方程组的代码。

```
import numpy as np
A = np.array([3,1], [1,2]])
b = np.array([9,8])
x = np.linalg.solve(A, b)
print(x)
```

程序运行结果为

```
[2., 3.]
```

2.5 特征值与特征向量

特征值（Eigenvalue，也称为本征值）与特征向量（Eigenvector，也称为本征向量）决定了矩阵的很多性质。从几何的角度来看，特征向量是经过矩阵的线性变换仍然处于同一条直线上的向量。eigen 一词源自于德语，意为"自身的"。

2.5.1 特征值与特征向量

对于 n 阶矩阵 $\boldsymbol{A}$，其特征向量是经过这个矩阵的线性变换之后仍然处于同一条直线上的向量。新向量的方向可能会相反，长度可能会改变。即存在一个数 λ 及非 $\boldsymbol{0}$ 向量 $\boldsymbol{x}$，满足

$$\boldsymbol{A}\boldsymbol{x} = \lambda\boldsymbol{x} \tag{2.35}$$

则称 λ 为矩阵 $\boldsymbol{A}$ 的特征值，$\boldsymbol{x}$ 为该特征值对应的特征向量。特征值是特征向量在矩阵的线性变换下的缩放比例。如果特征值大于 0，那么经过线性变换之后特征向量的方向不变；如果特征值小于 0，那么经过线性变换之后特征向量的方向相反；如果特征值为 0，则经过线性变换之后特征向量收缩回原点。式 (2.35) 变形后可以得到

$$(\boldsymbol{A} - \lambda\boldsymbol{I})\boldsymbol{x} = \boldsymbol{0} \tag{2.36}$$

$\boldsymbol{A} - \lambda\boldsymbol{I}$ 称为特征矩阵。按照线性方程组的理论，上面的齐次方程有非 $\boldsymbol{0}$ 解的条件是系数矩阵的行列式必须为 0，即

$$|\boldsymbol{A} - \lambda\boldsymbol{I}| = 0 \tag{2.37}$$

式 (2.37) 称为特征方程（Eigenvalue Equation）。对于矩阵

$$\boldsymbol{A} = \begin{pmatrix} a_{11} & a_{12} & \cdots & a_{1n} \\ a_{21} & a_{22} & \cdots & a_{2n} \\ \vdots & \vdots & & \vdots \\ a_{n1} & a_{n2} & \cdots & a_{nn} \end{pmatrix}$$

其特征方程为

$$|\boldsymbol{A} - \lambda\boldsymbol{I}| = \begin{vmatrix} a_{11}-\lambda & a_{12} & \cdots & a_{1n} \\ a_{21} & a_{22}-\lambda & \cdots & a_{2n} \\ \vdots & \vdots & & \vdots \\ a_{n1} & a_{n2} & \cdots & a_{nn}-\lambda \end{vmatrix} = 0$$

上面的行列式展开之后是 λ 的 n 次多项式，称为矩阵的特征多项式（Characteristic Polynomial），为如下形式

$$c_n\lambda^n + c_{n-1}\lambda^{n-1} + c_{n-2}\lambda^{n-2} + \cdots + c_1\lambda + c_0 \tag{2.38}$$

稍后我们会推导此多项式某些项的系数。求解这个特征多项式对应的特征方程可以得到所有特征值。方程的根可能是复数，此时的特征值为复数，特征向量为复向量。

根据对角行列式的计算公式，对角矩阵的特征为其主对角线元素。对于如下对角矩阵

$$\boldsymbol{A} = \begin{pmatrix} a_{11} & 0 & \cdots & 0 \\ 0 & a_{22} & \cdots & 0 \\ \vdots & \vdots & & \vdots \\ 0 & 0 & \cdots & a_{nn} \end{pmatrix}$$

其特征方程为

$$\begin{vmatrix} a_{11} - \lambda & 0 & \cdots & 0 \\ 0 & a_{22} - \lambda & \cdots & 0 \\ \vdots & \vdots & & \vdots \\ 0 & 0 & \cdots & a_{nn} - \lambda \end{vmatrix} = (a_{11} - \lambda) \cdots (a_{nn} - \lambda) = 0$$

类似地，上三角矩阵的特征值为其主对角线元素。对于如下的上三角矩阵

$$\boldsymbol{A} = \begin{pmatrix} a_{11} & a_{12} & \cdots & a_{1n} \\ 0 & a_{22} & \cdots & a_{2n} \\ \vdots & \vdots & & \vdots \\ 0 & 0 & \cdots & a_{nn} \end{pmatrix}$$

其特征方程为

$$\begin{vmatrix} a_{11} - \lambda & a_{12} & \cdots & a_{1n} \\ 0 & a_{22} - \lambda & \cdots & a_{2n} \\ \vdots & \vdots & & \vdots \\ 0 & 0 & \cdots & a_{nn} - \lambda \end{vmatrix} = (a_{11} - \lambda) \cdots (a_{nn} - \lambda) = 0$$

对于下三角矩阵有相同的结论。一种计算特征值的方法是通过相似变换将矩阵变为上三角矩阵，在后面会讲述。

根据多项式分解定理，特征方程可以写成

$$(\lambda - \lambda_1)^{n_1} (\lambda - \lambda_2)^{n_2} \cdots (\lambda - \lambda_{N_\lambda})^{n_{N_\lambda}} = 0$$

其中 n_i 称为特征值 λ_i 的代数重数（Algebraic Multiplicity）。根据代数方程的理论，有

$$\sum_{i=1}^{N_\lambda} n_i = n$$

所有 N_λ 个不同的特征值构成的集合称为矩阵的谱（Spectrum）。矩阵的谱半径（Spectral Radius）定义为所有特征值绝对值的最大值，记为

$$\rho(\boldsymbol{A}) = \max\{|\lambda_1|, \cdots, |\lambda_{N_\lambda}|\}$$

如果矩阵 $\boldsymbol{A}$ 不可逆，则

$$|\boldsymbol{A}| = |\boldsymbol{A} - 0\boldsymbol{I}| = 0$$

因此 0 是它的特征值。反之，如果可逆，则 0 不是它的特征值。得到每个特征值 λ_i 之后，解下面的线性方程组

$$(\boldsymbol{A} - \lambda_i \boldsymbol{I})\boldsymbol{x} = \boldsymbol{0}$$

即可得到其对应的特征向量。此方程组有 $1 \leqslant m_i \leqslant n_i$ 个线性无关的解，称 m_i 为 λ_i 的几何重数（Geometric Multiplicity）。这些线性无关的解构成的空间称为矩阵 $\boldsymbol{A}$ 关于特征值 λ_i 的特征子空间，记为 V_{λ_i}。根据齐次线性方程组解的理论，特征子空间的维数为

$$m_i = n - r(\boldsymbol{A} - \lambda_i \boldsymbol{I})$$

稍后会证明，属于不同特征值的特征向量线性无关。矩阵所有线性无关的特征向量的数量为

$$N_{\boldsymbol{x}} = \sum_{i=1}^{N_\lambda} m_i$$

显然有 $N_{\boldsymbol{x}} \leqslant n$。

下面用一个例子来说明特征值与特征向量的计算。对于如下矩阵

$$\boldsymbol{A} = \begin{pmatrix} 1 & 2 \\ 0 & -1 \end{pmatrix}$$

其特征多项式为

$$|\boldsymbol{A} - \lambda\boldsymbol{I}| = \begin{vmatrix} 1-\lambda & 2 \\ 0 & -1-\lambda \end{vmatrix} = -(1-\lambda)(1+\lambda)$$

特征方程 $-(1-\lambda)(1+\lambda) = 0$ 的根为 $\lambda = 1$ 与 $\lambda = -1$，因此该矩阵的特征值为 1 与 -1。将特征值 1 代入，可得

$$(\boldsymbol{A} - \lambda\boldsymbol{I})\boldsymbol{x} = \begin{pmatrix} 0 & 2 \\ 0 & -2 \end{pmatrix}\boldsymbol{x} = \boldsymbol{0}$$

该齐次方程的解为

$$\boldsymbol{x} = \begin{pmatrix} 1 \\ 0 \end{pmatrix}$$

此即特征值 1 对应的特征向量。将另外一个特征值 -1 代入，可得

$$(\boldsymbol{A} - \lambda\boldsymbol{I})\boldsymbol{x} = \begin{pmatrix} 2 & 2 \\ 0 & 0 \end{pmatrix}\boldsymbol{x} = \boldsymbol{0}$$

该齐次方程的解为

$$\boldsymbol{x} = \begin{pmatrix} 1 \\ -1 \end{pmatrix}$$

即特征值 -1 对应的特征向量。

上三角矩阵的特征值为其主对角线元素。对于如下矩阵

$$\boldsymbol{A} = \begin{pmatrix} 1 & 1 & 1 \\ 0 & 2 & 2 \\ 0 & 0 & 3 \end{pmatrix}$$

根据前面的结论，其特征多项式为

$$|\boldsymbol{A} - \lambda\boldsymbol{I}| = \begin{vmatrix} 1-\lambda & 1 & 1 \\ 0 & 2-\lambda & 2 \\ 0 & 0 & 3-\lambda \end{vmatrix} = (1-\lambda)(2-\lambda)(3-\lambda)$$

其特征值为 1、2、3。

对于不超过 4 阶的矩阵，可通过解特征方程得到特征值。但更高次方程的求根存在困难，阿贝尔-鲁菲尼（Abel-Ruffini）定理指出，4 次以上的代数方程没有公式解。对于一般的高次方程，方程系数的有限次四则运算、开方运算的结果均不可能是方程的根。这一结论在 4.1.2 节将再次被提及。因此高阶矩阵的特征值只能求近似解。直接求解特征方程并不是一种好的选择，更有效的方法是迭代法。通常所用的 QR 算法在 2.5.4 节介绍。

Python 中 `linalg` 的 `eig` 函数实现了计算矩阵的特征值与特征向量的功能。函数的输入为方阵，输出为所有的特征值以及这些特征值对应的特征向量。下面是示例代码：

```
import numpy as np
A = np.array ([[1, 0, 0], [0, 1, 0], [0, 0, 5]])
```

```
eigvalues,eigvectors = np.linalg.eig (A)
print (eigvalues)
print (eigvectors)
```

程序运行结果为

```
[1. 1. 5.]
[[1. 0. 0.]
 [0. 1. 0.]
 [0. 0. 1.]]
```

即该矩阵的特征值为 1、1、5。$(1\ 0\ 0)^{\mathrm{T}}$、$(0\ 1\ 0)^{\mathrm{T}}$ 和 $(0\ 0\ 1)^{\mathrm{T}}$ 是它们对应的特征向量。

下面介绍特征值与矩阵主对角线元素以及行列式的关系。矩阵的迹（Trace）定义为其主对角线元素之和

$$\mathrm{tr}(\boldsymbol{A}) = \sum_{i=1}^{n} a_{ii}$$

对于如下矩阵

$$\boldsymbol{A} = \begin{pmatrix} 1 & 2 & 3 \\ 4 & 5 & 6 \\ 7 & 8 & 9 \end{pmatrix}$$

其迹为

$$\mathrm{tr}(\boldsymbol{A}) = a_{11} + a_{22} + a_{33} = 1 + 5 + 9 = 15$$

关于矩阵的迹，有下面的公式成立

$$\mathrm{tr}(\boldsymbol{A} + \boldsymbol{B}) = \mathrm{tr}(\boldsymbol{A}) + \mathrm{tr}(\boldsymbol{B}) \qquad \mathrm{tr}(k\boldsymbol{A}) = k\,\mathrm{tr}(\boldsymbol{A}) \qquad \mathrm{tr}(\boldsymbol{A}\boldsymbol{B}) = \mathrm{tr}(\boldsymbol{B}\boldsymbol{A})$$

根据韦达定理，下面的 n 次方程

$$x^n + c_{n-1}x^{n-1} + \cdots + c_1 x + c_0 = 0 \tag{2.39}$$

所有根之和为

$$x_1 + x_2 + \cdots + x_n = -c_{n-1}$$

所有根的乘积为

$$x_1 x_2 \cdots x_n = (-1)^n c_0$$

下面计算 n 阶矩阵的特征多项式。首先将行列式写成下面的形式

$$|\boldsymbol{A} - \lambda \boldsymbol{I}| = \begin{vmatrix} a_{11} - \lambda & a_{12} - 0 & \cdots & a_{1n} - 0 \\ a_{21} - 0 & a_{22} - \lambda & \cdots & a_{2n} - 0 \\ \vdots & \vdots & & \vdots \\ a_{n1} - 0 & a_{n2} - 0 & \cdots & a_{nn} - \lambda \end{vmatrix}$$

然后按照第 1 列拆开，变为两个行列式之和

$$|\boldsymbol{A} - \lambda\boldsymbol{I}| = \begin{vmatrix} a_{11} & a_{12}-0 & \cdots & a_{1n}-0 \\ a_{21} & a_{22}-\lambda & \cdots & a_{2n}-0 \\ \vdots & \vdots & & \vdots \\ a_{n1} & a_{n2}-0 & \cdots & a_{nn}-\lambda \end{vmatrix} + \begin{vmatrix} -\lambda & a_{12}-0 & \cdots & a_{1n}-0 \\ -0 & a_{22}-\lambda & \cdots & a_{2n}-0 \\ \vdots & \vdots & & \vdots \\ -0 & a_{n2}-0 & \cdots & a_{nn}-\lambda \end{vmatrix}$$

接下来将这两个行列式均按照第 2 列拆开，变为 4 个行列式之和

$$|\boldsymbol{A} - \lambda\boldsymbol{I}| = \begin{vmatrix} a_{11} & a_{12} & \cdots & a_{1n}-0 \\ a_{21} & a_{22} & \cdots & a_{2n}-0 \\ \vdots & \vdots & & \vdots \\ a_{n1} & a_{n2} & \cdots & a_{nn}-\lambda \end{vmatrix} + \begin{vmatrix} a_{11} & -0 & \cdots & a_{1n}-0 \\ a_{21} & -\lambda & \cdots & a_{2n}-0 \\ \vdots & \vdots & & \vdots \\ a_{n1} & -0 & \cdots & a_{nn}-\lambda \end{vmatrix}$$

$$+ \begin{vmatrix} -\lambda & a_{12} & \cdots & a_{1n}-0 \\ -0 & a_{22} & \cdots & a_{2n}-0 \\ \vdots & \vdots & & \vdots \\ -0 & a_{n2} & \cdots & a_{nn}-\lambda \end{vmatrix} + \begin{vmatrix} -\lambda & -0 & \cdots & a_{1n}-0 \\ -0 & -\lambda & \cdots & a_{2n}-0 \\ \vdots & \vdots & & \vdots \\ -0 & -0 & \cdots & a_{nn}-\lambda \end{vmatrix}$$

依此类推，将上一步的结果中所有行列式按照下一列拆开。最后可以得到 2^n 个行列式，特征值多项式是它们之和。这些行列式的展开结果中，含有 λ^n 的只有

$$\begin{vmatrix} -\lambda & \cdots & 0 \\ \vdots & & \vdots \\ 0 & \cdots & -\lambda \end{vmatrix}$$

因此特征多项式的首次项就是 $(-1)^n\lambda^n$。含有 λ^{n-1} 的是下面 n 个行列式

$$\begin{vmatrix} a_{11} & -0 & \cdots & -0 \\ a_{21} & -\lambda & \cdots & -0 \\ \vdots & \vdots & & \vdots \\ a_{n1} & -0 & \cdots & -\lambda \end{vmatrix}, \begin{vmatrix} -\lambda & a_{12} & \cdots & -0 \\ -0 & a_{22} & \cdots & -0 \\ \vdots & \vdots & & \vdots \\ -0 & a_{n2} & \cdots & -\lambda \end{vmatrix} \cdots$$

它们之和为

$$(-1)^{n-1}(a_{11} + \cdots + a_{nn})\lambda^{n-1}$$

因此特征多项式的 λ^{n-1} 项系数是 $(-1)^{n-1}\sum_{i=1}^{n} a_{ii}$。不含 λ 的只有下面一个行列式

$$\begin{vmatrix} a_{11} & a_{12} & \cdots & a_{1n} \\ a_{21} & a_{22} & \cdots & a_{2n} \\ \vdots & \vdots & & \vdots \\ a_{n1} & a_{n2} & \cdots & a_{nn} \end{vmatrix}$$

因此特征多项式中常数项的系数为 $|\boldsymbol{A}|$。由此可以得到特征多项式为

$$(-1)^n\lambda^n + (-1)^{n-1}\mathrm{tr}(\boldsymbol{A})\lambda^{n-1} + c_{n-2}\lambda^{n-2} + \cdots + c_1\lambda + |\boldsymbol{A}|$$

将特征多项式乘以 $(-1)^n$ 可以变为式 (2.39) 的形式

$$\lambda^n - \mathrm{tr}(\boldsymbol{A})\lambda^{n-1} + c_{n-2}\lambda^{n-2} + \cdots + c_1\lambda + (-1)^n|\boldsymbol{A}|$$

因此矩阵所有特征值的和为矩阵的迹

$$\sum_{i=1}^{n} \lambda_i = \text{tr}(\boldsymbol{A})$$

所有特征值的积为矩阵的行列式

$$\prod_{i=1}^{n} \lambda_i = (-1)^n (-1)^n |\boldsymbol{A}| = |\boldsymbol{A}|$$

下面介绍特征值的若干重要性质。如果矩阵 $\boldsymbol{A}$ 可逆且 λ 为它的特征值，则 λ^{-1} 是 $\boldsymbol{A}^{-1}$ 的特征值。根据特征值与特征向量的定义有

$$\boldsymbol{Ax} = \lambda \boldsymbol{x}$$

上式两边同时左乘 $\boldsymbol{A}^{-1}$，可以得到

$$\boldsymbol{A}^{-1}\boldsymbol{Ax} = \boldsymbol{x} = \lambda \boldsymbol{A}^{-1}\boldsymbol{x}$$

即

$$\boldsymbol{A}^{-1}\boldsymbol{x} = \lambda^{-1}\boldsymbol{x}$$

因此 λ^{-1} 是 $\boldsymbol{A}^{-1}$ 的特征值，$\boldsymbol{x}$ 为对应的特征向量。

如果 λ 是矩阵 $\boldsymbol{A}$ 的特征值，则 λ^n 是 $\boldsymbol{A}^n$ 的特征值。根据特征值与特征向量的定义有

$$\boldsymbol{Ax} = \lambda \boldsymbol{x}$$

反复利用此式，有

$$\boldsymbol{A}^n \boldsymbol{x} = \boldsymbol{A}^{n-1}\boldsymbol{Ax} = \boldsymbol{A}^{n-1}\lambda \boldsymbol{x} = \lambda \boldsymbol{A}^{n-2}\boldsymbol{Ax} = \lambda \boldsymbol{A}^{n-2}\lambda \boldsymbol{x} = \cdots = \lambda^n \boldsymbol{x}$$

因此 λ^n 是 $\boldsymbol{A}^n$ 的特征值。类似地可以证明如果 λ 是矩阵 $\boldsymbol{A}$ 的特征值，则 $k\lambda$ 是 $k\boldsymbol{A}$ 的特征值。对于如下的多项式

$$f(x) = a_n x^n + a_{n-1} x^{n-1} + \cdots + a_1 x$$

如果 λ 是矩阵 $\boldsymbol{A}$ 的特征值，则 $f(\lambda)$ 是 $f(\boldsymbol{A})$ 的特征值。

矩阵 $\boldsymbol{A}$ 与 $\boldsymbol{A}^{\text{T}}$ 有相同的特征值。显然

$$(\boldsymbol{A} - \lambda \boldsymbol{I})^{\text{T}} = \boldsymbol{A}^{\text{T}} - (\lambda \boldsymbol{I})^{\text{T}} = \boldsymbol{A}^{\text{T}} - \lambda \boldsymbol{I}$$

因此

$$|\boldsymbol{A} - \lambda \boldsymbol{I}| = |\boldsymbol{A}^{\text{T}} - \lambda \boldsymbol{I}|$$

下面介绍特征向量的若干重要性质。如果向量 $\boldsymbol{x}_1, \cdots, \boldsymbol{x}_l$ 都是矩阵 $\boldsymbol{A}$ 关于同一个特征值 λ 的特征向量，则它们的非 $\boldsymbol{0}$ 线性组合

$$\sum_{i=1}^{l} k_i \boldsymbol{x}_i$$

也是矩阵 $\boldsymbol{A}$ 关于 λ 的特征向量。根据特征值与特征向量的定义有

$$\boldsymbol{A}\left(\sum_{i=1}^{l} k_i \boldsymbol{x}_i\right) = \sum_{i=1}^{l} k_i \boldsymbol{A}\boldsymbol{x}_i = \sum_{i=1}^{l} k_i \lambda \boldsymbol{x}_i = \lambda \sum_{i=1}^{l} k_i \boldsymbol{x}_i$$

因此 $\sum\limits_{i=1}^{l} k_i \boldsymbol{x}_i$ 是关于 λ 的特征向量。

矩阵属于不同特征值的特征向量线性无关。假设矩阵 $\boldsymbol{A}$ 的 l 个不同特征值为 $\lambda_1, \cdots, \lambda_l$，它们对应的特征向量为 $\boldsymbol{x}_1, \cdots, \boldsymbol{x}_l$。下面用归纳法进行证明。

当 $l=1$ 时结论成立，因为 $\boldsymbol{x}_1 \neq \boldsymbol{0}$，如果 $k_1\boldsymbol{x}_1 = \boldsymbol{0}$，则必定有 $k_1 = 0$。

假设当 $l=m$ 时结论成立，当 $l=m+1$ 时，有

$$k_1\boldsymbol{x}_1 + \cdots + k_m\boldsymbol{x}_m + k_{m+1}\boldsymbol{x}_{m+1} = \boldsymbol{0} \tag{2.40}$$

式 (2.40) 两边左乘 $\boldsymbol{A}$，有

$$\boldsymbol{A}(k_1\boldsymbol{x}_1 + \cdots + k_m\boldsymbol{x}_m + k_{m+1}\boldsymbol{x}_{m+1}) = \boldsymbol{0}$$

由于

$$\boldsymbol{A}\boldsymbol{x}_i = \lambda_i\boldsymbol{x}_i$$

因此

$$k_1\lambda_1\boldsymbol{x}_1 + \cdots + k_m\lambda_m\boldsymbol{x}_m + k_{m+1}\lambda_{m+1}\boldsymbol{x}_{m+1} = \boldsymbol{0} \tag{2.41}$$

将式 (2.40) 乘以 λ_{m+1}，然后减去式 (2.41)，可得

$$k_1(\lambda_{m+1} - \lambda_1)\boldsymbol{x}_1 + \cdots + k_m(\lambda_{m+1} - \lambda_m)\boldsymbol{x}_m = \boldsymbol{0}$$

由于 $\boldsymbol{x}_1, \cdots, \boldsymbol{x}_m$ 线性无关，因此

$$k_i(\lambda_{m+1} - \lambda_i) = 0, i = 1, \cdots, m$$

而 $\lambda_{m+1} \neq \lambda_i, i = 1, \cdots, m$，因此 $k_i = 0, i = 1, \cdots, m$，将 $k_i = 0, i = 1, \cdots, m$ 代入式 (2.40) 可得

$$k_{m+1}\boldsymbol{x}_{m+1} = \boldsymbol{0}$$

由于是特征向量，因此 $\boldsymbol{x}_{m+1} \neq \boldsymbol{0}$，故 $k_{m+1} = 0$。因此 $\boldsymbol{x}_1, \cdots, \boldsymbol{x}_{m+1}$ 线性无关。

实对称矩阵的特征值均为实数。首先定义矩阵的共轭运算。复数矩阵 $\boldsymbol{A}$ 的共轭 $\overline{\boldsymbol{A}}$ 为将其所有元素共轭后形成的矩阵。例如，对于下面的矩阵

$$\boldsymbol{A} = \begin{pmatrix} 1-i & 1 \\ 1 & 1+i \end{pmatrix}$$

其共轭矩阵为

$$\overline{\boldsymbol{A}} = \begin{pmatrix} 1+i & 1 \\ 1 & 1-i \end{pmatrix}$$

可以证明共轭运算满足下面的性质

$$\overline{\boldsymbol{A}}^{\mathrm{T}} = \overline{\boldsymbol{A}^{\mathrm{T}}} \qquad \overline{\boldsymbol{A}+\boldsymbol{B}} = \overline{\boldsymbol{A}} + \overline{\boldsymbol{B}} \qquad \overline{k\boldsymbol{A}} = \overline{k}\,\overline{\boldsymbol{B}} \qquad \overline{\boldsymbol{A}\boldsymbol{B}} = \overline{\boldsymbol{A}}\,\overline{\boldsymbol{B}} \qquad \overline{(\boldsymbol{A}\boldsymbol{B})^{\mathrm{T}}} = \overline{\boldsymbol{B}}^{\mathrm{T}}\overline{\boldsymbol{A}}^{\mathrm{T}}$$

显然对于实矩阵有

$$\overline{\boldsymbol{A}} = \boldsymbol{A}$$

假设 λ 是实对称矩阵 $\boldsymbol{A}$ 的特征值，$\boldsymbol{x}$ 是对应的特征向量。由于是实对称矩阵，因此 $\overline{\boldsymbol{A}}^{\mathrm{T}} = \boldsymbol{A}$。由于 $\boldsymbol{A}\boldsymbol{x} = \lambda\boldsymbol{x}$，因此

$$\overline{\boldsymbol{A}\boldsymbol{x}}^{\mathrm{T}} = \overline{\lambda\boldsymbol{x}}^{\mathrm{T}}$$

上式两边同时右乘 $\boldsymbol{x}$ 可以得到

$$\overline{\boldsymbol{A}\boldsymbol{x}}^{\mathrm{T}}\boldsymbol{x} = \overline{(\boldsymbol{A}\boldsymbol{x})^{\mathrm{T}}}\boldsymbol{x} = \overline{\boldsymbol{x}^{\mathrm{T}}\boldsymbol{A}^{\mathrm{T}}}\boldsymbol{x} = \overline{\boldsymbol{x}^{\mathrm{T}}}\,\overline{\boldsymbol{A}^{\mathrm{T}}}\boldsymbol{x} = \overline{\boldsymbol{x}}^{\mathrm{T}}\overline{\boldsymbol{A}}^{\mathrm{T}}\boldsymbol{x} = \overline{\lambda}\overline{\boldsymbol{x}}^{\mathrm{T}}\boldsymbol{x} = (\overline{\lambda}\,\overline{\boldsymbol{x}})^{\mathrm{T}}\boldsymbol{x} = \overline{\lambda}\,\overline{\boldsymbol{x}^{\mathrm{T}}}\boldsymbol{x}$$

从而有

$$\overline{\boldsymbol{x}}^{\mathrm{T}}\boldsymbol{A}\boldsymbol{x} = \overline{\boldsymbol{x}}^{\mathrm{T}}\lambda\boldsymbol{x} = \lambda\overline{\boldsymbol{x}^{\mathrm{T}}}\boldsymbol{x} = \overline{\lambda}\,\overline{\boldsymbol{x}^{\mathrm{T}}}\boldsymbol{x}$$

由于 $x \neq 0$，因此 $\overline{x^T} x > 0$，可以得到 $\lambda = \bar{\lambda}$，这意味着 λ 是实数。

实对称矩阵属于不同特征值的特征向量相互正交。下面给出证明。假设 A 为实对称矩阵，λ_1, λ_2 是它的两个不同的特征值，x_1, x_2 分别为属于 λ_1, λ_2 的特征向量。则有

$$Ax_1 = \lambda_1 x_1$$
$$Ax_2 = \lambda_2 x_2 \tag{2.42}$$

式 (2.42) 的第一式两边左乘 x_2^T 可以得到

$$x_2^T A x_1 = \lambda_1 x_2^T x_1$$

而

$$x_2^T A x_1 = (A^T x_2)^T x_1 = (A x_2)^T x_1 = \lambda_2 x_2^T x_1$$

因此有

$$\lambda_1 x_2^T x_1 = \lambda_2 x_2^T x_1$$

由于 $\lambda_1 \neq \lambda_2$，因此 $x_2^T x_1 = 0$。机器学习中使用的矩阵一般为实对称矩阵，因此特征值均为实数，且不同特征值的特征向量正交。

特征值和特征向量被大量用于机器学习算法，典型的包括主成分分析（PCA），线性判别分析（LDA），流形学习等降维算法，在 4.6.2 节以及 8.4 节介绍。

2.5.2 相似变换

通过相似变换可以将一个矩阵变为对角矩阵，下面先介绍相似变换的概念。如果有两个矩阵 A、B 以及一个可逆矩阵 P 满足

$$P^{-1}AP = B \tag{2.43}$$

则称矩阵 A, B 相似，记为 $A \sim B$。式 (2.43) 称为相似变换，P 为相似变换矩阵。

相似具有自反性。矩阵与其自身相似，即 $A \sim A$。显然

$$I^{-1}AI = A$$

相似具有对称性。如果 $A \sim B$，则 $B \sim A$。由于

$$P^{-1}AP = B$$

上式两边左乘 P，右乘 P^{-1}，可以得到

$$A = PBP^{-1} = (P^{-1})^{-1}BP^{-1}$$

相似具有传递性。如果 $A \sim B$ 且 $B \sim C$，则 $A \sim C$。由于 $A \sim B$ 且 $B \sim C$，因此有

$$P_1^{-1}AP_1 = B \qquad\qquad P_2^{-1}BP_2 = C$$

从而有

$$P_2^{-1}BP_2 = P_2^{-1}(P_1^{-1}AP_1)P_2 = (P_1P_2)^{-1}A(P_1P_2) = C$$

相似矩阵有相同的特征值，这意味着相似变换保持矩阵的特征值不变。假设 $A \sim B$，则存在可逆矩阵 P 使得

$$P^{-1}AP = B$$

因此

$$|B - \lambda I| = |P^{-1}AP - \lambda I| = |P^{-1}AP - \lambda P^{-1}IP| = |P^{-1}(A - \lambda I)P|$$
$$= |P^{-1}||A - \lambda I||P| = |A - \lambda I|$$

这一性质可用于求解特征值，通过相似变换将矩阵 A 变为对角矩阵或三角矩阵，特征值不变，对角矩阵或三角矩阵的主对角线元素即为 A 的特征值。

如果矩阵满足一定的条件，通过相似变换可将其转化为对角矩阵。假设 $\lambda_1, \cdots, \lambda_n$ 是 n 阶矩阵 A 的 n 个特征值，$x_1, \cdots, x_n$ 是它们对应的特征向量。根据特征值与特征向量的定义有

$$(Ax_1 \ \cdots \ Ax_n) = (\lambda_1 x_1 \ \cdots \ \lambda_n x_n)$$

如果令矩阵 $P = (x_1 \ \cdots \ x_n)$，对角矩阵

$$\Lambda = \begin{pmatrix} \lambda_1 & \cdots & 0 \\ \vdots & & \vdots \\ 0 & \cdots & \lambda_n \end{pmatrix}$$

根据右乘对角矩阵的性质有

$$(Ax_1 \ \cdots \ Ax_n) = AP = (\lambda_1 x_1 \ \cdots \ \lambda_n x_n) = P\Lambda$$

即

$$AP = P\Lambda$$

如果矩阵 P 可逆，那么上式两边同时左乘 P^{-1} 可以得到

$$P^{-1}AP = P^{-1}P\Lambda = \Lambda$$

通过这种相似变换可以将矩阵化为对角矩阵，称为矩阵的相似对角化。

$$P^{-1}AP = \Lambda \tag{2.44}$$

式 (2.44) 意味着可以以矩阵 A 的特征向量为列构造一个矩阵 P，通过它将矩阵对角化，得到以 A 的特征值为主对角线的对角矩阵 Λ。这种做法成立的条件是矩阵 P 可逆，即矩阵 A 有 n 个线性无关的特征向量。

2.5.3　正交变换

对于实对称矩阵，我们可以构造一个正交的相似变换将其对角化。可以用归纳法证明实对称矩阵一定可以对角化，这意味着 n 阶实对称矩阵有 n 个线性无关的特征向量。实对称矩阵 A 属于不同特征值的特征向量是相互正交的，如果用格拉姆–施密特正交化将同一个特征值的所有特征向量正交化，然后将所有特征向量单位化，可以得到一组标准正交基 $p_1, \cdots, p_n$。以它们为列构造相似变换矩阵 P，则矩阵 P 是正交矩阵。可通过正交变换（Orthogonal Transformation）将矩阵化为对角阵

$$P^{\mathrm{T}}AP = \Lambda$$

由于 $P^{\mathrm{T}} = P^{-1}$，因此这是一种更特殊的相似变换。实现时只需要对同一个特征值的不同特征向量正交化，然后将所有正交化之后的特征向量进行标准化即可。

下面举例说明如何将矩阵通过正交变换化为对角矩阵。对于下面的矩阵

$$\boldsymbol{A} = \begin{pmatrix} 0 & 1 & 1 \\ 1 & 0 & 1 \\ 1 & 1 & 0 \end{pmatrix}$$

其特征多项式为

$$|\boldsymbol{A} - \lambda\boldsymbol{I}| = \begin{vmatrix} -\lambda & 1 & 1 \\ 1 & -\lambda & 1 \\ 1 & 1 & -\lambda \end{vmatrix} = -(\lambda - 2)(\lambda + 1)^2$$

因此其特征值为 $2, -1, -1$。当 $\lambda = 2$ 时，有

$$(\boldsymbol{A} - 2\boldsymbol{I})\boldsymbol{x} = \boldsymbol{0}$$

解得

$$\boldsymbol{x}_1 = (1 \ 1 \ 1)^{\mathrm{T}}$$

当 $\lambda = -1$ 时，有

$$(\boldsymbol{I} + \boldsymbol{A})\boldsymbol{x} = \boldsymbol{0}$$

解得

$$\boldsymbol{x}_2 = (-1 \ 1 \ 0)^{\mathrm{T}} \qquad\qquad \boldsymbol{x}_3 = (-1 \ 0 \ 1)^{\mathrm{T}}$$

正交单位化之后为

$$\boldsymbol{p}_1 = \frac{1}{\sqrt{3}}(1 \ 1 \ 1)^{\mathrm{T}} \qquad \boldsymbol{p}_2 = \frac{1}{\sqrt{2}}(-1 \ 1 \ 0)^{\mathrm{T}} \qquad \boldsymbol{p}_3 = \frac{1}{\sqrt{6}}(-1 \ -1 \ 2)^{\mathrm{T}}$$

令

$$\boldsymbol{P} = (\boldsymbol{p}_1 \ \boldsymbol{p}_2 \ \boldsymbol{p}_3) = \begin{pmatrix} \dfrac{1}{\sqrt{3}} & -\dfrac{1}{\sqrt{2}} & -\dfrac{1}{\sqrt{6}} \\ \dfrac{1}{\sqrt{3}} & \dfrac{1}{\sqrt{2}} & -\dfrac{1}{\sqrt{6}} \\ \dfrac{1}{\sqrt{3}} & 0 & \dfrac{2}{\sqrt{6}} \end{pmatrix}$$

则有

$$\boldsymbol{P}^{-1}\boldsymbol{A}\boldsymbol{P} = \boldsymbol{P}^{\mathrm{T}}\boldsymbol{A}\boldsymbol{P} = \begin{pmatrix} 2 & 0 & 0 \\ 0 & -1 & 0 \\ 0 & 0 & -1 \end{pmatrix}$$

正交变换具有一个优良的性质，它可以保持矩阵的对称性。假设 $\boldsymbol{A}$ 是对称矩阵，$\boldsymbol{P}$ 是正交矩阵。使用下面的正交变换

$$\boldsymbol{B} = \boldsymbol{P}^{\mathrm{T}}\boldsymbol{A}\boldsymbol{P}$$

$\boldsymbol{B}$ 仍然是对称矩阵。下面给出证明。显然有

$$\boldsymbol{B}^{\mathrm{T}} = (\boldsymbol{P}^{\mathrm{T}}\boldsymbol{A}\boldsymbol{P})^{\mathrm{T}} = \boldsymbol{P}^{\mathrm{T}}\boldsymbol{A}^{\mathrm{T}}(\boldsymbol{P}^{\mathrm{T}})^{\mathrm{T}} = \boldsymbol{P}^{\mathrm{T}}\boldsymbol{A}\boldsymbol{P} = \boldsymbol{B}$$

下面介绍一种特殊的正交变换——豪斯霍尔德（Householder）变换，它在 QR 算法以及其他矩阵算法中有重要的应用。首先定义 Householder 矩阵，为如下形式

$$\boldsymbol{P} = \boldsymbol{I} - 2\boldsymbol{w}\boldsymbol{w}^{\mathrm{T}}$$

其中 $\boldsymbol{w}$ 是 n 维非 **0** 列向量，且有 $\|\boldsymbol{w}\| = 1$。显然矩阵 $\boldsymbol{P}$ 是对称矩阵，并且是正交矩阵。由于 $\boldsymbol{P}$ 是对称矩阵，因此有

$$\boldsymbol{P}^{\mathrm{T}}\boldsymbol{P} = \boldsymbol{P}\boldsymbol{P} = (\boldsymbol{I} - 2\boldsymbol{w}\boldsymbol{w}^{\mathrm{T}})(\boldsymbol{I} - 2\boldsymbol{w}\boldsymbol{w}^{\mathrm{T}}) = \boldsymbol{I} - 4\boldsymbol{w}\boldsymbol{w}^{\mathrm{T}} + 4\boldsymbol{w}(\boldsymbol{w}^{\mathrm{T}}\boldsymbol{w})\boldsymbol{w}^{\mathrm{T}} = \boldsymbol{I}$$

故该矩阵是正交矩阵。通常将 $\boldsymbol{P}$ 写成如下形式

$$\boldsymbol{P} = \boldsymbol{I} - \frac{\boldsymbol{u}\boldsymbol{u}^{\mathrm{T}}}{H} \tag{2.45}$$

其中 $\boldsymbol{u}$ 为任意非 **0** 向量且

$$H = \frac{1}{2}\|\boldsymbol{u}\|^2$$

这里用 H 对 $\boldsymbol{u}$ 进行了标准化。

对于 n 维列向量 $\boldsymbol{x}$，构造下面的向量

$$\boldsymbol{u} = \boldsymbol{x} \mp \|\boldsymbol{x}\|e_1$$

其中单位向量 $e_1 = (1 \ 0 \ \cdots \ 0)^{\mathrm{T}}$。根据 $\boldsymbol{u}$ 用式 (2.45) 构造 Householder 矩阵 $\boldsymbol{P}$，下面来看将向量 $\boldsymbol{x}$ 左乘 $\boldsymbol{P}$ 的结果。

$$\boldsymbol{P}\boldsymbol{x} = (\boldsymbol{I} - \frac{\boldsymbol{u}\boldsymbol{u}^{\mathrm{T}}}{H})\boldsymbol{x} = \boldsymbol{x} - \frac{\boldsymbol{u}}{H}(\boldsymbol{x} \mp \|\boldsymbol{x}\|e_1)^{\mathrm{T}}\boldsymbol{x} = \boldsymbol{x} - \frac{2\boldsymbol{u}(\|\boldsymbol{x}\|^2 \mp \|\boldsymbol{x}\|x_1)}{(\boldsymbol{x} \mp \|\boldsymbol{x}\|e_1)^{\mathrm{T}}(\boldsymbol{x} \mp \|\boldsymbol{x}\|e_1)}$$

$$= \boldsymbol{x} - \frac{2\boldsymbol{u}(\|\boldsymbol{x}\|^2 \mp \|\boldsymbol{x}\|x_1)}{2\|\boldsymbol{x}\|^2 \mp 2\|\boldsymbol{x}\|x_1} = \boldsymbol{x} - \boldsymbol{u} = \pm\|\boldsymbol{x}\|e_1$$

其中 x_1 是 $\boldsymbol{x}$ 的第 1 个分量。这表明将列向量 $\boldsymbol{x}$ 左乘 $\boldsymbol{P}$ 之后将零化 $\boldsymbol{x}$ 除第 1 个元素之外的所有元素，同时保持向量的长度不变。将行向量右乘该矩阵之后有类似的效果。根据这一特性，我们可以构造以 Householder 矩阵为基础的正交变换，将矩阵转化为类似对角矩阵的形式，零化主对角线之外的元素。

对于对称矩阵 $\boldsymbol{A}$，使用它的第 1 列计算向量 $\boldsymbol{u}$，按照式 (2.45) 构造 Householder 矩阵 $\boldsymbol{P}$。然后对 $\boldsymbol{A}$ 进行正交变换，这里的正交变换通过将矩阵 $\boldsymbol{A}$ 先左乘 $\boldsymbol{P}$，然后右乘 $\boldsymbol{P}$ 实现

$$\boldsymbol{P}^{\mathrm{T}}\boldsymbol{A}\boldsymbol{P} = \boldsymbol{P}\boldsymbol{A}\boldsymbol{P}$$

左乘 $\boldsymbol{P}$ 实现 $\boldsymbol{A}$ 的第 1 列的零化，右乘 $\boldsymbol{P}$ 实现 $\boldsymbol{A}$ 的第 1 行的零化。下面来看矩阵 $\boldsymbol{P}$ 的构造。如果用 $\boldsymbol{A}$ 的整个第 1 列作为向量，按照式 (2.45) 构造 $\boldsymbol{P}$，虽然可在左乘 $\boldsymbol{P}$ 之后将 $\boldsymbol{A}$ 的第 1 列除第 1 个元素之外的所有元素全部零化，但会改变 $\boldsymbol{A}$ 的第 1 行所有元素的值，接下来在右乘 $\boldsymbol{P}$ 的时候无法保证将 $\boldsymbol{P}\boldsymbol{A}$ 的第 1 行零化。因此 $\boldsymbol{P}$ 需要保证将 $\boldsymbol{A}$ 的第 1 列的元素零化的同时确保 $\boldsymbol{A}$ 的第 1 行的元素不变，以便在右乘 $\boldsymbol{P}$ 的时候将这个行零化。我们可以按照下面的形式构造 $\boldsymbol{P}$

$$\boldsymbol{P} = \begin{pmatrix} 1 & 0 & 0 & \cdots & 0 \\ 0 & p_{22} & p_{23} & \cdots & p_{2n} \\ 0 & p_{32} & p_{33} & \cdots & p_{3n} \\ \cdots & \cdots & \cdots & & \cdots \\ 0 & p_{n2} & p_{n3} & \cdots & p_{nn} \end{pmatrix} = \begin{pmatrix} \boldsymbol{I}_{1\times 1} & \boldsymbol{0}_{1\times(n-1)} \\ \boldsymbol{0}_{(n-1)\times 1} & \boldsymbol{P}_{(n-1)\times(n-1)} \end{pmatrix} \tag{2.46}$$

其中

$$\begin{pmatrix} p_{22} & p_{23} & \cdots & p_{2n} \\ p_{32} & p_{33} & \cdots & p_{3n} \\ \vdots & \vdots & \vdots & \vdots \\ p_{n2} & p_{n3} & \cdots & p_{nn} \end{pmatrix}$$

是用 $\boldsymbol{A}$ 的第 1 列的后面 $n-1$ 个元素按照式 (2.45) 构造的。我们将式 (2.46) 的矩阵作为第 1 次豪斯霍尔德变换的矩阵，记为 $\boldsymbol{P}_1$。将 $\boldsymbol{A}$ 左乘 $\boldsymbol{P}_1$ 之后可以保证 $\boldsymbol{A}$ 的第 1 行元素不变，同时将 $\boldsymbol{A}$ 的第 1 列的后面 $n-2$ 个元素全部变为 0。

$$\boldsymbol{P}_1\boldsymbol{A} = \begin{pmatrix} 1 & 0 & 0 & \cdots & 0 \\ 0 & p_{22} & p_{23} & \cdots & p_{2n} \\ 0 & p_{32} & p_{33} & \cdots & p_{3n} \\ \vdots & \vdots & \vdots & & \vdots \\ 0 & p_{n2} & p_{n3} & \cdots & p_{nn} \end{pmatrix} \begin{pmatrix} a_{11} & a_{12} & a_{13} & \cdots & a_{1n} \\ a_{21} & * & * & \cdots & * \\ a_{31} & * & * & \cdots & * \\ \vdots & \vdots & \vdots & & \vdots \\ a_{n1} & * & * & \cdots & * \end{pmatrix} = \begin{pmatrix} a_{11} & a_{12} & a_{13} & \cdots & a_{1n} \\ k & * & * & \cdots & * \\ 0 & * & * & \cdots & * \\ \vdots & \vdots & \vdots & & \vdots \\ 0 & * & * & \cdots & * \end{pmatrix}$$

接下来右乘 $\boldsymbol{P}_1$，由于 $\boldsymbol{A}$ 是对称矩阵，因此第 1 列和第 1 行相同，右乘 $\boldsymbol{P}_1$ 可以将第 1 行后面 $n-2$ 个元素全部变为 0，并且不改变第 1 列所有元素的值，因此不会破坏前面的列零化结果。

$$\begin{aligned} \boldsymbol{A}_1 = \boldsymbol{P}_1\boldsymbol{A}\boldsymbol{P}_1 &= \begin{pmatrix} a_{11} & a_{12} & a_{13} & \cdots & a_{1n} \\ k & * & * & \cdots & * \\ 0 & * & * & \cdots & * \\ \vdots & \vdots & \vdots & & \vdots \\ 0 & * & * & \cdots & * \end{pmatrix} \begin{pmatrix} 1 & 0 & 0 & \cdots & 0 \\ 0 & p_{22} & p_{23} & \cdots & p_{2n} \\ 0 & p_{32} & p_{33} & \cdots & p_{3n} \\ \cdots & \cdots & \cdots & & \cdots \\ 0 & p_{n2} & p_{n3} & \cdots & p_{nn} \end{pmatrix} \\ &= \begin{pmatrix} a_{11} & k & 0 & \cdots & 0 \\ k & * & * & \cdots & * \\ 0 & * & * & \cdots & * \\ \vdots & \vdots & \vdots & & \vdots \\ 0 & * & * & \cdots & * \end{pmatrix} \end{aligned}$$

然后进行第 2 次豪斯霍尔德变换。由于正交变换可以保持矩阵的对称性，因此 $\boldsymbol{A}_1$ 仍然是对称矩阵。用 $\boldsymbol{A}_1$ 的第 2 列的后面 $n-2$ 个元素构造 $\boldsymbol{P}_2$

$$\boldsymbol{p}_2 = \begin{pmatrix} 1 & 0 & 0 & \cdots & 0 \\ 0 & 1 & 0 & \cdots & 0 \\ 0 & 0 & p_{33} & \cdots & p_{3n} \\ \vdots & \vdots & \vdots & & \vdots \\ 0 & 0 & p_{n3} & \cdots & p_{nn} \end{pmatrix} = \begin{pmatrix} \boldsymbol{I}_{2\times2} & \boldsymbol{0}_{2\times(n-2)} \\ \boldsymbol{0}_{(n-2)\times2} & \boldsymbol{P}_{(n-2)\times(n-2)} \end{pmatrix}$$

其中

$$\begin{pmatrix} p_{33} & \cdots & p_{3n} \\ \vdots & & \vdots \\ p_{n3} & \cdots & p_{nn} \end{pmatrix}$$

根据 $\boldsymbol{A}_1$ 的第 2 列的后面 $n-2$ 个元素按照式 (2.45) 构造。经过第 2 次豪斯霍尔德变换可以将 $\boldsymbol{A}_1$ 的第 2 列的后面 $n-3$ 个元素，第 2 行的后面 $n-3$ 个元素全部变为 0。

$$\boldsymbol{A}_2 = \boldsymbol{P}_2\boldsymbol{A}_1\boldsymbol{P}_2 = \begin{pmatrix} a_{11} & k & 0 & \cdots & 0 \\ k & s & t & \cdots & 0 \\ 0 & t & * & \cdots & * \\ \vdots & \vdots & \vdots & \vdots & \vdots \\ 0 & 0 & * & \cdots & * \end{pmatrix}$$

依此类推，经过 $n-2$ 次豪斯霍尔德变换，可以将对称矩阵化为如下的对称三对角矩阵（Tridiagonal Matrix）

$$\begin{pmatrix} b_{11} & b_{12} & \cdots & \cdots & 0 \\ b_{21} & b_{22} & b_{23} & \cdots & 0 \\ 0 & b_{32} & b_{33} & \cdots & 0 \\ \cdots & \cdots & \cdots & \cdots & \cdots \\ 0 & 0 & \cdots & b_{n,n-1} & b_{nn} \end{pmatrix}$$

这种矩阵除主对角线、主对角线以上及以下的对角线之外，其他元素均为 0。

对于一般的 n 阶矩阵 $\boldsymbol{A}$，用同样的方法构造豪斯霍尔德矩阵。左乘 $\boldsymbol{P}$ 之后将 $\boldsymbol{A}$ 的第 1 列后面 $n-2$ 个元素零化，同时保持 $\boldsymbol{A}$ 的第 1 行元素不变。由于 $\boldsymbol{A}$ 不是对角矩阵，其行和列不相等，因此右乘 $\boldsymbol{P}$ 的时候无法将其第 1 行元素零化。同样不能用完整的列构造豪斯霍尔德变换矩阵，否则右乘该矩阵的时候会破坏前面零化的结果。用和对称矩阵相同的方法构造变换矩阵。第一次豪斯霍尔德变换之后的结果为

$$\boldsymbol{A}_1 = \boldsymbol{P}_1\boldsymbol{A}\boldsymbol{P}_1 = \begin{pmatrix} a_{11} & * & * & \cdots & * \\ k & * & * & \cdots & * \\ 0 & * & * & \cdots & * \\ \vdots & \vdots & \vdots & & \vdots \\ 0 & * & * & \cdots & * \end{pmatrix}$$

第二次豪斯霍尔德变换可以将第 2 列的后面 $n-3$ 个元素零化，变换之后的结果为

$$\boldsymbol{A}_2 = \boldsymbol{P}_2\boldsymbol{A}_1\boldsymbol{P}_2 = \begin{pmatrix} a_{11} & * & * & * & \cdots & * \\ k & * & * & * & \cdots & * \\ 0 & s & * & * & \cdots & * \\ 0 & 0 & * & * & \cdots & * \\ \vdots & \vdots & \vdots & \vdots & & \vdots \\ 0 & 0 & * & * & \cdots & * \end{pmatrix}$$

依次类推，通过 $n-2$ 次豪斯霍尔德变换可以将 $\boldsymbol{A}$ 化为如下形式的上海森堡矩阵（upper-Hessenberg form）

$$\begin{pmatrix} b_{11} & b_{12} & b_{13} & b_{14} & \cdots & b_{1n} \\ b_{21} & b_{22} & b_{23} & b_{24} & \cdots & b_{2n} \\ 0 & b_{32} & b_{33} & b_{34} & \cdots & b_{3n} \\ 0 & 0 & b_{43} & b_{44} & \cdots & b_{4n} \\ \vdots & \vdots & \vdots & \vdots & & \vdots \\ 0 & 0 & 0 & 0 & \cdots & b_{nn} \end{pmatrix}$$

这种矩阵除主对角线及以上，主对角线下面的对角线的元素外，其他的元素均为 0。

2.5.4 QR 算法

下面介绍求解高阶矩阵特征值的 QR 算法，它被誉为 20 世纪十大算法之一。它依赖于 2.7.2 节介绍的 QR 分解，对于一个矩阵 $\boldsymbol{A}$，QR 分解将其化为一个正交矩阵 $\boldsymbol{Q}$ 与一个上三角矩阵 $\boldsymbol{R}$ 的乘积

$$\boldsymbol{A} = \boldsymbol{Q}\boldsymbol{R} \tag{2.47}$$

QR 算法是一种迭代法，从矩阵 $\boldsymbol{A}_0 = \boldsymbol{A}$ 开始，每次构造一个相似变换，将 $\boldsymbol{A}_{k-1}$ 变换为 $\boldsymbol{A}_k$，最后 $\boldsymbol{A}_k$ 收敛到一个上三角矩阵，主对角线元素即为其特征值。由于矩阵 $\boldsymbol{A}$ 与 $\boldsymbol{A}_k$ 相似，因此它们有相同的特征值，得到了 $\boldsymbol{A}_k$ 的特征值即得到了 $\boldsymbol{A}$ 的特征值。

问题的核心是如何构造这种相似变换。这借助于 QR 分解实现，每次迭代时，首先对 $\boldsymbol{A}_k$ 进行 QR 分解

$$\boldsymbol{A}_k = \boldsymbol{Q}_k \boldsymbol{R}_k \tag{2.48}$$

然后用分解结果构造一个新的矩阵 $\boldsymbol{A}_{k+1}$，这里将 QR 分解的结果矩阵交换顺序后相乘

$$\boldsymbol{A}_{k+1} = \boldsymbol{R}_k \boldsymbol{Q}_k \tag{2.49}$$

式 (2.48) 与式 (2.49) 给出了根据当前矩阵构造下一个矩阵的方式，称为 QR 迭代。$\boldsymbol{A}_k$ 与 $\boldsymbol{A}_{k+1}$ 是相似的。式 (2.48) 两边同时左乘 $\boldsymbol{Q}_k^{-1}$ 可以得到

$$\boldsymbol{R}_k = \boldsymbol{Q}_k^{-1} \boldsymbol{A}_k$$

将其代入式 (2.49) 可得

$$\boldsymbol{A}_{k+1} = \boldsymbol{R}_k \boldsymbol{Q}_k = \boldsymbol{Q}_k^{-1} \boldsymbol{A}_k \boldsymbol{Q}_k$$

由于相似具有传递性，因此 $\boldsymbol{A}$ 与 $\boldsymbol{A}_k, k = 1, \cdots, n$ 相似。如果 $\boldsymbol{A}$ 满足一定的条件，那么 QR 迭代所产生的矩阵序列 $\{\boldsymbol{A}_k\}$ 将收敛到一个上三角矩阵，主对角线元素即为 $\boldsymbol{A}$ 的特征值。

QR 迭代是正交变换，如果 $\boldsymbol{A}$ 是对称矩阵，这种变换将保持对称性，且收敛到上三角矩阵，因此最终会收敛到对角矩阵。对于实对称矩阵 $\boldsymbol{A}$，QR 迭代产生的所有正交矩阵 $\boldsymbol{Q}_k$ 的乘积的所有列即为 $\boldsymbol{A}$ 的特征向量。由于

$$\boldsymbol{A}_{k+1} = \boldsymbol{Q}_k^{-1} \boldsymbol{A}_k \boldsymbol{Q}_k$$

因此

$$\begin{aligned} \boldsymbol{\Lambda} = \boldsymbol{A}_k &= \boldsymbol{Q}_{k-1}^{-1} \boldsymbol{A}_{k-1} \boldsymbol{Q}_{k-1} = \boldsymbol{Q}_{k-1}^{-1} \boldsymbol{Q}_{k-2}^{-1} \boldsymbol{A}_{k-2} \boldsymbol{Q}_{k-2} \boldsymbol{Q}_{k-1} = \cdots \\ &= \boldsymbol{Q}_{k-1}^{-1} \boldsymbol{Q}_{k-2}^{-1} \cdots \boldsymbol{Q}_0^{-1} \boldsymbol{A}_0 \boldsymbol{Q}_0 \cdots \boldsymbol{Q}_{k-2} \boldsymbol{Q}_{k-1} = (\boldsymbol{Q}_0 \cdots \boldsymbol{Q}_{k-2} \boldsymbol{Q}_{k-1})^{-1} \boldsymbol{A}_0 (\boldsymbol{Q}_0 \cdots \boldsymbol{Q}_{k-2} \boldsymbol{Q}_{k-1}) \\ &= (\boldsymbol{Q}_0 \cdots \boldsymbol{Q}_{k-2} \boldsymbol{Q}_{k-1})^{-1} \boldsymbol{A} (\boldsymbol{Q}_0 \cdots \boldsymbol{Q}_{k-2} \boldsymbol{Q}_{k-1}) \end{aligned}$$

如果令

$$P = Q_0 \cdots Q_{k-2} Q_{k-1}$$

则

$$\Lambda = P^{-1} A P$$

因此 P 的列为 A 的特征向量。

下面来看 QR 算法的一个例子。对于如下矩阵

$$A = \begin{pmatrix} -149 & -50 & -154 \\ 537 & 180 & 546 \\ -27 & -9 & -25 \end{pmatrix}$$

QR 算法第 1 次迭代的结果为

$$A_1 = R_0 Q_0 = \begin{pmatrix} 28.8263 & -259.8671 & 773.9292 \\ 1.0353 & -8.6686 & 33.1759 \\ -0.5973 & 5.5786 & -14.1578 \end{pmatrix}$$

再经过 5 次迭代后的结果为

$$A_6 = R_5 Q_5 = \begin{pmatrix} 3.0321 & -8.0851 & 804.6651 \\ 0.0017 & 0.9931 & 145.5046 \\ -0.0001 & 0.0005 & 1.9749 \end{pmatrix}$$

此时矩阵 A_6 已经接近于上三角矩阵，主对角线元素接近于 A 的特征值。事实上，矩阵 A 的特征值为 1,2,3。

为了加快收敛速度，通常采用带移位的 QR 算法（Shifted QR Algorithm）。在第 k 次迭代时，对于设定的移位常数 s_k，迭代公式为

$$A_k - s_k I = Q_k R_k \qquad\qquad A_{k+1} = R_k Q_k + s_k I \qquad\qquad (2.50)$$

即先将矩阵 A_k 减掉 $s_k I$ 后再进行 QR 分解，在构造 A_{k+1} 时再将 $s_k I$ 加回来。按照这种迭代公式，A_k 与 A_{k+1} 也是相似的。根据式 (2.50) 的 1 式有

$$R_k = Q_k^{-1}(A_k - s_k I)$$

将其代入式 (2.50) 的 2 式，可得

$$A_{k+1} = R_k Q_k + s_k I = Q_k^{-1}(A_k - s_k I)Q_k + s_k I = Q_k^{-1} A_k Q_k - Q_k^{-1} s_k I Q_k + s_k I = Q_k^{-1} A_k Q_k$$

因此 A_k 与 A_{k+1} 相似。

下面介绍移位系数 s_k 的计算。一种方案是选择 A_k 右下角 2×2 子矩阵的两个特征值中接近于 A_k 元素 $a_{n,n}$ 的那个特征值，以便于使得经过此次 QR 迭代后 A_{k+1} 的 $a_{n,n-1}$ 变得更接近于 0。计算此子矩阵的特征值可以通过求解特征方程实现

$$\begin{vmatrix} a_{n-1,n-1} - \lambda & a_{n-1,n} \\ a_{n,n-1} & a_{n,n} - \lambda \end{vmatrix} = 0$$

反复迭代直至 A_{k+t} 的变为 0，A_{k+t} 的 a_{nn} 即为 A 的一个特征值，对剩下的 $(n-1) \times (n-1)$ 矩阵继续进行 QR 算法迭代，得到所有的特征值。

对于一般的矩阵，QR 算法的收敛速度可能很慢。如果将矩阵变换成接近于三角阵，则能加快收敛速度。如果是对称矩阵，可先用豪斯霍尔德变换将其化为对称三对角矩阵，然后用 QR 算

法进行迭代，收敛到对角矩阵。求解特征值的整个流程为

$$对称矩阵 \rightarrow 对称三对角矩阵 \rightarrow 对角矩阵$$

对于普通矩阵，可用豪斯霍尔德变换将其化为上海森堡矩阵。然后用 QR 算法进行迭代，收敛到上三角矩阵。整个流程为

$$普通矩阵 \rightarrow 上海森堡矩阵 \rightarrow 三角矩阵$$

2.5.5　广义特征值

广义特征值（Generalized Eigenvalue）是特征值的推广，定义于两个矩阵之上。对于方阵 $\boldsymbol{A}$ 和 $\boldsymbol{B}$，如果存在一个数 λ 及非 $\boldsymbol{0}$ 向量 $\boldsymbol{x}$，满足

$$\boldsymbol{A}\boldsymbol{x} = \lambda \boldsymbol{B}\boldsymbol{x} \tag{2.51}$$

则称 λ 为广义特征值，$\boldsymbol{x}$ 为广义特征向量。类似的有特征方程

$$|\boldsymbol{A} - \lambda \boldsymbol{B}| = 0$$

如果矩阵 $\boldsymbol{B}$ 可逆，对式 (2.51) 左乘 $\boldsymbol{B}^{-1}$，式 (2.51) 的问题等价于下面的特征值问题

$$\boldsymbol{B}^{-1}\boldsymbol{A}\boldsymbol{x} = \lambda \boldsymbol{x} \tag{2.52}$$

广义特征值在机器学习中被广泛使用，包括流形学习、谱聚类算法，以及线性判别分析等。

2.5.6　瑞利商

对称矩阵 $\boldsymbol{A}$ 和非 $\boldsymbol{0}$ 向量 $\boldsymbol{x}$ 的瑞利商（Rayleigh Quotient）定义为如下比值

$$R(\boldsymbol{A}, \boldsymbol{x}) = \frac{\boldsymbol{x}^{\mathrm{T}}\boldsymbol{A}\boldsymbol{x}}{\boldsymbol{x}^{\mathrm{T}}\boldsymbol{x}} \tag{2.53}$$

根据式 (2.53) 的定义，对于任意的非 0 实数 k，有

$$R(\boldsymbol{A}, k\boldsymbol{x}) = R(\boldsymbol{A}, \boldsymbol{x})$$

即对向量缩放之后其瑞利商不变，瑞利商存在冗余。证明如下

$$R(\boldsymbol{A}, k\boldsymbol{x}) = \frac{(k\boldsymbol{x})^{\mathrm{T}}\boldsymbol{A}(k\boldsymbol{x})}{(k\boldsymbol{x})^{\mathrm{T}}(k\boldsymbol{x})} = \frac{k^2\boldsymbol{x}^{\mathrm{T}}\boldsymbol{A}\boldsymbol{x}}{k^2\boldsymbol{x}^{\mathrm{T}}\boldsymbol{x}} = \frac{\boldsymbol{x}^{\mathrm{T}}\boldsymbol{A}\boldsymbol{x}}{\boldsymbol{x}^{\mathrm{T}}\boldsymbol{x}}$$

假设 $\lambda_{\min}$ 是矩阵 $\boldsymbol{A}$ 的最小特征值，$\lambda_{\max}$ 是最大特征值，则有

$$\lambda_{\min} \leqslant R(\boldsymbol{A}, \boldsymbol{x}) \leqslant \lambda_{\max} \tag{2.54}$$

即瑞利商的最小值为矩阵的最小特征值，最大值为矩阵的最大特征值，并且当 $\boldsymbol{x}$ 分别为最小和最大的特征值对应的特征向量的时候取得这两个值。可以用拉格朗日乘数法证明（拉格朗日乘数法将在 4.6.1 节介绍）。

由于将向量乘以非 0 系数之后瑞利商不变，因此式 (2.53) 极值问题的解不唯一。为此增加一个约束条件以保证解的唯一性，同时简化问题的表述。限定 $\boldsymbol{x}$ 为单位向量，有下面的等式约束

$$\boldsymbol{x}^{\mathrm{T}}\boldsymbol{x} = 1$$

增加此约束之后，瑞利商变为

$$R(\boldsymbol{A}, \boldsymbol{x}) = \boldsymbol{x}^{\mathrm{T}}\boldsymbol{A}\boldsymbol{x}$$

构造拉格朗日乘子函数

$$L(\boldsymbol{x}, \lambda) = \boldsymbol{x}^{\mathrm{T}} \boldsymbol{A} \boldsymbol{x} + \lambda(\boldsymbol{x}^{\mathrm{T}} \boldsymbol{x} - 1)$$

对 $\boldsymbol{x}$ 求梯度并令梯度为 $\boldsymbol{0}$ 可以得到

$$2\boldsymbol{A}\boldsymbol{x} + 2\lambda\boldsymbol{x} = \boldsymbol{0}$$

这里利用了 3.5.1 节的矩阵与向量求导公式。上式等价于

$$\boldsymbol{A}\boldsymbol{x} = \lambda\boldsymbol{x}$$

此结果意味着瑞利商的所有极值在矩阵的特征值与特征向量处取得。假设 λ_i 是 $\boldsymbol{A}$ 的第 i 个特征值，$\boldsymbol{x}_i$ 是其对应的特征向量，将它们代入瑞利商的定义，可以得到

$$R(\boldsymbol{A}, \boldsymbol{x}_i) = \frac{\boldsymbol{x}_i^{\mathrm{T}}(\boldsymbol{A}\boldsymbol{x}_i)}{\boldsymbol{x}_i^{\mathrm{T}}\boldsymbol{x}_i} = \frac{\boldsymbol{x}_i^{\mathrm{T}}(\lambda_i\boldsymbol{x}_i)}{\boldsymbol{x}_i^{\mathrm{T}}\boldsymbol{x}_i} = \frac{\lambda_i\boldsymbol{x}_i^{\mathrm{T}}\boldsymbol{x}_i}{\boldsymbol{x}_i^{\mathrm{T}}\boldsymbol{x}_i} = \lambda_i$$

因此，在最大的特征值处，瑞利商有最大值；在最小的特征值处，瑞利商有最小值。瑞利商在机器学习领域的典型应用是主成分分析。

下面对瑞利商进行推广，得到广义瑞利商，对称矩阵 $\boldsymbol{A}$ 和 $\boldsymbol{B}$ 的广义瑞利商定义为

$$R(\boldsymbol{A}, \boldsymbol{B}, \boldsymbol{x}) = \frac{\boldsymbol{x}^{\mathrm{T}} \boldsymbol{A} \boldsymbol{x}}{\boldsymbol{x}^{\mathrm{T}} \boldsymbol{B} \boldsymbol{x}} \tag{2.55}$$

同样，广义瑞利商存在冗余，将向量 $\boldsymbol{x}$ 缩放之后广义瑞利商不变。

假设对任意的非 $\boldsymbol{0}$ 向量 $\boldsymbol{x}$，有 $\boldsymbol{x}^{\mathrm{T}} \boldsymbol{B} \boldsymbol{x} > 0$。如果令 $\boldsymbol{B} = \boldsymbol{C}\boldsymbol{C}^{\mathrm{T}}$，这是对矩阵 $\boldsymbol{B}$ 的楚列斯基（Cholesky）分解（在 2.7.1 节介绍），同时令 $\boldsymbol{x} = (\boldsymbol{C}^{\mathrm{T}})^{-1}\boldsymbol{y}$，则可以将广义瑞利商转化成瑞利商的形式

$$\frac{\boldsymbol{x}^{\mathrm{T}}\boldsymbol{A}\boldsymbol{x}}{\boldsymbol{x}^{\mathrm{T}}\boldsymbol{B}\boldsymbol{x}} = \frac{((\boldsymbol{C}^{\mathrm{T}})^{-1}\boldsymbol{y})^{\mathrm{T}}\boldsymbol{A}((\boldsymbol{C}^{\mathrm{T}})^{-1}\boldsymbol{y})}{((\boldsymbol{C}^{\mathrm{T}})^{-1}\boldsymbol{y})^{\mathrm{T}}\boldsymbol{C}\boldsymbol{C}^{\mathrm{T}}((\boldsymbol{C}^{\mathrm{T}})^{-1}\boldsymbol{y})} = \frac{\boldsymbol{y}^{\mathrm{T}}\boldsymbol{C}^{-1}\boldsymbol{A}(\boldsymbol{C}^{\mathrm{T}})^{-1}\boldsymbol{y}}{\boldsymbol{y}^{\mathrm{T}}\boldsymbol{C}^{-1}\boldsymbol{C}\boldsymbol{C}^{\mathrm{T}}(\boldsymbol{C}^{\mathrm{T}})^{-1}\boldsymbol{y}} = \frac{\boldsymbol{y}^{\mathrm{T}}\boldsymbol{C}^{-1}\boldsymbol{A}(\boldsymbol{C}^{\mathrm{T}})^{-1}\boldsymbol{y}}{\boldsymbol{y}^{\mathrm{T}}\boldsymbol{y}}$$

根据瑞利商的结论，广义瑞利商的最大值和最小值由矩阵 $\boldsymbol{C}^{-1}\boldsymbol{A}(\boldsymbol{C}^{\mathrm{T}})^{-1}$ 的最大和最小特征值决定。

也可以直接通过广义特征值得到广义瑞利商的极值。与瑞利商类似，加上等式约束消掉最优解的冗余

$$\boldsymbol{x}^{\mathrm{T}} \boldsymbol{B} \boldsymbol{x} = 1$$

广义瑞利商变为

$$R(\boldsymbol{A}, \boldsymbol{B}, \boldsymbol{x}) = \boldsymbol{x}^{\mathrm{T}} \boldsymbol{A} \boldsymbol{x}$$

可以用拉格朗日乘数法求解。构造拉格朗日乘子函数

$$L(\boldsymbol{x}, \lambda) = \boldsymbol{x}^{\mathrm{T}} \boldsymbol{A} \boldsymbol{x} + \lambda(\boldsymbol{x}^{\mathrm{T}} \boldsymbol{B} \boldsymbol{x} - 1)$$

对 $\boldsymbol{x}$ 求梯度并令梯度为 $\boldsymbol{0}$，可以得到

$$2\boldsymbol{A}\boldsymbol{x} + 2\lambda\boldsymbol{B}\boldsymbol{x} = \boldsymbol{0}$$

这等价于

$$\boldsymbol{A}\boldsymbol{x} = \lambda\boldsymbol{B}\boldsymbol{x}$$

这是广义特征值问题。如果矩阵 $\boldsymbol{B}$ 可逆，那么上式两边同乘以其逆矩阵可以得到

$$\boldsymbol{B}^{-1}\boldsymbol{A}\boldsymbol{x} = \lambda\boldsymbol{x}$$

因此广义瑞利商的所有极值在上面的广义特征值处取得。假设 λ_i 是第 i 个广义特征值，$\boldsymbol{x}_i$ 是其对应的特征向量，将它们代入广义瑞利商的定义，可以得到

$$R(\boldsymbol{A}, \boldsymbol{B}, \boldsymbol{x}_i) = \frac{\boldsymbol{x}_i^{\mathrm{T}} \boldsymbol{A} \boldsymbol{x}_i}{\boldsymbol{x}_i^{\mathrm{T}} \boldsymbol{B} \boldsymbol{x}_i} = \frac{\boldsymbol{x}_i^{\mathrm{T}} \lambda_i \boldsymbol{B} \boldsymbol{x}_i}{\boldsymbol{x}_i^{\mathrm{T}} \boldsymbol{B} \boldsymbol{x}_i} = \lambda_i$$

因此广义瑞利商的极大值在最大广义特征值处取得，极小值在最小广义特征值处取得。线性判别分析的优化目标函数即为广义瑞利商。

2.5.7 谱范数与特征值的关系

在 2.2.4 节定义了谱范数的概念，可以证明矩阵 $\boldsymbol{W}$ 的谱范数等于 $\boldsymbol{W}^{\mathrm{T}} \boldsymbol{W}$ 的最大特征值的平方根，即 $\boldsymbol{W}$ 最大的奇异值

$$\|\boldsymbol{W}\|_2 = \max\{\sigma_1, \cdots, \sigma_n\}$$

其中 $\sigma_1, \cdots, \sigma_n$ 为 $\boldsymbol{W}$ 的奇异值，是 $\boldsymbol{W}^{\mathrm{T}} \boldsymbol{W}$ 的特征值的平方根，奇异值将在 2.7.4 节详细介绍。根据定义，谱范数的平方为

$$\|\boldsymbol{W}\|_2^2 = \max_{\boldsymbol{x} \neq \boldsymbol{0}} \frac{\boldsymbol{x}^{\mathrm{T}} \boldsymbol{W}^{\mathrm{T}} \boldsymbol{W} \boldsymbol{x}}{\boldsymbol{x}^{\mathrm{T}} \boldsymbol{x}} \tag{2.56}$$

它就是瑞利商的极大值。在 2.5.6 节已经证明了这一最优化问题的解是矩阵 $\boldsymbol{W}^{\mathrm{T}} \boldsymbol{W}$ 的最大特征值，因此结论成立。

Python 中 linalg 的 norm 函数提供了计算矩阵范数的功能。函数的输入参数为要计算的矩阵，以及范数的类型，如果类型值为 2，则计算谱范数。下面是示例代码。

```python
import numpy as np
A = np.array([[0, 1, 2, 3], [4, 5, 6, 7], [8, 9, 10, 11]])
n = np.linalg.norm(A, ord = 2)
print(n)
```

程序运行结果为 22。

2.5.8 条件数

如果矩阵 $\boldsymbol{W}$ 可逆，条件数（Condition Number）定义为它的范数与它的逆矩阵范数的乘积

$$\mathrm{cond}(\boldsymbol{W}) = \|\boldsymbol{W}\| \cdot \|\boldsymbol{W}^{-1}\| \tag{2.57}$$

这里的范数可以是任何一种范数。如果使用谱范数，则 $\|\boldsymbol{W}\|$ 等于 $\boldsymbol{W}$ 的最大奇异值，$\|\boldsymbol{W}^{-1}\|$ 等于 $\boldsymbol{W}$ 最小奇异值的逆。根据谱范数的定义有

$$\|\boldsymbol{W}^{-1}\| = \max_{\boldsymbol{y} \neq \boldsymbol{0}} \frac{\|\boldsymbol{W}^{-1} \boldsymbol{y}\|}{\|\boldsymbol{y}\|} = \max_{\boldsymbol{x} \neq \boldsymbol{0}} \frac{\|\boldsymbol{x}\|}{\|\boldsymbol{W} \boldsymbol{x}\|} = \frac{1}{\min_{\boldsymbol{x} \neq \boldsymbol{0}} \frac{\|\boldsymbol{W} \boldsymbol{x}\|}{\|\boldsymbol{x}\|}}$$

上式第 2 步进行了换元，令 $\boldsymbol{W}^{-1} \boldsymbol{y} = \boldsymbol{x}$。根据 2.5.6 节的结论，$\dfrac{\|\boldsymbol{W} \boldsymbol{x}\|}{\|\boldsymbol{x}\|}$ 的最小值为 $\boldsymbol{W}$ 的最小奇异值。

此时条件数等于矩阵的最大奇异值与最小奇异值的比值

$$\mathrm{cond}(\boldsymbol{W}) = \frac{\max\{\sigma_1, \cdots, \sigma_n\}}{\min\{\sigma_1, \cdots, \sigma_n\}}$$

其中 $\sigma_1, \cdots, \sigma_n$ 为 W 的奇异值。

显然矩阵的条件数总是大于或等于 1。条件数决定了矩阵的稳定性，一个矩阵的条件数越大，则它越接近于不可逆矩阵，矩阵越 "病态"。条件数在诸多算法的稳定性分析中有重要的作用。

Python 中 `linalg` 的 `cond` 函数实现了计算矩阵条件数的功能。示例代码如下。

```
import numpy as np
A = np.array ([[1, 0, 0], [0, 1, 0], [0, 0, 5]])
c = np.linalg.cond (A)
print (c)
```

程序运行结果为 `5.0`，是该矩阵最大特征值与最小特征值的比值。在这里，奇异值等于特征值。

2.5.9　应用——谱归一化与谱正则化

正则化是机器学习中减轻过拟合的一种技术，它迫使模型的参数值很小，使模型变得更简单，一般情况下，简单的模型有更好的泛化性能。正则化可以通过在目标函数中增加正则化项实现，正则化项通常为参数向量的 L1 范数，或 L2 范数的平方。谱正则化（Spectral Regularization）用谱范数构造正则化项。

另外一种技术是谱归一化（Spectral Normalization），通过用谱范数对线性映射的矩阵进行谱归一化而确保映射有较小的李普希茨常数，从而保证机器学习模型对输入数据的扰动不敏感。

2.2.5 节介绍了神经网络的原理，用权重矩阵 W 与偏置向量 b 对输入数据 x 进行映射，得到输出结果 $Wx + b$，如果此映射满足李普希茨条件（这里将其推广到多元函数，将式 (1.14) 中的绝对值改为向量的范数），则有

$$\|Wx_1 + b - Wx_2 - b\| = \|Wx_1 - Wx_2\| \leqslant K\|x_1 - x_2\| \tag{2.58}$$

其中 K 为李普希茨常数。将式 (2.58) 变形后可以得到

$$\frac{\|W(x_1 - x_2)\|}{\|x_1 - x_2\|} \leqslant K$$

上式左侧部分的极大值就是权重矩阵的谱范数。如果权重矩阵的谱范数存在一个较小的上界，则神经网络该层的映射有较小的李普希茨常数，从而保证输入值的较小改变不会导致输出值的突变，映射更为平滑。假设权重矩阵的谱范数为 $\sigma(W)$，如果用它对矩阵进行归一化

$$\overline{W}_{\text{SN}}(W) = W/\sigma(W)$$

则能保证归一化之后的权重矩阵满足 $\sigma(W) = 1$。这由矩阵乘以常数之后的特征值的性质保证。2.5.7 节已经证明谱范数是矩阵 W 的最大奇异值，计算矩阵奇异值的代价太大，因此在实现时需要对谱范数 $\sigma(W)$ 的值近似计算，可以采用幂迭代法。

接下来考虑如何用谱范数为神经网络的目标函数构造正则化项（Spectral Norm Regularizer）。给定训练样本集 $(x_i, y_i), i = 1, \cdots, N$，$x_i$ 为输入向量，y_i 为标签向量。加上谱正则化项后的目标函数为

$$\frac{1}{N}\sum_{i=1}^{N} L(x_i, y_i) + \frac{\lambda}{2}\sum_{i=1}^{l} \sigma(W^{(i)})^2$$

其中 $L(x_i, y_i)$ 为对单个样本的损失函数。l 为神经网络的层数，$W^{(i)}$ 为第 i 层的权重矩阵。上式第 2 项为谱正则化项，$\lambda > 0$ 为正则化项的权重。谱正则化项由神经网络所有层权重矩阵的谱范

数平方之和构成，可以防止权重矩阵出现大的谱范数，从而保证神经网络的映射有较小的李普希茨常数。

2.6 二次型

二次型是一种特殊的二次函数，只含有二次项。它在线性代数与多元函数微积分中被广泛使用，在机器学习中二次型经常作为目标函数出现。

2.6.1 基本概念

二次型（Quadric Form）是由纯二次项构成的函数，即二次齐次多项式。如下面的函数

$$2x^2 - 3xy + y^2 + z^2 \tag{2.59}$$

二次型可以写成矩阵形式

$$\boldsymbol{x}^{\mathrm{T}} \boldsymbol{A} \boldsymbol{x}$$

其中 $\boldsymbol{A}$ 是 n 阶对称矩阵，$\boldsymbol{x}$ 是一个列向量。上面的二次型展开之后为

$$\sum_{i=1}^{n} \sum_{j=1}^{n} a_{ij} x_i x_j$$

这里要求 $a_{ij} = a_{ji}$。需要注意的是，一般的二次函数不一定是二次型，它可能有一次项和常数项。

式 (2.59) 的二次型对应的矩阵为

$$\begin{pmatrix} 2 & -1.5 & 0 \\ -1.5 & 1 & 0 \\ 0 & 0 & 1 \end{pmatrix}$$

平方项 ax_i^2 的系数是矩阵的主对角线元素，交叉乘积项 $ax_i x_j$ 的系数由 a_{ij} 与 a_{ji} 均分。实对称矩阵与二次型一一对应。

2.6.2 正定二次型与正定矩阵

在某些数学证明或计算中，会将二次函数配方成完全平方的形式以得到想要的结果。如下面的例子

$$(x_1 - 2)^2 + (x_2 + 5)^2 + (x_3 - 7)^2$$

平方项是非负的，$(2, -5, 7)$ 是该函数的极小值。由此引入二次型和矩阵正定的概念。如果一个二次型对于任意非 $\boldsymbol{0}$ 向量 $\boldsymbol{x}$ 都有

$$\boldsymbol{x}^{\mathrm{T}} \boldsymbol{A} \boldsymbol{x} > 0$$

则称该二次型为正定（Positive Definite）二次型，矩阵 $\boldsymbol{A}$ 为正定矩阵。如果对于任意非 $\boldsymbol{0}$ 向量 $\boldsymbol{x}$ 都有

$$\boldsymbol{x}^{\mathrm{T}} \boldsymbol{A} \boldsymbol{x} \geqslant 0$$

则该二次型为半正定（Positive Semi-definite）二次型，矩阵 $\boldsymbol{A}$ 为半正定矩阵。如果对于任意非 $\boldsymbol{0}$ 向量 $\boldsymbol{x}$ 都有

$$\boldsymbol{x}^{\mathrm{T}}\boldsymbol{A}\boldsymbol{x} < 0$$

则该二次型为负定（Negative Definite）二次型，矩阵 $\boldsymbol{A}$ 为负定矩阵。类似地可以定义半负定的概念。如果既不正定也不负定，则称为不定。

下面的二次型为正定二次型

$$f(x_1, x_2, x_3) = x_1^2 + 2x_2^2 + x_3^2$$

其对应的矩阵为正定矩阵

$$\begin{pmatrix} 1 & 0 & 0 \\ 0 & 2 & 0 \\ 0 & 0 & 1 \end{pmatrix}$$

下面的二次型为半正定二次型

$$f(x_1, x_2, x_3) = x_1^2 + 2x_2^2$$

其对应的矩阵为半正定矩阵

$$\begin{pmatrix} 1 & 0 & 0 \\ 0 & 2 & 0 \\ 0 & 0 & 0 \end{pmatrix}$$

如果令 $x_1 = 0, x_2 = 0, x_3 = 1$，二次型的值为 0。

下面的二次型是负定二次型

$$f(x_1, x_2, x_3) = -x_1^2 - 2x_2^2 - x_3^2$$

其对应的矩阵为负定矩阵

$$\begin{pmatrix} -1 & 0 & 0 \\ 0 & -2 & 0 \\ 0 & 0 & -1 \end{pmatrix}$$

正定二次型被用于多元函数极值的判定法则，在 3.3.3 节介绍。

正定矩阵的所有主对角线元素 $a_{ii} > 0, i = 1, \cdots, n$。根据正定的定义，由于对于任意非 $\boldsymbol{0}$ 向量 $\boldsymbol{x}$ 都有 $\boldsymbol{x}^{\mathrm{T}}\boldsymbol{A}\boldsymbol{x} > 0$，因此可以构造一个第 i 个分量为 1，其他分量均为 0 的向量 $\boldsymbol{x}$

$$\begin{pmatrix} 0 & \cdots & 1 & \cdots & 0 \end{pmatrix}^{\mathrm{T}}$$

则有

$$\boldsymbol{x}^{\mathrm{T}}\boldsymbol{A}\boldsymbol{x} = a_{ii} > 0$$

因此结论成立。

证明一个对称矩阵 $\boldsymbol{A}$ 正定可以按照定义进行。除此之外，还可以采用下面的方法。

（1）矩阵 $\boldsymbol{A}$ 的 n 个特征值 $\lambda_1, \cdots, \lambda_n$ 均大于 0。

（2）存在可逆矩阵 $\boldsymbol{P}$ 使得 $\boldsymbol{A} = \boldsymbol{P}^{\mathrm{T}}\boldsymbol{P}$。

（3）如果 $\boldsymbol{A}$ 是正定矩阵，则 $\boldsymbol{A}^{-1}$ 也是正定矩阵。

（4）矩阵 $\boldsymbol{A}$ 的所有顺序主子式均为正。

第一条判定规则可以通过正交变换将二次型化为标准型证明，化为标准型（对应于对角矩阵）之后为正定二次型。化二次型为标准型的方法会在稍后介绍。

下面证明第 2 条判定规则。对于任意非 $\mathbf{0}$ 向量 $\boldsymbol{x}$ 有

$$\boldsymbol{x}^{\mathrm{T}} \boldsymbol{A} \boldsymbol{x} = \boldsymbol{x}^{\mathrm{T}} \boldsymbol{P}^{\mathrm{T}} \boldsymbol{P} \boldsymbol{x} = (\boldsymbol{P} \boldsymbol{x})^{\mathrm{T}} \boldsymbol{P} \boldsymbol{x} > 0$$

因为 $\boldsymbol{P}$ 可逆，对于任意非 $\mathbf{0}$ 向量 $\boldsymbol{x}$ 有 $\boldsymbol{P} \boldsymbol{x} \neq \mathbf{0}$。

下面证明第 3 条判定规则。如果 $\boldsymbol{A}$ 是正定矩阵，对于任意非 $\mathbf{0}$ 向量 $\boldsymbol{x}$，如果令 $\boldsymbol{x} = \boldsymbol{A} \boldsymbol{y}$，则有

$$\boldsymbol{x}^T \boldsymbol{A}^{-1} \boldsymbol{x} = (\boldsymbol{A} \boldsymbol{y})^{\mathrm{T}} \boldsymbol{A}^{-1} (\boldsymbol{A} \boldsymbol{y}) = \boldsymbol{y}^{\mathrm{T}} \boldsymbol{A}^{\mathrm{T}} \boldsymbol{A}^{-1} \boldsymbol{A} \boldsymbol{y} = \boldsymbol{y}^{\mathrm{T}} \boldsymbol{A}^{\mathrm{T}} \boldsymbol{y} = \boldsymbol{y}^{\mathrm{T}} \boldsymbol{A} \boldsymbol{y} > 0$$

由于 $\boldsymbol{A}$ 可逆且 $\boldsymbol{x} \neq \mathbf{0}$，因此 $\boldsymbol{y} \neq \mathbf{0}$。对于 n 阶矩阵 $\boldsymbol{A}$

$$\boldsymbol{A} = \begin{pmatrix} a_{11} & a_{12} & \cdots & a_{1n} \\ a_{21} & a_{22} & \cdots & a_{2n} \\ \vdots & \vdots & \ddots & \vdots \\ a_{n1} & a_{n2} & \cdots & a_{nn} \end{pmatrix}$$

其前 $k, 1 \leqslant k \leqslant n$ 行前 k 列元素形成的行列式

$$\begin{vmatrix} a_{11} & \cdots & a_{1k} \\ \vdots & \ddots & \vdots \\ a_{k1} & \cdots & a_{kk} \end{vmatrix}$$

称为顺序主子式。这是矩阵左上角的子方阵形成的行列式。对于下面的 4 阶矩阵

$$\boldsymbol{A} = \begin{pmatrix} 1 & 2 & 3 & 4 \\ 5 & 6 & 7 & 8 \\ 9 & 10 & 11 & 12 \\ 13 & 14 & 15 & 16 \end{pmatrix}$$

其 1 阶顺序主子式为

$$|1|$$

2 阶顺序主子式为

$$\begin{vmatrix} 1 & 2 \\ 5 & 6 \end{vmatrix}$$

3 阶顺序主子式为

$$\begin{vmatrix} 1 & 2 & 3 \\ 5 & 6 & 7 \\ 9 & 10 & 11 \end{vmatrix}$$

4 阶顺序主子式为

$$\begin{vmatrix} 1 & 2 & 3 & 4 \\ 5 & 6 & 7 & 8 \\ 9 & 10 & 11 & 12 \\ 13 & 14 & 15 & 16 \end{vmatrix}$$

矩阵 $\boldsymbol{A}$ 不是正定的，因为其二阶顺序主子式为负

$$\begin{vmatrix} 1 & 2 \\ 5 & 6 \end{vmatrix} = 1 \times 6 - 2 \times 5 < 0$$

对于任意的 $m \times n$ 矩阵 $\boldsymbol{A}$，$\boldsymbol{A}^{\mathrm{T}}\boldsymbol{A}$ 是对称半正定矩阵。下面给出证明。显然该矩阵是对称的

$$(\boldsymbol{A}^{\mathrm{T}}\boldsymbol{A})^{\mathrm{T}} = \boldsymbol{A}^{\mathrm{T}}(\boldsymbol{A}^{\mathrm{T}})^{\mathrm{T}} = \boldsymbol{A}^{\mathrm{T}}\boldsymbol{A}$$

对于任意非 $\boldsymbol{0}$ 向量 $\boldsymbol{x}$，有

$$\boldsymbol{x}^{\mathrm{T}}\boldsymbol{A}^{\mathrm{T}}\boldsymbol{A}\boldsymbol{x} = (\boldsymbol{A}\boldsymbol{x})^{\mathrm{T}}(\boldsymbol{A}\boldsymbol{x}) \geqslant 0$$

类似地可以证明 $\boldsymbol{A}\boldsymbol{A}^{\mathrm{T}}$ 也是对称半正定矩阵。

在机器学习中，这种矩阵经常出现，如向量组的格拉姆矩阵，包括线性回归、支持向量机以及 logistic 回归等线性模型。它们目标函数的黑塞矩阵为这种类型的矩阵，因此是凸函数，可以保证求得全局极小值点。黑塞矩阵、多元凸函数的判定法则在第 3 章介绍。

类似地，实对称矩阵负定可以通过下面的方法进行判定。

（1）矩阵 $\boldsymbol{A}$ 的 n 个特征值 $\lambda_1, \cdots, \lambda_n$ 均小于 0。

（2）存在可逆矩阵 $\boldsymbol{P}$ 使得 $\boldsymbol{A} = -\boldsymbol{P}^{\mathrm{T}}\boldsymbol{P}$。

（3）矩阵 $\boldsymbol{A}$ 的所有奇数阶顺序主子式均为负，偶数阶顺序主子式均为正。

2.6.3 标准型

标准型指对于任意的 $i \neq j$，二次型中项 $a_{ij}x_ix_j$ 的系数均为 0，二次型由纯平方项构成。可写成如下形式

$$\boldsymbol{x}^{\mathrm{T}}\boldsymbol{A}\boldsymbol{x} = d_1x_1^2 + d_2x_2^2 + \cdots + d_nx_n^2$$

下面是一个标准型

$$x_1^2 - 3x_2^2 + x_3^2$$

标准型对应的矩阵为对角矩阵。上面的标准型对应的矩阵为

$$\begin{pmatrix} 1 & 0 & 0 \\ 0 & -3 & 0 \\ 0 & 0 & 1 \end{pmatrix}$$

在标准型中，正平方项的数量称为正惯性指数，负平方项的数量称为负惯性指数。上面的标准型的正惯性指数为 2，负惯性指数为 1。

由于二次型的矩阵为对称矩阵，因此一定可以对角化。通过正交变换可以将二次型化为标准型，与实对称矩阵的正交变换对角化相同。对于二次型 $\boldsymbol{x}^{\mathrm{T}}\boldsymbol{A}\boldsymbol{x}$，通过正交变换将 $\boldsymbol{A}$ 化为对角矩阵

$$\boldsymbol{A} = \boldsymbol{P}\boldsymbol{\Lambda}\boldsymbol{P}^{\mathrm{T}}$$

从而有

$$\boldsymbol{x}^{\mathrm{T}}\boldsymbol{A}\boldsymbol{x} = \boldsymbol{x}^{\mathrm{T}}\boldsymbol{P}\boldsymbol{\Lambda}\boldsymbol{P}^{\mathrm{T}}\boldsymbol{x} = (\boldsymbol{P}^{\mathrm{T}}\boldsymbol{x})^{\mathrm{T}}\boldsymbol{\Lambda}(\boldsymbol{P}^{\mathrm{T}}\boldsymbol{x})$$

这里 $\boldsymbol{P}$ 是正交矩阵。如果令 $\boldsymbol{y} = \boldsymbol{P}^{\mathrm{T}}\boldsymbol{x}$ 或者 $\boldsymbol{x} = \boldsymbol{P}\boldsymbol{y}$，则 $\boldsymbol{y}^{\mathrm{T}}\boldsymbol{\Lambda}\boldsymbol{y}$ 是标准型。这对应于通过将 $\boldsymbol{x}$ 换元为 $\boldsymbol{y}$，使得换元之后的二次型为标准型。如果矩阵 $\boldsymbol{A}$ 的 n 个特征值 $\lambda_1, \cdots, \lambda_n$ 均大于 0，则矩阵 $\boldsymbol{\Lambda}$ 正定。对于任意非 $\boldsymbol{0}$ 向量 $\boldsymbol{x}$，由于 $\boldsymbol{P}$ 是正交矩阵，$\boldsymbol{y} = \boldsymbol{P}^{\mathrm{T}}\boldsymbol{x} \neq \boldsymbol{0}$，因此 $\boldsymbol{A}$ 正定。

下面举例说明。对于下面的二次型

$$x_1^2 + 5x_2^2 + 5x_3^2 + 2x_1x_2 - 4x_1x_3$$

其对应的系数矩阵为

$$A = \begin{pmatrix} 1 & 1 & -2 \\ 1 & 5 & 0 \\ -2 & 0 & 5 \end{pmatrix}$$

特征多项式为

$|A - \lambda I|$

$$= \begin{vmatrix} 1-\lambda & 1 & -2 \\ 1 & 5-\lambda & 0 \\ -2 & 0 & 5-\lambda \end{vmatrix} \xrightarrow{r_3 + 2r_2} \begin{vmatrix} 1-\lambda & 1 & -2 \\ 1 & 5-\lambda & 0 \\ 0 & 2(5-\lambda) & 5-\lambda \end{vmatrix} \xrightarrow{c_2 - 2 \times c_3} \begin{vmatrix} 1-\lambda & 5 & -2 \\ 1 & 5-\lambda & 0 \\ 0 & 0 & 5-\lambda \end{vmatrix}$$

$$= (5-\lambda)(\lambda^2 - 6\lambda)$$

解得特征值为 $0, 5, 6$。

当 $\lambda = 5$ 时,有

$$A - \lambda I = \begin{pmatrix} -4 & 1 & -2 \\ 1 & 0 & 0 \\ -2 & 0 & 0 \end{pmatrix} \rightarrow \begin{pmatrix} 1 & 0 & 0 \\ 0 & 1 & -2 \\ 0 & 0 & 0 \end{pmatrix}$$

方程 $(A - \lambda I)x = 0$ 的解为

$$x_1 = (0 \ 2 \ 1)^{\mathrm{T}}$$

当 $\lambda = 6$ 时,有

$$A - \lambda I = \begin{pmatrix} -5 & 1 & -2 \\ 1 & -1 & 0 \\ -2 & 0 & -1 \end{pmatrix} \rightarrow \begin{pmatrix} 1 & 0 & 1/2 \\ 0 & 1 & 1/2 \\ 0 & 0 & 0 \end{pmatrix}$$

方程 $(A - \lambda I)x = 0$ 的解为

$$x_2 = (1 \ 1 \ -2)^{\mathrm{T}}$$

当 $\lambda = 0$ 时,有

$$A - \lambda I = \begin{pmatrix} 1 & 1 & -2 \\ 1 & 5 & 0 \\ -2 & 0 & 5 \end{pmatrix} \rightarrow \begin{pmatrix} 1 & 0 & -5/2 \\ 0 & 1 & 1/2 \\ 0 & 0 & 0 \end{pmatrix}$$

方程 $(A - \lambda I)x = 0$ 的解为

$$x_3 = (5 \ -1 \ 2)^{\mathrm{T}}$$

由于二次型的系数矩阵是实对称矩阵,其不同特征值对应的特征向量相互正交,因此只需要将这些特征向量单位化即可

$$\alpha_1 = \frac{1}{\sqrt{5}} \begin{pmatrix} 0 \\ 2 \\ 1 \end{pmatrix}, \quad \alpha_2 = \frac{1}{\sqrt{6}} \begin{pmatrix} 1 \\ 1 \\ -2 \end{pmatrix}, \quad \alpha_3 = \frac{1}{\sqrt{30}} \begin{pmatrix} 5 \\ -1 \\ 2 \end{pmatrix}$$

令

$$P = \begin{pmatrix} 0 & \dfrac{1}{\sqrt{6}} & \dfrac{5}{\sqrt{30}} \\ \dfrac{2}{\sqrt{5}} & \dfrac{1}{\sqrt{6}} & -\dfrac{1}{\sqrt{30}} \\ \dfrac{1}{\sqrt{5}} & -\dfrac{2}{\sqrt{6}} & \dfrac{2}{\sqrt{30}} \end{pmatrix}$$

通过正交变换 $x = Py$ 可将二次型化为如下的标准型

$$5y_1^2 + 6y_2^2$$

2.7　矩阵分解

矩阵分解是矩阵分析的重要内容，这种技术将一个矩阵分解为若干矩阵的乘积，通常为 2 个或 3 个矩阵的乘积。在求解线性方程组，计算逆矩阵、行列式，以及特征值，多重积分换元等问题上，矩阵分解有广泛的应用。

2.7.1　楚列斯基分解

对于 n 阶对称半正定矩阵 A，楚列斯基（Cholesky）分解将其分解为 n 阶下三角矩阵 L 以及其转置 L^{T} 的乘积

$$A = LL^{\mathrm{T}} \tag{2.60}$$

如果 A 是实对称正定矩阵，则式 (2.60) 的分解唯一。下面是对称矩阵楚列斯基分解的一个例子

$$\begin{pmatrix} 4 & 12 & -16 \\ 12 & 37 & -43 \\ -16 & -43 & 98 \end{pmatrix} = \begin{pmatrix} 2 & 0 & 0 \\ 6 & 1 & 0 \\ -8 & 5 & 3 \end{pmatrix} \begin{pmatrix} 2 & 6 & -8 \\ 0 & 1 & 5 \\ 0 & 0 & 3 \end{pmatrix}$$

楚列斯基分解可用于求解线性方程组。对于如下的线性方程组

$$Ax = b$$

如果 A 是对称正定矩阵，它可以分解为 LL^{T}，则有

$$LL^{\mathrm{T}}x = b$$

如果令

$$L^{\mathrm{T}}x = y$$

则可先求解线性方程组

$$Ly = b$$

得到 y。然后求解

$$L^{\mathrm{T}}x = y$$

得到 x。这两个方程组的系数矩阵分别为下三角和上三角矩阵，均可高效地求解。在实际应用中，如果系数矩阵 A 不变而常数向量 b 会改变，则预先将 A 进行楚列斯基分解，每次对于不同的 b 均可高效地求解。在求解最优化问题的拟牛顿法中，需要求解如下的方程组

$$B_k d = -g_k$$

其中 B_k 为第 k 次迭代时的黑塞（Hessian）矩阵的近似矩阵，d 为牛顿方向，g_k 为第 k 次迭代时的梯度值。此方程可以使用楚列斯基分解求解。黑塞矩阵和梯度将在第 3 章讲述，拟牛顿法将在第 4 章讲述。

楚列斯基分解还可以用于检查矩阵的正定性。对一个矩阵进行楚列斯基分解，如果分解失败，则说明矩阵不是半正定矩阵；否则为半正定矩阵。

下面以 3 阶矩阵为例推导楚列斯基分解的计算公式。如果

$$A = \begin{pmatrix} a_{11} & a_{21} & a_{31} \\ a_{21} & a_{22} & a_{32} \\ a_{31} & a_{32} & a_{33} \end{pmatrix} = LL^{\mathrm{T}} = \begin{pmatrix} l_{11} & 0 & 0 \\ l_{21} & l_{22} & 0 \\ l_{31} & l_{32} & l_{33} \end{pmatrix} \begin{pmatrix} l_{11} & l_{21} & l_{31} \\ 0 & l_{22} & l_{32} \\ 0 & 0 & l_{33} \end{pmatrix}$$

则有

$$\begin{pmatrix} l_{11}^2 & l_{21}l_{11} & l_{31}l_{11} \\ l_{21}l_{11} & l_{21}^2 + l_{22}^2 & l_{31}l_{21} + l_{32}l_{22} \\ l_{31}l_{11} & l_{31}l_{21} + l_{32}l_{22} & l_{31}^2 + l_{32}^2 + l_{33}^2 \end{pmatrix} = \begin{pmatrix} a_{11} & a_{21} & a_{31} \\ a_{21} & a_{22} & a_{32} \\ a_{31} & a_{32} & a_{33} \end{pmatrix}$$

首先可以得到主对角的第一个元素

$$l_{11} = \sqrt{a_{11}}$$

根据 l_{11} 可以得到第 2 行的所有元素

$$l_{21} = \frac{a_{21}}{l_{11}}, l_{22} = \sqrt{a_{22} - l_{21}^2}$$

进一步得到第 3 行的元素

$$l_{31} = \frac{a_{31}}{l_{11}}, l_{32} = \frac{1}{l_{22}}(a_{32} - l_{31}l_{21}), l_{33} = \sqrt{a_{33} - (l_{31}^2 + l_{32}^2)}$$

所有元素逐行算出。首先计算出第 1 行的元素 l_{11}，然后计算第 2 行的元素 l_{21}, l_{22}，接下来计算 l_{31}, l_{32}, l_{33}，依此类推。$l_{ij}, 1 < j \leqslant i$ 与 $l_{pq}, p \leqslant i, q < j$ 有关，这些值已经被算出。对于 n 阶矩阵，楚列斯基分解的计算公式为

$$l_{ii} = \left(a_{ii} - \sum_{k=1}^{i-1} l_{ik}^2\right)^{\frac{1}{2}} \qquad l_{ji} = \frac{1}{l_{ii}}\left(a_{ji} - \sum_{k=1}^{i-1} l_{ik}l_{jk}\right), j = i+1, \cdots, n$$

Python 中 linalg 的 cholesky 函数实现了对称正定矩阵的楚列斯基分解。函数的输入是被分解矩阵 A，输出为下三角矩阵 L。下面是实现这种分解的示例 Python 代码。

```python
import numpy as np
A = np.array ([[6,3,4,8], [3,6,5,1], [4,5,10,7], [8,1,7,25]])
L = np.linalg.cholesky (A)
print (L)
```

程序输出结果为

```
[[2.44948974 0.         0.         0.]
 [1.22474487 2.12132034 0.         0.]
 [1.63299316 1.41421356 2.30940108 0.]
 [3.26598632 −1.41421356 1.58771324 3.13249102]]
```

可以验证矩阵 L 与其转置的乘积即为矩阵 A。

2.7.2　QR 分解

QR 分解（正交三角分解）将矩阵分解为正交矩阵与上三角矩阵的乘积，这种分解被广泛地应用于求解某些问题，如矩阵的特征值。事实上，QR 分解是格拉姆-施密特正交化的另外一种表现形式。首先考虑方阵的情况。对于任意的 n 阶方阵 $\boldsymbol{A}$，QR 分解将其分解为一个 n 阶正交矩阵 $\boldsymbol{Q}$ 与一个 n 阶上三角矩阵 $\boldsymbol{R}$ 的乘积

$$\boldsymbol{A} = \boldsymbol{Q}\boldsymbol{R} \tag{2.61}$$

如果矩阵 $\boldsymbol{A}$ 可逆且要求矩阵 $\boldsymbol{R}$ 的主对角元为正，则式 (2.61) 的分解唯一。如果 $\boldsymbol{A}$ 有 $m(m \leqslant n)$ 个线性无关的列，则 $\boldsymbol{Q}$ 的前 m 个列构成 $\boldsymbol{A}$ 的列空间的标准正交基。

下面来看 QR 分解的实际例子。对于如下矩阵

$$\boldsymbol{A} = \begin{pmatrix} 7 & 2 \\ 2 & 4 \end{pmatrix}$$

其 QR 分解的结果为

$$\boldsymbol{A} = \boldsymbol{Q}\boldsymbol{R} = \begin{pmatrix} 7 & 2 \\ 2 & 4 \end{pmatrix} = \begin{pmatrix} 0.962 & -0.275 \\ 0.275 & 0.962 \end{pmatrix} \begin{pmatrix} 7.28 & 3.02 \\ 0 & 3.30 \end{pmatrix}$$

下面考虑非方阵的情况，对于 $m \times n, m > n$ 的矩阵 $\boldsymbol{A}$，QR 分解将其分解为一个 m 阶正交矩阵与如下形式的 $m \times n$ 矩阵 $\boldsymbol{R}$ 的乘积

$$\boldsymbol{A} = \boldsymbol{Q}\boldsymbol{R} = \boldsymbol{Q}\begin{pmatrix} \boldsymbol{R}_n \\ \boldsymbol{0}_{(m-n) \times n} \end{pmatrix}$$

其中 $\boldsymbol{R}_n$ 是 n 阶上三角矩阵，$\boldsymbol{0}$ 是一个 $(m-n) \times n$ 的零矩阵。

如果 $m < n$，则分解的结果为

$$\boldsymbol{A} = \boldsymbol{Q}\boldsymbol{R} = \boldsymbol{Q}(\boldsymbol{R}_m \ \ \boldsymbol{B}_{m \times (n-m)})$$

其中 $\boldsymbol{Q}$ 是一个 m 阶正交矩阵，$\boldsymbol{R}_m$ 是 m 阶上三角矩阵，$\boldsymbol{B}_{m \times (n-m)}$ 是一个 $m \times (n-m)$ 的矩阵。

QR 分解有 3 种实现方式，分别是格拉姆-施密特正交化、豪斯霍尔德变换，以及吉文斯（Givens）旋转。下面介绍格拉姆-施密特正交化以及豪斯霍尔德变换。

考虑 $\boldsymbol{A}$ 为 n 阶方阵的情况，使用 2.1.6 节介绍的格拉姆-施密特正交化技术对矩阵 $\boldsymbol{A}$ 的列进行正交化。将矩阵 $\boldsymbol{A}$ 按列分块

$$\boldsymbol{A} = (\boldsymbol{a}_1 \ \cdots \ \boldsymbol{a}_n)$$

假设这些列向量线性无关。首先将它的列正交化

$$\boldsymbol{u}_1 = \boldsymbol{a}_1 \qquad \boldsymbol{u}_2 = \boldsymbol{a}_2 - \frac{\boldsymbol{a}_2^{\mathrm{T}} \boldsymbol{u}_1}{\boldsymbol{u}_1^{\mathrm{T}} \boldsymbol{u}_1} \boldsymbol{u}_1 \qquad \boldsymbol{u}_3 = \boldsymbol{a}_3 - \frac{\boldsymbol{a}_3^{\mathrm{T}} \boldsymbol{u}_1}{\boldsymbol{u}_1^{\mathrm{T}} \boldsymbol{u}_1} \boldsymbol{u}_1 - \frac{\boldsymbol{a}_3^{\mathrm{T}} \boldsymbol{u}_2}{\boldsymbol{u}_2^{\mathrm{T}} \boldsymbol{u}_2} \boldsymbol{u}_2$$

$$\cdots \qquad \boldsymbol{u}_n = \boldsymbol{a}_n - \sum_{i=1}^{n-1} \frac{\boldsymbol{a}_n^{\mathrm{T}} \boldsymbol{u}_i}{\boldsymbol{u}_i^{\mathrm{T}} \boldsymbol{u}_i} \boldsymbol{u}_i$$

然后进行单位化

$$\boldsymbol{e}_i = \frac{\boldsymbol{u}_i}{\|\boldsymbol{u}_i\|}, i = 1, \cdots, n$$

$\boldsymbol{A}$ 的各个列向量在标准正交基下的坐标为其在各个基向量上的投影，由于在进行格拉姆-施密特正交化时 $\boldsymbol{e}_i$ 只与 $\boldsymbol{a}_1, \cdots, \boldsymbol{a}_i$ 有关，因此 $\boldsymbol{a}_i$ 在 $\boldsymbol{e}_{i+1}, \cdots, \boldsymbol{e}_n$ 方向的投影均为 0，有

$$\boldsymbol{a}_1 = \boldsymbol{a}_1^{\mathrm{T}} \boldsymbol{e}_1 \boldsymbol{e}_1 \qquad \boldsymbol{a}_2 = \boldsymbol{a}_2^{\mathrm{T}} \boldsymbol{e}_1 \boldsymbol{e}_1 + \boldsymbol{a}_2^{\mathrm{T}} \boldsymbol{e}_2 \boldsymbol{e}_2 \qquad \boldsymbol{a}_3 = \boldsymbol{a}_3^{\mathrm{T}} \boldsymbol{e}_1 \boldsymbol{e}_1 + \boldsymbol{a}_3^{\mathrm{T}} \boldsymbol{e}_2 \boldsymbol{e}_2 + \boldsymbol{a}_3^{\mathrm{T}} \boldsymbol{e}_3 \boldsymbol{e}_3$$

$$\cdots \qquad \boldsymbol{a}_n = \sum_{i=1}^n \boldsymbol{a}_n^{\mathrm{T}} \boldsymbol{e}_i \boldsymbol{e}_i$$

写成矩阵形式为

$$(\boldsymbol{a}_1 \ \cdots \ \boldsymbol{a}_n) = (\boldsymbol{e}_1 \ \cdots \ \boldsymbol{e}_n) \begin{pmatrix} \boldsymbol{a}_1^{\mathrm{T}} \boldsymbol{e}_1 & \boldsymbol{a}_2^{\mathrm{T}} \boldsymbol{e}_1 & \boldsymbol{a}_3^{\mathrm{T}} \boldsymbol{e}_1 & \cdots \\ 0 & \boldsymbol{a}_2^{\mathrm{T}} \boldsymbol{e}_2 & \boldsymbol{a}_3^{\mathrm{T}} \boldsymbol{e}_2 & \cdots \\ 0 & 0 & \boldsymbol{a}_3^{\mathrm{T}} \boldsymbol{e}_3 & \cdots \\ \vdots & \vdots & \vdots & \end{pmatrix}$$

令

$$\boldsymbol{Q} = (\boldsymbol{e}_1 \ \cdots \ \boldsymbol{e}_n)$$

以及

$$\boldsymbol{R} = \begin{pmatrix} \boldsymbol{a}_1^{\mathrm{T}} \boldsymbol{e}_1 & \boldsymbol{a}_2^{\mathrm{T}} \boldsymbol{e}_1 & \boldsymbol{a}_3^{\mathrm{T}} \boldsymbol{e}_1 & \cdots \\ 0 & \boldsymbol{a}_2^{\mathrm{T}} \boldsymbol{e}_2 & \boldsymbol{a}_3^{\mathrm{T}} \boldsymbol{e}_2 & \cdots \\ 0 & 0 & \boldsymbol{a}_3^{\mathrm{T}} \boldsymbol{e}_3 & \cdots \\ \vdots & \vdots & \vdots & \end{pmatrix}$$

$\boldsymbol{Q}$ 的列是用 $\boldsymbol{A}$ 的列构造的标准正交基，$\boldsymbol{R}$ 的第 i 列为 $\boldsymbol{A}$ 的第 i 列在前 i 个基向量方向的投影。此即 $\boldsymbol{QR}$ 分解结果。

下面举例说明。对于如下的矩阵

$$\boldsymbol{A} = \begin{pmatrix} 12 & -51 & 4 \\ 6 & 167 & -68 \\ -4 & 24 & -41 \end{pmatrix}$$

首先对它的列向量进行正交化，得到如下矩阵

$$\boldsymbol{U} = (\boldsymbol{u}_1 \ \boldsymbol{u}_2 \ \boldsymbol{u}_3) = \begin{pmatrix} 12 & -69 & -58/5 \\ 6 & 158 & 6/5 \\ -4 & 30 & -33 \end{pmatrix}$$

然后将该矩阵的列单位化，可以得到

$$\boldsymbol{Q} = \left(\frac{\boldsymbol{u}_1}{\|\boldsymbol{u}_1\|} \quad \frac{\boldsymbol{u}_2}{\|\boldsymbol{u}_2\|} \quad \frac{\boldsymbol{u}_3}{\|\boldsymbol{u}_3\|} \right) = \begin{pmatrix} 6/7 & -69/175 & -58/175 \\ 3/7 & 158/175 & 6/175 \\ -2/7 & 6/35 & -33/35 \end{pmatrix}$$

由此可以得到上三角矩阵

$$\boldsymbol{R} = \boldsymbol{Q}^{\mathrm{T}} \boldsymbol{A} = \begin{pmatrix} 14 & 21 & -14 \\ 0 & 175 & -70 \\ 0 & 0 & 35 \end{pmatrix}$$

用豪斯霍尔德变换进行 QR 分解的思路与 2.5.3 节讲述的类似。首先用矩阵 $\boldsymbol{A}$ 的第 1 列构造第 1 个豪斯霍尔德矩阵 $\boldsymbol{P}_1$

$$\begin{pmatrix} p_{11} & p_{12} & \cdots & p_{1n} \\ p_{21} & p_{22} & \cdots & p_{2n} \\ \vdots & \vdots & & \vdots \\ p_{n1} & p_{n2} & \cdots & p_{nn} \end{pmatrix}$$

左乘该矩阵将 $\boldsymbol{A}$ 的第 1 列后面 $n-1$ 个元素全部零化

$$\boldsymbol{P}_1\boldsymbol{A} = \begin{pmatrix} a_{11} & a_{12} & \cdots & a_{1n} \\ 0 & a_{22} & \cdots & a_{2n} \\ \vdots & \vdots & & \vdots \\ 0 & a_{n2} & \cdots & a_{nn} \end{pmatrix}$$

接下来构造第 2 个豪斯霍尔德矩阵 $\boldsymbol{P}_2$，为如下形式

$$\begin{pmatrix} 1 & 0 & \cdots & 0 \\ 0 & p_{22} & \cdots & p_{2n} \\ \vdots & \vdots & & \vdots \\ 0 & p_{n2} & \cdots & p_{nn} \end{pmatrix}$$

其中

$$\begin{pmatrix} p_{22} & \cdots & p_{2n} \\ \vdots & & \vdots \\ p_{n2} & \cdots & p_{nn} \end{pmatrix}$$

使用 $\boldsymbol{P}_1\boldsymbol{A}$ 的第 2 列的后面 $n-1$ 个元素构造。将 $\boldsymbol{P}_1\boldsymbol{A}$ 左乘 $\boldsymbol{P}_2$，可以将其第 2 列后面 $n-2$ 个元素零化

$$\boldsymbol{P}_2\boldsymbol{P}_1\boldsymbol{A} = \begin{pmatrix} a_{11} & a_{12} & a_{13} & \cdots & a_{1n} \\ 0 & a_{22} & a_{23} & \cdots & a_{2n} \\ 0 & 0 & a_{33} & \cdots & a_{3n} \\ \vdots & \vdots & \vdots & & \vdots \\ 0 & 0 & a_{n3} & \cdots & a_{nn} \end{pmatrix}$$

构造第 3 个豪斯霍尔德矩阵 $\boldsymbol{P}_3$，为如下形式

$$\begin{pmatrix} 1 & 0 & 0 & \cdots & 0 \\ 0 & 1 & 0 & \cdots & 0 \\ 0 & 0 & p_{33} & \cdots & p_{3n} \\ \vdots & \vdots & \vdots & & \vdots \\ 0 & 0 & p_{n3} & \cdots & p_{nn} \end{pmatrix}$$

其中

$$\begin{pmatrix} p_{33} & \cdots & p_{3n} \\ \vdots & & \vdots \\ p_{n3} & \cdots & p_{nn} \end{pmatrix}$$

用 $\boldsymbol{P}_2\boldsymbol{P}_1\boldsymbol{A}$ 的第 3 列的后面 $n-2$ 个元素构造。将 $\boldsymbol{P}_2\boldsymbol{P}_1\boldsymbol{A}$ 左乘 $\boldsymbol{P}_3$，可以将其第 3 列后面 $n-3$ 个元素零化

$$P_3 P_2 P_1 A = \begin{pmatrix} a_{11} & a_{12} & a_{13} & a_{14} & \cdots & a_{1n} \\ 0 & a_{22} & a_{23} & a_{24} & \cdots & a_{2n} \\ 0 & 0 & a_{33} & a_{34} & \cdots & a_{3n} \\ 0 & 0 & 0 & a_{44} & \cdots & a_{4n} \\ \vdots & \vdots & \vdots & \vdots & & \vdots \\ 0 & 0 & 0 & a_{n4} & \cdots & a_{nn} \end{pmatrix}$$

依此类推，经过 $n-1$ 次豪斯霍尔德变换，可以将 A 化为上三角矩阵

$$P_{n-1} \cdots P_2 P_1 A = R$$

令

$$Q = (P_{n-1} \cdots P_2 P_1)^{-1} = P_1^{-1} P_2^{-1} \cdots P_{n-1}^{-1} = P_1 P_2 P_{n-1}$$

由于 $P_i, i = 1, \cdots, n-1$ 都是正交矩阵，因此 Q 也是一个正交矩阵。这就是 QR 分解的结果。

QR 分解可以由 Python 中 `linalg` 的 qr 函数实现。函数的输入为被分解矩阵 A；输出为正交矩阵 Q 和上三角矩阵 R。下面用例子进行说明，首先考虑方阵。对于如下的方阵

$$A = \begin{pmatrix} 1 & 2 & 3 \\ 4 & 5 & 6 \\ 7 & 8 & 9 \end{pmatrix}$$

其 QR 分解的代码如下。

```python
import numpy as np
A = np.array ([[1, 2, 3], [4, 5, 6], [7, 8, 9]])
Q, R = np.linalg.qr (A)
print (Q)
print (R)
```

程序运行结果如下。

```
[[-0.12309149 0.90453403 0.40824829]
 [-0.49236596 0.30151134 -0.81649658]
 [-0.86164044 -0.30151134 0.40824829]]
[[-8.12403840e+00 -9.60113630e+00 -1.10782342e+01]
 [0.00000000e+00 9.04534034e-01 1.80906807e+00]
 [0.00000000e+00 0.00000000e+00 -8.88178420e-16]]
```

可以验证这两个矩阵的乘积就是原始矩阵 A。接下来考虑不是方阵的情况，对于如下的矩阵

$$A = \begin{pmatrix} 1 & 2 & 3 \\ 4 & 5 & 6 \end{pmatrix}$$

其 QR 分解的代码如下。

```python
import numpy as np
A = np.array ([[1, 2, 3], [4, 5, 6]])
Q, R = np.linalg.qr (A)
print (Q)
```

```
print (R)
```

程序运行结果如下。

```
[[−0.24253563 −0.9701425]
 [−0.9701425 0.24253563]]
[[−4.12310563 −5.33578375 −6.54846188]
 [0. −0.72760688 −1.45521375]]
```

2.7.3　特征值分解

特征值分解（Eigen Decomposition）也称为谱分解（Spectral Decomposition），是矩阵相似对角化的另一种表述。根据式 (2.44)，对于 n 阶矩阵 $\boldsymbol{A}$，如果它有 n 个线性无关的特征向量，则可将其分解为如下 3 个矩阵的乘积

$$\boldsymbol{A} = \boldsymbol{Q}\boldsymbol{\Lambda}\boldsymbol{Q}^{-1} \tag{2.62}$$

其中 $\boldsymbol{\Lambda}$ 为对角矩阵。矩阵 $\boldsymbol{\Lambda}$ 的对角线元素为矩阵 $\boldsymbol{A}$ 的特征值

$$\boldsymbol{\Lambda} = \begin{pmatrix} \lambda_1 & & \\ & \ddots & \\ & & \lambda_n \end{pmatrix}$$

$\boldsymbol{Q}$ 为 n 阶矩阵，它的列为 $\boldsymbol{A}$ 的特征向量，与对角矩阵中特征值的排列顺序一致

$$\boldsymbol{Q} = (\boldsymbol{x}_1 \ \cdots \ \boldsymbol{x}_n)$$

一个 n 阶矩阵可以进行特征值分解的充分必要条件是它有 n 个线性无关的特征向量。通常情况下，这些特征向量 $\boldsymbol{x}_i$ 都是单位化的。

特征值分解可以用于计算逆矩阵。如果矩阵 $\boldsymbol{A}$ 可以进行特征值分解，且其所有特征值都非 0，则

$$\boldsymbol{A} = \boldsymbol{Q}\boldsymbol{\Lambda}\boldsymbol{Q}^{-1}$$

其逆矩阵为

$$\boldsymbol{A}^{-1} = (\boldsymbol{Q}\boldsymbol{\Lambda}\boldsymbol{Q}^{-1})^{-1} = \boldsymbol{Q}\boldsymbol{\Lambda}^{-1}\boldsymbol{Q}^{-1}$$

对角矩阵的逆矩阵容易计算，是主对角线所有元素的倒数。

特征值分解还可用于计算矩阵的多项式或者幂。对于如下多项式

$$f(x) = a_n x^n + a_{n-1} x^{n-1} + \cdots + a_1 x$$

如果矩阵 $\boldsymbol{A}$ 可以进行特征值分解，且

$$\boldsymbol{A} = \boldsymbol{Q}\boldsymbol{\Lambda}\boldsymbol{Q}^{-1}$$

则有

$$f(\boldsymbol{A}) = f(\boldsymbol{Q}\boldsymbol{\Lambda}\boldsymbol{Q}^{-1}) = a_1\boldsymbol{Q}\boldsymbol{\Lambda}\boldsymbol{Q}^{-1} + a_2\boldsymbol{Q}\boldsymbol{\Lambda}\boldsymbol{Q}^{-1}\boldsymbol{Q}\boldsymbol{\Lambda}\boldsymbol{Q}^{-1} + \cdots = a_1\boldsymbol{Q}\boldsymbol{\Lambda}\boldsymbol{Q}^{-1} + a_2\boldsymbol{Q}\boldsymbol{\Lambda}^2\boldsymbol{Q}^{-1} + \cdots$$
$$= \boldsymbol{Q}(a_1\boldsymbol{\Lambda} + a_2\boldsymbol{\Lambda}^2 + \cdots)\boldsymbol{Q}^{-1} = \boldsymbol{Q}f(\boldsymbol{\Lambda})\boldsymbol{Q}^{-1}$$

对角矩阵的幂仍然是对角矩阵，是主对角线元素分别求幂。因此有

$$f(\boldsymbol{\Lambda})_{ii} = f(\Lambda_{ii})$$

借助于特征值分解，可以高效地计算出 $f(A)$。特别地，有

$$A^n = Q\Lambda^n Q^{-1}$$

如果 A 是实对称矩阵，根据 2.5.3 节的结论，可对其特征向量进行正交化，特征值分解为

$$A = Q\Lambda Q^{\mathrm{T}}$$

其中 Q 为正交矩阵，它的列是 A 的正交化特征向量，Λ 同样为 A 的所有特征值构成的对角矩阵。

特征值分解可以借助于 QR 算法实现。机器学习中常用的矩阵如协方差矩阵等都是实对称矩阵，因此都可以进行特征值分解。

特征值分解可以由 Python 中 `linalg` 的 `eig` 函数实现。函数的输入为被分解矩阵 A，输出为所有特征值，以及这些特征值对应的单位化特征向量。下面是示例程序。

```
import numpy as np
A = np.array ([[1, 2, 3], [4, 5, 6], [7, 8, 9]])
V, U = np.linalg.eig (A)
print (U)
print (V)
```

程序结果如下。

```
[[−0.23197069 −0.78583024 0.40824829]
 [−0.52532209 −0.08675134 −0.81649658]
 [−0.8186735 0.61232756 0.40824829]]
 [1.61168440e+01 −1.11684397e+00 −1.30367773e−15]
```

这里的 V 是所有特征值形成的向量，U 的列是单位化的特征向量。

2.7.4 奇异值分解

特征值分解只适用于方阵，且要求方阵有 n 个线性无关的特征向量。奇异值分解（Singular Value Decomposition，SVD）是对它的推广，对于任意的矩阵均可用特征值与特征向量进行分解。其思路是对 AA^{T} 和 $A^{\mathrm{T}}A$ 进行特征值分解，在 2.6.2 节已经证明，对于任意矩阵 A，这两个矩阵都是对称半正定矩阵，一定能进行特征值分解。并且这两个矩阵的特征值都是非负的，后面将会证明它们有相同的非 0 特征值。

假设 $A \in \mathbb{R}^{m \times n}$，其中 $m \geqslant n$，则有

$$U^{\mathrm{T}}AV = \Sigma \tag{2.63}$$

其中 U 为 m 阶正交矩阵，其列称为矩阵 A 的左奇异向量，也是 AA^{T} 的特征向量。Σ 为如下形式的 $m \times n$ 矩阵

$$\boldsymbol{\Sigma} = \begin{pmatrix} \sigma_1 & 0 & \cdots & 0 \\ 0 & \sigma_2 & \cdots & 0 \\ \vdots & \vdots & \vdots & \vdots \\ 0 & 0 & \cdots & \sigma_n \\ 0 & 0 & \cdots & 0 \\ \vdots & \vdots & \vdots & \vdots \\ 0 & 0 & \cdots & \cdots \end{pmatrix} = \begin{pmatrix} \boldsymbol{\Sigma}_n \\ \boldsymbol{0}_{(m-n)\times n} \end{pmatrix}$$

其尺寸与 $\boldsymbol{A}$ 相同。在这里 $\boldsymbol{\Sigma}_n$ 是 n 阶对角矩阵且主对角线元素按照其值大小降序排列

$$\boldsymbol{\Sigma}_n = \mathrm{diag}(\sigma_1, \cdots, \sigma_n), \sigma_1 \geqslant \sigma_2 \geqslant \cdots \geqslant \sigma_n \geqslant 0$$

σ_i 称为 $\boldsymbol{A}$ 的奇异值，是 $\boldsymbol{A}\boldsymbol{A}^{\mathrm{T}}$ 特征值的非负平方根，也是 $\boldsymbol{A}^{\mathrm{T}}\boldsymbol{A}$ 特征值的非负平方根。$\boldsymbol{V}$ 为 n 阶正交矩阵，其行称为矩阵 $\boldsymbol{A}$ 的右奇异向量，也是 $\boldsymbol{A}^{\mathrm{T}}\boldsymbol{A}$ 的特征向量。

式 (2.63) 两边左乘 $\boldsymbol{U}$，右乘 $\boldsymbol{V}^{\mathrm{T}}$，由于 $\boldsymbol{U}, \boldsymbol{V}$ 都是正交矩阵，因此有

$$\boldsymbol{A} = \boldsymbol{U}\boldsymbol{\Sigma}\boldsymbol{V}^{\mathrm{T}} \tag{2.64}$$

式 (2.64) 称为矩阵的奇异值分解。对于 $m \leqslant n$ 的情况，有类似的结果，此时

$$\boldsymbol{\Sigma} = \begin{pmatrix} \sigma_1 & 0 & \cdots & 0 & 0 & \cdots & \cdots \\ 0 & \sigma_2 & \cdots & 0 & 0 & \cdots & \cdots \\ \cdots & \cdots & \cdots & \cdots & 0 & \cdots & \cdots \\ 0 & 0 & \cdots & \sigma_m & 0 & \cdots & \cdots \end{pmatrix} = \begin{pmatrix} \boldsymbol{\Sigma}_m & \boldsymbol{0}_{m\times(n-m)} \end{pmatrix}$$

下面证明 $\boldsymbol{A}\boldsymbol{A}^{\mathrm{T}}$ 与 $\boldsymbol{A}^{\mathrm{T}}\boldsymbol{A}$ 有相同的非 0 特征值。假设 $\lambda \neq 0$ 是 $\boldsymbol{A}\boldsymbol{A}^{\mathrm{T}}$ 的特征值，$\boldsymbol{x}$ 是对应的特征向量，则有

$$\boldsymbol{A}\boldsymbol{A}^{\mathrm{T}}\boldsymbol{x} = \lambda\boldsymbol{x} \tag{2.65}$$

式 (2.65) 两边同时左乘 $\boldsymbol{A}^{\mathrm{T}}$ 可以得到

$$\boldsymbol{A}^{\mathrm{T}}\boldsymbol{A}\boldsymbol{A}^{\mathrm{T}}\boldsymbol{x} = \boldsymbol{A}^{\mathrm{T}}\lambda\boldsymbol{x}$$

即

$$\boldsymbol{A}^{\mathrm{T}}\boldsymbol{A}(\boldsymbol{A}^{\mathrm{T}}\boldsymbol{x}) = \lambda(\boldsymbol{A}^{\mathrm{T}}\boldsymbol{x})$$

下面证明 $\boldsymbol{A}^{\mathrm{T}}\boldsymbol{x} \neq \boldsymbol{0}$。式 (2.65) 两边同时左乘 $\boldsymbol{x}^{\mathrm{T}}$，由于 $\lambda \neq 0, \boldsymbol{x} \neq \boldsymbol{0}$

$$\boldsymbol{x}^{\mathrm{T}}\boldsymbol{A}\boldsymbol{A}^{\mathrm{T}}\boldsymbol{x} = (\boldsymbol{A}^{\mathrm{T}}\boldsymbol{x})^{\mathrm{T}}\boldsymbol{A}^{\mathrm{T}}\boldsymbol{x} = \lambda\boldsymbol{x}^{\mathrm{T}}\boldsymbol{x} > 0$$

因此 $\boldsymbol{A}^{\mathrm{T}}\boldsymbol{x} \neq \boldsymbol{0}$，$\lambda$ 是 $\boldsymbol{A}^{\mathrm{T}}\boldsymbol{A}$ 的特征值，$\boldsymbol{A}^{\mathrm{T}}\boldsymbol{x}$ 是对应的特征向量。

同样，如果 $\lambda \neq 0$ 是 $\boldsymbol{A}^{\mathrm{T}}\boldsymbol{A}$ 的特征值，$\boldsymbol{x}$ 是对应的特征向量，则有

$$\boldsymbol{A}^{\mathrm{T}}\boldsymbol{A}\boldsymbol{x} = \lambda\boldsymbol{x} \tag{2.66}$$

式 (2.66) 两边同时左乘 $\boldsymbol{A}$ 可以得到

$$\boldsymbol{A}\boldsymbol{A}^{\mathrm{T}}\boldsymbol{A}\boldsymbol{x} = \boldsymbol{A}\lambda\boldsymbol{x}$$

即

$$\boldsymbol{A}\boldsymbol{A}^{\mathrm{T}}(\boldsymbol{A}\boldsymbol{x}) = \lambda(\boldsymbol{A}\boldsymbol{x})$$

下面证明 $\boldsymbol{A}\boldsymbol{x} \neq \boldsymbol{0}$。式 (2.66) 两边同时左乘 $\boldsymbol{x}^{\mathrm{T}}$，由于 $\lambda \neq 0, \boldsymbol{x} \neq \boldsymbol{0}$

$$\boldsymbol{x}^{\mathrm{T}}\boldsymbol{A}^{\mathrm{T}}\boldsymbol{A}\boldsymbol{x} = (\boldsymbol{A}\boldsymbol{x})^{\mathrm{T}}\boldsymbol{A}\boldsymbol{x} = \lambda\boldsymbol{x}^{\mathrm{T}}\boldsymbol{x} > 0$$

因此 $Ax \neq 0$，λ 是 AA^{T} 的特征值，Ax 是对应的特征向量。需要注意的是，AA^{T} 的 0 特征值不一定是 $A^{\mathrm{T}}A$ 的 0 特征值。下面举例说明。对于如下的矩阵

$$A = \begin{pmatrix} 1 & 0 \\ 0 & 1 \\ 0 & 0 \end{pmatrix}$$

有

$$AA^{\mathrm{T}} = \begin{pmatrix} 1 & 0 \\ 0 & 1 \\ 0 & 0 \end{pmatrix} \begin{pmatrix} 1 & 0 & 0 \\ 0 & 1 & 0 \end{pmatrix} = \begin{pmatrix} 1 & 0 & 0 \\ 0 & 1 & 0 \\ 0 & 0 & 0 \end{pmatrix}$$

AA^{T} 的特征值为 $\lambda_1 = 1, \lambda_2 = 1, \lambda_3 = 0$。

$$A^{\mathrm{T}}A = \begin{pmatrix} 1 & 0 & 0 \\ 0 & 1 & 0 \end{pmatrix} \begin{pmatrix} 1 & 0 \\ 0 & 1 \\ 0 & 0 \end{pmatrix} = \begin{pmatrix} 1 & 0 \\ 0 & 1 \end{pmatrix}$$

$A^{\mathrm{T}}A$ 特征值为 $\lambda_1 = 1, \lambda_2 = 1$。0 是 AA^{T} 的特征值但不是 $A^{\mathrm{T}}A$ 的特征值。

下面来看奇异值分解的一个例子。对于如下的矩阵

$$A = \begin{pmatrix} -1 & 3 \\ 3 & 1 \\ 1 & 1 \end{pmatrix}$$

有

$$AA^{\mathrm{T}} = \begin{pmatrix} 10 & 0 & 2 \\ 0 & 10 & 4 \\ 2 & 4 & 2 \end{pmatrix}$$

以及

$$A^{\mathrm{T}}A = \begin{pmatrix} 11 & 1 \\ 1 & 11 \end{pmatrix}$$

AA^{T} 的特征值为 $\lambda_1 = 12, \lambda_2 = 10, \lambda_3 = 0$，$A^{\mathrm{T}}A$ 的特征值为 $\lambda_1 = 12, \lambda_2 = 10$。因此 A 的非 0 奇异值为 $\sigma_1 = \sqrt{12}, \sigma_2 = \sqrt{10}$。计算 AA^{T} 与 $A^{\mathrm{T}}A$ 的特征向量并进行单位化，最后得到奇异值分解结果为

$$U^{\mathrm{T}}AV = \begin{pmatrix} \dfrac{1}{\sqrt{6}} & \dfrac{2}{\sqrt{6}} & \dfrac{1}{\sqrt{6}} \\ \dfrac{2}{\sqrt{5}} & -\dfrac{1}{\sqrt{5}} & 0 \\ \dfrac{1}{\sqrt{30}} & \dfrac{2}{\sqrt{30}} & -\dfrac{5}{\sqrt{30}} \end{pmatrix}^{\mathrm{T}} \begin{pmatrix} -1 & 3 \\ 3 & 1 \\ 1 & 1 \end{pmatrix} \begin{pmatrix} \dfrac{1}{\sqrt{2}} & \dfrac{1}{\sqrt{2}} \\ \dfrac{1}{\sqrt{2}} & -\dfrac{1}{\sqrt{2}} \end{pmatrix} = \begin{pmatrix} \sqrt{12} & 0 \\ 0 & \sqrt{10} \\ 0 & 0 \end{pmatrix}$$

如果 $m \geqslant n$，根据式 (2.64) 有

$$A^{\mathrm{T}}A = (U\Sigma V^{\mathrm{T}})^{\mathrm{T}}U\Sigma V^{\mathrm{T}} = V\Sigma^{\mathrm{T}}U^{\mathrm{T}}U\Sigma V^{\mathrm{T}} = V\Sigma^{\mathrm{T}}\Sigma V^{\mathrm{T}}$$

即

$$A^{\mathrm{T}}A = V\Sigma^{\mathrm{T}}\Sigma V^{\mathrm{T}} \tag{2.67}$$

在这里

$$\boldsymbol{\Sigma}^{\mathrm{T}}\boldsymbol{\Sigma} = \begin{pmatrix} \boldsymbol{\Sigma}_n \\ \mathbf{0}_{(m-n)\times n} \end{pmatrix}^{\mathrm{T}} \begin{pmatrix} \boldsymbol{\Sigma}_n \\ \mathbf{0}_{(m-n)\times n} \end{pmatrix} = \left(\boldsymbol{\Sigma}_n \ \ \mathbf{0}_{n\times(m-n)} \right) \begin{pmatrix} \boldsymbol{\Sigma}_n \\ \mathbf{0}_{(m-n)\times n} \end{pmatrix} = \boldsymbol{\Sigma}_n^2$$

是 n 阶对角阵。式 (2.67) 就是 $\boldsymbol{A}^{\mathrm{T}}\boldsymbol{A}$ 的特征值分解。

　　类似地有

$$\boldsymbol{A}\boldsymbol{A}^{\mathrm{T}} = \boldsymbol{U}\boldsymbol{\Sigma}\boldsymbol{V}^{\mathrm{T}}(\boldsymbol{U}\boldsymbol{\Sigma}\boldsymbol{V}^{\mathrm{T}})^{\mathrm{T}} = \boldsymbol{U}\boldsymbol{\Sigma}\boldsymbol{V}^{\mathrm{T}}\boldsymbol{V}\boldsymbol{\Sigma}^{\mathrm{T}}\boldsymbol{U}^{\mathrm{T}} = \boldsymbol{U}\boldsymbol{\Sigma}\boldsymbol{\Sigma}^{\mathrm{T}}\boldsymbol{U}^{\mathrm{T}}$$

即

$$\boldsymbol{A}\boldsymbol{A}^{\mathrm{T}} = \boldsymbol{U}\boldsymbol{\Sigma}\boldsymbol{\Sigma}^{\mathrm{T}}\boldsymbol{U}^{\mathrm{T}} \tag{2.68}$$

在这里

$$\boldsymbol{\Sigma}\boldsymbol{\Sigma}^{\mathrm{T}} = \begin{pmatrix} \boldsymbol{\Sigma}_n \\ \mathbf{0}_{(m-n)\times n} \end{pmatrix} \begin{pmatrix} \boldsymbol{\Sigma}_n \\ \mathbf{0}_{(m-n)\times n} \end{pmatrix}^{\mathrm{T}} = \begin{pmatrix} \boldsymbol{\Sigma}_n \\ \mathbf{0}_{(m-n)\times n} \end{pmatrix} \left(\boldsymbol{\Sigma}_n \ \ \mathbf{0}_{n\times(m-n)} \right)$$

$$= \begin{pmatrix} \boldsymbol{\Sigma}_n^2 & \boldsymbol{\Sigma}_n \times \mathbf{0}_{n\times(m-n)} \\ \mathbf{0}_{(m-n)\times n} \times \boldsymbol{\Sigma}_n & \mathbf{0}_{(m-n)\times n} \times \mathbf{0}_{n\times(m-n)} \end{pmatrix} = \begin{pmatrix} \boldsymbol{\Sigma}_n^2 & \mathbf{0}_{n\times(m-n)} \\ \mathbf{0}_{(m-n)\times n} & \mathbf{0}_{(m-n)\times(m-n)} \end{pmatrix}$$

是 m 阶对角阵。式 (2.68) 就是 $\boldsymbol{A}\boldsymbol{A}^{\mathrm{T}}$ 的特征值分解。对于 $m \leqslant n$ 有相同的结论。

　　如果 $\boldsymbol{A}$ 是对称矩阵，则 $\boldsymbol{A}^{\mathrm{T}}\boldsymbol{A} = \boldsymbol{A}\boldsymbol{A}^{\mathrm{T}} = \boldsymbol{A}\boldsymbol{A}$，因此 $\boldsymbol{A}^{\mathrm{T}}\boldsymbol{A}$ 和 $\boldsymbol{A}\boldsymbol{A}^{\mathrm{T}}$ 的特征值分解是相同的，这意味着 $\boldsymbol{U}$ 和 $\boldsymbol{V}$ 可以相同。假设 λ 是 $\boldsymbol{A}$ 的特征值，根据特征值的性质，λ^2 是 $\boldsymbol{A}^{\mathrm{T}}\boldsymbol{A}$ 与 $\boldsymbol{A}\boldsymbol{A}^{\mathrm{T}}$ 的特征值，因此 $\boldsymbol{A}$ 的奇异值为其特征值的绝对值

$$\sigma = \sqrt{\lambda^2} = |\lambda|$$

　　Python 中 linalg 的 svd 函数实现了奇异值分解。函数的输入值为被分解矩阵 $\boldsymbol{A}$，输出为正交矩阵 $\boldsymbol{U}$ 和 $\boldsymbol{V}^{\mathrm{T}}$，以及非 0 奇异值 σ_i。下面是示例代码。

```
from numpy import *
data = [[1, 2, 3], [4, 5, 6]]
u, sigma, vt=linalg.svd (data)
print (u)
print (sigma)
print (vt)
```

输出结果如下。

```
[[−0.3863177 −0.92236578]
 [−0.92236578 0.3863177]]
[9.508032 0.77286964]
[[−0.42866713 −0.56630692 −0.7039467]
 [0.80596391 0.11238241 −0.58119908]
 [0.40824829 −0.81649658 0.40824829]]
```

这里的 u 是公式中的 $\boldsymbol{U}$，vt 是公式中的 $\boldsymbol{V}^{\mathrm{T}}$，sigma 是所有非 0 奇异值，它们构成如下 2×3 的矩阵 $\boldsymbol{\Sigma}$

$$\begin{pmatrix} 9.508032 & 0 & 0 \\ 0 & 0.7728694 & 0 \end{pmatrix}$$

可以验证，这 3 个矩阵的乘积为原始矩阵。

下面解释奇异值分解的几何意义。根据式 (2.64)，向量 x 左乘任意矩阵 A 所实现的线性变换可以分解为 3 次变换

$$Ax = U\Sigma V^{\mathrm{T}}x$$

首先是 x 左乘正交矩阵 V^{T} 所代表的旋转变换，接下来是 $V^{\mathrm{T}}x$ 左乘矩阵 Σ 所代表的拉伸变换，最后是 $\Sigma V^{\mathrm{T}}x$ 左乘正交矩阵 U 所代表的旋转变换。

奇异值分解揭示了矩阵的本质特征，对分析矩阵的性质有重要的价值。2.5.7 节介绍了矩阵的谱范数与其奇异值之间的关系，2.5.8 节介绍了矩阵的条件数与它的奇异值之间的关系。在对人工神经网络权重矩阵的理论分析中，奇异值和奇异向量经常被使用。在图像压缩与推荐系统中，奇异值分解也有应用。

参考文献

[1] 史蒂文 J. 利昂. 线性代数 [M]. 北京：机械工业出版社，2015.

[2] Horn R，Johnson C. 矩阵分析 [M]. 张明尧，张凡，译. 北京：机械工业出版社，2014.

[3] 雷明. 机器学习——原理、算法与应用 [M]. 北京：清华大学出版社，2019.

第 3 章   多元函数微积分

本章介绍多元函数微积分，是微积分的下篇。主体内容包括多元函数微分、多重积分，以及无穷级数 3 部分。在机器学习中，使用更多的是多元函数，多元函数微分学为寻找合适的函数以及对函数的性质进行理论上的分析提供了依据。多重积分被用于概率论中的多维概率分布，包括计算边缘概率、数学期望等积分值，在机器学习中广泛使用。无穷级数在离散型概率分布、随机过程、强化学习中都有应用。强化学习中的累计奖励函数是典型的级数。对多元微积分的系统学习可以阅读本章末尾的参考文献 [1] 和参考文献 [2]。

3.1   偏导数

机器学习中所处理的函数大多是多元函数，如人工神经网络和支持向量机的预测函数。对它们性质的分析、模型的训练，涉及多元函数微分学的内容，典型的是寻找多元函数的极值。这依赖于基本的概念——偏导数。偏导数与梯度是导数的直接推广，也是多元函数微分学中最核心的概念。偏导数的计算方法与一元函数的导数相同。将一元复合函数求导法则推广到多元函数可以得到著名的链式法则，是推导反向传播算法的基础。

3.1.1   一阶偏导数

导数是一元函数的变化值与自变量变化值的比值的极限，$x + \Delta x$ 可以由左侧或右侧趋向于 x。多元函数因为有多个自变量，每个自变量 x_i 的值都可以发生变化，情况更复杂。$\boldsymbol{x} + \Delta \boldsymbol{x}$ 可以从无穷多个方向趋向于 $\boldsymbol{x}$。以二元函数为例，点 $(x + \Delta x, y + \Delta y)$ 可以从 $[0, 2\pi]$ 区间内的任何一个角度趋向于点 (x, y)。如果将自变量变化的方向加以限定，问题会得到简化。其中一种简化是自变量只允许沿着坐标轴的方向变化。这意味着只改变一个自变量的值，其他自变量的值固定不动，由此得到偏导数。

偏导数（Partial Derivatives）是多元函数对各个自变量的导数，是一元函数导数最直接和简单的推广。对于多元函数 $f(x_1, \cdots, x_n)$，它在 $(x_1, \cdots, x_n)$ 点处对 x_i 的偏导数定义为如下的极限

$$\frac{\partial f}{\partial x_i} = \lim_{\Delta x_i \to 0} \frac{f(x_1, \cdots, x_i + \Delta x_i, \cdots, x_n) - f(x_1, \cdots, x_i, \cdots, x_n)}{\Delta x_i}$$

这与导数的定义相同。其中 ∂ 为偏导数符号，函数对 x_i 的偏导数也可以记为 f'_{x_i}。按照定义，计算偏导数的方法是对要求导的变量求导，将其他变量当作常数。因此偏导数的计算可以转化为一元函数的求导问题，1.2.1 节介绍的基本函数、各种运算的求导方法都适用。

对于下面的函数

$$f(x,y) = (x^2 + xy - y^2)e^{xy}$$

其对 x 的偏导数为

$$\frac{\partial f}{\partial x} = \frac{\partial(x^2 + xy - y^2)}{\partial x}e^{xy} + (x^2 + xy - y^2)\frac{\partial e^{xy}}{\partial x} = (2x + y)e^{xy} + (x^2 + xy - y^2)ye^{xy}$$

对 y 的偏导数为

$$\frac{\partial f}{\partial y} = \frac{\partial(x^2 + xy - y^2)}{\partial y}e^{xy} + (x^2 + xy - y^2)\frac{\partial e^{xy}}{\partial y} = (x - 2y)e^{xy} + (x^2 + xy - y^2)xe^{xy}$$

在计算 $\dfrac{\partial(x^2 + xy - y^2)}{\partial x}$ 时，y^2 相对于 x 是常量，因此偏导数为 0。

多元函数在 $\boldsymbol{x} = (c_1, \cdots, c_n)$ 点处的偏导数的几何意义是曲面 $z = f(x_1, \cdots, x_n)$ 与和 $x_i z$ 平行的平面

$$x_1 = c_1, \cdots, x_{i-1} = c_{i-1}, x_{i+1} = c_{i+1}, \cdots, x_n = c_n$$

的交线

$$z = f(c_1, \cdots, c_{i-1}, x_i, c_{i+1}, \cdots, c_n)$$

在 $(c_1, \cdots, c_n)$ 点处切线的斜率。对于二元函数，如图 3.1 所示。

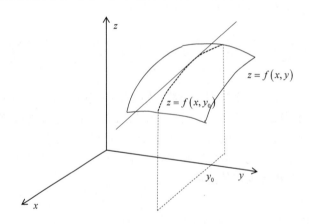

图 3.1　偏导数的几何意义

图 3.1 中的曲面为函数 $z = f(x,y)$，其与平面 $y = y_0$ 的交线为 $z = f(x, y_0)$。函数对 x 的偏导数 $\dfrac{\partial z}{\partial x}$ 为交线在 (x, y_0) 点处在 x 方向切线的斜率。

3.1.2　高阶偏导数

对偏导数继续求偏导数可以得到高阶偏导数，比一元函数的高阶导数复杂，每次求导时可以对多个变量进行求导，因此有多种组合。对于多元函数 $f(x_1, \cdots, x_n)$，下面的二阶偏导数表示先对 x_i 求偏导数，然后将此一阶偏导数 $\dfrac{\partial f}{\partial x_i}$ 对 x_j 继续求偏导数。

$$\frac{\partial^2 f}{\partial x_i \partial x_j} = \frac{\partial}{\partial x_j}\left(\frac{\partial f}{\partial x_i}\right)$$

对于二元函数 $f(x, y)$，下面的二阶偏导数

$$\frac{\partial^2 f}{\partial x \partial y} = \frac{\partial}{\partial y}\left(\frac{\partial f}{\partial x}\right)$$

表示函数先对 x 求偏导数，然后对 y 求偏导数。此二阶偏导数也可以简记为

$$f''_{xy}$$

还存在另外 3 种组合，分别是

$$\frac{\partial^2 f}{\partial x \partial x}, \frac{\partial^2 f}{\partial y \partial x}, \frac{\partial^2 f}{\partial y \partial y}$$

其中 $\frac{\partial^2 f}{\partial x \partial x}$ 可以记为 $\frac{\partial^2 f}{\partial x^2}$，对于 $\frac{\partial^2 f}{\partial y \partial y}$ 类似。如果每次求导的变量不同，称为混合偏导数，对于二元函数有 $\frac{\partial^2 f}{\partial x \partial y}$ 和 $\frac{\partial^2 f}{\partial y \partial x}$ 两种情况。高阶偏导数的计算与高阶导数相同，下面举例说明。

对于函数

$$f(x, y) = x^2 + xy - y^2$$

它的一阶偏导数为

$$\frac{\partial f}{\partial x} = 2x + y \qquad\qquad \frac{\partial f}{\partial y} = x - 2y$$

它的一个二阶偏导数为

$$\frac{\partial^2 f}{\partial x \partial y} = \frac{\partial}{\partial y}(2x + y) = 1$$

另外两个二阶偏导数为

$$\frac{\partial^2 f}{\partial x^2} = \frac{\partial}{\partial x}(2x + y) = 2 \qquad\qquad \frac{\partial^2 f}{\partial y^2} = \frac{\partial}{\partial y}(x - 2y) = -2$$

如果二阶混合偏导数连续，则与求导次序无关，即有

$$\frac{\partial^2 f}{\partial x \partial y} = \frac{\partial^2 f}{\partial y \partial x} \tag{3.1}$$

对于上面的函数，它的另外一个混合二阶偏导数为

$$\frac{\partial^2 f}{\partial y \partial x} = \frac{\partial}{\partial x}(x - 2y) = 1$$

这也验证了式 (3.1)。

对于一般的多元函数，如果混合二阶偏导数都连续，则有

$$\frac{\partial^2 f}{\partial x_i \partial x_j} = \frac{\partial^2 f}{\partial x_j \partial x_i}$$

下面考虑更高阶的偏导数。m 阶偏导数定义为

$$\frac{\partial^m f}{\partial x_{i_1} \partial x_{i_2} \cdots \partial x_{i_m}}$$

在这里 $i_1, \cdots, i_m$ 表示每次求导变量的下标。如果偏导数连续，混合偏导数与求导次序无关，则 m 阶偏导数可以写成

$$\frac{\partial^m f}{\partial x_1^{m_1} \partial x_2^{m_2} \cdots \partial x_n^{m_n}}$$

其中 $m_1 + m_2 + \cdots + m_n = m$ 且 $m_i \geqslant 0$。此偏导数表示对 x_i 求导 m_i 次。

多元函数的拉普拉斯算子为所有自变量的非混合二阶偏导数之和

$$\Delta f = \sum_{i=1}^{n} \frac{\partial^2 f}{\partial x_i^2}$$

其中 Δ 为拉普拉斯算子符号。对于上面的函数，其拉普拉斯算子为

$$\Delta f = \frac{\partial^2 f}{\partial x^2} + \frac{\partial^2 f}{\partial y^2} = 2 - 2 = 0$$

对于三元函数 $f(x, y, z)$，其拉普拉斯算子为

$$\Delta f = \frac{\partial^2 f}{\partial x^2} + \frac{\partial^2 f}{\partial y^2} + \frac{\partial^2 f}{\partial z^2}$$

在图像处理中，拉普拉斯算子可用于实现边缘检测。在物理学中，拉普拉斯算子被大量使用。

偏导数的计算同样由 Python 中 `sympy` 的 `diff` 函数实现。函数的传入参数为被求导函数、被求导变量，以及导数的阶数，返回值为偏导数的表达式。下面是示例代码，计算 e^{xy} 对 x 的偏导数。

```
from sympy import *
x, y = symbols('x y')
expr = exp(x*y)
r = diff(expr, x)
print(r)
```

程序运行结果为:

```
y*exp(x*y)
```

3.1.3 全微分

全微分是微分对多元函数的推广。首先考虑二元函数，函数 $f(x, y)$ 在 (x_0, y_0) 的邻域内有定义，如果存在两个实数 A、B，使得当 $\sqrt{(\Delta x)^2 + (\Delta y)^2} \to 0$ 时有下式成立

$$f(x_0 + \Delta x, y_0 + \Delta y) - f(x_0, y_0) = A\Delta x + B\Delta y + o(\sqrt{(\Delta x)^2 + (\Delta y)^2})$$

其中 A 和 B 为不依赖于 Δx 和 Δy 的常数。即函数在该点处的增量可以表示成自变量增量的线性组合与一个高阶无穷小项之和，则称函数在点 (x_0, y_0) 处可微，并把

$$A\Delta x + B\Delta y$$

称为它在点 (x_0, y_0) 处的全微分。通常把 Δx 记为 $\mathrm{d}x$，把 Δy 记为 $\mathrm{d}y$，全微分也可以记为

$$A\mathrm{d}x + B\mathrm{d}y$$

如果函数在点 (x_0, y_0) 处偏导数 $\dfrac{\partial f}{\partial x}, \dfrac{\partial f}{\partial y}$ 存在且连续，则函数在该点处可微。且其全微分为

$$\frac{\partial f}{\partial x}(x_0, y_0)\mathrm{d}x + \frac{\partial f}{\partial y}(x_0, y_0)\mathrm{d}y$$

推广到多元函数 $f(x_1, \cdots, x_n)$，其在点 $(x_1, \cdots, x_n)$ 处的全微分为

$$\frac{\partial f}{\partial x_1}\mathrm{d}x_1 + \cdots + \frac{\partial f}{\partial x_n}\mathrm{d}x_n$$

3.1.4 链式法则

下面介绍多元复合函数求导的链式法则（Chain Rule），是一元函数求导链式法则的推广。有多元复合函数

$$h = f(x, y, z)$$

其中 x、y、z 分别为 u、v 的函数，即

$$x = g_1(u, v), \quad y = g_2(u, v), \quad z = g_3(u, v)$$

则函数 h 对 u、v 的偏导数分别为

$$\frac{\partial h}{\partial u} = \frac{\partial h}{\partial x}\frac{\partial x}{\partial u} + \frac{\partial h}{\partial y}\frac{\partial y}{\partial u} + \frac{\partial h}{\partial z}\frac{\partial z}{\partial u} \qquad\qquad \frac{\partial h}{\partial v} = \frac{\partial h}{\partial x}\frac{\partial x}{\partial v} + \frac{\partial h}{\partial y}\frac{\partial y}{\partial v} + \frac{\partial h}{\partial z}\frac{\partial z}{\partial v} \tag{3.2}$$

下面根据链式法则计算复合函数的偏导数。对于函数

$$h = x^2 + xy - 4z^2 + 3z \qquad x = \sin(u) + \ln v \qquad y = u^3 - v^2 + 4uv \qquad z = -u^2 + v^2 - 4uv$$

根据式 (3.2) 有

$$\frac{\partial h}{\partial u} = \frac{\partial h}{\partial x}\frac{\partial x}{\partial u} + \frac{\partial h}{\partial y}\frac{\partial y}{\partial u} + \frac{\partial h}{\partial z}\frac{\partial z}{\partial u} = (2x+y)\cos u + x(3u^2 + 4v) + (-8z+3)(-2u-4v)$$

类似地，有

$$\frac{\partial h}{\partial v} = \frac{\partial h}{\partial x}\frac{\partial x}{\partial v} + \frac{\partial h}{\partial y}\frac{\partial y}{\partial v} + \frac{\partial h}{\partial z}\frac{\partial z}{\partial v} = (2x+y)\frac{1}{v} + x(-2v+4u) + (-8z+3)(2v-4u)$$

考虑更一般的情况，对于下面的复合函数

$$h = f(x_1, x_2, \cdots, x_n) \qquad\qquad x_i = g_i(u_1, u_2, \cdots, u_m)$$

根据链式法则，有

$$\frac{\partial h}{\partial u_j} = \sum_{i=1}^{n} \frac{\partial h}{\partial x_i}\frac{\partial x_i}{\partial u_j} \tag{3.3}$$

即对某一变量的偏导数与所有依赖于该变量的其他变量都有关。链式法则也可以推广到更深层的复合函数，展开之后为树结构。

对于多元函数，同样具有微分形式不变性。对于多元函数 $z = f(x_1, \cdots, x_n)$，其全微分为

$$\mathrm{d}z = \sum_{i=1}^{n} \frac{\partial f}{\partial x_i}\mathrm{d}x_i$$

如果 x_i 是 $u_1, \cdots, u_m$ 的函数

$$x_i = g_i(u_1, \cdots, u_m)$$

这些函数的全微分为

$$\mathrm{d}x_i = \sum_{j=1}^{m} \frac{\partial x_i}{\partial u_j}\mathrm{d}u_j$$

根据链式法则，有

$$\frac{\partial f}{\partial u_j} = \sum_{i=1}^{n} \frac{\partial f}{\partial x_i}\frac{\partial x_i}{\partial u_j}$$

因此有

$$\mathrm{d}z = \sum_{j=1}^{m} \frac{\partial f}{\partial u_j}\mathrm{d}u_j = \sum_{j=1}^{m}\left(\sum_{i=1}^{n} \frac{\partial f}{\partial x_i}\frac{\partial x_i}{\partial u_j}\right)\mathrm{d}u_j = \sum_{i=1}^{n}\sum_{j=1}^{m} \frac{\partial f}{\partial x_i}\frac{\partial x_i}{\partial u_j}\mathrm{d}u_j = \sum_{i=1}^{n} \frac{\partial f}{\partial x_i}\left(\sum_{j=1}^{m} \frac{\partial x_i}{\partial u_j}\mathrm{d}u_j\right)$$

$$= \sum_{i=1}^{n} \frac{\partial f}{\partial x_i} \mathrm{d}x_i$$

这意味着无论 x_i 是自变量还是其他自变量的函数，全微分的形式是不变的。

下面介绍全导数的概念。对于如下的复合函数

$$z = f(x, y) \qquad\qquad x = g_1(t) \qquad\qquad y = g_2(t)$$

它对 t 的全导数为

$$\frac{\mathrm{d}z}{\mathrm{d}t} = \frac{\partial z}{\partial x} \frac{\mathrm{d}x}{\mathrm{d}t} + \frac{\partial z}{\partial y} \frac{\mathrm{d}y}{\mathrm{d}t} \tag{3.4}$$

全导数即一元函数的导数，通过多元复合函数求导得到。

链式法则在机器学习和深度学习中具有广泛的应用，在使用梯度下降法、牛顿法或拟牛顿法求解目标函数的极值时，通常需要使用它来计算目标函数对优化变量的梯度值。典型的代表是反向传播算法以及自动微分算法，在 3.5.2 节和 8.1.2 节介绍。

3.2 梯度与方向导数

一阶偏导数对一个变量求导，它只反映多元函数与一个自变量之间的关系。梯度则包含了函数对所有自变量的偏导数，综合了对所有自变量的关系，它刻画了函数的若干重要性质。方向导数可看作偏导数的一般化，它可以实现任意方向的求导。

3.2.1 梯度

梯度（Gradient）是导数对多元函数的推广，它是多元函数对各个自变量偏导数形成的向量，其作用相当于一元函数的导数。函数 $f(x_1, \cdots, x_n)$ 的梯度是对所有自变量的偏导数形成的向量

$$\nabla f(\boldsymbol{x}) = \left(\frac{\partial f}{\partial x_1} \ \cdots \ \frac{\partial f}{\partial x_n} \right)^{\mathrm{T}}$$

其中 ∇ 称为梯度算子，它作用于多元函数得到一个向量。

对于函数

$$f(x, y) = x^2 + xy - y^2$$

它的偏导数为

$$\frac{\partial f}{\partial x} = 2x + y, \ \frac{\partial f}{\partial y} = x - 2y$$

其梯度为

$$\nabla(x^2 + xy - y^2) = (2x + y \ \ x - 2y)^{\mathrm{T}}$$

在点 $(1, 2)$ 处，梯度的值为

$$(4 \ \ -3)^{\mathrm{T}}$$

与一元函数的导数类似，梯度决定了多元函数的单调性与极值。对于函数 $f(\boldsymbol{x})$，在 $\boldsymbol{x}_0$ 点处可以沿着 $\mathbb{R}^n$ 空间内的任意方向变动。假设 $\boldsymbol{x}$ 的增量为 $\Delta \boldsymbol{x}$，有下面几种情况。

情况一：如果 $\nabla f(\boldsymbol{x}_0)$ 与 $\Delta \boldsymbol{x}$ 的夹角不超过 $\frac{\pi}{2}$，则在 $\Delta \boldsymbol{x}$ 方向函数值单调递增，即 $f(\boldsymbol{x}_0 + \Delta \boldsymbol{x}) \geqslant f(\boldsymbol{x}_0)$。特别地，当二者的夹角为 0 度，即 $\Delta \boldsymbol{x}$ 沿着梯度方向时函数单调递增。

情况二：如果 $\nabla f(\boldsymbol{x}_0)$ 与 $\Delta \boldsymbol{x}$ 的夹角超过 $\frac{\pi}{2}$，则在 $\Delta \boldsymbol{x}$ 方向函数值单调递减，即 $f(\boldsymbol{x}_0 + \Delta \boldsymbol{x}) \leqslant$

$f(\boldsymbol{x}_0)$。特别地，当二者的夹角为 π，即 $\Delta\boldsymbol{x}$ 沿着梯度反方向时函数单调递减。

可导函数在极值点处的梯度为 $\boldsymbol{0}$，这是费马引理对多元函数的推广。同样地，梯度为 $\boldsymbol{0}$ 的点称为多元函数的驻点。

在 4.2.1 节将用泰勒公式证明上述结论，并用于著名的梯度下降法。

3.2.2　方向导数

偏导数沿着坐标轴方向求导，方向导数（Directional Derivative）打破此限制，可以沿着任意的方向求导。方向导数是自变量沿着某一方向变化时的导数。对于多元函数 $f(\boldsymbol{x})$，其在点 $\boldsymbol{x}$ 处沿着方向 $\boldsymbol{v}$ 的方向导数定义为下面的极限

$$\frac{\mathrm{d}f_{\boldsymbol{v}}}{\mathrm{d}t} = \lim_{t\to 0}\frac{f(\boldsymbol{x}+t\boldsymbol{v})-f(\boldsymbol{x})}{t}$$

这是沿着 $\boldsymbol{v}$ 方向趋向于 $\boldsymbol{x}$ 时，函数值的改变量与此方向的步长 t 的比值的极限。如果函数在点 $\boldsymbol{x}$ 处的偏导数存在，则其方向导数可以根据梯度计算，计算公式为

$$\frac{\mathrm{d}f_{\boldsymbol{v}}}{\mathrm{d}t} = \boldsymbol{v}\cdot\nabla f$$

其中 "$\cdot$" 为向量的内积运算。如果 $\boldsymbol{v}$ 指向各个自变量的坐标轴方向，方向导数就是偏导数。

下面考虑二元函数的方向导数。对于函数 $f(x,y)$，如果 $\boldsymbol{v}=(\cos\theta,\sin\theta)$，沿着直线

$$x' = x + t\cos\theta$$
$$y' = y + t\sin\theta$$

趋向于 (x,y)，方向导数为

$$\lim_{t\to 0}\frac{f(x+t\cos\theta,y+t\sin\theta)-f(x,y)}{t} = \frac{\partial f}{\partial x}\frac{\partial x}{\partial t} + \frac{\partial f}{\partial y}\frac{\partial y}{\partial t} = \cos\theta\frac{\partial f}{\partial x} + \sin\theta\frac{\partial f}{\partial y}$$

3.2.3　应用——边缘检测与 HOG 特征

边缘检测是图像处理中的一种重要技术，其目标是找出图像中所有边缘点，即变化剧烈的地方。导数反映了函数在某一点处的变化速度，因此导数绝对值较大的点可能是边缘点。将灰度图像看作函数 $f(x,y)$，函数值为在 (x,y) 位置处的像素值。计算图像在 x（水平）和 y（垂直）方向的偏导数的绝对值，该值超过指定阈值的位置，被认为是边缘点。

数字图像是离散的，因此 (x,y) 只能取整数值，表示像素的列、行下标。图像坐标系的原点位于图像的左上角。相应地，偏导数由差分近似代替。以索贝尔（Sobel）边缘检测算子为例，x 方向的偏导数由下面的中心差分公式近似计算

$$\frac{\partial f}{\partial x} \approx f(x+1,y-1) - f(x-1,y-1) + 2f(x+1,y) - 2f(x-1,y) + f(x+1,y+1)$$
$$- f(x-1,y+1)$$

中心差分公式的原理在 1.2.1 节已经介绍。为了抵抗噪声的干扰，这里用 $y-1, y, y+1$ 这 3 个行的中心差分值进行综合。中间一行的权重为 2，第 1 行和第 3 行的权重为 1。上面的偏导数计算公式对应于用如下的卷积核矩阵对图像进行卷积

$$\begin{pmatrix} -1 & 0 & +1 \\ -2 & 0 & +2 \\ -1 & 0 & +1 \end{pmatrix}$$

卷积核矩阵的每一行对应水平方向的一个中心差分。类似地，在 y 方向的偏导数的计算公式为

$$\frac{\partial f}{\partial y} \approx f(x-1, y+1) - f(x-1, y-1) + 2f(x, y+1) - 2f(x, y-1) + f(x+1, y+1)$$
$$- f(x+1, y-1)$$

其对应的卷积核矩阵为

$$\begin{pmatrix} -1 & -2 & -1 \\ 0 & 0 & 0 \\ +1 & +2 & +1 \end{pmatrix}$$

图 3.2 是数字图像处理与计算机视觉中被广泛用作测试图像的 Lena 图像。图 3.3 是用索贝尔算子对 Lena 图像进行水平方向边缘检测的结果。

图 3.2　Lena 图像

图 3.3　索贝尔算子对 Lena 图像水平方向边缘检测的结果

如果要综合考虑水平和垂直方向的边缘强度，则可以使用梯度的模，其计算公式为

$$\sqrt{\left(\frac{\partial f}{\partial x}\right)^2 + \left(\frac{\partial f}{\partial y}\right)^2}$$

梯度模的值很大的位置被认为是边缘像素。

　　边缘特征是图像的重要特征，在图像分类、图像检索中具有重要的价值。HOG（Histogram of Oriented Gradient，梯度方向直方图）特征是一种重要的图像特征，统计图像在所有点处的梯度朝向，形成梯度方向频率分布的直方图。这种特征可以有效地描述物体的轮廓形状，被用于行人检测等任务。

　　HOG 特征计算图像在每一点处的梯度 $\left(\dfrac{\partial f}{\partial x}\ \dfrac{\partial f}{\partial y}\right)$，然后计算梯度的模与方向，它们的计算公式分别为

$$M = \sqrt{\left(\frac{\partial f}{\partial x}\right)^2 + \left(\frac{\partial f}{\partial y}\right)^2} \qquad\qquad \alpha = \arctan\left(\frac{\partial f}{\partial y} \Big/ \frac{\partial f}{\partial x}\right)$$

将梯度的朝向进行离散化，把 $[0, 2\pi]$ 等分为 n 个区间，如果 (x, y) 位置处的梯度方向 α 落在第 $i, i = 1, \cdots, n$ 个区间内，则把梯度的模 M 累加到该区间。最后形成尺寸为 n 的直方图。具体实现时还对图像进行了分块处理。

3.3 黑塞矩阵

费马引理给出了多元函数极值的必要条件，极值的充分条件由黑塞矩阵的正定性决定。本节介绍黑塞矩阵的定义与性质，以及它与多元函数极值、凹凸性的关系。

3.3.1 黑塞矩阵的定义与性质

黑塞矩阵是由多元函数的二阶偏导数组成的矩阵。假设函数 $f(x_1, \cdots, x_n)$ 二阶可导，黑塞矩阵由所有二阶偏导数构成，定义为

$$\begin{pmatrix} \dfrac{\partial^2 f}{\partial x_1^2} & \dfrac{\partial^2 f}{\partial x_1 \partial x_2} & \cdots & \dfrac{\partial^2 f}{\partial x_1 \partial x_n} \\ \dfrac{\partial^2 f}{\partial x_2 \partial x_1} & \dfrac{\partial^2 f}{\partial x_2^2} & \cdots & \dfrac{\partial^2 f}{\partial x_2 \partial x_n} \\ \vdots & \vdots & & \vdots \\ \dfrac{\partial^2 f}{\partial x_n \partial x_1} & \dfrac{\partial^2 f}{\partial x_n \partial x_2} & \cdots & \dfrac{\partial^2 f}{\partial x_n^2} \end{pmatrix}$$

这是一个 n 阶矩阵。一般情况下，多元函数的混合二阶偏导数与求导次序无关

$$\frac{\partial^2 f}{\partial x_i \partial x_j} = \frac{\partial^2 f}{\partial x_j \partial x_i}$$

因此黑塞矩阵是一个对称矩阵，它可以看作二阶导数对多元函数的推广。黑塞矩阵简写为 $\nabla^2 f(\boldsymbol{x})$，事实上，它是由对梯度向量的每个分量再次求梯度得到的，第二次求梯度时形成的是行向量。

$$\nabla^2 f(\boldsymbol{x}) = \nabla(\nabla f(\boldsymbol{x})) = \begin{pmatrix} \nabla\left(\dfrac{\partial f}{\partial x_1}\right) \\ \vdots \\ \nabla\left(\dfrac{\partial f}{\partial x_n}\right) \end{pmatrix} = \begin{pmatrix} \dfrac{\partial}{\partial x_1}\left(\dfrac{\partial f}{\partial x_1}\right) & \cdots & \dfrac{\partial}{\partial x_n}\left(\dfrac{\partial f}{\partial x_1}\right) \\ \vdots & & \vdots \\ \dfrac{\partial}{\partial x_1}\left(\dfrac{\partial f}{\partial x_n}\right) & \cdots & \dfrac{\partial}{\partial x_n}\left(\dfrac{\partial f}{\partial x_n}\right) \end{pmatrix}$$

对于如下多元函数

$$f(x, y, z) = 2x^2 - xy + y^2 - 3z^2$$

它的黑塞矩阵为

$$\begin{pmatrix} \dfrac{\partial^2 f}{\partial x^2} & \dfrac{\partial^2 f}{\partial x \partial y} & \dfrac{\partial^2 f}{\partial x \partial z} \\ \dfrac{\partial^2 f}{\partial y \partial x} & \dfrac{\partial^2 f}{\partial y^2} & \dfrac{\partial^2 f}{\partial y \partial z} \\ \dfrac{\partial^2 f}{\partial z \partial x} & \dfrac{\partial^2 f}{\partial z \partial y} & \dfrac{\partial^2 f}{\partial z^2} \end{pmatrix} = \begin{pmatrix} 4 & -1 & 0 \\ -1 & 2 & 0 \\ 0 & 0 & -6 \end{pmatrix}$$

3.3.2 凹凸性

1.2.7 节定义了一元函数的凹凸性，下面推广到多元函数。对于函数 $f(\boldsymbol{x})$，如果对于其定义域内的任意两点 $\boldsymbol{x}$ 和 $\boldsymbol{y}$，以及任意的实数 $0 \leqslant \theta \leqslant 1$，都有

$$f(\theta \boldsymbol{x} + (1-\theta)\boldsymbol{y}) \leqslant \theta f(\boldsymbol{x}) + (1-\theta)f(\boldsymbol{y}) \tag{3.5}$$

则函数 $f(\boldsymbol{x})$ 为凸函数，与一元凸函数定义一致。

如果式 (3.5) 的不等式严格成立

$$f(\theta \boldsymbol{x} + (1-\theta)\boldsymbol{y}) < \theta f(\boldsymbol{x}) + (1-\theta)f(\boldsymbol{y})$$

则函数 $f(\boldsymbol{x})$ 为严格凸函数。如果有

$$f(\theta \boldsymbol{x} + (1-\theta)\boldsymbol{y}) \geqslant \theta f(\boldsymbol{x}) + (1-\theta)f(\boldsymbol{y})$$

则函数 $f(\boldsymbol{x})$ 为凹函数。类似地可以定义严格凹函数。

从图像上来看，如果一个二元函数是凸函数，那么它的曲面是向下凸的。用直线连接函数上的任何两点 $\boldsymbol{a}$ 和 $\boldsymbol{b}$，线段 $\boldsymbol{ab}$ 上的点都在函数曲面的上方。凹函数则相反，它向上凸。

根据凸函数的定义可以证明 $f(x,y) = x^2 + y^2$ 是凸函数，其图像如图 3.4 所示。对于 $\forall (x_1, y_1), (x_2, y_2)$ 以及 $0 \leqslant \theta \leqslant 1$，有

$$f(\theta x_1 + (1-\theta)x_2, \theta y_1 + (1-\theta)y_2) = (\theta x_1 + (1-\theta)x_2)^2 + (\theta y_1 + (1-\theta)y_2)^2$$

$$\theta f(x_1, y_1) + (1-\theta)f(x_2, y_2) = \theta x_1^2 + (1-\theta)x_2^2 + \theta y_1^2 + (1-\theta)y_2^2$$

根据 1.2.7 节证明 x^2 是凸函数时的结论，有

$$\theta x_1^2 + (1-\theta)x_2^2 - (\theta x_1 + (1-\theta)x_2)^2 \geqslant 0$$

$$\theta y_1^2 + (1-\theta)y_2^2 - (\theta y_1 + (1-\theta)y_2)^2 \geqslant 0$$

因此有

$$f(\theta x_1 + (1-\theta)x_2, \theta y_1 + (1-\theta)y_2) \leqslant \theta f(x_1, y_1) + (1-\theta)f(x_2, y_2)$$

同样可以证明 $f(x,y) = -x^2 - y^2$ 是凹函数，其图像如图 3.5 所示。

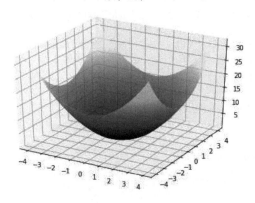

图 3.4　二元凸函数

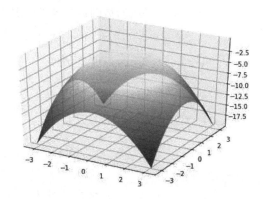

图 3.5　二元凹函数

二阶可导的一元函数是凸函数的充分必要条件是其二阶导数大于或等于 0

$$f''(x) \geqslant 0$$

对于多元函数，则根据黑塞矩阵判定。假设 $f(\boldsymbol{x})$ 二阶可导。如果函数的黑塞矩阵半正定，则函数是凸函数；如果黑塞矩阵正定，则函数为严格凸函数。反之，如果黑塞矩阵半负定，则函数为凹函数；如果黑塞矩阵负定，则函数是严格凹函数。黑塞矩阵的半正定性等同于二阶导数的非负性，正定性则等同于二阶导数为正。下面举例说明。

对于图 3.4 的例子，其黑塞矩阵为

$$\begin{pmatrix} \dfrac{\partial^2 f}{\partial x^2} & \dfrac{\partial^2 f}{\partial x \partial y} \\[2mm] \dfrac{\partial^2 f}{\partial y \partial x} & \dfrac{\partial^2 f}{\partial y^2} \end{pmatrix} = \begin{pmatrix} 2 & 0 \\ 0 & 2 \end{pmatrix}$$

特征值全为正，矩阵严格正定，因此是严格凸函数。

对于图 3.5 的例子，黑塞矩阵为

$$\begin{pmatrix} -2 & 0 \\ 0 & -2 \end{pmatrix}$$

特征值全为负，矩阵严格负定，因此函数为严格凹函数。

对于函数

$$f(x,y) = (x + x^2 + y^3)\mathrm{e}^{-x^2 - y^2}$$

可以验证其黑塞矩阵不满足半正定和半负定的条件，既不是凸函数也不是凹函数，其形状如图 3.6 所示。在某些区域，黑塞矩阵正定；在某些区域，黑塞矩阵负定。

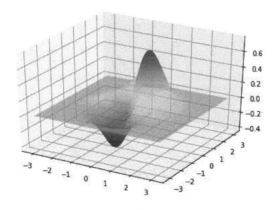

图 3.6　二元非凸函数

如果 $f_i(\boldsymbol{x}), i = 1, \cdots, m$ 都是凸函数，且 $w_i \geqslant 0$，则它们的非负线性组合

$$\sum_{i=1}^{m} w_i f_i(\boldsymbol{x})$$

也是凸函数。这可以直接根据凸函数的定义证明，留作练习由读者完成。

多元凸函数在最优化理论中具有重要的作用，凸优化问题要求其目标函数是凸函数，这类优化问题具有优良的性质，在 4.5 节介绍。

3.3.3　极值判别法则

一元可导函数极值的必要条件由一阶导数给出，充分条件由二阶导数给出。多元函数取得极值的必要条件已经在 3.2.1 节介绍，是费马引理对多元函数的推广，它要求极值点处的梯度为 $\boldsymbol{0}$。多元函数极值的充分条件同样由二阶导数决定，在这里为黑塞矩阵。假设 $\boldsymbol{x}_0$ 是函数 $f(\boldsymbol{x})$ 的驻点，在该点处黑塞矩阵的正定性有如下几种情况。

情况一：黑塞矩阵正定，函数在该点有严格极小值。

情况二：黑塞矩阵负定，函数在该点有严格极大值。

情况三：黑塞矩阵不定，则该点不是极值点，称为鞍点。

在这里，黑塞矩阵正定类似于一元函数的二阶导数大于 0，负定则类似于一元函数的二阶导数小于 0。二者在形式上是统一的。下面举例说明。

对于图 3.4 所示的函数，其在 $(0,0)$ 点处的梯度为 **0**，且在该点处黑塞矩阵正定，因此是极小值点。对于图 3.5 所示的函数，其在 $(0,0)$ 点处的梯度为 **0**，且在该点处黑塞矩阵负定，因此是极大值点。

计算多元函数极值的方法是首先求其梯度，解方程得到所有驻点。然后计算在所有驻点处的黑塞矩阵，判断这些驻点是否为极值点，以及是极大值还是极小值。下面来看一个完整的例子。计算如下函数的极值

$$f(x,y) = x^3 - y^3 + 3x^2 + 3y^2 - 9x$$

首先计算所有偏导数，并令其为 0，得到下面的方程组

$$\frac{\partial f}{\partial x} = 3x^2 + 6x - 9 = 0$$

$$\frac{\partial f}{\partial y} = -3y^2 + 6y = 0$$

解得其驻点为 $(1,0)$，$(1,2)$，$(-3,0)$，$(-3,2)$。其黑塞矩阵为

$$\begin{pmatrix} 6x+6 & 0 \\ 0 & -6y+6 \end{pmatrix}$$

在 $(1,0)$ 点处的黑塞矩阵为

$$\begin{pmatrix} 12 & 0 \\ 0 & 6 \end{pmatrix}$$

该矩阵正定，因此是极小值点。在 $(1,2)$ 点处的黑塞矩阵为

$$\begin{pmatrix} 12 & 0 \\ 0 & -6 \end{pmatrix}$$

该矩阵不定，因此不是极值点。在 $(-3,0)$ 点处的黑塞矩阵为

$$\begin{pmatrix} -12 & 0 \\ 0 & 6 \end{pmatrix}$$

该矩阵不定，因此不是极值点。在 $(-3,2)$ 点处的黑塞矩阵为

$$\begin{pmatrix} -12 & 0 \\ 0 & -6 \end{pmatrix}$$

该矩阵负定，因此是极大值点。

考察函数

$$f(x,y) = -x^2 + y^2$$

$(0,0)$ 为其鞍点。此函数的形状如图 3.7 所示。鞍点的形状类似于马鞍面，因此而得名。

该函数的黑塞矩阵为

$$\begin{pmatrix} \dfrac{\partial^2 f}{\partial x^2} & \dfrac{\partial^2 f}{\partial x \partial y} \\ \dfrac{\partial^2 f}{\partial y \partial x} & \dfrac{\partial^2 f}{\partial y^2} \end{pmatrix} = \begin{pmatrix} -2 & 0 \\ 0 & 2 \end{pmatrix}$$

显然在 $(0,0)$ 点处该矩阵不定，矩阵的特征值为 $\lambda_1 = -2, \lambda_2 = 2$，有正也有负。在该点处，函数在 x 方向取极大值，在 y 方向取极小值。

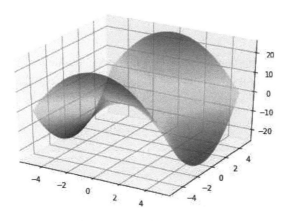

图 3.7　二元函数的鞍点

对于二元函数 $f(x,y)$，如果 (x,y) 是其驻点，在该点处的黑塞矩阵为

$$\begin{pmatrix} \dfrac{\partial^2 f}{\partial x^2} & \dfrac{\partial^2 f}{\partial x \partial y} \\ \dfrac{\partial^2 f}{\partial y \partial x} & \dfrac{\partial^2 f}{\partial y^2} \end{pmatrix} = \begin{pmatrix} A & B \\ B & C \end{pmatrix}$$

如果在该点处黑塞矩阵正定，根据 2.6.2 节正定矩阵的判定规则，其所有顺序主子式均大于 0，因此有

$$|A| = A > 0$$

以及

$$\begin{vmatrix} A & B \\ B & C \end{vmatrix} = AC - B^2 > 0$$

此时该点为极小值点。如果在该点处黑塞矩阵负定，其所有奇数阶顺序主子式均小于 0，偶数阶顺序主子式均大于 0，因此有

$$|A| = A < 0$$

以及

$$\begin{vmatrix} A & B \\ B & C \end{vmatrix} = AC - B^2 > 0$$

此时该点为极大值点。

综合这两种情况，可以得到下面的二元函数极值判定规则。

（1）如果 $AC - B^2 > 0$，则该点是极值点，如果 $A > 0$，则为极小值点，如果 $A < 0$，则为极大值点。

（2）如果 $AC - B^2 < 0$，则意味着黑塞矩阵不定，不是极值点。

根据极值判别法则，如果一个函数是严格凸函数，则其驻点一定是局部极小值点，因为该点处的黑塞矩阵正定。如果一个函数是严格凹函数，则其驻点一定是局部极大值点。凸函数的黑塞矩阵半正定，因此不存在鞍点。

3.3.4　应用——最小二乘法

下面介绍求解线性回归问题的最小二乘法（Lease Square Method）。对于 2.1.7 节的线性回归预测函数，对权重向量和特征向量进行增广，即对 $\boldsymbol{w}$ 和 b 进行合并以简化表达，特征向量做相应的扩充，扩充后的向量为

$$[\boldsymbol{w}, b] \to \boldsymbol{w}$$
$$[\boldsymbol{x}, 1] \to \boldsymbol{x}$$

使用均方误差，训练时的目标函数为

$$L(\boldsymbol{w}) = \frac{1}{2l} \sum_{i=1}^{l} (\boldsymbol{w}^{\mathrm{T}} \boldsymbol{x}_i - y_i)^2 \tag{3.6}$$

目标函数的一阶偏导数为

$$\frac{\partial L}{\partial w_i} = \frac{1}{l} \sum_{k=1}^{l} (\boldsymbol{w}^{\mathrm{T}} \boldsymbol{x}_k - y_k) x_{ki}$$

目标函数的二阶偏导数为

$$\frac{\partial^2 L}{\partial w_i \partial w_j} = \frac{1}{l} \sum_{k=1}^{l} x_{ki} x_{kj}$$

其中 x_{ki} 为第 k 个样本的特征向量的第 i 个分量。目标函数的黑塞矩阵为

$$\frac{1}{l} \begin{pmatrix} \sum\limits_{k=1}^{l} x_{k1} x_{k1} & \cdots & \sum\limits_{k=1}^{l} x_{k1} x_{kn} \\ \vdots & & \vdots \\ \sum\limits_{k=1}^{l} x_{kn} x_{k1} & \cdots & \sum\limits_{k=1}^{l} x_{kn} x_{kn} \end{pmatrix}$$

简写成矩阵形式为

$$\frac{1}{l} \begin{pmatrix} \boldsymbol{x}_1 & \cdots & \boldsymbol{x}_l \end{pmatrix} \begin{pmatrix} \boldsymbol{x}_1^{\mathrm{T}} \\ \vdots \\ \boldsymbol{x}_l^{\mathrm{T}} \end{pmatrix} = \frac{1}{l} \boldsymbol{X}^{\mathrm{T}} \boldsymbol{X}$$

其中 $\boldsymbol{X}$ 是所有样本的特征向量按照行构成的矩阵。对于任意非 $\boldsymbol{0}$ 向量 $\boldsymbol{x}$，有

$$\boldsymbol{x}^{\mathrm{T}} \boldsymbol{X}^{\mathrm{T}} \boldsymbol{X} \boldsymbol{x} = (\boldsymbol{X} \boldsymbol{x})^{\mathrm{T}} (\boldsymbol{X} \boldsymbol{x}) \geqslant 0$$

黑塞矩阵是半正定矩阵，式 (3.6) 的目标函数是凸函数，存在极小值。可以直接寻找梯度为 $\boldsymbol{0}$ 的点来解此问题，即经典的最小二乘法。对 w_j 求导并且令导数为 0，可以得到下面的线性方程组

$$\sum_{i=1}^{l} \left(\sum_{k=1}^{n} w_k x_{ik} - y_i \right) x_{ij} = 0$$

变形之后可以得到

$$\sum_{i=1}^{l} \sum_{k=1}^{n} x_{ik} x_{ij} w_k = \sum_{i=1}^{l} y_i x_{ij}$$

写成矩阵形式为下面的线性方程组

$$(\boldsymbol{X}^{\mathrm{T}} \boldsymbol{X}) \boldsymbol{w} = \boldsymbol{X}^{\mathrm{T}} \boldsymbol{y}$$

矩阵 $\boldsymbol{X}$ 的定义和前面相同。

如果系数矩阵可逆,上面这个线性方程组的解为

$$\boldsymbol{w} = (\boldsymbol{X}^{\mathrm{T}}\boldsymbol{X})^{-1}\boldsymbol{X}^{\mathrm{T}}\boldsymbol{y}$$

借助于向量和矩阵求导公式,在 3.5.1 节将给出此问题更简洁的推导。

3.4 雅可比矩阵

雅可比矩阵(Jacobian Matrix)是向量函数的所有偏导数构成的矩阵。它可以简化链式法则的表达,在多元函数的换元法(如重积分的变换)中有应用。

3.4.1 雅可比矩阵的定义和性质

雅可比矩阵是由多个多元函数的梯度构成的矩阵。考察如下向量到向量的映射

$$\boldsymbol{y} = f(\boldsymbol{x})$$

其中向量 $\boldsymbol{x} \in \mathbb{R}^n$,$\boldsymbol{y} \in \mathbb{R}^m$。将这个映射写成分量形式,每个分量都是一个多元函数

$$y_1 = f_1(x_1, x_2, \cdots, x_n) \qquad y_2 = f_2(x_1, x_2, \cdots, x_n) \qquad \cdots \qquad y_m = f_m(x_1, x_2, \cdots, x_n)$$

雅可比矩阵为输出向量的每个分量对输入向量的每个分量的一阶偏导数构成的矩阵

$$\frac{\partial \boldsymbol{y}}{\partial \boldsymbol{x}} = \begin{pmatrix} \frac{\partial y_1}{\partial x_1} & \frac{\partial y_1}{\partial x_2} & \cdots & \frac{\partial y_1}{\partial x_n} \\ \frac{\partial y_2}{\partial x_1} & \frac{\partial y_2}{\partial x_2} & \cdots & \frac{\partial y_2}{\partial x_n} \\ \vdots & \vdots & & \vdots \\ \frac{\partial y_m}{\partial x_1} & \frac{\partial y_m}{\partial x_2} & \cdots & \frac{\partial y_m}{\partial x_n} \end{pmatrix}$$

这是一个 m 行 n 列的矩阵,每一行为一个多元函数的梯度。

对于如下向量函数

$$u = x^2 + 2xy + z \qquad\qquad v = x - y^2 + z^2$$

它的雅可比矩阵为

$$\begin{pmatrix} \frac{\partial u}{\partial x} & \frac{\partial u}{\partial y} & \frac{\partial u}{\partial z} \\ \frac{\partial v}{\partial x} & \frac{\partial v}{\partial y} & \frac{\partial v}{\partial z} \end{pmatrix} = \begin{pmatrix} 2x + 2y & 2x & 1 \\ 1 & -2y & 2z \end{pmatrix}$$

如果 $\boldsymbol{x} \in \mathbb{R}^n, \boldsymbol{y} \in \mathbb{R}^m$ 以及 $\boldsymbol{A} \in \mathbb{R}^{m \times n}$,对于下面的线性映射

$$\boldsymbol{y} = \boldsymbol{A}\boldsymbol{x}$$

其雅可比矩阵为

$$\frac{\partial \boldsymbol{y}}{\partial \boldsymbol{x}} = \boldsymbol{A}$$

因为

$$\begin{pmatrix} y_1 \\ \vdots \\ y_m \end{pmatrix} = \begin{pmatrix} a_{11} & \cdots & a_{1n} \\ \vdots & \vdots & \vdots \\ a_{m1} & \cdots & a_{mn} \end{pmatrix} \begin{pmatrix} x_1 \\ \vdots \\ x_n \end{pmatrix} = \begin{pmatrix} a_{11}x_1 + a_{12}x_2 + \cdots + a_{1n}x_n \\ \vdots \\ a_{m1}x_1 + a_{m2}x_2 + \cdots + a_{mn}x_n \end{pmatrix}$$

因此有

$$\frac{\partial y_i}{\partial x_j} = a_{ij}$$

根据此结论, 对于下面的线性映射

$$\begin{pmatrix} y_1 \\ y_2 \end{pmatrix} = \begin{pmatrix} 1 & 2 & 3 \\ 4 & 5 & 6 \end{pmatrix} \begin{pmatrix} x_1 \\ x_2 \\ x_3 \end{pmatrix}$$

其雅可比矩阵为

$$\frac{\partial \boldsymbol{y}}{\partial \boldsymbol{x}} = \begin{pmatrix} 1 & 2 & 3 \\ 4 & 5 & 6 \end{pmatrix}$$

下面介绍雅可比矩阵在多元函数换元中的应用。考虑极坐标变换, 由极坐标系到直角坐标系的转化公式为

$$x = r\cos\theta \qquad\qquad\qquad y = r\sin\theta$$

其雅可比矩阵为

$$\frac{\partial(x,y)}{\partial(r,\theta)} = \begin{pmatrix} \dfrac{\partial x}{\partial r} & \dfrac{\partial x}{\partial \theta} \\ \dfrac{\partial y}{\partial r} & \dfrac{\partial y}{\partial \theta} \end{pmatrix} = \begin{pmatrix} \cos\theta & -r\sin\theta \\ \sin\theta & r\cos\theta \end{pmatrix} \tag{3.7}$$

如果雅可比矩阵是方阵, 则它的行列式称为雅可比行列式（Jacobian Determinant）。雅可比行列式为多元换元法的体积元变化系数, 在多重积分中会介绍。

式 (3.7) 对应的雅可比行列式为

$$\left| \frac{\partial(x,y)}{\partial(r,\theta)} \right| = \begin{vmatrix} \cos\theta & -r\sin\theta \\ \sin\theta & r\cos\theta \end{vmatrix} = r\cos^2\theta + r\sin^2\theta = r$$

这一结论将在二重积分的极坐标变换中使用。

考虑 2.2.6 节介绍的旋转变换矩阵

$$\begin{pmatrix} x_1' \\ x_2' \end{pmatrix} = \begin{pmatrix} \cos\theta & -\sin\theta \\ \sin\theta & \cos\theta \end{pmatrix} \begin{pmatrix} x_1 \\ x_2 \end{pmatrix}$$

其雅可比矩阵为

$$\frac{\partial(x_1', x_2')}{\partial(x_1, x_2)} = \begin{pmatrix} \cos\theta & -\sin\theta \\ \sin\theta & \cos\theta \end{pmatrix}$$

其雅可比行列式为

$$\left| \frac{\partial(x_1', x_2')}{\partial(x_1, x_2)} \right| = \begin{vmatrix} \cos\theta & -\sin\theta \\ \sin\theta & \cos\theta \end{vmatrix} = \cos^2\theta + \sin^2\theta = 1$$

因此旋转变换不改变二维平面内几何体的面积。

对于定义在区域 D 内 $\mathbb{R}^n$ 到 $\mathbb{R}^n$ 的映射 $\boldsymbol{y} = \varphi(\boldsymbol{x})$，如果其雅可比行列式非 0

$$\left| \frac{\partial \boldsymbol{y}}{\partial \boldsymbol{x}} \right| \neq 0$$

则其逆映射 $\boldsymbol{x} = \varphi^{-1}(\boldsymbol{y})$ 存在，且逆映射在 $\boldsymbol{y}$ 点处的雅可比矩阵是正向映射在 $\boldsymbol{x}$ 点处雅可比矩阵的逆矩阵

$$\frac{\partial \boldsymbol{x}}{\partial \boldsymbol{y}} = \left(\frac{\partial \boldsymbol{y}}{\partial \boldsymbol{x}} \right)^{-1} \tag{3.8}$$

我们将在 3.4.2 节证明这一结论。作为式 (3.8) 的推论，逆映射的雅可比行列式则为正向映射雅可比行列式的逆

$$\left| \frac{\partial \boldsymbol{x}}{\partial \boldsymbol{y}} \right| = \left| \frac{\partial \boldsymbol{y}}{\partial \boldsymbol{x}} \right|^{-1}$$

这是一元函数反函数求导的推广，式 (3.8) 与式 (1.18) 在形式上是统一的。雅可比行列式将在 3.8 节的多重积分、5.5.6 节的多维概率分布变换中被使用。

3.4.2 链式法则的矩阵形式

借助雅可比矩阵，可以简化链式法则的表述。对于下面的多元复合函数

$$z = f(y_1, \cdots, y_m) \qquad\qquad y_j = g_j(x_1, \cdots, x_n), \ \ j = 1, \cdots, m$$

根据链式法则，z 对 x_i 的偏导数可以通过 z 对所有 y_j 的偏导数以及 y_j 对 x_i 的偏导数计算

$$\frac{\partial z}{\partial x_i} = \sum_{j=1}^{m} \frac{\partial z}{\partial y_j} \frac{\partial y_j}{\partial x_i}$$

写成矩阵形式为

$$\begin{pmatrix} \dfrac{\partial z}{\partial x_1} \\ \vdots \\ \dfrac{\partial z}{\partial x_n} \end{pmatrix} = \begin{pmatrix} \displaystyle\sum_{j=1}^{m} \dfrac{\partial z}{\partial y_j} \dfrac{\partial y_j}{\partial x_1} \\ \vdots \\ \displaystyle\sum_{j=1}^{m} \dfrac{\partial z}{\partial y_j} \dfrac{\partial y_j}{\partial x_n} \end{pmatrix} = \begin{pmatrix} \dfrac{\partial y_1}{\partial x_1} & \cdots & \dfrac{\partial y_m}{\partial x_1} \\ \vdots & & \vdots \\ \dfrac{\partial y_1}{\partial x_n} & \cdots & \dfrac{\partial y_m}{\partial x_n} \end{pmatrix} \begin{pmatrix} \dfrac{\partial z}{\partial y_1} \\ \vdots \\ \dfrac{\partial z}{\partial y_m} \end{pmatrix} = \left(\frac{\partial \boldsymbol{y}}{\partial \boldsymbol{x}} \right)^{\mathrm{T}} \begin{pmatrix} \dfrac{\partial z}{\partial y_1} \\ \vdots \\ \dfrac{\partial z}{\partial y_m} \end{pmatrix}$$

其中 $\dfrac{\partial \boldsymbol{y}}{\partial \boldsymbol{x}}$ 为雅可比矩阵。上式可以简写为

$$\nabla_{\boldsymbol{x}} z = \left(\frac{\partial \boldsymbol{y}}{\partial \boldsymbol{x}} \right)^{\mathrm{T}} \nabla_{\boldsymbol{y}} z \tag{3.9}$$

与求和形式相比，这种写法更为简洁。

下面来看一个实例。对于如下的复合函数

$$u = 2x + 3y + z \qquad\qquad\qquad v = -4x - 5y + 2z$$

如果有 u、v 的函数

$$f(u, v) = u^2 + v^2$$

计算 $\dfrac{\partial f}{\partial x}$、$\dfrac{\partial f}{\partial y}$、$\dfrac{\partial f}{\partial z}$。根据链式法则，有

$$\frac{\partial f}{\partial x} = \frac{\partial f}{\partial u} \frac{\partial u}{\partial x} + \frac{\partial f}{\partial v} \frac{\partial v}{\partial x} = 2u \times 2 + 2v \times (-4) = 4u - 8v$$

类似地，有

$$\frac{\partial f}{\partial y} = \frac{\partial f}{\partial u}\frac{\partial u}{\partial y} + \frac{\partial f}{\partial v}\frac{\partial v}{\partial y} = 2u \times 3 + 2v \times (-5) = 6u - 10v$$

以及

$$\frac{\partial f}{\partial z} = \frac{\partial f}{\partial u}\frac{\partial u}{\partial z} + \frac{\partial f}{\partial v}\frac{\partial v}{\partial z} = 2u \times 1 + 2v \times 2 = 2u + 4v$$

借助雅可比矩阵，写成矩阵形式为

$$\begin{pmatrix} \dfrac{\partial f}{\partial x} \\[2mm] \dfrac{\partial f}{\partial y} \\[2mm] \dfrac{\partial f}{\partial z} \end{pmatrix} = \begin{pmatrix} \dfrac{\partial u}{\partial x} & \dfrac{\partial v}{\partial x} \\[2mm] \dfrac{\partial u}{\partial y} & \dfrac{\partial v}{\partial y} \\[2mm] \dfrac{\partial u}{\partial z} & \dfrac{\partial v}{\partial z} \end{pmatrix} \begin{pmatrix} \dfrac{\partial f}{\partial u} \\[2mm] \dfrac{\partial f}{\partial v} \end{pmatrix} = \begin{pmatrix} 2 & -4 \\ 3 & -5 \\ 1 & 2 \end{pmatrix} \begin{pmatrix} 2u \\ 2v \end{pmatrix}$$

下面验证式 (3.8) 的结论，显然逆映射与正向映射的复合函数是恒等变换，即

$$\varphi^{-1}(\varphi(\boldsymbol{x})) = \boldsymbol{x}$$

在这里 $\boldsymbol{y} = \varphi(\boldsymbol{x})$，写成分量形式为

$$z_i = \varphi_i^{-1}(\varphi(\boldsymbol{x})) = x_i$$

其中 φ_i^{-1} 是逆映射 φ^{-1} 的第 i 个分量映射。上式两边同时对 $\boldsymbol{x}$ 求梯度，根据式 (3.9)，有

$$\nabla_{\boldsymbol{x}} z_i = \left(\frac{\partial \boldsymbol{y}}{\partial \boldsymbol{x}}\right)^{\mathrm{T}} \nabla_{\boldsymbol{y}} \varphi_i^{-1} = \nabla_{\boldsymbol{x}} x_i = (0 \ \cdots \ 1 \ \cdots \ 0)^{\mathrm{T}}$$

上式最右边向量的第 i 个分量为 1，其他均为 0，考虑逆映射的所有分量，写成矩阵形式为

$$(\nabla_{\boldsymbol{x}} z_1 \ \cdots \ \nabla_{\boldsymbol{x}} z_n) = \left(\frac{\partial \boldsymbol{y}}{\partial \boldsymbol{x}}\right)^{\mathrm{T}} (\nabla_{\boldsymbol{y}} \varphi_1^{-1} \ \cdots \ \nabla_{\boldsymbol{y}} \varphi_n^{-1}) = \begin{pmatrix} 1 & \cdots & 0 \\ \vdots & & \vdots \\ 0 & \cdots & 1 \end{pmatrix} = \boldsymbol{I}$$

而

$$(\nabla_{\boldsymbol{y}} \varphi_1^{-1} \ \cdots \ \nabla_{\boldsymbol{y}} \varphi_n^{-1}) = \left(\frac{\partial \boldsymbol{x}}{\partial \boldsymbol{y}}\right)^{\mathrm{T}}$$

因此有

$$\left(\frac{\partial \boldsymbol{y}}{\partial \boldsymbol{x}}\right)^{\mathrm{T}} \left(\frac{\partial \boldsymbol{x}}{\partial \boldsymbol{y}}\right)^{\mathrm{T}} = \boldsymbol{I}$$

即

$$\frac{\partial \boldsymbol{x}}{\partial \boldsymbol{y}} \frac{\partial \boldsymbol{y}}{\partial \boldsymbol{x}} = \boldsymbol{I}$$

因此式 (3.8) 成立。

雅可比矩阵可以简洁地表述神经网络训练时的反向传播算法以及自动微分算法，分别在 3.5.2 节和 8.1.2 节介绍。

3.5　向量与矩阵求导

为了简化表达，通常将函数写成矩阵和向量运算的形式，下面推导机器学习中常用的矩阵和向量函数求导公式。

3.5.1 常用求导公式

首先计算向量内积函数的梯度。$\boldsymbol{x} \in \mathbb{R}^n, \boldsymbol{w} \in \mathbb{R}^n$，对于下面的向量内积函数

$$y = \boldsymbol{w}^{\mathrm{T}} \boldsymbol{x}$$

其自变量为 $\boldsymbol{x}$。将它展开写成求和形式为

$$y = \sum_{i=1}^{n} w_i x_i$$

函数对每个自变量的偏导数为

$$\frac{\partial y}{\partial x_i} = w_i$$

从而得到梯度的计算公式为

$$\nabla \boldsymbol{w}^{\mathrm{T}} \boldsymbol{x} = \boldsymbol{w} \tag{3.10}$$

这与下面的一元一次函数求导公式在形式上是统一的

$$(ax)' = a$$

下面举例说明。对于如下的函数

$$y = 2x_1 - 3x_2 + 4x_3 = (2 \ \ -3 \ \ 4) \begin{pmatrix} x_1 \\ x_2 \\ x_3 \end{pmatrix}$$

其梯度为

$$\nabla y = \begin{pmatrix} 2 \\ -3 \\ 4 \end{pmatrix}$$

下面计算二次函数的梯度。$\boldsymbol{x} \in \mathbb{R}^n, \boldsymbol{w} \in \mathbb{R}^{n \times n}$，对于如下的二次函数

$$y = \boldsymbol{x}^{\mathrm{T}} \boldsymbol{A} \boldsymbol{x}$$

其自变量为 $\boldsymbol{x}$。展开之后写成求和形式为

$$y = \sum_{p=1}^{n} \sum_{q=1}^{n} a_{pq} x_p x_q$$

根据展开式可以得到对每个自变量的偏导数为

$$\frac{\partial y}{\partial x_i} = \frac{\partial \left(\sum\limits_{p=1}^{n} \sum\limits_{q=1}^{n} a_{pq} x_p x_q \right)}{\partial x_i} = \sum_{q=1}^{n} a_{iq} x_q + \sum_{p=1}^{n} a_{pi} x_p$$

从而得到梯度的计算公式为

$$\nabla \boldsymbol{x}^{\mathrm{T}} \boldsymbol{A} \boldsymbol{x} = (\boldsymbol{A} + \boldsymbol{A}^{\mathrm{T}}) \boldsymbol{x} \tag{3.11}$$

如果 $\boldsymbol{A}$ 是对称矩阵，则为二次型，式 (3.11) 可以简化为

$$\nabla \boldsymbol{x}^{\mathrm{T}} \boldsymbol{A} \boldsymbol{x} = 2 \boldsymbol{A} \boldsymbol{x} \tag{3.12}$$

这与下面的一元二次函数求导公式在形式上是统一的

$$(ax^2)' = 2ax$$

下面举例说明。对于如下的函数

$$(x_1 \ x_2 \ x_3) \begin{pmatrix} 1 & 2 & 1 \\ 2 & 2 & 4 \\ 1 & 4 & 3 \end{pmatrix} \begin{pmatrix} x_1 \\ x_2 \\ x_3 \end{pmatrix} = x_1^2 + 2x_2^2 + 3x_3^2 + 4x_1x_2 + 2x_1x_3 + 8x_2x_3$$

系数矩阵是对称矩阵, 其梯度为

$$2 \begin{pmatrix} 1 & 2 & 1 \\ 2 & 2 & 4 \\ 1 & 4 & 3 \end{pmatrix} \begin{pmatrix} x_1 \\ x_2 \\ x_3 \end{pmatrix} = \begin{pmatrix} 2x_1 + 4x_2 + 2x_3 \\ 4x_1 + 4x_2 + 8x_3 \\ 2x_1 + 8x_2 + 6x_3 \end{pmatrix}$$

对于前面定义的二次函数, 根据上面的展开式, 二阶偏导数为

$$\frac{\partial^2 y}{\partial x_i \partial x_j} = \frac{\partial^2}{\partial x_i \partial x_j}(a_{ij}x_ix_j + a_{ji}x_jx_i) = a_{ij} + a_{ji}$$

上式成立是因为只有这两个求和项含有 x_ix_j, 其他求和项的偏导数都为 0。写成矩阵形式, 可以得到黑塞矩阵为

$$\nabla^2 \boldsymbol{x}^{\mathrm{T}} \boldsymbol{A} \boldsymbol{x} = \boldsymbol{A} + \boldsymbol{A}^{\mathrm{T}} \tag{3.13}$$

如果 $\boldsymbol{A}$ 是对称矩阵, 式 (3.13) 可以简化为

$$\nabla^2 \boldsymbol{x}^{\mathrm{T}} \boldsymbol{A} \boldsymbol{x} = 2\boldsymbol{A} \tag{3.14}$$

这与下面的一元二次函数求导公式在形式上是统一的

$$(ax^2)'' = 2a$$

上面例子函数的黑塞矩阵为

$$2 \begin{pmatrix} 1 & 2 & 1 \\ 2 & 2 & 4 \\ 1 & 4 & 3 \end{pmatrix} = \begin{pmatrix} 2 & 4 & 2 \\ 4 & 4 & 8 \\ 2 & 8 & 6 \end{pmatrix}$$

考虑下面的矩阵与向量乘积, 它在神经网络中经常被使用, 其中 $\boldsymbol{x} \in \mathbb{R}^n, \boldsymbol{y} \in \mathbb{R}^m$ 以及 $\boldsymbol{W} \in \mathbb{R}^{m \times n}$。

$$\boldsymbol{y} = \boldsymbol{W}\boldsymbol{x} \tag{3.15}$$

假设有函数 $f(\boldsymbol{y})$, 如果把 $\boldsymbol{x}$ 看成常数, $\boldsymbol{y}$ 看成 $\boldsymbol{W}$ 的函数, 下面根据 $\nabla_{\boldsymbol{y}}f$ 计算 $\nabla_{\boldsymbol{W}}f$。

根据链式法则, 由于 w_{ij} 只和 y_i 有关, 和其他的 $y_k, k \neq i$ 无关, 因此有

$$\frac{\partial f}{\partial w_{ij}} = \sum_{k=1}^{m} \frac{\partial f}{\partial y_k} \frac{\partial y_k}{\partial w_{ij}} = \sum_{k=1}^{m} \left(\frac{\partial f}{\partial y_k} \frac{\partial \sum\limits_{l=1}^{n}(w_{kl}x_l)}{\partial w_{ij}} \right) = \frac{\partial f}{\partial y_i} \frac{\partial \sum\limits_{l=1}^{n}(w_{il}x_l)}{\partial w_{ij}} = \frac{\partial f}{\partial y_i} x_j$$

对于 $\boldsymbol{W}$ 的所有元素, 有

$$\begin{pmatrix} \dfrac{\partial f}{\partial w_{11}} & \cdots & \dfrac{\partial f}{\partial w_{1n}} \\ \vdots & & \vdots \\ \dfrac{\partial f}{\partial w_{m1}} & \cdots & \dfrac{\partial f}{\partial w_{mn}} \end{pmatrix} = \begin{pmatrix} \dfrac{\partial f}{\partial y_1}x_1 & \cdots & \dfrac{\partial f}{\partial y_1}x_n \\ \vdots & & \vdots \\ \dfrac{\partial f}{\partial y_m}x_1 & \cdots & \dfrac{\partial f}{\partial y_m}x_n \end{pmatrix} = \begin{pmatrix} \dfrac{\partial f}{\partial y_1} \\ \vdots \\ \dfrac{\partial f}{\partial y_m} \end{pmatrix} (x_1 \ \cdots \ x_n)$$

写成矩阵形式为

$$\nabla_{\boldsymbol{W}}f = (\nabla_{\boldsymbol{y}}f)\boldsymbol{x}^{\mathrm{T}} \tag{3.16}$$

如果将 $\boldsymbol{W}$ 看成常数, $\boldsymbol{y}$ 看成 $\boldsymbol{x}$ 的函数, 下面根据 $\nabla_{\boldsymbol{y}}f$ 计算 $\nabla_{\boldsymbol{x}}f$。根据式 (3.10) 和线性映

射的雅可比矩阵计算公式，有

$$\nabla_{\boldsymbol{x}} f = \left(\frac{\partial \boldsymbol{y}}{\partial \boldsymbol{x}} \right)^{\mathrm{T}} \nabla_{\boldsymbol{y}} f = \boldsymbol{W}^{\mathrm{T}} \nabla_{\boldsymbol{y}} f \tag{3.17}$$

这是一个对称的结果，在计算函数值时用矩阵 $\boldsymbol{W}$ 乘以向量 $\boldsymbol{x}$ 得到 $\boldsymbol{y}$，在求梯度时矩阵 $\boldsymbol{W}$ 的转置乘以 $\boldsymbol{y}$ 的梯度得到 $\boldsymbol{x}$ 的梯度。神经网络的全连接层即为这种映射，在推导反向传播算法时将使用此结论。

假设 $\boldsymbol{x} \in \mathbb{R}^n, \boldsymbol{y} \in \mathbb{R}^n$，对于下面的向量到向量的映射

$$\boldsymbol{y} = g(\boldsymbol{x}) \tag{3.18}$$

写成分量形式为

$$y_i = g(x_i)$$

在这里，每个 y_i 只和对应的 x_i 有关，和其他所有 $x_j, j \neq i$ 无关，且每个分量采用了相同的映射函数 g。对于函数 $f(\boldsymbol{y})$，下面根据 $\nabla_{\boldsymbol{y}} f$ 计算 $\nabla_{\boldsymbol{x}} f$。

根据链式法则，由于每个 y_i 只和对应的 x_i 有关，有

$$\frac{\partial f}{\partial x_i} = \frac{\partial f}{\partial y_i} \frac{\partial y_i}{\partial x_i}$$

写成矩阵形式为

$$\nabla_{\boldsymbol{x}} f = \nabla_{\boldsymbol{y}} f \odot g'(\boldsymbol{x}) \tag{3.19}$$

是两个向量的阿达马积，其中 $g'(\boldsymbol{x}) = (g'(x_1) \cdots g'(x_n))^{\mathrm{T}}$。人工神经网络的激活函数是这种类型的映射。事实上，这种映射的雅可比矩阵为对角矩阵

$$\frac{\partial \boldsymbol{y}}{\partial \boldsymbol{x}} = \begin{pmatrix} \frac{\partial y_1}{\partial x_1} & 0 & \cdots & 0 \\ 0 & \frac{\partial y_2}{\partial x_2} & \cdots & 0 \\ \vdots & \vdots & & \vdots \\ 0 & 0 & \cdots & \frac{\partial y_n}{\partial x_n} \end{pmatrix}$$

因此式 (3.19) 是式 (3.9) 的特殊情况。

考虑更复杂的情况，如果有下面的复合函数

$$\boldsymbol{u} = \boldsymbol{W}\boldsymbol{x}$$
$$\boldsymbol{y} = g(\boldsymbol{u}) \tag{3.20}$$

其中 g 是向量对应元素一对一映射，即

$$y_i = g(x_i)$$

如果有函数 $f(\boldsymbol{y})$，那么下面根据 $\nabla_{\boldsymbol{y}} f$ 计算 $\nabla_{\boldsymbol{x}} f$。

在这里有两层复合，首先是从 $\boldsymbol{x}$ 到 $\boldsymbol{u}$，然后是从 $\boldsymbol{u}$ 到 $\boldsymbol{y}$。根据式 (3.17) 与式 (3.19) 的结论，有

$$\nabla_{\boldsymbol{x}} f = \boldsymbol{W}^{\mathrm{T}} (\nabla_{\boldsymbol{u}} f) = \boldsymbol{W}^{\mathrm{T}} ((\nabla_{\boldsymbol{y}} f) \odot g'(\boldsymbol{u})) \tag{3.21}$$

下面计算欧氏距离损失函数（即均方误差函数）的梯度，假设 $\boldsymbol{x} \in \mathbb{R}^n, \boldsymbol{a} \in \mathbb{R}^n$，该函数是向量二范数的平方，定义为

$$f(\boldsymbol{x}) = \frac{1}{2} \|\boldsymbol{x} - \boldsymbol{a}\|^2$$

将函数展开之后为

$$f(\boldsymbol{x}) = \frac{1}{2}\sum_{i=1}^{n}(x_i - a_i)^2$$

由于

$$\frac{\partial f}{\partial x_i} = x_i - a_i$$

因此有

$$\nabla_{\boldsymbol{x}}f = \boldsymbol{x} - \boldsymbol{a} \tag{3.22}$$

表 3.1 列出了这些求导公式，它们将在机器学习与深度学习中广泛使用。

表 3.1　常用的向量和矩阵求导公式

函数	求导公式
$y = \boldsymbol{w}^{\mathrm{T}}\boldsymbol{x}$	$\nabla \boldsymbol{w}^{\mathrm{T}}\boldsymbol{x} = \boldsymbol{w}$
$y = \boldsymbol{x}^{\mathrm{T}}\boldsymbol{A}\boldsymbol{x}$	$\nabla \boldsymbol{x}^{\mathrm{T}}\boldsymbol{A}\boldsymbol{x} = (\boldsymbol{A} + \boldsymbol{A}^{\mathrm{T}})\boldsymbol{x}$
$y = \boldsymbol{x}^{\mathrm{T}}\boldsymbol{A}\boldsymbol{x}$	$\nabla^2 \boldsymbol{x}^{\mathrm{T}}\boldsymbol{A}\boldsymbol{x} = \boldsymbol{A} + \boldsymbol{A}^{\mathrm{T}}$

下面用这些求导公式推导 3.3.4 节最小二乘法的梯度与黑塞矩阵。将所有样本的特征向量按照行排列，组成矩阵 $\boldsymbol{X}$

$$\boldsymbol{X} = \begin{pmatrix} \boldsymbol{x}_1^{\mathrm{T}} \\ \vdots \\ \boldsymbol{x}_l^{\mathrm{T}} \end{pmatrix}$$

列向量 $\boldsymbol{y}$ 为所有样本的标签值构成的向量

$$\boldsymbol{y} = \begin{pmatrix} y_1 \\ \vdots \\ y_l \end{pmatrix}$$

式 (3.6) 的目标函数可以写成

$$L(\boldsymbol{w}) = \frac{1}{2l}\|\boldsymbol{X}\boldsymbol{w} - \boldsymbol{y}\|^2 = \frac{1}{2l}(\boldsymbol{X}\boldsymbol{w} - \boldsymbol{y})^{\mathrm{T}}(\boldsymbol{X}\boldsymbol{w} - \boldsymbol{y}) = \frac{1}{2l}(\boldsymbol{w}^{\mathrm{T}}\boldsymbol{X}^{\mathrm{T}}\boldsymbol{X}\boldsymbol{w} - (\boldsymbol{X}\boldsymbol{w})^{\mathrm{T}}\boldsymbol{y} - \boldsymbol{y}^{\mathrm{T}}\boldsymbol{X}\boldsymbol{w} + \boldsymbol{y}^{\mathrm{T}}\boldsymbol{y})$$

$$= \frac{1}{2l}(\boldsymbol{w}^{\mathrm{T}}\boldsymbol{X}^{\mathrm{T}}\boldsymbol{X}\boldsymbol{w} - 2\boldsymbol{y}^{\mathrm{T}}\boldsymbol{X}\boldsymbol{w} + \boldsymbol{y}^{\mathrm{T}}\boldsymbol{y}) = \frac{1}{2l}(\boldsymbol{w}^{\mathrm{T}}\boldsymbol{X}^{\mathrm{T}}\boldsymbol{X}\boldsymbol{w} - 2(\boldsymbol{X}^{\mathrm{T}}\boldsymbol{y})^{\mathrm{T}}\boldsymbol{w} + \boldsymbol{y}^{\mathrm{T}}\boldsymbol{y})$$

显然 $\boldsymbol{X}^{\mathrm{T}}\boldsymbol{X}$ 是对称矩阵，根据式 (3.10) 与式 (3.12)，目标函数的梯度为

$$\nabla_{\boldsymbol{w}}L = \frac{1}{2l}(2\boldsymbol{X}^{\mathrm{T}}\boldsymbol{X}\boldsymbol{w} - 2\boldsymbol{X}^{\mathrm{T}}\boldsymbol{y})$$

因此驻点方程为

$$2\boldsymbol{X}^{\mathrm{T}}\boldsymbol{X}\boldsymbol{w} = 2\boldsymbol{X}^{\mathrm{T}}\boldsymbol{y}$$

根据式 (3.14)，黑塞矩阵为

$$\nabla^2 L = \frac{1}{2l}2\boldsymbol{X}^{\mathrm{T}}\boldsymbol{X} = \frac{1}{l}\boldsymbol{X}^{\mathrm{T}}\boldsymbol{X}$$

这与 3.3.4 节的结论是一致的。

3.5.2　应用——反向传播算法

在 2.2.5 节介绍了人工神经网络的原理，下面介绍它的训练算法，即著名的反向传播算法。反向传播算法是训练人工神经网络的经典方法，由鲁姆哈特（Rumelhart）等人在 1986 年提出。其目标是解决人工神经网络训练时的目标函数对神经网络参数的求导问题，得到目标函数对参数的梯度值，然后与梯度下降法配合使用，完成网络的训练。

假设有 m 个训练样本 $(\boldsymbol{x}_i, \boldsymbol{y}_i)$，其中 $\boldsymbol{x}_i$ 为输入向量，$\boldsymbol{y}_i$ 为标签向量。训练目标是最小化样本标签值与神经网络预测值之间的误差。如果使用均方误差即欧氏距离损失函数，优化的目标为

$$L(\boldsymbol{w}) = \frac{1}{2m}\sum_{i=1}^{m}\|h(\boldsymbol{x}_i) - \boldsymbol{y}_i\|^2$$

其中 $\boldsymbol{w}$ 为神经网络所有参数形成的向量，包括各层的权重和偏置。可以用梯度下降法求解该问题，其原理是 3.2.1 节所讲述的费马引理，寻找函数的驻点，因此需要计算目标函数的梯度。

我们将上面的损失函数写成对单个样本损失函数的均值形式

$$L(\boldsymbol{w}) = \frac{1}{m}\sum_{i=1}^{m}\left(\frac{1}{2}\|h(\boldsymbol{x}_i) - \boldsymbol{y}_i\|^2\right)$$

定义对单个样本 $(\boldsymbol{x}, \boldsymbol{y})$ 的损失函数为

$$L(\boldsymbol{w}; \boldsymbol{x}, \boldsymbol{y}) = \frac{1}{2}\|h(\boldsymbol{x}) - \boldsymbol{y}\|^2$$

如果采用定义在单个样本上的损失函数，则梯度下降法第 $t+1$ 次迭代时参数的更新公式为

$$\boldsymbol{w}_{t+1} = \boldsymbol{w}_t - \alpha\nabla_{\boldsymbol{w}}L(\boldsymbol{w}_t)$$

梯度下降法的原理将在 4.2.1 节讲述。如果要用所有样本进行迭代，根据单个样本的损失函数梯度计算总损失梯度即可，是所有样本梯度的均值。

需要解决的一个核心问题是如何计算损失函数对参数的梯度值。目标函数是一个多层的复合函数，因为神经网络中每一层都有权重矩阵和偏置向量，且每一层的输出将会作为下一层的输入。因此，直接计算损失函数对所有权重和偏置的梯度很复杂，需要使用复合函数的求导公式进行递推计算。

根据 3.5.1 节的结论可以方便地推导出神经网络的求导公式。假设神经网络有 n_l 层。第 l 层从第 $l-1$ 层接收的输入向量为 $\boldsymbol{x}^{(l-1)}$，本层的权重矩阵为 $\boldsymbol{W}^{(l)}$，偏置向量为 $\boldsymbol{b}^{(l)}$，输出向量为 $\boldsymbol{x}^{(l)}$。该层的输出可以写成如下形式

$$\boldsymbol{u}^{(l)} = \boldsymbol{W}^{(l)}\boldsymbol{x}^{(l-1)} + \boldsymbol{b}^{(l)}$$
$$\boldsymbol{x}^{(l)} = f(\boldsymbol{u}^{(l)})$$

$\boldsymbol{u}^{(l)}$ 是临时变量，用于简化求导时的问题表达。根据定义，$\boldsymbol{W}^{(l)}$ 和 $\boldsymbol{b}^{(l)}$ 是目标函数的自变量，$\boldsymbol{u}^{(l)}$ 和 $\boldsymbol{x}^{(l)}$ 可以看成是它们的函数。

如果将神经网络的运算过程逐层展开，则优化的目标函数为

$$L(\boldsymbol{w}) = \frac{1}{2}\|f(\boldsymbol{W}^{(n_l)}f(\boldsymbol{W}^{(n_l-1)}f(\cdots f(\boldsymbol{W}^{(1)}\boldsymbol{x} + \boldsymbol{b}^{(1)})\cdots) + \boldsymbol{b}^{(n_l-1)}) + \boldsymbol{b}^{(n_l)}) - \boldsymbol{y}\|^2$$

目标是计算 $\nabla_{\boldsymbol{W}^{(i)}}L, \nabla_{\boldsymbol{b}^{(i)}}L, i = 1, \cdots, n_l$。从复合函数的最外层算起，首先计算 $\nabla_{\boldsymbol{W}^{(n_l)}}L$，$\nabla_{\boldsymbol{b}^{(n_l)}}L$，然后计算 $\nabla_{\boldsymbol{W}^{(n_l-1)}}L, \nabla_{\boldsymbol{b}^{(n_l-1)}}L$，逐层向内计算。实现时，首先计算出 $\nabla_{\boldsymbol{u}^{(n_l)}}L$，然后借助于它计算出 $\nabla_{\boldsymbol{W}^{(n_l)}}L, \nabla_{\boldsymbol{b}^{(n_l)}}L$，以及 $\nabla_{\boldsymbol{u}^{(n_l-1)}}L$。接下来借助于 $\nabla_{\boldsymbol{u}^{(n_l-1)}}L$ 计算出 $\nabla_{\boldsymbol{W}^{(n_l-1)}}L, \nabla_{\boldsymbol{b}^{(n_l-1)}}L$，以及 $\nabla_{\boldsymbol{u}^{(n_l-2)}}L$。依此类推，这个过程如图 3.8 所示。

首先考虑权重矩阵与偏置向量的梯度计算。对于每一层，如果 $\nabla_{\boldsymbol{u}^{(l)}}L$ 已经算出，$\boldsymbol{u}^{(l)}$ 与 $\boldsymbol{W}^{(l)}$

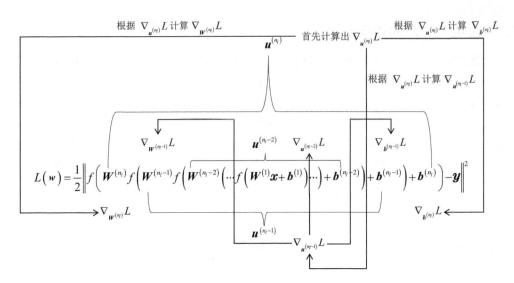

图 3.8　反向传播算法的求导顺序

和 $\boldsymbol{b}^{(l)}$ 的关系是

$$\boldsymbol{u}^{(l)} = \boldsymbol{W}^{(l)}\boldsymbol{x}^{(l-1)} + \boldsymbol{b}^{(l)}$$

根据式 (3.16) 的结论，损失函数对权重矩阵的梯度为

$$\nabla_{\boldsymbol{W}}^{(l)} L = (\nabla_{\boldsymbol{u}}^{(l)} L)(\boldsymbol{x}^{(l-1)})^{\mathrm{T}}$$

对偏置向量的梯度为

$$\nabla_{\boldsymbol{b}^{(l)}} L = \nabla_{\boldsymbol{u}^{(l)}} L$$

现在的问题是计算梯度 $\nabla_{\boldsymbol{u}^{(l)}} L$。这里分两种情况讨论，如果第 l 层是输出层，在这里只考虑对单个样本的损失函数，由于 $L = \dfrac{1}{2}\|\boldsymbol{x}^{(n_l)} - \boldsymbol{y}\|^2$，$\boldsymbol{x}^{(n_l)} = f(\boldsymbol{u}^{(n_l)})$，根据式 (3.19) 与式 (3.22) 的结论，这个梯度为

$$\nabla_{\boldsymbol{u}^{(l)}} L = (\nabla_{\boldsymbol{x}^{(l)}} L) \odot f'(\boldsymbol{u}^{(l)}) = (\boldsymbol{x}^{(l)} - \boldsymbol{y}) \odot f'(\boldsymbol{u}^{(l)}) \qquad (3.23)$$

这样我们得到输出层权重的梯度为

$$\nabla_{\boldsymbol{W}^{(l)}} L = (\boldsymbol{x}^{(l)} - \boldsymbol{y}) \odot f'(\boldsymbol{u}^{(l)})(\boldsymbol{x}^{(l-1)})^{\mathrm{T}}$$

损失函数对输出层偏置项的梯度为

$$\nabla_{\boldsymbol{b}^{(l)}} L = (\boldsymbol{x}^{(l)} - y) \odot f'(\boldsymbol{u}^{(l)})$$

下面考虑第 2 种情况。如果第 l 层是隐含层，则有

$$\boldsymbol{u}^{(l+1)} = \boldsymbol{W}^{(l+1)}\boldsymbol{x}^{(l)} + \boldsymbol{b}^{(l+1)} = \boldsymbol{W}^{(l+1)}f(\boldsymbol{u}^{(l)}) + \boldsymbol{b}^{(l+1)}$$

假设梯度 $\nabla_{\boldsymbol{u}}^{(l+1)} L$ 已经求出，根据式 (3.21) 的结论，有

$$\nabla_{\boldsymbol{u}^{(l)}} L = (\nabla_{\boldsymbol{x}^{(l)}} L) \odot f'(\boldsymbol{u}^{(l)}) = ((\boldsymbol{W}^{(l+1)})^{\mathrm{T}}\nabla_{\boldsymbol{u}^{(l+1)}} L) \odot f'(\boldsymbol{u}^{(l)}) \qquad (3.24)$$

式 (3.24) 是一个递推的关系，通过 $\nabla_{\boldsymbol{u}^{(l+1)}} L$ 可以计算出 $\nabla_{\boldsymbol{u}^{(l)}} L$，递推的起点是输出层，而输出层的梯度值在式 (3.23) 已经算出。由于根据 $\nabla_{\boldsymbol{u}^{(l)}} L$ 可以计算出 $\nabla_{\boldsymbol{W}^{(l)}} L$ 和 $\nabla_{\boldsymbol{b}^{(l)}} L$，因此可以计算出任意层权重与偏置的梯度值。

为此，我们定义误差项为损失函数对临时变量 $\boldsymbol{u}$ 的梯度

$$\boldsymbol{\delta}^{(l)} = \nabla_{\boldsymbol{u}^{(l)}} L = \begin{cases} (\boldsymbol{x}^{(l)} - y) \odot f'(\boldsymbol{u}^{(l)}), & l = n_l \\ (\boldsymbol{W}^{(l+1)})^{\mathrm{T}}(\boldsymbol{\delta}^{(l+1)}) \odot f'(\boldsymbol{u}^{(l)}), & l \neq n_l \end{cases}$$

向量 $\boldsymbol{\delta}^{(l)}$ 的尺寸和本层神经元的个数相同。这是一个递推的定义，根据 $\boldsymbol{\delta}^{(l+1)}$ 可以计算出 $\boldsymbol{\delta}^{(l)}$，递推的起点是输出层，它的误差项可以直接求出。

首先计算输出层的误差项，根据它得到输出层权重和偏置项的梯度，这是起点；根据上面的递推公式，逐层向前，利用后一层的误差项计算出本层的误差项，从而得到本层权重和偏置项的梯度。在计算过程中需要使用 $\boldsymbol{x}^{(l)}$ 的值，因此需要先用正向传播算法对输入向量进行预测，得到每一层的输出值。对反向传播算法的进一步了解可以阅读参考文献 [4]。

3.6 微分算法

第 1 章介绍了一元函数的求导方法，本章介绍了多元函数的求导方法。所谓微分算法是指通过编程实现求导。目前有 4 种实现：手动微分、符号微分、数值微分，以及自动微分。下面分别进行介绍。

3.6.1 符号微分

手动微分的做法是先人工推导目标函数对求导变量的导数计算公式，然后编程实现。这种方法费时费力，容易出错。对于每一个目标函数都需要手工进行推导，因此通用性和灵活性差。早期的神经网络库（如 OpenCV 和 Caffe）采用了这种方法，根据手动推导出的反向传播算法计算公式编写代码。

符号微分（Symbolic Differentiation）属于符号计算的范畴，其计算结果是导函数的解析表达式。符号计算用于求解数学中的解析解，得到解的表达式而非具体的数值。这通过使用人工设定的求导规则而实现，近年来，也有用深度学习进行符号计算的研究。在得到导数的解析表达式之后，将自变量的值代入，可以得到任意点处的导数值。

根据第 1 章介绍的基本函数的求导公式以及四则运算、复合函数的求导法则，符号微分算法可以得到任意可微函数的导数表达式，与人工计算的过程类似。

以下面的函数为例

$$z = \ln x + x^2 y - \sin xy$$

根据 1.2 节介绍的求导公式，符号计算得到对 x 的偏导数为

$$\frac{\partial z}{\partial x} = \frac{1}{x} + 2xy - y\cos xy$$

然后将自变量的值代入导数公式，得到该点处的导数值。符号微分计算出的表达式需要用字符串或其他数据结构存储，如表达式树（语法树）。数学软件如 Mathematica、Maple、MATLAB 中实现了这种技术。Python 的符号计算库 sympy 也提供了这类算法，在第 1 章和第 3 章已经介绍，并给出了示例代码。

对于深层复合函数，如神经网络的映射函数，符号微分算法得到的导数计算公式将会非常冗长，称为表达式膨胀（Expression Swell）。对于机器学习中的应用，不需要得到导数的表达式，而只需要计算函数在某一点处的导数值。因此，符号微分存在计算上的冗余且成本高昂。

以下面的函数为例

$$l_1 = x, \cdots, l_{n+1} = 4l_n(1 - l_n)$$

如果采用符号微分算法，当 $n = 1, 2, 3, 4$ 时的 l_n 及其导数如表 3.2 所示。

表 3.2   符号微分

乘积项数	函数	导数表达式	简化后的导数表达式
1	x	1	1
2	$4x(1-x)$	$4(1-x) - 4x$	$4 - 8x$
3	$16x(1-x)(1-2x)^2$	$16(1-x)(1-2x)^2 - 16x(1-2x)^2$ $-64x(1-x)(1-2x)$	$16(1 - 10x + 24x^2 - 16x^3)$
4	$64x(1-x)(1-2x)^2$ $(1 - 8x + 8x^2)^2$	$128x(1-x)(-8 + 16x)(1-2x)^2$ $(1 - 8x + 8x^2)$ $+64(1-x)(1-2x)^2$ $(1 - 8x + 8x^2)^2 - 64x(1-2x)^2$ $(1 - 8x + 8x^2)^2$ $-256x(1-x)(1-2x)$ $(1 - 8x + 8x^2)^2$	$64\left(\begin{array}{l} 1 - 42x + 504x^2 - 2640x^3 \\ +7040x^4 - 9984x^5 - \\ 7168x^6 - 2048x^7 \end{array}\right)$

从表 3.2 可以看出，当乘积项数增加时，符号微分计算出的导数解析式膨胀得非常严重。对于机器学习中的复杂函数，这种方法不具有太多实用价值。

3.6.2   数值微分

数值微分（Numerical Differentiation）属数值计算方法，它计算导数的近似值，通常用差分作为近似。只需要给出函数值以及自变量的差值，数值微分算法就可计算出导数值。单侧差分公式根据导数的定义直接近似计算某一点处的导数值。对于一元函数，根据导数的定义，前向差分公式为

$$f'(x) \approx \frac{f(x + h) - f(x)}{h}$$

其中 h 为接近于 0 的正数，如 0.00001。更准确的是中心差分（Center Difference Approximation）公式

$$f'(x) \approx \frac{f(x + h) - f(x - h)}{2h}$$

这是因为在 1.2.1 节证明了下面的极限成立

$$\lim_{h \to 0} \frac{f(x + h) - f(x - h)}{2h} = f'(x)$$

它比单侧差分公式有更小的误差和更好的稳定性。数值微分会导致误差，即使对于很小的 h，也会有截断误差（使用近似所带来的误差）。

对于多元函数，变量 x_i 偏导数的中心差分公式为

$$\frac{\partial f}{\partial x_i} \approx \frac{f(x_1, \cdots, x_{i-1}, x_i + h, x_{i+1}, \cdots, x_n) - f(x_1, \cdots, x_{i-1}, x_i - h, x_{i+1}, \cdots, x_n)}{2h}$$

按照上面的公式，对每个自变量求偏导时都需要两次计算函数值，因此有计算量大的问题。在机器学习领域，数值微分通常只用于检验其他算法结果的正确性，例如在实现反向传播算法的时候，用数值微分算法检验反向传播算法所求导数的正确性。这通过将其他算法所计算出的导数值

与数值微分算法所计算出的导数值进行比较而实现。

3.6.3 自动微分

自动微分（Automatic Differentiation）也称为自动求导，算法能够计算可导函数在某点处的导数值，是反向传播算法的一般化。自动微分要解决的核心问题是计算复杂函数，通常是多层复合函数在某一点处的导数、梯度，以及黑塞矩阵。它对用户屏蔽了烦琐的求导细节和过程。目前知名的深度学习开源库均提供了自动微分的功能，包括 TensorFlow、PyTorch 等。参考文献 [3] 对机器学习中的自动微分技术进行了综述。

自动微分是介于符号微分和数值微分之间的一种方法。数值微分一开始就将自变量的数值代入函数中，近似计算该点处的导数值；符号微分先得到导数的表达式，最后才代入自变量的值得到该点处的导数值。自动微分将符号微分应用于最基本的运算（或称原子操作），如常数、幂函数、指数函数、对数函数、三角函数等基本函数，代入自变量的值得到其导数值，作为中间结果进行保留。然后，根据这些基本运算单元的求导结果计算出整个函数的导数值。

与手动微分相比，自动微分有如下优势。

（1）灵活性强。对各种神经网络结构的支持更为灵活，无须手工推导这些网络的梯度计算公式。

（2）开发效率高。导数的计算由框架自动进行，无须再手工推导并编写烦琐的代码实现导数计算。

（3）不易出错，将导数的计算纳入到一个统一的框架，一次编码，多处运行。

自动微分的灵活强，由于它只对基本函数或常数运用符号微分法则，因此可以灵活地结合编程语言的循环、分支等结构，根据链式法则，借助于计算图来计算出任意复杂函数的导数值。由于存在上述优点，因此该方法在现代深度学习库中得到广泛使用。自动微分在实现时有前向模式和反向模式两种方案，将在 8.1.2 节进行介绍。

3.7 泰勒公式

下面将泰勒公式推广到多元函数。它建立了多元函数在某一点邻域内的函数值与该点处各阶偏导数的关系。

首先介绍多项式定理，是二项式定理的推广。多个数求和之后的乘方可以展开为

$$(u_1 + \cdots + u_m)^n = \sum_{p_1 + \cdots + p_m = n} \frac{n!}{p_1! \cdots p_m!} u_1^{p_1} \cdots u_m^{p_m}$$

如果 $m = 2$，即为二项式定理。

现在考虑如何用一个多元多项式近似代替某一多元函数。与一元函数类似，构造一个多项式然后求其各阶偏导数，并与函数的各阶偏导数进行比较，可以得到多项式的系数。下面直接给出结果。如果函数 $f(x_1, \cdots, x_m)$ 在 $\boldsymbol{a} = (a_1, \cdots, a_m)^\mathrm{T}$ 点处 n 阶可导，在该点处的泰勒公式为

$$f(a_1 + \Delta x_1, \cdots, a_m + \Delta x_m)$$
$$= \sum_{p=0}^{n} \frac{1}{p!} \left(\Delta x_1 \frac{\partial}{\partial x_1} + \cdots + \Delta x_m \frac{\partial}{\partial x_m} \right)^p f(a_1, \cdots, a_m) + o(\|\Delta \boldsymbol{x}\|^n)$$

其中 $\Delta \boldsymbol{x} = (\Delta x_1, \cdots, \Delta x_m)^\mathrm{T}$ 是自变量的增量。这里约定，$(\Delta x_1 \frac{\partial}{\partial x_1} + \cdots + \Delta x_m \frac{\partial}{\partial x_m})^p f(a_1,$

$\cdots, a_m)$ 按照多项式定理展开为

$$\sum_{p_1+\cdots+p_m=p} \frac{p!}{p_1!\cdots p_m!} \Delta x_1^{p_1} \cdots \Delta x_m^{p_m} \frac{\partial^p f(a_1,\cdots,a_m)}{\partial x_1^{p_1} \cdots \partial x_m^{p_m}}$$

由所有 p 阶偏导数构成。如果 $p=0$，则有

$$\left(\Delta x_1 \frac{\partial}{\partial x_1} + \cdots + \Delta x_m \frac{\partial}{\partial x_m}\right)^0 f(a_1,\cdots,a_m) = f(a_1,\cdots,a_m)$$

如果 $p=1$，则有

$$\left(\Delta x_1 \frac{\partial}{\partial x_1} + \cdots + \Delta x_m \frac{\partial}{\partial x_m}\right)^1 f(a_1,\cdots,a_m) = \sum_{i=1}^{m} \frac{\partial f}{\partial x_i} \Delta x_i$$

如果 $p=2$，则有

$$\left(\Delta x_1 \frac{\partial}{\partial x_1} + \cdots + \Delta x_m \frac{\partial}{\partial x_m}\right)^2 f(a_1,\cdots,a_m) = \sum_{i=1}^{m} \sum_{j=1}^{m} \frac{\partial^2 f}{\partial x_i \partial x_j} \Delta x_i \Delta x_j$$

因此二阶泰勒公式为

$$f(a_1 + \Delta x_1, \cdots, a_m + \Delta x_m)$$
$$= f(a_1,\cdots,a_m) + \sum_{i=1}^{m} \frac{\partial f}{\partial x_i} \Delta x_i + \frac{1}{2} \sum_{i=1}^{m} \sum_{j=1}^{m} \frac{\partial^2 f}{\partial x_i \partial x_j} \Delta x_i \Delta x_j + o(\|\Delta \boldsymbol{x}\|^2)$$

或者写成

$$f(x_1,\cdots,x_m) = f(a_1,\cdots,a_m) + \sum_{i=1}^{m} \frac{\partial f}{\partial x_i}(x_i - a_i)$$
$$+ \frac{1}{2} \sum_{i=1}^{m} \sum_{j=1}^{m} \frac{\partial^2 f}{\partial x_i \partial x_j}(x_i - a_i)(x_j - a_j) + o(\|\boldsymbol{x} - \boldsymbol{a}\|^2)$$

泰勒多项式的常数项是在该点的函数值，一次项是该点的梯度值与自变量增量的内积，二次项是以该点处的黑塞矩阵为系数的二次型。写成下面的矩阵形式更为简洁。

$$f(\boldsymbol{x}) = f(\boldsymbol{a}) + (\nabla f(\boldsymbol{a}))^{\mathrm{T}}(\boldsymbol{x} - \boldsymbol{a}) + \frac{1}{2}(\boldsymbol{x} - \boldsymbol{a})^{\mathrm{T}} \boldsymbol{H}(\boldsymbol{x} - \boldsymbol{a}) + o(\|\boldsymbol{x} - \boldsymbol{a}\|^2) \qquad (3.25)$$

其中 $\boldsymbol{H}$ 为函数在点 $\boldsymbol{a}$ 处的黑塞矩阵，式 (3.25) 形式上与一元函数泰勒公式是统一的。一次项 $(\nabla f(\boldsymbol{a}))^{\mathrm{T}}(\boldsymbol{x} - \boldsymbol{a})$ 对应一元函数泰勒公式中的 $f'(a)(x-a)$。二次项 $\frac{1}{2}(\boldsymbol{x} - \boldsymbol{a})^{\mathrm{T}} \boldsymbol{H}(\boldsymbol{x} - \boldsymbol{a})$ 对应一元函数泰勒公式中的 $\frac{1}{2} f''(a)(x-a)^2$。因此非常容易记忆。

下面举例说明。对如下的函数在 $(0,0)$ 点处做二阶泰勒展开

$$f(x,y) = \mathrm{e}^{xy}$$

在 $(0,0)$ 点处的函数值为 1。首先计算其在 $(0,0)$ 点处的一阶偏导数

$$\frac{\partial f}{\partial x} = y\mathrm{e}^{xy}, \frac{\partial f}{\partial y} = x\mathrm{e}^{xy}$$

将 $(0,0)$ 代入，得到该点处的梯度为

$$\nabla f(\boldsymbol{0}) = (0\ 0)^{\mathrm{T}}$$

接下来计算其黑塞矩阵

$$\begin{pmatrix} \dfrac{\partial^2 f}{\partial x^2} & \dfrac{\partial^2 f}{\partial x \partial y} \\ \dfrac{\partial^2 f}{\partial y \partial x} & \dfrac{\partial^2 f}{\partial x^2} \end{pmatrix} = \begin{pmatrix} y^2 \mathrm{e}^{xy} & \mathrm{e}^{xy} + xy\mathrm{e}^{xy} \\ \mathrm{e}^{xy} + xy\mathrm{e}^{xy} & x^2 \mathrm{e}^{xy} \end{pmatrix}$$

将 $(0,0)$ 代入，得到该点处的黑塞矩阵为

$$\begin{pmatrix} 0 & 1 \\ 1 & 0 \end{pmatrix}$$

因此其二阶泰勒展开为

$$f(\boldsymbol{x}) = 1 + \frac{1}{2}\boldsymbol{x}^{\mathrm{T}} \begin{pmatrix} 0 & 1 \\ 1 & 0 \end{pmatrix} \boldsymbol{x} + o(\|\boldsymbol{x}\|^2)$$

　　利用泰勒公式可以推导出多元函数极值的判别法则。对于函数 $f(\boldsymbol{x})$，如果 $\boldsymbol{x} = \boldsymbol{a}$ 是其驻点，则在该点处的泰勒展开为

$$f(\boldsymbol{a} + \boldsymbol{h}) = f(\boldsymbol{a}) + (\nabla f(\boldsymbol{a}))^{\mathrm{T}} \boldsymbol{h} + \frac{1}{2}\boldsymbol{h}^{\mathrm{T}} \boldsymbol{H} \boldsymbol{h} + o(\|\boldsymbol{h}\|^2)$$
$$= f(\boldsymbol{a}) + \frac{1}{2}\boldsymbol{h}^{\mathrm{T}} \boldsymbol{H} \boldsymbol{h} + o(\|\boldsymbol{h}\|^2)$$

其中 $\boldsymbol{h}$ 为自变量的增量。如果在 $\boldsymbol{a}$ 处黑塞矩阵 $\boldsymbol{H}$ 正定，则对于任意非 $\boldsymbol{0}$ 的 $\boldsymbol{h}$ 都有

$$\boldsymbol{h}^{\mathrm{T}} \boldsymbol{H} \boldsymbol{h} > 0$$

如果 $\boldsymbol{h}$ 足够小，则泰勒展开中的高阶无穷小可以忽略，从而得到

$$f(\boldsymbol{a} + \boldsymbol{h}) - f(\boldsymbol{a}) = \frac{1}{2}\boldsymbol{h}^{\mathrm{T}} \boldsymbol{H} \boldsymbol{h} + o(\|\boldsymbol{h}\|^2) > 0$$

即 $\boldsymbol{a}$ 的 δ 去心邻域内的任意点 $\boldsymbol{a}+\boldsymbol{h}$ 处的函数值都大于点 $\boldsymbol{a}$ 处的函数值，因此 $\boldsymbol{a}$ 是一个极小值点。

　　如果在 $\boldsymbol{a}$ 处黑塞矩阵 $\boldsymbol{H}$ 负定，则对于任意的 $\boldsymbol{h}$ 都有

$$\boldsymbol{h}^{\mathrm{T}} \boldsymbol{H} \boldsymbol{h} < 0$$

　　如果 $\boldsymbol{h}$ 足够小，则泰勒展开中的高阶无穷小可以忽略，从而得到

$$f(\boldsymbol{a} + \boldsymbol{h}) - f(\boldsymbol{a}) = \frac{1}{2}\boldsymbol{h}^{\mathrm{T}} \boldsymbol{H} \boldsymbol{h} + o(\|\boldsymbol{h}\|^2) < 0$$

即 $\boldsymbol{a}$ 的 δ 去心邻域内的任意点 $\boldsymbol{a} + \boldsymbol{h}$ 处的函数值都小于点 $\boldsymbol{a}$ 处的函数值，因此 $\boldsymbol{a}$ 是一个极大值点。

　　在求解最优化问题的数值算法中，通常用泰勒多项式近似代替目标函数，梯度下降法使用一阶泰勒展开，牛顿法与拟牛顿法使用二阶泰勒展开，式 (3.25) 是推导这些算法的基础。

3.8　多重积分

　　多重积分是定积分对多元函数的推广。对于二元函数为二重积分；对于三元函数为三重积分；可以依此类推到自变量为任意维数的函数。在计算时，通常将多重积分转为累次的一元积分，依次计算。一元函数定积分的换元法也可以推广到多元函数的情况，借助于雅可比行列式，形式上是统一的。典型的是二重积分的极坐标变换，三重积分的球坐标和柱坐标变换。

3.8.1　二重积分

假设 D 为二维平面（xy 平面）内可求面积的封闭区域，函数 $z = f(x, y)$ 在该区域内有定义且连续。我们要计算以 D 为底，以曲面 $z = f(x, y)$ 为顶的曲顶柱体体积。如果 D 为一个矩形区域，则如图 3.9 所示。

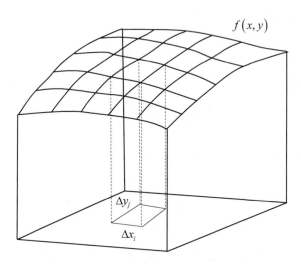

图 3.9　二重积分的几何意义

仿照定积分的做法，将区域 D 划分为若干可求面积的小块 $D_1, \cdots, D_p$，将 D_i 的面积记为 $\Delta\sigma_i$。在 D_i 内取一点 (ξ_i, η_i)，则 $f(\xi_i, \eta_i)\Delta\sigma_i$ 可以作为以 D_i 为底，以 $z = f(x, y)$ 为顶的小曲顶柱体体积的近似值，将这些小柱体的体积累加即可得到整个曲顶柱体体积的近似值

$$\sum_{i=1}^{p} f(\xi_i, \eta_i)\Delta\sigma_i$$

分割得越精细，逼近程度越高。如果分割得足够细，且函数满足一定的条件，则上面的和的极限就是该曲顶柱体的体积

$$\lim_{\Delta\sigma \to 0} \sum_{i=1}^{p} f(\xi_i, \eta_i)\Delta\sigma_i$$

这个极限就是二重积分，记为

$$\iint_D f(x, y)\mathrm{d}\sigma$$

下面考虑一种特殊的区域分割方式。对区域 D 用平行于 x 轴和 y 轴的线进行分割，在 x 轴方向的分割点为 $x_0, x_1, \cdots, x_m$，在 y 轴方向的分割点为 $y_0, y_1, \cdots, y_n$。令 $\Delta x_i = x_i - x_{i-1}$，$\Delta y_j = y_j - y_{j-1}$，则小区域为矩形，其面积为 $\Delta\sigma_k = \Delta x_i \times \Delta y_j$，上面的极限可以写成

$$\lim_{\Delta x, \Delta y \to 0} \sum_{i=1}^{m} \sum_{j=1}^{n} f(\xi_{ij}, \eta_{ij})\Delta x_i \Delta y_j$$

在这里，矩形的边长 $\Delta x, \Delta y$ 都趋向于 0。与上面的极限相对应，二重积分可以记为

$$\iint_D f(x, y)\mathrm{d}x\mathrm{d}y \tag{3.26}$$

或者写成

$$\iint_D f(x, y)\mathrm{d}(x, y)$$

这里称 $\mathrm{d}x\mathrm{d}y$ 为面积元。二重积分具有与定积分类似的各种性质，在这里不重复讲述。

在计算时，一般转化成两次定积分，称为累次积分，对任意一个变量先进行积分均可。对于式 (3.26) 的二重积分，可按下面的累次积分进行计算

$$\iint_D f(x,y)\mathrm{d}x\mathrm{d}y = \int_V \left(\int_W f(x,y)\mathrm{d}y\right)\mathrm{d}x = \int_W \left(\int_V f(x,y)\mathrm{d}x\right)\mathrm{d}y \tag{3.27}$$

其中 V 为 x 的区间范围，W 为 y 的区间范围。如果先对 y 进行积分，则 W 的下界和上界一般情况下是 x 的函数，V 的下界和上界为常数。因此有

$$\iint_D f(x,y)\mathrm{d}x\mathrm{d}y = \int_a^b \left(\int_{\varphi(x)}^{\psi(x)} f(x,y)\mathrm{d}y\right)\mathrm{d}x \tag{3.28}$$

这种累次积分的区间如图 3.10 所示。对 y 积分时将 x 看作常数。

假设 D 为 $y = x^2$ 与 $y = x$ 围成的区域，计算下面的二重积分

$$\iint_D (x^2 + y^2)\mathrm{d}x\mathrm{d}y$$

曲线 $y = x^2$ 与 $y = x$ 的交点为 $(0,0)$ 与 $(1,1)$，积分区域如图 3.11 所示。

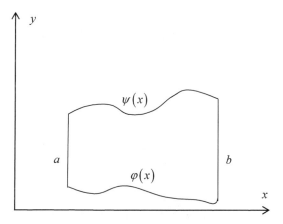

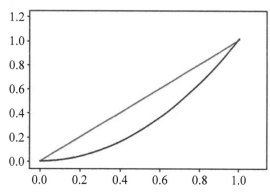

图 3.10　二重积分转化为累次积分时的区间　　　　图 3.11　二重积分的积分区域

选择先对 y 积分，再对 x 积分，有

$$\iint_D (x^2 + y^2)\mathrm{d}x\mathrm{d}y = \int_0^1 \int_{x^2}^x (x^2 + y^2)\mathrm{d}y\mathrm{d}x = \int_0^1 \left(x^2 y + \frac{1}{3}y^3\bigg|_{x^2}^x\right)\mathrm{d}x$$

$$= \int_0^1 \left(x^3 - x^4 + \frac{1}{3}x^3 - \frac{1}{3}x^6\right)\mathrm{d}x = \frac{1}{3}x^4 - \frac{1}{5}x^5 - \frac{1}{21}x^7\bigg|_0^1 = \frac{2}{7} - \frac{1}{5} = \frac{3}{35}$$

也可以先对 x 积分再对 y 积分，结果是相同的。

积分区域 D 为 $x^2 + y^2 \leqslant 2ax$ 与 $x^2 + y^2 \leqslant 2ay$ 的公共部分（$a > 0$），将下面的二重积分化为累次积分

$$\iint_D f(x,y)\mathrm{d}x\mathrm{d}y$$

$x^2 + y^2 \leqslant 2ax$ 与 $x^2 + y^2 \leqslant 2ay$ 是两个半径均为 a 的圆，其圆心分别为 $(a,0)$ 与 $(0,a)$，它们的交点为 $(0,0)$ 与 (a,a)。积分区域的图像如图 3.12 所示。

如果选择先对 y 积分，则有

$$\iint_D f(x,y)\mathrm{d}x\mathrm{d}y = \int_0^a \mathrm{d}x \int_{a-\sqrt{a^2-x^2}}^{\sqrt{2ax-x^2}} f(x,y)\mathrm{d}y$$

如果先对 x 积分，则有

$$\iint_D f(x,y)\mathrm{d}x\mathrm{d}y = \int_0^a \mathrm{d}y \int_{a-\sqrt{a^2-y^2}}^{\sqrt{2ay-y^2}} f(x,y)\mathrm{d}x$$

二重积分的积分区域可以为无穷，被积函数可以无界，与一元函数的广义积分类似。使用累次积分的策略，可以化为一元的广义积分。

与定积分类似，某些二重积分难以直接计算，此时可以采用换元法。极坐标变换是一种常用的换元法，用于计算某些在直角坐标系下难以计算的二重积分，这可以看作定积分换元法对二元函数的推广。

令 $x = r\cos\theta$ 且 $y = r\sin\theta$，则可将积分从直角坐标系变换到极坐标系，变换公式为

$$\iint_D f(x,y)\mathrm{d}x\mathrm{d}y = \iint_{D'} f(r\cos\theta, r\sin\theta)r\mathrm{d}r\mathrm{d}\theta \tag{3.29}$$

其中 D' 为 D 在极坐标系下对应的区域，由 r,θ 的下界和上界构成。式 (3.29) 右侧的被积函数中多出了 r 这一项，在 3.8.3 节中我们将进行推导。在极坐标系下，同样需要转换为累次积分计算。

下面用极坐标变换来计算一个重要的积分。对于如下的二重积分

$$\int_{-\infty}^{+\infty} \int_{-\infty}^{+\infty} \mathrm{e}^{-x^2-y^2}\mathrm{d}x\mathrm{d}y$$

其被积函数称为二维高斯函数，在概率论中被广泛使用，正态分布的概率密度函数具有这种形式。其被积函数形状如图 3.13 所示。

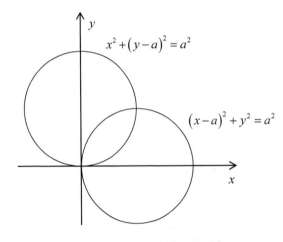

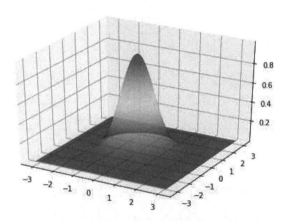

图 3.12　二重积分的积分区域　　　　　图 3.13　二维高斯函数的形状

采用极坐标变换，因为 $-x^2 - y^2 = -r^2$，在极坐标系下的积分区域为

$$D' = \{(r,\theta)|0 \leqslant \theta \leqslant 2\pi, 0 \leqslant r < +\infty\}$$

因此有

$$\int_{-\infty}^{+\infty} \int_{-\infty}^{+\infty} \mathrm{e}^{-x^2-y^2}\mathrm{d}x\mathrm{d}y = \int_0^{2\pi} \int_0^{+\infty} \mathrm{e}^{-r^2}r\mathrm{d}r\mathrm{d}\theta = \int_0^{2\pi}\left(-\frac{1}{2}\mathrm{e}^{-r^2}|_0^{+\infty}\right)\mathrm{d}\theta = \int_0^{2\pi}\frac{1}{2}\mathrm{d}\theta$$
$$= \pi$$

而

$$\int_{-\infty}^{+\infty} \int_{-\infty}^{+\infty} \mathrm{e}^{-x^2-y^2}\mathrm{d}x\mathrm{d}y = \int_{-\infty}^{+\infty} \int_{-\infty}^{+\infty} \mathrm{e}^{-x^2}\mathrm{e}^{-y^2}\mathrm{d}x\mathrm{d}y = \left(\int_{-\infty}^{+\infty} \mathrm{e}^{-x^2}\mathrm{d}x\right)\left(\int_{-\infty}^{+\infty} \mathrm{e}^{-y^2}\mathrm{d}y\right)$$

由此可得

$$\int_{-\infty}^{+\infty} \mathrm{e}^{-x^2}\mathrm{d}x = \sqrt{\pi} \tag{3.30}$$

在 5.3.6 节正态分布以及 5.5.5 节多维正态分布中将会使用此结果。

3.8.2　三重积分

有三维空间的封闭区域 D，函数 $f(x,y,z)$ 在该区域内有定义且连续，其值为 (x,y,z) 点处的密度。我们要计算区域 D 内物体的质量。仿照 3.8.1 节的方法，将区域 D 分割成小区域 $D_1, D_2, \cdots, D_p$，假设 D_i 的体积为 Δv_i。在 D_i 内任取一点 (ξ_i, η_i, ζ_i)，该区域的质量近似为 $f(\xi_i, \eta_i, \zeta_i)\Delta v_i$。整个区域的质量近似为

$$\sum_{i=1}^{p} f(\xi_i, \eta_i, \zeta_i)\Delta v_i$$

如果划分得足够细，且函数满足一定的条件，则下面的极限即为我们要计算的质量

$$\lim_{\Delta v \to 0} \sum_{i=1}^{p} f(\xi_i, \eta_i, \zeta_i)\Delta v_i$$

此极限可以记为

$$\iiint_D f(x, y, z)\mathrm{d}v$$

称为三重积分。如果用平行于 x, y, z 轴的平面对 D 进行分割，则小区域为长方体，其体积为 $\Delta v_t = \Delta x_i \times \Delta y_j \times \Delta z_k$，上面的极限可以写成

$$\lim_{\Delta x, \Delta y, \Delta z \to 0} \sum_{i=1}^{m} \sum_{j=1}^{n} \sum_{k=1}^{l} f(\xi_{ijk}, \eta_{ijk}, \zeta_{ijk})\Delta x_i \Delta y_j \Delta z_k$$

相应地，三重积分可以记为

$$\iiint_D f(x, y, z)\mathrm{d}x\mathrm{d}y\mathrm{d}z \tag{3.31}$$

或者写成

$$\iiint_D f(x, y, z)\mathrm{d}(x, y, z)$$

同样，三重积分可以转换为累次积分进行计算。如果选择按照 z, y, x 的顺序进行积分，z 的上下限是 x, y 的函数，y 的上下限是 x 的函数。积分区域可以写成

$$D = \{(x, y, z) \,|\, \varphi(x, y) \leqslant z \leqslant \psi(x, y), (x, y) \in D_{xy}\}$$
$$D_{xy} = \{(x, y) | \varphi(x) \leqslant y \leqslant \psi(x), \varphi \leqslant x \leqslant \psi\}$$

式 (3.31) 的三重积分转为累计积分后为

$$\iiint_D f(x, y, z)\mathrm{d}x\mathrm{d}y\mathrm{d}z = \int_{\varphi}^{\psi} \mathrm{d}x \int_{\varphi(x)}^{\psi(x)} \mathrm{d}y \int_{\varphi(x,y)}^{\psi(x,y)} f(x, y, z)\mathrm{d}z \tag{3.32}$$

按照其他的顺序进行积分也是可以的。对 z 积分时将 x 和 y 看作常数。

积分区域 D 由 3 个坐标面以及平面 $x + y + 2z = 2$ 围成，计算下面的三重积分

$$\iiint_D x\mathrm{d}x\mathrm{d}y\mathrm{d}z$$

积分区域可以写成

$$D = \{(x, y, z) | 0 \leqslant z \leqslant 1 - \frac{1}{2}(x + y), (x, y) \in D_{xy}\}$$
$$D_{xy} = \{(x, y) | x \geqslant 0, y \geqslant 0, x \leqslant 2 - y\}$$

如图 3.14 所示。

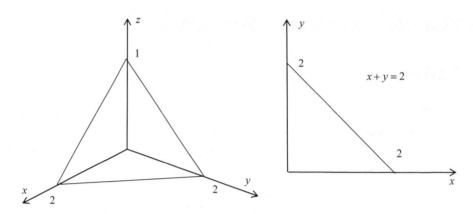

图 3.14　三重积分的积分区域

因此有

$$
\begin{aligned}
\iiint_D x\mathrm{d}x\mathrm{d}y\mathrm{d}z &= \iint_{D_{xy}} \mathrm{d}x\mathrm{d}y \int_0^{1-\frac{1}{2}(x+y)} x\mathrm{d}z = \iint_{D_{xy}} \left(1 - \frac{1}{2}(x+y)\right) x\mathrm{d}x\mathrm{d}y \\
&= \int_0^2 \mathrm{d}y \int_0^{2-y} \left(1 - \frac{1}{2}(x+y)\right) x\mathrm{d}x = \int_0^2 \left(\left(1 - \frac{1}{2}y\right)\frac{1}{2}x^2 - \frac{1}{6}x^3\right)\Big|_0^{2-y} \mathrm{d}y \\
&= \frac{1}{12}\int_0^2 (2-y)^3 \mathrm{d}y = \frac{1}{3}
\end{aligned}
$$

对于某些在直角坐标系下难以计算的三重积分，可以用球坐标变换和柱坐标变换进行计算。如果令

$$
x = r\cos\theta\sin\phi \qquad\qquad y = r\sin\theta\sin\phi \qquad\qquad z = r\cos\phi
$$

则可将三重积分变换到球坐标系上计算。

如图 3.15 所示，点 A 在直角坐标系下的坐标为 (x, y, z)，在这里 r 为 A 与原点的距离，ϕ 为原点与 A 之间的连线 OA 与 z 轴正半轴的夹角，类似于纬度（与纬度刚好互补），如果 A 在 x, y 平面内的投影为 B，则 θ 为 OB 与 x 正半轴的夹角，类似于经度。球坐标系下各分量的取值范围为

$$
0 \leqslant r \leqslant +\infty \qquad\qquad 0 \leqslant \phi \leqslant \pi \qquad\qquad 0 \leqslant \theta \leqslant 2\pi
$$

三重积分从直角坐标系变换到球坐标系的公式为

$$
\iiint_D f(x,y,z)\mathrm{d}x\mathrm{d}y\mathrm{d}z = \iiint_{D'} f(r\cos\theta\sin\phi, r\sin\theta\sin\phi, r\cos\phi)r^2\sin\phi\mathrm{d}r\mathrm{d}\theta\mathrm{d}\phi \tag{3.33}
$$

其中 D' 为 D 在球坐标系下对应的区域。式 (3.33) 右侧积分函数中多出了 $r^2\sin\phi$ 这一项，在 3.8.3 节将进行推导。

用球坐标变换计算下面的积分

$$
\iiint_D (x^2 + y^2 + z^2)\mathrm{d}x\mathrm{d}y\mathrm{d}z
$$

其中 D 是由圆锥 $z = \sqrt{x^2 + y^2}$ 与球面 $x^2 + y^2 + z^2 = a^2$ 所围成的区域。球面决定了 r 的变化范围，圆锥决定了 ϕ 的变化范围，在球坐标系下的积分区域为

$$
D' = \{(r, \theta, \phi) | 0 \leqslant r \leqslant a, 0 \leqslant \theta \leqslant 2\pi, 0 \leqslant \phi \leqslant \pi/4\}
$$

由于 $x^2 + y^2 + z^2 = r^2$，使用球坐标变换有

$$
\iiint_D (x^2 + y^2 + z^2)\mathrm{d}x\mathrm{d}y\mathrm{d}z = \int_0^{\frac{\pi}{4}} \mathrm{d}\phi \int_0^{2\pi} \mathrm{d}\theta \int_0^a r^4\cos\phi\mathrm{d}r = \frac{2-\sqrt{2}}{5}a^5\pi
$$

积分区域 D 为 $x^2 + y^2 + z^2 \leqslant 2z$，用球坐标变换计算下面的积分

$$\iiint_D \left(\sqrt{x^2 + y^2 + z^2} \right)^5 \mathrm{d}x\mathrm{d}y\mathrm{d}z$$

积分区域是球体 $x^2 + y^2 + (z-1)^2 = 1$。在极坐标系下的积分区域为

$$D' = \left\{ (r, \phi, \theta) \left| 0 \leqslant \theta \leqslant 2\pi, 0 \leqslant \phi \leqslant \frac{\pi}{2}, 0 \leqslant r \leqslant 2\cos\phi \right. \right\}$$

因此有

$$\iiint_D \left(\sqrt{x^2 + y^2 + z^2} \right)^5 \mathrm{d}x\mathrm{d}y\mathrm{d}z = \int_0^{2\pi} \mathrm{d}\theta \int_0^{\frac{\pi}{2}} \mathrm{d}\phi \int_0^{2\cos\phi} r^5 \cdot r^2 \sin\phi \mathrm{d}r$$

$$= 2\pi \int_0^{\frac{\pi}{2}} \sin\phi \frac{1}{8} r^8 \Big|_0^{2\cos\phi} \mathrm{d}\phi = -\frac{\pi}{4} \int_0^{\frac{\pi}{2}} 64\cos^8\phi \mathrm{d}\cos\phi = \frac{64}{9}\pi$$

将极坐标变换推广到三维空间，保持 z 坐标不变，可以得到柱坐标变换。由柱坐标系到直角坐标系的变换公式为

$$x = r\cos\theta \qquad\qquad y = r\sin\theta \qquad\qquad z = z$$

点 A 在直角坐标系下的坐标为 (x, y, z)，其在 xy 平面的投影为 B，如图 3.16 所示，则柱坐标系下的坐标 z 仍然为直角坐标系下的 z。r 为 B 到原点的距离，θ 为 OB 与 x 轴正半轴的夹角。

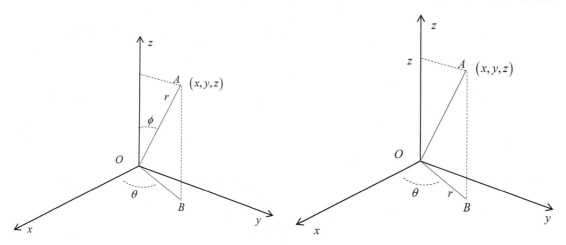

图 3.15　球坐标系　　　　　　　　　　图 3.16　柱坐标系

柱坐标系下各分量的变动范围为

$$0 \leqslant r \leqslant +\infty \qquad\qquad 0 \leqslant \theta \leqslant 2\pi \qquad\qquad -\infty < z < +\infty$$

从直角坐标系到柱坐标系的变换公式为

$$\iiint_D f(x, y, z)\mathrm{d}x\mathrm{d}y\mathrm{d}z = \iiint_{D'} f(r\cos\theta, r\sin\theta, z)r\mathrm{d}r\mathrm{d}\theta\mathrm{d}z \tag{3.34}$$

其中 D' 为 D 在柱坐标系下对应的区域。式 (3.34) 右侧的被积函数中多出了 r 这一项，与极坐标变换相同。

积分区域为 $D: x^2 + y^2 \leqslant 2z, z \leqslant 2$，用柱坐标变换计算下面的积分

$$\iiint_D (x^2 + y^2)\mathrm{d}x\mathrm{d}y\mathrm{d}z$$

积分区域是旋转抛物面 $x^2 + y^2 = 2z$ 与平面 $z \leqslant 2$ 所围成的区域，前者为 z 的下限，后者为 z 的上限。采用柱坐标变换，则积分区域在柱坐标系下为

$$D' = \left\{ (r, \theta, z) \left| \frac{1}{2} r^2 \leqslant z \leqslant 2, 0 \leqslant r \leqslant 2, 0 \leqslant \theta \leqslant 2\pi \right. \right\}$$

由于 $x^2 + y^2 = r^2$，因此有

$$\iiint_D (x^2 + y^2)\mathrm{d}x\mathrm{d}y\mathrm{d}z = \iiint_{D'} r^2 \cdot r\mathrm{d}r\mathrm{d}\theta\mathrm{d}z$$

$$= \int_0^{2\pi} \mathrm{d}\theta \int_0^2 \mathrm{d}r \int_{\frac{1}{2}r^2}^2 r^3\mathrm{d}z = 2\pi \int_0^2 r^3 \left(2 - \frac{1}{2}r2\right)\mathrm{d}r = \frac{16}{3}\pi$$

3.8.3　n 重积分

对二重积分和三重积分进行推广可以得到 n 重积分。n 重积分记为

$$\int \cdots \int_D f(x_1, \cdots, x_n)\mathrm{d}x_1 \cdots \mathrm{d}x_n$$

其中 D 为 $\mathbb{R}^n$ 空间中的封闭区域。上面的积分也可以写成

$$\int \cdots \int_D f(x_1, \cdots, x_n)\mathrm{d}(x_1, \cdots, x_n)$$

在计算时，同样转化成累次积分，对 x_i 积分时将 $x_1, \cdots, x_{i-1}$ 看作常数

$$\int \cdots \int_D f(x_1, \cdots, x_n)\mathrm{d}x_1 \cdots \mathrm{d}x_n = \int_\varphi^\psi \mathrm{d}x_1 \int_{\varphi(x_1)}^{\psi(x_1)} \mathrm{d}x_2 \cdots \int_{\varphi(x_1, \cdots, x_{n-1})}^{\psi(x_1, \cdots, x_{n-1})} f(x_1, \cdots, x_n)\mathrm{d}x_n$$

$$(3.35)$$

其中 φ 和 ψ 分别为积分下界和上界。为简化表述，在本书的后续章节中将多重积分记为

$$\int_D f(\boldsymbol{x})\mathrm{d}\boldsymbol{x}$$

下面计算一个重要的 n 重积分

$$\int_{\mathbb{R}^n} \exp(-\boldsymbol{x}^{\mathrm{T}}\boldsymbol{x})\mathrm{d}\boldsymbol{x} = \int_{-\infty}^{+\infty} \cdots \int_{-\infty}^{+\infty} \mathrm{e}^{-x_1^2 - x_2^2 - \cdots - x_n^2}\mathrm{d}x_1 \cdots \mathrm{d}x_n = \int_{-\infty}^{+\infty} \mathrm{e}^{-x_1^2}\mathrm{d}x_1 \cdots \int_{-\infty}^{+\infty} \mathrm{e}^{-x_n^2}\mathrm{d}x_n$$

$$= \pi^{n/2}$$

这里使用了式 (3.30) 的结论，这一结果将用于多维正态分布。

下面介绍多重积分的换元法。首先回顾一元函数积分换元法。有闭区间 $I = [\alpha, \beta]$，$\varphi(t)$ 是一个连续可微函数且满足

$$\varphi'(t) \neq 0, \alpha < t < \beta$$

假设 $f(x)$ 在区间 $\varphi(I)$ 内连续，如果 $\varphi(t)$ 单调增即 $\varphi'(t) > 0$，令 $x = \varphi(t)$，则有

$$\int_{\varphi(\alpha)}^{\varphi(\beta)} f(x)\mathrm{d}x = \int_\alpha^\beta f(\varphi(t))\varphi'(t)\mathrm{d}t$$

如果 $\varphi(t)$ 单调减即 $\varphi'(t) < 0$，则积分上下限需要互换，有

$$\int_{\varphi(\beta)}^{\varphi(\alpha)} f(x)\mathrm{d}x = \int_\alpha^\beta f(\varphi(t))\varphi'(t)\mathrm{d}t$$

即

$$\int_{\varphi(\alpha)}^{\varphi(\beta)} f(x)\mathrm{d}x = -\int_\alpha^\beta f(\varphi(t))\varphi'(t)\mathrm{d}t$$

综合这两种情况，可以写成

$$\int_{\varphi(\alpha)}^{\varphi(\beta)} f(x)\mathrm{d}x = \int_\alpha^\beta f(\varphi(t))|\varphi'(t)|\mathrm{d}t \tag{3.36}$$

对于多元积分有类似的换元法则。对多重积分进行如下的 $\mathbb{R}^n \to \mathbb{R}^n$ 变换

$$\boldsymbol{x} = \varphi(\boldsymbol{y})$$

如果该变换的雅可比行列式非 0

$$\det\left(\frac{\partial \boldsymbol{x}}{\partial \boldsymbol{y}}\right) \neq 0$$

借助于雅可比行列式，多重积分的变换公式为

$$\iint \cdots \int_D f(\boldsymbol{x})\mathrm{d}\boldsymbol{x} = \iint \cdots \int_{D'} f(\varphi(\boldsymbol{y}))\left|\det\left(\frac{\partial \boldsymbol{x}}{\partial \boldsymbol{y}}\right)\right|\mathrm{d}\boldsymbol{y} \tag{3.37}$$

其中 D' 为变换后的积分区域，$\left|\det\left(\frac{\partial \boldsymbol{x}}{\partial \boldsymbol{y}}\right)\right|$ 为此变换的雅可比行列式的绝对值。式 (3.36) 与式 (3.37) 形式上是统一的，在这里，雅可比行列式充当了一元函数积分换元公式中一阶导数的角色。

对于二重积分，使用变换

$$x = g_1(u, v) \quad y = g_2(u, v)$$

雅可比行列式为

$$\det\left(\frac{\partial(x, y)}{\partial(u, v)}\right) = \begin{vmatrix} \dfrac{\partial x}{\partial u} & \dfrac{\partial x}{\partial v} \\ \dfrac{\partial y}{\partial u} & \dfrac{\partial y}{\partial v} \end{vmatrix}$$

式 (3.37) 变为

$$\iint_D f(x, y)\mathrm{d}x\mathrm{d}y = \iint_{D'} f(g_1(u, v), g_2(u, v))\left|\det\left(\frac{\partial(x, y)}{\partial(u, v)}\right)\right|\mathrm{d}u\mathrm{d}v$$

二重积分的极坐标变换，三重积分的球坐标变换、柱坐标变换是式 (3.37) 的特例。对于极坐标变换，雅可比行列式为

$$\left|\frac{\partial(x, y)}{\partial(r, \theta)}\right| = \begin{vmatrix} \cos\theta & -r\sin\theta \\ \sin\theta & r\cos\theta \end{vmatrix} = r$$

对于球坐标变换，雅可比行列式为

$$\left|\frac{\partial(x, y, z)}{\partial(r, \theta, \phi)}\right| = \begin{vmatrix} \cos\theta\sin\phi & -r\sin\theta\sin\phi & r\cos\theta\cos\phi \\ \sin\theta\sin\phi & r\cos\theta\sin\phi & r\sin\theta\cos\phi \\ \cos\phi & 0 & -r\sin\phi \end{vmatrix} = -r^2\sin\phi$$

对于柱坐标变换，雅可比行列式为

$$\left|\frac{\partial(x, y, z)}{\partial(r, \theta, z)}\right| = \begin{vmatrix} \cos\theta & -r\sin\theta & 0 \\ \sin\theta & r\cos\theta & 0 \\ 0 & 0 & 1 \end{vmatrix} = r$$

下面举例说明多元函数积分换元法的使用。对于下面的二重积分

$$\iint_D \sqrt{\frac{x^2}{a^2} + \frac{y^2}{b^2}}\mathrm{d}x\mathrm{d}y$$

其中 D 为 $\frac{x^2}{a^2} + \frac{y^2}{b^2} \leqslant 1$。进行如下变换

$$x = ar\cos\theta, y = br\sin\theta$$

则

$$\sqrt{\frac{x^2}{a^2} + \frac{y^2}{b^2}} = \sqrt{\frac{a^2 r^2 \cos^2\theta}{a^2} + \frac{b^2 r^2 \sin^2\theta}{b^2}} = r$$

该变换的雅可比行列式为

$$\left| \frac{\partial(x,y)}{\partial(r,\theta)} \right| = \begin{vmatrix} a\cos\theta & -ar\sin\theta \\ b\sin\theta & br\cos\theta \end{vmatrix} = abr$$

变换之后的积分区域为 $D' = \{(r,\theta) | 0 \leqslant r \leqslant 1, 0 \leqslant \theta \leqslant 2\pi\}$。因此有

$$\iint_D \sqrt{\frac{x^2}{a^2} + \frac{y^2}{b^2}} \mathrm{d}x\mathrm{d}y = \int_0^{2\pi} \int_0^1 r \left| \det\left(\frac{\partial(x,y)}{\partial(r,\theta)} \right) \right| \mathrm{d}r\mathrm{d}\theta = \int_0^{2\pi} \int_0^1 abr^2 \mathrm{d}r\mathrm{d}\theta = \frac{2\pi}{3} ab$$

用换元法计算下面的积分

$$\iiint_D (x+y-z)(-x+y+z)(x-y+z)\mathrm{d}x\mathrm{d}y\mathrm{d}z$$

区域 D 为

$$0 \leqslant x+y-z \leqslant 1, \qquad 0 \leqslant -x+y+z \leqslant 1, \qquad 0 \leqslant x-y+z \leqslant 1$$

进行如下变换

$$u = x+y-z, \qquad v = -x+y+z, \qquad w = x-y+z$$

其雅可比行列式为

$$\det\left(\frac{\partial(u,v,w)}{\partial(x,y,z)} \right) = \begin{vmatrix} 1 & 1 & -1 \\ -1 & 1 & 1 \\ 1 & -1 & 1 \end{vmatrix} = 4$$

逆变换的雅可比行列式为其逆

$$\det\left(\frac{\partial(x,y,z)}{\partial(u,v,w)} \right) = \frac{1}{4}$$

变换之后的积分区域为 $D' = \{(u,v,w) | 0 \leqslant u \leqslant 1, 0 \leqslant v \leqslant 1, 0 \leqslant w \leqslant 1\}$。因此有

$$\iiint_D (x+y-z)(-x+y+z)(x-y+z)\mathrm{d}x\mathrm{d}y\mathrm{d}z = \frac{1}{4} \int_0^1 \int_0^1 \int_0^1 uvw\mathrm{d}u\mathrm{d}v\mathrm{d}w = \frac{1}{32}$$

3.9　无穷级数

　　无穷级数是常数数列或函数数列无穷多项求和的结果，是研究函数性质以及实现数值算法的有力工具。本节介绍常数项级数与函数项级数的核心知识，它们将被用于概率论、随机过程以及强化学习。

3.9.1　常数项级数

　　常数项级数是对常数数列的所有项求和的结果。对于常数项数列

$$a_1, a_2, \cdots, a_n, \cdots$$

其所有项求和的结果称为无穷级数

$$a_1 + a_2 + \cdots + a_n + \cdots$$

记为 $\sum\limits_{n=1}^{+\infty} a_n$，在这里，$a_n$ 称为级数的一般项。如果 $a_n \geqslant 0$，则称该级数为正项级数。数列 $\{a_n\}$ 的前 n 项和称为级数的部分和，记为

$$s_n = a_1 + a_2 + \cdots + a_n$$

这些部分和 $s_1, \cdots, s_n, \cdots$ 构成一个新的数列。对于正项级数，部分和数列是一个单调递增的数列。根据部分和数列的收敛性可以定义无穷级数的收敛性。如果级数 $\sum\limits_{n=1}^{+\infty} a_n$ 的部分和数列 $\{s_n\}$ 的极限存在，即

$$\lim_{n \to +\infty} s_n = s$$

则称级数 $\sum\limits_{n=1}^{+\infty} a_n$ 收敛，数列 $\{s_n\}$ 的极限 s 称为级数的和。如果 $\{s_n\}$ 的极限不存在，则称级数 $\sum\limits_{n=1}^{+\infty} a_n$ 发散。

对于下面的级数

$$1 + 2 + \cdots + n + \cdots$$

它的部分和为

$$s_n = 1 + 2 + \cdots + n = \frac{1}{2}n(n+1)$$

由于

$$\lim_{n \to +\infty} s_n = +\infty$$

因此该级数发散。

对于下面的等比级数（也称为几何级数），其中 $a \neq 0$

$$\sum_{n=0}^{+\infty} aq^n = a + aq + aq^2 + \cdots + aq^n + \cdots$$

如果 $q \neq 1$，根据等比数列的求和公式，则其部分和为

$$s_n = a + aq + aq^2 + \cdots + aq^n = a\frac{1 - q^{n+1}}{1 - q}$$

如果 $|q| < 1$，则

$$\lim_{n \to +\infty} a\frac{1 - q^{n+1}}{1 - q} = \frac{a}{1 - q}$$

此时级数收敛于 $\frac{a}{1-q}$。如果 $|q| > 1$，则

$$\lim_{n \to +\infty} a\frac{1 - q^{n+1}}{1 - q} = \infty$$

此时级数发散。当 $q = 1$ 时，$s_n = an$，由于

$$\lim_{n \to +\infty} an = \infty$$

因此级数发散。如果 $q = -1$，当 n 为奇数时，$s_n = 0$，当 n 为偶数时，$s_n = a$，因此级数发散。

级数 $\sum\limits_{n=1}^{+\infty} \dfrac{1}{n(n+1)}$ 是收敛的，因为其部分和为

$$s_N = \sum_{n=1}^{N} \frac{1}{n(n+1)} = \sum_{n=1}^{N}\left(\frac{1}{n} - \frac{1}{n+1}\right) = 1 - \frac{1}{2} + \frac{1}{2} - \frac{1}{3} + \cdots + \frac{1}{N-1} - \frac{1}{N} + \frac{1}{N} - \frac{1}{N+1}$$

$$= 1 - \frac{1}{N+1}$$

因此

$$\sum_{n=1}^{+\infty} \frac{1}{n(n+1)} = 1$$

下面介绍收敛级数的性质。如果 $\sum_{n=1}^{+\infty} a_n = a$，$\sum_{n=1}^{+\infty} b_n = b$。对于不为 0 的 c，有

$$\sum_{n=1}^{+\infty} ca_a = ca$$

以及

$$\sum_{n=1}^{+\infty} (a_a + b_n) = a + b$$

级数收敛的必要条件是其一般项 a_n 趋向于 0

$$\lim_{n \to +\infty} a_n = 0$$

这可以用部分和数列的收敛性进行证明。需要注意的是，这是级数收敛的必要条件而非充分条件。满足该条件的级数不一定是收敛的。对于下面的级数

$$1 + \frac{1}{2} + \frac{1}{3} + \cdots + \frac{1}{n} + \cdots$$

显然它满足上面的条件，但是发散。下面用反证法证明。假设该级数收敛，即 $\lim_{n \to +\infty} s_n = s$，则部分和数列 s_{2n} 也收敛，且有 $\lim_{n \to +\infty} s_{2n} = s$。因此

$$\lim_{n \to +\infty} s_{2n} - s_n = s - s = 0$$

另一方面

$$s_{2n} - s_n = \frac{1}{n+1} + \frac{1}{n+2} + \cdots + \frac{1}{2n} > \frac{1}{2n} + \frac{1}{2n} + \cdots + \frac{1}{2n} = \frac{1}{2}$$

这与前面的结论矛盾。

下面考察正项级数的收敛性。由于正项级数的部分和数列是单调增的，根据数列的收敛性原理，如果部分和数列存在上界，则级数收敛。

正项级数 $\sum_{n=1}^{+\infty} \frac{1}{n^2}$ 是收敛的，因为

$$\sum_{n=1}^{N} \frac{1}{n^2} \leqslant 1 + \sum_{n=2}^{N} \frac{1}{n(n-1)} = 1 + \sum_{n=2}^{N} \left(\frac{1}{n-1} - \frac{1}{n} \right) = 2 - \frac{1}{N} < 2$$

部分和数列存在上界，因此级数收敛。

下面介绍正项级数的比较判别法，它根据一个已知收敛性的级数判定另外一个级数的收敛性，二者的一般项存在某种稳定的比较关系。如果级数 $\sum_{n=1}^{+\infty} b_n$ 收敛，并且存在 $c \geqslant 0$ 和 $n_0 \in \mathbb{N}$ 使得对任意 $n \geqslant n_0$ 都有

$$a_n \leqslant cb_n$$

则级数 $\sum_{n=1}^{+\infty} a_n$ 收敛。这可以通过级数 $\sum_{n=1}^{+\infty} a_n$ 的部分和存在上界进行证明。

类似地，如果级数 $\sum\limits_{n=1}^{+\infty} b_n$ 发散，并且存在 $c > 0$ 和 $n_0 \in \mathbb{N}$ 使得对任意 $n \geqslant n_0$ 都有

$$a_n \geqslant c b_n$$

则级数 $\sum\limits_{n=1}^{+\infty} a_n$ 发散。

更常用的是比较判别法的极限形式。对于正项级数 $\sum\limits_{n=1}^{+\infty} a_n$ 和 $\sum\limits_{n=1}^{+\infty} b_n$，如果

$$\lim_{n \to +\infty} \frac{a_n}{b_n} = l, 0 < l < +\infty$$

则 $\sum\limits_{n=1}^{+\infty} a_n$ 和 $\sum\limits_{n=1}^{+\infty} b_n$ 同时收敛或同时发散。这可以通过极限的定义以及前面的比较判别法证明。

根据这一判别法，$\sum\limits_{n=1}^{+\infty} \sin \dfrac{1}{n}$ 发散。因为

$$\lim_{n \to +\infty} \frac{\sin \frac{1}{n}}{\frac{1}{n}} = 1$$

而 $\sum\limits_{n=1}^{+\infty} \dfrac{1}{n}$ 发散，因此 $\sum\limits_{n=1}^{+\infty} \sin \dfrac{1}{n}$ 发散。

下面介绍正项级数的比值判别法，它通过级数两个相邻的一般项的比值来判断级数的收敛性。对于正项级数 $\sum\limits_{n=1}^{+\infty} a_n$，计算下面的极限

$$\lim_{n \to +\infty} \frac{a_{n+1}}{a_n} = \rho$$

当 $\rho < 1$ 时，级数收敛，当 $\rho > 1$ 或 $\rho = +\infty$ 时，级数发散，当 $\rho = 1$ 时，级数可能收敛也可能发散。用比值判别法判定下面级数的收敛性

$$\frac{1}{1} + \frac{1}{1 \times 2} + \frac{1}{1 \times 2 \times 3} + \cdots + \frac{1}{1 \times 2 \times \cdots \times n} + \cdots$$

因为

$$\lim_{n \to +\infty} \frac{a_{n+1}}{a_n} = \lim_{n \to +\infty} \frac{\frac{1}{1 \times 2 \times \cdots \times n \times (n+1)}}{\frac{1}{1 \times 2 \times \cdots \times n}} = \lim_{n \to +\infty} \frac{1}{n+1} = 0 < 1$$

因此级数是收敛的。

3.9.2　函数项级数

函数项级数是对函数项数列所有项求和的结果。对于定义在区间 I 内的函数数列

$$a_1(x), a_2(x), \cdots, a_n(x), \cdots$$

它们的和

$$a_1(x) + a_2(x) + \cdots + a_n(x) + \cdots$$

称为定义于 I 内的函数项级数，记为 $\sum\limits_{n=1}^{+\infty} a_n(x)$。给定 x 的值 $x_0 \in I$，如果函数项级数在该点处对应的常数项级数

$$a_1(x_0) + a_2(x_0) + \cdots + a_n(x_0) + \cdots$$

收敛，则称 x_0 是函数项级数的收敛点，如果在该点处发散，则称该点为函数项级数的发散点。所有收敛点构成的集合称为收敛域，所有发散点构成的集合称为发散域。

对于收敛域内的任意一点 x，函数项级数成为一个收敛的常数项级数，有一个确定的和 s。因此，在收敛域内，函数项级数的和是 x 的函数，记为 $s(x)$，称为函数项级数的和函数，可以写成

$$s(x) = a_1(x) + a_2(x) + \cdots + a_n(x) + \cdots$$

类似地，将函数项级数前 n 项的和记为 $s_n(x)$。

下面介绍函数项级数中一种特殊的类型——幂级数。它是各项都是幂函数的函数项级数

$$a_0 + a_1 x + a_2 x^2 + \cdots + a_n x^n + \cdots$$

记为 $\sum\limits_{n=0}^{+\infty} a_n x^n$。这可看作是多项式的推广，是无穷次的多项式。幂级数各项的系数也是一个数列。下面是幂级数的一个例子

$$1 + x + \frac{1}{2!} x^2 + \cdots + \frac{1}{n!} x^n + \cdots$$

对于下面的幂级数

$$1 + x + x^2 + \cdots + x^n + \cdots$$

在 3.9.1 节已经证明，当 $|x| < 1$ 时，它收敛于 $\dfrac{1}{1-x}$，因此，在该收敛域内级数的和函数为

$$\frac{1}{1-x} = 1 + x + x^2 + \cdots + x^n + \cdots$$

下面介绍幂级数的收敛性。对于幂级数 $\sum\limits_{n=0}^{+\infty} a_n x^n$，如果当 $x = x_0, x_0 \neq 0$ 时级数收敛，则对于 $\forall |x| < |x_0|$，级数收敛；如果 $x = x_0$ 时级数发散，则对于 $\forall |x| > |x_0|$，级数发散。在收敛域内，和函数连续。

如果幂级数 $\sum\limits_{n=0}^{+\infty} a_n x^n$ 不是只在 $x = 0$ 点处收敛，也不是在整个实数轴上收敛，则必定存在一个确定的正数 R，使得 $|x| < R$ 时级数收敛，$|x| > R$ 时级数发散，$x = \pm R$ 时级数可能收敛也可能发散。R 称为幂级数的收敛半径。

下面介绍收敛半径的的计算方法。对于幂级数 $\sum\limits_{n=0}^{+\infty} a_n x^n$，计算下面的极限

$$\lim_{n \to +\infty} \left| \frac{a_{n+1}}{a_n} \right| = \rho$$

则其收敛半径为

$$R = \begin{cases} \dfrac{1}{\rho}, & \rho \neq 0 \\ +\infty, & \rho = 0 \\ 0, & \rho = +\infty \end{cases}$$

对于下面的幂级数

$$x - \frac{x^2}{2} + \frac{x^3}{3} + \cdots + (-1)^{n-1}\frac{x^n}{n} + \cdots$$

由于

$$\lim_{n \to +\infty} \left| \frac{a_{n+1}}{a_n} \right| = \lim_{n \to +\infty} \frac{\frac{1}{n+1}}{\frac{1}{n}} = \lim_{n \to +\infty} 1 - \frac{1}{n+1} = 1$$

因此其收敛半径为 1。

在收敛域内幂级数是可导的，且其和函数的导数等于各求和项逐项求导之后形成的级数。假设幂级数 $\sum\limits_{n=0}^{+\infty} a_n x^n$ 的收敛半径为 $R, R > 0$，则其和函数 $s(x)$ 在区间 $(-R, R)$ 可导，且有下面的求导公式

$$s'(x) = \left(\sum_{n=0}^{+\infty} a_n x^n \right)' = \sum_{n=0}^{+\infty} (a_n x^n)' = \sum_{n=0}^{+\infty} n a_n x^{n-1}$$

下面根据该公式计算 $\sum\limits_{n=0}^{+\infty} \frac{1}{n+1} x^n$ 在 $(-1, 1)$ 内的和函数。假设和函数为 $s(x)$，则

$$s(x) = \sum_{n=0}^{+\infty} \frac{1}{n+1} x^n$$

从而有

$$xs(x) = \sum_{n=0}^{+\infty} \frac{1}{n+1} x^{n+1}$$

由于

$$(xs(x))' = \left(\sum_{n=0}^{+\infty} \frac{1}{n+1} x^{n+1} \right)' = \sum_{n=0}^{+\infty} x^n = \frac{1}{1-x}$$

从而有

$$xs(x) = \int \frac{1}{1-x} \mathrm{d}x = -\ln(1-x) + C$$

当 $x \neq 0$ 时，有

$$s(x) = -\frac{\ln(1-x)}{x} + \frac{C}{x}$$

由于 $s(0) = 1$，而

$$\lim_{x \to 0} -\frac{\ln(1-x)}{x} = 1$$

因此 $C = 0$。由于和函数在 $(-1, 1)$ 内连续，因此，当 $x = 0$ 时，$s(x) = 1$。在 5.3.5 节计算几何分布的数学期望和方差时将使用幂级数的求导公式。

参考文献

[1] 同济大学数学系. 高等数学 [M]. 北京：高等教育出版社，2014.

[2] 张筑生. 数学分析新讲 [M]. 北京：北京大学出版社，1990.

[3] Baydin A, Pearlmutter B, Radul A, Siskind J. Automatic differentiation in machine learning: a survey[J]. Journal of Machine Learning Research，2017.

[4] 雷明. 机器学习——原理、算法与应用 [M]. 北京：清华大学出版社，2019.

第 4 章　最优化方法

最优化方法在机器学习领域处于中心地位，绝大多数算法最后都归结于求解最优化问题，从而确定模型参数，或直接获得预测结果。前者的典型代表是有监督学习，通过最小化损失函数或优化其他类型的目标函数确定模型的参数；后者的典型代表是数据降维算法，通过优化某种目标函数确定降维后的结果，如主成分分析。

本章介绍机器学习中所用的优化算法（Optimization Algorithm）。按照优化变量的类型，可以将优化问题分为连续型优化问题与离散型优化问题。连续型优化问题的优化变量是连续变量，一般可借助导数求解。离散型优化问题的优化变量则为离散值。连续型优化问题又可分为凸优化问题与非凸优化问题，凸优化问题可以保证求得全局最优解。按照目标函数的数量，可以分为单目标优化与多目标优化，前者只有一个目标函数，后者则有多个目标函数。按照是否带有约束条件，可以分为不带约束的优化与带约束的优化。

按照求解方式可分为数值优化与解析解。前者求问题的近似解，后者求精确的公式解。基于概率的优化算法是优化算法家族中一种特殊的存在，在第 5 章与第 7 章介绍，典型的是遗传算法与贝叶斯优化。

通常情况下最优化问题是求函数的极值，其优化变量是整数或实数。有一类特殊的优化问题，其目标是寻找某一函数，使得泛函的值最大化或最小化。变分法是求解此类问题的经典方法。图 4.1 展示了本书所讲述的方法的知识体系结构。

本章末尾的参考文献 [1] 和参考文献 [2] 是优化算法的经典教材，变分法的系统阐述可以阅读参考文献 [3]。对机器学习中数值优化算法的系统性介绍可以阅读参考文献 [4]。

4.1　基本概念

最优化问题的目标是求函数或泛函的极值（Extrema），在基础数学、计算数学、应用数学，以及工程、管理、经济学领域均有应用。最优化算法是求解最优化问题的方法，确定优化目标函数之后，需要根据问题的特点以及现实条件的限制选择合适的算法。在机器学习中，最优化方法具有至关重要的作用，是实现很多机器学习算法与模型的核心。

在机器学习与深度学习库中，最优化算法通常以优化器（Optimizer）或求解器（Solver）的形式出现。在深度学习开源库 TensorFlow 中，求解目标函数极值由 `Optimizer` 类实现，在 Caffe 中则由 `Solver` 类实现。在支持向量机的开源库 libsvm 以及线性模型的开源库 liblinear 中，则由 `Solver` 类实现。

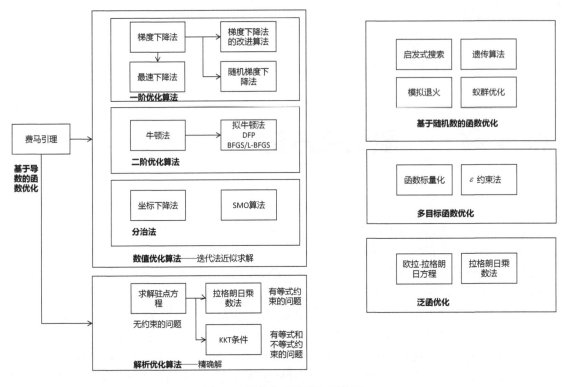

图 4.1   最优化方法的知识体系

4.1.1   问题定义

接下来考虑的最优化问题是求解函数极值的问题，包括极大值与极小值。要计算极值的函数称为目标函数，其自变量称为优化变量。对于函数

$$f(x) = (x-2)^2 + 5$$

其极小值在 $x = 2$ 点处取得，此时函数值为 5，$x = 2$ 为该问题的解。

一般将最优化问题统一表述为极小值问题。对于极大值问题，只需要将目标函数反号，即可转化为极小值问题。要求 $f(\boldsymbol{x})$ 的极大值，等价于求 $-f(\boldsymbol{x})$ 的极小值。

最优化问题可以形式化地定义为

$$\min_{\boldsymbol{x}} f(\boldsymbol{x}) \qquad\qquad\qquad \boldsymbol{x} \in X$$

其中 $\boldsymbol{x}$ 为优化变量；f 为目标函数；$X \subseteq \mathbb{R}^n$ 为优化变量允许的取值集合，称为可行域（Feasible Set），它由目标函数的定义域、等式及不等式约束（Constraint Function）共同确定。可行域之内的解称为可行解（Feasible Solution）。下面是一个典型的最优化问题

$$\min_{x}(x^3 - 4x^2 + 5) \qquad\qquad\qquad x \in [-10, 10]$$

该问题的可行域为区间 $[-10, 10]$。如不进行特殊说明，本章的目标函数均指多元函数，一元函数为其特例，无须单独讨论。

如果目标函数为一次函数（线性函数），则称为线性规划。如果目标函数是非线性函数，则称为非线性规划。非线性规划的一种特例是目标函数为二次函数，称为二次规划。

很多实际应用问题可能带有等式和不等式约束条件，可以写成

$$\min_{\boldsymbol{x}} f(\boldsymbol{x}) \qquad g_i(\boldsymbol{x}) = 0, \ i = 1, \cdots, p \qquad h_i(\boldsymbol{x}) \leqslant 0, \ i = 1, \cdots, q$$

这里将不等式约束统一写成小于或等于号的形式。满足等式和不等式约束条件的解称为可行解，否则称为不可行解。下面是一个带有等式和不等式约束的优化问题

$$\min_{x,y}(x^2 + 2y^2 - 3xy + 4y) \qquad x + y = 1 \qquad x^2 + y^2 \leqslant 4$$

等式和不等式约束定义的区域与目标函数定义域的交集为可行域。此问题的可行域为约束条件 $x + y = 1$ 与 $x^2 + y^2 \leqslant 4$ 所定义的交集，是直线位于圆内的部分，如图 4.2 所示。

在很多实际问题中出现的二次规划可以写成下面的形式

$$\min_{\boldsymbol{x}} \left(\frac{1}{2} \boldsymbol{x}^{\mathrm{T}} \boldsymbol{Q} \boldsymbol{x} + \boldsymbol{c}^{\mathrm{T}} \boldsymbol{x} \right)$$

$$\boldsymbol{A}\boldsymbol{x} \leqslant \boldsymbol{b}$$

其中 $\boldsymbol{x} \in \mathbb{R}^n$，$\boldsymbol{Q}$ 是 $n \times n$ 的二次项系数矩阵，$\boldsymbol{c} \in \mathbb{R}^n$ 是一次项系数向量。$\boldsymbol{A}$ 是 $m \times n$ 的不等式约束系数矩阵，$\boldsymbol{b} \in \mathbb{R}^m$ 是不等式约束的常数向量。

下面给出局部最优解与全局最优解的定义。假设 $\boldsymbol{x}^*$ 是一个可行解，如果对可行域内所有点 $\boldsymbol{x}$ 都有 $f(\boldsymbol{x}^*) \leqslant f(\boldsymbol{x})$，则称 $\boldsymbol{x}^*$ 为全局极小值。类似地可以定义全局极大值。全局极小值是最优化问题的解。

对于可行解 $\boldsymbol{x}^*$，如果存在其 δ 邻域，使得该邻域内的所有点即所有满足 $\|\boldsymbol{x} - \boldsymbol{x}^*\| \leqslant \delta$ 的点 $\boldsymbol{x}$，都有 $f(\boldsymbol{x}^*) \leqslant f(\boldsymbol{x})$，则称 $\boldsymbol{x}^*$ 为局部极小值。类似地可以定义局部极大值。局部极小值可能是最优化问题的解，也可能不是。

最优化算法的目标是寻找目标函数的全局极值点而非局部极值点。图 4.3 为全局最优解与局部最优解的示意图，目标函数为

$$f(x) = (-x^4 + 10x^3 + 100x^2 + 10)\mathrm{e}^{-x^2}$$

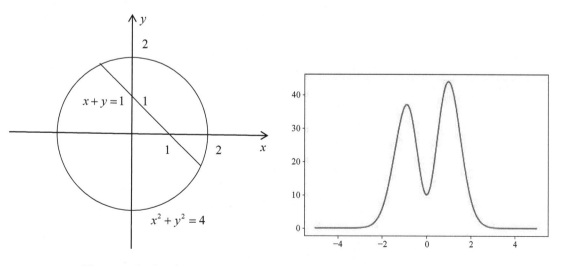

图 4.2　可行域示意图　　　　　图 4.3　全局最优解与局部最优解

图 4.3 中的目标函数有两个局部极大值点、1 个局部极小值点。区间 $[0, 2]$ 内的局部极大值点也是全局极大值点。

4.1.2 迭代法的基本思想

如果目标函数可导，那么可以利用导数信息确定极值点。微积分为求解可导函数极值提供了统一的方法，即寻找函数的驻点。根据费马引理，对于一元函数，局部极值点必定是导数为 0 的点；对于多元函数则是梯度为 **0** 的点（在数值计算中，也称为静止点，Stationary Point）。机器学习中绝大多数目标函数可导，因此这种方法是适用的。

通过求解驻点来寻找极值虽然在理论上可行，但实现时却存在困难。实际问题中目标函数梯度为 **0** 的方程组通常难以求解。对于下面的二元目标函数

$$f(x,y) = x^3 - 2x^2 + \mathrm{e}^{xy} - y^3 + 10y^2 + 100\sin(xy)$$

对 x 和 y 分别求偏导数并令它们为 0，得到如下方程组

$$\begin{cases} 3x^2 - 4x + y\mathrm{e}^{xy} + 100y\cos(xy) = 0 \\ x\mathrm{e}^{xy} - 3y^2 + 20y + 100x\cos(xy) = 0 \end{cases}$$

显然，这个方程组很难求解。含有指数函数、对数函数、三角函数以及反三角函数的方程一般情况下没有公式解，称为超越方程。即使是代数方程（多项式方程），4 次以上的方程没有求根公式。方程系数的有限次加减乘除以及开方运算均不可能是方程的根。因此，直接解导数为 0 的方程组不是一种可行的方法。

对于大多数最优化问题通常只能近似求解，称为数值优化。一般采用迭代法，从一个初始可行点 $\boldsymbol{x}_0$ 开始，反复使用某种规则迭代直至收敛到最优解。具体地，在第 k 次迭代时，从当前点 $\boldsymbol{x}_{k-1}$ 移动到下一个点 $\boldsymbol{x}_k$。如果能构造一个数列 $\{\boldsymbol{x}_k\}$，保证它收敛到梯度为 **0** 的点，即下面的极限成立

$$\lim_{k \to +\infty} \nabla f(\boldsymbol{x}_k) = \boldsymbol{0}$$

则能找到函数的极值点。这类算法的核心是如何定义从上一个点移动到下一个点的规则。这些规则一般利用一阶导数（梯度）或二阶导数（黑塞矩阵）。因此，迭代法的核心是得到如式 (4.1) 形式的迭代公式

$$\boldsymbol{x}_{k+1} = h(\boldsymbol{x}_k) \tag{4.1}$$

梯度下降法、牛顿法及拟牛顿法均采用了此思路，区别在于构造迭代公式的方法不同。迭代法的原理如图 4.4 所示。

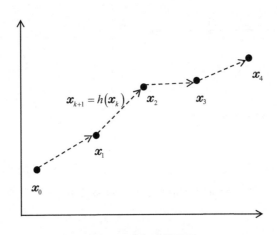

图 4.4 迭代法的原理

迭代法的另外一个核心问题是初始点 x_0 的选择，通常用常数或随机数进行初始化。算法要保证对任意可行的 x_0 均收敛到极值点处。初始值设置的细节将在本章后续小节中详细介绍。

4.2 一阶优化算法

一阶优化算法利用目标函数的一阶导数构造式 (4.1) 的迭代公式，典型代表是梯度下降法及其变种。本节介绍基本的梯度下降法、最速下降法、梯度下降法的其他改进版本（包括动量项、AdaGrad、RMSProp、AdaDelta、Adam 算法等）以及随机梯度下降法。

4.2.1 梯度下降法

梯度下降法（Gradient Descent Method）由数学家柯西提出，它沿着当前点 x_k 处梯度相反的方向进行迭代，得到 x_{k+1}，直至收敛到梯度为 $\mathbf{0}$ 的点。其理论依据：在梯度不为 $\mathbf{0}$ 的任意点处，梯度正方向是函数值上升的方向，梯度反方向是函数值下降的方向。下面先通过例子说明，然后给出严格的证明。

首先考虑一元函数的情况，如图 4.5 所示。对于一元函数，梯度是一维的，只有两个方向：沿着 x 轴向右和向左。如果导数为正，则梯度向右；否则向左。当导数为正时，是增函数，x 变量向右移动时（即沿着梯度方向）函数值增大，否则减小。

对于图 4.5 所示的函数，当 $x < x_0$ 时，导数为正，此时向左前进函数值减小，向右则增大。当 $x > x_0$ 时，导数为负，此时向左前进函数值增大，向右则减小。

接下来考虑二元函数，二元函数的梯度有无穷多个方向。对于函数 $x^2 + y^2$，其在 (x, y) 点处的梯度值为 $(2x, 2y)$。函数在 $(0, 0)$ 点处有极小值，在任意点 (x, y) 处，从 $(0, 0)$ 点指向 (x, y) 方向（即梯度方向）的函数值都是单调递增的。该函数的形状如图 4.6 所示。

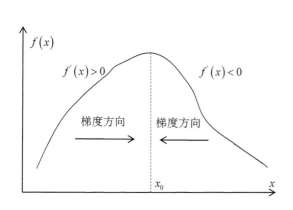

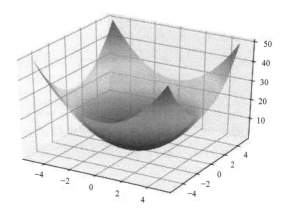

图 4.5　一元函数的导数值与函数单调性的关系

图 4.6　$x^2 + y^2$ 的形状

图 4.7 为该函数的等高线，在同一条等高线上的所有点处函数值相等。在任意点处，梯度均为从原点指向该点，是远离原点的方向，函数值单调增。

下面考虑函数 $-x^2 - y^2$，其在 (x, y) 点处的梯度值为 $(-2x, -2y)$。函数在 $(0, 0)$ 点处有极大值，在任意点 (x, y) 处，从 (x, y) 点指向 $(0, 0)$ 方向的函数值都是单调递增的，$(-x, -y)$ 即梯度方向。图 4.8 为该目标函数的形状。

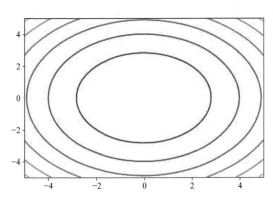

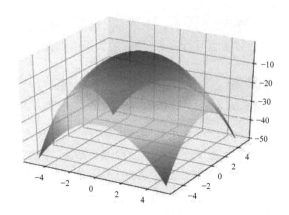

图 4.7　$x^2 + y^2$ 的等高线　　　　　　　　　图 4.8　$-x^2 - y^2$ 的形状

下面给出严格的证明。将函数在 $\boldsymbol{x}$ 点处作一阶泰勒展开

$$f(\boldsymbol{x} + \Delta\boldsymbol{x}) = f(\boldsymbol{x}) + (\nabla f(\boldsymbol{x}))^{\mathrm{T}}\Delta\boldsymbol{x} + o(\|\Delta\boldsymbol{x}\|)$$

对上式变形，函数的增量与自变量增量、函数梯度的关系为

$$f(\boldsymbol{x} + \Delta\boldsymbol{x}) - f(\boldsymbol{x}) = (\nabla f(\boldsymbol{x}))^{\mathrm{T}}\Delta\boldsymbol{x} + o(\|\Delta\boldsymbol{x}\|)$$

如果令 $\Delta\boldsymbol{x} = \nabla f(\boldsymbol{x})$，则有

$$f(\boldsymbol{x} + \Delta\boldsymbol{x}) - f(\boldsymbol{x}) = (\nabla f(\boldsymbol{x}))^{\mathrm{T}}\nabla f(\boldsymbol{x}) + o(\|\Delta\boldsymbol{x}\|)$$

如果 $\Delta\boldsymbol{x}$ 足够小，则可以忽略高阶无穷小项，有

$$f(\boldsymbol{x} + \Delta\boldsymbol{x}) - f(\boldsymbol{x}) \approx (\nabla f(\boldsymbol{x}))^{\mathrm{T}}\nabla f(\boldsymbol{x}) \geqslant 0$$

如果在 $\boldsymbol{x}$ 点处梯度不为 $\boldsymbol{0}$，则能保证移动到 $\boldsymbol{x} + \Delta\boldsymbol{x}$ 时函数值增大。相反地，如果令 $\Delta\boldsymbol{x} = -\nabla f(\boldsymbol{x})$，则有

$$f(\boldsymbol{x} + \Delta\boldsymbol{x}) - f(\boldsymbol{x}) \approx -(\nabla f(\boldsymbol{x}))^{\mathrm{T}}\nabla f(\boldsymbol{x}) \leqslant 0$$

即函数值减小。事实上，只要确保

$$(\nabla f(\boldsymbol{x}))^{\mathrm{T}}\Delta\boldsymbol{x} \leqslant 0$$

则有

$$f(\boldsymbol{x} + \Delta\boldsymbol{x}) \leqslant f(\boldsymbol{x})$$

因此，选择合适的增量 $\Delta\boldsymbol{x}$ 就能保证函数值下降，负梯度方向是其中的一个特例。接下来证明：增量的模一定时，在负梯度方向，函数值是下降最快的。

由于

$$(\nabla f(\boldsymbol{x}))^{\mathrm{T}}\Delta\boldsymbol{x} = \|\nabla f(\boldsymbol{x})\| \cdot \|\Delta\boldsymbol{x}\| \cdot \cos\theta$$

其中 θ 为 $\nabla f(\boldsymbol{x})$ 与 $\Delta\boldsymbol{x}$ 之间的夹角。因此，如果 $\theta < \dfrac{\pi}{2}$，则 $\cos\theta > 0$，从而有

$$(\nabla f(\boldsymbol{x}))^{\mathrm{T}}\Delta\boldsymbol{x} \geqslant 0$$

此时函数值增大

$$f(\boldsymbol{x} + \Delta\boldsymbol{x}) \geqslant f(\boldsymbol{x})$$

$\Delta\boldsymbol{x}$ 沿着正梯度方向是其特例。如果 $\theta > \dfrac{\pi}{2}$，则 $\cos\theta < 0$，从而有

$$(\nabla f(\boldsymbol{x}))^{\mathrm{T}}\Delta\boldsymbol{x} \leqslant 0$$

此时函数值下降

$$f(\boldsymbol{x}+\Delta\boldsymbol{x}) \leqslant f(\boldsymbol{x})$$

$\Delta\boldsymbol{x}$ 沿着负梯度方向即 $\theta = \pi$ 是其特例。由于 $-1 \leqslant \cos\theta \leqslant 1$，因此，如果向量 $\Delta\boldsymbol{x}$ 的模大小一定，则 $\Delta\boldsymbol{x} = -\nabla f(\boldsymbol{x})$，即在梯度相反的方向函数值下降最快，此时 $\cos\theta = -1$。

梯度下降法每次的迭代增量为

$$\Delta\boldsymbol{x} = -\alpha\nabla f(\boldsymbol{x})$$

其中 α 为人工设定的接近于 0 的正数，称为步长或学习率，其作用是保证 $\boldsymbol{x}+\Delta\boldsymbol{x}$ 在 $\boldsymbol{x}$ 的邻域内，从而可以忽略泰勒公式中的 $o(\|\Delta\boldsymbol{x}\|)$ 项，否则不能保证每次迭代时函数值下降。使用该增量则有

$$(\nabla f(\boldsymbol{x}))^{\mathrm{T}}\Delta\boldsymbol{x} = -\alpha(\nabla f(\boldsymbol{x}))^{\mathrm{T}}(\nabla f(\boldsymbol{x})) \leqslant 0$$

函数值下降，由此得到梯度下降法的迭代公式。从初始点 $\boldsymbol{x}_0$ 开始，反复使用如下迭代公式

$$\boldsymbol{x}_{k+1} = \boldsymbol{x}_k - \alpha\nabla f(\boldsymbol{x}_k) \tag{4.2}$$

只要没有到达梯度为 $\boldsymbol{0}$ 的点，函数值会沿序列 $\boldsymbol{x}_k$ 递减，最终收敛到梯度为 $\boldsymbol{0}$ 的点。从 $\boldsymbol{x}_0$ 出发，用式 (4.2) 进行迭代，会形成一个函数值递减的序列 $\{\boldsymbol{x}_i\}$

$$f(\boldsymbol{x}_0) \geqslant f(\boldsymbol{x}_1) \geqslant f(\boldsymbol{x}_2) \geqslant \cdots \geqslant f(\boldsymbol{x}_k)$$

迭代终止的条件是函数的梯度值为 $\boldsymbol{0}$（实际实现时是接近于 $\boldsymbol{0}$ 即可），此时认为已经达到极值点。梯度下降法的流程如算法 4.1 所示。

算法 4.1 梯度下降法

初始化 $\boldsymbol{x}_0, k = 0$
while $\|\nabla f(\boldsymbol{x}_k)\| >$ eps and $k < N$ **do**
$\quad \boldsymbol{x}_{k+1} = \boldsymbol{x}_k - \alpha\nabla f(\boldsymbol{x}_k)$
$\quad k = k+1$
end while

$\boldsymbol{x}_0$ 可初始化为固定值，如 $\boldsymbol{0}$，或随机数（通常为均匀分布或正态分布），后者在训练神经网络时经常被采用。eps 为人工指定的接近于 $\boldsymbol{0}$ 的正数，用于判定梯度是否已经接近于 $\boldsymbol{0}$；N 为最大迭代次数，防止死循环的出现。

梯度下降法在每次迭代时只需要计算函数在当前点处的梯度值，具有计算量小、实现简单的优点。只要未到达驻点处且学习率设置恰当，每次迭代时均能保证函数值下降。

图 4.9 为用梯度下降法求解 $x^2 + y^2$ 极值的过程。迭代初始值（图中的大圆点）设置为 $(0,4)$，学习率设置为 0.1。每次迭代时的值 $\boldsymbol{x}_i$ 以小圆点显示。

学习率 α 的设定也是需要考虑的问题，一般情况下设置为固定的常数，如 10^{-5}。在深度学习中，采用了更复杂的策略，可以在迭代时动态调整其值。表 4.1 列出了深度学习开源库 Caffe 中动态调整学习率的策略。其中 base_lr 为人工设置的基础学习率，iter 为迭代次数，其他参数均为人工设置的值。

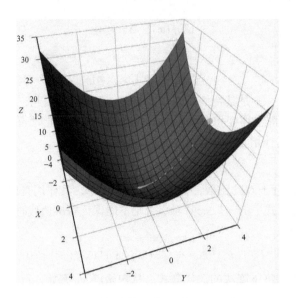

图 **4.9** 梯度下降法求解 $x^2 + y^2$ 极值的迭代过程

表 **4.1** **Caffe** 中各种学习率计算策略

策略	学习率计算公式
fixed	$base\_lr$
step	$base\_lr \times gamma^{floor(iter/step)}$
exp	$base\_lr \times gamma^{iter}$
inv	$base\_lr \times (1 + gamma \times iter)^{-power}$
multistep	与 step 类似
poly	$base\_lr \times (1 - iter/max\_iter)^{power}$
sigmoid	$base\_lr \times \dfrac{1}{1 + \exp(-gamma \times (iter - stepsize))}$

4.2.2 最速下降法

梯度下降法中步长 α 是固定的，或者根据某种人工指定的策略动态调整。最速下降法（Steepest Descent Method）是对梯度下降法的改进，它用算法自动确定步长值。最速下降法同样沿着梯度相反的方向进行迭代，但每次需要计算最佳步长 α。

最速下降法的搜索方向与梯度下降法相同，也是负梯度方向

$$\boldsymbol{d}_k = -\nabla f(\boldsymbol{x}_k)$$

在该方向上寻找使得函数值最小的步长，通过求解如下一元函数优化问题实现

$$\alpha_k = \arg\min_{\alpha} f(\boldsymbol{x}_k + \alpha \boldsymbol{d}_k) \tag{4.3}$$

优化变量是 α。实现时有两种方案。第一种方案是将 α 的取值离散化，取典型值 $\alpha_1, \cdots, \alpha_n$，分别计算取这些值的目标函数值，然后确定最优值。第二种方案是直接求解式 (4.3) 目标函数的驻点，对于有些情况可得到解析解。这类方法也称为直线搜索（Line Search），它沿着某一确定的方向在直线上寻找最优步长。

4.2.3 梯度下降法的改进

梯度下降法在某些情况下存在收敛速度慢、收敛效果差的问题，因此出现了大量改进方案。本节选择有代表性的改进方案进行介绍。

标准的梯度下降法可能存在振荡问题，具体表现为在优化变量的某些分量方向上来回振荡，导致收敛速度慢。图 4.10 显示了用梯度下降法求解 $0.1x_1^2 + 2x_2^2$ 的极值时的迭代过程，可以看到，迭代序列在 x_2 方向来回振荡。

动量项梯度下降法通过引入动量项解决此问题，类似于物理中的动量，依靠惯性保持迭代时的前进方向。动量项的计算公式为

$$\boldsymbol{v}_k = -\alpha \nabla f(\boldsymbol{x}_k) + \mu \boldsymbol{v}_{k-1} \tag{4.4}$$

它是上次迭代时的动量项与本次负梯度值的加权和，其中 α 是学习率，其作用与标准的梯度下降法相同，$0 < \mu < 1$ 是动量项系数。如果按照时间线展开，则第 k 次迭代时使用了从 1 到 k 次迭代时的所有负梯度值，且负梯度值按系数 μ 指数级衰减，即使用了移动指数加权平均。反复利用式 (4.4)，展开之后的动量项为

$$
\begin{aligned}
\boldsymbol{v}_k &= -\alpha \nabla f(\boldsymbol{x}_k) + \mu \boldsymbol{v}_{k-1} = -\alpha \nabla f(\boldsymbol{x}_k) + \mu(-\alpha \nabla f(\boldsymbol{x}_{k-1}) + \mu \boldsymbol{v}_{k-2}) \\
&= -\alpha \nabla f(\boldsymbol{x}_k) - \alpha\mu \nabla f(\boldsymbol{x}_{k-1}) + \mu^2 \boldsymbol{v}_{k-2} \\
&= -\alpha \nabla f(\boldsymbol{x}_k) - \alpha\mu \nabla f(\boldsymbol{x}_{k-1}) + \mu^2(-\alpha \nabla f(\boldsymbol{x}_{k-2}) + \mu \boldsymbol{v}_{k-3}) \\
&= -\alpha \nabla f(\boldsymbol{x}_k) - \alpha\mu \nabla f(\boldsymbol{x}_{k-1}) - \alpha\mu^2 \nabla f(\boldsymbol{x}_{k-2}) + \mu^3 \boldsymbol{v}_{k-3} \\
&\vdots \\
&= -\alpha \nabla f(\boldsymbol{x}_k) - \alpha\mu \nabla f(\boldsymbol{x}_{k-1}) - \alpha\mu^2 \nabla f(\boldsymbol{x}_{k-2}) - \alpha\mu^3 \nabla f(\boldsymbol{x}_{k-3}) \cdots
\end{aligned}
$$

更新优化变量值时使用动量项代替负梯度项，梯度下降更新公式为

$$\boldsymbol{x}_{k+1} = \boldsymbol{x}_k + \boldsymbol{v}_k$$

动量项加快了梯度下降法的收敛速度，它使用历史信息对当前梯度值进行修正，消除病态条件问题上的来回振荡。图 4.11 显示了用动量项梯度下降法求解 $0.1x_1^2 + 2x_2^2$ 极值时的迭代过程，与图 4.10 相比，迭代序列更为平滑，且收敛更快。

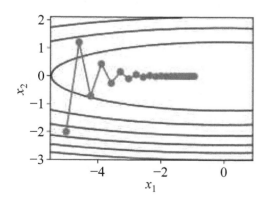

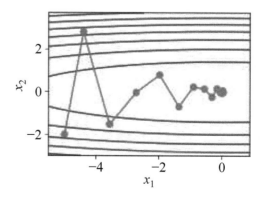

图 4.10　梯度下降法的振荡问题 　　　　图 4.11　使用动量项后的迭代轨迹

标准梯度下降法的步长值难以确定，且优化变量的各个分量采用了相同的步长。AdaGrad（Adaptive Gradient）算法（见参考文献 [5]）根据前几轮迭代时的历史梯度值动态计算步长值，且

优化向量的每一个分量都有自己的步长。梯度下降迭代公式为

$$(\boldsymbol{x}_{k+1})_i = (\boldsymbol{x}_k)_i - \alpha \frac{(\boldsymbol{g}_k)_i}{\sqrt{\sum\limits_{j=1}^{k} ((\boldsymbol{g}_j)_i)^2 + \varepsilon}} \tag{4.5}$$

α 是人工设定的全局学习率，$\boldsymbol{g}_k$ 是第 k 次迭代时的梯度向量，ε 是为避免除 0 操作而增加的接近于 0 的正数，i 为向量的分量下标，这里的计算针对向量的每个分量分别进行。与标准梯度下降法相比，式 (4.5) 多了分母项，它累积了到本次迭代为止的梯度的历史值信息，用于计算步长值。历史导数值的绝对值越大，在该分量上的学习率越小，反之越大。虽然实现了自适应学习率，但这种算法还存在问题：需要人工设置全局学习率 α；随着时间的累积，式 (4.5) 中的分母会越来越大，导致学习率趋向于 0，优化变量无法有效更新。

　　RMSProp 算法（见参考文献 [6]）是对 AdaGrad 的改进，避免了长期累积梯度值所导致的学习率趋向于 0 的问题。算法维持一个梯度平方累加值的向量 $E[\boldsymbol{g}^2]$，其初始值为 $\boldsymbol{0}$，更新公式为

$$E[\boldsymbol{g}^2]_k = \delta E[\boldsymbol{g}^2]_{k-1} + (1-\delta)\boldsymbol{g}_k^2$$

这里的 $\boldsymbol{g}^2$ 是对梯度向量的每个分量分别进行平方，$0 < \delta < 1$ 是人工设定的衰减系数。不同于 AdaGrad 直接累加所有历史梯度的平方和，RMSProp 将历史梯度平方值按照系数 δ 指数级衰减之后再累加，即使用了移动指数加权平均。梯度下降法更新公式为

$$(\boldsymbol{x}_{k+1})_i = (\boldsymbol{x}_k)_i - \alpha \frac{(\boldsymbol{g}_k)_i}{\sqrt{(E[\boldsymbol{g}^2]_k) + \varepsilon}}$$

α 是人工设定的全局学习率。与标准梯度下降方法相比，这里也只多了一个分母项。

　　AdaDelta 算法（见参考文献 [7]）也是对 AdaGrad 的改进，避免了长期累积梯度值所导致的学习率趋向于 0 的问题，还去掉了对人工设置全局学习率的依赖。算法定义了两个向量，初始值均为 $\boldsymbol{0}$

$$E[\boldsymbol{g}^2]_0 = \boldsymbol{0} \qquad\qquad E[\Delta \boldsymbol{x}^2]_0 = \boldsymbol{0}$$

$E[\boldsymbol{g}^2]$ 是梯度平方（对每个分量分别平方）的累计值，与 RMSProp 算法相同，更新公式为

$$E[\boldsymbol{g}^2]_k = \rho E[\boldsymbol{g}^2]_{k-1} + (1-\rho)\boldsymbol{g}_k^2$$

$\boldsymbol{g}^2$ 是向量每个元素分别计算平方，后面所有的计算公式都是对向量的每个分量分别进行计算。接下来计算 RMS 向量

$$\mathrm{RMS}[\boldsymbol{g}]_k = \sqrt{E[\boldsymbol{g}^2]_k + \varepsilon}$$

然后计算优化变量的更新值

$$\Delta \boldsymbol{x}_k = -\frac{\mathrm{RMS}[\Delta \boldsymbol{x}]_{k-1}}{\mathrm{RMS}[\boldsymbol{g}]_k} \boldsymbol{g}_k$$

　　$\mathrm{RMS}[\Delta \boldsymbol{x}]_{k-1}$ 根据 $E[\Delta \boldsymbol{x}^2]$ 计算，计算公式与 $\mathrm{RMS}[\boldsymbol{g}]_k$ 相同。这个更新值同样通过梯度来构造，但学习率是通过梯度的历史值确定的。$E[\Delta \boldsymbol{x}^2]$ 是优化变量更新值的平方累加值，它们的更新公式为

$$E[\Delta \boldsymbol{x}^2]_k = \rho E[\Delta \boldsymbol{x}^2]_{k-1} + (1-\rho)\Delta \boldsymbol{x}_k^2$$

在这里，$\Delta \boldsymbol{x}_k^2$ 是对 $\Delta \boldsymbol{x}_k$ 的每个分量进行平方。梯度下降的迭代公式为

$$\boldsymbol{x}_{k+1} = \boldsymbol{x}_k + \Delta \boldsymbol{x}_k$$

　　Adam（Adaptive Moment Estimation）算法（见参考文献 [8]）整合了自适应学习率与动量项。

算法用梯度构造了两个向量 m 和 v，初始值为 0，更新公式为

$$(\boldsymbol{m}_k)_i = \beta_1(\boldsymbol{m}_{k-1})_i + (1-\beta_1)(\boldsymbol{g}_k)_i$$

$$(\boldsymbol{v}_k)_i = \beta_2(\boldsymbol{v}_{k-1})_i + (1-\beta_2)(\boldsymbol{g}_k)_i^2$$

$0 < \beta_1, \beta_2 < 1$ 是人工指定的参数。梯度下降的迭代公式为

$$(\boldsymbol{x}_{k+1})_i = (\boldsymbol{x}_k)_i - \alpha \frac{\sqrt{1-\beta_2^k}}{1-\beta_1^k} \frac{(\boldsymbol{m}_k)_i}{\sqrt{(\boldsymbol{v}_k)_i} + \varepsilon}$$

m 的作用相当于于动量项，v 用于构造学习率。

图 4.12 列出了梯度下降法改进的思路，包括每种算法的改进点。

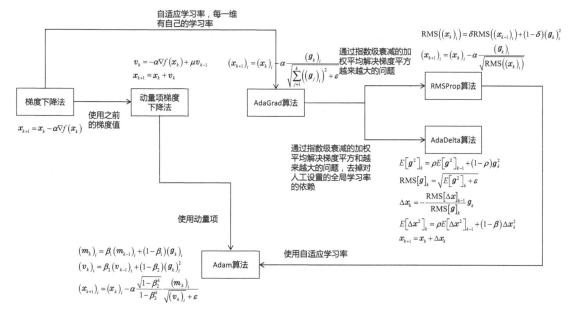

图 4.12 梯度下降法的改进思路

4.2.4 随机梯度下降法

在机器学习中，目标函数通常定义在一个训练样本集上。假设训练样本集有 N 个样本，机器学习模型在训练时优化的目标是这个数据集上的平均损失函数

$$L(\boldsymbol{w}) = \frac{1}{N}\sum_{i=1}^{N}L(\boldsymbol{w}, \boldsymbol{x}_i, y_i)$$

其中 $L(\boldsymbol{w}, \boldsymbol{x}_i, y_i)$ 是对单个训练样本 $(\boldsymbol{x}_i, y_i)$ 的损失函数，$\boldsymbol{w}$ 是机器学习模型需要学习的参数，是优化变量。显然 $\nabla L(\boldsymbol{w}) = \frac{1}{N}\sum_{i=1}^{N}\nabla L(\boldsymbol{w}, \boldsymbol{x}_i, y_i)$，因此计算目标函数梯度时需要计算对每个训练样本损失函数的梯度，然后求均值。如果训练时每次迭代都用所有样本，那么计算成本太高。作为改进，可以在每次迭代时选取一批样本，将损失函数定义在这些样本上，作为整个样本集的损失函数的近似值。

小批量随机梯度下降法（Mini Batch Gradient Descent Method）在每次迭代时使用上面目标函数的随机逼近值，只使用 $M \ll N$ 个样本来近似计算损失函数。在每次迭代时，要优化的目标函数变为

$$L(\boldsymbol{w}) \approx \frac{1}{M} \sum_{i=1}^{M} L(\boldsymbol{w}, \boldsymbol{x}_i, y_i) \tag{4.6}$$

随机梯度下降法在数学期望的意义下收敛，随机采样产生的梯度的期望值是真实的梯度。在具体实现时，每次先对所有训练样本进行随机洗牌，打乱顺序；然后将其均匀分成多份，每份 M 个样本；接下来依次用每一份执行梯度下降法迭代。一种特殊情况是 $M=1$，每次迭代只使用一个训练样本。

随机梯度下降法并不能保证每次迭代后目标函数值下降，事实上，每次迭代时使用的是不同的目标函数。但通常情况下目标函数的整体趋势是下降的，能够收敛到局部极值点处。图 4.13 是用随机梯度下降法训练神经网络时损失函数的曲线，横轴为迭代次数，纵轴为损失函数的值。可以看到，迭代时函数的值会出现振荡，但整体趋势是下降的，最后收敛。深度学习中使用随机梯度下降法的技巧可以阅读参考文献 [10]。

图 4.13   用随机梯度下降法训练神经网络时的损失函数曲线

除具有实现效率高的优点之外，随机梯度下降法还会影响收敛的效果。对于深度神经网络，随机梯度下降法比批量梯度下降法更容易收敛到一个好的极值点处。

4.2.5   应用——人工神经网络

下面介绍梯度下降法在神经网络训练中的应用。假设有 N 个训练样本 $(\boldsymbol{x}_i, \boldsymbol{y}_i)$，其中 $\boldsymbol{x}_i$ 为输入向量，$\boldsymbol{y}_i$ 为标签向量。训练的目标是最小化样本标签值与神经网络预测值之间的误差，如果使用均方误差，则优化的目标为

$$L(\boldsymbol{w}) = \frac{1}{2N} \sum_{i=1}^{N} \|h(\boldsymbol{x}_i) - \boldsymbol{y}_i\|^2$$

其中 $\boldsymbol{w}$ 为神经网络所有参数的集合，包括各层的权重和偏置，$h(\boldsymbol{x})$ 是神经网络实现的映射。这个最优化问题是一个不带约束条件的问题，可以用梯度下降法求解。如果计算出了损失函数对参数的梯度值，梯度下降法第 k 次迭代时参数的更新公式为

$$\boldsymbol{w}_{k+1} = \boldsymbol{w}_k - \alpha \nabla L(\boldsymbol{w}_k)$$

梯度值的计算通过反向传播算法实现，在 3.5.2 节已经介绍。参数的初始化是一个需要考虑的问题，一般用随机数进行初始化。如果训练样本数很大，那么通常采用随机梯度下降法。在训练深

度神经网络时，动量项和优化变量初始化方法的重要性可以阅读参考文献 [9]。通常情况下，随机梯度下降法有很好的收敛效果。

4.3 二阶优化算法

梯度下降法只利用了一阶导数信息，收敛速度慢。通常情况下，利用二阶导数信息可以加快收敛速度，典型代表是牛顿法、拟牛顿法。牛顿法在每个迭代点处将目标函数近似为二次函数，然后通过求解梯度为 $\mathbf{0}$ 的方程得到迭代方向。牛顿法在每次迭代时需要计算梯度向量与黑塞矩阵，并求解一个线性方程组，计算量大且面临黑塞矩阵不可逆的问题。拟牛顿法是对它的改进，算法构造出一个矩阵作为黑塞矩阵或其逆矩阵的近似。

4.3.1 牛顿法

牛顿法（Newton Method）寻找目标函数作二阶近似后梯度为 $\mathbf{0}$ 的点，逐步逼近极值点。根据费马引理，函数在点 $\boldsymbol{x}$ 处取得极值的必要条件是梯度为 $\mathbf{0}$

$$\nabla f(\boldsymbol{x}) = \mathbf{0}$$

在 4.1.2 节已经讲述：直接计算函数的梯度然后解上面的方程组通常很困难。和梯度下降法类似，可以采用迭代法近似求解。

对目标函数在 $\boldsymbol{x}_0$ 处作二阶泰勒展开

$$f(\boldsymbol{x}) = f(\boldsymbol{x}_0) + \nabla f(\boldsymbol{x}_0)^{\mathrm{T}}(\boldsymbol{x} - \boldsymbol{x}_0) + \frac{1}{2}(\boldsymbol{x} - \boldsymbol{x}_0)^{\mathrm{T}}\nabla^2 f(\boldsymbol{x}_0)(\boldsymbol{x} - \boldsymbol{x}_0) + o(\|\boldsymbol{x} - \boldsymbol{x}_0\|^2)$$

忽略二次以上的项，将目标函数近似成二次函数，等式两边同时对 $\boldsymbol{x}$ 求梯度，可得

$$\nabla f(\boldsymbol{x}) \approx \nabla f(\boldsymbol{x}_0) + \nabla^2 f(\boldsymbol{x}_0)(\boldsymbol{x} - \boldsymbol{x}_0)$$

其中 $\nabla^2 f(\boldsymbol{x}_0)$ 为在 $\boldsymbol{x}_0$ 处的黑塞矩阵。从上面可以看出，这里至少要展开到二阶。如果只有一阶，那么无法建立梯度为 $\mathbf{0}$ 的方程组，因为此时一次近似函数的梯度值为常数。令函数的梯度为 $\mathbf{0}$，有

$$\nabla f(\boldsymbol{x}_0) + \nabla^2 f(\boldsymbol{x}_0)(\boldsymbol{x} - \boldsymbol{x}_0) = \mathbf{0}$$

解这个线性方程组可以得到

$$\boldsymbol{x} = \boldsymbol{x}_0 - (\nabla^2 f(\boldsymbol{x}_0))^{-1}\nabla f(\boldsymbol{x}_0) \tag{4.7}$$

如果将梯度向量简写为 $\boldsymbol{g}$，黑塞矩阵简记为 $\boldsymbol{H}$，式 (4.7) 可以简写为

$$\boldsymbol{x} = \boldsymbol{x}_0 - \boldsymbol{H}^{-1}\boldsymbol{g} \tag{4.8}$$

由于在泰勒公式中忽略了高阶项将函数进行了近似，因此这个解不一定是目标函数的驻点，需要反复用式 (4.8) 进行迭代。从初始点 $\boldsymbol{x}_0$ 处开始，计算函数在当前点处的黑塞矩阵和梯度向量，然后用下面的公式进行迭代

$$\boldsymbol{x}_{k+1} = \boldsymbol{x}_k - \alpha \boldsymbol{H}_k^{-1}\boldsymbol{g}_k \tag{4.9}$$

直至收敛到驻点处。即在每次迭代之后，在当前点处将目标函数近似成二次函数，然后寻找梯度为 $\mathbf{0}$ 的点。$-\boldsymbol{H}^{-1}\boldsymbol{g}$ 称为牛顿方向。迭代终止的条件是梯度的模接近于 0，或达到指定的迭代次数。牛顿法的流程如算法 4.2 所示。其中 α 是人工设置的学习率。需要学习率的原因与梯度下降法相同，是为了保证能够忽略泰勒公式中的高阶无穷小项。如果目标函数是二次函数，则黑塞矩

阵是一个常数矩阵，且泰勒公式中的高阶项为 0，对于任意给定的初始点 $\boldsymbol{x}_0$，牛顿法只需要一次迭代即可收敛到驻点。

算法 4.2 牛顿法

初始化 $\boldsymbol{x}_0, k = 0$
while $k < N$ **do**
    计算当前点处的梯度值 $\boldsymbol{g}_k$ 以及黑塞矩阵 $\boldsymbol{H}_k$
    if $\|\boldsymbol{g}_k\| < \text{eps}$ **then**
        停止迭代
    end if
    $\boldsymbol{d}_k = -\boldsymbol{H}_k^{-1} \boldsymbol{g}_k$
    $\boldsymbol{x}_{k+1} = \boldsymbol{x}_k + \alpha \boldsymbol{d}_k$
    $k = k + 1$
end while

与梯度下降法不同，牛顿法无法保证每次迭代时目标函数值下降。为了确定学习率的值，通常使用直线搜索技术。具体做法是让 α 取一些典型的离散值，如下面的值

$$0.0001,\ 0.001,\ 0.01$$

选择使得 $f(\boldsymbol{x}_k + \alpha \boldsymbol{d}_k)$ 最小化的步长值作为最优步长，保证迭代之后的函数值充分下降。

与梯度下降法相比，牛顿法有更快的收敛速度，但每次迭代的成本也更高。按照式 (4.9)，每次迭代时需要计算梯度向量与黑塞矩阵，并计算黑塞矩阵的逆矩阵，最后计算矩阵与向量乘积。实现时通常不直接求黑塞矩阵的逆矩阵，而是求解如下方程组

$$\boldsymbol{H}_k \boldsymbol{d} = -\boldsymbol{g}_k \tag{4.10}$$

求解线性方程组可使用迭代法，如共轭梯度法。牛顿法面临的另一个问题是黑塞矩阵可能不可逆，从而导致其失效。

4.3.2　拟牛顿法

4.3.1 节介绍了牛顿法存在的问题，拟牛顿法（Quasi-Newton Methods）对此进行了改进。其核心思路是不精确计算目标函数的黑塞矩阵然后求逆矩阵，而是通过其他手段得到黑塞矩阵的逆。具体做法是构造一个近似黑塞矩阵或其逆矩阵的正定对称矩阵，用该矩阵进行牛顿法迭代。

由于要推导下一个迭代点 $\boldsymbol{x}_{k+1}$ 的黑塞矩阵需要满足的条件，并建立与上一个迭代点 $\boldsymbol{x}_k$ 处的函数值、导数值之间的关系，以指导近似矩阵的构造，因此需要在 $\boldsymbol{x}_{k+1}$ 点处作泰勒展开，并将 $\boldsymbol{x}_k$ 的值代入泰勒公式。将函数在 $\boldsymbol{x}_{k+1}$ 点处作二阶泰勒展开，忽略高次项，有

$$f(\boldsymbol{x}) \approx f(\boldsymbol{x}_{k+1}) + \nabla f(\boldsymbol{x}_{k+1})^{\mathrm{T}}(\boldsymbol{x} - \boldsymbol{x}_{k+1}) + \frac{1}{2}(\boldsymbol{x} - \boldsymbol{x}_{k+1})^{\mathrm{T}} \nabla^2 f(\boldsymbol{x}_{k+1})(\boldsymbol{x} - \boldsymbol{x}_{k+1})$$

上式两边同时对 $\boldsymbol{x}$ 取梯度，可以得到

$$\nabla f(\boldsymbol{x}) \approx \nabla f(\boldsymbol{x}_{k+1}) + \nabla^2 f(\boldsymbol{x}_{k+1})(\boldsymbol{x} - \boldsymbol{x}_{k+1})$$

如果令 $\boldsymbol{x} = \boldsymbol{x}_k$，则有

$$\nabla f(\boldsymbol{x}_{k+1}) - \nabla f(\boldsymbol{x}_k) \approx \nabla^2 f(\boldsymbol{x}_{k+1})(\boldsymbol{x}_{k+1} - \boldsymbol{x}_k)$$

将梯度向量与黑塞矩阵简写，则有

$$\boldsymbol{g}_{k+1} - \boldsymbol{g}_k \approx \boldsymbol{H}_{k+1}(\boldsymbol{x}_{k+1} - \boldsymbol{x}_k) \tag{4.11}$$

如果令

$$s_k = x_{k+1} - x_k \qquad\qquad y_k = g_{k+1} - g_k \qquad\qquad (4.12)$$

则式 (4.11) 可简写为

$$y_k \approx H_{k+1}s_k \qquad\qquad (4.13)$$

这里的 s_k 和 y_k 都可以根据之前的迭代结果直接算出。如果 H_{k+1} 可逆,那么式 (4.13) 等价于

$$s_k \approx H_{k+1}^{-1}y_k \qquad\qquad (4.14)$$

式 (4.13) 与式 (4.14) 称为拟牛顿条件,用于近似代替黑塞矩阵和它的逆矩阵的矩阵需要满足该条件。利用该条件,根据上一个迭代点 x_k 和当前迭代点 x_{k+1} 的值以及这两点处的梯度值,就可以近似计算出当前点的黑塞矩阵或其逆矩阵。由于黑塞矩阵与它的逆矩阵均对称,因此它们的近似矩阵也要求是对称的。此外,通常还要求近似矩阵正定。拟牛顿法通过各种方法构造出满足上述条件的近似矩阵,下面介绍典型的实现:DFP 算法以及 BFGS 算法。

问题的核心是构造黑塞矩阵或其逆矩阵的近似矩阵 H_k,保证满足拟牛顿条件。首先为该矩阵设定初始值,然后在每次迭代时更新此近似矩阵

$$H_{k+1} = H_k + E_k$$

其中 E_k 称为校正矩阵,现在的任务变为寻找该矩阵。根据式 (4.14),如果以 H_k 充当黑塞矩阵逆矩阵的近似,有

$$(H_k + E_k)y_k = s_k$$

上式变形后得到

$$E_k y_k = s_k - H_k y_k \qquad\qquad (4.15)$$

DFP 算法采用了这种思路。DFP(Davidon-Fletcher-Powell)算法以其 3 位发明人的名字命名。算法构造黑塞矩阵逆矩阵的近似(Inverse Hessian Approximation),其初始值为单位矩阵 I,每次迭代时按照下式更新该矩阵

$$H_{k+1} = H_k + \alpha_k u_k u_k^{\mathrm{T}} + \beta_k v_k v_k^{\mathrm{T}} \qquad\qquad (4.16)$$

即校正矩阵为

$$E_k = \alpha_k u_k u_k^{\mathrm{T}} + \beta_k v_k v_k^{\mathrm{T}} \qquad\qquad (4.17)$$

其中 u_k 和 v_k 为待定的 n 维向量,α_k 和 β_k 为待定的系数。显然,按照上式构造的 H_k 是一个对称矩阵。根据式 (4.15),校正矩阵必须满足

$$(\alpha_k u_k u_k^{\mathrm{T}} + \beta_k v_k v_k^{\mathrm{T}})y_k = s_k - H_k y_k \qquad\qquad (4.18)$$

即

$$\alpha_k u_k u_k^{\mathrm{T}} y_k + \beta_k v_k v_k^{\mathrm{T}} y_k = s_k - H_k y_k$$

此方程的解不唯一,可以取某些特殊值从而简化问题的求解。这里令

$$\alpha_k u_k u_k^{\mathrm{T}} y_k = s_k \qquad\qquad \beta_k v_k v_k^{\mathrm{T}} y_k = -H_k y_k$$

同时令

$$u_k = s_k \qquad\qquad v_k = H_k y_k$$

将这两个解代入上面的两个方程,可以得到

$$\alpha_k s_k s_k^{\mathrm{T}} y_k = \alpha_k s_k (s_k^{\mathrm{T}} y_k) = \alpha_k (s_k^{\mathrm{T}} y_k) s_k = s_k$$

以及

$$\beta_k \boldsymbol{H}_k \boldsymbol{y}_k (\boldsymbol{H}_k \boldsymbol{y}_k)^\mathrm{T} \boldsymbol{y}_k = \beta_k \boldsymbol{H}_k \boldsymbol{y}_k \boldsymbol{y}_k^\mathrm{T} \boldsymbol{H}_k^\mathrm{T} \boldsymbol{y}_k = \beta_k \boldsymbol{H}_k \boldsymbol{y}_k \boldsymbol{y}_k^\mathrm{T} \boldsymbol{H}_k \boldsymbol{y}_k$$
$$= \beta_k \boldsymbol{H}_k \boldsymbol{y}_k (\boldsymbol{y}_k^\mathrm{T} \boldsymbol{H}_k \boldsymbol{y}_k) = \beta_k (\boldsymbol{y}_k^\mathrm{T} \boldsymbol{H}_k \boldsymbol{y}_k) \boldsymbol{H}_k \boldsymbol{y}_k = -\boldsymbol{H}_k \boldsymbol{y}_k$$

上面两个结果利用了矩阵乘法的结合律以及 $\boldsymbol{H}_k$ 是对称矩阵这一条件。在这里 $\boldsymbol{s}_k^\mathrm{T} \boldsymbol{y}_k$ 与 $\boldsymbol{y}_k^\mathrm{T} \boldsymbol{H}_k \boldsymbol{y}_k$ 均为标量。从而解得

$$\alpha_k = \frac{1}{\boldsymbol{s}_k^\mathrm{T} \boldsymbol{y}_k} \qquad\qquad \beta_k = -\frac{1}{\boldsymbol{y}_k^\mathrm{T} \boldsymbol{H}_k \boldsymbol{y}_k}$$

将上面的解代入式 (4.16)，由此得到矩阵 $\boldsymbol{H}_k$ 的更新公式

$$\boldsymbol{H}_{k+1} = \boldsymbol{H}_k - \frac{\boldsymbol{H}_k \boldsymbol{y}_k \boldsymbol{y}_k^\mathrm{T} \boldsymbol{H}_k}{\boldsymbol{y}_k^\mathrm{T} \boldsymbol{H}_k \boldsymbol{y}_k} + \frac{\boldsymbol{s}_k \boldsymbol{s}_k^\mathrm{T}}{\boldsymbol{y}_k^\mathrm{T} \boldsymbol{s}_k} \tag{4.19}$$

此更新公式可以保证 $\boldsymbol{H}_k$ 的对称正定性。每次迭代时，得到矩阵 $\boldsymbol{H}_k$ 之后用牛顿法进行更新。由于构造的是黑塞矩阵逆矩阵的近似，因此可以直接将其与梯度向量相乘从而得到牛顿方向。DFP 算法的流程如算法 4.3 所示。

算法 4.3 DFP 算法

初始化 $\boldsymbol{x}_0, \boldsymbol{H}_0 = \boldsymbol{I}, k = 0$
while $k < N$ **do**
    $\boldsymbol{d}_k = -\boldsymbol{H}_k \boldsymbol{g}_k$
    用直线搜索得到步长 λ_k
    $\boldsymbol{s}_k = \lambda_k \boldsymbol{d}_k, \boldsymbol{x}_{k+1} = \boldsymbol{x}_k + \boldsymbol{s}_k$
    if $\|\boldsymbol{g}_{k+1}\| < \mathrm{eps}$ **then**
        结束循环
    end if
    $\boldsymbol{y}_k = \boldsymbol{g}_{k+1} - \boldsymbol{g}_k$
    $\boldsymbol{H}_{k+1} = \boldsymbol{H}_k - \dfrac{\boldsymbol{H}_k \boldsymbol{y}_k \boldsymbol{y}_k^\mathrm{T} \boldsymbol{H}_k}{\boldsymbol{y}_k^\mathrm{T} \boldsymbol{H}_k \boldsymbol{y}_k} + \dfrac{\boldsymbol{s}_k \boldsymbol{s}_k^\mathrm{T}}{\boldsymbol{y}_k^\mathrm{T} \boldsymbol{s}_k}$
    $k = k + 1$
end while

如果用单位矩阵初始化 $\boldsymbol{H}_k$，则第一次迭代时

$$\boldsymbol{d}_0 = -\boldsymbol{H}_0 \boldsymbol{g}_0 = -\boldsymbol{I} \boldsymbol{g}_0 = -\boldsymbol{g}_0$$

这相当于使用梯度下降法，后面逐步细化 $\boldsymbol{H}_k$，使其更精确地逼近当前点处黑塞矩阵的逆矩阵。

BFGS（Broyden-Fletcher-Goldfarb-Shanno）算法以其 4 位发明人的名字命名。算法构造黑塞矩阵的一个近似矩阵 $\boldsymbol{B}_k$ 并用下式迭代更新这个矩阵

$$\boldsymbol{B}_{k+1} = \boldsymbol{B}_k + \Delta \boldsymbol{B}_k$$

该矩阵的初始值 $\boldsymbol{B}_0$ 为单位阵 $\boldsymbol{I}$。要解决的问题就是每次的校正矩阵 $\Delta \boldsymbol{B}_k$ 的构造。根据式 (4.13)，黑塞矩阵的近似矩阵 $\boldsymbol{B}_k$ 需要满足

$$(\boldsymbol{B}_k + \Delta \boldsymbol{B}_k) \boldsymbol{s}_k = \boldsymbol{y}_k \tag{4.20}$$

与 DFP 算法相同，校正矩阵构造为如下形式

$$\Delta \boldsymbol{B}_k = \alpha_k \boldsymbol{u}_k \boldsymbol{u}_k^\mathrm{T} + \beta_k \boldsymbol{v}_k \boldsymbol{v}_k^\mathrm{T}$$

将其代入式 (4.20)，可以得到

$$(\boldsymbol{B}_k + \alpha_k \boldsymbol{u}_k \boldsymbol{u}_k^\mathrm{T} + \beta_k \boldsymbol{v}_k \boldsymbol{v}_k^\mathrm{T}) \boldsymbol{s}_k = \boldsymbol{y}_k$$

整理后可得

$$\alpha_k(\boldsymbol{u}_k^{\mathrm{T}}\boldsymbol{s}_k)\boldsymbol{u}_k + \beta_k(\boldsymbol{v}_k^{\mathrm{T}}\boldsymbol{s}_k)\boldsymbol{v}_k = \boldsymbol{y}_k - \boldsymbol{B}_k\boldsymbol{s}_k$$

同样，可以取这个方程的一组特殊解。这里直接令

$$\alpha_k(\boldsymbol{u}_k^{\mathrm{T}}\boldsymbol{s}_k)\boldsymbol{u}_k = \boldsymbol{y}_k \qquad\qquad \beta_k(\boldsymbol{v}_k^{\mathrm{T}}\boldsymbol{s}_k)\boldsymbol{v}_k = -\boldsymbol{B}_k\boldsymbol{s}_k$$

同时令两个向量为

$$\boldsymbol{u}_k = \boldsymbol{y}_k \qquad\qquad \boldsymbol{v}_k = \boldsymbol{B}_k\boldsymbol{s}_k$$

将它们的值代入上面两个方程，可得

$$\alpha_k(\boldsymbol{y}_k^{\mathrm{T}}\boldsymbol{s}_k)\boldsymbol{y}_k = \boldsymbol{y}_k$$

以及

$$\beta_k(\boldsymbol{B}_k\boldsymbol{s}_k)^{\mathrm{T}}\boldsymbol{s}_k\boldsymbol{B}_k\boldsymbol{s}_k = \beta_k\boldsymbol{s}_k^{\mathrm{T}}\boldsymbol{B}_k^{\mathrm{T}}\boldsymbol{s}_k\boldsymbol{B}_k\boldsymbol{s}_k = \beta_k(\boldsymbol{s}_k^{\mathrm{T}}\boldsymbol{B}_k\boldsymbol{s}_k)\boldsymbol{B}_k\boldsymbol{s}_k = -\boldsymbol{B}_k\boldsymbol{s}_k$$

从而解得两个系数为

$$\alpha_k = \frac{1}{\boldsymbol{y}_k^{\mathrm{T}}\boldsymbol{s}_k} \qquad\qquad \beta_k = -\frac{1}{\boldsymbol{s}_k^{\mathrm{T}}\boldsymbol{B}_k\boldsymbol{s}_k}$$

由此得到校正矩阵为

$$\Delta\boldsymbol{B}_k = \frac{\boldsymbol{y}_k\boldsymbol{y}_k^{\mathrm{T}}}{\boldsymbol{y}_k^{\mathrm{T}}\boldsymbol{s}_k} - \frac{\boldsymbol{B}_k\boldsymbol{s}_k\boldsymbol{s}_k^{\mathrm{T}}\boldsymbol{B}_k}{\boldsymbol{s}_k^{\mathrm{T}}\boldsymbol{B}_k\boldsymbol{s}_k} \tag{4.21}$$

如果初始值 $\boldsymbol{B}_0$ 是正定矩阵，且在每次迭代时 $\boldsymbol{y}_k^{\mathrm{T}}\boldsymbol{s}_k > 0$，则每次更新后得到的 $\boldsymbol{B}_k$ 都是正定的。由于 BFGS 算法构造的是黑塞矩阵的近似，因此还需要求解方程组以得到牛顿方向。而 $\boldsymbol{B}_k$ 是正定对称矩阵，可以采用高效的方法求解此线性方程组。比较 DFP 算法的式 (4.19) 与 BFGS 算法的式 (4.21) 可以发现，二者的校正矩阵计算公式互为对偶，将 $\boldsymbol{s}_k$ 与 $\boldsymbol{y}_k$ 的角色进行了对换。BFGS 算法的流程如算法 4.4 所示。

算法 4.4 BFGS 算法

> 初始化 $\boldsymbol{x}_0, \boldsymbol{B}_0 = \boldsymbol{I}, k = 0$
> **while** $k < N$ **do**
> $\boldsymbol{d}_k = -\boldsymbol{B}_k^{-1}\boldsymbol{g}_k$
>   直线搜索得到步长 λ_k
> $\boldsymbol{s}_k = \lambda_k\boldsymbol{d}_k, \boldsymbol{x}_{k+1} = \boldsymbol{x}_k + \boldsymbol{s}_k$
>   **if** $\|\boldsymbol{g}_{k+1}\| < \text{eps}$ **then**
>   结束循环
>   **end if**
> $\boldsymbol{y}_k = \boldsymbol{g}_{k+1} - \boldsymbol{g}_k$
> $\boldsymbol{B}_{k+1} = \boldsymbol{B}_k + \dfrac{\boldsymbol{y}_k\boldsymbol{y}_k^{\mathrm{T}}}{\boldsymbol{y}_k^{\mathrm{T}}\boldsymbol{s}_k} - \dfrac{\boldsymbol{B}_k\boldsymbol{s}_k\boldsymbol{s}_k^{\mathrm{T}}\boldsymbol{B}_k}{\boldsymbol{s}_k^{\mathrm{T}}\boldsymbol{B}_k\boldsymbol{s}_k}$
> $k = k + 1$
> **end while**

BFGS 算法在每次迭代时需要计算 $n \times n$ 的矩阵 $\boldsymbol{B}_k$，当 n 很大时，存储该矩阵将耗费大量内存。为此，提出了改进方案 L-BFGS 算法（有限存储的 BFGS 算法），其思想是不存储完整的矩阵 $\boldsymbol{B}_k$，只存储向量 $\boldsymbol{s}_k$ 和 $\boldsymbol{y}_k$。对于大多数目标函数，BFGS 算法有很好的收敛效果。图 4.14 是用 L-BFGS 算法求解 $x^2 + y^2$ 极值的迭代过程。算法只需要迭代 4 次即可收敛到极小值点处。

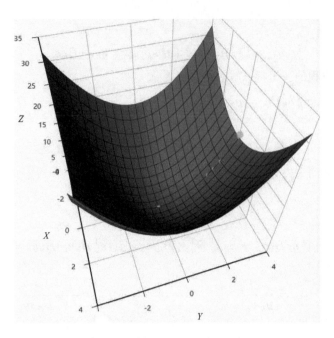

图 4.14　L-BFGS 算法求解 $x^2 + y^2$ 极值的迭代过程

4.4　分治法

分治法是算法设计中常用的思路，它把一个问题拆分成多个子问题，通常情况下，子问题更容易求解。在求得子问题的解之后，将其合并得到整个问题的解。在用于最优化方法时的通行做法是每次只优化部分变量，将高维优化问题分解为低维优化问题。

4.4.1　坐标下降法

坐标下降法（Coordinate Descent）是分治法的典型代表。对于多元函数的优化问题，坐标下降法每次只对一个分量进行优化，将其他分量固定不动。算法依次优化每一个变量，直至收敛。假设要求解的优化问题为

$$\min_{\boldsymbol{x}} f(\boldsymbol{x}), \boldsymbol{x} = (x_1, x_2, \cdots, x_n)$$

算法在每次迭代时依次选择 $x_1, \cdots, x_n$ 进行优化，求解单个变量的优化问题。完整的算法流程如算法 4.5 所示。

算法 4.5 坐标下降法
初始化 $\boldsymbol{x}_0$
while 没有收敛 **do**
　　for $i = 1, 2, \cdots, n$ **do**
　　　求解 $\min_{x_i} f(\boldsymbol{x})$
　　end for
end while

算法每次迭代时在当前点处沿一个坐标轴方向进行一维搜索，固定其他坐标轴方向对应的分量，求解一元函数的极值。在整个过程中依次循环使用不同坐标轴方向对应的分量进行迭代，更

新这些分量的值,一个周期的一维搜索迭代过程相当于一次梯度下降法迭代完成对优化变量每个分量的一次更新。

坐标下降法的求解过程如图 4.15 所示,这里是二维优化问题。在每次迭代时,首先固定 y 轴分量,优化 x 轴分量;然后固定 x 轴分量,优化 y 轴分量。整个优化过程在各个坐标轴方向之间轮换。

坐标下降法具有计算量小、实现效率高的优点,在机器学习领域得到了成功的应用,典型的是求解线性模型的训练问题,在开源库 liblinear 中有实现,此外,在求解非负矩阵分解问题中也有应用。前者在 4.4.4 节讲述。坐标下降法的缺点是对非光滑(不可导)的多元目标函数可能无法进行有效处理,以及难以并行化。考虑下面的目标函数

$$f(x, y) = |x + y| + 3|y - x|$$

如果当前迭代点为 $(-2, -2)$,单独在 x 轴和 y 轴方向进行迭代均无法保证目标函数值下降,此时坐标下降法失效。如图 4.16 所示,图中画出了目标函数的等高线,$(0, 0)$ 是极小值点,在 $(-2, -2)$ 点处,单独改变 x 或 y 的值均不能使目标函数值下降。

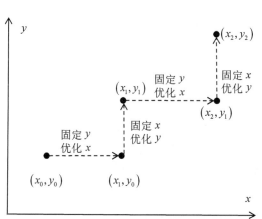

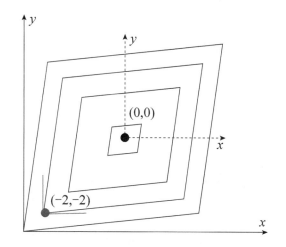

图 4.15 坐标下降法求解二维优化问题的迭代过程   图 4.16 坐标下降法失效的例子

4.4.2 SMO 算法

SMO(Sequential Minimal Optimization)算法(见参考文献 [11])是求解支持向量机对偶问题的高效算法。算法的核心思想是每次从优化变量中挑出两个分量进行优化,让其他分量固定,这样能保证满足等式约束条件。假设训练样本集为 $(\boldsymbol{x}_i, y_i), i = 1, \cdots, l$,其中 $\boldsymbol{x} \in \mathbb{R}^n$ 为样本的特征向量,$y = \pm 1$ 为标签值。在使用核函数之后,支持向量机在训练时求解的对偶问题为

$$\min_{\boldsymbol{\alpha}} \frac{1}{2} \sum_{i=1}^{l} \sum_{j=1}^{l} \alpha_i \alpha_j y_i y_j K(\boldsymbol{x}_i, \boldsymbol{x}_j) - \sum_{i=1}^{l} \alpha_i$$

$$0 \leqslant \alpha_i \leqslant C \tag{4.22}$$

$$\sum_{j=1}^{l} \alpha_j y_j = 0$$

C 为惩罚因子,是人工设定的正常数。核矩阵的元素为

$$K_{ij} = K(\boldsymbol{x}_i, \boldsymbol{x}_j)$$

这里 $K(\boldsymbol{x}_i, \boldsymbol{x}_j)$ 为核函数,将两个向量 $\boldsymbol{x}_i, \boldsymbol{x}_j$ 映射为一个实数。该对偶问题是一个二次规划问题,问题的规模由训练样本数 l 决定,其值很大时,常规的求解算法将面临计算效率低和存储空间占用太大的问题。

SMO 算法每次选择两个变量进行优化,假设选取的两个分量为 α_i 和 α_j,其他分量都固定,当成常数。由于 $y_i y_i = 1$、$y_j y_j - 1$,对这两个变量的目标函数可以写成

$$f(\alpha_i, \alpha_j) = \frac{1}{2} K_{ii} \alpha_i^2 + \frac{1}{2} K_{jj} \alpha_j^2 + s K_{ij} \alpha_i \alpha_j + y_i v_i \alpha_i + y_j v_j \alpha_j - \alpha_i - \alpha_j + c$$

其中 c 是一个常数。这里定义

$$s = y_i y_j \qquad v_i = \sum_{k=1, k \neq i, k \neq j}^{l} y_k \alpha_k^* K_{ik} \qquad v_j = \sum_{k=1, k \neq i, k \neq j}^{l} y_k \alpha_k^* K_{jk}$$

这里的 α^* 为 α 在上一轮迭代后的值。子问题的目标函数是二元二次函数,可以直接给出最小值的解析解。这个问题的约束条件为

$$0 \leqslant \alpha_i \leqslant C \qquad 0 \leqslant \alpha_j \leqslant C \qquad y_i \alpha_i + y_j \alpha_j = - \sum_{k=1, k \neq i, k \neq j}^{l} y_k \alpha_k = \xi$$

利用上面的等式约束可以消掉 α_i,从而只剩下变量 α_j。目标函数是 α_j 的二次函数,直接求得解析解。

4.4.3 分阶段优化

AdaBoost 算法在训练时同样采取了分治法的策略,每次迭代时先训练弱分类器,然后确定弱分类器的权重系数(见参考文献 [12])。AdaBoost 算法在训练时的目标是最小化指数损失函数。假设强分类器为 $F(\boldsymbol{x})$,$\boldsymbol{x} \in \mathbb{R}^n$ 为特征向量,$y = \pm 1$ 为标签值。单个训练样本的指数损失函数为

$$L(y, F(\boldsymbol{x})) = \exp(-y F(\boldsymbol{x}))$$

强分类器是弱分类器的加权组合,定义为

$$F(\boldsymbol{x}) = \sum_{i=1}^{M} \beta_i f_i(\boldsymbol{x})$$

其中 $f_i(\boldsymbol{x})$ 是第 i 个弱分类器,β_i 是其权重,M 为弱分类器的数量。训练时依次训练每个弱分类器,将其加入强分类器中。将强分类器的计算公式代入上面的损失函数中,得到训练第 j 个弱分类器时对整个训练样本集的训练损失函数为

$$(\beta_j, f_j) = \arg\min_{\beta, f} \sum_{i=1}^{l} \exp(-y_i(F_{j-1}(\boldsymbol{x}_i) + \beta f(\boldsymbol{x}_i))) \tag{4.23}$$

这里将强分类器拆成两部分,第一部分是之前的迭代已经得到的强分类器 F_{j-1},第二部分是当前要训练的弱分类器 f 与其权重 β 的乘积对训练样本的损失函数。前者在之前的迭代中已经求出,因此可以看成常数。式 (4.23) 目标函数可以简化为

$$\min_{\beta, f} \sum_{i=1}^{l} w_i^{j-1} \exp(-\beta y_i f(\boldsymbol{x}_i)) \tag{4.24}$$

其中

$$w_i^{j-1} = \exp(-y_i F_{j-1}(\boldsymbol{x}_i))$$

它只和前面迭代得到的强分类器有关,与当前的弱分类器、弱分类器权重无关,这就是样本权重。

式 (4.24) 的问题可以分两步求解，首先将 β 看成常数，由于 y_i 和 $f(\boldsymbol{x}_i)$ 的取值只能为 $+1$ 或 -1，且样本权重非负，要让式 (4.24) 的目标函数最小化，必须让二者相等。因此损失函数对 $f(\boldsymbol{x})$ 的最优解为

$$f_j = \arg\min_f \sum_{i=1}^{l} w_i^{j-1} \boldsymbol{I}(y_i \neq f(\boldsymbol{x}_i))$$

其中 $\boldsymbol{I}$ 是指标函数，如果括号里的条件成立，其值为 1，否则为 0。上式的最优解是使得对样本的加权误差最小的弱分类器。在得到弱分类器之后，式 (4.24) 的优化目标可以表示成 β 的函数

$$L(\beta) = e^{-\beta} \times \sum_{y_i = f(\boldsymbol{x}_i)} w_i^{j-1} + e^{\beta} \times \sum_{y_i \neq f(\boldsymbol{x}_i)} w_i^{j-1}$$

上式前半部分是被当前的弱分类器正确分类的样本，此时 y_i 与 $f(\boldsymbol{x}_i)$ 同号且 $y_i f(\boldsymbol{x}_i) = 1$，$\exp(-\beta y_i f(\boldsymbol{x}_i)) = \exp(-\beta)$，后半部分是被当前的弱分类器错误分类的样本，这种情况有 $y_i f(\boldsymbol{x}_i) = -1$，$\exp(-\beta y_i f(\boldsymbol{x}_i)) = \exp(\beta)$。目标函数可以进一步写成

$$L(\beta) = (e^{\beta} - e^{-\beta}) \times \sum_{i=1}^{l} w_i^{j-1} \boldsymbol{I}(y_i \neq f_j(\boldsymbol{x}_i)) + e^{-\beta} \times \sum_{i=1}^{l} w_i^{j-1}$$

具体推导过程为

$$e^{-\beta} \cdot \sum_{y_i = f_j(\boldsymbol{x}_i)} w_i^{j-1} + e^{\beta} \cdot \sum_{y_i \neq f_j(\boldsymbol{x}_i)} w_i^{j-1}$$
$$= e^{-\beta} \cdot \sum_{y_i = f_j(\boldsymbol{x}_i)} w_i^{j-1} + e^{-\beta} \cdot \sum_{y_i \neq f_j(\boldsymbol{x}_i)} w_i^{j-1} - e^{-\beta} \cdot \sum_{y_i \neq f_j(\boldsymbol{x}_i)} w_i^{j-1} + e^{\beta} \cdot \sum_{y_i \neq f_j(\boldsymbol{x}_i)} w_i^{j-1}$$
$$= e^{-\beta} \cdot \sum_{i=1}^{l} w_i^{j-1} + (e^{\beta} - e^{-\beta}) \cdot \sum_{y_i \neq f_j(\boldsymbol{x}_i)} w_i^{j-1}$$
$$= e^{-\beta} \cdot \sum_{i=1}^{l} w_i^{j-1} + (e^{\beta} - e^{-\beta}) \cdot \sum_{i=1}^{l} w_i^{j-1} \boldsymbol{I}(y_i \neq f_j(\boldsymbol{x}_i))$$

函数在极值点的导数为 0，对 β 求导并令其为 0

$$(e^{\beta} + e^{-\beta}) \cdot \sum_{i=1}^{l} w_i^{j-1} \boldsymbol{I}(y_i \neq f_j(\boldsymbol{x}_i)) - e^{-\beta} \cdot \sum_{i=1}^{l} w_i^{j-1} = 0$$

上式两边同除以 $\sum\limits_{i=1}^{l} w_i^{j-1}$，由此得到关于 β 的方程

$$(e^{\beta} + e^{-\beta}) \cdot \mathrm{err}_j - e^{-\beta} = 0$$

最后得到最优解为

$$\beta = \frac{1}{2} \ln \frac{1 - \mathrm{err}_j}{\mathrm{err}_j}$$

其中 err_j 为当前弱分类器对训练样本集的加权错误率

$$\mathrm{err}_j = \left(\sum_{i=1}^{l} w_i^{j-1} \boldsymbol{I}(y_i \neq f_j(\boldsymbol{x}_i)) \right) \Big/ \left(\sum_{i=1}^{l} w_i^{j-1} \right)$$

在得到当前弱分类器之后，对强分类器进行更新

$$F_j(\boldsymbol{x}) = F_{j-1}(\boldsymbol{x}) + \beta_j f_j(\boldsymbol{x})$$

下次迭代时样本的权重为

$$w_i^j = w_i^{j-1} \cdot \mathrm{e}^{-\beta_j y_i f_j(x_i)}$$

此即 AdaBoost 训练算法中的样本权重更新公式。对 AdaBoost 算法的系统了解可以阅读参考文献 [19]。

4.4.4 应用——logistic 回归

下面介绍坐标下降法在求解 logistic 回归训练问题中的应用。给定 l 个训练样本 $(\boldsymbol{x}_i, y_i), i = 1, \cdots, l$，其中 $\boldsymbol{x}_i \in \mathbb{R}^n$ 为特征向量，$y_i = \pm 1$ 为标签值。L2 正则化 logistic 回归的对偶问题（见参考文献 [13]）为

$$\min_{\boldsymbol{\alpha}} D_{LR}(\boldsymbol{\alpha}) = \frac{1}{2}\boldsymbol{\alpha}^{\mathrm{T}}\boldsymbol{Q}\boldsymbol{\alpha} + \sum_{i:\alpha_i>0} \alpha_i \ln \alpha_i + \sum_{i:\alpha_i<C} (C - \alpha_i) \ln(C - \alpha_i)$$

$$0 \leqslant \alpha_i \leqslant C, i = 1, \cdots, l \tag{4.25}$$

其中 C 为惩罚因子，矩阵 $\boldsymbol{Q}$ 定义为

$$Q_{ij} = y_i y_j \boldsymbol{x}_i^{\mathrm{T}} \boldsymbol{x}_j$$

如果定义

$$0 \log 0 = 0$$

它与下面的极限是一致的

$$\lim_{x \to 0^+} x \ln x = 0$$

本书后续章节会遵循此约定。式 (4.25) 可以简化为

$$\min_{\boldsymbol{\alpha}} D_{LR}(\boldsymbol{\alpha}) = \frac{1}{2}\boldsymbol{\alpha}^{\mathrm{T}}\boldsymbol{Q}\boldsymbol{\alpha} + \sum_{i=1}^{l} (\alpha_i \ln \alpha_i + (C - \alpha_i) \ln(C - \alpha_i))$$

$$0 \leqslant \alpha_i \leqslant C, i = 1, \cdots, l \tag{4.26}$$

上式的目标函数中带有对数函数，可以采用坐标下降法求解。与其他最优化方法（如共轭梯度法、拟牛顿法）相比，坐标下降法有更快的迭代速度，更适合大规模问题的求解。下面我们介绍带约束条件的坐标下降法求解思路。

在用坐标下降法求解时，采用了一个技巧，不是直接优化一个变量，而是优化该变量的增量。假设本次迭代时要优化 α_i，将其他的 $\alpha_j, j \neq i$ 固定不动。假设本次迭代之后 α_i 的值为 $\alpha_i + z$。在这里，α_i 为一个常数，是 α_i 上一次迭代后的值。用 $\alpha_i + z$ 替换 α_i，式 (4.26) 的目标函数以及不等式约束可以写成 z 的函数

$$\min_z g(z) = (c_1 + z)\ln(c_1 + z) + (c_2 - z)\ln(c_2 - z) + \frac{a}{2}z^2 + bz$$

$$-c_1 \leqslant z \leqslant c_2 \tag{4.27}$$

其中所有常数定义为

$$c_1 = \alpha_i, c_2 = C - \alpha_i, a = Q_{ii}, b = (\boldsymbol{Q}\boldsymbol{\alpha})_i$$

因为目标函数含有对数函数，上面的函数是一个超越函数，无法给出极值的公式解。采用牛顿法求解上面的问题，不考虑不等式约束条件 $-c_1 \leqslant z \leqslant c_2$，迭代公式为

$$z_{k+1} = z_k + d \qquad\qquad d = -\frac{g'(z_k)}{g''(z_k)}$$

这是牛顿法对一元函数的情况，梯度为一阶导数，黑塞矩阵为二阶导数。子问题目标函数的一阶导数和二阶导数分别为

$$g'(z) = az + b + \ln \frac{c_1 \mid z}{c_2 - z} \qquad\qquad g''(z) = a + \frac{c_1 + c_2}{(c_1 + z)(c_2 - z)}$$

为了保证牛顿法收敛，还需要使用直线搜索，检查迭代之后的函数值是否充分下降。对 logistic 回归的系统了解可以阅读参考文献 [19]。

4.5　凸优化问题

求解一般的最优化问题的全局最优解通常是困难的，至少会面临局部极值与鞍点问题，如果对优化问题加以限定，则可以有效地避免这些问题，保证求得全局极值点。典型的限定问题为凸优化（Convex Optimization）问题。

4.5.1　数值优化算法面临的问题

基于导数的数值优化算法判断收敛的依据是梯度为 **0**，但梯度为 **0** 只是函数取得局部极值的必要条件而非充分条件，更不是取得全局极值的充分条件。因此，这类算法会面临如下问题。

（1）无法收敛到梯度为 **0** 的点，此时算法不收敛。

（2）能够收敛到梯度为 **0** 的点，但在该点处黑塞矩阵不正定，因此不是局部极值点，称为鞍点问题。

（3）能够收敛到梯度为 **0** 的点，在该点处黑塞矩阵正定，找到了局部极值点，但不是全局极值点。

在 3.3.3 节介绍了鞍点的概念，图 4.17 是鞍点的示意图。

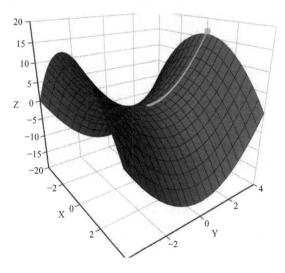

图 4.17　$-x^2 + y^2$ 的鞍点

对于图 4.17 所示的目标函数，如果以 $(0, 4)$ 作为初始迭代点，迭代法最后会陷入鞍点 $(0, 0)$。在 $(0, 0)$ 点处梯度为 **0**，黑塞矩阵为

$$\begin{pmatrix} -2 & 0 \\ 0 & 2 \end{pmatrix}$$

该矩阵的特征值为 -2 和 2，显然矩阵不定。相比鞍点，判定一个局部极小值点是否为全局极小值点更为困难，因为目标函数可能存在多个局部极值。需要找到所有的局部极值，然后进行比较，通常是一个 NP 难问题。

对于让迭代法如何摆脱局部极小值以及鞍点，在机器学习与深度学习领域已经有大量的研究。4.2.3 节介绍的梯度下降法的各种改进版本以及 4.2.4 节介绍的随机梯度下降法，均有一定程度的解决这两个问题的能力。

4.5.2　凸集

首先介绍凸集（Convex Set）的概念。对于 n 维空间中的点集 C，如果对该集合中的任意两点 $\boldsymbol{x}$ 和 $\boldsymbol{y}$，以及实数 $0 \leqslant \theta \leqslant 1$，都有

$$\theta \boldsymbol{x} + (1 - \theta)\boldsymbol{y} \in C$$

则称该集合为凸集。从直观上来看，凸集的形状是凸的，没有凹进去的地方。把集合中的任意两点用直线连起来，直线段上的所有点都属于该集合。

$$\theta \boldsymbol{x} + (1 - \theta)\boldsymbol{y}$$

称为点 $\boldsymbol{x}$ 和 $\boldsymbol{y}$ 的凸组合。图 4.18 是凸集和非凸集的示例，左边为凸集，右边为非凸集。

图 4.18　凸集和非凸集示例

下面列举实际应用中常见的凸集。

n 维实向量空间 $\mathbb{R}^n$ 是凸集。显然，如果 $\boldsymbol{x}, \boldsymbol{y} \in \mathbb{R}^n$，则有

$$\theta \boldsymbol{x} + (1 - \theta)\boldsymbol{y} \in \mathbb{R}^n$$

给定 $m \times n$ 矩阵 $\boldsymbol{A}$ 和 m 维向量 $\boldsymbol{b}$，仿射子空间

$$\{\boldsymbol{A}\boldsymbol{x} = \boldsymbol{b}, \boldsymbol{x} \in \mathbb{R}^n\}$$

是非齐次线性方程组的解，也是凸集。假设 $\boldsymbol{x}, \boldsymbol{y} \in \mathbb{R}^n$ 并且 $\boldsymbol{A}\boldsymbol{x} = \boldsymbol{b}, \boldsymbol{A}\boldsymbol{y} = \boldsymbol{b}$，对于任意 $0 \leqslant \theta \leqslant 1$，有

$$\boldsymbol{A}(\theta \boldsymbol{x} + (1 - \theta)\boldsymbol{y}) = \theta \boldsymbol{A}\boldsymbol{x} + (1 - \theta)\boldsymbol{A}\boldsymbol{y} = \theta \boldsymbol{b} + (1 - \theta)\boldsymbol{b} = \boldsymbol{b}$$

因此结论成立。这一结论意味着，由一组线性等式约束条件定义的可行域是凸集。

多面体是如下线性不等式组定义的向量集合

$$\{\boldsymbol{A}\boldsymbol{x} \leqslant \boldsymbol{b}, \boldsymbol{x} \in \mathbb{R}^n\}$$

它也是凸集。对于任意 $\boldsymbol{x}, \boldsymbol{y} \in \mathbb{R}^n$ 并且 $\boldsymbol{A}\boldsymbol{x} \leqslant \boldsymbol{b}, \boldsymbol{A}\boldsymbol{y} \leqslant \boldsymbol{b}, 0 \leqslant \theta \leqslant 1$，都有

$$\boldsymbol{A}(\theta \boldsymbol{x} + (1 - \theta)\boldsymbol{y}) = \theta \boldsymbol{A}\boldsymbol{x} + (1 - \theta)\boldsymbol{A}\boldsymbol{y} \leqslant \theta \boldsymbol{b} + (1 - \theta)\boldsymbol{b} = \boldsymbol{b}$$

因此结论成立。此结论意味着由线性不等式约束条件定义的可行域是凸集。实际问题中等式和不等式约束通常是线性的，因此它们确定的可行域是凸集。

多个凸集的交集也是凸集。假设 $C_1, \cdots, C_k$ 为凸集，它们的交集为 $\bigcap\limits_{i=1}^{k} C_i$。对于任意点 $\boldsymbol{x}, \boldsymbol{y} \in \bigcap\limits_{i=1}^{k} C_i$，并且 $0 \leqslant \theta \leqslant 1$，由于 $C_1, \cdots, C_k$ 为凸集，因此有

$$\theta \boldsymbol{x} + (1 - \theta)\boldsymbol{y} \in C_i, \; \forall i = 1, \cdots, k$$

由此得到

$$\theta \boldsymbol{x} + (1 - \theta)\boldsymbol{y} \in \bigcap_{i=1}^{k} C_i$$

这个结论意味着如果每个等式或者不等式约束条件定义的集合都是凸集，那么这些条件联合起来定义的集合还是凸集。凸集的并集不是凸集，这样的反例很容易构造。

给定一个凸函数 $f(\boldsymbol{x})$ 以及实数 α，此函数的 α 下水平集（Sub-level Set）定义为函数值小于或等于 α 的点构成的集合

$$\{f(\boldsymbol{x}) \leqslant \alpha, \boldsymbol{x} \in D(f)\}$$

其中 $D(f)$ 为函数 $f(\boldsymbol{x})$ 的定义域。对于下水平集中的任意两点 $\boldsymbol{x}, \boldsymbol{y}$，它们满足

$$f(\boldsymbol{x}) \leqslant \alpha \qquad\qquad\qquad f(\boldsymbol{y}) \leqslant \alpha$$

对于 $0 \leqslant \theta \leqslant 1$，根据凸函数的定义有

$$f(\theta \boldsymbol{x} + (1 - \theta)\boldsymbol{y}) \leqslant \theta f(\boldsymbol{x}) + (1 - \theta)f(\boldsymbol{y}) \leqslant \theta\alpha + (1 - \theta)\alpha = \alpha$$

$\theta \boldsymbol{x} + (1 - \theta)\boldsymbol{y}$ 也属于该下水平集，因此下水平集是凸集。下面举例说明。对于如下凸函数

$$f(x, y) = x^2 + y^2$$

如果 $\alpha = 1$，则下水平集 $x^2 + y^2 \leqslant 1$ 是圆心为原点的单位圆所围成的区域，为凸集；如果 $f(\boldsymbol{x})$ 不是凸函数，则不能保证下水平集是凸集。对于下面的凹函数

$$f(x, y) = -x^2 - y^2$$

如果 $\alpha = 1$，则下水平集 $-x^2 - y^2 \leqslant 1$ 为二维空间除掉单位圆之后的区域，显然不是凸集。

这一结论的用途在于我们需要确保优化问题中一些不等式约束条件定义的可行域是凸集。

4.5.3　凸优化问题及其性质

如果一个最优化问题的可行域是凸集且目标函数是凸函数，则该问题为凸优化问题。凸优化问题可以形式化地写成

$$\min_{\boldsymbol{x}} f(\boldsymbol{x}), \boldsymbol{x} \in C$$

其中 $\boldsymbol{x}$ 为优化变量；f 为凸目标函数；C 是优化变量的可行域，为凸集。凸优化问题的另一种通用写法是

$$\min_{\boldsymbol{x}} f(\boldsymbol{x})$$
$$g_i(\boldsymbol{x}) \leqslant 0, \quad i = 1, \cdots, m \qquad\qquad\qquad (4.28)$$
$$h_i(\boldsymbol{x}) = 0, \quad i = 1, \cdots, p$$

其中 $g_i(\boldsymbol{x})$ 是不等式约束函数，为凸函数；$h_i(\boldsymbol{x})$ 是等式约束函数，为仿射（线性）函数。式 (4.28) 中不等式的方向非常重要，因为一个凸函数的 0 下水平集是凸集，对于凹函数则不成立。这些不

等式共同定义的可行域是一组凸集的交集，仍然为凸集。通过将大于或等于号形式的不等式两边同时乘以 -1，可以把不等式统一写成小于或等于号的形式。前面已经证明仿射空间是凸集，因此加上这些等式约束后可行域还是凸集。需要强调的是，如果等式约束不是仿射函数，那么通常无法保证其定义的可行域是凸集。例如等式约束 $x^2 + y^2 + z^2 = 1$ 确定的可行域是三维空间的球面，显然不是凸集。

上面的定义也给出了证明一个优化问题是凸优化问题的一般性方法，即证明目标函数是凸函数，等式和不等式约束构成的可行域是凸集。证明目标函数是凸函数的方法在 3.3.2 节已经介绍。

对于凸优化问题，所有局部最优解都是全局最优解。这个特性可以保证在求解时不会陷入局部极值问题。如果找到了问题的一个局部最优解，则它一定也是全局最优解，这极大地简化了问题的求解。下面采用反证法证明此结论。

假设 $\boldsymbol{x}$ 是一个局部最优解但不是全局最优解，则存在一个可行解 $\boldsymbol{y}$，满足

$$f(\boldsymbol{x}) > f(\boldsymbol{y})$$

根据局部最优解的定义，对于给定的邻域半径 δ，不存在满足 $\|\boldsymbol{x} - \boldsymbol{z}\|_2 < \delta$ 并且 $f(\boldsymbol{z}) < f(\boldsymbol{x})$ 的点 $\boldsymbol{z}$。选择一个点

$$\boldsymbol{z} = \theta\boldsymbol{y} + (1 - \theta)\boldsymbol{x}$$

其中

$$\theta = \frac{\delta}{2\|\boldsymbol{x} - \boldsymbol{y}\|_2}$$

则有

$$\|\boldsymbol{x} - \boldsymbol{z}\|_2 = \left\| \boldsymbol{x} - \left(\frac{\delta}{2\|\boldsymbol{x} - \boldsymbol{y}\|_2}\boldsymbol{y} + \left(1 - \frac{\delta}{2\|\boldsymbol{x} - \boldsymbol{y}\|_2} \right)\boldsymbol{x} \right) \right\|_2 = \left\| \frac{\delta}{2\|\boldsymbol{x} - \boldsymbol{y}\|_2}(\boldsymbol{x} - \boldsymbol{y}) \right\|_2 = \frac{\delta}{2} < \delta$$

即该点在 $\boldsymbol{x}$ 的 δ 邻域内。根据凸函数的性质以及前面的假设有

$$f(\boldsymbol{z}) = f(\theta\boldsymbol{y} + (1 - \theta)\boldsymbol{x}) \leqslant \theta f(\boldsymbol{y}) + (1 - \theta)f(\boldsymbol{x}) < f(\boldsymbol{x})$$

这与 $\boldsymbol{x}$ 是局部最优解矛盾。如果一个局部最优解不是全局最优解，在它的任何邻域内还可以找到函数值比该点函数值更小的点，这与该点是局部最优解矛盾。

之所以凸优化问题的定义要求目标函数是凸函数，并且优化变量的可行域是凸集，是因为缺少其中任何一个条件都不能保证局部最优解是全局最优解。下面来看两个反例。

情况一：可行域是凸集，目标函数不是凸函数。这样的例子如图 4.19 所示。显然，此非凸函数存在多个局部极小值点，但只有一个是全局极小值点。

情况二：可行域不是凸集，目标函数是凸函数。这样的例子如图 4.20 所示。

在图 4.20 中可行域不是凸集，中间有断裂，目标函数是凸函数。左边和右边的曲线各有一个局部极小值点，分别为 $x = -1$ 以及 $x = 1$，不能保证局部极小值就是全局极小值。可以很容易把这个例子推广到三维空间里的二元函数（曲面）。

由于凸函数的黑塞矩阵是半正定的，不存在鞍点，因此凸优化问题也不会出现鞍点问题。

4.5.4　机器学习中的凸优化问题

下面介绍机器学习中典型的凸优化问题，如表 4.2 所示。对于这些问题，优化算法可以保证找到全局极值点，因此训练时的收敛性是有保证的。

线性回归的目标函数是凸函数的证明见 3.3.4 节；logistic 回归的目标函数是凸函数的证明见

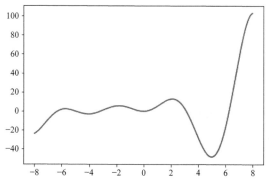 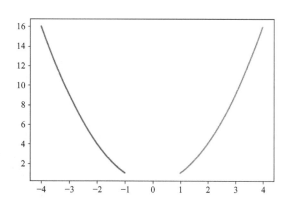

图 4.19　可行域是凸集，目标函数不是凸函数　　　图 4.20　可行域不是凸集，目标函数是凸函数

表 4.2　机器学习中的典型凸优化问题

机器学习算法	目标函数
线性回归	$\min\limits_{\boldsymbol{w}} \dfrac{1}{2l}\sum\limits_{i=1}^{l}(\boldsymbol{w}^{\mathrm{T}}\boldsymbol{x}_i - y_i)^2$
logistic 回归	$\min\limits_{\boldsymbol{w}} -\sum\limits_{i=1}^{l}(y_i \ln h(\boldsymbol{x}_i) + (1-y_i)\ln(1-h(\boldsymbol{x}_i)))$ $h(\boldsymbol{x}) = \dfrac{1}{1+\exp(-\boldsymbol{w}^{\mathrm{T}}\boldsymbol{x})}$
支持向量机（线性核，原问题）	$\min\limits_{\boldsymbol{w},\xi} \dfrac{1}{2}\boldsymbol{w}^{\mathrm{T}}\boldsymbol{w} + C\sum\limits_{i=1}^{l}\xi_i$ $y_i(\boldsymbol{w}^{\mathrm{T}}\boldsymbol{x}_i + b) \geqslant 1-\xi_i$ $\xi_i \geqslant 0, i = 1,\cdots,l$
softmax 回归	$\min\limits_{\boldsymbol{\theta}_i} -\sum\limits_{i=1}^{l}\sum\limits_{j=1}^{k}\left(y_{ij}\ln \dfrac{\exp(\boldsymbol{\theta}_j^{\mathrm{T}}\boldsymbol{x}_i)}{\sum\limits_{t=1}^{k}\exp(\boldsymbol{\theta}_t^{\mathrm{T}}\boldsymbol{x}_i)}\right)$

5.7.5 节；支持向量机的目标函数是凸函数的证明见 4.6.5 节；softmax 回归的目标函数是凸函数的证明作为练习题由读者自己完成。

　　在常用的机器学习算法中，目标函数不是凸函数的典型代表是人工神经网络。对于多层神经网络，4.2.5 节定义的目标函数通常不是凸函数。它在训练时无法保证收敛到局部极值点，更无法保证收敛到全局最优解处，将面临前面所讲述的局部极值以及鞍点问题。图 4.21 给出了人工神经网络的目标函数曲面，是将参数投影到二维平面后的结果，来自参考文献 [16]。

4.6　带约束的优化问题

　　上一节介绍的优化算法没有考虑等式与不等式约束，本节介绍带约束条件的问题的求解方法。

图 4.21   人工神经网络的目标函数曲面

4.6.1   拉格朗日乘数法

拉格朗日乘数法（Lagrange Multiplier Method）用于求解带等式约束条件的函数极值，给出了此类问题取得极值的一阶必要条件（First-order Necessary Conditions）。假设有如下极值问题

$$\min_{\boldsymbol{x}} f(\boldsymbol{x})$$
$$h_i(\boldsymbol{x}) = 0, i = 1, \cdots, p$$

拉格朗日乘数法构造如下拉格朗日乘子函数

$$L(\boldsymbol{x}, \boldsymbol{\lambda}) = f(\boldsymbol{x}) + \sum_{i=1}^{p} \lambda_i h_i(\boldsymbol{x})$$

其中 $\boldsymbol{\lambda}$ 为新引入的自变量，称为拉格朗日乘子（Lagrange Multipliers）。在构造该函数之后，去掉了对优化变量的等式约束。对拉格朗日乘子函数的所有自变量求偏导数，并令其为 0。这包括对 $\boldsymbol{x}$ 求导、对 $\boldsymbol{\lambda}$ 求导。得到下列方程组

$$\nabla_{\boldsymbol{x}} f(\boldsymbol{x}) + \sum_{i=1}^{p} \lambda_i \nabla_{\boldsymbol{x}} h_i(\boldsymbol{x}) = \boldsymbol{0}$$
$$h_i(\boldsymbol{x}) = 0 \tag{4.29}$$

求解该方程组即可得到函数的候选极值点。显然，方程组的解满足所有的等式约束条件。拉格朗日乘数法的几何解释：在极值点处目标函数的梯度是约束函数梯度的线性组合

$$\nabla_{\boldsymbol{x}} f(\boldsymbol{x}) = -\sum_{i=1}^{p} \lambda_i \nabla_{\boldsymbol{x}} h_i(\boldsymbol{x})$$

下面用一个实际例子来说明拉格朗日乘数法的使用。求解如下极值问题

$$\min_{x,y} (x^2 + 2y^2)$$
$$x + y = 1$$

首先构造拉格朗日乘子函数

$$L(x, y, \lambda) = x^2 + 2y^2 + \lambda(x + y - 1)$$

对优化变量、乘子变量求偏导数，并令其为 0，得到下面的方程组

$$\frac{\partial L}{\partial x} = 2x + \lambda = 0 \qquad \frac{\partial L}{\partial y} = 4y + \lambda = 0 \qquad \frac{\partial L}{\partial \lambda} = x + y - 1 = 0$$

最后解得

$$x = \frac{2}{3} \qquad\qquad y = \frac{1}{3}$$

目标函数的黑塞矩阵为

$$\begin{pmatrix} \dfrac{\partial^2 f}{\partial x^2} & \dfrac{\partial^2 f}{\partial x \partial y} \\ \dfrac{\partial^2 f}{\partial y \partial x} & \dfrac{\partial^2 f}{\partial y^2} \end{pmatrix} = \begin{pmatrix} 2 & 0 \\ 0 & 4 \end{pmatrix}$$

黑塞矩阵正定，因此该极值点是极小值点。

如果三角形的周长确定，为常数 $2C$，证明当三角形为等边三角形的时候面积最大。假设三角形三个边长度为 x、y、z。显然有

$$x + y + z = 2C$$

根据海伦公式，三角形的面积为

$$S = \sqrt{C(C-x)(C-y)(C-z)}$$

构造拉格朗日乘子函数

$$L(x,y,z,\lambda) = \sqrt{C(C-x)(C-y)(C-z)} + \lambda(x + y + z - 2C)$$

对优化变量以及乘子变量求偏导数，并令它们为 0，得到下面的方程组

$$\frac{\partial L}{\partial x} = -\frac{C(C-y)(C-z)}{2\sqrt{C(C-x)(C-y)(C-z)}} + \lambda = 0$$

$$\frac{\partial L}{\partial y} = -\frac{C(C-x)(C-z)}{2\sqrt{C(C-x)(C-y)(C-z)}} + \lambda = 0$$

$$\frac{\partial L}{\partial z} = -\frac{C(C-x)(C-y)}{2\sqrt{C(C-x)(C-y)(C-z)}} + \lambda = 0$$

$$\frac{\partial L}{\partial \lambda} = x + y + z - 2C = 0$$

解此方程组可以得到

$$x = y = z = \frac{2C}{3}$$

这就证明了面积最大时三角形是等边三角形。

4.6.2 应用——线性判别分析

下面介绍拉格朗日乘数法在线性判别分析中的应用。线性判别分析的目标是将向量投影到低维空间，使得同一类样本之间的距离尽可能近，不同类样本之间的距离尽可能远。类内距离由类内散布矩阵描述，类间距离由类间散布矩阵描述。假设 $\boldsymbol{S}_B$ 为总类间散布矩阵，$\boldsymbol{S}_W$ 为总类内散布矩阵。算法要优化的目标函数为下面的广义瑞利商

$$L(\boldsymbol{w}) = \frac{\boldsymbol{w}^{\mathrm{T}} \boldsymbol{S}_B \boldsymbol{w}}{\boldsymbol{w}^{\mathrm{T}} \boldsymbol{S}_W \boldsymbol{w}}$$

上式的分母为类内差异，分子为类间差异，$\boldsymbol{w}$ 为投影方向向量。这个最优化问题的解不唯一，可以证明如果 $\boldsymbol{w}^*$ 是最优解，将它乘上一个非零系数 k 之后，$k\boldsymbol{w}^*$ 还是最优解。因此可以加上一个

约束条件消掉冗余，同时简化问题

$$\boldsymbol{w}^{\mathrm{T}} S_W \boldsymbol{w} = 1$$

这样上面的最优化问题转化为带等式约束的极大值问题

$$\max_{\boldsymbol{w}}(\boldsymbol{w}^{\mathrm{T}} S_B \boldsymbol{w})$$

$$\boldsymbol{w}^{\mathrm{T}} S_W \boldsymbol{w} = 1$$

下面用拉格朗日乘数法求解。构造拉格朗日乘子函数

$$L(\boldsymbol{w}, \lambda) = \boldsymbol{w}^{\mathrm{T}} S_B \boldsymbol{w} + \lambda(\boldsymbol{w}^{\mathrm{T}} S_W \boldsymbol{w} - 1)$$

对 $\boldsymbol{w}$ 求梯度并令梯度为 $\boldsymbol{0}$，可以得到

$$S_B \boldsymbol{w} + \lambda S_W \boldsymbol{w} = \boldsymbol{0}$$

即有

$$S_B \boldsymbol{w} = \lambda S_W \boldsymbol{w}$$

如果 S_W 可逆，上式两边左乘 S_W^{-1} 后可以得到

$$S_W^{-1} S_B \boldsymbol{w} = \lambda \boldsymbol{w}$$

即 λ 是矩阵 $S_W^{-1} S_B$ 的特征值，$\boldsymbol{w}$ 为对应的特征向量。假设 λ 和 $\boldsymbol{w}$ 是上面广义特征值问题的解，代入目标函数可以得到

$$\frac{\boldsymbol{w}^{\mathrm{T}} S_B \boldsymbol{w}}{\boldsymbol{w}^{\mathrm{T}} S_W \boldsymbol{w}} = \frac{\boldsymbol{w}^{\mathrm{T}}(\lambda S_W \boldsymbol{w})}{\boldsymbol{w}^{\mathrm{T}} S_W \boldsymbol{w}} = \lambda$$

这里的目标是要让该比值最大化，因此最大的特征值 λ 及其对应的特征向量是最优解。

4.6.3　拉格朗日对偶

对偶是求解最优化问题的一种手段，它将一个最优化问题转化为另外一个更容易求解的问题，这两个问题是等价的。本节介绍拉格朗日对偶。对于如下带等式约束和不等式约束的优化问题

$$\min_{\boldsymbol{x}} f(\boldsymbol{x})$$

$$g_i(\boldsymbol{x}) \leqslant 0 \quad i = 1, \cdots, m$$

$$h_i(\boldsymbol{x}) = 0 \quad i = 1, \cdots, p$$

仿照拉格朗日乘数法构造广义拉格朗日乘子函数

$$L(\boldsymbol{x}, \boldsymbol{\lambda}, \boldsymbol{\nu}) = f(\boldsymbol{x}) + \sum_{i=1}^{m} \lambda_i g_i(\boldsymbol{x}) + \sum_{i=1}^{p} \nu_i h_i(\boldsymbol{x}) \tag{4.30}$$

称 $\boldsymbol{\lambda}$ 和 $\boldsymbol{\nu}$ 为拉格朗日乘子，λ_i 必须满足 $\lambda_i \geqslant 0$ 的约束，稍后会解释原因。接下来将上面的问题转化为如下所谓的原问题，其最优解为 p^*

$$p^* = \min_{\boldsymbol{x}} \max_{\boldsymbol{\lambda}, \boldsymbol{\nu}, \lambda_i \geqslant 0} L(\boldsymbol{x}, \boldsymbol{\lambda}, \boldsymbol{\nu}) = \min_{\boldsymbol{x}} \theta_P(\boldsymbol{x}) \tag{4.31}$$

式 (4.31) 第一个等号右边的含义是先固定变量 $\boldsymbol{x}$，将其看成常数，让拉格朗日函数对乘子变量 $\boldsymbol{\lambda}$ 和 $\boldsymbol{\nu}$ 求极大值；消掉变量 $\boldsymbol{\lambda}$ 和 $\boldsymbol{\nu}$ 之后，再对变量 $\boldsymbol{x}$ 求极小值。为了简化表述，定义如下极大值问题

$$\theta_P(\boldsymbol{x}) = \max_{\boldsymbol{\lambda}, \boldsymbol{\nu}, \lambda_i \geqslant 0} L(\boldsymbol{x}, \boldsymbol{\lambda}, \boldsymbol{\nu}) \tag{4.32}$$

这是一个对变量 $\boldsymbol{\lambda}$ 和 $\boldsymbol{\nu}$ 求函数 L 的极大值的问题，将 $\boldsymbol{x}$ 看成常数。这样，原始问题被转化为先对变量 $\boldsymbol{\lambda}$ 和 $\boldsymbol{\nu}$ 求极大值，再对 $\boldsymbol{x}$ 求极小值。这个原问题和我们要求解的原始问题有同样的解，下面给出证明。对于任意的 $\boldsymbol{x}$，分两种情况进行讨论。

（1）如果 $\boldsymbol{x}$ 是不可行解，对于某些 i 有 $g_i(\boldsymbol{x}) > 0$，即 $\boldsymbol{x}$ 违反了不等式约束条件，我们让拉格朗日乘子 $\lambda_i = +\infty$，最终使得目标函数值 $\theta_P(\boldsymbol{x}) = +\infty$。如果对于某些 i 有 $h_i(\boldsymbol{x}) \neq 0$，违反了等式约束，我们可以让

$$\nu_i = +\infty \cdot \mathrm{sgn}(h_i(\boldsymbol{x}))$$

从而使得

$$\theta_P(\boldsymbol{x}) = +\infty$$

即对于任意不满足等式或不等式约束条件的 $\boldsymbol{x}$，$\theta_P(\boldsymbol{x})$ 的值是 $+\infty$。

（2）如果 $\boldsymbol{x}$ 是可行解，这时 $\theta_P(\boldsymbol{x}) = f(\boldsymbol{x})$。因为有 $h_i(\boldsymbol{x}) = 0$，并且 $g_i(\boldsymbol{x}) \leqslant 0$，而我们要求 $\lambda_i \geqslant 0$，因此 $\theta_P(\boldsymbol{x})$ 的极大值就是 $f(\boldsymbol{x})$。为了达到这个极大值，我们让 λ_i 和 ν_i 为 0，函数 $f(\boldsymbol{x}) + \sum\limits_{i=1}^{p} \nu_i h_i(\boldsymbol{x})$ 的极大值就是 $f(\boldsymbol{x})$。

综合以上两种情况，问题 $\theta_P(\boldsymbol{x})$ 和我们要优化的原始问题的关系可以表述为

$$\theta_P(\boldsymbol{x}) = \begin{cases} f(\boldsymbol{x}), & g_i(\boldsymbol{x}) \leqslant 0, h_i(\boldsymbol{x}) = 0 \\ +\infty, & \text{其他} \end{cases}$$

即 $\theta_P(\boldsymbol{x})$ 是原始优化问题的无约束版本。对任何不可行的 $\boldsymbol{x}$，有 $\theta_P(\boldsymbol{x}) = +\infty$，从而使得原始问题的目标函数值趋向于无穷大，排除掉 $\boldsymbol{x}$ 的不可行区域，最后只剩下可行的 $\boldsymbol{x}$ 组成的区域。这样我们要求解的带约束优化问题被转化成了对 $\boldsymbol{x}$ 不带约束的优化问题，并且二者等价。

接下来定义对偶问题与其最优解 d^*

$$d^* = \max_{\boldsymbol{\lambda}, \boldsymbol{\nu}, \lambda_i \geqslant 0} \min_{\boldsymbol{x}} L(\boldsymbol{x}, \boldsymbol{\lambda}, \boldsymbol{\nu}) = \max_{\boldsymbol{\lambda}, \boldsymbol{\nu}, \lambda_i \geqslant 0} \theta_D(\boldsymbol{\lambda}, \boldsymbol{\nu}) \tag{4.33}$$

其中

$$\theta_D(\boldsymbol{\lambda}, \boldsymbol{\nu}) = \min_{\boldsymbol{x}} L(\boldsymbol{x}, \boldsymbol{\lambda}, \boldsymbol{\nu})$$

与上面的定义相反，这里是先固定拉格朗日乘子 $\boldsymbol{\lambda}$ 和 $\boldsymbol{\nu}$，调整 $\boldsymbol{x}$ 让拉格朗日函数对 $\boldsymbol{x}$ 求极小值；然后调整 $\boldsymbol{\lambda}$ 和 $\boldsymbol{\nu}$ 对函数求极大值。

原问题和对偶问题只是改变了求极大值和极小值的顺序，每次操控的变量是一样的。如果原问题和对偶问题都存在最优解，则对偶问题的最优值不大于原问题的最优值，即

$$d^* = \max_{\boldsymbol{\lambda}, \boldsymbol{\nu}, \lambda_i \geqslant 0} \min_{\boldsymbol{x}} L(\boldsymbol{x}, \boldsymbol{\lambda}, \boldsymbol{\nu}) \leqslant \min_{\boldsymbol{x}} \max_{\boldsymbol{\lambda}, \boldsymbol{\nu}, \lambda_i \geqslant 0} L(\boldsymbol{x}, \boldsymbol{\lambda}, \boldsymbol{\nu}) = p^* \tag{4.34}$$

这一结论称为弱对偶定理（Weak Duality）。下面给出证明。假设原问题的最优解为 $\boldsymbol{x}_1, \boldsymbol{\lambda}_1, \boldsymbol{\nu}_1$，对偶问题的最优解为 $\boldsymbol{x}_2, \boldsymbol{\lambda}_2, \boldsymbol{\nu}_2$，由于原问题是先对 $(\boldsymbol{\lambda}, \boldsymbol{\nu})$ 取极大值，对偶问题是先对 $\boldsymbol{x}$ 取极小值，因此有

$$L(\boldsymbol{x}_1, \boldsymbol{\lambda}_1, \boldsymbol{\nu}_1) \geqslant L(\boldsymbol{x}_1, \boldsymbol{\lambda}_2, \boldsymbol{\nu}_2) \qquad\qquad L(\boldsymbol{x}_2, \boldsymbol{\lambda}_2, \boldsymbol{\nu}_2) \leqslant L(\boldsymbol{x}_1, \boldsymbol{\lambda}_2, \boldsymbol{\nu}_2)$$

从而得到

$$L(\boldsymbol{x}_1, \boldsymbol{\lambda}_1, \boldsymbol{\nu}_1) \geqslant L(\boldsymbol{x}_2, \boldsymbol{\lambda}_2, \boldsymbol{\nu}_2)$$

首先用矩阵弱对偶的例子解释其直观含义。对于图 4.22 的矩阵

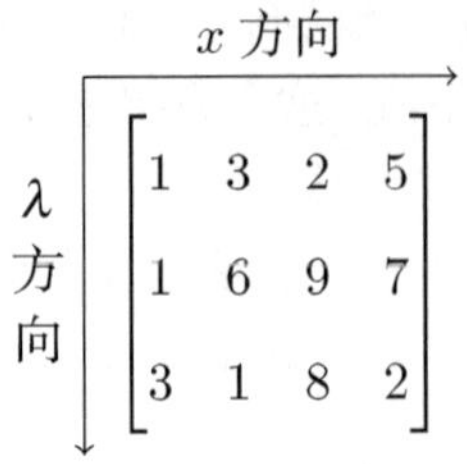

$$
\begin{array}{c}
\lambda \\
\text{方} \\
\text{向}
\end{array}
\begin{bmatrix}
1 & 3 & 2 & 5 \\
1 & 6 & 9 & 7 \\
3 & 1 & 8 & 2
\end{bmatrix}
$$

x 方向

图 4.22　矩阵的弱对偶

假设行方向（水平方向）为 x 方向，列方向（垂直方向）为 λ 方向。原问题首先固定 x，变动 λ，求极大值，即取每一列的极大值，得到

$$(3\ 6\ 9\ 7)$$

然后变动 x，求上面这个行的极小值，结果为 3。对偶问题首先固定 λ，变动 x，求极小值，即先求每一行的极小值，得到

$$
\begin{pmatrix}
1 \\
1 \\
1
\end{pmatrix}
$$

然后求这个列的极大值，结果为 1。可以看到原问题的最优解比对偶问题的最优解要大。

弱对偶的原理如图 4.23 所示。图中横轴方向为优化变量 $\boldsymbol{x}$，纵轴为乘子变量 $\boldsymbol{\lambda}$ 和 $\boldsymbol{\nu}$。为了直观，将这些变量都显示为一维的情况。

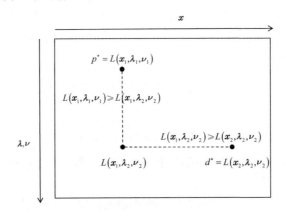

图 4.23　弱对偶证明过程

值得注意的是，弱对偶定理对于所有最优化问题都是成立的。

原问题最优值和对偶问题最优值的差 $p^* - d^*$ 称为对偶间隙。如果原问题和对偶问题有相同的最优解，那么我们就可以把求解原问题转化为求解对偶问题，此时对偶间隙为 0，这种情况称为强对偶。强对偶成立的一种充分条件就是下面要讲述的 Slater 条件。

Slater 条件指出，一个凸优化问题如果存在一个候选 $\boldsymbol{x}$ 使得所有不等式约束都是严格满足的，即对于所有的 i 都有 $g_i(\boldsymbol{x}) < 0$，也就是说，在不等式约束区域的内部至少有一个可行点（非边界点），则存在 $(\boldsymbol{x}^*, \boldsymbol{\lambda}^*, \boldsymbol{\nu}^*)$ 使得它们同时为原问题和对偶问题的最优解

$$p^* = d^* = L(\boldsymbol{x}^*, \boldsymbol{\lambda}^*, \boldsymbol{\nu}^*)$$

    Slater 条件是强对偶成立的充分条件而不是必要条件。强对偶的意义在于我们可以将求解原始问题转化为求解对偶问题,有些时候对偶问题比原问题更容易求解。强对偶只是将原问题转化成对偶问题,而这个对偶问题怎么求解则是另外一个问题。

    下面举例说明如何将一个优化问题转化为拉格朗日对偶问题。对于如下的最优化问题

$$\min_{x_1,x_2,x_3} (x_1^2 + x_2^2)$$

$$x_1 + x_2 + x_3 \leqslant -1$$

$$2x_1 + x_2 + x_3 \geqslant 1$$

$$x_1 + 2x_2 + x_3 \geqslant 1$$

显然目标函数是凸函数,可行域是线性不等式围成的区域,是凸集,因此这是一个凸优化问题。下面的一组解即可使得不等式约束严格满足

$$x_1 = 3, x_2 = 3, x_3 = -7.5$$

显然

$$x_1 + x_2 + x_3 = 3 + 3 - 7.5 = -1.5 < -1$$

$$2x_1 + x_2 + x_3 = 6 + 3 - 7.5 = 1.5 > 1$$

$$x_1 + 2x_2 + x_3 = 3 + 6 - 7.5 = 1.5 > 1$$

因此 Slater 条件成立。将不等式约束写成标准形式

$$x_1 + x_2 + x_3 + 1 \leqslant 0 \qquad -2x_1 - x_2 - x_3 + 1 \leqslant 0 \qquad -x_1 - 2x_2 - x_3 + 1 \leqslant 0$$

构造广义拉格朗日乘子函数

$$L(x_1, x_2, x_3, \lambda_1, \lambda_2, \lambda_3) = x_1^2 + x_2^2 + \lambda_1(x_1 + x_2 + x_3 + 1)$$
$$+ \lambda_2(-2x_1 - x_2 - x_3 + 1) + \lambda_3(-x_1 - 2x_2 - x_3 + 1)$$

原问题为

$$\min_{x_1,x_2,x_3} \max_{\lambda_1,\lambda_2,\lambda_3} L(x_1, x_2, x_3, \lambda_1, \lambda_2, \lambda_3) = x_1^2 + x_2^2 + \lambda_1(x_1 + x_2 + x_3 + 1)$$
$$+ \lambda_2(-2x_1 - x_2 - x_3 + 1) + \lambda_3(-x_1 - 2x_2 - x_3 + 1) \quad \lambda_i \geqslant 0, i = 1, \cdots, 3$$

对偶问题为

$$\max_{\lambda_1,\lambda_2,\lambda_3} \min_{x_1,x_2,x_3} L(x_1, x_2, x_3, \lambda_1, \lambda_2, \lambda_3) = x_1^2 + x_2^2 + \lambda_1(x_1 + x_2 + x_3 + 1)$$
$$+ \lambda_2(-2x_1 - x_2 - x_3 + 1) + \lambda_3(-x_1 - 2x_2 - x_3 + 1) \quad \lambda_i \geqslant 0, i = 1, \cdots, 3$$

    下面求解对偶问题。对 x_i 求偏导数并令其为 0,可以得到

$$\frac{\partial L}{\partial x_1} = 2x_1 + \lambda_1 - 2\lambda_2 - \lambda_3 = 0 \qquad \frac{\partial L}{\partial x_2} = 2x_2 + \lambda_1 - \lambda_2 - 2\lambda_3 = 0 \qquad \frac{\partial L}{\partial x_3} = \lambda_1 - \lambda_2 - \lambda_3 = 0$$

解得

$$x_1 = \frac{1}{2}(-\lambda_1 + 2\lambda_2 + \lambda_3) \qquad x_2 = \frac{1}{2}(-\lambda_1 + \lambda_2 + 2\lambda_3) \qquad \lambda_1 - \lambda_2 - \lambda_3 = 0$$

然后将其代入拉格朗日乘子函数,消掉这些变量

$$L(x_1, x_2, x_3, \lambda_1, \lambda_2, \lambda_3) = \frac{1}{4}(-\lambda_1 + 2\lambda_2 + \lambda_3)^2 + \frac{1}{4}(-\lambda_1 + \lambda_2 + 2\lambda_3)^2$$
$$+ \lambda_1 \left(\frac{1}{2}(-\lambda_1 + 2\lambda_2 + \lambda_3) + \frac{1}{2}(-\lambda_1 + \lambda_2 + 2\lambda_3) + x_3 + 1 \right)$$

$$+ \lambda_2(-(-\lambda_1 + 2\lambda_2 + \lambda_3) - \frac{1}{2}(-\lambda_1 + \lambda_2 + 2\lambda_3) - x_3 + 1)$$

$$+ \lambda_3(\frac{1}{2}(-\lambda_1 + 2\lambda_2 + \lambda_3) - (-\lambda_1 + \lambda_2 + 2\lambda_3) - x_3 + 1)$$

$$= -\frac{1}{2}\lambda_1^2 - \frac{5}{4}\lambda_2^2 - \frac{5}{4}\lambda_3^2 + \frac{3}{2}\lambda_1\lambda_2 + \frac{3}{2}\lambda_1\lambda_3 - 2\lambda_2\lambda_3 + \lambda_1 + \lambda_2 + \lambda_3$$

原始问题的拉格朗日对偶问题为

$$\max_{\lambda_1, \lambda_2, \lambda_3} -\frac{1}{2}\lambda_1^2 - \frac{5}{4}\lambda_2^2 - \frac{5}{4}\lambda_3^2 + \frac{3}{2}\lambda_1\lambda_2 + \frac{3}{2}\lambda_1\lambda_3 - 2\lambda_2\lambda_3 + \lambda_1 + \lambda_2 + \lambda_3$$

$$\lambda_1 - \lambda_2 - \lambda_3 = 0, \lambda_1 \geqslant 0, \lambda_2 \geqslant 0, \lambda_3 \geqslant 0$$

这里的等式约束是在消掉原始优化变量的过程中引入的。

4.6.4　KKT 条件

KKT（Karush-Kuhn-Tucker）条件（见参考文献 [14] 和 [15]）用于求解带有等式和不等式约束的优化问题，是拉格朗日乘数法的推广。KKT 条件给出了这类问题取得极值的一阶必要条件。对于如下带有等式和不等式约束的优化问题

$$\min_{\boldsymbol{x}} f(\boldsymbol{x})$$

$$g_i(\boldsymbol{x}) \leqslant 0 \quad i = 1, \cdots, q$$

$$h_i(\boldsymbol{x}) = 0 \quad i = 1, \cdots, p$$

与拉格朗日对偶的做法类似，为其构造拉格朗日乘子函数消掉等式和不等式约束

$$L(\boldsymbol{x}, \boldsymbol{\lambda}, \boldsymbol{\mu}) = f(\boldsymbol{x}) + \sum_{j=1}^{p} \lambda_j h_j(\boldsymbol{x}) + \sum_{i=1}^{q} \mu_i g_i(\boldsymbol{x})$$

$\boldsymbol{\lambda}$ 和 $\boldsymbol{\mu}$ 称为 KKT 乘子，其中 $\mu_i \geqslant 0, i = 1, \cdots, q$。原始优化问题的最优解在拉格朗日乘子函数的鞍点处取得，对于 $\boldsymbol{x}$ 取极小值，对于 KKT 乘子变量取极大值。最优解 $\boldsymbol{x}$ 满足如下条件

$$\nabla_{\boldsymbol{x}} L(\boldsymbol{x}, \boldsymbol{\lambda}, \boldsymbol{\mu}) = \boldsymbol{0} \qquad \mu_i \geqslant 0 \qquad \mu_i g_i(\boldsymbol{x}) = 0 \qquad h_j(\boldsymbol{x}) = 0 \qquad g_i(\boldsymbol{x}) \leqslant 0 \qquad (4.35)$$

等式约束 $h_j(\boldsymbol{x}) = 0$ 和不等式约束 $g_i(\boldsymbol{x}) \leqslant 0$ 是本身应该满足的约束，$\nabla_{\boldsymbol{x}} L(\boldsymbol{x}, \boldsymbol{\lambda}, \boldsymbol{\mu}) = \boldsymbol{0}$ 和拉格朗日乘数法相同。只多了关于 $g_i(\boldsymbol{x})$ 以及其对应的乘子变量 μ_i 的方程

$$\mu_i g_i(\boldsymbol{x}) = 0$$

这可以分两种情况讨论。

情况一：如果对于某个 k 有

$$g_k(\boldsymbol{x}) < 0$$

要满足 $\mu_k g_k(\boldsymbol{x}) = 0$ 的条件，则有 $\mu_k = 0$。因此有

$$\nabla_{\boldsymbol{x}} L(\boldsymbol{x}, \boldsymbol{\lambda}, \boldsymbol{\mu}) = \nabla_{\boldsymbol{x}} f(\boldsymbol{x}) + \sum_{j=1}^{p} \lambda_j \nabla_{\boldsymbol{x}} h_j(\boldsymbol{x}) + \sum_{i=1}^{q} \mu_i \nabla_{\boldsymbol{x}} g_i(\boldsymbol{x})$$

$$= \nabla_{\boldsymbol{x}} f(\boldsymbol{x}) + \sum_{j=1}^{p} \lambda_j \nabla_{\boldsymbol{x}} h_j(\boldsymbol{x}) + \sum_{i=1, i \neq k}^{q} \mu_i \nabla_{\boldsymbol{x}} g_i(\boldsymbol{x}) = \boldsymbol{0}$$

这意味着第 k 个不等式约束不起作用，此时极值在不等式约束围成的区域内部取得。这种情况如图 4.24a 所示。

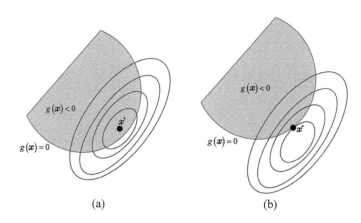

图 4.24　KKT 条件中不等式约束的乘子变量各种取值情况

情况二：如果对于某个 k 有

$$g_k(\boldsymbol{x}) = 0$$

则 μ_k 的取值自由，只要满足大于或等于 0 即可，此时极值在不等式围成的区域的边界点处取得，不等式约束起作用。这种情况如图 4.24(b) 所示。

需要注意的是，KKT 条件只是取得极值的必要条件而非充分条件。如果一个最优化问题是凸优化问题，则 KKT 条件是取得极小值的充分条件。

4.6.5　应用——支持向量机

下面介绍拉格朗日对偶、凸优化以及 KKT 条件在支持向量机中的应用。在 2.1.8 节已经介绍了支持向量机的基本原理。支持向量机的目标是寻找一个分类超平面，它不仅能正确地分类每一个训练样本，并且要使得每一类样本中距离超平面最近的样本到超平面的距离尽可能远。对于二分类问题，假设训练样本集有 l 个样本，特征向量 $\boldsymbol{x}_i$ 是 n 维向量，类别标签 y_i 取值为 $+1$ 或者 -1，分别对应正样本和负样本。支持向量机训练时求解的优化问题可以写成

$$\min_{\boldsymbol{w},b} \frac{1}{2}\boldsymbol{w}^{\mathrm{T}}\boldsymbol{w}$$

$$y_i(\boldsymbol{w}^{\mathrm{T}}\boldsymbol{x}_i + b) \geqslant 1$$

除掉 b 之外，根据式 (3.14)，目标函数的黑塞矩阵是 n 阶单位矩阵 $\boldsymbol{I}$，是严格正定矩阵，因此目标函数是凸函数。可行域是由线性不等式围成的区域，是一个凸集。因此这个优化问题是一个凸优化问题。由于假设数据是线性可分的，因此一定存在 $\boldsymbol{w}$ 和 b 使得不等式约束满足。如果 $\boldsymbol{w}$ 和 b 是一个可行解，即有

$$y_i(\boldsymbol{w}^{\mathrm{T}}\boldsymbol{x}_i + b) \geqslant 1$$

则 $2\boldsymbol{w}$ 和 $2b$ 也是可行解，且

$$y_i(2\boldsymbol{w}^{\mathrm{T}}\boldsymbol{x}_i + 2b) \geqslant 2 > 1$$

Slater 条件成立。该问题带有大量不等式约束，不易求解。由于满足 Slater 条件，因此可以将该问题转换为对偶问题求解。构造拉格朗日乘子函数

$$L(\boldsymbol{w},b,\boldsymbol{\alpha}) = \frac{1}{2}\boldsymbol{w}^{\mathrm{T}}\boldsymbol{w} - \sum_{i=1}^{l}\alpha_i(y_i(\boldsymbol{w}^{\mathrm{T}}\boldsymbol{x}_i + b) - 1)$$

约束条件为 $a_i \geqslant 0$。下面求解对偶问题，先固定住拉格朗日乘子 $\boldsymbol{\alpha}$，调整 $\boldsymbol{w}$ 和 b，使得拉格朗日乘子函数取极小值。把 $\boldsymbol{\alpha}$ 看成常数，对 $\boldsymbol{w}$ 和 b 求偏导数并令它们为 0，得到如下方程组

$$\nabla_w L = \boldsymbol{w} - \sum_{i=1}^{l} \alpha_i y_i \boldsymbol{x}_i = \boldsymbol{0} \qquad\qquad \frac{\partial L}{\partial b} = \sum_{i=1}^{l} \alpha_i y_i = 0$$

解得

$$\sum_{i=1}^{l} \alpha_i y_i = 0 \qquad\qquad \boldsymbol{w} = \sum_{i=1}^{l} \alpha_i y_i \boldsymbol{x}_i$$

将解代入拉格朗日乘子函数消掉 $\boldsymbol{w}$ 和 b

$$\frac{1}{2} \boldsymbol{w}^{\mathrm{T}} \boldsymbol{w} - \sum_{i=1}^{l} \alpha_i (y_i(\boldsymbol{w}^{\mathrm{T}} \boldsymbol{x}_i + b) - 1) = \frac{1}{2} \boldsymbol{w}^{\mathrm{T}} \boldsymbol{w} - \sum_{i=1}^{l} \left(\alpha_i y_i \boldsymbol{w}^{\mathrm{T}} \boldsymbol{x}_i + \alpha_i y_i b - \alpha_i \right)$$

$$= \frac{1}{2} \boldsymbol{w}^{\mathrm{T}} \boldsymbol{w} - \sum_{i=1}^{l} \alpha_i y_i \boldsymbol{w}^{\mathrm{T}} \boldsymbol{x}_i - \sum_{i=1}^{l} \alpha_i y_i b + \sum_{i=1}^{l} \alpha_i = \frac{1}{2} \boldsymbol{w}^{\mathrm{T}} \boldsymbol{w} - \boldsymbol{w}^{\mathrm{T}} \sum_{i=1}^{l} \alpha_i y_i \boldsymbol{x}_i - b \sum_{i=1}^{l} \alpha_i y_i + \sum_{i=1}^{l} \alpha_i$$

$$= \frac{1}{2} \boldsymbol{w}^{\mathrm{T}} \boldsymbol{w} - \boldsymbol{w}^{\mathrm{T}} \boldsymbol{w} + \sum_{i=1}^{l} \alpha_i = -\frac{1}{2} \boldsymbol{w}^{\mathrm{T}} \boldsymbol{w} + \sum_{i=1}^{l} \alpha_i = -\frac{1}{2} \left(\sum_{i=1}^{l} \alpha_i y_i \boldsymbol{x}_i \right)^{\mathrm{T}} \left(\sum_{j=1}^{l} \alpha_j y_j \boldsymbol{x}_j \right) + \sum_{i=1}^{l} \alpha_i$$

接下来调整乘子变量 $\boldsymbol{\alpha}$，使得拉格朗日乘子函数取极大值

$$\max_a \left(-\frac{1}{2} \sum_{i=1}^{l} \sum_{j=1}^{l} \alpha_i \alpha_j y_i y_j \boldsymbol{x}_i^{\mathrm{T}} \boldsymbol{x}_j + \sum_{i=1}^{l} \alpha_i \right)$$

这等价于最小化下面的函数

$$\min_a \left(\frac{1}{2} \sum_{i=1}^{l} \sum_{j=1}^{l} \alpha_i \alpha_j y_i y_j \boldsymbol{x}_i^{\mathrm{T}} \boldsymbol{x}_j - \sum_{i=1}^{l} \alpha_i \right)$$

约束条件为

$$a_i \geqslant 0, \ i = 1, \cdots, l \qquad\qquad \sum_{i=1}^{l} a_i y_i = 0$$

这就是拉格朗日对偶问题，与原始问题相比，有了很大的简化。

线性可分的支持向量机不具有太多的实用价值，因为在现实应用中样本通常不是线性可分的，接下来对它进行扩展，以处理线性不可分问题。通过使用松弛变量和惩罚因子对违反不等式约束的样本进行惩罚，可以得到如下最优化问题

$$\min_{\boldsymbol{w}, b, \boldsymbol{\xi}} \left(\frac{1}{2} \boldsymbol{w}^{\mathrm{T}} \boldsymbol{w} + C \sum_{i=1}^{l} \xi_i \right)$$
$$y_i \left(\boldsymbol{w}^{\mathrm{T}} \boldsymbol{x}_i + b \right) \geqslant 1 - \xi_i \tag{4.36}$$
$$\xi_i \geqslant 0, i = 1, \cdots, l$$

其中 ξ_i 是松弛变量，如果它不为 0，就表示样本违反了不等式约束条件。C 为惩罚因子，是人工设定的大于 0 的参数，用来对违反不等式约束条件的样本进行惩罚。

已经证明目标函数的前半部分是凸函数，后半部分是线性函数，显然也是凸函数，两个凸函数的非负线性组合还是凸函数。上面优化问题的不等式约束都是线性约束，构成的可行域显然是凸集。因此该优化问题是凸优化问题。

式 (4.36) 的问题是满足 Slater 条件的。如果令 $\boldsymbol{w}=\boldsymbol{0}$、$b=0$、$\xi_i=2$，则有

$$y_i(\boldsymbol{w}^{\mathrm{T}}\boldsymbol{x}_i+b)=0>1-\xi_i=1-2=-1$$

不等式条件严格满足，因此强对偶成立。下面将其转化为拉格朗日对偶问题。

首先将原问题的等式和不等式约束写成标准形式

$$y_i(\boldsymbol{w}^{\mathrm{T}}\boldsymbol{x}_i+b)\geqslant 1-\xi_i\Rightarrow-(y_i(\boldsymbol{w}^{\mathrm{T}}\boldsymbol{x}_i+b)-1+\xi_i)\leqslant 0$$

$$\xi_i\geqslant 0\Rightarrow-\xi_i\leqslant 0$$

然后构造拉格朗日乘子函数

$$L(\boldsymbol{w},b,\boldsymbol{\alpha},\boldsymbol{\xi},\boldsymbol{\beta})=\frac{1}{2}\boldsymbol{w}^{\mathrm{T}}\boldsymbol{w}+C\sum_{i=1}^{l}\xi_i-\sum_{i=1}^{l}\alpha_i(y_i(\boldsymbol{w}^{\mathrm{T}}\boldsymbol{x}_i+b)-1+\xi_i)-\sum_{i=1}^{l}\beta_i\xi_i$$

其中 $\boldsymbol{\alpha}$ 和 $\boldsymbol{\beta}$ 是拉格朗日乘子。首先固定乘子变量 $\boldsymbol{\alpha}$ 和 $\boldsymbol{\beta}$，对 $\boldsymbol{w}$、b、$\boldsymbol{\xi}$ 求偏导数并令它们为 0，得到如下方程组

$$\nabla_{\boldsymbol{w}}L=\boldsymbol{w}-\sum_{i=1}^{l}\alpha_i y_i\boldsymbol{x}_i=\boldsymbol{0}\qquad\frac{\partial L}{\partial b}=\sum_{i=1}^{l}\alpha_i y_i=0\qquad\frac{\partial L}{\partial \xi_i}=C-\alpha_i-\beta_i=0$$

解得

$$\sum_{i=1}^{l}\alpha_i y_i=0\qquad\qquad\alpha_i+\beta_i=C\qquad\qquad\boldsymbol{w}=\sum_{i=1}^{l}\alpha_i y_i\boldsymbol{x}_i$$

将上面的解代入拉格朗日乘子函数中，得到关于 $\boldsymbol{\alpha}$ 和 $\boldsymbol{\beta}$ 的函数

$$\begin{aligned}L(\boldsymbol{w},b,\boldsymbol{\alpha},\boldsymbol{\xi},\boldsymbol{\beta})&=\frac{1}{2}\boldsymbol{w}^{\mathrm{T}}\boldsymbol{w}+C\sum_{i=1}^{l}\xi_i-\sum_{i=1}^{l}\alpha_i(y_i(\boldsymbol{w}^{\mathrm{T}}\boldsymbol{x}_i+b)-1+\xi_i)-\sum_{i=1}^{l}\beta_i\xi_i\\&=\frac{1}{2}\boldsymbol{w}^{\mathrm{T}}\boldsymbol{w}+C\sum_{i=1}^{l}\xi_i-\sum_{i=1}^{l}\beta_i\xi_i-\sum_{i=1}^{l}\alpha_i\xi_i-\sum_{i=1}^{l}\alpha_i(y_i(\boldsymbol{w}^{\mathrm{T}}\boldsymbol{x}_i+b)-1)\\&=\frac{1}{2}\boldsymbol{w}^{\mathrm{T}}\boldsymbol{w}+\sum_{i=1}^{l}(C-\alpha_i-\beta_i)\xi_i-\sum_{i=1}^{l}(\alpha_i y_i\boldsymbol{w}^{\mathrm{T}}\boldsymbol{x}_i+\alpha_i y_i b-\alpha_i)\\&=\frac{1}{2}\boldsymbol{w}^{\mathrm{T}}\boldsymbol{w}-\sum_{i=1}^{l}\alpha_i y_i\boldsymbol{w}^{\mathrm{T}}\boldsymbol{x}_i-\sum_{i=1}^{l}\alpha_i y_i b+\sum_{i=1}^{l}\alpha_i\\&=\frac{1}{2}\boldsymbol{w}^{\mathrm{T}}\boldsymbol{w}-\boldsymbol{w}^{\mathrm{T}}\boldsymbol{w}+\sum_{i=1}^{l}\alpha_i=-\frac{1}{2}\boldsymbol{w}^{\mathrm{T}}\boldsymbol{w}+\sum_{i=1}^{l}\alpha_i\\&=-\frac{1}{2}\sum_{i=1}^{l}\sum_{j=1}^{l}\alpha_i\alpha_j y_i y_j\boldsymbol{x}_i^{\mathrm{T}}\boldsymbol{x}_j+\sum_{i=1}^{l}\alpha_i\end{aligned}$$

接下来调整乘子变量，求解如下极大值问题

$$\max_{\alpha}\left(-\frac{1}{2}\sum_{i=1}^{l}\sum_{j=1}^{l}\alpha_i\alpha_j y_i y_j\boldsymbol{x}_i^{\mathrm{T}}\boldsymbol{x}_j+\sum_{i=1}^{l}\alpha_i\right)$$

由于 $\alpha_i+\beta_i=C$ 并且 $\beta_i\geqslant 0$，因此有 $\alpha_i\leqslant C$。这等价于如下最优化问题

$$\min_{\alpha}\left(\frac{1}{2}\sum_{i=1}^{l}\sum_{j=1}^{l}\alpha_i\alpha_j y_i y_j\boldsymbol{x}_i^{\mathrm{T}}\boldsymbol{x}_j-\sum_{i=1}^{l}\alpha_i\right)\qquad 0\leqslant\alpha_i\leqslant C\qquad\sum_{j=1}^{l}\alpha_j y_j=0$$

这就是式 (4.36) 问题的拉格朗日对偶问题。将 $\boldsymbol{w}$ 的值代入超平面方程，得到分类决策函数为

$$\text{sgn}\left(\sum_{i=1}^{l} \alpha_i y_i \boldsymbol{x}_i^{\mathrm{T}} x + b\right)$$

如果 $\alpha_i = 0$，则样本在预测函数中不起作用。所有 $\alpha_i \neq 0$ 的样本的特征向量 $\boldsymbol{x}_i$ 称为支持向量。为了简化表述，定义矩阵 $\boldsymbol{Q}$，其元素为

$$Q_{ij} = y_i y_j \boldsymbol{x}_i^{\mathrm{T}} \boldsymbol{x}_j$$

对偶问题可以写成矩阵和向量形式

$$\min_{\alpha} \frac{1}{2} \boldsymbol{\alpha}^{\mathrm{T}} \boldsymbol{Q} \boldsymbol{\alpha} - \boldsymbol{e}^{\mathrm{T}} \boldsymbol{\alpha}$$
$$0 \leqslant \alpha_i \leqslant C$$
$$\boldsymbol{y}^{\mathrm{T}} \boldsymbol{\alpha} = 0$$

其中 $\boldsymbol{e}$ 是分量全为 1 的向量，$\boldsymbol{y}$ 是样本的类别标签向量。可以证明 $\boldsymbol{Q}$ 是半正定矩阵，这个矩阵可以写成一个矩阵和其自身转置的乘积

$$\boldsymbol{Q} = \boldsymbol{X}^{\mathrm{T}} \boldsymbol{X}$$

矩阵 $\boldsymbol{X}$ 为所有样本的特征向量分别乘以该样本的标签值组成的矩阵

$$\boldsymbol{X} = (y_1 \boldsymbol{x}_1, \cdots, y_l \boldsymbol{x}_l)$$

对于任意非 $\boldsymbol{0}$ 向量 $\boldsymbol{x}$，有

$$\boldsymbol{x}^{\mathrm{T}} \boldsymbol{Q} \boldsymbol{x} = \boldsymbol{x}^{\mathrm{T}} (\boldsymbol{X}^{\mathrm{T}} \boldsymbol{X}) \boldsymbol{x} = (\boldsymbol{X} \boldsymbol{x})^{\mathrm{T}} (\boldsymbol{X} \boldsymbol{x}) \geqslant 0$$

因此矩阵 $\boldsymbol{Q}$ 半正定，它就是目标函数的黑塞矩阵，目标函数是凸函数。对偶问题的等式和不等式约束条件都是线性的，可行域是凸集，故对偶问题也是凸优化问题。

在最优点处必须满足 KKT 条件，将其应用于原问题，对于原问题，式 (4.36) 中的两组不等式约束，必须满足

$$\alpha_i(y_i(\boldsymbol{w}^{\mathrm{T}} \boldsymbol{x}_i + b) - 1 + \xi_i) = 0, \quad i = 1, \cdots, l$$
$$\beta_i \xi_i = 0, \quad i = 1, \cdots, l$$

对于第一个方程，如果 $\alpha_i > 0$，则必须有 $y_i(\boldsymbol{w}^{\mathrm{T}} \boldsymbol{x}_i + b) - 1 + \xi_i = 0$，即

$$y_i(\boldsymbol{w}^{\mathrm{T}} \boldsymbol{x}_i + b) = 1 - \xi_i$$

而由于 $\xi_i \geqslant 0$，因此有

$$y_i(\boldsymbol{w}^{\mathrm{T}} \boldsymbol{x}_i + b) \leqslant 1$$

如果 $\alpha_i = 0$，则对 $y_i(\boldsymbol{w}^{\mathrm{T}} \boldsymbol{x}_i + b) - 1 + \xi_i$ 的值没有约束。由于有 $\alpha_i + \beta_i = C$ 的约束，因此 $\beta_i = C$；又因为 $\beta_i \xi_i = 0$ 的限制，如果 $\beta_i > 0$，则必须有 $\xi_i = 0$。由于原问题中有约束条件 $y_i(\boldsymbol{w}^{\mathrm{T}} \boldsymbol{x}_i + b) \geqslant 1 - \xi_i$，而 $\xi_i = 0$，因此有：

$$y_i(\boldsymbol{w}^{\mathrm{T}} \boldsymbol{x}_i + b) \geqslant 1$$

对于 $\alpha_i > 0$ 的情况，我们又可以细分为 $\alpha_i < C$ 和 $\alpha_i = C$。如果 $\alpha_i < C$，由于有 $\alpha_i + \beta_i = C$ 的约束，因此有 $\beta_i > 0$，因为有 $\beta_i \xi_i = 0$ 的约束，因此 $\xi_i = 0$，不等式约束 $y_i(\boldsymbol{w}^{\mathrm{T}} \boldsymbol{x}_i + b) \geqslant 1 - \xi_i$ 变为 $y_i(\boldsymbol{w}^{\mathrm{T}} \boldsymbol{x}_i + b) \geqslant 1$。由于 $0 < \alpha_i < C$ 时，既要满足 $y_i(\boldsymbol{w}^{\mathrm{T}} \boldsymbol{x}_i + b) \leqslant 1$，又要满足 $y_i(\boldsymbol{w}^{\mathrm{T}} \boldsymbol{x}_i + b) \geqslant 1$，因此有

$$y_i(\boldsymbol{w}^{\mathrm{T}} \boldsymbol{x}_i + b) = 1$$

将三种情况合并起来，在最优点处，所有样本都必须要满足下面的条件

$$\alpha_i = 0 \Rightarrow y_i(\boldsymbol{w}^{\mathrm{T}}\boldsymbol{x}_i + b) \geqslant 1$$
$$0 < \alpha_i < C \Rightarrow y_i(\boldsymbol{w}^{\mathrm{T}}\boldsymbol{x}_i + b) = 1$$
$$\alpha_i = C \Rightarrow y_i(\boldsymbol{w}^{\mathrm{T}}\boldsymbol{x}_i + b) \leqslant 1$$

上面第一种情况对应的是自由变量，即非支持向量；第二种情况对应的是支持向量；第三种情况对应的是违反不等式约束的样本。在 SMO 算法中，会应用此条件来选择优化变量。图 4.25 是支持向量示例。图中位于中间直线两侧的样本分别为正负样本，位于 $\boldsymbol{w}^{\mathrm{T}}\boldsymbol{x}_i + b = +1$ 上侧和 $\boldsymbol{w}^{\mathrm{T}}\boldsymbol{x}_i + b = -1$ 下侧的样本对应的乘子变量是自由变量，有 $\alpha_i = 0$。位于 $\boldsymbol{w}^{\mathrm{T}}\boldsymbol{x}_i + b = +1$ 和 $\boldsymbol{w}^{\mathrm{T}}\boldsymbol{x}_i + b = -1$ 上的样本是支持向量，有 $0 < \alpha_i < C$，它们决定了分类超平面。

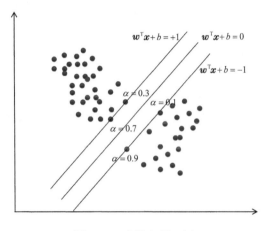

图 4.25　支持向量示例

<h2>4.7　多目标优化问题</h2>

前面讲述的优化算法求解的是单目标函数的极值，对于某些应用，需要同时优化多个目标。例如要设计一个方案使得运输速度最快，而运费又最少。这类问题称为多目标优化（Multi-Objective Optimization）问题。

4.7.1　基本概念

多目标优化问题有多个目标函数，也称为向量优化。可以形式化地表述为

$$\min_{\boldsymbol{x}}(f_1(\boldsymbol{x}), f_2(\boldsymbol{x}), \cdots, f_p(\boldsymbol{x})), \quad \boldsymbol{x} \in X$$

其中 X 为优化变量的可行域，p 为目标函数的数量。所有目标函数的值形成一个 p 维向量，因此多目标优化的目标函数是如下的映射

$$\mathbb{R}^n \to \mathbb{R}^p : f(\boldsymbol{x}) = (f_1(\boldsymbol{x}), \cdots, f_p(\boldsymbol{x}))^{\mathrm{T}}$$

在单目标优化中很容易定义最优解的概念。但在多目标优化问题中最优解的定义更为困难，因为多个目标函数之间可能存在冲突，无法使得它们同时达到最优值。一般情况下，不存在一个最优解 $\boldsymbol{x}^*$ 使得所有目标函数在该点处取得极小值，各个解之间可能无法比较优劣。

如果有两个可行解 $\boldsymbol{x}_1$ 和 $\boldsymbol{x}_2$，对于任意一个目标函数 $f_i(\boldsymbol{x})$ 都有

$$f_i(\boldsymbol{x}_1) \leqslant f_i(\boldsymbol{x}_2)$$

并且至少存在一个 i 使得

$$f_i(\boldsymbol{x}_1) < f_i(\boldsymbol{x}_2)$$

则称 $\boldsymbol{x}_1$ 优于 $\boldsymbol{x}_2$，即在所有其他目标函数的值不增加的前提下至少有一个目标函数的值更小。这一概念的直观解释是帕累托改进（Pareto Improvement）。对于多目标优化问题，在不降低其他所有目标函数的值的情况下，使得至少一个目标函数的值得到改进，称为帕累托改进。

有一个可行解 $\boldsymbol{x}^*$，如果对于可行域中的任意解 $\boldsymbol{x}$，$\boldsymbol{x}^*$ 都优于 $\boldsymbol{x}$，则称 $\boldsymbol{x}^*$ 是最优解。最优解是使所有目标函数同时达到最优的解，对于大多数多目标优化问题，最优解是不存在的。

对于下面的问题

$$\min_x((x-2)^2+1, (x-2)^2+15)$$

此问题存在最优解，为 $x=2$。两个目标函数的最小值点刚好重合，如图 4.26 所示。图 4.26 中下方的曲线为目标函数 $(x-2)^2+1$，上方的曲线为目标函数 $(x-2)^2+15$。

对于多目标优化问题，如果 $\boldsymbol{x}^*$ 是一个可行解并且不存在比 $\boldsymbol{x}^*$ 更优的解，则称其为帕累托最优解（Pareto Optimality）。帕累托最优解只是一个不坏的解，且在很多情况下存在多个帕累托最优解。

对于如下优化问题

$$\min_x(0.3(x+2)^2+1, 0.3(x-2)^2+1)$$

其中目标函数

$$f_1(x) = 0.3(x+2)^2+1 \qquad\qquad f_2(x) = 0.3(x-2)^2+1$$

该问题的最优解不存在，区间 $[-2, 2]$ 为帕累托最优解，这一区间内的任意两点之间无法比较优劣。对于该区间的两个不同点 x_1、x_2，若 $x_1 < x_2$，则 $f_1(x_1) < f_1(x_2)$ 而 $f_2(x_1) > f_2(x_2)$，因此这两个点无法比较优劣。对该区间内的任意点 x_1，均不存在其他点优于该点。如果 $x_1 \in (-\infty, -2)$，则总能找到至少一个 x_2 使得 x_2 优于 x_1，如 $x_2 = -2$ 即可满足要求。对于 $x_1 \in (-2, +\infty)$ 有同样的结论，因此这两个区间内的解不是帕累托最优解。该最优化问题的目标函数如图 4.27 所示。图中 l_1 曲线为 $0.3(x+2)^2+1$，l_2 曲线为 $0.3(x-2)^2+1$。

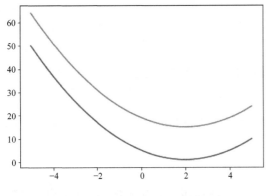

图 4.26　多目标优化问题的最优解

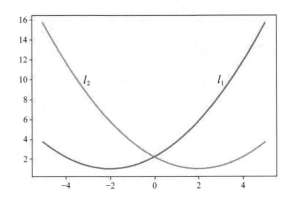

图 4.27　帕累托最优解

帕累托最优源自经济学，是资源分配的一种理想状态。给定一群人和一些可分配的资源，如

果从一种分配状态到另一种分配状态的变化中，在没有使任何人境况变坏的前提下，使得至少一个人变得更好，则称为帕累托改进。帕累托最优的状态是不可能再有帕累托改进的状态。

对于多目标优化问题，一种解决思路是找到帕累托最优解的集合，然后从该集合中选择一个解作为问题的解。

4.7.2 求解算法

求解多目标优化问题的一种思路是转化为单目标优化问题，包括标量化、ε 约束法，下面分别进行介绍。

标量化根据多个目标函数设计出单个目标函数，使得单目标优化问题的最优解是多目标优化问题的帕累托最优解。附加要求是对于某些标量化参数，所有帕累托最优解对于单目标优化问题都是可达的。对于不同的标量化参数，会产生不同的帕累托最优解。

对于如下优化问题

$$\min_{\boldsymbol{x}}(f_1(\boldsymbol{x}), f_2(\boldsymbol{x}), \cdots, f_p(\boldsymbol{x})), \quad \boldsymbol{x} \in X \tag{4.37}$$

它的标量化问题可以写成下面的形式

$$\min_{\boldsymbol{x}} g(f_1(\boldsymbol{x}), \cdots, f_p(\boldsymbol{x}), \boldsymbol{\theta}), \quad \boldsymbol{x} \in X_{\boldsymbol{\theta}}$$

在这里，g 是人工设计的标量化函数，以所有目标函数输出值 $f_1(\boldsymbol{x}), \cdots, f_1(\boldsymbol{x})$ 以及人工设定的参数向量 $\boldsymbol{\theta}$ 作为输入，输出一个标量值。$X_{\boldsymbol{\theta}} \subseteq X$ 为标量化问题的可行域，由参数 $\boldsymbol{\theta}$ 以及原始的可行域决定。

线性标量化是最简单的标量化，通过对多个目标函数线性加权构造出单目标函数。式 (4.37) 的问题线性标量化之后变为

$$\min_{\boldsymbol{x}} \sum_{i=1}^{p} w_i f_i(\boldsymbol{x}), \quad \boldsymbol{x} \in X$$

$w_i > 0$ 为权重系数，人工设定。除线性标量化之外，还可以用其他函数将多目标函数合并成单目标函数，4.7.3 节将会介绍加权乘积法。

ε 约束法只保留一个目标函数，将其他目标函数转化为不等式约束，转化之后的优化问题变为

$$\min_{\boldsymbol{x}} f_j(\boldsymbol{x})$$
$$f_i(\boldsymbol{x}) \leqslant \varepsilon_i, \ i \in \{1, \cdots, p\} \backslash j$$
$$\boldsymbol{x} \in X$$

参数 ε 由人工设定。其意义是在保证 $f_i(\boldsymbol{x}), i \neq j$ 不太差的前提下优化 $f_j(\boldsymbol{x})$。求解带不等式约束的优化问题可以得到原始问题的解。

4.7.3 应用——多目标神经结构搜索

下面介绍多目标优化在神经结构搜索中的应用。神经结构搜索（Neural Architecture Search，NAS）属于自动化机器学习（AutoML）的范畴，其目标是用算法自动设计出神经网络结构，保证神经网络有高的精度。多目标神经结构搜索（Multi-objective Neural Architecture Search，MONAS）的目标则是用算法设计出高精度且计算量小、占用存储空间小的神经网络结构，需要同时满足多个目标。对于有些应用，模型大小、预测时间也非常重要，尤其是对于计算能力弱的平台，如嵌

入式系统、移动端。对于这些应用场景，NAS 算法需要考虑精度之外的目标，因此需要多目标 NAS 算法。

多目标 NAS 可抽象为多目标优化问题。一般采用帕累托最优原则来寻找网络结构，帕累托最优在 4.7.1 节已经介绍。多目标 NAS 算法以此为准则在各种目标之间做出折中优化。这些算法在搜索空间、搜索策略上与单目标 NAS 算法类似，主要区别在于目标函数构造，需要考虑除精度之外的其他因素。常用的有下面一些优化指标。

（1）神经网络运行时的功耗，对于能量敏感的场景，功耗是核心指标。

（2）神经网络运行时的预测时间，也称为延迟。

（3）神经网络的参数数量与模型大小，用于限制对存储空间的占用。

（4）神经网络预测时的运算量，典型的是 FLOPS，即每秒的浮点运算次数。

搜索算法可以采用强化学习、遗传算法、贝叶斯优化。它们以神经网络的结构为优化变量，使得优化目标（如神经网络的预测精度）最优化，以此找到最优的神经网络结构。基于遗传算法的 NAS 在 8.2.5 节介绍。本节重点介绍 MONAS（见参考文献 [16]）和 MnasNet（见参考文献 [17]）的目标函数设计。

MONAS 的目标是同时优化神经网络的精度与能耗，或运算量。整体上采用了和 NAS 类似的方法，由一个称为 Robot Network（RN）的网络生成 CNN 的超参数序列。在评估阶段，训练此 CNN，称为 Target Network（TN）。以目标网络的精度，能耗作为 RN 的奖励值，用强化学习算法对 RN 进行更新。算法每次迭代时得到一个网络结构，取奖励值最高的网络结构作为搜索算法的返回结果。关键的问题是优化目标（即奖励值）的定义。这里考虑了多个指标，包括精度值、模型预测时的峰值能耗和平均能耗。奖励函数的计算公式为

$$\alpha \times ACC(m) - (1 - \alpha) \times Energy(m)$$

其中 ACC 为神经网络的预测精度值，$Energy$ 为神经网络运行时的能耗，m 是神经网络模型，为算法的优化变量，$0 < \alpha < 1$ 为人工设定的权重系数。它的目标是最大化预测精度的同时最小化能耗，以使得此奖励函数最大化。这种目标函数综合考虑了精度值和能耗值，使用线性标量化将多目标优化问题转化为单目标优化问题。

MnasNet 用加权乘积法将多目标优化问题标量化，同时优化神经网络的精度与预测时间。给定模型 m，记 $ACC(m)$ 为它对目标任务的精度，$LAT(m)$ 为其在目标移动设备上的预测延迟（即预测时间），T 为目标延迟。对于本任务，模型是帕累托最优的，当且仅当在不增加延迟时其精度是最高的，或者在不降低精度时其延迟是最小的。MnasNet 采用加权乘积法逼近帕累托最优解，目标函数定义为

$$\max_m \left(ACC(m) \times \left(\frac{LAT(m)}{T} \right)^w \right)$$

其中 w 为权重因子，定义为

$$w = \begin{cases} \alpha, & LAT(m) \leqslant T \\ \beta, & LAT(m) > T \end{cases}$$

α 和 β 为与应用相关的常数，根据经验设定它们的值，使得在延迟超过指定阈值时目标函数的值更小。

4.8 泛函极值与变分法

到目前为止，本章讲述的优化问题均为求解函数极值。在实际应用中，有一类最优化问题，其优化变量不是数而是函数，称为泛函极值问题。求解这类问题的经典方法是变分法。由于问题的解是函数，因此可以猜测从取得极值的必要条件所导出的是微分方程。

4.8.1 泛函与变分

函数是从数集到数集的映射，如实变函数将实数映射为实数，复变函数将复数映射成复数。泛函（Functional，也称为泛函数）是对函数的拓展，是从函数集到数集的映射

$$y(x) \to \mathbb{R}$$

可将函数看作空间中的"点"，称为函数空间（Function Space），泛函实现从这种"点"到实数集的映射，因此也称为函数的函数（Functions of Functions）。这里的函数集称为泛函的定义域。需要注意泛函与复合函数的区别，前者将函数映射成实数，后者还是一个将实数映射成实数的函数。下面是一个最简单的泛函

$$F[y] = \int_0^1 y(x)\mathrm{d}x$$

它对函数计算 $[0,1]$ 内的定积分，对于此区间上任意的可积函数 $y(x)$ 都有一个实数积分值。此泛函的定义域为 $[0,1]$ 上可积分函数的全体，值域为实数集 $\mathbb{R}$。给定一个可积函数可以得到它的泛函的值。如果函数为

$$y(x) = x^2$$

其泛函值为

$$F[y] = \int_0^1 x^2\mathrm{d}x = \frac{1}{3}x^3\Big|_0^1 = \frac{1}{3}$$

如果函数为

$$y(x) = \mathrm{e}^x$$

则泛函的值为

$$F[y] = \int_0^1 \mathrm{e}^x\mathrm{d}x = \mathrm{e}^x|_0^1 = \mathrm{e} - 1$$

定积分将可积函数映射成实数，因此通常情况下泛函以定积分的形式出现，如下面的泛函

$$F[y] = \int_a^b y(x)\mathrm{d}x$$

被积函数中除函数 $y(x)$ 之外，还可以包括其各阶导数。如区间 $[a,b]$ 内曲线 $y(x)$ 弧长的计算公式是一个泛函，其中包含一阶导数

$$S[y] = \int_a^b \sqrt{1 + (y')^2}\mathrm{d}x$$

第 5 章将要介绍的数学期望和方差，第 6 章将要介绍的熵也是泛函。随机变量 X 的数学期望是如下的积分

$$E[X] = \int_{-\infty}^{+\infty} xp(x)\mathrm{d}x$$

其中 $p(x)$ 为概率密度函数。与函数类似，可以定义泛函的极值。给定一个函数 $y_0(x)$，如果对于

泛函定义域中任意函数 $y(x)$ 都有

$$F[y] \geqslant F[y_0] \tag{4.38}$$

则称 $y_0(x)$ 为泛函的极小值。如有

$$F[y] \leqslant F[y_0] \tag{4.39}$$

则称 $y_0(x)$ 为泛函的极大值。如果对于 $y_0(x)$ 邻域内的所有 $y(x)$ 都有式 (4.38) 成立，则称 $y_0(x)$ 为泛函的局部极小值；如果式 (4.39) 成立，则称 $y_0(x)$ 为泛函的局部极大值。这里的邻域由函数之间的距离来定义。对于定义在区间 $[a,b]$ 内的两个一阶可导函数 $y_1(x), y_2(x)$，它们的距离可以定义为

$$\mathrm{d}(y_1(x), y_2(x)) = \max_{a < x < b} \{|y_1(x) - y_2(x)|, |y_1'(x) - y_2'(x)|\}$$

这里用两个函数在区间内所有点处的函数值以及导数值的差衡量它们的差异，除此之外，也可以有其他距离定义方式。函数 $y_0(x)$ 的 δ 邻域定义为

$$\{y(x)|\mathrm{d}(y(x), y_0(x)) < \delta\}$$

如果定义在区间 $[a,b]$ 内的两个函数 $y(x)$ 与 $y_0(x)$ 在 a 和 b 点处函数值相等，则称 $y(x) - y_0(x)$ 为函数 $y(x)$ 在 $y_0(x)$ 点处的变分（Variation），记为 δy

$$\delta y = y(x) - y_0(x)$$

可将变分类比为微分。与微分不同的是，变分是函数变化、自变量不变所导致的变化；而微分则是函数不变、自变量改变所导致的变化。

对于大多数实际问题，泛函可以写成如下的一般形式

$$F[y] = \int_a^b L(x, y(x), y'(x))\mathrm{d}x \tag{4.40}$$

函数 L 称为泛函的核，它包含了函数的自变量 x，函数本身 y 以及其一阶导数 y'。在这里，y 是二阶连续可导的函数，L 对其自变量 x, y, y' 二阶连续可导（将函数 y 以及其一阶导数 y' 均看作普通的变量）。后面的推导中如不作特殊说明均使用这种形式的泛函。

4.8.2 欧拉–拉格朗日方程

计算泛函极值点的问题称泛函极值问题，其最优解为函数而不是函数极值问题中的数。以等周问题为例，对于平面内的封闭曲线，在曲线弧长一定的情况下圆的面积最大。假设曲线经过 $(-a, 0)$ 和 $(a, 0)$ 两点，此问题的约束条件为

$$\int_{-a}^{a} \sqrt{1 + y'^2}\mathrm{d}x = C$$

它限制曲线的弧长。目标泛函为

$$F[y] = \int_{-a}^{a} y\mathrm{d}x$$

是曲线 $y(x)$ 与 x 轴所围成的区域的面积。如果 $a = 2$，此问题的解为半圆弧线，其方程为

$$y = \sqrt{4 - x^2}$$

半圆的曲线如图 4.28 所示。

求解泛函极值问题的经典方法是变分法（Calculus of Variations），其核心是欧拉-拉格朗日方程。在微积分中，通过求解驻点而得到极值点。在泛函中，通过求解变分为 0 的点而求解泛函的

极值，这里的变分类似于函数的导数（微分）。对于下面的泛函

$$F[y] = \int_a^b L(x, y(x), y'(x))\mathrm{d}x \tag{4.41}$$

通常限定函数 $y(x)$ 在起点和终点处的函数值，称为边界条件。

欧拉-拉格朗日方程（Euler-Lagrange Equation，E-L 方程）是一个微分方程，给出了泛函取得极值的必要条件。对于式 (4.41) 的泛函，其取得极值的 $y(x)$ 需要满足

$$\frac{\partial L}{\partial y} - \frac{\mathrm{d}}{\mathrm{d}x}\left(\frac{\partial L}{\partial y'}\right) = 0 \tag{4.42}$$

式 (4.42) 左边第一项是泛函的核 L 对 y 求偏导，将 y 当作变量；第二项是 L 先对 y' 求偏导数，再对 x 求导。解此微分方程即可得到泛函的极值。该方程的作用类似于费马引理所确定的函数极值。需要注意的是，该方程是泛函取得极值的必要条件而非充分条件。下面对一维情况的欧拉-拉格朗日方程进行推导，其思路是将泛函极值问题转化为函数极值问题。

对于式 (4.41) 的泛函，目标是寻找满足边界条件 $y(a) = A$、$y(b) = B$ 且使得泛函取极值的 $y(x)$。假设 L 二阶连续可微，如果 $y(x)$ 使得泛函取极大值，则对 $y(x)$ 的任何扰动都会导致泛函的值变小，对于泛函取极小值的情况则导致泛函的值变大。假设

$$g_\varepsilon(x) = y(x) + \varepsilon\eta(x)$$

是对 $y(x)$ 扰动后的结果。其中 $\varepsilon\eta(x)$ 是扰动项；ε 是一个很小的实数；$\eta(x)$ 是可微函数且满足 $\eta(a) = \eta(b) = 0$，以确保扰动之后还满足边界条件。这种随机扰动的原理如图 4.29 所示。

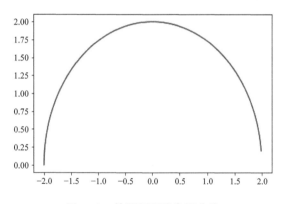

图 4.28　等周问题的半圆曲线

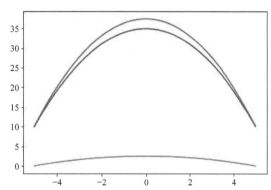

图 4.29　对函数进行扰动

图 4.29 中中间的曲线为扰动之前的函数 $y(x)$，最下方的曲线为扰动函数 $\varepsilon\eta(x)$，最上方的曲线为扰动之后的函数 $y(x) + \varepsilon\eta(x)$。定义泛函

$$F_\varepsilon = \int_a^b L(x, g_\varepsilon(x), g_\varepsilon'(x))\mathrm{d}x = \int_a^b L_\varepsilon \mathrm{d}x \tag{4.43}$$

其中 $L_\varepsilon = L(x, g_\varepsilon(x), g_\varepsilon'(x))$。要保证在 $y(x)$ 点处泛函取得极值，则对它的任何扰动都会导致泛函值变大或变小，因此必定有 $\varepsilon = 0$。将式 (4.43) 的泛函看作 ε 的函数，对 ε 求导，则在 $\varepsilon = 0$ 点处导数值为 0。由于求导和求积分可以交换次序，有

$$\frac{\mathrm{d}F_\varepsilon}{\mathrm{d}\varepsilon} = \frac{\mathrm{d}}{\mathrm{d}\varepsilon}\int_a^b L_\varepsilon \mathrm{d}x = \int_a^b \frac{\mathrm{d}L_\varepsilon}{\mathrm{d}\varepsilon}\mathrm{d}x$$

根据全导数公式有

$$\frac{\mathrm{d}L_\varepsilon}{\mathrm{d}\varepsilon} = \frac{\partial L_\varepsilon}{\partial x}\frac{\mathrm{d}x}{\mathrm{d}\varepsilon} + \frac{\partial L_\varepsilon}{\partial g_\varepsilon}\frac{\mathrm{d}g_\varepsilon}{\mathrm{d}\varepsilon} + \frac{\partial L_\varepsilon}{\partial g_\varepsilon'}\frac{\mathrm{d}g_\varepsilon'}{\mathrm{d}\varepsilon} = \frac{\partial L_\varepsilon}{\partial g_\varepsilon}\frac{\mathrm{d}g_\varepsilon}{\mathrm{d}\varepsilon} + \frac{\partial L_\varepsilon}{\partial g_\varepsilon'}\frac{\mathrm{d}g_\varepsilon'}{\mathrm{d}\varepsilon} = \frac{\partial L_\varepsilon}{\partial g_\varepsilon}\eta(x) + \frac{\partial L_\varepsilon}{\partial g_\varepsilon'}\eta'(x)$$

在这里

$$\frac{\mathrm{d}g_\varepsilon}{\mathrm{d}\varepsilon} = \frac{\mathrm{d}(y(x) + \varepsilon\eta(x))}{\mathrm{d}\varepsilon} = \eta(x)$$

以及

$$\frac{\mathrm{d}g'_\varepsilon}{\mathrm{d}\varepsilon} = \frac{\mathrm{d}(y'(x) + \varepsilon\eta'(x))}{\mathrm{d}\varepsilon} = \eta'(x)$$

因此有

$$\frac{\mathrm{d}F_\varepsilon}{\mathrm{d}\varepsilon} = \int_a^b \left(\frac{\partial L_\varepsilon}{\partial g_\varepsilon}\eta(x) + \frac{\partial L_\varepsilon}{\partial g'_\varepsilon}\eta'(x) \right) \mathrm{d}x$$

　　由于在 $y(x)$ 点处，即 $\varepsilon = 0$ 是泛函的极值点。根据费马引理，在 $\varepsilon = 0$ 点处，函数 F_ε 对 ε 的导数必定为 0。在 $\varepsilon = 0$ 点处 $L_\varepsilon = L$、$g_\varepsilon = y$、$g'_\varepsilon = y'$。因此有

$$\frac{\mathrm{d}F_\varepsilon}{\mathrm{d}\varepsilon}\bigg|_{\varepsilon=0} = \int_a^b \left(\frac{\partial L_\varepsilon}{\partial g_\varepsilon}\eta(x) + \frac{\partial L_\varepsilon}{\partial g'_\varepsilon}\eta'(x) \right) \mathrm{d}x \bigg|_{\varepsilon=0} = \int_a^b \left(\frac{\partial L}{\partial y}\eta(x) + \frac{\partial L}{\partial y'}\eta'(x) \right) \mathrm{d}x = 0$$

使用分部积分法，上式第二个等式中的第二项为

$$\int_a^b \frac{\partial L}{\partial y'}\eta'(x)\mathrm{d}x = \int_a^b \frac{\partial L}{\partial y'}\mathrm{d}\eta(x) = \frac{\partial L}{\partial y'}\eta(x)\bigg|_a^b - \int_a^b \eta(x)\frac{\mathrm{d}}{\mathrm{d}x}\frac{\partial L}{\partial y'}\mathrm{d}x$$

因此有

$$\int_a^b \left(\frac{\partial L}{\partial y} - \frac{\mathrm{d}}{\mathrm{d}x}\frac{\partial L}{\partial y'} \right)\eta(x)\mathrm{d}x + \left(\eta(x)\frac{\partial L}{\partial y'} \right)\bigg|_a^b = 0 \tag{4.44}$$

由于有边值条件 $\eta(a) = \eta(b) = 0$，因此上式左侧第二项的值为 0。式 (4.44) 变为

$$\int_a^b \left(\frac{\partial L}{\partial y} - \frac{\mathrm{d}}{\mathrm{d}x}\frac{\partial L}{\partial y'} \right)\eta(x)\mathrm{d}x = 0 \tag{4.45}$$

由于对任意满足边值条件的 $\eta(x)$，式 (4.45) 都成立，根据 1.6.3 节证明的结论，有

$$\frac{\partial L}{\partial y} - \frac{\mathrm{d}}{\mathrm{d}x}\frac{\partial L}{\partial y'} = 0$$

　　通常情况下，上面的方程是一个二阶常微分方程，解此方程可以得到泛函的极值点。

4.8.3　应用——证明两点之间直线最短

　　下面用欧拉-拉格朗日方程证明几何中的基本结论：两点之间直线最短。假设曲线 $y(x)$ 通过 (a, A) 与 (b, B) 两点，即有边界条件 $y(a) = A$、$y(b) = B$。根据曲线长度公式，有

$$F[y] = \int_a^b \sqrt{1 + y'^2}\mathrm{d}x$$

在这里，泛函的核为 $L(x, y, y') = \sqrt{1 + y'^2}$。根据欧拉-拉格朗日方程，有

$$\frac{\partial L}{\partial y'} = \frac{y'}{\sqrt{1 + y'^2}} \qquad\qquad \frac{\partial L}{\partial y} = 0$$

因此有

$$\frac{\mathrm{d}}{\mathrm{d}x}\frac{y'}{\sqrt{1 + y'^2}} = 0$$

上式对 x 求积分有

$$\frac{y'}{\sqrt{1 + y'^2}} = C$$

其中 C 为常数，解得

$$y' = \frac{C}{\sqrt{1-C^2}}$$

对上式进行积分，可以得到

$$y(x) = \frac{C}{\sqrt{1-C^2}}x + C'$$

其中 C' 为常数，这就是直线的方程。根据边界条件可以确定 $\frac{C}{\sqrt{1-C^2}}$，C' 的值。

在 6.1.2 节将用变分法证明在给定数学期望和方差的值时，在所有定义于 $\mathbb{R}$ 上的连续型概率分布中，正态分布的熵最大。变分推断和变分自动编码器也使用了变分法的概念。

4.9 目标函数的构造

之前已经介绍了各种最优化方法，本节介绍机器学习与深度学习中若干典型的目标函数构造方法。它们是对问题进行建模的关键环节，一旦确定了机器学习模型的目标函数，剩下的就是求解优化问题。针对各类应用问题，在构造目标函数时可以参考已有的经验与技巧。下面分有监督学习、无监督学习、强化学习 3 部分介绍常用的目标函数。

4.9.1 有监督学习

有监督学习（Supervised Learning）算法有训练过程，算法用训练集进行学习，然后用学习得到的模型（Model）进行预测。通常所见的机器学习应用，如图像识别、语音识别等属于有监督学习问题。有监督学习的样本由输入值与标签值组成

$$(\boldsymbol{x}, y)$$

其中 $\boldsymbol{x}$ 为样本的特征向量，是机器学习模型的输入值；y 为标签值，是模型的输出值。标签值可以是整数也可以是实数，还可以是向量。对于训练集，样本的标签值是由人工事先标注好的，例如为每张手写阿拉伯数字图像标记其对应的数字。

有监督学习训练时的目标是给定训练样本集 $(\boldsymbol{x}_i, y_i)$，$i = 1, \cdots, l$，根据它确定一个映射函数（也称为假设，Hypothesis）

$$y = h(\boldsymbol{x})$$

实现从输入值 $\boldsymbol{x}$ 到输出值 y 的映射。确定此函数的依据是它能够很好地预测这批训练样本，即 $h(\boldsymbol{x}_i)$ 与 y_i 尽可能接近。这通过优化某一目标函数实现。对于大多数算法，一般事先确定函数的形式，训练时确定函数的参数 $\boldsymbol{\theta}$。如果函数是线性的，称为线性模型；否则为非线性模型。建立目标函数并通过优化目标函数而确定模型的过程即训练过程。

如果样本标签是整数则称为分类问题。此时的目标是确定样本的类别，以整数编号。预测函数是向量到整数的映射

$$\mathbb{R}^n \to \mathbb{Z}$$

这种机器学习模型称为分类器（Classifier）。分类问题的样本标签通常从 0 或 1 开始，以整数赋值。手写数字图像识别问题是典型的分类问题。

如果类别数为 2，称为二分类问题，类别标签通常设置为 +1 和 −1，或者 0 和 1。分别对应于正样本和负样本。例如，要判定一封邮件是否为垃圾邮件，则正样本为垃圾邮件，负样本为正

常邮件。如果有多个类，则称为多分类问题。

如果标签值是连续实数，则称为回归（regression）问题。此时预测函数是向量到实数的映射

$$\mathbb{R}^n \to \mathbb{R}$$

例如，根据一个人的学历、工作年限等特征预测其收入，是典型的回归问题，收入是实数值而不是类别标签。

某些实际应用问题可能既包含分类问题，又包含回归问题。计算机视觉中的目标检测问题是找到图像中所有给定类型的目标，包括确定其类别、位置与大小。以人脸检测问题为例，要找到图像中所有的人脸，如图 4.30 所示。检测问题包含分类和定位两部分，分类用于判定某一图像区域的目标类型；定位则确定物体的位置与大小，是回归问题。

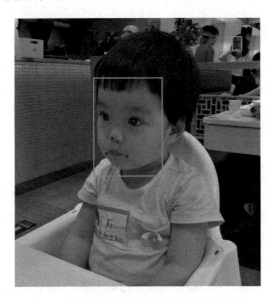

图 4.30　人脸检测问题

在 2.1.8 节介绍了线性分类器的原理。感知器算法是最简单的线性分类器训练算法，它的目标是让所有训练样本尽可能分类正确。对于二分类问题，标签值设置为 +1 或者 −1，线性分类器的判别函数为

$$\mathrm{sgn}(\boldsymbol{w}^{\mathrm{T}}\boldsymbol{x} + b)$$

样本的标签值为 +1 或 −1，分别对应正样本和负样本。如果线性函数预测出来的值和样本的真实标签值不同号，则预测错误；如果同号，则预测正确。给定训练样本集 $(\boldsymbol{x}_i, y_i)$，$i = 1, \cdots, l$，其中 $\boldsymbol{x}_i \in \mathbb{R}^n$ 为特征向量，$y_i = \pm 1$ 为标签值。感知器算法的目标函数为

$$\min_{\boldsymbol{w}, b} \sum_{i=1}^{l} -y_i(\boldsymbol{w}^{\mathrm{T}}\boldsymbol{x}_i + b)$$

此损失函数的意义为对于每个训练样本，如果预测正确，即 $\boldsymbol{w}^{\mathrm{T}}\boldsymbol{x}_i + b$ 与标签值 y_i 同号，则会有一个负的损失，否则有一个正的损失。这里的目标是将损失最小化。

与感知器损失类似的是合页损失（Hinge Loss）函数。对于二分类问题，定义为

$$\min_{\boldsymbol{\theta}} \sum_{i=1}^{l} \max(0, 1 - y_i h(\boldsymbol{x}_i; \boldsymbol{\theta}))$$

其中 $h(\boldsymbol{x}_i; \boldsymbol{\theta})$ 为模型的预测函数，$\boldsymbol{\theta}$ 为模型的参数。在这里，样本标签值 $y_i = \pm 1$。其意义为当

$$1 - y_i h(\boldsymbol{x}_i; \boldsymbol{\theta}) \leqslant 0$$

即当模型的预测值与样本标签值同号，且预测值 $h(\boldsymbol{x}_i; \boldsymbol{\theta})$ 的绝对值比较大，满足下面的不等式时

$$y_i h(\boldsymbol{x}_i; \boldsymbol{\theta}) \geqslant 1$$

该样本的损失是 0。否则，样本的损失是正数。如果预测值与真实标签值异号，那么损失函数的值一定大于 1。这种函数迫使模型的预测值有大的间隔，距离分类界线尽可能远。

离散型 AdaBoost 算法采用了指数损失函数，对于二分类问题，标签值设置为 $+1$ 或者 -1，定义为

$$\min_{\boldsymbol{\theta}} \sum_{i=1}^{l} \mathrm{e}^{-y_i F(\boldsymbol{x}_i; \boldsymbol{\theta})}$$

其中 $F(\boldsymbol{x}; \boldsymbol{\theta})$ 是强分类器，$\boldsymbol{\theta}$ 是其参数。指数函数是增函数，如果标签值 y_i 与强分类器的预测值 $F(\boldsymbol{x}_i; \boldsymbol{\theta})$ 同号，且强分类器预测值的绝对值越大，损失函数的值越小，预测值的绝对值越小，损失函数值越大。如果预测值与真实标签值异号，则有较大的损失函数值。

对于二分类和多分类问题，都可以用欧氏距离作为分类的损失函数。对于多分类问题，一般不直接用类别编号作为预测值，而是对类别进行向量化编码，如 One-Hot 编码。因为类别无法比较大小，直接相减没有意义。如果样本属于第 i 个类，则其向量化的标签值为

$$0, 0, \cdots, 1, 0, \cdots, 0$$

此时向量的第 i 个分量为 1，其余的均为 0。给定 l 个训练样本，$h(\boldsymbol{x}_i; \boldsymbol{\theta})$ 为模型预测值，是一个向量，$\boldsymbol{y}_i$ 为样本的真实标签向量，$\boldsymbol{\theta}$ 是模型的参数。欧氏距离损失函数定义为

$$\min_{\boldsymbol{\theta}} \frac{1}{2l} \sum_{i=1}^{l} \|h(\boldsymbol{x}_i; \boldsymbol{\theta}) - \boldsymbol{y}_i\|_2^2$$

它是向量二范数的平方，衡量了两个向量之间的差异，这里对所有训练样本的损失函数计算均值。在人工神经网络发展的早期，这种函数被广泛使用，对于多分类问题，目前更倾向于使用交叉熵损失函数。交叉熵、KL 散度等基于信息论的目标函数将在第 6 章介绍。

对于回归问题，通常采用欧氏距离作为损失函数。除此之外，还可以使用绝对值损失，以及 Huber 损失。

给定训练样本集 $(\boldsymbol{x}_i, y_i), i = 1, \cdots, l$，其中 $\boldsymbol{x}_i \in \mathbb{R}^n$ 为特征向量，y_i 为实数标签值。假设模型的预测输出为 $h(\boldsymbol{x}_i; \boldsymbol{\theta})$，$\boldsymbol{\theta}$ 是模型的参数。欧氏距离损失定义为

$$\min_{\boldsymbol{\theta}} \frac{1}{2l} \sum_{i=1}^{l} (y_i - h(\boldsymbol{x}_i; \boldsymbol{\theta}))^2$$

它迫使所有训练样本的预测值与真实标签值尽可能接近。绝对值损失定义为

$$\min_{\boldsymbol{\theta}} \frac{1}{l} \sum_{i=1}^{l} |y_i - h(\boldsymbol{x}_i; \boldsymbol{\theta})|$$

与欧氏距离类似，预测值与真实标签值越接近，损失函数的值越小。与欧氏距离相比，在预测值与真实标签值相差较大时，绝对值损失函数的值比欧氏距离损失函数的值更小，因此对噪声数据更健壮。需要注意的是，绝对值函数在 0 点处是不可导的。Huber 损失函数是欧氏距离损失

函数和绝对值损失函数的结合，综合了二者的优点，对单个样本的 Huber 损失定义为

$$L(y, h(\boldsymbol{x}; \boldsymbol{\theta})) = \begin{cases} \dfrac{1}{2}(y - h(\boldsymbol{x}; \boldsymbol{\theta}))^2, & |y - h(\boldsymbol{x}; \boldsymbol{\theta})| \leqslant \delta \\ \delta\left(|y - h(\boldsymbol{x}; \boldsymbol{\theta})| - \dfrac{\delta}{2}\right), & |y - h(\boldsymbol{x}; \boldsymbol{\theta})| > \delta \end{cases}$$

其中 δ 为人工设定的正参数，函数在 δ 点处也连续可导。当预测值与真实标签值接近即二者的差的绝对值不超过 δ 时，使用欧氏距离损失，如果二者相差较大时，则使用绝对值损失。这种做法可以减小预测值与真实标签值差距较大时的损失函数值，因此 Huber 损失对噪声数据有更好的健壮性。

对于目标检测问题，算法要找出图像中各种大小、位置、种类的目标，即要同时判断出每个目标的类型（是人，是车，还是其他类型的东西）以及目标所在的位置、大小，如图 4.31 所示。

图 4.31　目标检测问题

目标的位置和大小通常用矩形框定义，称为外接矩形（Bounding Box），用参数表示为 (x, y, w, h)，其中 (x, y) 是矩形左上角的坐标，w 为宽度，h 为高度。判定物体的类别是一个分类问题，确定物体的位置与大小是一个回归问题。为了同时完成这两个任务，设计出了多任务损失函数（Multi-task Loss Function）。此函数由两部分构成，第一部分为分类损失，即要正确地判定每个目标的类别；第二部分为定位损失，即要正确地确定目标所处的位置。以 Fast R-CNN（见参考文献 [18]）为例，它的损失函数为

$$L(\boldsymbol{p}, \boldsymbol{u}, \boldsymbol{t}^u, \boldsymbol{v}) = L_{\text{cls}}(\boldsymbol{p}, \boldsymbol{u}) + \lambda[u \geqslant 1]L_{\text{loc}}(\boldsymbol{t}^u, \boldsymbol{v})$$

前半部分为分类损失，可以采用交叉熵损失函数。后半部分为定位损失，确定矩形框的大小和位置，采用了 smooth L_1 损失，定义为

$$\text{smooth}_{L_1} = \begin{cases} 0.5x^2 & |x| < 1 \\ |x| - 0.5 & |x| \geqslant 1 \end{cases}$$

这是一种 Huber 损失，其优点在前面已经介绍。函数在 $|x| = 1$ 点处也连续可导。λ 是人工设置的权重，用于平衡分类损失和定位损失。在之后的 Faster R-CNN、YOLO 和 SSD 等目标检测算法中，均采用了这种多任务损失函数的思路。

4.9.2 无监督学习

无监督学习（Unsupervised Learning）对无标签的样本进行分析，发现样本集的结构或者分布规律，它没有训练过程。其典型代表是聚类，以及数据降维。下面介绍数据降维与聚类的目标函数。

数据降维算法将 n 维空间中的向量 $\boldsymbol{x}$ 通过函数映射到更低维的 m 维空间中，在这里 $m \ll n$

$$\boldsymbol{y} = h(\boldsymbol{x})$$

降维之后的数据要保持原始数据的某些特征。通过降维可以使得数据更容易进一步处理。如果降维到二维或三维空间，还可以将数据可视化。

聚类算法将一组样本划分成 k 个类 $S_i, i = 1, \cdots, k$，确保同一类中的样本差异尽可能小，而不同类的样本之间差异尽可能大。给定一组样本 $\boldsymbol{x}_j, j = 1, \cdots, n$，可以基于这一思想构造损失函数

$$\min_S \sum_{i=1}^k \sum_{\boldsymbol{x}_j \in S_i} \|\boldsymbol{x}_j - \boldsymbol{\mu}_i\|^2$$

其中 $\boldsymbol{\mu}_i$ 为第 i 个类的中心向量。该损失函数的目标是使得每个类的所有样本距离该类的类中心尽可能近，可以理解为每个类的方差。K 均值聚类（K means）算法采用了此函数。更多的聚类算法目标函数可以阅读参考文献 [19]。

数据降维算法要确保将向量投影到低维空间之后，仍然尽可能地保留之前的一些信息，至于这些信息是什么，则有各种不同理解，由此诞生了各种不同的降维算法。主成分分析（PCA）的优化目标是最小化重构误差，用投影到低维空间中的向量近似重构原始向量，二者之间的误差要尽可能小。给定一组样本 $\boldsymbol{x}_i, i = 1, \cdots, n$，算法将这些样本投影到用一组标准正交基 $\boldsymbol{e}_i, i = 1, \cdots, d'$ 表示的 d' 维空间中。最小化重构误差的目标为

$$\min_{a_{ij}, \boldsymbol{e}_j} \sum_{i=1}^n \left\| \boldsymbol{m} + \sum_{j=1}^{d'} a_{ij} \boldsymbol{e}_j - \boldsymbol{x}_i \right\|^2$$

其中 $\boldsymbol{e}_j$ 为第 j 个投影方向，a_{ij} 为样本 $\boldsymbol{x}_i$ 在 $\boldsymbol{e}_j$ 方向的投影结果，$\boldsymbol{m}$ 是这组样本的均值。$\boldsymbol{m} + \sum_{j=1}^{d'} a_{ij} \boldsymbol{e}_j$ 是用投影结果近似重构出的原始向量 $\boldsymbol{x}_i$，欧氏距离反映了它们之间的差距。求解此优化问题即可得到投影方向以及投影后的坐标。该问题最后又归结为矩阵的特征值和特征向量问题。流形学习降维算法的目标函数将在 6.3.4 节和 8.4.3 节介绍。对数据降维算法更深入的了解可以阅读参考文献 [19]。

4.9.3 强化学习

强化学习（Reinforcement Learning，RL）类似于有监督学习，其目标是在当前状态 s 下执行某一动作 a，然后进行下一个状态，并收到一个奖励值。反复执行这一过程，以达到某种目的。算法需要确定一个称为策略函数（Policy Function）的函数，实现从状态到动作的映射

$$a = \pi(s)$$

对于某些实际问题，动作的选择是随机的，策略函数给出在状态 s 下执行每种动作的条件概率值

$$\pi(a|s)$$

在每个时刻 t，算法在状态 s_t 下执行动作 a_t 之后，系统随机性地进入下一个状态 s_{t+1}，并给出一个奖励值 R_{t+1}。强化学习算法在训练时通过随机地执行动作，收集反馈，从而学会想要的行为。系统对正确的动作作出奖励（Reward），对错误的动作进行惩罚，训练完成之后用得到的策略函数进行预测。这里的奖励（也称为回报）机制类似于有监督学习中的损失函数，用于对策略的优劣进行评估。

强化学习的目标是最大化累计奖励，从 t 时刻起的累计奖励定义为

$$G_t = R_{t+1} + \gamma R_{t+2} + \gamma^2 R_{t+3} + \cdots = \sum_{k=0}^{+\infty} \gamma^k R_{t+k+1}$$

其中 γ 称为折扣因子（Discount Factor），用于体现未来的不确定性，使得越远的未来所得到的回报具有越高的不确定性；同时保证上面的级数收敛。更详细的原理将在 7.1.7 节介绍。

算法需要确保在所有状态按照某一策略执行，得到的累计回报均最大化。因此，可以定义状态价值函数（States Value）。在状态 $s_t = s$ 下，反复地按照策略 π 执行，所得到的累计奖励的数学期望称为该状态的价值函数

$$V_\pi(s) = E_\pi[G_t|s_t = s] = E_\pi \left[\sum_{k=0}^{+\infty} \gamma^k R_{t+k+1}|s_t = s \right]$$

使用数学期望是因为系统具有随机性，需要对所有情况的累计奖励计算均值。类似地可以定义动作价值函数（Action Value），它是在当前状态 $s_t = s$ 下执行动作 $a_t = a$，然后按照策略 π 执行，所得到的累计奖励的数学期望

$$Q_\pi(s,a) = E_\pi[G_t|s_t = s, a_t = a] = E_\pi \left[\sum_{k=0}^{+\infty} \gamma^k R_{t+k+1}|s_t = s, a_t = a \right]$$

在构造出目标函数之后，寻找最优策略 π 可以通过优化算法实现。典型的求解算法有动态规划算法、蒙特卡洛算法，以及蒙特卡洛算法的特例-时序差分算法。如果用神经网络表示策略，则可以将这些目标函数作为神经网络的目标函数，使用梯度下降法完成训练。对强化学习的进一步了解可以阅读参考文献 [20]。

无论是哪种机器学习算法，在构造出目标函数之后，剩下的就是用最优化方法求解，这通常有标准的解决方案。

参考文献

[1] Boyd S. 凸优化 [M]. 北京：清华大学出版社，2013.

[2] Bertsekas D. 非线性规划 [M]. 2 版. 北京：清华大学出版社，2013.

[3] 欧斐君. 变分法及其应用：物理、力学、工程中的经典建模 [M]. 北京，高等教育出版社，2013.

[4] Sra S, Nowozin S, Wright SJ. Optimization for machine learning[M]. MIT Press, Cambridge, Massachusetts, 2013.

[5] Duchi, Hazan E, Singer Y. Adaptive Subgradient Methods for Online Learning and Stochastic Optimization[J]. The Journal of Machine Learning Research, 2011.

[6] Tieleman T, Hinton G. RMSProp: Divide the gradient by a running average of its recent magnitude. COURSERA: Neural Networks for Machine Learning. Technical report, 2012.

[7] Zeiler M. ADADELTA: An Adaptive Learning Rate Method. arXiv preprint, 2012.

[8] Kingma D, Ba J. Adam: A Method for Stochastic Optimization[C]. International Conference for Learning Representations, 2015.

[9] Sutskever I, Martens J, Dahl G, and Hinton G. On the Importance of Initialization and Momentum in Deep Learning[C]. Proceedings of the 30th International Conference on Machine Learning, 2013.

[10] Bottou L. Stochastic Gradient Descent Tricks. Neural Networks: Tricks of the Trade. Springer, 2012.

[11] Platt J. Fast training of support vector machines using sequential minimal optimization[C]. advances in Kernel Methods: Support Vector Learning. Cambridge, MA: The MIT Press, 1998.

[12] Friedman J, Hastie T, Tibshirani R. Additive logistic regression: a statistical view of boosting[J]. Annals of Statistics 28(2), 2000.

[13] Fan R, Chang K, Hsieh C, Wang X, Lin C. LIBLINEAR: A Library for Large Linear Classification[J]. Journal of Machine Learning Research, 2008.

[14] Karush W. Minima of Functions of Several Variables with Inequalities as Side Constraints. M.Sc. Dissertation. Dept. of Mathematics, Univ. of Chicago, Chicago, Illinois, 1939.

[15] Kuhn, H W, Tucker, A. W. Nonlinear programming[C]. Proceedings of 2nd Berkeley Symposium. Berkeley: University of California Press. pp. 481–492. MR 0047303,1951.

[16] Hsu C, Chang S, Juan D, Pan J, Chen Y, Wei W, Chang S. Monas: Multi-objective neural architecture search using reinforcement learning. arXiv preprint arXiv:1806.10332,2018.

[17] Tan M, Chen B, Pang R, Vasudevan V, Le Q. Mnasnet: Platform-aware neural architecture search for mobile. arXiv preprint arXiv:1807.11626, 2018.

[18] Girshick R. Fast R-CNN[C]. international conference on computer vision, 2015.

[19] 雷明. 机器学习——原理、算法与应用 [M]. 北京：清华大学出版社，2019.

[20] Sutton R, Barto A. 强化学习 [M]. 俞凯，译. 2 版. 北京：电子工业出版社，2019.

第 5 章   概率论

概率论同样在机器学习和深度学习中有至关重要的作用。如果将机器学习算法的输入数据和输出数据看作随机变量，则可用概率论的方法对数据进行计算，以此对不确定性进行建模。使用概率模型，可以输出概率值而非确定性的值，这对某些应用是至关重要的。对于某些应用问题，需要对变量之间的概率依赖关系进行建模，也需要概率论的技术，概率图模型是典型代表。随机数生成算法，即采样算法，需要以概率论作为理论指导。某些随机算法，如蒙特卡洛算法、遗传算法，同样需要以概率论作为理论或实现依据。

本章介绍机器学习与深度学习所需的概率论核心知识，包括随机事件与概率、随机变量与常用概率分布、随机变量的概率分布变换、随机向量、极限定理、参数估计、随机算法，以及采样算法。同样，某些核心概念与理论，将用其在机器学习中的实际应用进行讲解。

图 5.1 列出了概率论的知识体系。对概率论的系统学习可以阅读参考文献 [1]、参考文献 [2] 和参考文献 [5]。

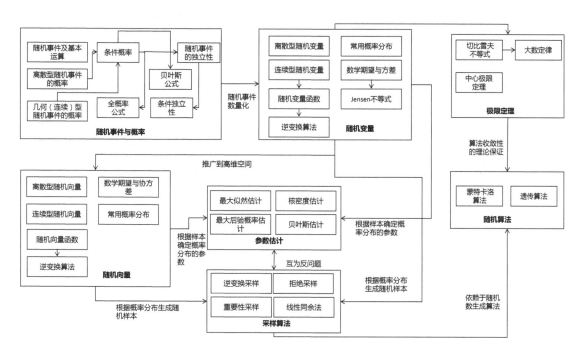

图 5.1   概率论的知识体系

5.1　随机事件与概率

随机事件和概率是概率论中基本的概念，也是理解随机变量的基础。本节介绍两种典型的随机事件概率——离散型随机事件的概率（其特例是古典型概率）以及几何型随机事件的概率（几何型概率）的计算方法，条件概率、贝叶斯公式、全概率公式，以及条件独立。

5.1.1　随机事件概率

随机事件是可能发生也可能不发生的事件，这种事件每次出现的结果具有不确定性。例如，天气可能是晴天、雨天、阴天；考试分数可能为 0 与 100 之间的整数；掷骰子，1 到 6 这几种点数都可能出现。下面以集合论作为工具，给出随机事件的定义。对于一个随机试验，其所有可能结果组成的集合称为样本空间，记为 Ω。随机试验可能的结果称为样本点，记为 ω，它是样本空间 Ω 中的元素。对于天气，样本空间为

$$\Omega = \{晴天, 阴天, 雨天\}$$

每种天气均为一个样本点。对于考试成绩，样本空间为

$$\Omega = \{0, 1, \cdots, 100\}$$

每个分数均为一个样本点。对于掷骰子，样本空间为

$$\Omega = \{1, 2, 3, 4, 5, 6\}$$

样本空间可以是有限集，也可以是无限集。对于无限的样本空间，可以是可数集（离散的），也可以是不可数集（连续的）。有限样本空间与无限可数样本空间中定义的随机事件称为离散型随机事件。无限不可数样本空间中的随机事件则称为连续型随机事件。

下面给出无限可数样本空间的例子。抛一枚硬币，如果令 n 为第一次出现正面时所试验的次数，则其取值为 $[1, +\infty)$ 内的整数。这种情况的样本空间是无限可数集。如果记事件 A_n 为直到扔到第 n 次才第一次出现正面朝上，则这样的事件有无穷多个。

下面给出无限不可数样本空间的例子。在区间 $[0, 1]$ 内随机扔一个点，这个点的取值为此区间内所有实数，是无限不可数集。此时，我们无法将样本空间中所有的样本点列出。

样本空间 Ω 的元素构成的集合称为随机事件，通常用大写斜体字母表示，如记为 A。显然，Ω 也是随机事件，它一定会发生，称为必然事件。空集 $\varnothing$ 则不可能发生，称为不可能事件。

随机事件发生的可能性用概率进行度量。随机事件 A 发生的概率记为 $p(A)$，表示此事件发生的可能性，其值满足

$$0 \leqslant p(A) \leqslant 1$$

概率值越大则事件越可能发生。一般情况下，假设样本空间中每个样本点发生的概率是相等的（称为等概率假设），因此事件 A 发生的概率是该集合的基数与整个样本空间基数的比值：

$$p(A) = \frac{|A|}{|\Omega|} \tag{5.1}$$

根据定义，所有单个样本点构成的随机事件的概率之和为 1。

$$\sum_{i=1}^{n} p(A_i) = 1$$

其中 $A_1, \cdots, A_n$ 为样本空间中所有单个样本点构成的随机事件。

对于有限样本空间中的随机事件，可直接根据集合的基数计算式 (5.1) 的概率值。下面用一个例子说明。

抛硬币问题。记正面朝上为事件 A，反面朝上为事件 B，则有

$$p(A) = p(B) = \frac{1}{2}$$

正面朝上和反面朝上的概率是相等的。

掷骰子问题。记事件 A 为出现的点数为 1，则有

$$p(A) = \frac{1}{6}$$

1 到 6 点出现的概率相等，均为 $\frac{1}{6}$。

显然，不可能事件发生的概率为 0；必然事件发生的概率为 1

$$p(\Omega) = 1$$

对应集合的交运算与并运算，可以定义两个随机事件同时发生的概率，以及两个随机事件至少有一个发生的概率。两个随机事件 A 和 B 同时发生即为它们的交集，记为 $A \cap B$，其概率为

$$p(A \cap B) = \frac{|A \cap B|}{|\Omega|}$$

以掷骰子为例，记 A 为出现的点数为奇数，B 为出现的点数不超过 3，则有

$$A \cap B = \{1, 3\}$$

因此

$$p(A \cap B) = \frac{2}{6}$$

两个事件同时发生的概率也可以简记为 $p(A, B)$。由于

$$|A \cap B| \leqslant |A| \qquad\qquad |A \cap B| \leqslant |B|$$

因此有

$$p(A, B) \leqslant \min(p(A), p(B))$$

可以将两个事件同时发生的概率推广到多个事件：

$$p(A_1, \cdots, A_n) = \frac{|A_1 \cap \cdots \cap A_n|}{|\Omega|}$$

如果两个随机事件满足

$$A \cap B = \varnothing$$

则称为互不相容事件，即两个事件不可能同时发生，因此互不相容事件同时发生的概率为 0。

两个随机事件 A 和 B 至少有一个发生即为它们的并集，记为 $A \cup B$。由于

$$|A \cup B| = |A| + |B| - |A \cap B|$$

因此有

$$p(A \cup B) = p(A) + p(B) - p(A \cap B) \tag{5.2}$$

式 (5.2) 称为加法公式，这一结论的原理如图 5.2 所示。图中两个集合的并集元素数等于它们元素数之和减掉它们重复的部分，因为重复的部分被算了两次。

由于 $p(A \cap B) \geqslant 0$，根据式 (5.2) 可以得到

$$p(A \cup B) \leqslant p(A) + p(B)$$

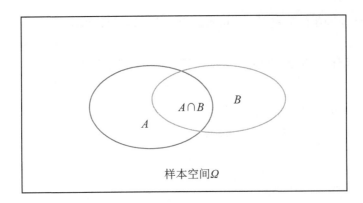

图 5.2　加法公式的原理

考虑掷骰子问题，定义事件 A 为点数大于或等于 2，定义事件 B 为点数小于或等于 4，即

$$A = \{2, 3, 4, 5, 6\} \qquad\qquad B = \{1, 2, 3, 4\}$$

则有

$$A \cup B = \{1, 2, 3, 4, 5, 6\}$$

因此有

$$p(A \cup B) = \frac{6}{6} = 1$$

如果用加法公式进行计算，则有

$$p(A \cup B) = p(A) + p(B) - p(A \cap B) = \frac{5}{6} + \frac{4}{6} - \frac{3}{6} = 1$$

如果两个事件 A 和 B 是互不相容的，则加法公式变为

$$p(A \cup B) = p(A) + p(B)$$

这一结论可以推广到多个随机事件的情况。

如果事件 $A_1, \cdots, A_n$ 两两之间互不相容，且其并集为全集 Ω，则称它们为完备事件组

$$A_i \cap A_j = \varnothing, \ i \neq j \qquad\qquad A_1 \cup A_2 \cup \cdots \cup A_n = \Omega$$

完备事件组是对样本空间的一个划分。显然，对于完备事件组，有

$$p(A_i, A_j) = 0, \ i \neq j \qquad\qquad \sum_{i=1}^{n} p(A_i) = 1$$

最后考虑集合的补运算，对应于对立事件。事件 A 的补集称为它的对立事件，记为 $\overline{A}$，即 A 不发生。显然有

$$p(A) + p(\overline{A}) = 1$$

对于掷骰子问题，如果记 A 为出现的点数为偶数，则其对立事件为出现的点数为奇数，因为点数不是偶数就是奇数。

下面考虑无限可数的样本空间。做一个试验，每次成功的概率为 p，假设各次试验之间无关，事件 A_n 定义为试验 n 次才取得第一次成功，即前面 $n-1$ 次都失败，第 n 次成功。显然，整个样本空间为

$$A_1, A_2, \cdots, A_n, \cdots$$

可以得到概率值

$$p(A_n) = (1-p)^{n-1}p$$

其中 $(1-p)^{n-1}$ 是前面 $n-1$ 次都失败的概率，p 是第 n 次时成功的概率。显然有

$$\sum_{n=1}^{+\infty} p(A_n) = \sum_{n=1}^{+\infty} (1-p)^{n-1}p = p\frac{1}{1-(1-p)} = 1$$

满足所有基本事件的概率之和为 1 的要求。这里利用了下面的幂级数求和结果

$$\sum_{n=0}^{+\infty} p^n = \frac{1}{1-p}, \ 0 < p < 1$$

前面介绍的概率均针对有限的或无限可数的样本空间。下面介绍无限不可数样本空间概率的计算，称为几何型概率。几何型概率定义在无限不可数集上，根据积分值（也称为测度值，如长度、面积、体积）定义。事件 A 发生的概率为区域 A 的测度值与 $\varOmega$ 测度值的比值，即

$$p(A) = \frac{s(A)}{s(\varOmega)}$$

其中 $s(A)$ 为集合 A 的测度。这里同样假设落在区域内任意点处的可能性相等，同时保证整个样本空间的概率为 1。下面计算一维几何型概率值。在 $[0,1]$ 区间内随机扔一个点，计算该点落在 $[0,0.7]$ 内的概率。假设点的坐标为 x，落在区间 $[0,0.7]$ 内，即 $0 \leqslant x \leqslant 0.7$。由于落在区间中任意点处的可能性相等，因此概率值为

$$\frac{区间[0,0.7]的长度}{区间[0,1]的长度} = \frac{0.7}{1} = 0.7$$

这一概率如图 5.3 所示，是短线段与长线段的长度之比。

图 5.3　一维几何型概率的计算

推广到二维的情况，可用面积计算概率。在单位正方形 $0 \leqslant x, y \leqslant 1$ 内部随机地扔一个点，计算该点落在区域 $x \leqslant 0.2, y \leqslant 0.3$ 内的概率。由于落在任意点处的可能性相等，因此

$$p(x \leqslant 0.2, y \leqslant 0.3) = \frac{0.2 \times 0.3}{1 \times 1} = 0.06$$

这是两个矩形区域的面积之比，如图 5.4 所示，是浅灰色矩形与深灰色矩形面积之比。

下面考虑一个更复杂的例子。在圆周上随机选择两个点，计算这两个点与圆心的连线之间沿着逆时针方向的夹角是锐角的概率。这里假设点落在圆周上任意位置处的可能性相等。

根据图 5.5，假设圆周上的两个点 A、B 与圆心的连线和 x 轴正半轴的夹角（按照逆时针方向计算）分别为 θ_1 与 θ_2，显然有 $0 \leqslant \theta_1, \theta_2 \leqslant 2\pi$。这里采用弧度作为计量单位。两个点与圆心的连线之间的夹角为 $\theta = |\theta_1 - \theta_2|$，夹角为锐角，即 $|\theta_1 - \theta_2| \leqslant \frac{\pi}{2}$，这等价于

$$-\frac{\pi}{2} \leqslant \theta_1 - \theta_2 \leqslant \frac{\pi}{2}$$

如果用图像表示，则如图 5.6 所示。夹角为锐角的区域为直线 $\theta_1 - \theta_2 = -\frac{\pi}{2}$ 之下、直线 $\theta_1 - \theta_2 = \frac{\pi}{2}$ 之上的区域，因此是夹在这两条直线之间的区域。

根据图 5.6 所示，两点之间逆时针方向夹角为锐角的概率为

$$\frac{带状区域的面积}{[0,2\pi]正方形的面积} = \frac{[0,2\pi]正方形的面积 - [\frac{\pi}{2}, 2\pi]正方形的面积}{[0,2\pi]正方形的面积}$$

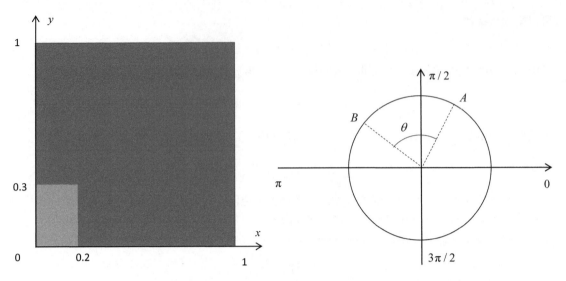

图 5.4　二维几何型概率的计算　　　　图 5.5　圆周上两点与圆心的连线之间的夹角

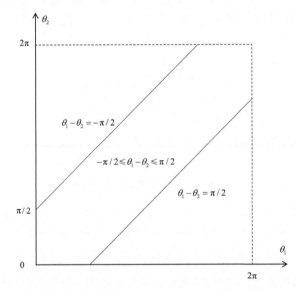

图 5.6　圆周上两点之间逆时针方向的夹角为锐角的区域

$$= \frac{2\pi \times 2\pi - \frac{3}{2}\pi \times \frac{3}{2}\pi}{2\pi \times 2\pi} = \frac{7}{16}$$

对于三维的情况，可用体积值来计算概率值。对于更高维的情况，则借助多重积分的值进行计算。

5.1.2　条件概率

下面讨论多个随机事件的概率关系。对于随机事件 A 和 B，在 A 发生的条件下 B 发生的概率称为条件概率，记为 $p(B|A)$。如果事件 A 的概率大于 0，则条件概率可按下式计算

$$p(B|A) = \frac{p(A, B)}{p(A)} \tag{5.3}$$

根据定义，条件概率是 A 和 B 同时发生的概率与 A 发生的概率的比值。下面用一个例子说明条件概率的计算。

对于掷骰子问题，假设事件 A 为点数是奇数，事件 B 为点数小于或等于 3，则二者的条件概率为

$$p(A|B) = \frac{p(A, B)}{p(B)} = \frac{p(\{1, 3, 5\} \cap \{1, 2, 3\})}{p(\{1, 2, 3\})} = \frac{2/6}{3/6} = \frac{2}{3}$$

类似地，有

$$p(B|A) = \frac{p(A, B)}{p(A)} = \frac{p(\{1, 3, 5\} \cap \{1, 2, 3\})}{p(\{1, 3, 5\})} = \frac{2/6}{3/6} = \frac{2}{3}$$

对式 (5.3) 进行变形，可以得到

$$p(A, B) = p(A)p(B|A) \tag{5.4}$$

类似地，有

$$p(A, B) = p(B)p(A|B) \tag{5.5}$$

这称为乘法公式。

下面将条件概率推广到两个以上的随机事件，对于两组随机事件 $A_1, \cdots, A_m$ 与 $B_1, \cdots, B_n$，它们的条件概率定义为

$$p(A_1, \cdots, A_m | B_1, \cdots, B_n) = \frac{p(A_1, \cdots, A_m, B_1, \cdots, B_n)}{p(B_1, \cdots, B_n)}$$

将乘法公式推广到 3 个随机事件，可以得到

$$p(A, B, C) = p(A, B)p(C|A, B) = p(A)(B|A)p(C|A, B)$$

需要注意的是，这种分解的顺序不是唯一的。

推广到 n 个随机事件，有

$$p(A_1, \cdots, A_n) = p(A_1)p(A_2|A_1)p(A_3|A_1, A_2) \cdots p(A_n|A_1, \cdots, A_{n-1})$$

下面定义随机事件的独立性。如果 $p(B|A) = p(B)$，或 $p(A|B) = p(A)$，则称随机事件 A 和 B 独立。随机事件独立意味着一个事件是否发生并不影响另外一个事件。如果随机事件 A 和 B 独立，根据式 (5.4)，有

$$p(A, B) = p(A)p(B) \tag{5.6}$$

将上面的定义进行推广，如果 n 个随机事件 $A_i, i = 1, \cdots, n$ 相互独立，则对所有可能的组合 $1 \leqslant i < j < k < \cdots \leqslant n$，都有

$$p(A_i, A_j) = p(A_i)p(A_j)$$
$$p(A_i, A_j, A_k) = p(A_i)p(A_j)p(A_k)$$
$$\vdots$$
$$p(A_1, \cdots, A_n) = \prod_{i=1}^{n} p(A_i)$$

特别地，有

$$p(A_1, \cdots, A_n) = \prod_{i=1}^{n} p(A_i)$$

5.1.3 全概率公式

如果随机事件 $A_1, \cdots, A_n$ 是一个完备事件组，且 $p(A_i) > 0, i = 1, \cdots, n$，$B$ 是任意随机事件，则有

$$p(B) = \sum_{i=1}^{n} p(A_i)p(B|A_i) \tag{5.7}$$

式 (5.7) 称为全概率公式。借助于条件概率，全概率公式将对复杂事件的概率计算问题转化为在不同情况下发生的简单事件的概率的求和问题。下面用例子说明。

假设有 3 个箱子。第 1 个箱子有 6 个红球，4 个白球；第 2 个箱子有 5 个红球，5 个白球；第 3 个箱子有 2 个红球，8 个白球。先随机抽取一个箱子，然后从中随机抽取一个球，计算抽中红球的概率。令 A_i 为抽中第 i 个箱子，B 为抽中红球。根据全概率公式，有

$$p(B) = p(A_1)p(B|A_1) + p(A_2)p(B|A_2) + p(A_3)p(B|A_3) = \frac{1}{3} \times \frac{6}{10} + \frac{1}{3} \times \frac{5}{10} + \frac{1}{3} \times \frac{2}{10} = \frac{13}{30}$$

全概率公式可以推广到随机变量的情况，将在 5.5 节讲述。

5.1.4 贝叶斯公式

贝叶斯公式由数学家贝叶斯（Bayes）提出，它阐明了随机事件之间的因果概率关系。根据条件概率的定义，有

$$p(A, B) = p(A)p(B|A) = p(B)p(A|B) \tag{5.8}$$

式 (5.8) 变形可得

$$p(A|B) = \frac{p(A)p(B|A)}{p(B)} \tag{5.9}$$

式 (5.9) 称为贝叶斯公式，它描述了先验概率和后验概率之间的关系。如果事件 A 是因，事件 B 是果，则称 $p(A)$ 为先验概率（Prior Probability），意为事先已经知道其值。$p(A|B)$ 称为后验概率（Posterior Probability），意为事后才知道其值。条件概率 $p(B|A)$ 则称为似然函数。先验概率是根据以往经验和分析得到的概率，在随机事件发生之前已经知道，是"原因"发生的概率。后验概率是根据"结果"信息所计算出的导致该结果的原因所出现的概率。后验概率用于在事情已经发生的条件下，分析使得这件事情发生的原因概率，根据贝叶斯公式可以实现这种因果推理，这在机器学习中是常用的。

如果事件 $A_1, \cdots, A_n$ 构成一个完备事件组，且 $p(A_i) > 0$，$p(B) > 0$，根据全概率公式与贝叶斯公式，将式 (5.7) 代入式 (5.9)，可以得到

$$p(A_m|B) = \frac{p(A_m)p(B|A_m)}{p(B)} = \frac{p(A_m)p(B|A_m)}{\sum\limits_{i=1}^{n} p(A_i)p(B|A_i)} \tag{5.10}$$

下面用一个例子进行说明。假设有 3 个箱子。第 1 个箱子有 5 个红球，5 个黑球；第 2 个箱子有 7 个红球，3 个黑球；第 3 个箱子有 9 个红球，1 个黑球。首先随机地抽取一个箱子，然后从中随机抽取一个球，如果抽中的是红球，计算这个球来自每个箱子的概率。

令 $A_i, i = 1, 2, 3$ 表示抽中第 i 个箱子，B 表示抽中红球。根据式 (5.10)，这个红球来自第 1 个箱子的概率为

$$p(A_1|B) = \frac{\frac{1}{3} \times \frac{5}{10}}{\frac{1}{3} \times \frac{5}{10} + \frac{1}{3} \times \frac{7}{10} + \frac{1}{3} \times \frac{9}{10}} = \frac{5}{21}$$

来自第 2 个箱子的概率为

$$p(A_2|B) = \frac{\frac{1}{3} \times \frac{7}{10}}{\frac{1}{3} \times \frac{5}{10} + \frac{1}{3} \times \frac{7}{10} + \frac{1}{3} \times \frac{9}{10}} = \frac{7}{21}$$

来自第 3 个箱子的概率为

$$p(A_3|B) = \frac{\frac{1}{3} \times \frac{9}{10}}{\frac{1}{3} \times \frac{5}{10} + \frac{1}{3} \times \frac{7}{10} + \frac{1}{3} \times \frac{9}{10}} = \frac{9}{21}$$

5.1.5 条件独立

将随机事件的独立性与条件概率相结合，可以得到条件独立的概念。如果随机事件 A, B, C 满足

$$p(A|B, C) = p(A|C) \tag{5.11}$$

则称 A 和 B 关于事件 C 条件独立。直观含义是在 C 发生的情况下，B 是否发生并不影响 A，它们之间相互独立。这意味着事件 C 的发生使得 A 和 B 相互独立。根据式 (5.11) 与条件概率的计算公式，有

$$p(A, B|C) = p(A|B, C)p(B|C) = p(A|C)p(B|C) \tag{5.12}$$

A 和 B 关于 C 条件独立可以记为

$$A \perp B|C$$

这里复用了几何中的垂直符号 $\perp$ 表示独立。条件独立的概念在概率图模型中被广泛使用，概率图模型将在 8.1.3 节介绍。

5.2 随机变量

普通的变量只允许取值可变，随机变量（Random Variable）是取值可变并且取每个值都有一个概率的变量。从另外一个角度来看，随机变量是用于表示随机试验结果的变量。随机变量通常用大写斜体字母表示，如 X。随机变量的取值一般用小写斜体字母表示，如 x_i。

随机变量可分为离散型和连续型两种。前者的取值集合为有限集或者无限可数集，对应 5.1.1 节介绍的离散型随机事件；后者的取值集合为无限不可数集，对应 5.1.1 节介绍的几何型随机事件。

5.2.1 离散型随机变量

离散型随机变量的取值集合是离散集合，为有限集或无限可数集，可以将所有取值列举出来。例如，掷骰子出现的点数即为离散型随机变量，取值集合为 1 和 6 之间的整数。

描述离散型随机变量取值概率的是概率质量函数（Probability Mass Function，PMF）。概率质量函数由随机变量取每个值的概率

$$p(X = x_i) = p(x_i)$$

排列组成。后面会将 $p(X = x_i)$ 简记为 $p(x_i)$。这里的"质量"与物理学中的质量相对应，可看作是一些有质量的质点，概率质量函数值对应这些点的质量。

概率质量函数必须满足以下约束条件

$$p(x_i) \geqslant 0 \qquad\qquad \sum_i p(x_i) = 1$$

表 5.1 是一个离散型随机变量的概率质量函数，其取值集合为 $\{1, 2, 3, 4\}$。

表 5.1 一个随机变量的概率质量函数

随机变量取值	概率质量函数值
1	0.1
2	0.5
3	0.2
4	0.2

离散型随机变量的取值可能为无限可数集，此时要保证下面的级数收敛，并且其值为 1

$$\sum_{i=1}^{+\infty} p(x_i) = 1$$

累积分布函数（Cumulative Distribution Function，CDF）也称为分布函数，是概率质量函数的累加，定义为

$$p(X \leqslant x_j) = \sum_{i=1}^{j} p(x_i)$$

对于表 5.1 所示的随机变量，其累积分布函数如表 5.2 所示。

表 5.2 累积分布函数

随机变量取值	累积分布函数值
1	0.1
2	0.6
3	0.8
4	1.0

5.2.2 连续型随机变量

与 5.1.1 节介绍的几何型随机事件对应的是连续型随机变量。连续型随机变量的取值集合为无限不可数集，一般为实数轴上的一个或多个区间，或者是整个实数集 $\mathbb{R}$。例如，我们要观测每个时间点的温度，是一个连续值，为连续型随机变量。

考虑 5.1.1 节中计算一维几何型随机事件概率的例子。图 5.3 中计算结果表明，随机点落在 $[0, x]$ 区间内的概率就是 x，这是 $X \leqslant x$ 这一随机事件的概率

$$p(X \leqslant x) = x$$

其中 X 是一个连续型随机变量，是随机点的一维坐标，其允许的取值范围为 $[0, 1]$。对上面的函数进行扩充，使得 X 的取值范围为整个实数集 $\mathbb{R}$，可以得到如下的函数

$$p(X \leqslant x) = \begin{cases} 0, & x < 0 \\ x, & 0 \leqslant x \leqslant 1 \\ 1, & x > 1 \end{cases}$$

这个函数的曲线如图 5.7 所示。该函数称为累积分布函数。

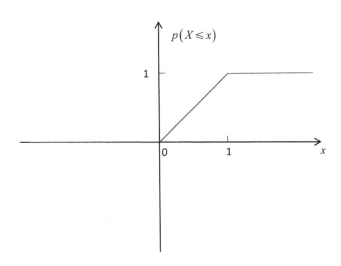

图 5.7　均匀分布的累积分布函数

对累积分布函数进行求导，即可得到概率密度函数，表示连续型随机变量在每一个取值点处的"概率密度"值。除去 0 和 1 这两点，上面的累积分布函数是可导的，其导数为

$$p'(x) = \begin{cases} 0, & x < 0 \\ 1, & 0 \leqslant x \leqslant 1 \\ 0, & x > 1 \end{cases}$$

此函数在区间 $[0,1]$ 内所有点处的取值相等，这意味着点 x 落在 $[0,1]$ 内所有点处的可能性相等。下面给出概率密度函数与累积分布函数的定义。

概率密度函数（Probability Density Function，PDF）定义了连续型随机变量的概率分布。其函数值表示随机变量取该值的可能性（注意，不是概率）。概率密度函数必须满足如下约束条件

$$f(x) \geqslant 0 \qquad \int_{-\infty}^{+\infty} f(x)\mathrm{d}x = 1$$

这可以看作是离散型随机变量的推广，积分值为 1 对应取各个值的概率之和为 1。连续型随机变量落在某一点处的概率值为 0，落在某一区间内的概率值为概率密度函数在该区间内的定积分

$$p(x_1 \leqslant X \leqslant x_2) = \int_{x_1}^{x_2} f(x)\mathrm{d}x = F(x_2) - F(x_1) \tag{5.13}$$

其中 $F(x)$ 是 $f(x)$ 的一个原函数，也称为分布函数。近似地有

$$p(x \leqslant X \leqslant x + \Delta x) \approx f(\xi)\Delta x$$

其中 ξ 是 $[x, x + \Delta x]$ 内的一个点。图 5.8 是连续型随机变量概率密度函数以及落在某一区间内概率的示例。

概率密度函数中的"密度"可类比物理学中的密度。概率质量函数在每一点处的值为随机变量取该值的概率，而概率密度函数在每一点处的值并不是概率值，只有区间上的积分值才是随机变量落入此区间的概率。随机变量 X 服从概率分布 $f(x)$，一般可以简记为

$$X \sim f(x)$$

对于连续型随机变量，分布函数是概率密度函数的变上限积分，定义为

$$F(y) = p(X \leqslant y) = \int_{-\infty}^{y} f(x)\mathrm{d}x \tag{5.14}$$

显然这是增函数。分布函数的意义是随机变量 $X \leqslant y$ 的概率。

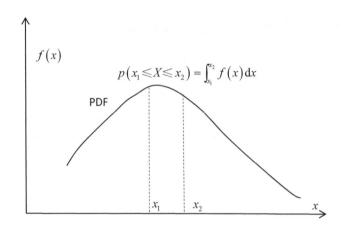

图 5.8 概率密度函数与积分

根据分布函数的定义有

$$\lim_{x \to -\infty} F(x) = 0 \qquad\qquad \lim_{x \to +\infty} F(x) = 1$$

根据定义，分布函数单调递增。考虑指数分布，其概率密度函数为

$$f(x) = \begin{cases} \lambda e^{-\lambda x}, & x \geqslant 0 \\ 0, & \text{其他} \end{cases}$$

其中 $\lambda > 0$。下面计算它的分布函数。如果 $x < 0$，则有

$$F(x) = \int_{-\infty}^{x} 0 \, \mathrm{d}u = 0$$

如果 $x \geqslant 0$，则有

$$F(x) = \int_{-\infty}^{x} f(u)\mathrm{d}u = \int_{0}^{x} \lambda e^{-\lambda u}\mathrm{d}u = \int_{0}^{x} e^{-\lambda u}\mathrm{d}\lambda u = -e^{-\lambda u}\big|_{0}^{x} = 1 - e^{-\lambda x}$$

因此其分布函数为

$$F(x) = \begin{cases} 1 - e^{-\lambda x}, & x \geqslant 0 \\ 0, & \text{其他} \end{cases}$$

下面以 logistic 回归为例说明概率密度函数与分布函数在机器学习中的应用。logistic 回归的分布函数为 logistic 函数，定义为

$$F(x) = \frac{1}{1 + e^{-x}}$$

其形状如图 1.11 所示，该函数单调递增，且有

$$\lim_{x \to -\infty} F(x) = 0 \qquad\qquad \lim_{x \to +\infty} F(x) = 1$$

满足分布函数的定义要求。在 1.2.1 节推导过其概率密度函数为 $F(x)(1 - F(x))$，概率密度函数的图像如图 5.9 所示。

考虑这样一个应用，我们要根据一个用户的收入、年龄、在线时长来预测他购买某一个商品的概率。描述用户的 3 个特征形成如下的特征向量

$$\boldsymbol{x} = (\text{收入 年龄 在线时长})^{\mathrm{T}}$$

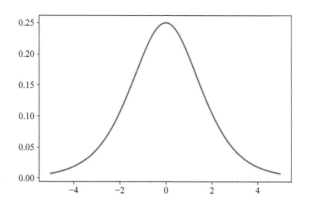

图 5.9　logistic 函数的概率密度函数

现在的问题是如何根据此特征向量计算客户购买商品即是正样本的概率值。可以先对特征向量进行线性映射

$$\boldsymbol{w}^{\mathrm{T}}\boldsymbol{x} + b$$

得到一个标量值，然后用 logistic 函数对此标量进行映射，即可得到样本属于正样本的概率值

$$p(\boldsymbol{x}) = \frac{1}{1 + \exp(-(\boldsymbol{w}^{\mathrm{T}}\boldsymbol{x} + b))}$$

这一过程如图 5.10 所示。图 5.10 中第一步为线性映射，将特征向量映射为标量；第二步为 logistic 映射，将标量值映射为 $(0, 1)$ 内的概率值。

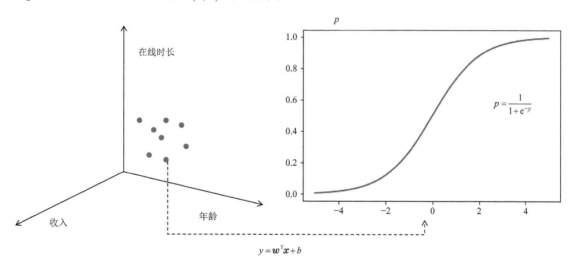

图 5.10　logistic 回归的原理

考虑 1.2.2 节所讲述的 ReLU 函数。如果用该函数作为激活函数，将激活函数的自变量看作连续型随机变量，其不可导点为 $x = 0$。在用梯度下降法和反向传播算法训练神经网络时，落在该不可导点处的概率为 0，可忽略不计。更一般地，如果激活函数的不可导点集合为有限集或无限可数集，这些点的测度（在数轴上的长度）为 0，输入变量落到不可导点处的概率为 0。因此对激活函数的要求是几乎处处可导。

5.2.3 数学期望

数学期望（Mathematical Expectation）是平均值的推广，是加权平均值的抽象，对于随机变量，是其在概率意义下的均值。普通的均值没有考虑权重或概率。对于 n 个变量 $x_1, \cdots, x_n$，它们的算术平均值为

$$\frac{1}{n}\sum_{i=1}^{n} x_i$$

这可看作变量取每个值的可能性相等，或者每个取值的权重相等。但对于很多应用，变量取每个值有不同的概率，因此这种简单的均值无法刻画出变量的性质。表 5.3 为买彩票时各种奖的中奖金额以及对应的概率值，中奖金额可看作离散型随机变量。

表 5.3　彩票的中奖概率

中奖金额	中奖概率
0	0.9
10	0.09
1000	0.009
10000	0.00099
1000000	0.00001

如果要计算买一张彩票时的平均中奖金额，那么直接用各种奖的中奖金额计算平均值显然不合理。正确的做法是考虑中各种奖的概率，以其作为权重来计算均值

$$0 \times 0.9 + 10 \times 0.09 + 1000 \times 0.009 + 10000 \times 0.00099 + 1000000 \times 0.00001 = 29.8$$

这种计算方式就是求数学期望。对于离散型随机变量 X，数学期望定义为

$$E[X] = \sum_i x_i p(x_i) \tag{5.15}$$

数学期望也可以写成 $E_{X \sim p(x)}[X]$ 或 $E_{p(x)}[X]$，表示用概率分布 $p(x)$ 对随机变量 X 计算数学期望。如果式 (5.15) 的级数收敛，则称数学期望存在。对于表 5.1 中的随机变量，它的数学期望为

$$E[X] = 1 \times 0.1 + 2 \times 0.5 + 3 \times 0.2 + 4 \times 0.2 = 2.5$$

对于连续型随机变量，数学期望通过定积分定义。假设连续型随机变量 X 的概率密度函数是 $f(x)$，它的数学期望为

$$E[X] = \int_{-\infty}^{+\infty} x f(x) \mathrm{d}x \tag{5.16}$$

根据定积分的定义，连续型是离散型数学期望的极限情况。按照 4.8 节的定义，对于连续型随机变量，其数学期望是一个泛函。

根据定义，常数的数学期望为其自身，即

$$E[c] = c$$

根据数学期望的定义，下面的公式成立

$$E[kX] = kE[X]$$

其中 k 为常数。如果 $g(X)$ 是随机变量 X 的函数，则由它定义的随机变量的数学期望为

$$E[g(X)] = \sum_i g(x_i) p(x_i)$$

一般简记为

$$E_{X \sim p(x)}[g(X)]$$

对于连续型随机变量 X，其函数 $g(X)$ 的数学期望为

$$E[g(X)] = \int_{-\infty}^{+\infty} g(x)f(x)\mathrm{d}x$$

根据这种定义，下面的公式成立

$$E[g(X) + h(X)] = E[g(X)] + E[h(X)]$$

以表 5.1 中的随机变量为例，X^2 的数学期望为

$$E[X^2] = 1^2 \times 0.1 + 2^2 \times 0.5 + 3^2 \times 0.2 + 4^2 \times 0.2 = 7.1$$

下面以指数分布为例计算连续型概率分布的数学期望。如果 X 服从参数为 λ 的指数分布，则其数学期望为

$$E[X] = \int_{0}^{+\infty} x\lambda \mathrm{e}^{-\lambda x}\mathrm{d}x = -\int_{0}^{+\infty} x\mathrm{d}\mathrm{e}^{-\lambda x} = -x\mathrm{e}^{-\lambda x}\Big|_{0}^{+\infty} + \int_{0}^{+\infty} \mathrm{e}^{-\lambda x}\mathrm{d}x = -\frac{1}{\lambda}\mathrm{e}^{-\lambda x}\Big|_{0}^{+\infty} = \frac{1}{\lambda}$$

如果将随机变量看作物体各点在空间中的坐标，概率密度函数是其在空间各点处的密度，则数学期望的物理意义是物体的质心。

5.2.4　方差与标准差

方差（Variance，var）反映随机变量取值的波动程度，是随机变量与其数学期望差值平方的数学期望

$$\mathrm{var}[X] = E[(X - E[X])^2] \tag{5.17}$$

方差也可记为 $D[X]$。如果不使用平方，则随机变量取所有值与其数学期望的差值之和为 0。对于离散型随机变量，方差定义为

$$\mathrm{var}[X] = \sum_{i} (x_i - E[X])^2 p(x_i)$$

对于表 5.1 中的随机变量，它的方差为

$$\mathrm{var}[X] = (1 - 2.5)^2 \times 0.1 + (2 - 2.5)^2 \times 0.5 + (3 - 2.5)^2 \times 0.2 + (4 - 2.5)^2 \times 0.2 = 0.85$$

对于连续型随机变量，方差同样通过积分定义

$$\mathrm{var}[X] = \int_{-\infty}^{+\infty} (x - E[X])^2 f(x)\mathrm{d}x \tag{5.18}$$

其中，$f(x)$ 为概率密度函数。根据定义，方差是非负的。

下面计算指数分布的方差。在 5.2.3 节已经计算出其数学期望为 $1/\lambda$，其方差为

$$\mathrm{var}[X] = \int_{0}^{+\infty} \left(x - \frac{1}{\lambda}\right)^2 \lambda \mathrm{e}^{-\lambda x}\mathrm{d}x = -\int_{0}^{+\infty} \left(x - \frac{1}{\lambda}\right)^2 \mathrm{d}\mathrm{e}^{-\lambda x}$$

$$= -\left(x - \frac{1}{\lambda}\right)^2 \mathrm{e}^{-\lambda x}\Big|_{0}^{+\infty} + \int_{0}^{+\infty} 2\left(x - \frac{1}{\lambda}\right)\mathrm{e}^{-\lambda x}\mathrm{d}x = \frac{1}{\lambda^2} - \int_{0}^{+\infty} \frac{2}{\lambda}\left(x - \frac{1}{\lambda}\right)\mathrm{d}\mathrm{e}^{-\lambda x}$$

$$= \frac{1}{\lambda^2} - \frac{2}{\lambda}\left(x - \frac{1}{\lambda}\right)\mathrm{e}^{-\lambda x}\Big|_{0}^{+\infty} + \int_{0}^{+\infty} \frac{2}{\lambda}\mathrm{e}^{-\lambda x}\mathrm{d}x = -\frac{1}{\lambda^2} - \frac{2}{\lambda^2}\mathrm{e}^{-\lambda x}\Big|_{0}^{+\infty} = \frac{1}{\lambda^2}$$

方差反映了随机变量偏离均值的程度。方差越小，随机变量的变化幅度越小，反之则越大。

标准差（Standard Deviation）定义为方差的平方根，即

$$\sigma = \sqrt{\text{var}[X]}$$

根据方差的定义，下面公式成立

$$\text{var}[X] = E[(X - E[X])^2] = E[X^2 - 2XE[X] + E^2[X]] = E[X^2] - E[2XE[X]] + E[E^2[X]]$$

$$= E[X^2] - 2E[X]E[X] + E^2[X] = E[X^2] - E^2[X] \tag{5.19}$$

实际计算方差时经常采用此式，在机器学习中被广泛使用。根据方差的定义，有

$$\text{var}[kX] = k^2 \text{var}[X]$$

这是因为

$$\text{var}[kX] = E[(kX - E[kX])^2] = E[(kX - kE[X])^2] = k^2 E[(X - E[X])^2] = k^2 \text{var}[X]$$

这意味着将随机变量的取值扩大 k 倍，其方差扩大 k^2 倍。如果将随机变量看作物体各点在空间中的坐标，概率密度函数是其在空间各点处的密度，则方差的物理意义是物体的转动惯量。

5.2.5   Jensen 不等式

下面介绍关于数学期望的一个重要不等式，Jensen 不等式（Jensen's Inequality），它在机器学习某些算法的推导中起着至关重要的作用。回顾 1.2.7 节对凸函数的定义，如果 $f(x)$ 是一个凸函数，$0 \leqslant \theta \leqslant 1$，则有

$$f(\theta x_1 + (1 - \theta)x_2) \leqslant \theta f(x_1) + (1 - \theta)f(x_2) \tag{5.20}$$

将式 (5.20) 从两个点推广到 m 个点，如果

$$a_i \geqslant 0, \ i = 1, 2, \cdots, m \qquad\qquad a_1 + \cdots + a_m = 1$$

可以得到，对于 $\forall x_1, \cdots, x_m$ 有

$$f(a_1 x_1 + \cdots + a_m x_m) \leqslant a_1 f(x_1) + \cdots + a_m f(x_m) \tag{5.21}$$

如果将 x 看作是一个随机变量，$p(x = x_i) = a_i$ 是其概率分布，则有

$$E[x] = a_1 x_1 + \cdots + a_m x_m \qquad\qquad E[f(x)] = a_1 f(x_1) + \cdots + a_m f(x_m)$$

从而得到 Jensen 不等式

$$E[f(x)] \geqslant f(E[x]) \tag{5.22}$$

对于凹函数，上面的不等式反号。

可以根据式 (5.20) 用归纳法证明式 (5.21) 成立。首先考虑 $m = 2$ 的情况，$a_1 \geqslant 0, a_2 \geqslant 0$ 且 $a_1 + a_2 = 1$，即 $a_2 = 1 - a_1$，根据凸函数的定义，对于 $\forall x_1, x_2$ 有

$$f(a_1 x_1 + a_2 x_2) = f(a_1 x_1 + (1 - a_1)x_2) \leqslant a_1 f(x_1) + (1 - a_1)f(x_2) = a_1 f(x_1) + a_2 f(x_2)$$

假设 $m = n$ 时不等式成立，则当 $m = n + 1$ 时有

$$f\left(\sum_{i=1}^{n+1} a_i x_i\right) = f\left(a_1 x_1 + (1 - a_1)\sum_{i=2}^{n+1} \frac{a_i}{1 - a_1} x_i\right) \leqslant a_1 f(x_1) + (1 - a_1)f\left(\sum_{i=2}^{n+1} \frac{a_i}{1 - a_1} x_i\right)$$

$$\leqslant a_1 f(x_1) + (1 - a_1)\sum_{i=2}^{n+1} \frac{a_i}{1 - a_1} f(x_i) = a_1 f(x_1) + \sum_{i=2}^{n+1} a_i f(x_i) = \sum_{i=1}^{n+1} a_i f(x_i)$$

上面第 2 步利用了凸函数的定义，第 3 步成立是因为

$$\sum_{i=2}^{n+1} \frac{a_i}{1-a_1} = \frac{\sum_{i=2}^{n+1} a_i}{1-a_1} = \frac{1-a_1}{1-a_1} = 1$$

根据归纳法的假设，$m = n$ 时不等式成立。如果 $f(x)$ 是严格凸函数且 x 不是常数，则有

$$E[f(x)] > f(E[x])$$

这同样可以用归纳法证明，与前面的证明过程类似。如果 $f(x)$ 是严格凸函数，当且仅当随机变量 x 是常数时，不等式取等号

$$E[f(x)] = f(E[x])$$

卜面给出证明。如果随机变量 x 是常数，则有

$$x_1 = x_2 = \cdots = x_m = c$$

因此

$$f(a_1 x_1 + \cdots + a_m x_m) = f(a_1 c + \cdots + a_m c) = f((a_1 + \cdots + a_m)c) = f(c)$$

以及

$$a_1 f(x_1) + \cdots + a_m f(x_m) = a_1 f(c) + \cdots + a_m f(c) = (a_1 + \cdots + a_m)f(c) = f(c)$$

因此有

$$f(a_1 x_1 + \cdots + a_m x_m) = a_1 f(x_1) + \cdots + a_m f(x_m)$$

接下来证明如果不等式取等号，则有 $x_1 = x_2 = \cdots = x_m$。可用反证法证明。如果 $x_i \neq x_j, i \neq j$，由于 $f(x)$ 是严格凸函数，根据前面的结论有

$$f(a_1 x_1 + \cdots + a_m x_m) < a_1 f(x_1) + \cdots + a_m f(x_m)$$

Jensen 不等式可以推广到随机向量的情况。在 5.7.6 节将利用此不等式推导出求解含有隐变量的最大似然估计问题的 EM 算法。

5.3　常用概率分布

下面介绍在机器学习中各种常用的概率分布。离散型概率分布包括均匀分布、伯努利分布、二项分布、多项分布、几何分布，连续型概率分布包括均匀分布、正态分布，以及 t 分布。它们将在各种算法中被广泛使用。

5.3.1　均匀分布

对于离散型随机变量 X，如果服从均匀分布（Uniform Distribution），则其取每个值的概率相等，即

$$p(X = x_i) = \frac{1}{n}, \ i = 1, \cdots, n$$

对于连续型随机变量 X，如果服从区间 $[a,b]$ 上的均匀分布，则其概率密度函数为分段常数函数，定义为

$$f(x) = \begin{cases} \dfrac{1}{b-a}, & a \leqslant x \leqslant b \\ 0, & x < a, x > b \end{cases}$$

在允许取值的区间内，概率密度函数值相等，等于区间长度的倒数。下面计算它的分布函数。如果 $x < a$，则有

$$F(x) = \int_{-\infty}^{x} f(x)\mathrm{d}x = \int_{-\infty}^{x} 0\mathrm{d}x = 0$$

如果 $a \leqslant x \leqslant b$，则有

$$F(x) = \int_{-\infty}^{x} f(x)\mathrm{d}x = \int_{-\infty}^{a} 0\mathrm{d}x + \int_{a}^{x} \frac{1}{b-a}\mathrm{d}x = \frac{x-a}{b-a}$$

如果 $x > b$，则有

$$F(x) = \int_{-\infty}^{x} f(x)\mathrm{d}x = \int_{-\infty}^{a} 0\mathrm{d}x + \int_{a}^{b} \frac{1}{b-a}\mathrm{d}x + \int_{b}^{x} 0\mathrm{d}x = 1$$

因此，其分布函数为

$$F(x) = \begin{cases} 0, & x < a \\ \dfrac{x-a}{b-a}, & a \leqslant x \leqslant b \\ 1, & x > b \end{cases}$$

分布函数的图像是形如图 5.7 的折线。

随机变量 X 服从区间 $[a,b]$ 上的均匀分布，简记为 $X \sim U(a,b)$。图 5.11 是服从 $[1,2]$ 上均匀分布的随机变量的概率密度函数。其概率密度函数为

$$f(x) = \begin{cases} 1, & 1 \leqslant x \leqslant 2 \\ 0, & x < 1, x > 2 \end{cases}$$

Python 提供了生成均匀分布样本的功能，由 random 的 rand 函数实现，该函数支持随机整数和随机浮点数的生成，可指定随机数的区间，默认生成的是区间 $[0,1]$ 上的均匀分布随机数。

图 5.12 为用 Python 生成的 5000 个 $[0,1]$ 上均匀分布的随机样本，将区间等分为多个子区间，对每个子区间内的样本数进行了统计，以柱状图显示。可以看到，每个区间内产生的随机样本数大致相等。均匀分布随机数的生成算法将在 5.8.1 节讲述。

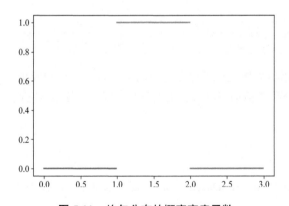

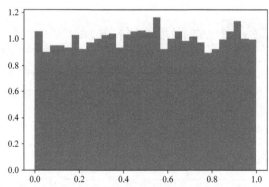

图 5.11　均匀分布的概率密度函数　　　　图 5.12　算法生成的一组一维均匀分布随机数

下面计算服从区间 $[a,b]$ 上均匀分布的随机变量的数学期望和方差。根据数学期望的定义

$$E[X] = \int_{a}^{b} \frac{1}{b-a} x\mathrm{d}x = \frac{1}{2(b-a)} x^2 \bigg|_{a}^{b} = \frac{a+b}{2}$$

因此，均匀分布的均值为区间的中点。根据方差的定义

$$\mathrm{var}[X] = \int_{a}^{b} \left(x - \frac{a+b}{2}\right)^2 \frac{1}{b-a}\mathrm{d}x = \frac{1}{3(b-a)} \left(x - \frac{a+b}{2}\right)^3 \bigg|_{a}^{b} = \frac{(b-a)^2}{12}$$

均匀分布的方差与区间长度的平方成正比。

均匀分布是最简单的概率分布,在程序设计中各种概率分布的随机数一般通过均匀分布随机数构造。算法生成的随机数不是真随机而是伪随机。通常情况下,基本的随机数生成算法生成的是某一区间 $[0, n_{\max}]$ 上均匀分布的随机整数。

对均匀分布随机整数进行变换,可以将其变为另外一个区间上的均匀分布随机数。例如,对 $[0, n_{\max}]$ 上均匀分布随机整数 x 除以其最大值 $n_{\max}$

$$\frac{x}{n_{\max}}$$

可以将其变换为区间 $[0, 1]$ 上的连续型均匀随机数。如果要生成某一区间上均匀分布的整数,则可借助于取余运算实现。如果要生成 $[0, k]$ 上均匀分布的整数,则可以将 x 除以 $k + 1$ 取余数

$$x \bmod (k+1)$$

这里假设 $k < n_{\max}$。显然,该余数在 $[0, k]$ 上均匀分布。

5.3.2 伯努利分布

服从伯努利分布(Bernoulli Distribution)的随机变量 X 的取值为 0 或 1 两种情况,该分布也称为 0-1 分布。取值为 1 的概率为 p,取值为 0 的概率为 $1 - p$,其中 p 为 $(0, 1)$ 内的实数,是此概率分布的参数。即

$$p(X = 1) = p \qquad\qquad p(X = 0) = 1 - p$$

概率质量函数可统一写成

$$p(X = x) = p^x (1-p)^{1-x}$$

其中 $x \in \{0, 1\}$。如果 $x = 0$,则有

$$p(X = 0) = p^0 (1-p)^{1-0} = 1 - p$$

如果 $x = 1$,则有

$$p(X = 1) = p^1 (1-p)^{1-1} = p$$

如果 $p = \frac{1}{2}$,那么此时的伯努利分布为离散型均匀分布。为方便起见,通常将 $1 - p$ 简记为 q。对于几何分布、二项分布,后面会沿用这种惯例。

如果将随机变量取值为 1 看作试验成功,取值为 0 看作试验失败,则伯努利分布是描述试验结果的一种概率分布。随机变量 X 服从参数为 p 的伯努利分布简记为

$$X \sim B(p)$$

机器学习中的二分类问题可以用伯努利分布描述,logistic 回归拟合的是这种分布。根据定义,伯努利分布的数学期望为

$$E[X] = 0 \times (1 - p) + 1 \times p = p$$

方差为

$$\mathrm{var}[X] = (0 - p)^2 \times (1 - p) + (1 - p)^2 p = p(1 - p)$$

可以看到，当 $p = \dfrac{1}{2}$ 时，方差有极大值。

根据服从均匀分布的随机数可以生成服从伯努利分布的随机数。对于伯努利分布

$$p(X = 1) = p$$

将 $[0, 1]$ 区间划分成两个子区间，第 1 个子区间的长度为 p，第二个子区间的长度为 $1 - p$。如果有一个 $[0, 1]$ 上均匀分布的随机数，则它落在第 1 个子区间内的概率即为 p，落在第 2 个子区间内的概率即为 $1 - p$。因此，可以先生成 $[0, 1]$ 上均匀分布的随机数 ζ，然后判定其所在的子区间，如果它落在第 1 个子区间，即

$$\zeta < p$$

则输出 1，否则输出 0。算法输出的值即服从伯努利分布。深度学习中的 Dropout 机制、稀疏自动编码器都使用了伯努利分布。

5.3.3　二项分布

n 个独立同分布的伯努利分布随机变量之和服从 n 重伯努利分布，也称为二项分布（Binomial Distribution）。此时，随机变量 X 表示 n 次试验中有 k 次成功的概率，其概率质量函数为

$$p(X = k) = \mathrm{C}_n^k p^k (1 - p)^{n-k}, \ \ k = 0, 1, \cdots, n$$

其中 C_n^k 为组合数，是 n 个数中有 k 个取值是 1 的所有可能情况数，p 是每次试验时成功的概率，取值范围为 $(0, 1)$。二项分布的概率 $p(X = k)$ 也是对 $(p + (1 - p))^n$ 进行二项式展开时第 $k + 1$ 个展开项，因此而得名。在 n 次试验中，k 次成功的概率为 p^k，$n - k$ 次失败的概率为 $(1 - p)^{n-k}$，而 k 次成功可以是 n 次试验中的任意 k 次，因此有组合系数 C_n^k。

随机变量 X 服从参数为 n, p 的二项分布，可以简记为

$$X \sim B(n, p)$$

图 5.13 是一个二项分布的图像，其中 $n = 5, p = 0.5$。横轴为随机变量的取值，纵轴为取各离散值的概率。此时二项分布的展开项是对称的，因此其概率质量函数的图像是对称的。

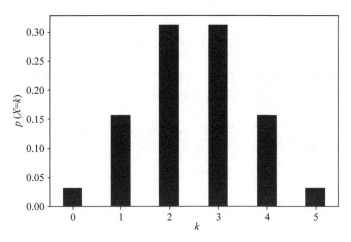

图 5.13　一个二项分布的图像

从图 5.13 中可以看出，二项分布在中间位置的概率值更大，在两端处的概率值更小。随着 n 的值增大，它将以正态分布为极限分布，在 5.6.3 节将会讲述。

下面计算二项分布的数学期望。根据定义有

$$E[X] = \sum_{k=0}^{n} k \times \mathrm{C}_n^k p^k (1-p)^{n-k} = \sum_{k=1}^{n} k \times \mathrm{C}_n^k p^k (1-p)^{n-k} = \sum_{k=1}^{n} k \times \frac{n!}{k!(n-k)!} p^k (1-p)^{n-k}$$

$$= \sum_{k=1}^{n} \frac{n!}{(k-1)!(n-k)!} p^k (1-p)^{n-k} = np \sum_{k=1}^{n} \frac{(n-1)!}{(k-1)!(n-k)!} p^{k-1} (1-p)^{n-k}$$

$$= np \sum_{a=0}^{b} \frac{b!}{a!(b-a)!} p^a (1-p)^{b-a} = np \sum_{a=0}^{b} \mathrm{C}_b^a p^a (1-p)^{b-a} = np$$

上式第 6 步进行了换元，令 $a = k-1, b = n-1, n-k = b-a$。方差为

$$\mathrm{var}[X] = E[X^2] - E^2[X]$$

而

$$E[X^2] = \sum_{k=0}^{n} k^2 \times \mathrm{C}_n^k p^k (1-p)^{n-k}$$

$$= \mathrm{C}_n^1 p(1-p)^{n-1} + \sum_{k=2}^{n} n\mathrm{C}_{n-1}^{k-1} p^k (1-p)^{n-k} + \sum_{k=2}^{n} n(n-1)\mathrm{C}_{n-2}^{k-1} p^k (1-p)^{n-k}$$

$$= np(1-p)^{n-1} + np \sum_{k=1}^{n} \mathrm{C}_{n-1}^{k-1} p^{k-1} (1-p)^{n-k} - np\mathrm{C}_{n-1}^0 (1-p)^{n-1}$$

$$+ n(n-1)p^2 \sum_{k=2}^{n} \mathrm{C}_{n-2}^{k-2} p^{k-2} (1-p)^{n-k}$$

$$= np(1-p)^{n-1} + np(p+1-p)^{n-1} - np(1-p)^{n-1} + n(n-1)p^2(p+1-p)^{n-2}$$

$$= np(1-p)^{n-1} + np - np(1-p)^{n-1} + n(n-1)p^2 = np(1-p) + n^2p^2$$

上式第 2 步利用了 $k^2\mathrm{C}_n^k = n\mathrm{C}_{n-1}^{k-1} + n(n-1)\mathrm{C}_{n-2}^{k-2}$。因此

$$\mathrm{var}[X] = E[X^2] - E^2[X] = np(1-p) + n^2p^2 - (np)^2 = np(1-p)$$

由于二项分布是多个相互独立同分布的伯努利分布之和，因此其均值与方差和伯努利分布刚好为 n 倍的关系。

5.3.4 多项分布

多项分布（Multinomial Distribution）是伯努利分布的推广，随机变量 X 的取值有 k 种情况。假设取值为 $\{1, \cdots, k\}$ 内的整数，则有

$$p(X = i) = p_i, i = 1, \cdots, k$$

对 X 的取值进行 One-Hot 向量编码，由 k 个分量组成，如果 X 取值为 i，则第 i 个分量为 1，其余分量均为 0。假设 One-Hot 编码结果为 $[b_1\ b_2\ \cdots\ b_k]$，则概率质量函数可以统一写成

$$p(X = i) = p_1^{b_1} p_2^{b_2} \cdots p_k^{b_k}$$

显然

$$p(X = i) = p_1^0 \cdots p_i^1 \cdots p_k^0 = p_i$$

如果 $p_i = \dfrac{1}{k}, i = 1, \cdots, k$，则多项分布为离散型均匀分布。多项分布对应多分类问题，softmax 回归拟合的是这种分布，在 6.2.3 节讲述。

根据服从均匀分布的随机数可以生成服从多项分布的随机数，其方法与生成伯努利分布随机数相同。对于多项分布

$$p(X = i) = p_i, \ i = 1, \cdots, k$$

将 $[0, 1]$ 区间划分成 k 个子区间，第 i 个子区间的长度为 p_i。如果有一个 $[0, 1]$ 上均匀分布的随机数，则它落在第 i 个子区间内的概率即为 p_i。因此，可以先生成 $[0, 1]$ 上均匀分布的随机数 ζ，然后判定其所在的子区间，如果它落在第 i 个子区间，即

$$\sum_{j=1}^{i-1} p_j \leqslant \zeta < \sum_{j=1}^{i} p_j$$

则输出 i。算法输出的数即服从多项分布。

借助于多项分布随机数可以实现对多个样本按照权重抽样。有 n 个样本 $x_1, \cdots, x_n$，它们对应的归一化权重为 $w_1, \cdots, w_n$。现在要对这些数进行抽样，保证抽中每个样本 x_i 的概率为 w_i。借助于 $1 \sim n$ 内多项分布的随机数，即可实现此功能。在粒子滤波器、遗传算法中均有这样的需求。

5.3.5　几何分布

在 5.1.1 节已经举例说明了无限可数样本空间的概率值，几何分布是这种取值为无限种可能的离散型概率分布。做一个试验，每次成功的概率为 p，假设各次试验之间相互独立，事件 A_n 定义为试验 n 次才取得第一次成功，与其对应，定义随机变量 X 表示第一次取得成功所需要的试验次数，其概率为

$$p(X = n) = (1-p)^{n-1}p, \ n = 1, 2, \cdots$$

如果令 $q = 1 - p$，则上式可以写成

$$p(X = n) = q^{n-1}p$$

这就是几何分布（Geometric Distribution）。几何分布因其分布函数为几何级数而得名。随机变量 X 服从参数为 p 的几何分布，可以简记为 $X \sim \mathrm{Geo}(p)$。

下面计算几何分布的分布函数，根据定义，有

$$F(n) = p(X \leqslant n) = \sum_{i=1}^{n} q^{i-1}p = p\sum_{i=0}^{n-1} q^i = p\frac{1-q^n}{1-q} = 1 - (1-p)^n$$

几何分布的数学期望为

$$E[X] = \sum_{n=1}^{+\infty} nq^{n-1}p = p\sum_{n=1}^{+\infty} (q^n)' = p\left(q\sum_{n=0}^{+\infty} q^n\right)' = p\left(\frac{q}{1-q}\right)' = p\frac{1}{(1-q)^2} = \frac{1}{p}$$

上式利用了 3.9.2 节的幂级数求导公式，当 $0 < q < 1$ 时，幂级数 $\sum_{n=0}^{+\infty} q^n$ 收敛于 $\dfrac{1}{1-q}$。根据方差的定义，有

$$\mathrm{var}[X] = E[X^2] - E^2[X] = E[X(X-1)] + E[X] - E^2[X]$$

而

$$E[X(X-1)] = \sum_{n=1}^{+\infty} n(n-1)(1-p)^{n-1}p = \sum_{n=2}^{+\infty} n(n-1)(1-p)^{n-1}p = p(1-p)\sum_{n=2}^{+\infty} n(n-1)q^{n-2}$$

$$= p(1-p) \sum_{n=2}^{+\infty} (q^n)'' = p(1-p) \sum_{n=0}^{+\infty} (q^n)'' = p(1-p) \left(\frac{1}{1-q} \right)''$$

$$= 2p(1-p) \frac{1}{(1-q)^3} = \frac{2(1-p)}{p^2}$$

同样，这里利用了幂级数求导公式，因此几何分布的方差为

$$\mathrm{var}[X] = \frac{2(1-p)}{p^2} + \frac{1}{p} - \frac{1}{p^2} = \frac{1-p}{p^2}$$

几何分布的随机数也可以借助于均匀分布的随机数生成，方法与伯努利分布类似。算法循环进行尝试，每次生成一个伯努利分布随机数，如果遇到 1，则结束循环，返回尝试的次数。

5.3.6 正态分布

正态分布（Normal Distribution）也称为高斯分布（Gaussian Distribution），它的概率密度函数为

$$f(x) = \frac{1}{\sqrt{2\pi}\sigma} \mathrm{e}^{-\frac{(x-\mu)^2}{2\sigma^2}}$$

其中 μ 和 σ^2 分别为均值和方差。该函数在 $(-\infty, +\infty)$ 上的积分为 1。令 $t = \frac{x-\mu}{\sqrt{2}\sigma}$，则有

$$\int_{-\infty}^{+\infty} \frac{1}{\sqrt{2\pi}\sigma} \mathrm{e}^{-\frac{(x-\mu)^2}{2\sigma^2}} \mathrm{d}x = \int_{-\infty}^{+\infty} \frac{1}{\sqrt{2\pi}\sigma} \mathrm{e}^{-t^2} \mathrm{d}(\sqrt{2}\sigma t + \mu) = \frac{1}{\sqrt{\pi}} \int_{-\infty}^{+\infty} \mathrm{e}^{-t^2} \mathrm{d}t = 1$$

这里利用了式 (3.30) 的结论。

显然，概率密度函数关于数学期望 $x = \mu$ 对称，且在该点处有极大值。在远离数学期望时，概率密度函数的值单调递减。具体地，在 $(-\infty, \mu)$ 内单调递增，在 $(\mu, +\infty)$ 内单调递减。该函数的极限为

$$\lim_{x \to +\infty} f(x) = 0 \qquad\qquad \lim_{x \to -\infty} f(x) = 0$$

现实世界中的很多数据，例如人的身高、体重、寿命等，近似服从正态分布。

随机变量 X 服从均值为 μ、方差为 σ^2 的正态分布，简记为 $X \sim N(\mu, \sigma^2)$。如果正态分布的均值为 0，方差为 1，则称为标准正态分布。此时的概率密度函数为

$$f(x) = \frac{1}{\sqrt{2\pi}} \mathrm{e}^{-\frac{x^2}{2}}$$

该函数是一个偶函数。图 5.14 为标准正态分布的概率密度函数图像，其形状像钟，因此也称为钟形分布。

图 5.15 显示了各种均值与方差的正态分布的概率密度函数曲线。正态分布的均值决定了其概率密度函数峰值出现的位置，方差则决定了曲线的宽和窄，方差越大，曲线越宽，反之则越窄。

正态分布 $N(\mu, \sigma^2)$ 的分布函数为

$$F(x) = \int_{-\infty}^{x} \frac{1}{\sqrt{2\pi}\sigma} \mathrm{e}^{-\frac{(u-\mu)^2}{2\sigma^2}} \mathrm{d}u$$

由于 e^{-x^2} 的不定积分不是初等函数，因此该函数无解析表达式。

假设随机变量 Z 服从标准正态分布 $N(0,1)$，则随机变量 $X = \sigma Z + \mu$ 服从正态分布 $N(\mu, \sigma^2)$。具体证明在 5.4.1 节给出。

相反，如果随机变量 X 服从正态分布 $N(\mu, \sigma^2)$，则随机变量 $Z = \frac{X-\mu}{\sigma}$ 服从标准正态分布 $N(0,1)$。

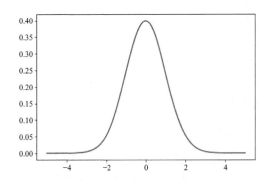

图 5.14　标准正态分布的概率密度函数

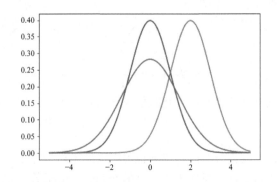

图 5.15　各种均值与方差的正态分布的概率密度函数

正态分布的 $k\sigma$ 置信区间定义为 $[\mu - k\sigma, \mu + k\sigma]$，其中 k 为一个正整数。随机变量落入该区间的概率为

$$p(\mu - k\sigma < X < \mu + k\sigma) = F(\mu + k\sigma) - F(\mu - k\sigma)$$

随机变量在 $\sigma, 2\sigma, 3\sigma$ 区间内的概率分别为

$$p(\mu - \sigma < X < \mu + \sigma) = 0.6827$$
$$p(\mu - 2\sigma < X < \mu + 2\sigma) = 0.9545$$
$$p(\mu - 3\sigma < X < \mu + 3\sigma) = 0.9973$$

下面计算正态分布的数学期望。使用换元法，令

$$z = \frac{x - \mu}{\sigma}$$

则有

$$x = \mu + \sigma z$$

根据数学期望的定义，有

$$
\begin{aligned}
E[X] &= \int_{-\infty}^{+\infty} x \frac{1}{\sqrt{2\pi}\sigma} \mathrm{e}^{-\frac{(x-\mu)^2}{2\sigma^2}} \mathrm{d}x = \int_{-\infty}^{+\infty} (\sigma z + \mu) \frac{1}{\sqrt{2\pi}\sigma} \mathrm{e}^{-\frac{z^2}{2}} \mathrm{d}(\sigma z + \mu) \\
&= \frac{1}{\sqrt{2\pi}} \int_{-\infty}^{+\infty} (\sigma z + \mu) \mathrm{e}^{-\frac{z^2}{2}} \mathrm{d}z = \frac{\sigma}{\sqrt{2\pi}} \int_{-\infty}^{+\infty} z\mathrm{e}^{-\frac{z^2}{2}} \mathrm{d}z + \frac{\mu}{\sqrt{2\pi}} \int_{-\infty}^{+\infty} \mathrm{e}^{-\frac{z^2}{2}} \mathrm{d}z = 0 + \frac{\mu}{\sqrt{2\pi}} \sqrt{2\pi} \\
&= \mu
\end{aligned}
$$

上式第 5 步成立是因为 $z\mathrm{e}^{-\frac{z^2}{2}}$ 是奇函数，它在 $(-\infty, +\infty)$ 上的积分为 0。第 6 步利用了下面的结论

$$\int_{-\infty}^{+\infty} \mathrm{e}^{-\frac{z^2}{2}} \mathrm{d}z = \sqrt{2\pi}$$

这可以用式 (3.30) 与换元法证明。下面计算方差，同样令 $z = \frac{x - \mu}{\sigma}$，则有

$$
\begin{aligned}
\mathrm{var}[X] &= \int_{-\infty}^{+\infty} (x - \mu)^2 \frac{1}{\sqrt{2\pi}\sigma} \mathrm{e}^{-\frac{(x-\mu)^2}{2\sigma^2}} \mathrm{d}x = \int_{-\infty}^{+\infty} \sigma^2 z^2 \frac{1}{\sqrt{2\pi}\sigma} \mathrm{e}^{-\frac{z^2}{2}} \mathrm{d}(\sigma z + \mu) \\
&= \frac{\sigma^2}{\sqrt{2\pi}} \int_{-\infty}^{+\infty} z^2 \mathrm{e}^{-\frac{z^2}{2}} \mathrm{d}z = -\frac{\sigma^2}{\sqrt{2\pi}} \int_{-\infty}^{+\infty} z\mathrm{d}\mathrm{e}^{-\frac{z^2}{2}} = -\frac{\sigma^2}{\sqrt{2\pi}} \left(z\mathrm{e}^{-\frac{z^2}{2}} \Big|_{-\infty}^{+\infty} - \int_{-\infty}^{+\infty} \mathrm{e}^{-\frac{z^2}{2}} \mathrm{d}z \right) \\
&= \frac{\sigma^2}{\sqrt{2\pi}} \int_{-\infty}^{+\infty} \mathrm{e}^{-\frac{z^2}{2}} \mathrm{d}z = \sigma^2
\end{aligned}
$$

上式第 5 步利用了分部积分法。第 6 步成立是因为

$$\lim_{x \to +\infty} z \mathrm{e}^{-\frac{z^2}{2}} = 0 \qquad\qquad \lim_{x \to -\infty} z \mathrm{e}^{-\frac{z^2}{2}} = 0$$

正态分布的概率密度函数由均值和方差决定，这是非常好的一个性质，通过控制这两个参数，即可控制均值和方差。中心极限定理指出，正态分布是某些概率分布的极限分布。正态分布具有 $(-\infty, +\infty)$ 的支撑区间，且在所有定义于此区间内的连续型概率分布中，正态分布的熵最大（将在 6.1.2 节证明）。这些优良的性质使得正态分布在机器学习中得到了大量的使用。

多个正态分布的加权组合可形成高斯混合模型，是混合模型的一种，它可以逼近任意连续型概率分布，将在 5.5.7 节讲述。正态分布随机数的生成算法将在 5.8.1 节讲述。正态分布熵的计算在 6.1.2 节讲述。两个正态分布的 KL 散度的计算在 6.3.1 节讲述。

5.3.7　t 分布

t 分布其概率密度函数为

$$f(x) = \frac{\Gamma\left(\frac{\nu+1}{2}\right)}{\sqrt{\nu\pi}\Gamma\left(\frac{\nu}{2}\right)} \left(1 + \frac{x^2}{\nu}\right)^{-\frac{\nu+1}{2}}$$

其中 Γ 为伽马函数，ν 为自由度，是一个正整数。显然，当 $x = 0$ 时，概率密度函数有极大值且函数是偶函数。伽马函数是阶乘的推广，将其从正整数推广到正实数，通过积分定义

$$\Gamma(x) = \int_0^{+\infty} t^{x-1} \mathrm{e}^{-t} \mathrm{d}t$$

此函数的定义域为 $(0, +\infty)$ 且在该定义域内连续。根据定义，有

$$\Gamma(1) = \int_0^{+\infty} t^0 \mathrm{e}^{-t} \mathrm{d}t = -\mathrm{e}^{-t}\big|_0^{+\infty} = 1$$

伽马函数满足与阶乘相同的递推关系

$$\Gamma(x+1) = x\Gamma(x)$$

这可以通过分部积分验证

$$\Gamma(x+1) = \int_0^{+\infty} t^x \mathrm{e}^{-t} \mathrm{d}t = -t^x \mathrm{e}^{-t}\big|_0^{+\infty} + x\int_0^{+\infty} t^{x-1} \mathrm{e}^{-t} \mathrm{d}t = x\Gamma(x)$$

根据这两个结果，对于 $n \in \mathbb{N}$，有

$$\Gamma(n) = (n-1)!$$

t 分布概率密度函数的形状与正态分布类似，如图 5.16 所示。其分布函数为

$$F(x) = \frac{1}{2} + x\Gamma\left(\frac{\nu+1}{2}\right) \frac{{}_2F_1\left(\frac{1}{2}, \frac{\nu+1}{2}; \frac{3}{2}; -\frac{x^2}{\nu}\right)}{\sqrt{\pi\nu}\Gamma\left(\frac{\nu}{2}\right)}$$

其中 ${}_2F_1$ 为超几何函数（Hypergeometric Function），定义为

$$_2F_1(a, b; c; z) = \sum_{n=0}^{+\infty} \frac{(a)_n (b)_n}{(c)_n} \frac{z^n}{n!}$$

图 5.16 显示了各种自由度取值时的 t 分布概率密度函数曲线以及标准正态分布的概率密度函数曲线。t 分布具有长尾的特点，在远离中心点的位置依然有较大的概率密度函数值，且自由度越小，长尾性越强。随着自由度的增加，它以标准正态分布为极限分布。下面考虑 $\nu \to +\infty$ 时的极限情况，有

$$\lim_{\nu \to +\infty} \left(1 + \frac{x^2}{\nu}\right)^{-\frac{\nu+1}{2}} = \lim_{\nu \to +\infty} \mathrm{e}^{-\frac{\nu+1}{2}\ln\left(1+\frac{x^2}{\nu}\right)} = \lim_{t \to 0} \mathrm{e}^{-\frac{1+t}{2t}\ln(1+x^2 t)} = \lim_{t \to 0} \mathrm{e}^{-\frac{1+t}{2}\frac{\ln(1+x^2 t)}{t}} = \mathrm{e}^{-\frac{1}{2}x^2}$$

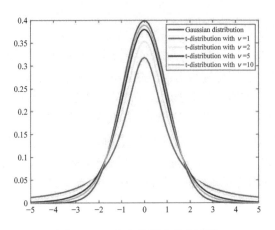

图 5.16　t 分布的概率密度函数

上面第 2 步进行了换元，令 $t = \dfrac{1}{\nu}$，第 4 步利用了 1.1.7 节的等价无穷小。另外有

$$\lim_{\nu \to +\infty} \frac{\Gamma\left(\frac{\nu+1}{2}\right)}{\sqrt{\nu\pi}\,\Gamma\left(\frac{\nu}{2}\right)} = \frac{1}{\sqrt{2\pi}}$$

因此，$\nu \to +\infty$ 时 t 分布的极限分布是标准正态分布。

t 分布具有长尾的特点，远离概率密度函数中心点的位置仍然有较大的概率密度函数值，因此更易于产生远离均值的样本，它在机器学习中的典型应用是 t-SNE 降维算法。

5.3.8　应用——颜色直方图

图像的颜色直方图（Histogram）是概率分布在图像处理与机器学习中的典型应用。颜色直方图对一张图像中所有颜色出现的概率进行统计，得到概率分布。这里将像素颜色的取值看作随机变量 X，服从多项分布。

图 5.17 是水果图像，有 RGB（红、绿、蓝）三个通道，每个像素均有一组 RGB 值（可看作三维向量），即该点处的颜色。三个通道的颜色取值均为 $[0, 255]$ 内的整数。对图像中所有像素的颜色值进行汇总，可以计算出每种颜色值出现的概率，从而得到直方图。图 5.18 是该图像的颜色直方图。

图 5.17　彩色水果图像（来自 OpenCV）

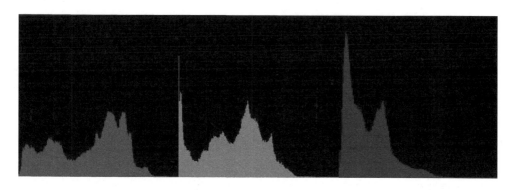

图 5.18 彩色水果图像的颜色直方图（来自 OpenCV）

每个通道都有一个颜色直方图，在图 5.18 中以不同的颜色显示。横坐标为像素颜色取值，纵坐标为每种颜色的概率。以红色通道为例，其颜色直方图的每个值 p_i 表示红色通道中，像素的取值为 i 的概率

$$p(X = i) = p_i, \ i = 0, 1, \cdots, 255$$

颜色直方图可以作为描述图像的特征，用于图像分类、检索等任务。

5.3.9 应用——贝叶斯分类器

下面介绍贝叶斯公式在贝叶斯分类器中的应用。对于有因果关系的两个随机事件 a 和 b，根据贝叶斯公式，有

$$p(b|a) = \frac{p(a|b)p(b)}{p(a)}$$

分类问题中样本的特征向量取值 $\boldsymbol{x}$ 与样本所属类别 y 具有因果关系。因为样本属于类别 y，所以具有这种类别的特征值 $\boldsymbol{x}$。我们要区分男性和女性，选用的特征为脚的尺寸和身高。一般情况下，男性的脚比女性的大，身高更高。因为一个人是男性，所以才具有这样的特征。分类器要做的则相反，是在已知样本的特征向量为 $\boldsymbol{x}$ 的条件下推理样本所属的类别。根据贝叶斯公式，有

$$p(y|\boldsymbol{x}) = \frac{p(\boldsymbol{x}|y)p(y)}{p(\boldsymbol{x})}$$

如果已知特征向量的概率分布 $p(\boldsymbol{x})$、每个类出现的概率即类先验概率 $p(y)$，以及每个类样本的条件概率（类条件概率）$p(\boldsymbol{x}|y)$，就可以计算出样本属于每个类的概率（后验概率）$p(y|\boldsymbol{x})$。

分类问题只需要预测类别，而无须得到样本属于每个类的概率值，比较样本属于每一类的概率值大小，找出该值最大的那一类即可，因此可以忽略 $p(\boldsymbol{x})$，因为它对所有类都是相同的。简化后分类器的判别函数为

$$\arg\max_{y} p(\boldsymbol{x}|y)p(y)$$

实现贝叶斯分类器需要知道每类样本的特征向量所服从的概率分布。现实中的很多随机变量近似服从正态分布，因此常用正态分布来表示特征向量的概率分布，此时称为正态贝叶斯分类器，将在 5.5.5 节进行讲述。

5.4 分布变换

已知服从某一概率分布的随机变量 X，可以对它进行变换，得到服从其他概率分布的随机变量 Y，即根据一个概率分布的样本得到另一个概率分布的样本。

5.4.1 随机变量函数

随机变量函数是以随机变量为自变量的函数，它将一个随机变量映射成另外一个随机变量，二者一般有不同的分布。

假设随机变量 X 的概率密度函数为 $f_X(x)$，分布函数为 $F_X(x)$。对于 X 的函数

$$Y = g(X)$$

假设该函数严格单调，反函数存在且 $g^{-1}(x) = h(x)$。现在计算 Y 所服从的概率分布。首先计算 Y 的分布函数，由于 X 的分布函数是已知的，因此需要借助于它的分布函数，如果 $g(x)$ 单调增，根据分布函数的定义，Y 的分布函数为

$$F_Y(y) = p(Y \leqslant y) = p(g(X) \leqslant y) = p(X \leqslant g^{-1}(y)) = F_X(h(y)) = \int_{-\infty}^{h(y)} f_X(x)\mathrm{d}x$$

即有

$$F_Y(y) = F_X(h(y))$$

对该函数进行求导即可得到 Y 的概率密度函数，根据变上限积分与复合函数求导公式，有

$$f_Y(y) = \left(\int_{-\infty}^{h(y)} f_X(x)\mathrm{d}x \right)' = f_X(h(y))h'(y)$$

如果 $g(X)$ 单调减，则有

$$F_Y(y) = p(g(X) \leqslant y) = p(X \geqslant g^{-1}(y)) = 1 - F_X(h(y)) = 1 - \int_{-\infty}^{h(y)} f_X(x)\mathrm{d}x$$

概率密度函数为

$$f_Y(y) = \left(1 - \int_{-\infty}^{h(y)} f_X(x)\mathrm{d}x \right)' = -f_X(h(y))h'(y)$$

此时 $h'(x) < 0$。综合这两种情况，有

$$f_Y(y) = f_X(h(y))|h'(y)| \tag{5.23}$$

这与式 (3.36) 是一致的，本质上是定积分的换元法。下面来看一个实际例子。假设随机变量 X 服从均匀分布 $U(0,1)$，计算 $Y = \exp(X)$ 的概率分布。X 的概率密度函数为

$$f_X(x) = 1, 0 \leqslant x \leqslant 1$$

根据式 (5.23)，当 $1 \leqslant y \leqslant \mathrm{e}$ 时，有

$$f_Y(y) = f_X(h(y))|h'(y)| = 1 \times (\ln(y))' = 1/y$$

根据式 (5.23) 可以得到逆变换采样算法，实现各种概率分布之间的转换，对服从简单分布的随机数进行变换，得到想要的概率分布的随机数，将在 5.4.2 节讲述。

下面证明 5.3.6 节给出的重要结论：假设随机变量 Z 服从标准正态分布 $N(0,1)$，则随机变量 $X = \sigma Z + \mu$ 服从正态分布 $N(\mu, \sigma^2)$。从 Z 到 X 的变换函数为

$$X = \sigma Z + \mu$$

其反函数为

$$Z = \frac{X - \mu}{\sigma}$$

反函数的导数为

$$\frac{\mathrm{d}Z}{\mathrm{d}X} = \frac{1}{\sigma}$$

利用式 (5.23)，X 的概率密度函数为

$$f_X(x) = f_Z(h(x))|h'(x)| = \frac{1}{\sqrt{2\pi}}\mathrm{e}^{-\frac{(\frac{x-\mu}{\sigma})^2}{2}} \cdot \frac{1}{\sigma} = \frac{1}{\sqrt{2\pi}\sigma}\mathrm{e}^{-\frac{(x-\mu)^2}{2\sigma^2}}$$

因此，随机变量 X 服从正态分布 $N(\mu, \sigma^2)$。类似地可以证明其反结论。

5.4.2   逆变换采样算法

在机器学习中，通常需要生成某种概率分布的随机数，称为采样。采样可以通过概率分布变换而实现。在计算机中，能够直接得到的随机数通常是均匀分布的随机数（事实上是伪随机数），对它进行变换，可以得到我们想要的概率分布的随机数。本节介绍的逆变换算法（Inverse Transform Sampling）是一种典型的采样算法。

下面利用 5.4.1 节所介绍的随机变量函数来生成想要的随机数。假设随机变量 X 的分布函数为 $F_X(x)$，随机变量 Y 的分布函数为 $F_Y(y)$，它们均已知。Y 通过单调递增的随机变量函数 $Y = g(X)$ 对 X 进行变换而得到，现在要确定该函数。在 5.4.1 节已经证明

$$F_X(g^{-1}(y)) = F_Y(y)$$

由于分布函数是单调递增的，可以解得

$$g^{-1}(y) = F_X^{-1}(F_Y(y)) \tag{5.24}$$

根据 X 和 Y 的分布函数可以确定此变换。

下面假设 X 或 Y 为均匀分布的随机数，根据式 (5.24) 来计算此变换函数，得到如下的两个结论。

结论 1：假设随机变量 X 的分布函数为 $F_X(x)$，该函数是严格单调增函数，则随机变量 $Y = F_X(X)$ 服从均匀分布 $U(0, 1)$。下面给出证明，根据分布函数的定义，有

$$F_Y(y) = p(Y \leqslant y) = p(F_X(X) \leqslant y) = p(X \leqslant F_X^{-1}(y)) = F_X(F_X^{-1}(y)) = y$$

这就是均匀分布的分布函数。上式第 1 步和第 4 步使用了分布函数的定义，第 5 步使用了反函数的恒等式

$$f(f^{-1}(x)) = x$$

这一结论给出了根据一个已知概率分布的随机数构造均匀分布随机数的方法。也可以根据式 (5.24) 直接解出 $g(X)$。由于 Y 服从均匀分布 $U(0, 1)$，因此 $F_Y(y) = y$，从而有

$$g^{-1}(y) = F_X^{-1}(F_Y(y)) = F_X^{-1}(y)$$

即

$$g(X) = F_X(X)$$

结论 2：假设随机变量 X 服从均匀分布 $U(0, 1)$，随机变量 Y 的分布函数为 $F_Y(y)$，则随机变量 $Y = F_Y^{-1}(X)$ 服从概率分布 $F_Y(y)$。下面给出证明，根据分布函数的定义，有

$$F_Y(y) = p(Y \leqslant y) = p(F_Y^{-1}(X) \leqslant y) = p(X \leqslant F_Y(y)) = F_Y(y)$$

上式第 1 步利用了分布函数的定义，第 4 步成立是因为 X 服从均匀分布，其分布函数为

$$p(X \leqslant x) = x$$

此结论给出了根据均匀分布随机数构造出某一分布函数已知的概率分布随机数的方法，只需要将均匀分布随机数 X 用目标概率分布 $F_Y(y)$ 的反函数 $F_Y^{-1}(X)$ 进行映射。

同样，根据式 (5.24) 可以直接解出 $g(X)$。由于 X 服从均匀分布，因此

$$F_X^{-1}(x) = x$$

从而有

$$g^{-1}(y) = F_X^{-1}(F_Y(y)) = F_Y(y)$$

即

$$g(y) = F_Y^{-1}(y)$$

下面以指数分布为例说明逆变换采样算法。在 5.2.2 节已经推导了其分布函数为

$$F(x) = \begin{cases} 1 - e^{-\lambda x}, & x > 0 \\ 0, & \text{其他} \end{cases}$$

其反函数为

$$F^{-1}(x) = -\frac{1}{\lambda} \ln(1-x)$$

首先产生均匀分布 $U(0,1)$ 的随机数 u，然后计算

$$x = -\frac{1}{\lambda} \ln(1-u)$$

则 x 就是我们想要的指数分布的随机数。

逆变换采样算法可以根据均匀分布的随机数生成任意概率分布的随机数，但实现时可能存在困难。对于某些概率分布，我们无法得到分布函数反函数 $F_Y^{-1}(x)$ 的解析表达式，如正态分布。

5.5　随机向量

向量是标量的推广，将随机变量推广到多维即为随机向量，每个分量都是随机变量，因此随机向量是带有概率值的向量。描述随机向量的是多维概率分布。

5.5.1　离散型随机向量

5.2 节定义的随机变量是单个变量，推广到多个变量可以得到随机向量。随机向量 $\boldsymbol{x}$ 是一个向量，它的每个分量都是随机变量，各分量之间可能存在相关性。例如，描述一个人的基本信息的向量

$$(性别\ 年龄\ 学历\ 收入)$$

是一个随机向量，各个分量之间存在依赖关系，收入与学历、年龄有关。性别为男和女的概率各为 0.5，年龄为 0 和 120 之间的整数，服从各年龄段的人口统计分布规律。

随机向量也分为离散型和连续型两种情况。描述离散型随机向量分布的是联合概率质量函数，是概率质量函数的推广，定义了随机向量取每个值的概率

$$p(\boldsymbol{x} = \boldsymbol{x}_i) = p(\boldsymbol{x}_i)$$

对于二维离散型随机向量，联合概率质量函数是一个二维表（矩阵），每个位置处的元素为随机向量 $\boldsymbol{x}$ 取该位置对应值的概率

$$p(X = x_i, Y = y_j) = p_{ij}$$

联合概率质量函数必须满足如下约束

$$p(\boldsymbol{x}_i) \geqslant 0 \qquad\qquad \sum_i p(\boldsymbol{x}_i) = 1$$

表 5.4 是一个二维随机向量的联合概率质量函数。

表 5.4   一个随机向量的联合概率质量函数

X ＼ Y	1	2	3	4
1	0.1	0.1	0.1	0.0
2	0.25	0.0	0.15	0.05
3	0.1	0.15	0.0	0.0

表 5.4 中第 3 行第 4 列的元素表示 X 取值为 2、Y 取值为 3 的概率为 0.15。

对联合概率质量函数中某些变量的所有取值情况求和，可以得到边缘概率质量函数（Marginal Probability Mass Function），也称为边缘分布。对于二维随机向量，对 X 和 Y 分别求和可以得到另外一个变量的边缘分布

$$p_X(x) = \sum_y p(x, y) \qquad\qquad p_Y(y) = \sum_x p(x, y) \tag{5.25}$$

有时候会将 $p_X(x)$ 简写为 $p(x)$。对于表 5.4 所示的联合概率质量函数，其边缘分布函数如表 5.5 和表 5.6 所示。对 X 的边缘分布是对联合概率质量函数按行求和的结果。

边缘分布可看作是将联合概率质量函数投影到某一个坐标轴后的结果。对 Y 的边缘分布函数是对联合概率质量函数按列求和的结果。

下面将边缘分布推广到随机向量的多个分量。有 n 维随机向量 $\boldsymbol{x}$，将它拆分成子向量 $\boldsymbol{x}_A = (x_1 \ \cdots \ x_r)^{\mathrm{T}}$ 和 $\boldsymbol{x}_B = (x_{r+1} \ \cdots \ x_n)^{\mathrm{T}}$。对 $\boldsymbol{x}_A$ 的边缘分布是对 $\boldsymbol{x}_B$ 的所有分量取各个值时的联合概率质量函数求和的结果

$$p_{\boldsymbol{x}_A}(\boldsymbol{x}_A) = \sum_{x_{r+1}} \cdots \sum_{x_n} p(\boldsymbol{x})$$

类似地有

$$p_{\boldsymbol{x}_B}(\boldsymbol{x}_B) = \sum_{x_1} \cdots \sum_{x_r} p(\boldsymbol{x})$$

表 5.5   对 X 的边缘分布

X	1	2	3
1	0.3	0.45	0.25

表 5.6   对 Y 的边缘分布

Y	1	2	3	4
1	0.45	0.25	0.25	0.05

类似于条件概率, 条件分布定义为

$$p_{X|Y}(x|y) = \frac{p(x,y)}{p_Y(y)} \qquad\qquad p_{Y|X}(y|x) = \frac{p(x,y)}{p_X(x)}$$

有时候会将 $p_{X|Y}(x|y)$ 简写为 $p(x|y)$。将条件分布推广到随机向量的多个分量, 按照本节前面的随机向量拆分方案, 有

$$p_{\boldsymbol{x}_A|\boldsymbol{x}_B}(\boldsymbol{x}_A|\boldsymbol{x}_B) = \frac{p(\boldsymbol{x})}{p_{\boldsymbol{x}_B}(\boldsymbol{x}_B)}$$

对于二维随机向量, 如果对 $\forall x, y$ 满足

$$p_{X|Y}(x|y) = p_X(x) \qquad\qquad p_{Y|X}(y|x) = p_Y(y)$$

或者写成

$$p(x,y) = p_X(x)p_Y(y)$$

则称随机变量 X 和 Y 相互独立, 这与随机事件独立性的定义一致。推广到 n 维随机向量, 如果 $\forall x_1, x_2, \cdots, x_n$ 满足

$$p(\boldsymbol{x}) = p_{X_1}(x_1)p_{X_2}(x_2) \cdots p_{X_n}(x_n) \tag{5.26}$$

则称这些随机变量相互独立。对于离散型随机变量, 贝叶斯公式同样适用。

考虑表 5.7 的联合概率质量函数。

表 5.7　一个随机向量的联合概率质量函数

X＼Y	1	2	3
1	1/12	4/12	1/12
2	1/12	4/12	1/12

对 X 的边缘分布如表 5.8 所示。

表 5.8　对 X 的边缘分布

X	1	2
1	1/2	1/2

对 Y 的边缘分布如表 5.9 所示。

表 5.9　对 Y 的边缘分布

Y	1	2	3
1	1/6	2/3	1/6

可以验证对所有 X 和 Y 取值 x_i 和 y_j, 有

$$p(X = x_i, Y = y_j) = p_X(X = x_i)p_Y(Y = y_j)$$

例如

$$p(X = 2, Y = 2) = p_X(X = 2)p_Y(Y = 2) = \frac{1}{2} \times \frac{2}{3}$$

因此 X 和 Y 相互独立。

5.5.2 连续型随机向量

描述连续型随机向量的是联合概率密度函数，是概率密度函数的推广。联合概率密度函数必须满足如下约束条件

$$f(\boldsymbol{x}) \geqslant 0 \qquad\qquad \int_{\mathbb{R}^n} f(\boldsymbol{x}) \mathrm{d}\boldsymbol{x} = 1$$

第 2 个等式为 n 重积分。对于二维随机向量，其联合概率密度函数满足的约束条件为

$$f(x, y) \geqslant 0 \qquad\qquad \int_{-\infty}^{+\infty} \int_{-\infty}^{+\infty} f(x, y) \mathrm{d}x \mathrm{d}y = 1$$

连续型随机向量在某一点处的概率为 0。分布函数为联合概率密度函数对所有变量的变上限积分。对于二维随机向量，分布函数为

$$F(x, y) = p(X \leqslant x, Y \leqslant y) = \int_{-\infty}^{x} \int_{-\infty}^{y} f(u, v) \mathrm{d}u \mathrm{d}v$$

边缘概率密度函数（Marginal Probability Density Function）将离散型随机向量边缘概率质量函数计算公式中的求和换成积分。对每个随机变量的边缘密度为对其他变量积分后的结果，对于二维随机向量为

$$f_X(x) = \int_{-\infty}^{+\infty} f(x, y) \mathrm{d}y \qquad\qquad f_Y(y) = \int_{-\infty}^{+\infty} f(x, y) \mathrm{d}x$$

下面将边缘概率密度函数推广到随机向量的多个分量。有 n 维随机向量 $\boldsymbol{x}$，将它拆分成子向量 $\boldsymbol{x}_A = (x_1 \ \cdots \ x_r)^{\mathrm{T}}$ 和 $\boldsymbol{x}_B = (x_{r+1} \ \cdots \ x_n)^{\mathrm{T}}$。对 $\boldsymbol{x}_A$ 的边缘概率密度函数是联合概率密度函数对 $\boldsymbol{x}_B$ 的所有分量求积分的结果

$$f_{\boldsymbol{x}_A}(\boldsymbol{x}_A) = \int_{-\infty}^{+\infty} \cdots \int_{-\infty}^{+\infty} f(\boldsymbol{x}) \mathrm{d}x_{r+1} \cdots \mathrm{d}x_n$$

类似地有

$$f_{\boldsymbol{x}_B}(\boldsymbol{x}_B) = \int_{-\infty}^{+\infty} \cdots \int_{-\infty}^{+\infty} f(\boldsymbol{x}) \mathrm{d}x_1 \cdots \mathrm{d}x_r$$

有时会将 $f_X(x)$ 简写为 $f(x)$。边缘累积分布函数（Marginal Cumulative Distribution Function）则为边缘密度的积分，类似于单随机变量的情况。对于二维随机向量，边缘累积分布函数为

$$F_X(x) = \int_{-\infty}^{x} f_X(u) \mathrm{d}u \qquad\qquad F_Y(y) = \int_{-\infty}^{y} f_Y(v) \mathrm{d}v$$

对于二维随机变量，条件概率密度函数定义为

$$f_{X|Y}(x|y) = \frac{f(x, y)}{f_Y(y)} \tag{5.27}$$

通常情况下，在使用条件密度函数 $f_{X|Y}(x|y)$ 时，y 的值是已知的。有时会将 $f_{X|Y}(x|y)$ 简写为 $f(x|y)$。将条件概率密度函数推广到随机向量的多个分量，按照本节前面的随机向量拆分方案，有

$$f_{\boldsymbol{x}_A|\boldsymbol{x}_B}(\boldsymbol{x}_A|\boldsymbol{x}_B) = \frac{f(\boldsymbol{x})}{f_{\boldsymbol{x}_B}(\boldsymbol{x}_B)}$$

随机向量的联合概率符合链式法则

$$\begin{aligned} f(x_1, \cdots, x_n) &= f(x_n|x_1, \cdots, x_{n-1}) f(x_1, \cdots, x_{n-1}) \\ &= f(x_n|x_1, \cdots, x_{n-1}) f(x_{n-1}|x_1, \cdots, x_{n-2}) f(x_1, \cdots, x_{n-2}) \\ &= \cdots \\ &= f(x_1) \prod_{i=2}^{n} f(x_i|x_1, \cdots, x_{i-1}) \end{aligned}$$

条件分布函数是对条件密度函数的积分。对于二维随机向量，定义为

$$F_{X|Y}(x|y) = \int_{-\infty}^{x} f_{X|Y}(u|y)\mathrm{d}u = \int_{-\infty}^{x} \frac{f(u,y)}{f_Y(y)}\mathrm{d}u$$

对于两个随机变量 (X, Y)，如果下式几乎处处成立（不成立点为有限集或无限可数集）

$$f(x,y) = f_X(x)f_Y(y)$$

则称它们相互独立。对于 n 维随机向量 $\boldsymbol{x} = (X_1, \cdots, X_n)$，如果下式几乎处处成立

$$f(\boldsymbol{x}) = f_{X_1}(x_1)f_{X_2}(x_2)\cdots f_{X_n}(x_n) \tag{5.28}$$

则称它们相互独立。如果一组随机变量相互之间独立，且服从同一种概率分布，则称它们独立同分布（Independent And Identically Distributed，IID）。在机器学习中，一般假设各个样本之间独立同分布。如果样本集 $\boldsymbol{x}_i, i = 1, \cdots, l$ 独立同分布，均服从概率分布 $p(\boldsymbol{x})$，则它们的联合概率为

$$p(\boldsymbol{x}_1, \boldsymbol{x}_2, \cdots, \boldsymbol{x}_l) = \prod_{i=1}^{l} p(\boldsymbol{x}_i)$$

在参数估计如最大似然估计，以及各种机器学习、深度学习算法中，经常使用此假设，以简化联合概率的计算。

贝叶斯公式对于连续型随机变量同样适用。如果 X, Y 均为连续型随机变量，它们的联合概率密度函数为 $f(x,y)$，则有

$$f_{Y|X}(y|x) = \frac{f_{X|Y}(x|y)f_Y(y)}{f_X(x)} = \frac{f_{X|Y}(x|y)f_Y(y)}{\int_{-\infty}^{+\infty} f(x,y)\mathrm{d}y}$$

在贝叶斯分类器等推断算法中这个公式经常被使用。

5.5.3 数学期望

随机向量的数学期望 $\boldsymbol{\mu}$ 是一个向量，它的分量是对单个随机变量的数学期望

$$\mu_i = E[x_i]$$

其具体的计算方式与随机变量相同，对于离散型随机向量，分量 x_i 的数学期望为

$$E[x_i] = \sum_{x_1} \cdots \sum_{x_n} x_i p(\boldsymbol{x}) \tag{5.29}$$

对于连续型随机向量，分量的数学期望为 n 重积分

$$E[x_i] = \int_{\mathbb{R}^n} x_i f(\boldsymbol{x})\mathrm{d}\boldsymbol{x} \tag{5.30}$$

对于表 5.4 中的随机向量，其对 X 的数学期望为

$$E(X) = 1 \times 0.1 + 1 \times 0.1 + 1 \times 0.1 + 1 \times 0.0 + 2 \times 0.25 + 2 \times 0.0 + 2 \times 0.15 + 2 \times 0.05$$
$$+ 3 \times 0.1 + 3 \times 0.15 + 3 \times 0.0 + 3 \times 0.0 = 1.95$$

类似地可以定义随机向量函数的数学期望。对于离散型随机向量 $\boldsymbol{x}$，定义为

$$E[g(\boldsymbol{x})] = \sum_{x_1} \cdots \sum_{x_n} g(\boldsymbol{x})p(\boldsymbol{x})$$

对于连续型随机向量 $\boldsymbol{x}$，$g(\boldsymbol{x})$ 的数学期望为

$$E[g(\boldsymbol{x})] = \int_{\mathbb{R}^n} g(\boldsymbol{x})f(\boldsymbol{x})\mathrm{d}\boldsymbol{x}$$

根据数学期望的定义可以证明

$$E\left[\sum_{i=1}^{n} a_i x_i + b\right] = \sum_{i=1}^{n} a_i E[x_i] + b$$

如果两个随机变量 X 和 Y 相互独立,则

$$E[XY] = E[X]E[Y]$$

下面对连续型概率分布进行证明,假设 X 和 Y 的联合概率密度函数为 $f(x,y)$,由于相互独立,因此

$$f(x,y) = f_X(x)f_Y(y)$$

根据数学期望的定义,有

$$E[XY] = \int_{-\infty}^{+\infty} \int_{-\infty}^{+\infty} xy f(x,y) \mathrm{d}x\mathrm{d}y = \int_{-\infty}^{+\infty} \int_{-\infty}^{+\infty} xy f_X(x) f_Y(y) \mathrm{d}x\mathrm{d}y$$

$$= \int_{-\infty}^{+\infty} x f_X(x)\mathrm{d}x \int_{-\infty}^{+\infty} y f_Y(y)\mathrm{d}y = E[X]E[Y]$$

对于随机向量函数,有

$$E[g(\boldsymbol{x}) + h(\boldsymbol{x})] = E[g(\boldsymbol{x})] + E[h(\boldsymbol{x})]$$

5.5.4 协方差

协方差(Covariance,cov)是方差对两个随机变量的推广,它反映了两个随机变量 X 与 Y 联合变动的程度。协方差定义为

$$\mathrm{cov}(X,Y) = E[(X - E[X])(Y - E[Y])] \tag{5.31}$$

是两个随机变量各自的偏差之积的数学期望。对于离散型随机变量,协方差的计算公式为

$$\mathrm{cov}(X,Y) = \sum_{i=1}^{m} \sum_{j=1}^{n} (x_i - E[X])(y_j - E[Y])p(x_i, y_j)$$

下面利用表 5.10 ～ 表 5.12 说明协方差的计算。对于如下的概率分布

表 5.10　两个离散型随机变量的联合概率分布

X \ Y	1	2	3
1	1/4	1/4	0
2	0	1/4	1/4

可以得到 X 的边缘概率分布为

表 5.11　对 X 的边缘分布

X	1	2
1	1/2	1/2

X 的数学期望为

$$E[X] = 1 \times \frac{1}{2} + 2 \times \frac{1}{2} = \frac{3}{2}$$

可以得到 Y 的边缘概率分布为

表 5.12　对 Y 的边缘分布

Y	1	2	3
1	1/4	1/2	1/4

Y 的数学期望为

$$E[Y] = 1 \times \frac{1}{4} + 2 \times \frac{1}{2} + 3 \times \frac{1}{4} = 2$$

根据定义，协方差为

$$\mathrm{cov}(X,Y) = \frac{1}{4} \times (1 - \frac{3}{2}) \times (1 - 2) + \frac{1}{4} \times (1 - \frac{3}{2}) \times (2 - 2) + 0 \times (1 - \frac{3}{2}) \times (3 - 2)$$
$$+ 0 \times (2 - \frac{3}{2}) \times (1 - 2) + \frac{1}{4} \times (2 - \frac{3}{2}) \times (2 - 2) + \frac{1}{4} \times (2 - \frac{3}{2}) \times (3 - 2) = \frac{1}{4}$$

对于连续型随机变量，协方差的计算公式为

$$\mathrm{cov}(X,Y) = \int_{-\infty}^{+\infty} \int_{-\infty}^{+\infty} (x - E[X])(y - E[Y]) f(x,y) \mathrm{d}x\mathrm{d}y$$

需要注意的是，协方差不能保证是非负的。

根据定义，协方差具有对称性

$$\mathrm{cov}(X,Y) = \mathrm{cov}(Y,X)$$

可以证明下式成立

$$\mathrm{cov}(X,Y) = E[XY] - E[X]E[Y] \tag{5.32}$$

根据定义，有

$$\mathrm{cov}(X,Y) = E[(X - E[X])(Y - E[Y])] = E[XY - XE[Y] - E[X]Y + E[X]E[Y]]$$
$$= E[XY] - E[X]E[Y] - E[X]E[Y] + E[X]E[Y] = E[XY] - E[X]E[Y]$$

通常用式 (5.32) 计算协方差。根据定义，一个随机变量与其自身的协方差就是该随机变量的方差

$$\mathrm{cov}(X,X) = \mathrm{var}(X)$$

根据协方差的定义，可以证明下面的等式成立

$$\mathrm{cov}(X,a) = 0 \qquad \mathrm{cov}(aX,bY) = ab\,\mathrm{cov}(X,Y) \qquad \mathrm{cov}(X+a,Y+b) = \mathrm{cov}(X,Y)$$
$$\mathrm{cov}(aX + bY, cW + dV) = ac\,\mathrm{cov}(X,W) + ad\,\mathrm{cov}(X,V) + bc\,\mathrm{cov}(Y,W) + bd\,\mathrm{cov}(Y,V)$$

下面计算两个离散型随机变量在取值为有限种可能，且取每种值的概率相等时的协方差。有随机向量 (X,Y)，其取值为

$$(x_i, y_i), i = 1, \cdots, n$$

取每一对值的概率相等，即 $p_i = \dfrac{1}{n}$，则这两个随机变量的协方差为

$$\mathrm{cov}(X,Y) = \sum_{i=1}^{n} p_i (x_i - E[X])(y_i - E[Y]) = \frac{1}{n} \sum_{i=1}^{n} (x_i - E[X])(y_i - E[Y])$$

可进一步简化为

$$\mathrm{cov}(X,Y) = \frac{1}{n} \sum_{i=1}^{n} (x_i - E[X])(y_i - E[Y]) = \frac{1}{n} \sum_{i=1}^{n} x_i y_i - E[X]E[Y]$$

$$= \frac{1}{n^2} \left(n \sum_{i=1}^{n} x_i y_i - \left(\sum_{i=1}^{n} x_i \right) \left(\sum_{j=1}^{n} y_j \right) \right)$$

$$= \frac{1}{2n^2} \left(\sum_{i=1}^{n} \sum_{j=1}^{n} x_i y_i + \sum_{i=1}^{n} \sum_{j=1}^{n} x_j y_j - \sum_{i=1}^{n} \sum_{j=1}^{n} x_i y_j - \sum_{i=1}^{n} \sum_{j=1}^{n} x_j y_i \right)$$

$$= \frac{1}{n^2} \sum_{i=1}^{n} \sum_{j=1}^{n} \frac{1}{2}(x_i - x_j)(y_i - y_j) = \frac{1}{n^2} \sum_{i=1}^{n} \sum_{j=i+1}^{n} (x_i - x_j)(y_i - y_j)$$

如果两个随机变量的协方差为 0，则称它们不相关（Uncorrelated）。如果两个随机变量相互独立，则它们的协方差为 0

$$\text{cov}(X, Y) = 0 \tag{5.33}$$

因此，相互独立的随机变量一定不相关。在 5.5.3 节已经证明了两个随机变量相互独立时有

$$E[XY] = E[X]E[Y]$$

根据式 (5.32)，有

$$\text{cov}(X, Y) = E[XY] - E[X]E[Y] = E[X]E[Y] - E[X]E[Y] = 0$$

两个随机变量的协方差为 0 不能推导出这两个随机变量相互独立。下面举例说明，X 服从均匀分布 $U(-1, 1)$，令 $Y = X^2$，则有

$$\text{cov}(X, Y) = E[X \cdot X^2] - E[X]E[X^2] = E[X^3] - E[X]E[X^2] = 0 - 0 \cdot E[X^2] = 0$$

但 X 和 Y 不相互独立，它们之间存在确定的非线性关系，协方差衡量的是线性相关性，协方差为 0 只能说明两个随机变量线性独立。如果两个随机变量服从正态分布，则不相关与独立等价。

对于两个随机变量 X 和 Y，有

$$\text{var}[X + Y] = \text{var}[X] + \text{var}[Y] + 2\,\text{cov}(X, Y) \tag{5.34}$$

根据方差的定义，有

$$\text{var}[X + Y] = E[(X + Y - E[X + Y])^2] = E[(X + Y - E[X] - E[Y])^2]$$

$$= E[(X - E[X])^2 + (Y - E[Y])^2 + 2(X - E[X])(Y - E[Y])]$$

$$= \text{var}[X] + \text{var}[Y] + 2\,\text{cov}(X, Y)$$

推广到多个随机变量，对于随机变量 $X_1, \cdots, X_n$，有

$$\text{var}\left[\sum_{i=1}^{n} X_i \right] = \sum_{i=1}^{n} \text{var}[X_i] + 2 \sum_{i=1}^{n} \sum_{j=i+1}^{n} \text{cov}(X_i, X_j)$$

如果两个随机变量 X 和 Y 相互独立，根据式 (5.33) 与式 (5.34)，它们之和的方差等于各自的方差之和

$$\text{var}[X + Y] = \text{var}[X] + \text{var}[Y]$$

推广到多个随机变量，如果 $X_1, \cdots, X_n$ 相互独立，则有

$$\text{var}\left[\sum_{i=1}^{n} X_i \right] = \sum_{i=1}^{n} \text{var}[X_i]$$

对于 n 维随机向量 $\boldsymbol{x}$，其任意两个分量 x_i 和 x_j 之间的协方差 $\text{cov}(x_i, x_j)$ 组成的矩阵称为协方差矩阵

$$\boldsymbol{\Sigma} = \begin{pmatrix} \mathrm{cov}(x_1, x_1) & \cdots & \mathrm{cov}(x_1, x_n) \\ \vdots & & \vdots \\ \mathrm{cov}(x_n, x_1) & \cdots & \mathrm{cov}(x_n, x_n) \end{pmatrix}$$

由于协方差具有对称性，因此协方差矩阵是对称矩阵。进一步可以证明，协方差矩阵是半正定矩阵，下面对连续型概率分布进行证明，对于离散型概率分布方法类似。假设有 n 维随机向量 $\boldsymbol{x}$，其联合概率密度函数为 $f(\boldsymbol{x})$，均值向量为 $\boldsymbol{\mu}$，协方差矩阵为 $\boldsymbol{\Sigma}$，对于任意非 $\mathbf{0}$ 向量 $\boldsymbol{y}$，有

$$\boldsymbol{y}^{\mathrm{T}} \boldsymbol{\Sigma} \boldsymbol{y} = \sum_{i=1}^{n} \sum_{j=1}^{n} y_i y_j \,\mathrm{cov}(x_i, x_j) = \sum_{i=1}^{n} \sum_{j=1}^{n} y_i y_j \int_{\mathbb{R}^n} (x_i - \mu_i)(x_j - \mu_j) f(\boldsymbol{x}) \mathrm{d}\boldsymbol{x}$$

$$= \int_{\mathbb{R}^n} \left(\sum_{i=1}^{n} \sum_{j=1}^{n} y_i y_j (x_i - \mu_i)(x_j - \mu_j) \right) f(\boldsymbol{x}) \mathrm{d}\boldsymbol{x} = \int_{\mathbb{R}^n} \left(\sum_{k=1}^{n} y_k (x_k - \mu_k) \right)^2 f(\boldsymbol{x}) \mathrm{d}\boldsymbol{x} \geqslant 0$$

因此 $\boldsymbol{\Sigma}$ 半正定。协方差矩阵的半正定性与方差的非负性是统一的。

5.5.5　常用概率分布

多维均匀分布是一维均匀分布的推广。在封闭区域 D 内，联合概率密度函数为非 0 常数；在此范围之外，联合概率密度函数取值为 0。其联合概率密度函数为

$$f(\boldsymbol{x}) = \begin{cases} \dfrac{1}{s(D)}, & \boldsymbol{x} \in D \\ 0, & \boldsymbol{x} \notin D \end{cases}$$

其中 $s(D)$ 为封闭区域 D 的测度，对于一维向量是区间的长度，对于二维向量是区域的面积，对于三维向量是区域的体积。

多维正态分布（Multivariate Normal Distribution）在机器学习中被广泛使用。将一维的正态分布推广到高维，可以得到多维正态分布概率密度函数

$$p(\boldsymbol{x}) = \frac{1}{(2\pi)^{\frac{n}{2}} |\boldsymbol{\Sigma}|^{\frac{1}{2}}} \exp\left(-\frac{1}{2} (\boldsymbol{x} - \boldsymbol{\mu})^{\mathrm{T}} \boldsymbol{\Sigma}^{-1} (\boldsymbol{x} - \boldsymbol{\mu}) \right) \tag{5.35}$$

其中 $\boldsymbol{x}$ 为 n 维随机向量，$\boldsymbol{\mu}$ 为 n 维均值向量，$\boldsymbol{\Sigma}$ 为 n 阶协方差矩阵，通常要求协方差矩阵正定。这与一维正态分布 $N(\mu, \sigma^2)$ 概率密度函数的表达式在形式上是统一的。均值为 $\boldsymbol{\mu}$，协方差为 $\boldsymbol{\Sigma}$ 的正态分布简记为 $N(\boldsymbol{\mu}, \boldsymbol{\Sigma})$。如果 $n = 1$，$\boldsymbol{\mu} = \mu$，$\boldsymbol{\Sigma} = \sigma^2$，则式 (5.35) 即为一维正态分布 $N(\mu, \sigma^2)$。根据 3.8.3 节中的结论，可以证明式 (5.35) 概率密度函数在 $\mathbb{R}^n$ 内的积分值为 1。

如果 $\boldsymbol{\mu} = \mathbf{0}$，$\boldsymbol{\Sigma} = \boldsymbol{I}$，则称为标准正态分布，简记为 $N(\mathbf{0}, \boldsymbol{I})$。联合概率密度函数为

$$p(\boldsymbol{x}) = \frac{1}{(2\pi)^{\frac{n}{2}}} \exp\left(-\frac{1}{2} \boldsymbol{x}^{\mathrm{T}} \boldsymbol{x} \right)$$

此时随机向量的各个分量相互独立，且均服从一维标准正态分布 $N(0, 1)$。二维正态分布的概率密度函数如图 5.19 所示，是钟形曲面，在均值点处有极大值，远离均值点时，函数值递减。

在 Python 中，random 类的 randn 函数提供了生成正态分布随机数的功能。该函数可以生成指定均值向量和协方差矩阵的多维正态分布随机数。

图 5.20 为用 Python 语言生成的二维正态分布的随机样本。

下面考虑二维正态分布。其概率密度函数可以写成下面的形式

$$p(x, y) = \frac{1}{2\pi \sigma_1 \sigma_2 \sqrt{1 - \rho^2}} \exp\left(-\frac{1}{2(1 - \rho^2)} \left(\frac{(x - \mu_1)^2}{\sigma_1^2} - \frac{2\rho(x - \mu_1)(y - \mu_2)}{\sigma_1 \sigma_2} + \frac{(y - \mu_2)^2}{\sigma_2^2} \right) \right)$$

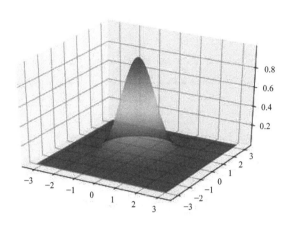

| 图 5.19 | 二维正态分布的概率密度函数 | 图 5.20 | 用 Python 生成的二维正态分布随机数 |

其均值向量为

$$\boldsymbol{\mu} = \begin{pmatrix} \mu_1 \\ \mu_2 \end{pmatrix}$$

协方差矩阵为

$$\boldsymbol{\Sigma} = \begin{pmatrix} \sigma_1^2 & \rho\sigma_1\sigma_2 \\ \rho\sigma_1\sigma_2 & \sigma_2^2 \end{pmatrix}$$

$0 \leqslant \rho \leqslant 1$ 称为相关系数，如果其值为 0，则 X, Y 相互独立。下面计算其边缘密度函数。如果令

$$u = \frac{x - \mu_1}{\sigma_1}, v = \frac{y - \mu_2}{\sigma_2}$$

则有

$$p_X(x) = \int_{-\infty}^{+\infty} p(x,y)\mathrm{d}y = \frac{1}{2\pi\sigma_1\sqrt{1-\rho^2}} \int_{-\infty}^{+\infty} \exp\left(-\frac{1}{2(1-\rho^2)}(u^2 - 2\rho uv + v^2)\right) \mathrm{d}v$$

$$= \frac{1}{\sqrt{2\pi}\sigma_1} \mathrm{e}^{-u^2/2} \int_{-\infty}^{+\infty} \frac{1}{\sqrt{2\pi(1-\rho^2)}} \exp\left(-\frac{\rho^2 u^2 - 2\rho uv + v^2}{2(1-\rho^2)}\right) \mathrm{d}v$$

$$= \frac{1}{\sqrt{2\pi}\sigma_1} \mathrm{e}^{-u^2/2} \int_{-\infty}^{+\infty} \frac{1}{\sqrt{2\pi(1-\rho^2)}} \exp\left(-\frac{(v - \rho u)^2}{2(1-\rho^2)}\right) \mathrm{d}v$$

$$= \frac{1}{\sqrt{2\pi}\sigma_1} \mathrm{e}^{-u^2/2} = \frac{1}{\sqrt{2\pi}\sigma_1} \mathrm{e}^{-\frac{(x-\mu_1)^2}{2\sigma_1^2}}$$

因此 X 服从正态分布 $N(\mu_1, \sigma_1^2)$。类似地可以得到 Y 服从正态分布 $N(\mu_2, \sigma_2^2)$。如果 X, Y 相互独立，则相关系数 $\rho = 0$，有

$$p(x,y) = p_X(x)p_Y(y)$$

下面计算条件概率密度函数。根据定义，有

$$p_{Y|X}(y|x) = \frac{p(x,y)}{p_X(x)}$$

$$= \frac{1}{\sigma_2\sqrt{2\pi}\sqrt{1-\rho^2}} \exp\left(-\frac{1}{2(1-\rho^2)}\left(\frac{(x-\mu_1)^2}{\sigma_1^2} - \frac{2\rho(x-\mu_1)(y-\mu_2)}{\sigma_1\sigma_2} + \frac{(y-\mu_2)^2}{\sigma_2^2}\right) + \frac{(x-\mu_1)^2}{2\sigma_1^2}\right)$$

$$= \frac{1}{\sigma_2\sqrt{2\pi}\sqrt{1-\rho^2}} \exp\left(-\frac{1}{2(1-\rho^2)}\left(\frac{(x-\mu_1)^2\rho^2}{\sigma_1^2} - \frac{2\rho(x-\mu_1)(y-\mu_2)}{\sigma_1\sigma_2} + \frac{(y-\mu_2)^2}{\sigma_2^2}\right)\right)$$

$$= \frac{1}{\sigma_2\sqrt{2\pi}\sqrt{1-\rho^2}} \exp\left(-\frac{1}{2(1-\rho^2)}\left(\frac{y-\mu_2}{\sigma_2} - \rho\frac{x-\mu_1}{\sigma_1}\right)^2\right)$$

$$= \frac{1}{\sigma_2\sqrt{2\pi}\sqrt{1-\rho^2}} \exp\left(-\frac{1}{2(1-\rho^2)\sigma_2^2}\left(y - \left(\mu_2 + \rho\frac{\sigma_2}{\sigma_1}(x-\mu_1)\right)\right)^2\right)$$

条件分布为正态分布

$$N\left(\mu_2 + \rho\frac{\sigma_2}{\sigma_1}(x-\mu_1), \sigma_2^2(1-\rho^2)\right)$$

二维正态分布的条件分布 $p_{Y|X}(y|x)$ 仍然是正态分布,且其均值与另外一个变量 x 有关。对于 $p_{X|Y}(x|y)$ 有类似的结论。

下面推广到多维的情况。假设随机向量 $\boldsymbol{x} \in \mathbb{R}^n$ 服从正态分布 $N(\boldsymbol{\mu}, \boldsymbol{\Sigma})$。将该向量拆分成两部分

$$\boldsymbol{x}_A = (x_1 \ \cdots \ x_r)^{\mathrm{T}} \qquad\qquad \boldsymbol{x}_B = (x_{r+1} \ \cdots \ x_n)^{\mathrm{T}}$$

整个随机向量可以分块表示为

$$\boldsymbol{x} = \begin{pmatrix} \boldsymbol{x}_A \\ \boldsymbol{x}_B \end{pmatrix}$$

相应的均值向量拆分为

$$\boldsymbol{\mu} = \begin{pmatrix} \boldsymbol{\mu}_A \\ \boldsymbol{\mu}_B \end{pmatrix}$$

协方差矩阵对应的写成下面的分块矩阵形式

$$\boldsymbol{\Sigma} = \begin{pmatrix} \boldsymbol{\Sigma}_{AA} & \boldsymbol{\Sigma}_{AB} \\ \boldsymbol{\Sigma}_{BA} & \boldsymbol{\Sigma}_{BB} \end{pmatrix}$$

其中 $\boldsymbol{\Sigma}_{AA}$ 为 $r \times r$ 的矩阵,$\boldsymbol{\Sigma}_{BB}$ 为 $(n-r) \times (n-r)$ 的矩阵,$\boldsymbol{\Sigma}_{AB}$ 为 $r \times (n-r)$ 的矩阵,$\boldsymbol{\Sigma}_{BA}$ 为 $(n-r) \times r$ 的矩阵。由于 $\boldsymbol{\Sigma}$ 是对称矩阵,因此 $\boldsymbol{\Sigma}_{BA} = \boldsymbol{\Sigma}_{AB}^{\mathrm{T}}$。对两个子向量计算边缘概率

$$p(\boldsymbol{x}_A) = \int_{\mathbb{R}^{n-r}} p(\boldsymbol{x}_A, \boldsymbol{x}_B; \boldsymbol{\mu}, \boldsymbol{\Sigma})\mathrm{d}\boldsymbol{x}_B \qquad\qquad p(\boldsymbol{x}_B) = \int_{\mathbb{R}^r} p(\boldsymbol{x}_A, \boldsymbol{x}_B; \boldsymbol{\mu}, \boldsymbol{\Sigma})\mathrm{d}\boldsymbol{x}_A$$

采用换元法计算上面的多重积分,可以得到两个子向量均服从正态分布

$$\boldsymbol{x}_A \sim N(\boldsymbol{\mu}_A, \boldsymbol{\Sigma}_{AA}) \qquad\qquad \boldsymbol{x}_B \sim N(\boldsymbol{\mu}_B, \boldsymbol{\Sigma}_{BB})$$

即服从多维正态分布 $N(\boldsymbol{\mu}, \boldsymbol{\Sigma})$ 的随机向量 $\boldsymbol{x}$ 的任意子向量 $\boldsymbol{x}'$ 的边缘分布也是正态分布。且其数学期望向量由 $\boldsymbol{\mu}$ 按照 $\boldsymbol{x}'$ 对应抽取的元素构成,协方差矩阵由 $\boldsymbol{\Sigma}$ 按照 $\boldsymbol{x}'$ 对应抽取的行和列构成。这与二维正态分布的边缘分布在形式上是统一的。

可以证明,$\boldsymbol{x}_A$ 和 $\boldsymbol{x}_B$ 相互独立的充分必要条件是 $\boldsymbol{\Sigma}_{AB} = \boldsymbol{0}$。

根据条件密度函数的定义,两个条件分布为

$$p(\boldsymbol{x}_A|\boldsymbol{x}_B) = \frac{p(\boldsymbol{x}_A, \boldsymbol{x}_B; \boldsymbol{\mu}, \boldsymbol{\Sigma})}{\int_{\mathbb{R}^r} p(\boldsymbol{x}_A, \boldsymbol{x}_B; \boldsymbol{\mu}, \boldsymbol{\Sigma})\mathrm{d}\boldsymbol{x}_A} \qquad\qquad p(\boldsymbol{x}_B|\boldsymbol{x}_A) = \frac{p(\boldsymbol{x}_A, \boldsymbol{x}_B; \boldsymbol{\mu}, \boldsymbol{\Sigma})}{\int_{\mathbb{R}^{n-r}} p(\boldsymbol{x}_A, \boldsymbol{x}_B; \boldsymbol{\mu}, \boldsymbol{\Sigma})\mathrm{d}\boldsymbol{x}_B}$$

通过构造线性变换的方法可以证明条件分布为如下的正态分布

$$p(\boldsymbol{x}_A|\boldsymbol{x}_B) = N(\boldsymbol{\mu}_A + \boldsymbol{\Sigma}_{AB}\boldsymbol{\Sigma}_{BB}^{-1}(\boldsymbol{x}_B - \boldsymbol{\mu}_B), \boldsymbol{\Sigma}_{AA} - \boldsymbol{\Sigma}_{AB}\boldsymbol{\Sigma}_{BB}^{-1}\boldsymbol{\Sigma}_{BA})$$

$$p(\boldsymbol{x}_B|\boldsymbol{x}_A) = N(\boldsymbol{\mu}_B + \boldsymbol{\Sigma}_{BA}\boldsymbol{\Sigma}_{AA}^{-1}(\boldsymbol{x}_A - \boldsymbol{\mu}_A), \boldsymbol{\Sigma}_{BB} - \boldsymbol{\Sigma}_{BA}\boldsymbol{\Sigma}_{AA}^{-1}\boldsymbol{\Sigma}_{AB}) \qquad (5.36)$$

这与二维正态分布的条件分布在形式上是统一的。该结论将在高斯过程回归中被使用。限于篇幅,不给出这些结论的推导过程。如果对推导过程感兴趣,可以阅读参考文献 [5] 的 4.6 节。

多维正态分布具有诸多优良的性质，它的边缘分布与条件分布所对应的多重积分都可以得到解析结果。在机器学习中，正态贝叶斯分类器、高斯混合模型、高斯过程回归以及变分自动编码器均使用了此概率分布。下面再次考虑贝叶斯分类器。

对于 5.3.9 节所介绍的贝叶斯分类器，如果假设每个类的样本的 n 维特征向量 $\boldsymbol{x}$ 都服从正态分布，则称为正态贝叶斯分类器。此时的类条件概率密度函数为

$$p(\boldsymbol{x}|c) = \frac{1}{(2\pi)^{\frac{n}{2}} |\boldsymbol{\Sigma}_c|^{\frac{1}{2}}} \exp\left(-\frac{1}{2}(\boldsymbol{x} - \boldsymbol{\mu}_c)^{\mathrm{T}} \boldsymbol{\Sigma}_c^{-1}(\boldsymbol{x} - \boldsymbol{\mu}_c)\right)$$

其中 c 为类别标签，是取值为正整数 $1, \cdots, k$ 的离散型随机变量，k 为分类的类别数。$\boldsymbol{\mu}_c$ 为类别标签 c 的均值向量，$\boldsymbol{\Sigma}_c$ 为协方差矩阵，它们用每个类的训练样本通过最大似然估计得到。多维正态分布的最大似然估计将在 5.7.1 节讲述。

如果假设每个类出现的概率 $p(c)$ 相等，则分类时的预测函数简化为

$$\arg\max_c (p(\boldsymbol{x}|c))$$

即计算每个类的概率密度函数值 $p(\boldsymbol{x}|c)$ 然后取极大值，对应的类为预测结果，下面进一步简化。对 $p(\boldsymbol{x}|c)$ 取对数

$$\ln(p(\boldsymbol{x}|c)) = \ln\left(\frac{1}{(2\pi)^{\frac{n}{2}} |\boldsymbol{\Sigma}_c|^{\frac{1}{2}}}\right) - \frac{1}{2}((\boldsymbol{x} - \boldsymbol{\mu}_c)^{\mathrm{T}} \boldsymbol{\Sigma}_c^{-1}(\boldsymbol{x} - \boldsymbol{\mu}_c))$$

变形后得到

$$\ln(p(\boldsymbol{x}|c)) = -\frac{n}{2}\ln(2\pi) - \frac{1}{2}\ln(|\boldsymbol{\Sigma}_c|) - \frac{1}{2}((\boldsymbol{x} - \boldsymbol{\mu}_c)^{\mathrm{T}} \boldsymbol{\Sigma}_c^{-1}(\boldsymbol{x} - \boldsymbol{\mu}_c))$$

其中 $-\frac{n}{2}\ln(2\pi)$ 是常数。求上面的极大值等价于求下面的极小值

$$\ln(|\boldsymbol{\Sigma}_c|) + ((\boldsymbol{x} - \boldsymbol{\mu}_c)^{\mathrm{T}} \boldsymbol{\Sigma}_c^{-1}(\boldsymbol{x} - \boldsymbol{\mu}_c))$$

该值最小的那个类为最后的分类结果。

5.5.6 分布变换

通过对随机向量进行变换可以得到服从另外一种概率分布的随机向量，与 5.4 节介绍的一维随机变量类似。下面将 5.4.1 节的结论推广到多维的情况。假设随机向量 $\boldsymbol{x} = (x_1 \cdots x_n)^{\mathrm{T}}$ 的联合概率密度函数为 $f_{\boldsymbol{x}}(x_1, \cdots, x_n)$。对此随机向量进行如下的变换

$$y_1 = g_1(x_1, \cdots, x_n), \cdots, y_n = g_n(x_1, \cdots, x_n)$$

得到随机向量 $\boldsymbol{y} = (y_1 \cdots y_n)^{\mathrm{T}}$。其逆变换存在且为

$$x_1 = h_1(y_1, \cdots, y_n), \cdots, x_n = h_n(y_1, \cdots, y_n)$$

根据分布函数的定义，借助于 $\boldsymbol{x}$ 的联合概率密度函数，随机向量 $\boldsymbol{y}$ 的分布函数为

$$\begin{aligned}
F_{\boldsymbol{y}}(\boldsymbol{y}) &= p(u_1 \leqslant y_1, \cdots, u_n \leqslant y_n) = p(g_1(x_1, \cdots, x_n) \leqslant y_1, \cdots, g_n(x_1, \cdots, x_n) \leqslant y_n) \\
&= \int \cdots \int_{\substack{g_1(x_1, \cdots, x_n) \leqslant y_1 \\ \cdots \\ g_n(x_1, \cdots, x_n) \leqslant y_n}} f_{\boldsymbol{x}}(x_1, \cdots, x_n) \mathrm{d}x_1 \cdots \mathrm{d}x_n
\end{aligned} \tag{5.37}$$

假设 $\boldsymbol{y}$ 的联合概率密度函数为 $f_{\boldsymbol{y}}(y_1, \cdots, y_n)$，根据分布函数与概率密度函数的关系，有

$$F_{\boldsymbol{y}}(\boldsymbol{y}) = \int \cdots \int_{\substack{u_1 \leqslant y_1 \\ \cdots \\ u_n \leqslant y_n}} f_{\boldsymbol{y}}(u_1, \cdots, u_n) \mathrm{d}u_1 \cdots \mathrm{d}u_n \tag{5.38}$$

比较式 (5.37) 与式 (5.38)，根据 3.8.3 节的多重积分换元公式，随机向量 $\boldsymbol{y}$ 的联合概率密度函

数为

$$f_{\boldsymbol{y}}(y_1, \cdots, y_n) = f_{\boldsymbol{x}}(h_1(y_1, \cdots, y_n), \cdots, h_n(y_1, \cdots, y_n)) \left| \det \left(\frac{\partial(x_1, \cdots, x_n)}{\partial(y_1, \cdots, y_n)} \right) \right| \quad (5.39)$$

其中 $\left| \det \left(\dfrac{\partial(x_1, \cdots, x_n)}{\partial(y_1, \cdots, y_n)} \right) \right|$ 为逆变换的雅可比行列式的绝对值。这是式 (5.23) 对高维的推广，二者在形式上是统一的。在 5.8.1 节将根据此结论得到著名的 Box-Muller 算法。

考虑多维正态分布，如果随机向量 $\boldsymbol{z}$ 服从标准多维正态分布 $N(\boldsymbol{0}, \boldsymbol{I})$，协方差矩阵 $\boldsymbol{\Sigma}$ 可以进行楚列斯基分解，$\boldsymbol{\Sigma} = \boldsymbol{A}\boldsymbol{A}^{\mathrm{T}}$，对 $\boldsymbol{z}$ 进行变换

$$\boldsymbol{x} = \boldsymbol{A}\boldsymbol{z} + \boldsymbol{\mu}$$

逆变换为

$$\boldsymbol{z} = \boldsymbol{A}^{-1}(\boldsymbol{x} - \boldsymbol{\mu})$$

因为

$$|\boldsymbol{\Sigma}| = |\boldsymbol{A}\boldsymbol{A}^{\mathrm{T}}| = |\boldsymbol{A}||\boldsymbol{A}^{\mathrm{T}}| = |\boldsymbol{A}|^2$$

逆变换的雅可比行列式为 $|\boldsymbol{A}^{-1}|$，根据式 (5.39)，有

$$f_{\boldsymbol{x}}(\boldsymbol{x}) = f_{\boldsymbol{z}}(\boldsymbol{A}^{-1}(\boldsymbol{x} - \boldsymbol{\mu}))|\boldsymbol{A}^{-1}| = \frac{1}{(2\pi)^{\frac{n}{2}}} \exp\left(-\frac{1}{2} (\boldsymbol{A}^{-1}(\boldsymbol{x} - \boldsymbol{\mu}))^{\mathrm{T}} (\boldsymbol{A}^{-1}(\boldsymbol{x} - \boldsymbol{\mu})) \right) |\boldsymbol{A}^{-1}|$$

$$= \frac{1}{(2\pi)^{\frac{n}{2}} |\boldsymbol{A}|} \exp\left(-\frac{1}{2} (\boldsymbol{x} - \boldsymbol{\mu})^{\mathrm{T}} (\boldsymbol{A}^{-1})^{\mathrm{T}} \boldsymbol{A}^{-1} (\boldsymbol{x} - \boldsymbol{\mu}) \right)$$

$$= \frac{1}{(2\pi)^{\frac{n}{2}} |\boldsymbol{\Sigma}|^{\frac{1}{2}}} \exp\left(-\frac{1}{2} (\boldsymbol{x} - \boldsymbol{\mu})^{\mathrm{T}} (\boldsymbol{A}\boldsymbol{A}^{\mathrm{T}})^{-1} (\boldsymbol{x} - \boldsymbol{\mu}) \right) = \frac{1}{(2\pi)^{\frac{n}{2}} |\boldsymbol{\Sigma}|^{\frac{1}{2}}} \exp\left(-\frac{1}{2} (\boldsymbol{x} - \boldsymbol{\mu})^{\mathrm{T}} \boldsymbol{\Sigma}^{-1} (\boldsymbol{x} - \boldsymbol{\mu}) \right)$$

即 $\boldsymbol{x}$ 服从正态分布 $N(\boldsymbol{\mu}, \boldsymbol{\Sigma})$。类似地，可以证明其反结论。

有二维随机向量 $\boldsymbol{x} = (x, y)$，x, y 相互独立且均服从正态分布 $N(0, 1)$。对 $\boldsymbol{x}$ 做极坐标变换

$$r = \sqrt{x^2 + y^2} \qquad\qquad \theta = \arctan\left(\frac{y}{x} \right)$$

计算 (r, θ) 的概率分布。极坐标变换的逆变换为

$$x = r\cos\theta \qquad\qquad y = r\sin\theta$$

$\boldsymbol{x}$ 的联合概率密度函数为

$$p(x, y) = \frac{1}{2\pi} \exp\left(-\frac{x^2 + y^2}{2} \right)$$

在 3.4.1 节已经计算该逆变换的雅可比行列式为 r。根据式 (5.39)，(r, θ) 的联合概率密度函数为

$$p(r, \theta) = \frac{1}{2\pi} \exp\left(-\frac{(r\cos\theta)^2 + (r\sin\theta)^2}{2} \right) r = \frac{1}{2\pi} r \exp\left(-\frac{r^2}{2} \right)$$

概率密度函数中只含有 r 而无 θ，对于 θ 来说是均匀分布。此分布称为 Rayleigh 分布。

5.5.7　应用——高斯混合模型

前面已经介绍了正态分布的原理，由于有中心极限定理（将在 5.6.3 节介绍）的保证以及其自身的优点，因此在很多应用问题中我们假设随机变量服从正态分布。单个高斯分布的建模能力有限，无法拟合多峰分布（概率密度函数有多个局部极值点），如果将多个高斯分布组合起来使用，则表示能力大为提升，这就是高斯混合模型。

高斯混合模型（Gaussian Mixture Model，GMM）通过多个正态分布的加权和来定义一个连

续型随机变量的概率分布，其概率密度函数定义为

$$p(\boldsymbol{x}) = \sum_{i=1}^{k} w_i N(\boldsymbol{x}; \boldsymbol{\mu}_i, \boldsymbol{\Sigma}_i) \tag{5.40}$$

其中 $\boldsymbol{x}$ 为随机向量，k 为高斯分布的数量。w_i 为第 i 个高斯分布的权重，$\boldsymbol{\mu}_i$ 为第 i 个高斯分布的均值向量，$\boldsymbol{\Sigma}_i$ 为其协方差矩阵。所有高斯分布的权重必须满足

$$w_i \geqslant 0$$

$$\sum_{i=1}^{k} w_i = 1$$

权重之和为 1 是因为概率密度函数 $p(\boldsymbol{x})$ 必须满足在 $\mathbb{R}^n$ 内的积分值为 1。由于正态分布的概率密度函数满足

$$\int_{\mathbb{R}^n} N(\boldsymbol{x}; \boldsymbol{\mu}_i, \boldsymbol{\Sigma}_i)\mathrm{d}\boldsymbol{x} = 1$$

因此有

$$\int_{\mathbb{R}^n} \sum_{i=1}^{k} w_i N(\boldsymbol{x}; \boldsymbol{\mu}_i, \boldsymbol{\Sigma}_i)\mathrm{d}\boldsymbol{x} = \sum_{i=1}^{k} w_i \int_{\mathbb{R}^n} N(\boldsymbol{x}; \boldsymbol{\mu}_i, \boldsymbol{\Sigma}_i)\mathrm{d}\boldsymbol{x} = \sum_{i=1}^{k} w_i = 1$$

图 5.21 为一维高斯混合模型的概率密度函数的图像，该概率密度函数为

$$p(x) = 0.2N(x; 1.0, 0.5^2) + 0.3N(x; 2.0, 1.0^2) + 0.5N(x; 3.0, 1.5^2)$$

其中最高的曲线为高斯混合模型的概率密度函数，下面的 3 条曲线分别为 3 个高斯分量 $N(1.0, 0.5^2)$，$N(2.0, 1.0^2)$，$N(3.0, 1.5^2)$ 的概率密度函数

高斯混合模型可以逼近任何一个连续型概率分布，因此它可以看作连续型概率分布的"万能"逼近器。图 5.22 为用有 3 个高斯分量的二维高斯混合模型所生成的 3 类样本，每个高斯分布的样本用一种颜色标记。

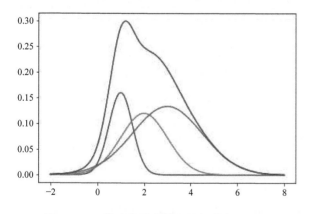

图 5.21   一维高斯混合模型的概率密度函数

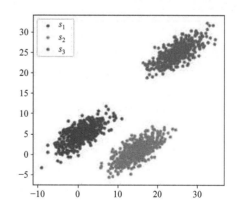

图 5.22   由二维高斯混合模型生成的样本

GMM 的样本可以看作以如下的方式产生的。先以 w_i 的概率随机从 k 个高斯分布中选择出第 i 个高斯分布，再由此高斯分布 $N(\boldsymbol{x}; \boldsymbol{\mu}_i, \boldsymbol{\Sigma}_i)$ 产生样本 $\boldsymbol{x}$。因此 GMM 可以看作多项分布与高斯分布的结合。从这种观点出发，引入隐变量用于指示样本来自哪个高斯分布。之所以称为隐变量是因为我们并不知道它的值，即不知道样本来自于哪个高斯分布。根据条件概率的计算公式，样本向量和隐变量的联合概率为

$$p(\boldsymbol{x}, z) = p(\boldsymbol{x}|z)p(z)$$

其中 z 为隐变量，是离散型随机变量，且服从多项分布

$$p(z=i) = w_i$$

在给定隐变量值的前提下，样本变量服从正态分布

$$p(\boldsymbol{x}|z=i) = N(\boldsymbol{x}; \boldsymbol{\mu}_i, \boldsymbol{\Sigma}_i)$$

因此样本向量与隐变量的联合概率为

$$p(\boldsymbol{x}, z) = p(\boldsymbol{x}|z)p(z) = w_i N(\boldsymbol{x}; \boldsymbol{\mu}_i, \boldsymbol{\Sigma}_i)$$

即给定 z 的值 i，样本的值为 $\boldsymbol{x}$ 的概率密度值为

$$p(z=i)p(\boldsymbol{x}|z=i) = w_i N(\boldsymbol{x}; \boldsymbol{\mu}_i, \boldsymbol{\Sigma}_i)$$

对隐变量所有取值情况进行求和，可以得到对 $\boldsymbol{x}$ 的边缘分布为

$$p(\boldsymbol{x}) = \sum_{i=1}^{k} p(z=i)p(\boldsymbol{x}|z=i) = \sum_{i=1}^{k} w_i N(\boldsymbol{x}; \boldsymbol{\mu}_i, \boldsymbol{\Sigma}_i)$$

这就是高斯混合模型的概率密度函数。如果将联合概率对 $\boldsymbol{x}$ 求积分，则可以得到隐变量取每个值的概率为

$$\int_{\boldsymbol{x}} w_i N(\boldsymbol{x}_i; \boldsymbol{\mu}_i, \boldsymbol{\Sigma}_i) \mathrm{d}\boldsymbol{x} = w_i$$

即隐变量的边缘分布为

$$p(z=i) = w_i$$

在用 EM 算法求解高斯混合模型的时候将会用到上面的结论。给定样本的值 $\boldsymbol{x}$，根据条件概率计算公式可以计算出该样本来自每个高斯分量的概率 $p(z|\boldsymbol{x})$，在 5.7.6 节讲述。

5.6　极限定理

本节介绍概率论中的极限定理。极限定理是随机变量在某种极限的情况下所表现出来的概率分布规律。大数定律指出了某一组随机变量的均值在随机变量的数量趋向于无穷时与其数学期望的关系。中心极限定理指出，某些概率分布以正态分布为极限分布。

5.6.1　切比雪夫不等式

切比雪夫（Chebyshev）不等式建立了随机变量的数学期望与标准差之间的关系。假设随机变量 X 的数学期望为 μ，标准差为 σ，则对任意的 $\varepsilon > 0$，有

$$p(|x-\mu| \geqslant \varepsilon) \leqslant \frac{\sigma^2}{\varepsilon^2} \tag{5.41}$$

它为随机变量偏离其数学期望的概率提供了一个估计上界。其直观解释是随机变量离数学期望越远，则落入该区间的概率越小。下面给出证明。对于连续型随机变量，概率密度函数为 $f(x)$，根据其概率计算公式，有

$$p(|x-\mu| \geqslant \varepsilon) = \int_{|x-\mu| \geqslant \varepsilon} f(x)\mathrm{d}x \leqslant \int_{|x-\mu| \geqslant \varepsilon} \frac{|x-\mu|^2}{\varepsilon^2} f(x)\mathrm{d}x \leqslant \frac{1}{\varepsilon^2} \int_{\mathbb{R}} |x-\mu|^2 f(x)\mathrm{d}x = \frac{\sigma^2}{\varepsilon^2}$$

上式第 2 步对被积函数进行了缩放，它成立是因为积分区间为 $|x-\mu| \geqslant \varepsilon$，在此区间内，必定有 $\dfrac{|x-\mu|}{\varepsilon} \geqslant 1$，因此 $\dfrac{|x-\mu|^2}{\varepsilon^2} \geqslant 1$。第 3 步对积分区间进行了缩放，由于 $f(x) \geqslant 0$，因此 $|x-\mu|^2 f(x) \geqslant 0$，故该函数在整个 $\mathbb{R}$ 内的积分值大于或等于在 $|x-\mu| \geqslant \varepsilon$ 区间内的积分值。

由于 $p(|x-\mu|<\varepsilon)=1-p(|x-\mu|\geqslant\varepsilon)$，因此式 (5.41) 可以写成

$$p(|x-\mu|<\varepsilon)\geqslant 1-\frac{\sigma^2}{\varepsilon^2}$$

5.6.2 大数定律

大数定律（Law of Large Numbers，LLN）指出，对于多个随机变量，当它们的数量增加时，这些随机变量的均值与它们的数学期望充分接近。这为用样本均值估计数学期望值提供了理论保证。下面介绍几种典型的大数定律。

切比雪夫大数定律建立了一组相互独立且方差有公共上界的随机变量的均值与这些随机变量数学期望的均值之间的关系。假设有一组相互独立的随机变量 $X_1,\cdots,X_n$，它们的方差 $\mathrm{var}[X_i]$ 均存在且有公共上界，即 $\mathrm{var}[X_i]<C, i=1,\cdots,n$。它们的均值为

$$\overline{X}=\frac{1}{n}\sum_{i=1}^{n}X_i$$

则对任意的 $\varepsilon>0$，有

$$\lim_{n\to+\infty}p\left(\left|\overline{X}-\frac{1}{n}\sum_{i=1}^{n}E[X_i]\right|<\varepsilon\right)=1$$

下面给出证明。显然，均值的数学期望为

$$E[\overline{X}]=\frac{1}{n}\sum_{i=1}^{n}E[X_i]$$

由于 $X_1,\cdots,X_n$ 相互独立且 $\mathrm{var}[X_i]<C, i=1,\cdots,n$，因此它们均值的方差满足

$$\mathrm{var}[\overline{X}]=\frac{1}{n^2}\sum_{i=1}^{n}\mathrm{var}[X_i]\leqslant\frac{C}{n}$$

根据切比雪夫不等式，有

$$p(|\overline{X}-E[\overline{X}]|\geqslant\varepsilon)\leqslant\frac{\mathrm{var}(\overline{X})}{\varepsilon^2}\leqslant\frac{C}{n\varepsilon^2}$$

因此

$$p(|\overline{X}-E[\overline{X}]|<\varepsilon)\geqslant 1-\frac{C}{n\varepsilon^2}$$

从而有

$$\lim_{n\to+\infty}p(|\overline{X}-E[\overline{X}]|<\varepsilon)=1$$

伯努利大数定律建立了一组独立同分布的伯努利随机变量的均值与其参数 p 即数学期望之间的关系。假设有一组独立同分布的伯努利随机变量 $X_1,\cdots,X_n$，参数为 p，它们的均值为

$$\overline{X}=\frac{1}{n}\sum_{i=1}^{n}X_i$$

则对任意的 $\varepsilon>0$，有

$$\lim_{n\to+\infty}p(|\overline{X}-p|<\varepsilon)=1$$

证明方法与切比雪夫大数定律类似，显然它是切比雪夫大数定律的特例。

辛钦大数定律建立了一组独立同分布的随机变量的均值与它们的数学期望之间的关系。假设有一组独立同分布的随机变量 $X_1,\cdots,X_n$，它们的数学期望为 μ。它们的均值为

$$\overline{X} = \frac{1}{n} \sum_{i=1}^{n} X_i$$

则对任意的 $\varepsilon > 0$，有

$$\lim_{n \to +\infty} p(|\overline{X} - \mu| < \varepsilon) = 1$$

这等价于

$$\lim_{n \to +\infty} p(|\overline{X} - \mu| \geqslant \varepsilon) = 0$$

结论的证明比较复杂，可以阅读参考文献 [5] 的 5.3 节。

大数定律为某些算法的收敛性提供了理论保障，如蒙特卡洛算法，其原理将在 5.8.3 节介绍。

各种大数定律成立的条件是不同的，切比雪夫大数定律要求随机变量相互独立且方差有公共上界，但不要求它们服从相同的分布，当然，如果服从相同的分布，那么结论也是成立的。伯努利大数定律不但要求随机变量独立同分布，而且要求都服从伯努利分布。辛钦大数定律不要求各随机变量的方差存在，但要求它们独立同分布且数学期望存在。

5.6.3   中心极限定理

中心极限定理（Central Limit Theorem）是极限定理中最重要的结论之一，它指出了某些概率分布以正态分布为极限分布。

棣莫佛-拉普拉斯（De Moivre-Laplace）定理指出二项分布以正态分布为极限分布。假设有二项分布的随机变量 $X \sim B(n, p)$。用数学期望与标准差对其进行归一化

$$\frac{X - np}{\sqrt{npq}}$$

则有

$$\lim_{n \to +\infty} p\left(a \leqslant \frac{X - np}{\sqrt{npq}} \leqslant b\right) = \Phi(b) - \Phi(a)$$

或者写成

$$\lim_{n \to +\infty} p\left(\frac{X - np}{\sqrt{npq}} \leqslant b\right) = \Phi(b)$$

其中 $\Phi(x)$ 是标准正态分布的分布函数，a 和 b 是两个任意的常数。当 n 增加时，用数学期望与标准差归一化之后的二项分布随机变量以正态分布为极限分布。

林德伯格-列维（Lindeberg-Levy）定理是棣莫佛-拉普拉斯定理的一般化。它指出独立同分布且数学期望和方差有限的随机变量序列的均值在使用其数学期望和标准差进行标准化之后，以标准正态分布为极限分布。

设随机变量 $X_i, i = 1, \cdots, n$ 独立同分布，数学期望为 μ，方差为 σ^2。它们的均值为

$$\overline{X} = \frac{1}{n} \sum_{i=1}^{n} X_i$$

均值的数学期望为 $E[\overline{X}] = \mu$，方差为 $\mathrm{var}[\overline{X}] = \dfrac{\sigma^2}{n}$。将标准差对均值进行归一化

$$\frac{\overline{X} - \mu}{\sigma / \sqrt{n}}$$

则有

$$\lim_{n \to +\infty} p\left(\frac{\overline{X} - \mu}{\sigma/\sqrt{n}} \leqslant x\right) = \Phi(x)$$

同样，$\Phi(x)$ 是标准正态分布的分布函数。限于篇幅，这里不给出证明过程。如果对定理的证明感兴趣，可以阅读参考文献 [5] 的 5.1 节。

中心极限定理从理论上保证了某些概率分布以正态分布为极限分布，对于很多现实数据，这是近似成立的。因此，在机器学习与深度学习中，通常假设随机变量服从正态分布。

5.7 参数估计

在机器学习中，通常假设随机变量服从某种概率分布 $p(\boldsymbol{x})$，但这种分布的参数 $\boldsymbol{\theta}$ 是未知的。算法需要根据一组服从此概率分布的样本来估计出概率分布的参数，称为参数估计问题。对于已知概率密度函数形式的问题，本节介绍最大似然估计、最大后验概率估计，以及贝叶斯估计。如果不指定概率密度函数的具体形式，则可用核密度估计技术，这是一种无参的方法。

5.7.1 最大似然估计

最大似然估计（Maximum Likelihood Estimation，MLE）为样本集构造一个似然函数，通过让似然函数最大化，求解出参数 $\boldsymbol{\theta}$。其直观解释是，寻求参数的值使得给定的样本集出现的概率（或概率密度函数值）最大。最大似然估计认为使得观测数据（样本集）出现概率最大的参数为最优参数，这一方法体现了"存在的就是合理的"这一朴素的哲学思想：既然这组样本出现了，那么它们出现的概率理应是最大化的。

假设样本服从的概率分布为 $p(\boldsymbol{x}; \boldsymbol{\theta})$，其中 $\boldsymbol{x}$ 为随机变量，$\boldsymbol{\theta}$ 为要估计的参数。给定一组样本 $\boldsymbol{x}_i, i = 1, \cdots, l$，它们都服从这种分布且相互独立。因此，它们的联合概率为

$$\prod_{i=1}^{l} p(\boldsymbol{x}_i; \boldsymbol{\theta})$$

这个联合概率也称为似然函数。其中 $\boldsymbol{x}_i$ 是已知量，$\boldsymbol{\theta}$ 是待确定的未知数，似然函数是优化变量 $\boldsymbol{\theta}$ 的函数

$$L(\boldsymbol{\theta}) = \prod_{i=1}^{l} p(\boldsymbol{x}_i; \boldsymbol{\theta})$$

目标是让该函数的值最大化，这样做的依据是这组样本出现了，因此应该最大化它们出现的概率。即求解如下最优化问题

$$\max_{\boldsymbol{\theta}} \prod_{i=1}^{l} p(\boldsymbol{x}_i; \boldsymbol{\theta})$$

求解驻点方程可以得到问题的解。乘积求导不易处理且连乘容易造成浮点数溢出，将似然函数取对数，得到对数似然函数

$$\ln L(\boldsymbol{\theta}) = \ln \prod_{i=1}^{l} p(\boldsymbol{x}_i; \boldsymbol{\theta}) = \sum_{i=1}^{l} \ln p(\boldsymbol{x}_i; \boldsymbol{\theta})$$

对数函数是增函数，因此最大化似然函数等价于最大化对数似然函数。最后要求解的问题为

$$\max_{\boldsymbol{\theta}} \sum_{i=1}^{l} \ln p(\boldsymbol{x}_i; \boldsymbol{\theta})$$

这是一个不带约束的优化问题，一般情况下可直接求得解析解。也可用梯度下降法或者牛顿法求解。对丁离散型概率分布和连续型概率分布，这种处理方法是统一的。

下面估计伯努利分布的参数。对于伯努利分布 $B(p)$，有 n 个样本，其中取值为 1 的有 a 个，取值为 0 的有 $n - a$ 个。样本集的似然函数为

$$L(p) = p^a (1-p)^{n-a}$$

如果 $n = 10$，$a = 3$，那么似然函数的图像如图 5.23 所示。图中横坐标为参数 p，纵坐标是似然函数的值。

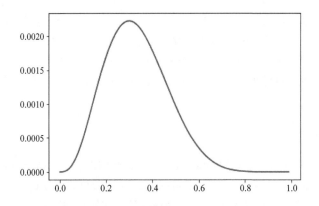

图 5.23　伯努利分布的似然函数

从图像来看，该函数在 0.3 时取极大值。对数似然函数为

$$\ln L(p) = a \ln p + (n-a) \ln(1-p)$$

对 p 求导并令导数为 0，可得

$$\frac{a}{p} - (n-a)\frac{1}{1-p} = 0$$

解得

$$p = \frac{a}{n}$$

将 $n = 10$，$a = 3$ 代入，可以得到

$$p = 0.3$$

这与图 5.23 的直观结果一致。

接下来估计正态分布的参数。对于正态分布 $N(\mu, \sigma^2)$，有样本集 $x_1, \cdots, x_n$。该样本集的似然函数为

$$L(\mu, \sigma) = \prod_{i=1}^{n} \frac{1}{\sqrt{2\pi}\sigma} \exp\left(-\frac{(x_i-\mu)^2}{2\sigma^2}\right) = (2\pi\sigma^2)^{-\frac{n}{2}} \exp\left(-\frac{1}{2\sigma^2}\sum_{i=1}^{n}(x_i-\mu)^2\right)$$

对数似然函数为

$$\ln L(\mu, \sigma) = -\frac{n}{2}\ln(2\pi) - \frac{n}{2}\ln(\sigma^2) - \frac{1}{2\sigma^2}\sum_{i=1}^{n}(x_i-\mu)^2$$

对 μ 和 σ 求偏导数并令其为 0，得到下面的方程组

$$\begin{cases} \dfrac{\partial \ln L(\mu, \sigma)}{\partial \mu} = \dfrac{1}{\sigma^2} \sum_{i=1}^{n} (x_i - \mu) = 0 \\[3mm] \dfrac{\partial \ln L(\mu, \sigma)}{\partial \sigma} = -\dfrac{n}{\sigma} + \dfrac{1}{\sigma^3} \sum_{i=1}^{n} (x_i - \mu)^2 = 0 \end{cases}$$

解得

$$\mu = \overline{x} = \frac{1}{n} \sum_{i=1}^{n} x_i \qquad\qquad \sigma^2 = \frac{1}{n} \sum_{i=1}^{n} (x_i - \mu)^2$$

正态分布最大似然估计的均值为样本集的均值，方差为样本集的方差。假设由一维正态分布产生了一组样本

$$0.4 \quad 0.5 \quad 0.49 \quad 0.51 \quad 0.52 \quad 0.48 \quad 0.8 \quad 0.7 \quad 0.6$$

样本集似然函数的图像如图 5.24 所示，其中横坐标和纵坐标分别为均值和标准差，竖坐标为似然函数值。

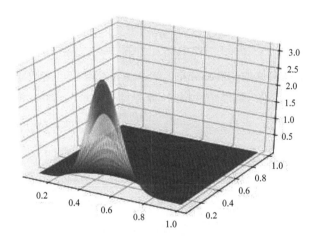

图 5.24　正态分布的似然函数

该函数有一个峰值。一般情况下似然函数是凹函数，因此有全局极大值点。

对于多维正态分布有类似的结果。有 n 维正态分布 $N(\boldsymbol{\mu}, \boldsymbol{\Sigma})$，给定一组样本 $\boldsymbol{x}_1, \cdots, \boldsymbol{x}_l$。其对数似然函数为

$$\ln L(\boldsymbol{\mu}, \boldsymbol{\Sigma}) = \ln \prod_{i=1}^{l} \frac{1}{(2\pi)^{\frac{n}{2}} |\boldsymbol{\Sigma}|^{\frac{1}{2}}} \exp\left(-\frac{1}{2} (\boldsymbol{x}_i - \boldsymbol{\mu})^{\mathrm{T}} \boldsymbol{\Sigma}^{-1} (\boldsymbol{x}_i - \boldsymbol{\mu}) \right)$$

$$= -\frac{nl}{2} \ln(2\pi) - \frac{l}{2} \ln |\boldsymbol{\Sigma}| - \frac{1}{2} \sum_{i=1}^{l} (\boldsymbol{x}_i - \boldsymbol{\mu})^{\mathrm{T}} \boldsymbol{\Sigma}^{-1} (\boldsymbol{x}_i - \boldsymbol{\mu})$$

对 $\boldsymbol{\mu}$ 求梯度并令梯度为 $\boldsymbol{0}$

$$\nabla_{\boldsymbol{\mu}} \ln L = \sum_{i=1}^{l} \boldsymbol{\Sigma}^{-1} (\boldsymbol{x}_i - \boldsymbol{\mu}) = \boldsymbol{0}$$

两边左乘 $\boldsymbol{\Sigma}$，解得

$$\boldsymbol{\mu} = \frac{1}{l} \sum_{i=1}^{l} \boldsymbol{x}_i$$

对 $\mathbf{\Sigma}$ 的求解更为复杂，因为它要满足对称正定性约束条件。可以解得

$$\mathbf{\Sigma} = \frac{1}{l}\sum_{i=1}^{l}(\boldsymbol{x}_i - \boldsymbol{\mu})(\boldsymbol{x}_i - \boldsymbol{\mu})^{\mathrm{T}}$$

$\boldsymbol{\mu}$ 在前面已经被算出。这与一维正态分布的最大似然估计结果在形式上是统一的。

5.7.2　最大后验概率估计

最大似然估计将参数 $\boldsymbol{\theta}$ 看作确定值（普通的变量），但其值未知，通过最大化对数似然函数确定其值。最大后验概率估计（Maximum A Posteriori Probability Estimate，MAP）则将参数 $\boldsymbol{\theta}$ 看作随机变量，假设它服从某种概率分布，通过最大化后验概率 $p(\boldsymbol{\theta}|\boldsymbol{x})$ 确定其值。其核心思想是使得在样本出现的条件下参数的后验概率最大化。求解时需要假设参数 $\boldsymbol{\theta}$ 服从某种分布（称为先验分布）。

假设参数服从概率分布 $p(\boldsymbol{\theta})$。根据贝叶斯公式，参数对样本集的后验概率（即已知样本集 $\boldsymbol{x}$ 的条件下参数 $\boldsymbol{\theta}$ 的条件概率）为

$$p(\boldsymbol{\theta}|\boldsymbol{x}) = \frac{p(\boldsymbol{x}|\boldsymbol{\theta})p(\boldsymbol{\theta})}{p(\boldsymbol{x})} = \frac{p(\boldsymbol{x}|\boldsymbol{\theta})p(\boldsymbol{\theta})}{\int_{\boldsymbol{\theta}} p(\boldsymbol{x}|\boldsymbol{\theta})p(\boldsymbol{\theta})\mathrm{d}\boldsymbol{\theta}}$$

其中 $p(\boldsymbol{x}|\boldsymbol{\theta})$ 是给定参数值时样本的概率分布，就是 $\boldsymbol{x}$ 的概率密度函数或概率质量函数，可以根据样本的值 $\boldsymbol{x}$ 进行计算，与最大似然估计相同，$\boldsymbol{\theta}$ 是随机变量。因此，最大化该后验概率等价于

$$\arg\max_{\boldsymbol{\theta}} p(\boldsymbol{\theta}|\boldsymbol{x}) = \arg\max_{\boldsymbol{\theta}} \frac{p(\boldsymbol{x}|\boldsymbol{\theta})p(\boldsymbol{\theta})}{\int_{\boldsymbol{\theta}} p(\boldsymbol{x}|\boldsymbol{\theta})p(\boldsymbol{\theta})\mathrm{d}\boldsymbol{\theta}} = \arg\max_{\boldsymbol{\theta}} p(\boldsymbol{x}|\boldsymbol{\theta})p(\boldsymbol{\theta})$$

上式第二步忽略了分母的值，因为它和参数 $\boldsymbol{\theta}$ 无关且为正。最大后验概率估计与最大似然估计的区别在于目标函数中多了 $p(\boldsymbol{\theta})$ 这一项，如果 $\boldsymbol{\theta}$ 服从均匀分布，该项为常数，最大后验概率估计与最大似然估计一致。实现时，同样可以将目标函数取对数然后计算。

下面用最大后验概率估计计算伯努利分布的参数。对于 5.7.1 节中的伯努利分布参数估计问题，假设参数 p 服从正态分布 $N(0.3, 0.1^2)$，则目标函数为

$$L(p) = p^a(1-p)^{n-a}\frac{1}{\sqrt{2\pi}\times 0.1}\exp\left(-\frac{(p-0.3)^2}{2\times 0.1^2}\right) \tag{5.42}$$

其对数为

$$\ln L(p) = a\ln p + (n-a)\ln(1-p) + \ln\frac{1}{\sqrt{2\pi}\times 0.1} - 50(p-0.3)^2$$

对 p 求导并令导数为 0，将 $n=10$，$a=3$ 代入上式，可以得到

$$\frac{3}{p} - \frac{7}{1-p} - 100(p-0.3) = 0$$

由于 $0 < p < 1$，因此解此方程即可得到 p 的值。图 5.25 为式 (5.42) 目标函数的图像，最大值在 0.3 点附近取得，与图 5.23 有所差异。图 5.25 中横坐标为参数 p，纵坐标为目标函数值。

接下来计算正态分布的参数。假设有正态分布 $N(\mu, \sigma_v^2)$，其均值 μ 未知，而方差已知。有一组采样自该分布的独立同分布样本 $x_1, \cdots, x_n$。假设参数 μ 服从正态分布 $N(\mu_0, \sigma_m^2)$。最大后验概率估计的目标函数为

$$L(\mu) = \frac{1}{\sqrt{2\pi}\sigma_m}\exp\left(-\frac{(\mu-\mu_0)^2}{2\sigma_m^2}\right)\prod_{i=1}^{n}\frac{1}{\sqrt{2\pi}\sigma_v}\exp\left(-\frac{(x_i-\mu)^2}{2\sigma_v^2}\right)$$

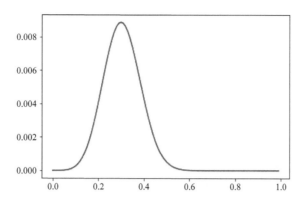

图 5.25　伯努利分布的最大后验概率估计函数

将该函数取对数，可得

$$\ln L(\mu) = \ln \frac{1}{\sqrt{2\pi}\sigma_m} - \frac{(\mu - \mu_0)^2}{2\sigma_m^2} + n\ln\frac{1}{\sqrt{2\pi}\sigma_v} - \sum_{i=1}^{n} \frac{(x_i - \mu)^2}{2\sigma_v^2}$$

最大化此目标函数等价于最小化如下函数

$$f(\mu) = \frac{(\mu - \mu_0)^2}{\sigma_m^2} + \sum_{i=1}^{n} \frac{(x_i - \mu)^2}{\sigma_v^2}$$

对 μ 求导并令导数为 0，可以解得

$$\mu = \frac{\sigma_m^2 (\sum\limits_{i=1}^{n} x_i) + \sigma_v^2 \mu_0}{\sigma_m^2 n + \sigma_v^2}$$

这就是均值的最大后验概率估计结果。如果忽略上式分子和分母的第二部分即假设 μ 的方差 σ_v 为 0，则与最大似然估计的结果相同，此时的 μ 退化成一个确定值。

5.7.3　贝叶斯估计

　　贝叶斯估计与最大后验概率估计的思想类似，区别在于不求出参数的具体值，而是求出参数所服从的概率分布。5.7.2 节中已经推导过，参数 $\boldsymbol{\theta}$ 的后验概率分布为

$$p(\boldsymbol{\theta}|\boldsymbol{x}) = \frac{p(\boldsymbol{x}|\boldsymbol{\theta})p(\boldsymbol{\theta})}{\int_{\boldsymbol{\theta}} p(\boldsymbol{x}|\boldsymbol{\theta})p(\boldsymbol{\theta})\mathrm{d}\boldsymbol{\theta}} \tag{5.43}$$

同样的，$p(\boldsymbol{\theta})$ 为参数的先验分布，$p(\boldsymbol{x}|\boldsymbol{\theta})$ 为给定参数时样本的概率分布。这里得到的是参数的概率分布，通常取其数学期望作为参数的估计值。即参数的估计值为

$$E[p(\boldsymbol{\theta}|\boldsymbol{x})]$$

式 (5.43) 分母中的积分通常难以计算，在 6.3.5 节将讲述参数后验概率的近似计算方法——变分推断。

5.7.4　核密度估计

　　前面介绍的参数估计方法均需要已知概率密度函数的形式，算法只确定概率密度函数的参数。对于很多应用，我们无法给出概率密度函数的显式表达式，此时可以使用核密度估计。核密度估计（Kernel Density Estimation，KDE）也称为 Parzen 窗技术，是一种非参数方法，它无须求

解概率密度函数的参数，而是用一组标准函数的叠加表示概率密度函数。

有 d 维空间中的样本点 $\boldsymbol{x}_i, i = 1, \cdots, n$，它们服从某一未知的概率分布。给定核函数 $K(\boldsymbol{x})$，在任意点 $\boldsymbol{x}$ 处的概率密度函数估计值根据所有的样本点计算

$$p(\boldsymbol{x}) = \frac{1}{nh^d} \sum_{i=1}^{n} K\left(\frac{\boldsymbol{x} - \boldsymbol{x}_i}{h}\right) \tag{5.44}$$

其中 h 为核函数的窗口半径，是人工设定的正参数。核函数要保证函数值 $K\left(\dfrac{\boldsymbol{x} - \boldsymbol{x}_i}{h}\right)$ 随着待估计点 $\boldsymbol{x}$ 离样本点 $\boldsymbol{x}_i$ 的距离增加而递减。根据这一原则，如果 $\boldsymbol{x}$ 附近的样本点密集，则在该点处的概率密度函数估计值更大；如果附近的样本点稀疏，则概率密度函数的估计值小。这符合对概率密度函数的直观要求。系数 $\dfrac{1}{nh^d}$ 是为了确保 $p(\boldsymbol{x})$ 的积分为 1，使得它是一个合法的概率密度函数。其中 $\dfrac{1}{n}$ 对应于 n 个求和项；$\dfrac{1}{h^d}$ 是为了确保核函数进行 d 维换元之后积分值为 1，即

$$\int_{\mathbb{R}^d} \frac{1}{h^d} K\left(\frac{\boldsymbol{x} - \boldsymbol{x}_i}{h}\right) \mathrm{d}\boldsymbol{x} = 1$$

核函数能确保积分值为 1

$$\int_{\mathbb{R}^d} K(\boldsymbol{y}) \mathrm{d}\boldsymbol{y} = 1 \tag{5.45}$$

如果令

$$\frac{\boldsymbol{x} - \boldsymbol{x}_i}{h} = \boldsymbol{y}$$

其逆变换为

$$\boldsymbol{x} = h\boldsymbol{y} + \boldsymbol{x}_i$$

此换元的雅可比行列式为

$$\left|\frac{\partial \boldsymbol{x}}{\partial \boldsymbol{y}}\right| = \begin{vmatrix} h & \cdots & 0 \\ \vdots & & \vdots \\ 0 & \cdots & h \end{vmatrix} = h^d$$

因此有

$$\frac{1}{h^d} \int_{\mathbb{R}^d} K\left(\frac{\boldsymbol{x} - \boldsymbol{x}_i}{h}\right) \mathrm{d}\boldsymbol{x} = \frac{1}{h^d} \int_{\mathbb{R}^d} K(\boldsymbol{y}) \left|\det\left(\frac{\partial \boldsymbol{x}}{\partial \boldsymbol{y}}\right)\right| \mathrm{d}\boldsymbol{y} = \frac{1}{h^d} \int_{\mathbb{R}^d} K(\boldsymbol{y}) h^d \mathrm{d}\boldsymbol{y} = 1$$

常用的核函数是径向对称核（Radially Symmetric Kernel），可以写成如下形式

$$K(\boldsymbol{x}) = c_{k,d} k(\|\boldsymbol{x}\|^2)$$

其中 $k(x)$ 为核的剖面（profile）函数，是 $\|\boldsymbol{x}\|$ 的减函数且对点 $\boldsymbol{x}$ 关于原点径向对称，这也是径向对称核这一名称的来历。归一化常数 $c_{k,d}$ 确保 $K(\boldsymbol{x})$ 的积分值为 1，即式 (5.45) 成立，此常数根据具体的核函数而定。

下面介绍几种典型的核函数。Epanechnikov 剖面函数定义为

$$k(x) = \begin{cases} 1 - x & 0 \leqslant x \leqslant 1 \\ 0 & x > 1 \end{cases}$$

其对应的径向对称核称为 Epanechnikov 核，定义为

$$K(\boldsymbol{x}) = \begin{cases} \dfrac{1}{2} c_d^{-1} (d + 2)(1 - \|\boldsymbol{x}\|^2) & \|\boldsymbol{x}\| \leqslant 1 \\ 0 & \|\boldsymbol{x}\| > 1 \end{cases}$$

其中 c_d 是 d 维单位球的体积。Epanechnikov 剖面函数在 $x = 1$ 点处不可导。

高斯核的剖面函数定义为

$$k(x) = \exp\left(-\frac{1}{2}x\right)$$

其对应的多变量高斯核（Multivariate Gaussian Kernel）为

$$K(\boldsymbol{x}) = (2\pi)^{-d/2} \exp\left(-\frac{1}{2}\|\boldsymbol{x}\|^2\right)$$

它的归一化系数为 $(2\pi)^{-d/2}$，因为根据 3.8.3 节的结论

$$\int_{\mathbb{R}^d} \exp\left(-\frac{1}{2}\|\boldsymbol{x}\|^2\right) \mathrm{d}\boldsymbol{x} = (2\pi)^{d/2}$$

这就是标准多维正态分布，图 5.26 为根据一组二维空间中样本点计算出的核密度函数的图像。图中白色的点为样本点，平面内所有点处的核密度函数值用不同的颜色显示，核密度值越大即样本点越密集的点处的亮度值越大，反之则越小。

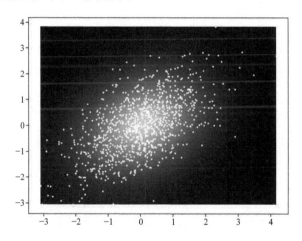

图 5.26　一个样本集的核密度估计函数（来自 sklearn 官网）

借助于剖面函数，式 (5.44) 可以写成

$$f_{h,K}(\boldsymbol{x}) = \frac{c_{k,d}}{nh^d} \sum_{i=1}^{n} k\left(\left\|\frac{\boldsymbol{x} - \boldsymbol{x}_i}{h}\right\|^2\right) \tag{5.46}$$

对于某些实际应用，需要计算核密度函数的极大值点，典型的是视觉目标跟踪、聚类算法。如果用梯度上升法求解此问题，那么可以得到著名的均值漂移（Mean Shift）算法，将在 5.7.7 节讲述。

5.7.5　应用——logistic 回归

下面介绍最大似然估计在 logistic 回归模型训练中的应用。在 5.2.2 节介绍了 logistic 回归的原理，其预测函数为

$$h(\boldsymbol{x}) = \frac{1}{1 + \exp(-\boldsymbol{w}^{\mathrm{T}}\boldsymbol{x} + b)}$$

其中 $\boldsymbol{x}$ 为输入向量，$\boldsymbol{w}$ 为权重向量，b 为偏置项。权重向量与偏置项是模型的参数，通过训练得到。为了简化表述，用如下的方式对向量进行扩充合并

$$\boldsymbol{x} \leftarrow [1, \boldsymbol{x}] \qquad\qquad\qquad \boldsymbol{w} \leftarrow [b, \boldsymbol{w}]$$

预测函数变为

$$h(\boldsymbol{x}) = \frac{1}{1 + \exp(-\boldsymbol{w}^{\mathrm{T}}\boldsymbol{x})}$$

这是样本为正样本的概率。样本属于负样本的概率为 $1 - h(\boldsymbol{x})$。这是一个伯努利分布。下面用最大似然估计确定模型的参数 $\boldsymbol{w}$。

　　给定训练样本集 $(\boldsymbol{x}_i, y_i), i = 1, \cdots, l$，其中 $\boldsymbol{x}_i$ 为 n 维特征向量，y_i 为类别标签，其取值为 1 或 0。根据 5.3.2 节介绍的伯努利分布的概率质量函数表达式，样本属于每个类的概率可以统一写成

$$p(y|\boldsymbol{x}; \boldsymbol{w}) = (h(\boldsymbol{x}))^y (1 - h(\boldsymbol{x}))^{1-y}$$

　　由于样本独立同分布，训练样本集的似然函数为

$$L(\boldsymbol{w}) = \prod_{i=1}^{l} p(y_i|\boldsymbol{x}_i; \boldsymbol{w}) = \prod_{i=1}^{l} (h(\boldsymbol{x}_i)^{y_i} (1 - h(\boldsymbol{x}_i))^{1-y_i})$$

对数似然函数为

$$\ln L(\boldsymbol{w}) = \sum_{i=1}^{l} (y_i \ln h(\boldsymbol{x}_i) + (1 - y_i) \ln(1 - h(\boldsymbol{x}_i)))$$

求该函数的极大值等价于求下面函数的极小值

$$f(\boldsymbol{w}) = -\sum_{i=1}^{l} (y_i \ln h(\boldsymbol{x}_i) + (1 - y_i) \ln(1 - h(\boldsymbol{x}_i))) \tag{5.47}$$

式 (5.47) 的目标函数是伯努利分布的交叉熵，交叉熵将在 6.2 节介绍。目标函数的梯度为

$$\nabla_{\boldsymbol{w}} f(\boldsymbol{w}) = -\sum_{i=1}^{l} \left(\frac{y_i}{h(\boldsymbol{x}_i)} h(\boldsymbol{x}_i)(1 - h(\boldsymbol{x}_i)) \nabla_{\boldsymbol{w}} (\boldsymbol{w}^{\mathrm{T}} \boldsymbol{x}_i) - \frac{1 - y_i}{1 - h(\boldsymbol{x}_i)} h(\boldsymbol{x}_i)(1 - h(\boldsymbol{x}_i)) \nabla_{\boldsymbol{w}} (\boldsymbol{w}^{\mathrm{T}} \boldsymbol{x}_i) \right)$$

$$= -\sum_{i=1}^{l} (y_i(1 - h(\boldsymbol{x}_i))\boldsymbol{x}_i - (1 - y_i)h(\boldsymbol{x}_i)\boldsymbol{x}_i) = -\sum_{i=1}^{l} (y_i - y_i h(\boldsymbol{x}_i) - h(\boldsymbol{x}_i) + y_i h(\boldsymbol{x}_i))\boldsymbol{x}_i$$

$$= \sum_{i=1}^{l} (h(\boldsymbol{x}_i) - y_i)\boldsymbol{x}_i$$

这里第 1 步利用了 1.2.1 节推导的 logistics 函数的导数公式，第 2 步利用了 3.5.1 节推导的线性函数的梯度计算公式。由此得到梯度的计算公式

$$\nabla_{\boldsymbol{w}} f(\boldsymbol{w}) = \sum_{i=1}^{l} (h(\boldsymbol{x}_i) - y_i)\boldsymbol{x}_i \tag{5.48}$$

　　根据 3.3.1 节讲述的根据梯度计算黑塞矩阵公式，目标函数的黑塞矩阵为

$$\nabla_{\boldsymbol{w}}^2 f(\boldsymbol{w}) = \nabla_{\boldsymbol{w}} \sum_{i=1}^{l} (h(\boldsymbol{x}_i) - y_i)\boldsymbol{x}_i = \sum_{i=1}^{l} h(\boldsymbol{x}_i)(1 - h(\boldsymbol{x}_i))\boldsymbol{X}_i$$

如果单个样本的特征向量为 $\boldsymbol{x}_i = (x_{i1} \ \cdots \ x_{in})^{\mathrm{T}}$，矩阵 $\boldsymbol{X}_i$ 定义为

$$\boldsymbol{X}_i = \begin{pmatrix} x_{i1}^2 & \cdots & x_{i1}x_{in} \\ \vdots & & \vdots \\ x_{in}x_{i1} & \cdots & x_{in}^2 \end{pmatrix}$$

此矩阵可以写成如下乘积形式

$$\boldsymbol{X}_i = \boldsymbol{x}_i \boldsymbol{x}_i^{\mathrm{T}}$$

对任意非 **0** 向量 $\boldsymbol{x}$，有

$$\boldsymbol{x}^{\mathrm{T}}\boldsymbol{X}_i\boldsymbol{x} = \boldsymbol{x}^{\mathrm{T}}(\boldsymbol{x}_i\boldsymbol{x}_i^{\mathrm{T}})\boldsymbol{x} = \boldsymbol{x}^{\mathrm{T}}\boldsymbol{x}_i\boldsymbol{x}_i^{\mathrm{T}}\boldsymbol{x} = (\boldsymbol{x}^{\mathrm{T}}\boldsymbol{x}_i)(\boldsymbol{x}_i^{\mathrm{T}}\boldsymbol{x}) \geqslant 0$$

因此矩阵 $\boldsymbol{X}_i$ 半正定。由于

$$h(\boldsymbol{x}_i)(1 - h(\boldsymbol{x}_i)) > 0$$

因此黑塞矩阵半正定，式 (5.47) 的目标函数是凸函数。

对于如下的训练样本集，我们接下来将式 (5.47) 的交叉熵目标函数可视化。

$$(0.5, 0.5), 0 \qquad (1.0, 1.0), 0 \qquad (1.0, 0.5), 1 \qquad (0.5, 1.0), 1$$

每个训练样本的前半部分为样本的特征向量，后半部分为样本的标签值。标签值为 0 表示负样本，标签值为 1 表示正样本。共有 4 个样本，这是经典的"异或"问题。如果在平面上将 4 个点显示出来，那么两个类都位于正方形的对角线上，无法用线性分类器将它们分开。

图 5.27 为使用交叉熵损失函数时的目标函数曲面，是一个光滑的凸函数，可以确保找到全局极小值点。图中横坐标和纵坐标为权重向量的两个分量，竖坐标为目标函数值，这里将偏置项统一设置为 0。

下面考虑使用欧氏距离作为损失函数，定义为

$$L(\boldsymbol{w}) = \frac{1}{2l}\sum_{i=1}^{l}(y_i - h(\boldsymbol{x}_i))^2$$

图 5.28 是使用此损失函数的曲面，不是凸函数，存在多个局部极小值点，寻找全局极小值存在困难。

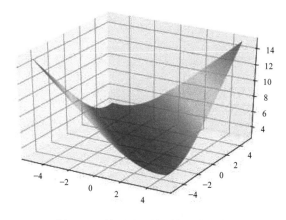

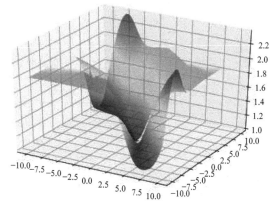

图 5.27　使用交叉熵时的目标函数　　　图 5.28　使用欧氏距离时的目标函数

如果使用梯度下降法求解，根据式 (5.48) 的梯度计算公式，梯度下降法的迭代更新公式非常简洁

$$\boldsymbol{w}_{k+1} = \boldsymbol{w}_k - \alpha\sum_{i=1}^{l}(h(\boldsymbol{x}_i) - y_i)\boldsymbol{x}_i$$

5.7.6　应用——EM 算法

前面介绍的参数估计问题均已知样本的所有信息，对于有些问题，样本的某些信息是不可见的。这类问题称为有隐变量的参数估计问题，经典的求解算法是 EM（Expectation Maximization）

算法，即期望最大化算法。本节以高斯混合模型为例，介绍 EM 算法的原理与使用。

EM 算法（见参考文献 [3]）是一种迭代法，其目标是求解最大似然估计或最大后验概率估计问题，而样本中具有无法观测的隐变量。下面将高斯混合模型一般化，介绍含有隐变量的概率分布。假设有概率分布 $p(\boldsymbol{x}; \boldsymbol{\theta})$，由它生成了 l 个样本。每个样本包含观测数据 $\boldsymbol{x}_i$，以及无法观测到的隐变量 z_i，如样本的类别标签值，在这里限定为整数值，是离散型随机变量。这个概率分布的参数 $\boldsymbol{\theta}$ 是未知的，现在需要根据这些样本估计出参数 $\boldsymbol{\theta}$ 的值。如果用最大似然估计，构造对数似然函数

$$L(\boldsymbol{\theta}) = \sum_{i=1}^{l} \ln p(\boldsymbol{x}_i; \boldsymbol{\theta}) = \sum_{i=1}^{l} \ln \sum_{z_i} p(\boldsymbol{x}_i, z_i; \boldsymbol{\theta}) \tag{5.49}$$

这里对隐变量 z 进行边缘化，其取所有值的联合概率 $p(\boldsymbol{x}, z; \boldsymbol{\theta})$ 求和得到 $\boldsymbol{x}$ 的边缘概率。因为隐变量的存在，式 (5.49) 对数函数中有求和项，在求梯度为 $\mathbf{0}$ 的方程组时通常无法得到参数的解析解。如果使用梯度下降法或牛顿法求解，把 $\boldsymbol{\theta}$ 以及 z 的概率分布参数（如高斯混合模型中的权重）都当作优化变量，则要保证隐变量概率所满足的等式和不等式约束，同样也存在困难。如果通过列举隐变量的所有可能取值分别对式 (5.49) 进行计算然后求极大值，计算量太大，l 个样本的隐变量取值有 n^l 种组合，为指数级，其中 n 为隐变量的取值数量，这同样不现实。

EM 算法的思路是构造对数似然函数的一个下界函数，此下界函数更容易优化，求解该下界函数的极大值，然后构造出新的下界函数。不断地改变优化变量的值使得下界函数的值变大，从而使得对数似然函数的值也升高，直至收敛到局部最优解。下面介绍具体的做法。

下界函数通过隐变量的概率分布构造。对每个样本 $\boldsymbol{x}_i$，假设 Q_i 为隐变量 z_i 的一个概率质量函数，满足如下约束

$$\sum_{z_i} Q_i(z_i) = 1 \qquad\qquad\qquad Q_i(z_i) \geqslant 0$$

利用这个概率分布，将式 (5.49) 的对数似然函数变形，可以得到

$$\sum_{i=1}^{l} \ln p(\boldsymbol{x}_i; \boldsymbol{\theta}) = \sum_{i=1}^{l} \ln \sum_{z_i} p(\boldsymbol{x}_i, z_i; \boldsymbol{\theta}) = \sum_{i=1}^{l} \ln \sum_{z_i} Q_i(z_i) \frac{p(\boldsymbol{x}_i, z_i; \boldsymbol{\theta})}{Q_i(z_i)}$$

$$\geqslant \sum_{i=1}^{l} \sum_{z_i} Q_i(z_i) \ln \frac{p(\boldsymbol{x}_i, z_i; \boldsymbol{\theta})}{Q_i(z_i)} \tag{5.50}$$

式 (5.50) 的第 2 步为数学期望，是对概率分布 $Q_i(z_i)$ 计算期望值。第 3 步利用了 Jensen 不等式。如果令

$$f(x) = \ln x$$

按照数学期望的定义，则有

$$\ln \sum_{z_i} Q_i(z_i) \frac{p(\boldsymbol{x}_i, z_i; \boldsymbol{\theta})}{Q_i(z_i)} = f\left(E_{Q_i(z_i)} \left[\frac{p(\boldsymbol{x}_i, z_i; \boldsymbol{\theta})}{Q_i(z_i)} \right]\right) \geqslant E_{Q_i(z_i)} \left[f\left(\frac{p(\boldsymbol{x}_i, z_i; \boldsymbol{\theta})}{Q_i(z_i)} \right) \right]$$

$$= \sum_{z_i} Q_i(z_i) \ln \frac{p(\boldsymbol{x}_i, z_i; \boldsymbol{\theta})}{Q_i(z_i)}$$

由于对数函数是凹函数，因此 Jensen 不等式成立且反号。式 (5.50) 给出了对数似然函数的一个下界。由于 Q_i 可以是任意的概率分布，因此可以利用参数 $\boldsymbol{\theta}$ 的当前估计值来构造它。通常情况下，此下界函数更容易求极值，因为对数函数里面已经没有求和项，在求梯度为 $\mathbf{0}$ 的方程组时，通常可以得到解析解，在 GMM 模型的求解中，我们会具体看到。下面给出 EM 算法的流程。

首先随机初始化参数 $\boldsymbol{\theta}$ 的值，然后循环迭代，第 t 次迭代时分为两步。

E 步，基于当前的参数估计值 $\boldsymbol{\theta}_t$，计算在给定 $\boldsymbol{x}$ 时对 z 的条件概率，即隐变量的后验概率值

$$Q_{it}(z_i) = p(z_i|\boldsymbol{x}_i; \boldsymbol{\theta}_t) \tag{5.51}$$

M 步，根据式 (5.51) 的概率构造目标函数（下界函数），它是对隐变量的数学期望。然后求解数学期望的极值，更新参数 $\boldsymbol{\theta}$ 的值

$$\boldsymbol{\theta}_{t+1} = \arg\max_{\boldsymbol{\theta}} \sum_{i=1}^{l} \sum_{z_i} Q_{it}(z_i) \ln \frac{p(\boldsymbol{x}_i, z_i; \boldsymbol{\theta})}{Q_{it}(z_i)}$$

由于 Q_{it} 可以是任意概率分布，实现时选用式 (5.51) 的后验概率，按照下面的公式计算

$$Q_{it}(z_i) = \frac{p(\boldsymbol{x}_i, z_i; \boldsymbol{\theta}_t)}{p(\boldsymbol{x}_i; \boldsymbol{\theta}_t)} = \frac{p(\boldsymbol{x}_i, z_i; \boldsymbol{\theta}_t)}{\sum_{z_i} p(\boldsymbol{x}_i, z_i; \boldsymbol{\theta}_t)}$$

迭代终止的判定规则是相邻两次迭代的目标函数值之差小于指定阈值。

下面给出 EM 算法收敛性的证明。假设第 t 次迭代时的参数值为 $\boldsymbol{\theta}_t$，第 $t+1$ 次迭代时的参数值为 $\boldsymbol{\theta}_{t+1}$。如果能证明每次迭代时对数似然函数的值单调增

$$L(\boldsymbol{\theta}_t) \leqslant L(\boldsymbol{\theta}_{t+1})$$

则算法能收敛到局部极值点。由于在迭代时选择了

$$Q_{it}(z_i) = p(z_i|\boldsymbol{x}_i; \boldsymbol{\theta}_t)$$

因此有

$$\frac{p(\boldsymbol{x}_i, z_i; \boldsymbol{\theta}_t)}{Q_{it}(z_i)} = \frac{p(\boldsymbol{x}_i, z_i; \boldsymbol{\theta}_t)}{p(z_i|\boldsymbol{x}_i; \boldsymbol{\theta}_t)} = \frac{p(\boldsymbol{x}_i, z_i; \boldsymbol{\theta}_t)}{p(\boldsymbol{x}_i, z_i; \boldsymbol{\theta}_t)/p(\boldsymbol{x}_i; \boldsymbol{\theta}_t)} = p(\boldsymbol{x}_i; \boldsymbol{\theta}_t)$$

这和 z_i 无关，是一个常数，Jensen 不等式取等号。因此有下面的等式成立

$$L(\boldsymbol{\theta}_t) = \sum_{i=1}^{l} \ln \sum_{z_i} Q_{it}(z_i) \frac{p(\boldsymbol{x}_i, z_i; \boldsymbol{\theta}_t)}{Q_{it}(z_i)} = \sum_{i=1}^{l} \sum_{z_i} Q_{it}(z_i) \ln \frac{p(\boldsymbol{x}_i, z_i; \boldsymbol{\theta}_t)}{Q_{it}(z_i)}$$

从而有

$$L(\boldsymbol{\theta}_{t+1}) \geqslant \sum_{i=1}^{l} \sum_{z_i} Q_{it}(z_i) \ln \frac{p(\boldsymbol{x}_i, z_i; \boldsymbol{\theta}_{t+1})}{Q_{it}(z_i)} \geqslant \sum_{i=1}^{l} \sum_{z_i} Q_{it}(z_i) \ln \frac{p(\boldsymbol{x}_i, z_i; \boldsymbol{\theta}_t)}{Q_{it}(z_i)} = L(\boldsymbol{\theta}_t) \tag{5.52}$$

式 (5.52) 的第 1 步利用了 Jensen 不等式，第 2 步成立是因为 $\boldsymbol{\theta}_{t+1}$ 是下界函数的极大值点，因此会大于或等于任意点处的函数值，第 3 步是 Jensen 不等式取等号，在前面已经说明。此结论保证了每次迭代时函数值会上升，直至到达局部极大值点处。在 6.3.5 节将进一步从变分推断的角度解释 EM 算法。

EM 算法在每次迭代时首先计算对隐变量的数学期望（下界函数），然后将该期望最大化，这就是该算法名称的由来。图 5.29 直观地解释了 EM 算法的原理。

图 5.29 中最高的粗曲线为目标函数即对数似然函数，下面的两条细曲线为构造的下界函数。首先用参数的估计值 $\boldsymbol{\theta}_t$ 计算出每个训练样本隐变量的概率分布估计值 Q_t，用该值构造下界函数，在参数的当前估计值 $\boldsymbol{\theta}_t$ 处，下界函数与对数似然函数的值相等（对应图中左侧第一条虚线）。然后求下界函数的极大值，得到参数新的估计值 $\boldsymbol{\theta}_{t+1}$，再以当前的参数值 $\boldsymbol{\theta}_{t+1}$ 计算隐变量的概率分布 Q_{t+1}，构造出新的下界函数，然后求下界函数的极大值得到 $\boldsymbol{\theta}_{t+2}$。如此反复，直到收敛。

下面介绍 EM 算法在高斯混合模型中的使用。假设有一批样本 $\boldsymbol{x}_1, \cdots, \boldsymbol{x}_l$，为每个样本 $\boldsymbol{x}_i$ 增加隐变量 z_i，表示该样本来自哪个高斯分布。隐变量的取值范围为 $1, \cdots, k$，取每个值的概率为

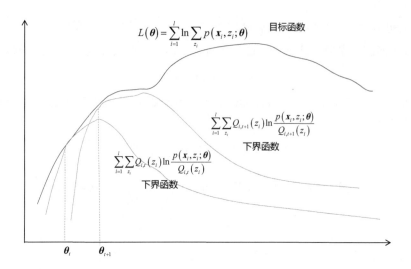

图 5.29 EM 算法原理示意图

$w_j, j = 1, \cdots, k$。在 5.5.7 节推导过，x 和 z 的联合概率为

$$p(x, z = j) = p(z = j)p(x|z = j) = w_j N(x; \mu_j, \Sigma_j)$$

这是样本的隐变量取值为 j，并且样本向量值为 x 的概率。在 E 步构造每个样本隐变量的概率分布

$$Q_i(z_i = j) = q_{ij} = \frac{p(x_i, z_i = j; \theta)}{\sum\limits_{z_i} p(x_i, z_i; \theta)} = \frac{w_j N(x_i; \mu_j, \Sigma_j)}{\sum\limits_{t=1}^{k} w_t N(x_i; \mu_t, \Sigma_t)}$$

这个值根据 μ, Σ, w 的当前迭代值计算。得到 z_i 的概率分布之后，构造下界函数

$$
\begin{aligned}
L(w, \mu, \Sigma) &= \sum_{i=1}^{l} \sum_{z_i} Q_i(z_i) \ln \frac{p(x_i, z_i; \theta)}{Q_i(z_i)} = \sum_{i=1}^{l} \sum_{j=1}^{k} q_{ij} \ln \frac{w_j N(x; \mu_j, \Sigma_j)}{q_{ij}} \\
&= \sum_{i=1}^{l} \sum_{j=1}^{k} q_{ij} \ln \frac{w_j \frac{1}{(2\pi)^{n/2}|\Sigma_j|^{1/2}} \exp\left(-\frac{1}{2}(x_i - \mu_j)^{\mathrm{T}} \Sigma_j^{-1}(x_i - \mu_j)\right)}{q_{ij}} \\
&= \sum_{i=1}^{l} \sum_{j=1}^{k} q_{ij} \left(\ln \frac{1}{(2\pi)^{n/2}|\Sigma_j|^{1/2} q_{ij}} + \ln w_j - \frac{1}{2}(x_i - \mu_j)^{\mathrm{T}} \Sigma_j^{-1}(x_i - \mu_j) \right)
\end{aligned}
$$

在这里，q_{ij} 已经是一个确定值而不是 μ 和 Σ 的函数。对 μ_j 求梯度并令梯度为 $\mathbf{0}$，可以得到

$$
\begin{aligned}
\nabla_{\mu_j} L(w, \mu, \Sigma) &= \nabla_{\mu_j} \sum_{i=1}^{l} \sum_{j=1}^{k} q_{ij} \left(\ln \frac{1}{(2\pi)^{n/2}|\Sigma_j|^{1/2} q_{ij}} + \ln w_j - \frac{1}{2}(x_i - \mu_j)^{\mathrm{T}} \Sigma_j^{-1}(x_i - \mu_j) \right) \\
&= -\sum_{i=1}^{l} q_{ij} \Sigma_j^{-1}(x_i - \mu_j) = \mathbf{0}
\end{aligned}
$$

上式两边同乘以协方差矩阵 Σ_j，可以得到

$$\sum_{i=1}^{l} q_{ij}(x_i - \mu_j) = \mathbf{0}$$

最后解得

$$\boldsymbol{\mu}_j = \frac{\sum\limits_{i=1}^{l} q_{ij} \boldsymbol{x}_i}{\sum\limits_{i=1}^{l} q_{ij}}$$

对 $\boldsymbol{\Sigma}_j$ 求梯度并令梯度为 $\boldsymbol{0}$，根据 5.7.1 节多维正态分布最大似然估计的结论，解得

$$\boldsymbol{\Sigma}_j = \frac{\sum\limits_{i=1}^{l} q_{ij}(\boldsymbol{x}_i - \boldsymbol{\mu}_j)(\boldsymbol{x}_i - \boldsymbol{\mu}_j)^{\mathrm{T}}}{\sum\limits_{i=1}^{l} q_{ij}}$$

$L(\boldsymbol{w}, \boldsymbol{\mu}, \boldsymbol{\Sigma})$ 中只有 $\ln w_j$ 和 $\boldsymbol{w}$ 有关，因此可以简化。由于 w_j 有等式约束 $\sum\limits_{j=1}^{k} w_j = 1$，因此构造拉格朗日乘子函数

$$L(\boldsymbol{w}, \boldsymbol{\lambda}) = \sum_{i=1}^{l} \sum_{j=1}^{k} q_{ij} \ln w_j + \lambda \left(\sum_{j=1}^{k} w_j - 1 \right)$$

对 $\boldsymbol{w}$ 求梯度并令梯度为 $\boldsymbol{0}$，对乘子变量求偏导数并令其为 0，可以得到下面的方程组

$$\frac{\partial L}{\partial w_j} = \sum_{i=1}^{l} \frac{q_{ij}}{w_j} + \lambda = 0, \ j = 1, \cdots, k \qquad \sum_{j=1}^{k} w_j = 1$$

最后解得

$$w_j = \frac{1}{l} \sum_{i=1}^{l} q_{ij}$$

由此得到求解高斯混合模型的 EM 算法流程。首先初始化 $\boldsymbol{\mu}, \boldsymbol{\Sigma}, \boldsymbol{w}$，注意，$\boldsymbol{w}$ 需要满足等式和不等式约束。接下来循环进行迭代，直至收敛，每次迭代时的 E 步和 M 步如下。

E 步，根据模型参数的当前估计值，计算第 i 个样本来自第 j 个高斯分布的概率

$$q_{ij} = p(z_i = j | \boldsymbol{x}_i; \boldsymbol{w}, \boldsymbol{\mu}, \boldsymbol{\Sigma})$$

M 步，更新模型的参数。对于每个高斯分量，计算权重系数

$$w_j = \frac{1}{l} \sum_{i=1}^{l} q_{ij}$$

计算均值向量

$$\boldsymbol{\mu}_j = \frac{\sum\limits_{i=1}^{l} q_{ij} \boldsymbol{x}_i}{\sum\limits_{i=1}^{l} q_{ij}}$$

计算协方差矩阵

$$\boldsymbol{\Sigma}_j = \frac{\sum\limits_{i=1}^{l} q_{ij}(\boldsymbol{x}_i - \boldsymbol{\mu}_j)(\boldsymbol{x}_i - \boldsymbol{\mu}_j)^{\mathrm{T}}}{\sum\limits_{i=1}^{l} q_{ij}}$$

5.7.7　应用——Mean Shift 算法

在 5.7.4 节介绍的核密度估计可以根据样本值估计概率密度函数，均值漂移算法（见参考文献 [4]）可以找到概率密度函数的极大值点，是核密度估计与梯度上升法相结合的产物。寻找概率密度函数的极大值点即寻找核密度函数的极大值点，可以采用梯度上升法（它与梯度下降法相反，因为要求函数的极大值，所以沿着正梯度方向迭代）。

下面计算式 (5.46) 形式的核密度函数的梯度值。由于

$$\nabla_{\boldsymbol{x}} k\left(\left\|\frac{\boldsymbol{x}-\boldsymbol{x}_i}{h}\right\|^2\right) = k'\left(\left\|\frac{\boldsymbol{x}-\boldsymbol{x}_i}{h}\right\|^2\right) \nabla_{\boldsymbol{x}}\left(\left\|\frac{\boldsymbol{x}-\boldsymbol{x}_i}{h}\right\|^2\right) = k'\left(\left\|\frac{\boldsymbol{x}-\boldsymbol{x}_i}{h}\right\|^2\right)\frac{2}{h^2}(\boldsymbol{x}-\boldsymbol{x}_i)$$

将这个结果代入式 (5.46)，可以得到

$$\nabla f_{h,K}(\boldsymbol{x}) = \frac{2c_{k,d}}{nh^{d+2}}\sum_{i=1}^n (\boldsymbol{x}-\boldsymbol{x}_i)k'\left(\left\|\frac{\boldsymbol{x}-\boldsymbol{x}_i}{h}\right\|^2\right)$$

如果定义

$$g(x) = -k'(x)$$

将 $-k'(x)$ 替换成 $g(x)$，可以得到

$$\begin{aligned}
\nabla f_{h,K}(\boldsymbol{x}) &= \frac{2c_{k,d}}{nh^{d+2}}\sum_{i=1}^n g\left(\left\|\frac{\boldsymbol{x}-\boldsymbol{x}_i}{h}\right\|^2\right)(\boldsymbol{x}_i-\boldsymbol{x})\\
&= \frac{2c_{k,d}}{nh^{d+2}}\left(\sum_{i=1}^n\left(g\left(\left\|\frac{\boldsymbol{x}-\boldsymbol{x}_i}{h}\right\|^2\right)\boldsymbol{x}_i\right) - \sum_{i=1}^n g(\left\|\frac{\boldsymbol{x}-\boldsymbol{x}_i}{h}\right\|^2)\boldsymbol{x}\right)\\
&= \frac{2c_{k,d}}{nh^{d+2}}\left(\sum_{i=1}^n\left(g\left(\left\|\frac{\boldsymbol{x}-\boldsymbol{x}_i}{h}\right\|^2\right)\frac{\sum\limits_{j=1}^n g\left(\left\|\frac{\boldsymbol{x}-\boldsymbol{x}_j}{h}\right\|^2\right)}{\sum\limits_{j=1}^n g\left(\left\|\frac{\boldsymbol{x}-\boldsymbol{x}_j}{h}\right\|^2\right)}\boldsymbol{x}_i\right) - \left(\sum_{i=1}^n g\left(\left\|\frac{\boldsymbol{x}-\boldsymbol{x}_i}{h}\right\|^2\right)\right)\boldsymbol{x}\right)\\
&= \frac{2c_{k,d}}{nh^{d+2}}\left(\left(\sum_{j=1}^n g\left(\left\|\frac{\boldsymbol{x}-\boldsymbol{x}_j}{h}\right\|^2\right)\right)\left(\sum_{i=1}^n\frac{g(\left\|\frac{\boldsymbol{x}-\boldsymbol{x}_i}{h}\right\|^2)}{\sum\limits_{j=1}^n g\left(\left\|\frac{\boldsymbol{x}-\boldsymbol{x}_j}{h}\right\|^2\right)}\boldsymbol{x}_i\right) - \left(\sum_{i=1}^n g\left(\left\|\frac{\boldsymbol{x}-\boldsymbol{x}_i}{h}\right\|^2\right)\right)\boldsymbol{x}\right)\\
&= \frac{2c_{k,d}}{nh^{d+2}}\left[\sum_{i=1}^n g\left(\left\|\frac{\boldsymbol{x}-\boldsymbol{x}_i}{h}\right\|^2\right)\right]\left[\frac{\sum\limits_{i=1}^n \boldsymbol{x}_i g(\left\|\frac{\boldsymbol{x}-\boldsymbol{x}_i}{h}\right\|^2)}{\sum\limits_{i=1}^n g\left(\left\|\frac{\boldsymbol{x}-\boldsymbol{x}_i}{h}\right\|^2\right)} - \boldsymbol{x}\right]
\end{aligned}$$

即

$$\nabla f_{h,K}(\boldsymbol{x}) = \frac{2c_{k,d}}{nh^{d+2}}\left[\sum_{i=1}^n g\left(\left\|\frac{\boldsymbol{x}-\boldsymbol{x}_i}{h}\right\|^2\right)\right]\left[\frac{\sum\limits_{i=1}^n \boldsymbol{x}_i g\left(\left\|\frac{\boldsymbol{x}-\boldsymbol{x}_i}{h}\right\|^2\right)}{\sum\limits_{i=1}^n g\left(\left\|\frac{\boldsymbol{x}-\boldsymbol{x}_i}{h}\right\|^2\right)} - \boldsymbol{x}\right] \tag{5.53}$$

这就是均值漂移算法的核心迭代公式。$\sum\limits_{i=1}^n g\left(\left\|\frac{\boldsymbol{x}-\boldsymbol{x}_i}{h}\right\|^2\right)$ 是一个正数，因为剖面函数 $k(x)$ 是一个减函数，因此 $g(x) = -k'(x) > 0$。式 (5.53) 右侧的标量项正比于 $\boldsymbol{x}$ 点处的一个核密度估计，这里使用的核函数 G 的剖面函数为 $g(x)$，即

$$f_{h,G}(\boldsymbol{x}) = \frac{c_{g,d}}{nh^d}\sum_{i=1}^n g\left(\left\|\frac{\boldsymbol{x}-\boldsymbol{x}_i}{h}\right\|^2\right) \tag{5.54}$$

式 (5.53) 右侧的向量项是均值漂移向量

$$m_{h,G}(\boldsymbol{x}) = \frac{\sum\limits_{i=1}^{n} \boldsymbol{x}_i g\left(\left\|\frac{\boldsymbol{x}-\boldsymbol{x}_i}{h}\right\|^2\right)}{\sum\limits_{i=1}^{n} g\left(\left\|\frac{\boldsymbol{x}-\boldsymbol{x}_i}{h}\right\|^2\right)} - \boldsymbol{x} \tag{5.55}$$

这是使用核函数 G 进行加权之后的 $\boldsymbol{x}_i$ 均值与 $\boldsymbol{x}$ 之间的差值。在计算出均值漂移向量之后，用梯度上升法进行迭代即可。由于式 (5.53) 右侧均值漂移向量之前的部分均为常数，而梯度上升法本身也需要使用步长系数，因此迭代公式可以写成

$$\boldsymbol{x}_{t+1} = \boldsymbol{x}_t + \boldsymbol{m}_t$$

其中 $\boldsymbol{x}_t$ 是第 t 次迭代时的初始值，$\boldsymbol{m}_t$ 是第 t 次迭代时计算出来的均值漂移向量。

根据式 (5.54) 与式 (5.55) 的定义，式 (5.53) 可以写成

$$\nabla f_{h,K}(\boldsymbol{x}) = f_{h,G}(\boldsymbol{x}) \frac{2c_{k,d}}{h^2 c_{g,d}} m_{h,G}(\boldsymbol{x}) \tag{5.56}$$

对式 (5.56) 变形可以得到

$$m_{h,G}(\boldsymbol{x}) = \frac{1}{2} h^2 \frac{c_{g,d}}{c_{k,d}} \frac{\nabla f_{h,K}(\boldsymbol{x})}{f_{h,G}(\boldsymbol{x})} \tag{5.57}$$

式 (5.57) 表明，在 $\boldsymbol{x}$ 点处，用核函数 G 计算的均值漂移向量正比于用 K 计算出的核密度函数梯度值归一化后的值。归一化系数根据在点 $\boldsymbol{x}$ 处用 G 计算出来的密度估计值计算。因为概率密度函数的梯度值指向的是概率密度函数增加最快的方向，而均值漂移向量又与该梯度正比例相关，所以它也指向概率密度函数增加最快的方向。

5.8　随机算法

随机算法是借助于随机数的算法，可用于求解一些难以计算的问题，包括复杂函数的极值、复杂的定积分、NP 难的组合优化问题等。本节介绍两种常用的随机算法——蒙特卡洛算法和遗传算法，它们在机器学习中被广泛使用。

5.8.1　基本随机数生成算法

随机算法依赖于随机数，最常见的是均匀分布与正态分布的随机数。下面先介绍这两类随机数的生成算法。伯努利分布、多项分布以及几何分布随机数的生成算法在 5.3.2 节、5.3.4 节、5.3.5 节已经介绍。

生成均匀分布随机整数的经典方法是线性同余法（Linear Congruential Generator，LCG），它用线性函数进行迭代，根据上一个随机数 x_i 确定下一个随机数 x_{i+1}，迭代公式为

$$x_{i+1} = (a \cdot x_i + b) \bmod m$$

其中 mod 为取余运算，a、b 和 m 为人工设定的常数，m 控制了所生成的随机整数的范围。初始值 x_0 也需要人工设定，通常设置为当前时刻的时间戳。显然，按照这种确定的公式所计算出的随机数不是真随机的，称为伪随机数。只要参数 a, b, m 选取得当，可以保证在区间 $[0, m-1]$ 内每个数出现的概率近似相等。下面是一组典型的参数值设置

$$a = 7^5 = 16807 \qquad\qquad b = 0 \qquad\qquad m = 2^{31} - 1 = 2147483647$$

如果算法可以产生均匀分布的随机数，那么其他概率分布都可以通过对均匀分布样本进行变

换而得到，包括正态分布随机数。经典的方法是逆变换采样，在 5.4.2 节已经介绍了逆变换算法的原理。

下面介绍生成标准正态分布随机数的经典算法 Box-Muller 算法，是逆变换采样的典型实现。先考虑生成标准正态分布 $N(0,1)$ 的随机数。

假设随机变量 u_1 和 u_2 相互独立且服从 $[0,1]$ 内的均匀分布，则随机变量 z_1 和 z_2

$$z_1 = \sqrt{-2\ln u_1}\cos(2\pi u_2) \qquad\qquad z_2 = \sqrt{-2\ln u_1}\sin(2\pi u_2) \qquad (5.58)$$

相互独立且均服从正态分布 $N(0,1)$。借助于均匀分布的随机数，通过式 (5.58) 的变换就可以得到正态分布的随机数。下面用式 (5.39) 证明这种方法的有效性。

由于 u_1, u_2 相互独立且均服从 $[0,1]$ 上的均匀分布，因此 u_1, u_2 的联合概率密度函数为

$$f_{\boldsymbol{u}}(u_1, u_2) = \begin{cases} 1, & 0 \leqslant u_1, u_2 \leqslant 1 \\ 0, & \text{其他} \end{cases}$$

对式 (5.58) 的 1 式和 2 式分别平方，可得

$$z_1^2 = -2\ln u_1 \cos^2(2\pi u_2) \qquad\qquad z_2^2 = -2\ln u_1 \sin^2(2\pi u_2) \qquad (5.59)$$

将式 (5.59) 的 1 式和 2 式相加，可以得到

$$z_1^2 + z_2^2 = -2\ln u_1$$

从而有

$$u_1 = \exp\left(-\frac{z_1^2 + z_2^2}{2}\right)$$

将式 (5.59) 的 1 式和 2 式相除，可以得到

$$\frac{z_2^2}{z_1^2} = \frac{\sin^2(2\pi u_2)}{\cos^2(2\pi u_2)}$$

从而有

$$u_2 = \frac{1}{2\pi}\arctan\frac{z_2}{z_1}$$

因此式 (5.58) 的逆变换为

$$u_1 = \exp\left(-\frac{z_1^2 + z_2^2}{2}\right) \qquad\qquad u_2 = \frac{1}{2\pi}\arctan\frac{z_2}{z_1}$$

逆变换的雅可比行列式为

$$\begin{vmatrix} -z_1\exp\left(-\dfrac{z_1^2 + z_2^2}{2}\right) & -z_2\exp\left(-\dfrac{z_1^2 + z_2^2}{2}\right) \\[2mm] -\dfrac{1}{2\pi}\dfrac{z_2}{z_1^2 + z_2^2} & \dfrac{1}{2\pi}\dfrac{z_1}{z_1^2 + z_2^2} \end{vmatrix} = -\frac{1}{2\pi}\exp\left(-\frac{z_1^2 + z_2^2}{2}\right)$$

根据式 (5.39)，z_1 和 z_2 的联合概率密度函数为

$$f_{\boldsymbol{z}}(z_1, z_2) = f_{\boldsymbol{u}}(u_1, u_2)\left|\det\left(\frac{\partial \boldsymbol{u}}{\partial \boldsymbol{z}}\right)\right| = 1 \times \frac{1}{2\pi}\exp\left(-\frac{z_1^2 + z_2^2}{2}\right) = \frac{1}{2\pi}\exp\left(-\frac{z_1^2 + z_2^2}{2}\right)$$

因此 z_1 和 z_2 相互独立且均服从标准正态分布。

图 5.30 为 Box-Muller 算法生成的一组正态分布随机数的频率分布。其中第一行的左图和右图分别为均匀分布的随机数 u_1 和 u_2 的频率分布，第二行为正态分布的随机数 z_1 和 z_2 的频率分布。实现时对区间内的随机数进行了等分子区间统计，用柱状图显示。

Box-Muller 算法只能生成标准正态分布的随机数，下面介绍一般正态分布随机数的生成。首先考虑一维随机数。对标准正态分布 $N(0,1)$ 的随机数进行变换即可得到一般正态分布 $N(\mu, \sigma^2)$

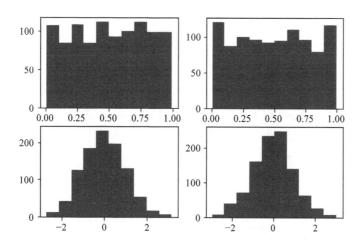

图 5.30 Box-Muller 算法生成的正态分布随机数

的随机数。根据 5.4.1 节的结论，如果随机数 z 服从标准正态分布，则对其进行如下的变换

$$x = \sigma z + \mu$$

随机数 x 即服从正态分布 $N(\mu, \sigma^2)$。

多维正态分布随机数可以借助一维正态分布随机数而生成。利用 Box-Muller 算法分别生成 n 个标准正态分布 $N(0, 1)$ 的随机数

$$\boldsymbol{z} = (z_1, \cdots, z_n)^{\mathrm{T}}$$

则随机向量 $\boldsymbol{z}$ 服从多维标准正态分布 $N(\boldsymbol{0}, \boldsymbol{I})$。

利用 5.5.6 节的结论对 $\boldsymbol{z}$ 进行变换即可生成一般的多维正态分布随机数。对于 n 维正态分布 $N(\boldsymbol{\mu}, \boldsymbol{\Sigma})$，由于协方差矩阵是正定对称矩阵，因此可以进行楚列斯基分解，有

$$\boldsymbol{\Sigma} = \boldsymbol{A}\boldsymbol{A}^{\mathrm{T}}$$

首先用 Box-Muller 算法生成 n 维标准正态分布的随机向量 $\boldsymbol{z} = (z_1, \cdots, z_n)^{\mathrm{T}}$。然后用下式对其进行变换

$$\boldsymbol{x} = \boldsymbol{A}\boldsymbol{z} + \boldsymbol{\mu}$$

向量 $\boldsymbol{x}$ 即服从正态分布 $N(\boldsymbol{\mu}, \boldsymbol{\Sigma})$。

在深度生成模型中（如生成对抗网络和变分自动编码器），以均匀分布或正态分布的随机数作为神经网络的输入，变换出服从任意分布的样本。更复杂的采样算法将在 5.9 节以及 7.2 节继续介绍。

5.8.2 遗传算法

遗传算法（Genetic Algorithm）也称为进化算法（Evolutionary Algorithm），是受进化论机制启发而得到的一种优化方法。在自然界，能够适应环境的物种和个体可以生存下去，并繁衍后代，不能适应环境的生物则会被淘汰。通过若干代繁衍，物种将会变得越来越适应环境，即所谓的"适者生存"。如果将优化变量看作生物个体，将目标函数看作物种的适应性，则可以用进化的方法求解最优化问题。下面先介绍基本概念。

基因（gene）是生物学中控制遗传的最小单位。遗传算法中的基因是一个二进制位，问题的

解通常设计成这种二进制编码的格式。

　　染色体（chromosomal）是由基因组成的聚合体，即一个基因序列。在遗传算法中，染色体是一个二进制串，通常就是优化变量 x，是最优化问题的候选解。

　　在进化论中，每个生物都会得到评分，环境根据这种评分来决定物种的繁衍。在遗传算法中，适应度函数（Fitness Function）用于给染色体即候选解评分，一般为最优化问题的目标函数（对于极大值问题）或与目标函数相反（对于极小值问题）。

　　下面通过一个简单的实例说明。要求解下面函数的极大值

$$f(x) = -x^2 + 4x + 10$$

　　优化变量限定为整数（不考虑负数），即 $x \in \mathbb{Z}$。这里将目标函数作为适应度函数。将 x 用 8 位二进制进行编码，例如 2 可以编码为

$$00000010$$

　　这里的每个二进制位为一个基因，整个二进制串（即问题的可行解）为一个染色体。遗传算法首先初始化若干可行解，然后随机地对这些染色体进行交叉、变异，得到新的染色体（即下一代候选解）。接下来对这些新的染色体进行评估，计算它们的适应度函数值，只保留适应度高的一部分染色体继续进行迭代。反复执行此过程，直至收敛。

　　算法在每次迭代时的第 1 步是从上一代候选解中随机选择若干解，用于后面的计算。选择的依据是解的适应度函数。对于解 $x = 2$，其目标函数为

$$f(x) = -2^2 + 4 \times 2 + 10 = 14$$

　　对于 $x = 3$，其目标函数为

$$f(x) = -3^2 + 4 \times 3 + 10 = 13$$

第 1 个解比第 2 个解更优，更应该被选中。在随机抽样时，适应度越高的候选解越容易被选中。对上一代所有候选解计算其适应度函数值，根据适应度函数值构造样本的抽样概率，然后用俄罗斯"轮盘赌"按照该权重从中随机挑选出若干样本。

　　轮盘（Roulette Wheel Selection Method）是一种常见的博彩游戏，圆盘被分成多份，即多个扇形，转动圆盘，圆盘停下来时指针指向的那一个扇形为最后的结果，如图 5.31 所示。显然，指针指向每一个扇形的概率与该扇形的角度成正比。

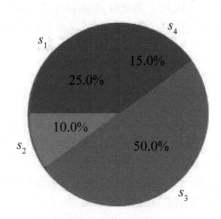

图 5.31　轮盘

图 5.31 中有 4 个样本，选中每个样本的概率分别为

$$0.25 \quad 0.10 \quad 0.50 \quad 0.15$$

"轮盘赌"是多项分布随机数生成问题，在 5.3.4 节已经讲述。遗传算法每次迭代时有 n 个候选解，每次在选择样本时按照这些样本的概率从它们中有放回地抽取出 n 个解。同一个解可能会被抽中多次。

第 2 步是交叉（Crossover）。选择两个染色体，互相交换若干个基因即二进制位。对于下面的两个染色体

$$00001010 \qquad\qquad\qquad 10000101$$

如果选择这两个染色体的后面 4 个二进制位（从左向右数）进行交叉，则交叉之后的结果为

$$00000101 \qquad\qquad\qquad 10001010 \qquad\qquad (5.60)$$

第 3 步是变异。变异（Mutation）也称为突变，随机选择染色体中的若干二进制位进行变异，将 1 变为 0，0 变为 1。对于下面的染色体

$$00000101$$

如果选择第 2 个 ~ 第 4 个二进制位（从左向右数）进行变异，则变异后的结果为

$$01110101$$

下面给出遗传算法的完整流程，如算法 5.1 所示。其中 max_iter 为最大迭代次数，用于判定算法是否终止。

算法 5.1 遗传算法

初始化，随机生成 n 个可行解 $x_1^{(0)}, \cdots, x_n^{(0)}, k = 1$
while $k < \text{max\_iter}$ **do**
    评估，计算这些解的适应度函数 $f(x_i^{(k-1)}), i = 1, \cdots, n$
    选择，用俄罗斯"轮盘赌"选择出 n 个解 $x_1^{(k)}, \cdots, x_n^{(k)}$
    交叉，从 $x_1^{(k)}, \cdots, x_n^{(k)}$ 中选择一部分染色体对执行交叉操作
    变异，对染色体 $x_1^{(k)}, \cdots, x_n^{(k)}$ 进行随机变异
    $k = k + 1$
end while

还有另外一个终止条件，如果在进行 k 次迭代之后目标函数值没有大的变化，则认为算法已经收敛。算法在每次迭代时并不能保证目标函数值一定变得更优，但能够确保在概率意义下的收敛，即当迭代次数为 $+\infty$ 时，一定能找到目标函数的全局极值点。这由马尔可夫链的遍历性保证，可以直观地解释为在遗传算法迭代过程中有机会到达任意一个候选解处，因此能找到全局极值点。马尔可夫链的原理在第 7 章介绍。

图 5.32 显示了用遗传算法计算函数极值的迭代过程。目标函数为

$$f(x) = x + 10\sin(5x) + 7\cos(4x)$$

图 5.32 的上图为目标函数的图像，灰点为极大值点。图 5.32 的下图为遗传算法的迭代过程，横坐标为迭代次数，纵坐标为当前找到的最优目标函数值。算法在迭代 100 次之后收敛到 $x = 7.86$ 处，此时的目标函数值为 24.86。

遗传算法在实现时需要考虑以下几个问题。

（1）初始值的设定。通常是随机初始化，可借助于均匀分布随机数实现。

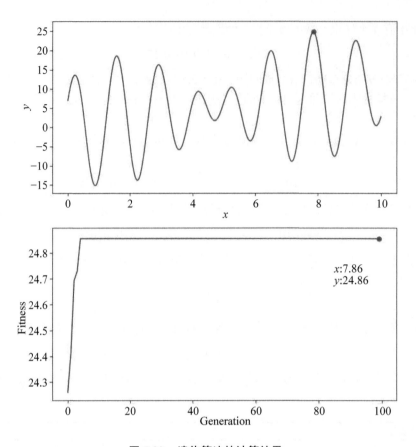

图 5.32　遗传算法的计算结果

（2）适应度值的计算。通常将适应度函数设置为目标函数，也可以有更复杂的选择。

（3）交叉策略。如何随机选择参与交叉的样本、如何执行交叉，都有不同的实现。

（4）变异策略。如何选择参与变异的样本、如何进行变异，也有多种实现。

对这些问题均出现了大量的解决方案，从而产生了各种改进版本的遗传算法。遗传算法具有实现简单的优点。在机器学习中，遗传算法常用于求解某些组合优化或难以优化的目标函数的极值问题，如神经结构搜索，在 8.2.5 节介绍。

5.8.3　蒙特卡洛算法

蒙特卡洛（Monte Carlo Algorithms）算法通过构造随机数进行采样来计算某些难以计算的问题，最早用于计算复杂函数的定积分。首先通过一个简单的例子进行说明。考虑计算单位半圆的面积，是如下的定积分

$$\int_{-1}^{1} \sqrt{1-x^2}\mathrm{d}x$$

蒙特卡洛算法的实现非常简单，首先生成大量的矩形区域 $-1 \leqslant x \leqslant 1, 0 \leqslant y \leqslant 1$ 内均匀分布的随机点 (x, y)，然后计算在半圆内的随机点的比例。判定点是否在半圆之内非常简单，即满足如下不等式条件

$$x^2 + y^2 \leqslant 1$$

这种做法如图 5.33 所示。落在半圆内的随机点以浅色显示，落在半圆之外的随机点以黑色显示。

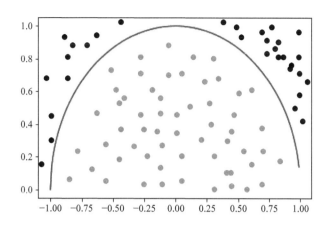

图 5.33   用蒙特卡洛算法计算半圆的面积

由于均匀分布随机变量落在区域内任何一点的可能性相等，因此有

$$\frac{\text{半圆的面积}}{\text{矩形的面积}} = \frac{\text{落在半圆内的随机点数}}{\text{随机点的总数}}$$

根据此等式即可计算出半圆的面积。采用这种思路，借助于随机数可以计算出很多难以计算的值。下面介绍如何用蒙特卡洛算法计算数学期望值。假设随机向量服从概率分布 $p(\boldsymbol{x})$，要计算下面的数学期望

$$E[f(\boldsymbol{x})] = \int_{\mathbb{R}^n} f(\boldsymbol{x})p(\boldsymbol{x})\mathrm{d}\boldsymbol{x} \tag{5.61}$$

如果用蒙特卡洛算法计算，则非常简单。首先从概率分布 $p(\boldsymbol{x})$ 抽取 N 个样本 $\boldsymbol{x}_1, \cdots, \boldsymbol{x}_N$。然后计算均值

$$E[f(\boldsymbol{x})] \approx \frac{1}{N}\sum_{i=1}^{N} f(\boldsymbol{x}_i) \tag{5.62}$$

就是式 (5.61) 数学期望的估计值。在这里，$\boldsymbol{x}_i \sim p(\boldsymbol{x})$。随机抽取的样本频率蕴含了随机变量的概率值 $p(\boldsymbol{x})$。随机变量 $f(\boldsymbol{x}_i), i = 1, \cdots, N$ 独立同分布，根据大数定律，它们的平均值收敛到数学期望，即下面的极限成立

$$\lim_{N \to +\infty} \frac{1}{N}\sum_{i=1}^{N} f(\boldsymbol{x}_i) = E[f(\boldsymbol{x})]$$

对于较大的 N 即可保证上式近似成立。对于如下形式的积分

$$\int_D f(\boldsymbol{x})\mathrm{d}\boldsymbol{x}$$

可以看作是式 (5.61) 的特例，此时随机变量在封闭积分区域 D 内服从均匀分布，$p(\boldsymbol{x})$ 是一个分段常数函数。如果区域 D 的测度为 $s(D)$，则该均匀分布的概率密度函数为

$$p(\boldsymbol{x}) = \begin{cases} \dfrac{1}{s(D)}, & \boldsymbol{x} \in D \\ 0, & \boldsymbol{x} \notin D \end{cases}$$

要计算的积分可以写成

$$\int_D f(\boldsymbol{x})\mathrm{d}\boldsymbol{x} = \int_D \frac{1}{p(\boldsymbol{x})}p(\boldsymbol{x})f(\boldsymbol{x})\mathrm{d}\boldsymbol{x} = \int_D \frac{1}{s(D)}(s(D)f(\boldsymbol{x}))\mathrm{d}\boldsymbol{x}$$

用蒙特卡洛算法计算时，生成区域 D 内的均匀分布随机样本 $\boldsymbol{x}_i, i = 1, \cdots, N$，然后即可得到积

分的近似值

$$\int_D f(\boldsymbol{x})\mathrm{d}\boldsymbol{x} \approx \frac{1}{N}\sum_{i=1}^{N}s(D)f(\boldsymbol{x}_i) \tag{5.63}$$

下面来看一维积分的情况。假设要计算下面的积分

$$\int_a^b f(x)\mathrm{d}x$$

区域 $[a,b]$ 的测度为 $b-a$，该区域内的均匀分布的概率密度函数为

$$p(x) = \begin{cases} \dfrac{1}{b-a}, & a \leqslant x \leqslant b \\ 0, & x < a, x > b \end{cases}$$

根据式 (5.63)，有

$$\int_a^b f(x)\mathrm{d}x \approx \frac{1}{N}\sum_{i=1}^{N}(b-a)f(x_i) = (b-a)\frac{1}{N}\sum_{i=1}^{N}f(x_i)$$

其中 $x_i, i=1,\cdots,N$ 服从 $[a,b]$ 内的均匀分布，而 $\dfrac{1}{N}\sum_{i=1}^{N}f(x_i)$ 是这些样本点处函数值的均值。下面考虑二重积分

$$\iint_D f(x,y)\mathrm{d}x\mathrm{d}y$$

其中积分区域为 $D : a \leqslant x \leqslant b, c \leqslant y \leqslant d$。该区域的测度为 $(b-a)(d-c)$，区域内均匀分布的概率密度函数为

$$p(x,y) = \begin{cases} \dfrac{1}{(b-a)(d-c)}, & (x,y) \in D \\ 0, & (x,y) \notin D \end{cases}$$

根据式 (5.63)，有

$$\iint_D f(x,y)\mathrm{d}x\mathrm{d}y \approx \frac{1}{N}\sum_{i=1}^{N}(b-a)(d-c)f(x_i,y_i) = (b-a)(d-c)\frac{1}{N}\sum_{i=1}^{N}f(x_i,y_i)$$

本节第 1 个例子可看作这种二重积分

$$\iint_D \mathrm{d}x\mathrm{d}y$$

积分区域为 $D : -1 \leqslant x \leqslant 1, 0 \leqslant y \leqslant \sqrt{1-x^2}$。

蒙特卡洛斯算法在机器学习中被大量使用，如强化学习中的蒙特卡洛算法和时序差分算法。算法的实现依赖于随机样本，需要生成服从概率分布 $p(\boldsymbol{x})$ 的一组样本 $\boldsymbol{x}_1,\cdots,\boldsymbol{x}_l$，这由采样算法解决，将在 5.9 节及 7.2 节介绍。

5.9   采样算法

采样算法可以看作基本随机数生成算法的一般化，是参数估计问题的反问题。参数估计问题是已知一组服从某种概率分布的样本，计算出这种概率分布的参数；而采样算法则是已知某一概率分布，生成一组服从此概率分布的样本。机器学习中的某些应用需要生成一批服从某种概率分布 $p(\boldsymbol{x})$ 的样本 $\boldsymbol{x}_1,\cdots,\boldsymbol{x}_l$，然后根据这组样本计算某些值，如数学期望

$$E[f(\boldsymbol{x})] = \int_{\mathbb{R}^n} p(\boldsymbol{x})f(\boldsymbol{x})\mathrm{d}\boldsymbol{x}$$

例如，蒙特卡洛算法在计算数学期望或积分值时均依赖于一组随机样本。此时，需要借助于采样算法来生成服从特定概率分布的样本。均匀分布与正态分布随机数的生成是这一问题的简单特例，深度生成模型如变分自动编码器（VAE）、生成对抗网络（GAN）则是这一问题的复杂特例，此时概率分布 $p(\boldsymbol{x})$ 也未知，需要通过学习确定它们服从的概率分布然后进行采样，或者直接根据一组训练样本生成出与它们服从相同分布但又不完全相同的样本。深度生成模型将在 6.4.3 节介绍。本节介绍的采样算法均假设概率分布 $p(\boldsymbol{x})$ 已知。解决问题的常用思路是先从简单的概率分布产生出随机数，通过变换或筛选使其符合所需要的概率分布。逆变换采样算法以及基本随机数生成算法在前面已经介绍，对于复杂的概率分布，逆变换采样面临难以实现的问题。本节介绍基本的采样算法，基于马尔可夫链的采样算法将在 7.2 节介绍。

5.9.1 拒绝采样

拒绝采样（Rejection Sampling）算法的思路非常简单：首先生成服从某一简单概率分布的样本，然后对它们进行筛选，使得剩下的样本服从我们想要的概率分布，因此也称为接受-拒绝算法（Accept-reject Algorithm）。假设要采样的概率分布 $p(\boldsymbol{x})$ 难以直接采样，算法引入一个容易采样的分布 $q(\boldsymbol{x})$，称为提议分布（Proposal Distribution），从提议分布采样出一批样本，然后以某种方法拒绝一部分样本，使得剩下的样本服从分布 $p(\boldsymbol{x})$。

在任意点处，提议分布的概率密度函数需要满足

$$c \cdot q(\boldsymbol{x}) \geqslant p(\boldsymbol{x})$$

其中 c 是人工设定的常数。直观来看，提议分布在乘上系数之后要能覆盖住 $p(\boldsymbol{x})$。对于从提议分布抽取的样本 $\boldsymbol{x}$，计算接受概率值

$$\alpha(\boldsymbol{x}) = \frac{p(\boldsymbol{x})}{c \cdot q(\boldsymbol{x})}$$

然后生成一个服从均匀分布 $U(0,1)$ 的随机数 z。如果

$$z \leqslant \alpha(\boldsymbol{x})$$

则接受样本 $\boldsymbol{x}$，否则拒绝该样本。也就是说，以接受概率 $\alpha(\boldsymbol{x})$ 接受提议分布的样本，以 $1 - \alpha(\boldsymbol{x})$ 的概率拒绝提议分布产生的样本。这种算法可以生成 $\mathbb{R}^n$ 中任意概率分布的样本。

拒绝采样的原理如图 5.34 所示。图中浅色曲线为要采样的概率分布的概率密度函数 $p(\boldsymbol{x})$，深色曲线为 $c \cdot q(\boldsymbol{x})$，在这里用标准正态分布作为提议分布，系数 $c = 1$。拒绝采样算法首先从正态分布中采样出一批样本，然后以 $1 - \alpha(\boldsymbol{x})$ 的概率拒绝此样本，剩下的样本服从目标概率分布 $p(\boldsymbol{x})$。任意点处的接受率概率为该点处服从目标分布 $p(\boldsymbol{x})$ 的样本在从 $q(\boldsymbol{x})$ 生成的样本数中所占的比例，这里用系数对所有点处的概率密度函数值进行了放大。

提议分布通常选择均匀分布、正态分布等简单的分布；常数 c 需要尽量小，以保证接受率尽可能大。接受率太小会影响算法的效率，导致绝大部分候选样本被拒绝。

下面用一个实际例子进行说明。假设随机变量 X 的概率密度函数为

$$p(x) = \begin{cases} \dfrac{(x - 0.2)^2}{\int_0^1 (x - 0.2)^2 \mathrm{d}x} & 0 \leqslant x \leqslant 1 \\ 0 & \text{其他} \end{cases}$$

现在用拒绝采样算法对它进行采样。提议分布使用均匀分布 $U(0,1)$，常数 c 设置为 4。算法运行的结果如图 5.35 所示。图中虚线为 $c \cdot q(x)$，曲线为 $p(x)$。柱状图为对从 $p(x)$ 采样出的样本进行

频率分布统计后的结果。

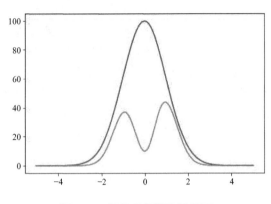
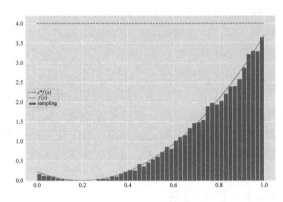

图 **5.34**　拒绝采样算法示意图　　　　图 **5.35**　拒绝采样算法的运行结果

这里产生了 10000 个服从概率分布 $p(x)$ 的样本。为了显示采样效果，将 $[0, 1]$ 区间划分为 50 个等份的子区间，然后统计落入每个子区间的样本数，最后将其用条状图显示出来。

5.9.2　重要性采样

如果采样的目的只是计算数学期望，则抽取的样本不需要严格服从概率分布 $p(\boldsymbol{x})$ 也可以计算出数学期望值，此时可以使用重要性采样（Importance Sampling，IS）。算法同样构造一个提议分布 $q(\boldsymbol{x})$，从该分布直接采样出样本，然后计算数学期望 $E_p[f(\boldsymbol{x})]$。

随机变量函数 $f(\boldsymbol{x})$ 对概率分布 $p(\boldsymbol{x})$ 的期望可以写为

$$E_p[f(\boldsymbol{x})] = \int_{\mathbb{R}^n} f(\boldsymbol{x})p(\boldsymbol{x})\mathrm{d}\boldsymbol{x} = \int_{\mathbb{R}^n} f(\boldsymbol{x})\frac{p(\boldsymbol{x})}{q(\boldsymbol{x})}q(\boldsymbol{x})\mathrm{d}\boldsymbol{x} = \int_{\mathbb{R}^n} f(\boldsymbol{x})w(\boldsymbol{x})q(\boldsymbol{x})\mathrm{d}\boldsymbol{x} = E_q[f(\boldsymbol{x})w(\boldsymbol{x})]$$

其中 $w(\boldsymbol{x}) = \dfrac{p(\boldsymbol{x})}{q(\boldsymbol{x})}$，称为权重。重要性采样算法从提议分布 $q(\boldsymbol{x})$ 采样出样本，然后计算此分布下 $f(\boldsymbol{x})w(\boldsymbol{x})$ 的数学期望，该值等价于 $E_p[f(\boldsymbol{x})]$。

参考文献

[1] 盛骤, 谢式千, 潘承毅. 概率论与数理统计 [M]，第四版. 北京: 高等教育出版社，2008.

[2] Ross S. 概率论基础教程 [M]，第 9 版. 北京: 机械工业出版社，2014.

[3] Dempster A, Laird N, Rubin D. Maximum Likelihood from Incomplete Data via the EM Algorithm[J]. Journal of the royal statistical society series b-methodological, 1976.

[4] Comaniciu D, Meer P. Mean shift: a robust approach toward feature space analysis[J]. IEEE Transactions on Pattern Analysis and Machine Intelligence, 2002.

[5] 李贤平. 概率论基础 [M]. 2 版. 北京: 高等教育出版社，1997.

第 6 章　信息论

信息论（Information Theory）是概率论的延伸，在机器学习与深度学习中信息论通常用于构造目标函数，以及对算法进行理论分析与证明。本章将从机器学习的角度讲述信息论的核心知识，对它们在机器学习与深度学习中的典型应用举例说明。

6.1　熵与联合熵

熵（Entropy）是信息论中的一个基本概念，定义于一个随机变量（或者说一个概率分布）之上，用于对概率分布的随机性程度进行度量，反映了一组数据所包含的信息量大小。

6.1.1　信息量与熵

熵的概念最早源自物理中的热力学。信息论中的熵也称为香农熵（Shannon Entropy）或信息熵（Information Entropy），前者以信息论的奠基人香农的名字命名。它衡量了一个概率分布的随机性程度，或者说它包含的信息量的大小。

首先考虑随机变量取某一特定值时所包含的信息量大小。假设随机变量 X 取值 x 的概率为 $p(x)$。取这个值的概率很小而它又发生了，则包含的信息量大。考虑下面的两个随机事件。

（1）一年之内载人火箭登陆火星。

（2）广州明天要下雨。

显然前者所包含的信息量要大于后者，因为前者的概率远小于后者但却发生了。如果定义一个函数 $h(x)$ 来描述随机变量取值为 x 时信息量的大小，则 $h(x)$ 应为 $p(x)$ 的单调减函数。

满足单调递减要求的函数不唯一，需要进一步缩小范围。假设有两个相互独立的随机变量 X 和 Y，它们取值分别为 x 和 y 的概率为 $p(x)$ 和 $p(y)$。由于相互独立，因此它们的联合概率为

$$p(x, y) = p(x)p(y)$$

由于随机变量 X 和 Y 相互独立，因此它们取值为 (x, y) 的信息量应该是 X 取值为 x 且 Y 取值为 y 的信息量之和，即下式成立

$$h(x, y) = h(x) + h(y)$$

因此，要求 $h(x)$ 能把 $p(x)$ 的乘法运算转化为加法运算，满足此要求的基本函数是对数函数。可以把信息量定义为

$$h(x) = -\ln p(x)$$

对数函数前面加上负号是因为对数函数是增函数，而我们要求 $h(x)$ 是 $p(x)$ 的减函数。另外，由于 $0 \leqslant p(x) \leqslant 1$，因此 $\ln p(x) \leqslant 0$，加上负号之后恰好可以保证信息量非负。信息量与随机变量所取的值 x 本身无关，只与它取该值的概率 $p(x)$ 有关。对数底数的取值并不重要，根据换底公式，使用不同的底数所计算出来的值只相差一个倍数。在通信等领域中，通常以 2 为底（以比特为单位），在机器学习中，通常以 e 为底（以奈特为单位），本书后面的公式与计算均以 e 为底。

上面只考虑了随机变量取某一个值时包含的信息量，随机变量可以取多个值，因此需要计算它取所有各种值时所包含的信息量。随机变量取每个值有一个概率，因此可以计算它取各个值时信息量的数学期望，这个均值就是熵。

对于离散型随机变量，假设其取值有 n 种情况，熵定义为

$$H(p) = E_p[-\ln p(x)] = -\sum_{i=1}^{n} p_i \ln p_i \tag{6.1}$$

这里约定 $p_i = p(x_i)$。下面用一个例子来说明离散型随机变量熵的计算。考虑表 6.1 定义的概率分布。

表 6.1　一个离散型随机变量的概率质量函数

X	1	2	3	4
p	0.25	0.25	0.25	0.25

根据定义，它的熵为

$$H(p) = -0.25 \times \ln 0.25 - 0.25 \times \ln 0.25 - 0.25 \times \ln 0.25 - 0.25 \times \ln 0.25 = 1.386$$

考虑表 6.2 定义的概率分布。

表 6.2　一个离散型随机变量的概率质量函数

X	1	2	3	4
p	0.9	0.05	0.02	0.03

根据定义，它的熵为

$$H(p) = -0.9 \times \ln 0.9 - 0.05 \times \ln 0.05 - 0.02 \times \ln 0.02 - 0.03 \times \ln 0.03 = 0.4278$$

表 6.1 的概率分布是均匀分布，表 6.2 的概率分布不均匀。第一个概率分布的熵明显大于第二个概率分布。可以猜测，随机变量越接近均匀分布（随机性越强），熵越大；反之则越小。后面会证明此结论。

下面以伯努利分布为例，直观地解释熵的值与随机变量的随机性程度之间的关系。假设 $X \sim B(p)$，根据定义，伯努利分布的熵为

$$H(p) = -p \ln p - (1-p) \ln(1-p) \tag{6.2}$$

图 6.1 显示了伯努利分布的熵与其参数 p 的关系，横坐标为 p 的值，纵坐标为熵。当 $p = 0.5$ 即伯努利分布为均匀分布时，熵有极大值。当 $p = 0$ 或 $p = 1$ 时，熵有极小值。对式 (6.2) 求导并令导数为 0，即可证明此结论。

下面考虑连续型概率分布。对于连续型随机变量，假设概率密度函数为 $p(x)$，熵（也称为微分熵，Differential Entropy）定义为

$$H(p) = -\int_{-\infty}^{+\infty} p(x) \ln p(x) \mathrm{d}x \tag{6.3}$$

式 (6.3) 为式 (6.1) 的极限形式，同样是数学期望，将求和换成了定积分，此时的熵是一个泛函。

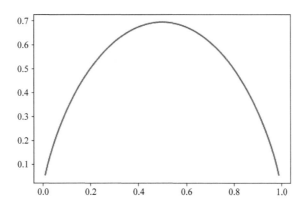

图 6.1 伯努利分布的熵与其参数的关系

6.1.2 熵的性质

对于离散型随机变量，当它服从均匀分布时，熵有极大值。取某一个值的概率为 1，取其他所有值的概率为 0 时，熵有极小值（此时随机变量退化成确定的变量）。下面证明此结论。

对于离散型随机变量，熵是如下多元函数

$$H(p) = -\sum_{i=1}^{n} x_i \ln x_i$$

其中 x_i 为随机变量取第 i 个值的概率。由于是概率分布，因此有如下约束

$$\sum_{i=1}^{n} x_i = 1 \qquad\qquad x_i \geqslant 0$$

对数函数的定义域非负，因此可以去掉上面的不等式约束。构造拉格朗日乘子函数

$$L(\boldsymbol{x}, \boldsymbol{\lambda}) = -\sum_{i=1}^{n} x_i \ln x_i + \lambda \left(\sum_{i=1}^{n} x_i - 1 \right)$$

对 x_i 和乘子变量求偏导并令其为 0，可以得到下面的方程组

$$\frac{\partial L}{\partial x_i} = -\ln x_i - 1 + \lambda = 0 \qquad\qquad \sum_{i=1}^{n} x_i = 1$$

可以解得 $x_i = \dfrac{1}{n}$。此时熵的值为

$$H(p) = -\sum_{i=1}^{n} \frac{1}{n} \ln \frac{1}{n} = \ln n$$

进一步可以证明该值是极大值。熵函数的二阶偏导数为

$$\frac{\partial^2 H}{\partial x_i^2} = -\frac{1}{x_i} \qquad\qquad \frac{\partial^2 H}{\partial x_i \partial x_j} = 0,\ j \neq i$$

它的黑塞矩阵是如下的对角阵

$$\begin{pmatrix} -1/x_1 & \cdots & 0 \\ \vdots & & \vdots \\ 0 & \cdots & -1/x_n \end{pmatrix}$$

由于 $x_i > 0$，黑塞矩阵负定，因此熵函数是凹函数，$x_i = \dfrac{1}{n}$ 时熵有极大值。如果定义

$$0 \ln 0 = 0$$

它与下面的极限是一致的

$$\lim_{x \to 0} x \ln x = 0$$

当某一个 $x_i = 1$，其他的 $x_j = 0, j \neq i$ 时，熵有极小值 0

$$H(p) = 0 \ln 0 + \cdots + 1 \ln 1 + \cdots + 0 \ln 0 = 0$$

只要 $0 < x_i < 1$，则 $\ln x_i < 0$，因此有

$$-x_i \ln x_i > 0$$

这说明熵是非负的，当且仅当随机变量取某一值的概率为 1、取其他值的概率为 0 时，熵有极小值 0。前面已经证明当随机变量取所有值的概率相等即均匀分布时熵有极大值。故熵的取值范围为

$$0 \leqslant H(p) \leqslant \ln n$$

接下来考虑连续型随机变量的情况。对于定义于 $(-\infty, +\infty)$ 上的连续型随机变量，如果数学期望 μ 和方差 σ^2 确定，当随机变量服从正态分布 $N(\mu, \sigma^2)$ 时，熵有极大值。下面对一维随机变量的情况进行证明，使用 4.8 节所讲述的变分法，证明方法可以推广到多维概率分布。给定数学期望与方差即有如下等式约束

$$\int_{-\infty}^{+\infty} x p(x) \mathrm{d}x = \mu \qquad\qquad \int_{-\infty}^{+\infty} (x - \mu)^2 p(x) \mathrm{d}x = \sigma^2$$

为了保证 $p(x)$ 是一个概率密度函数，还有如下约束

$$\int_{-\infty}^{+\infty} p(x) \mathrm{d}x = 1$$

熵对应的泛函为

$$H[p] = -\int_{-\infty}^{+\infty} p(x) \ln p(x) \mathrm{d}x$$

这是一个带等式约束的泛函极值问题。构造拉格朗日乘子泛函

$$F[p, \alpha, \beta, \gamma] = -\int_{-\infty}^{+\infty} p(x) \ln p(x) \mathrm{d}x + \alpha \left(\int_{-\infty}^{+\infty} p(x) \mathrm{d}x - 1 \right) +$$
$$\beta \left(\int_{-\infty}^{+\infty} x p(x) \mathrm{d}x - \mu \right) + \gamma \left(\int_{-\infty}^{+\infty} (x - \mu)^2 p(x) \mathrm{d}x - \sigma^2 \right)$$

将上面的被积函数合并，泛函的核为

$$L(x, p(x), p'(x)) = -p(x) \ln p(x) + \alpha p(x) + \beta x p(x) + \gamma (x - \mu)^2 p(x)$$

根据欧拉-拉格朗日方程，由于泛函的核没有 $p(x)$ 的导数项 $p'(x)$，只需要计算 $\dfrac{\partial L}{\partial p}$。可以得到如下微分方程

$$\frac{\partial L}{\partial p} - \frac{\mathrm{d}}{\mathrm{d}x} \left(\frac{\partial L}{\partial p'} \right) = -(1 + \ln p(x)) + \alpha + \beta x + \gamma (x - \mu)^2 = 0 \tag{6.4}$$

可以解得

$$p(x) = \exp(\gamma (x - \mu)^2 + \beta x + \alpha - 1) \tag{6.5}$$

将式 (6.5) 代入下面的约束条件

$$\int_{-\infty}^{+\infty} p(x) \mathrm{d}x - 1 = 0 \qquad \int_{-\infty}^{+\infty} x p(x) \mathrm{d}x - \mu = 0 \qquad \int_{-\infty}^{+\infty} (x - \mu)^2 p(x) \mathrm{d}x - \sigma^2 = 0$$

可以解得

$$\alpha = 1 - \ln(\sqrt{2\pi}\sigma) \qquad\qquad \beta = 0 \qquad\qquad \gamma = -\frac{1}{2\sigma^2}$$

最终解得

$$p(x) = \frac{1}{\sqrt{2\pi}\sigma} \exp\left(-\frac{(x-\mu)^2}{2\sigma^2}\right)$$

此即正态分布的概率密度函数。

下面计算正态分布 $N(\mu, \sigma^2)$ 的熵，根据定义有

$$
\begin{aligned}
H(p) &= -\int_{-\infty}^{+\infty} \frac{1}{\sqrt{2\pi}\sigma} \exp\left(-\frac{(x-\mu)^2}{2\sigma^2}\right) \ln\left(\frac{1}{\sqrt{2\pi}\sigma} \exp\left(-\frac{(x-\mu)^2}{2\sigma^2}\right)\right) \mathrm{d}x \\
&= -\int_{-\infty}^{+\infty} \frac{1}{\sqrt{2\pi}\sigma} \exp\left(-\frac{(x-\mu)^2}{2\sigma^2}\right) \left(\ln\frac{1}{\sqrt{2\pi}\sigma} - \frac{(x-\mu)^2}{2\sigma^2}\right) \mathrm{d}x \\
&= -\ln\frac{1}{\sqrt{2\pi}\sigma} \int_{-\infty}^{+\infty} \frac{1}{\sqrt{2\pi}\sigma} \exp\left(-\frac{(x-\mu)^2}{2\sigma^2}\right) \mathrm{d}x + \int_{-\infty}^{+\infty} \frac{1}{\sqrt{2\pi}\sigma} \frac{(x-\mu)^2}{2\sigma^2} \exp\left(-\frac{(x-\mu)^2}{2\sigma^2}\right) \mathrm{d}x \\
&= -\ln\frac{1}{\sqrt{2\pi}\sigma} + \frac{1}{2\sigma^2} \int_{-\infty}^{+\infty} \frac{1}{\sqrt{2\pi}\sigma} (x-\mu)^2 \exp\left(-\frac{(x-\mu)^2}{2\sigma^2}\right) \mathrm{d}x \\
&= -\ln\frac{1}{\sqrt{2\pi}\sigma} + \frac{1}{2\sigma^2}\sigma^2 \\
&= \ln(\sqrt{2\pi}\sigma) + \frac{1}{2}
\end{aligned}
$$

上式第 4 步利用了概率密度函数积分为 1 的特性，第 5 步利用了正态分布方差的结果。正态分布的熵只与方差有关而与均值无关，这与直观认识相符。只有方差才决定了正态分布的随机性程度。

6.1.3 应用——决策树

下面介绍熵在机器学习中的应用，经典的例子是决策树的训练算法。图 6.2 是一棵用于水果分类的决策树，图中白色节点为内部节点，每个节点有一个判定规则；灰色节点为叶子节点，表示分类结果。在预测时，从根节点出发，在每个内部节点处用判定规则进行判定，根据判定结果进入不同的分支，直到遇到叶子节点，给出预测结果。决策树的结构以及内部节点的判定规则是通过训练得到的。对决策树的进一步了解可以阅读参考文献 [7]。

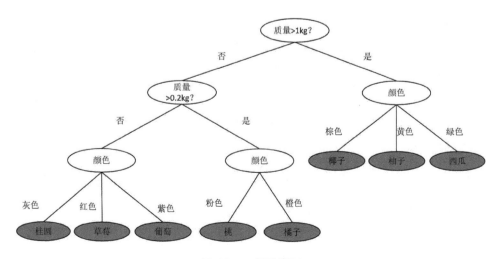

图 6.2　一棵决策树

决策树训练时的目标是保证对训练样本集尽可能正确地预测。考虑二叉决策树，对于分类问题，训练决策树的内部节点时需要寻找最佳分裂（即判定规则），将训练样本集划分为左右两个子集。目标是左右子集的样本尽可能"纯"，左子集都为某一类或某几类样本，右子集为另外几类样本。

因此需要定义度量样本集是否纯的指标，并最大化该指标以找到分裂规则。ID3（见参考文献 [3]）所使用的信息增益指标即通过熵进行构造。样本集中各类样本出现的概率是一个概率分布，如果一个样本集的熵越大，则说明它里面的样本越纯。对于每个分裂规则，用它将训练样本集划分成左子集 D_L 和右子集 D_R。分别计算左右子集的熵 $H(D_L)$ 和 $H(D_R)$，根据熵计算信息增益，通过寻找信息增益的极值得到最优分裂规则。

首先来看样本集熵的计算。给定样本集 D，对于 K 分类问题，其中每类样本的数量为 $N_i, i = 1, \cdots, k$。可以计算出每类样本出现的概率

$$p_i = \frac{N_i}{|D|}$$

这是一个多项分布。根据 6.1.1 节中离散型概率分布熵的定义，样本集的熵为

$$H(D) = -\sum_{i=1}^{k} p_i \ln p_i \tag{6.6}$$

当样本集中的所有样本都属于某一类时，熵有极小值，当样本均匀地分布于所有类时，熵有极大值。因此，如果能找到一个判定规则，让 D_L 和 D_R 的熵最小化，则这个判定规则将使得分裂之后的左子集和右子集的纯度最大化。

实现时使用了信息增益（Information Gain）指标，根据熵构造。如果是 m 叉决策树，假设用某个分裂规则将样本集 D 划分为 m 个不相交的子集 $D_1, \cdots, D_m$，则该划分的信息增益定义为

$$G = H(D) - \sum_{i=1}^{m} \frac{|D_i|}{|D|} H(D_i) \tag{6.7}$$

其意义是划分之后熵的下降值。由于 $H(D)$ 是一个定值，熵下降得越多说明分裂之后的子集的熵越小。式 (6.7) 中 $\frac{|D_i|}{|D|}$ 反映了每个子集的权重，与子集的样本数成正比。枚举所有判定规则，用该规则将样本集划分成多个子集，然后计算信息增益。信息增益最大的判定规则即为最优判定规则。

6.1.4   联合熵

联合熵（Joint Entropy）是熵对多维概率分布的推广，它描述了一组随机变量的不确定性。以二维随机向量为例，有两个离散型随机变量 X 和 Y，它们的联合概率质量函数为 $p(x,y)$，联合熵定义为

$$H(X,Y) = -\sum_x \sum_y p(x,y) \ln p(x,y)$$

推广到多个随机变量，有

$$H(X_1, \cdots, X_n) = -\sum_{x_1} \cdots \sum_{x_n} p(x_1, \cdots, x_n) \ln p(x_1, \cdots, x_n)$$

根据定义，联合熵是非负的

$$H(X_1, \cdots, X_n) \geqslant 0$$

下面以二维离散型概率分布为例计算联合熵。考虑表 6.3 中的联合概率分布。

表 6.3　两个离散型随机变量的联合概率分布

Y X	1	2	3	4
1	0.2	0.1	0.05	0.05
2	0.1	0.3	0.1	0.1

根据定义，联合熵为

$$H(X,Y) = -0.2 \times \ln 0.2 - 0.1 \times \ln 0.1 - 0.05 \times \ln 0.05 - 0.05 \times \ln 0.05 -$$

$$0.1 \times \ln 0.1 - 0.3 \times \ln 0.3 - 0.1 \times \ln 0.1 - 0.1 \times \ln 0.1$$

$$= 1.56$$

对于二维连续型随机向量 (X, Y)，假设联合概率密度函数为 $p(x, y)$，其联合熵为二重积分

$$H(X,Y) = -\int_{-\infty}^{+\infty} \int_{-\infty}^{+\infty} p(x,y) \ln p(x,y) \mathrm{d}x \mathrm{d}y$$

对于 n 维连续型随机向量 $\boldsymbol{x}$，假设联合概率密度函数为 $p(\boldsymbol{x})$，其联合熵为 n 重积分

$$H(\boldsymbol{x}) = -\int_{\mathbb{R}^n} p(\boldsymbol{x}) \ln p(\boldsymbol{x}) \mathrm{d}\boldsymbol{x}$$

下面计算多维正态分布 $N(\boldsymbol{\mu}, \boldsymbol{\Sigma})$ 的联合熵。根据定义有

$$H(\boldsymbol{x}) = -\int_{\mathbb{R}^n} \frac{1}{(2\pi)^{\frac{n}{2}} |\boldsymbol{\Sigma}|^{\frac{1}{2}}} \exp\left(-\frac{1}{2}(\boldsymbol{x}-\boldsymbol{\mu})^{\mathrm{T}} \boldsymbol{\Sigma}^{-1} (\boldsymbol{x}-\boldsymbol{\mu})\right) \cdot$$

$$\ln\left(\frac{1}{(2\pi)^{\frac{n}{2}} |\boldsymbol{\Sigma}|^{\frac{1}{2}}} \exp\left(-\frac{1}{2}(\boldsymbol{x}-\boldsymbol{\mu})^{\mathrm{T}} \boldsymbol{\Sigma}^{-1} (\boldsymbol{x}-\boldsymbol{\mu})\right)\right) \mathrm{d}\boldsymbol{x}$$

$$= -\ln\left(\frac{1}{(2\pi)^{\frac{n}{2}} |\boldsymbol{\Sigma}|^{\frac{1}{2}}}\right) \int_{\mathbb{R}^n} \frac{1}{(2\pi)^{\frac{n}{2}} |\boldsymbol{\Sigma}|^{\frac{1}{2}}} \exp\left(-\frac{1}{2}(\boldsymbol{x}-\boldsymbol{\mu})^{\mathrm{T}} \boldsymbol{\Sigma}^{-1} (\boldsymbol{x}-\boldsymbol{\mu})\right) \mathrm{d}\boldsymbol{x} +$$

$$\frac{1}{2} \int_{\mathbb{R}^n} \frac{1}{(2\pi)^{\frac{n}{2}} |\boldsymbol{\Sigma}|^{\frac{1}{2}}} (\boldsymbol{x}-\boldsymbol{\mu})^{\mathrm{T}} \boldsymbol{\Sigma}^{-1} (\boldsymbol{x}-\boldsymbol{\mu}) \exp\left(-\frac{1}{2}(\boldsymbol{x}-\boldsymbol{\mu})^{\mathrm{T}} \boldsymbol{\Sigma}^{-1} (\boldsymbol{x}-\boldsymbol{\mu})\right) \mathrm{d}\boldsymbol{x}$$

$$= \ln((2\pi)^{\frac{n}{2}} |\boldsymbol{\Sigma}|^{\frac{1}{2}}) + \frac{n}{2} = \frac{n}{2} \ln(2\pi) + \frac{1}{2} \ln(|\boldsymbol{\Sigma}|) + \frac{n}{2}$$

这与一维正态分布熵的计算公式在形式上是统一的。在第 3 步中利用了概率密度函数积分为 1 的结论。下面介绍上式中第 2 部分积分的计算。由于协方差矩阵 $\boldsymbol{\Sigma}$ 正定，因此可以对其进行楚列斯基分解

$$\boldsymbol{\Sigma} = \boldsymbol{L}\boldsymbol{L}^{\mathrm{T}}$$

从而有

$$(\boldsymbol{x}-\boldsymbol{\mu})^{\mathrm{T}} \boldsymbol{\Sigma}^{-1} (\boldsymbol{x}-\boldsymbol{\mu}) = (\boldsymbol{x}-\boldsymbol{\mu})^{\mathrm{T}} (\boldsymbol{L}\boldsymbol{L}^{\mathrm{T}})^{-1} (\boldsymbol{x}-\boldsymbol{\mu}) = (\boldsymbol{x}-\boldsymbol{\mu})^{\mathrm{T}} \boldsymbol{L}^{-1} (\boldsymbol{L}^{-1})^{\mathrm{T}} (\boldsymbol{x}-\boldsymbol{\mu})$$

$$= ((\boldsymbol{L}^{-1})^{\mathrm{T}} (\boldsymbol{x}-\boldsymbol{\mu}))^{\mathrm{T}} ((\boldsymbol{L}^{-1})^{\mathrm{T}} (\boldsymbol{x}-\boldsymbol{\mu}))$$

下面进行换元。如果令

$$\boldsymbol{y} = (\boldsymbol{L}^{-1})^{\mathrm{T}} (\boldsymbol{x}-\boldsymbol{\mu}) = (\boldsymbol{L}^{\mathrm{T}})^{-1} (\boldsymbol{x}-\boldsymbol{\mu})$$

则有

$$\boldsymbol{x} = \boldsymbol{L}^{\mathrm{T}} \boldsymbol{y} + \boldsymbol{\mu}$$

此变换的雅可比行列式为

$$\left| \frac{\partial \boldsymbol{x}}{\partial \boldsymbol{y}} \right| = |\boldsymbol{L}^{\mathrm{T}}| = |\boldsymbol{\Sigma}|^{1/2}$$

根据多重积分换元公式,有

$$\int_{\mathbb{R}^n} (\boldsymbol{x}-\boldsymbol{\mu})^{\mathrm{T}}\boldsymbol{\Sigma}^{-1}(\boldsymbol{x}-\boldsymbol{\mu}) \exp\left(-\frac{1}{2}(\boldsymbol{x}-\boldsymbol{\mu})^{\mathrm{T}}\boldsymbol{\Sigma}^{-1}(\boldsymbol{x}-\boldsymbol{\mu})\right) \mathrm{d}\boldsymbol{x} = \int_{\mathbb{R}^n} \boldsymbol{y}^{\mathrm{T}}\boldsymbol{y} \exp\left(-\frac{1}{2}\boldsymbol{y}^{\mathrm{T}}\boldsymbol{y}\right) \left|\det\left(\frac{\partial \boldsymbol{x}}{\partial \boldsymbol{y}}\right)\right| \mathrm{d}$$

$$= |\boldsymbol{\Sigma}|^{\frac{1}{2}} \int_{\mathbb{R}^n} (y_1^2+\cdots+y_n^2) \exp\left(-\frac{1}{2}y_1^2\right)\cdots\exp\left(-\frac{1}{2}y_n^2\right)\mathrm{d}\boldsymbol{y}$$

$$= |\boldsymbol{\Sigma}|^{\frac{1}{2}} \sum_{i=1}^{n} \left(\int_{-\infty}^{+\infty} y_i^2 \exp\left(-\frac{1}{2}y_i^2\right)\mathrm{d}y_i \prod_{j=1,j\neq i}^{n} \int_{-\infty}^{+\infty} \exp\left(-\frac{1}{2}y_j^2\right)\mathrm{d}y_j\right)$$

$$= |\boldsymbol{\Sigma}|^{\frac{1}{2}} n\sqrt{2\pi}(\sqrt{2\pi})^{n-1} = |\boldsymbol{\Sigma}|^{\frac{1}{2}} n(\sqrt{2\pi})^n$$

上式倒数第 2 步利用了式 (3.30) 以及 5.3.6 节计算正态分布方差时的结论。因此有

$$\frac{1}{2}\int_{\mathbb{R}^n} \frac{1}{(2\pi)^{\frac{n}{2}}|\boldsymbol{\Sigma}|^{\frac{1}{2}}}(\boldsymbol{x}-\boldsymbol{\mu})^{\mathrm{T}}\boldsymbol{\Sigma}^{-1}(\boldsymbol{x}-\boldsymbol{\mu}) \exp\left(-\frac{1}{2}(\boldsymbol{x}-\boldsymbol{\mu})^{\mathrm{T}}\boldsymbol{\Sigma}^{-1}(\boldsymbol{x}-\boldsymbol{\mu})\right) \mathrm{d}\boldsymbol{x}$$

$$= \frac{1}{2}\frac{1}{(2\pi)^{\frac{n}{2}}|\boldsymbol{\Sigma}|^{\frac{1}{2}}}|\boldsymbol{\Sigma}|^{\frac{1}{2}} n(\sqrt{2\pi})^n = \frac{n}{2}$$

同样,多维正态分布的熵只与协方差矩阵有关,而与均值向量无关。

如果随机变量 X 和 Y 相互独立,则它们的联合熵等于各自边缘分布的熵之和

$$H(X,Y) = H(X) + H(Y)$$

其中 $H(X)$ 和 $H(Y)$ 分别为 X 和 Y 的边缘分布的熵。下面对离散型概率分布进行证明,同样的方法可以推广到连续型概率分布的情况。由于 X 和 Y 相互独立,因此有

$$p(x,y) = p(x)p(y)$$

从而有

$$H(X,Y) = -\sum_x\sum_y p(x,y)\ln p(x,y) = -\sum_x\sum_y p(x)p(y)\ln(p(x)p(y))$$

$$= -\sum_x\sum_y p(x)p(y)\ln p(x) - \sum_x\sum_y p(x)p(y)\ln p(y)$$

$$= -\sum_x\left(p(x)\ln p(x)\sum_y p(y)\right) - \sum_x\left(p(x)\sum_y p(y)\ln p(y)\right)$$

$$= -\sum_x p(x)\ln p(x) + \sum_x (p(x)H(Y)) = H(X) - H(Y)\sum_x p(x)$$

$$= H(X) + H(Y)$$

上式第 5 步利用了 $\sum_y p(y) = 1$,以及 $-\sum_y p(y)\ln p(y) = H(Y)$。这一结论也符合 6.1.1 节中定义信息量时的原则,两个相互独立的随机变量的信息量等于它们各自的信息量之和。

6.2 交叉熵

交叉熵定义于两个概率分布之上,反映了它们之间的差异程度。机器学习算法在很多时候的训练目标是使得模型拟合出的概率分布尽量接近目标概率分布,因此可以用交叉熵来构造损失函数。这一指标在用于分类问题的神经网络训练中得到了广泛应用,是最常用的损失函数之一。

6.2.1 交叉熵的定义

交叉熵（Cross Entropy，CE）的定义与熵类似，但定义在两个概率分布之上。对于离散型随机变量 X，$p(x)$ 和 $q(x)$ 是两个概率分布的概率质量函数，交叉熵定义为

$$H(p,q) = E_p[-\ln q(x)] = -\sum_x p(x) \ln q(x) \tag{6.8}$$

交叉熵同样是数学期望，衡量了两个概率分布的差异。其值越大，两个概率分布的差异越大；其值越小，则两个概率分布的差异越小。

下面以实际的例子计算交叉熵。计算表 6.4 中的两个概率分布的交叉熵。

表 6.4 两个离散型概率分布的概率质量函数

X	1	2	3	4
p	0.4	0.4	0.1	0.1
q	0.4	0.4	0.1	0.1

根据定义，其交叉熵为

$$H(p,q) = -0.4 \times \ln 0.4 - 0.4 \times \ln 0.4 - 0.1 \times \ln 0.1 - 0.1 \times \ln 0.1 = 1.2$$

计算表 6.5 中的两个概率分布的交叉熵。

表 6.5 两个离散型概率分布的概率质量函数

X	1	2	3	4
p	0.4	0.4	0.1	0.1
q	0.1	0.1	0.4	0.4

根据定义，其交叉熵为

$$H(p,q) = -0.4 \times \ln 0.1 - 0.4 \times \ln 0.1 - 0.1 \times \ln 0.4 - 0.1 \times \ln 0.4 = 2.0$$

表 6.4 中的两个概率分布完全相等，表 6.5 中的两个概率分布差异很大。后者的交叉熵比前者大。后面我们会证明当两个概率分布相等时交叉熵有极小值。

对于两个连续型概率分布，假设概率密度函数分别为 $p(x)$ 和 $q(x)$，交叉熵定义为

$$H(p,q) = E_p[-\ln q(x)] = -\int_{-\infty}^{+\infty} p(x) \ln q(x) \mathrm{d}x \tag{6.9}$$

这里将求和换为定积分。推广到多维连续型概率分布，交叉熵通过多重积分定义。如果两个概率分布完全相等

$$p(x) = q(x)$$

则交叉熵退化成熵，此时有 $H(p,q) = H(p) = H(q)$。

6.2.2 交叉熵的性质

交叉熵不是距离，不具有对称性，一般情况下

$$H(p,q) \neq H(q,p)$$

它也不满足三角不等式。

当两个概率分布相等的时候，交叉熵有极小值。下面对离散型概率分布进行证明。假设第一个概率分布已知，即对于概率分布 $p(x)$，随机变量 X 取第 i 个值的概率为常数 a_i，假设对于概

率分布 $q(x)$，随机变量 X 取第 i 个值的概率为 x_i。此时，交叉熵为如下形式的多元函数

$$H(\boldsymbol{x}) = -\sum_{i=1}^{n} a_i \ln x_i$$

概率分布有如下约束条件

$$\sum_{i=1}^{n} x_i = 1$$

构造拉格朗日乘子函数

$$L(\boldsymbol{x}, \boldsymbol{\lambda}) = -\sum_{i=1}^{n} a_i \ln x_i + \lambda \left(\sum_{i=1}^{n} x_i - 1 \right)$$

对所有变量求偏导数，并令偏导数为 0，可以得到下面的方程组

$$-\frac{a_i}{x_i} + \lambda = 0 \qquad\qquad \sum_{i=1}^{n} x_i = 1 \tag{6.10}$$

由于 a_i 是一个概率分布，因此有

$$\sum_{i=1}^{n} a_i = 1 \tag{6.11}$$

联立式 (6.10) 与式 (6.11) 可以解得

$$\lambda = 1 \qquad\qquad x_i = a_i$$

因此，在两个概率分布相等的时候，交叉熵有极值。接下来证明这个极值是极小值。交叉熵函数的二阶偏导数为

$$\frac{\partial^2 H}{\partial x_i^2} = \frac{a_i}{x_i^2} \qquad\qquad \frac{\partial^2 H}{\partial x_i \partial x_j} = 0, \ i \neq j$$

黑塞矩阵为

$$\begin{pmatrix} a_1/x_1^2 & \cdots & 0 \\ \vdots & & \vdots \\ 0 & \cdots & a_n/x_n^2 \end{pmatrix}$$

该矩阵正定，因此交叉熵函数是凸函数，上面的极值是极小值。

下面以伯努利分布来说明交叉熵的极值。有两个伯努利分布 $p(x)$ 和 $q(x)$，前者的参数 $p = 0.3$，假设后者的参数为 x，则它们的交叉熵为

$$H(p, q) = -0.3 \ln(x) - 0.7 \ln(1 - x)$$

其曲线如图 6.3 所示。图中横轴为参数 x，纵轴为交叉熵的值。可以看到，在 $x = 0.3$ 点处交叉熵有极小值。这与前面的解一致。

6.2.3　应用——softmax 回归

交叉熵常用于构造机器学习的目标函数，如 logistic 回归与 softmax 回归的损失函数。此时可从最大似然估计导出交叉熵损失函数。

softmax 回归是 logistic 回归的扩展，用于解决多分类问题。给定 l 个训练样本 $(\boldsymbol{x}_i, y_i)$，其中 $\boldsymbol{x}_i$ 为 n 维特征向量，y_i 为类别标签，取值为 1 和 k 之间的整数。softmax 回归用式 (6.12) 计算样

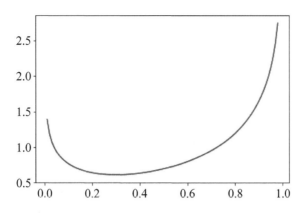

图 6.3 伯努利分布的交叉熵与其参数的关系

本 $\boldsymbol{x}$ 属于每一类的概率

$$h_{\boldsymbol{\theta}}(\boldsymbol{x}) = \frac{1}{\sum\limits_{i=1}^{k} e^{\boldsymbol{\theta}_i^{\mathrm{T}} \boldsymbol{x}}} \begin{pmatrix} e^{\boldsymbol{\theta}_1^{\mathrm{T}} \boldsymbol{x}} \\ \vdots \\ e^{\boldsymbol{\theta}_k^{\mathrm{T}} \boldsymbol{x}} \end{pmatrix} \tag{6.12}$$

首先用 k 个向量 $\boldsymbol{\theta}_i$ 对 $\boldsymbol{x}$ 进行线性映射,得到 k 个标量 $z_i = \boldsymbol{\theta}_i^{\mathrm{T}} \boldsymbol{x}$,然后用 softmax 变换对它们进行归一化,得到概率值

$$p_i = \frac{e^{z_i}}{\sum\limits_{j=1}^{k} e^{z_j}}$$

模型的输出为一个 k 维的概率向量,其元素之和为 1,每一个分量为样本属于该类的概率,是多项分布。这里使用指数函数进行变换的原因是指数函数值都大于 0,概率值必须是非负的。分类时将样本判定为概率最大的那个类。

softmax 回归要估计的参数为

$$\boldsymbol{\theta} = (\boldsymbol{\theta}_1 \ \ \boldsymbol{\theta}_2 \ \ \cdots \ \ \boldsymbol{\theta}_k)$$

每个 $\boldsymbol{\theta}_i$ 是一个列向量,$\boldsymbol{\theta}$ 是一个 $n \times k$ 的矩阵。将式 (6.12) 预测出的概率向量记为 $\boldsymbol{y}^*$,即

$$\boldsymbol{y}^* = \frac{1}{\sum\limits_{i=1}^{k} e^{\boldsymbol{\theta}_i^{\mathrm{T}} \boldsymbol{x}}} \begin{pmatrix} e^{\boldsymbol{\theta}_1^{\mathrm{T}} \boldsymbol{x}} \\ \vdots \\ e^{\boldsymbol{\theta}_k^{\mathrm{T}} \boldsymbol{x}} \end{pmatrix}$$

训练样本的真实标签值用 One-Hot 编码为向量,如果样本属于第 i 类,则向量的第 i 个分量 y_i 为 1,其他的均为 0,将这个标签向量记为 $\boldsymbol{y}$。样本的概率质量函数可以统一写成

$$\prod_{i=1}^{k} (y_i^*)^{y_i} \tag{6.13}$$

显然这个结论是成立的。只有一个 y_i 为 1,其他的都为 0,一旦 $\boldsymbol{y}$ 的取值确定,如样本为第 j 类样本,则式 (6.13) 的值为 y_j^*。这种做法在 5.3.4 节已经进行了说明。可以使用最大似然估计确定模型的参数。给定 l 个训练样本,它们的似然函数为

$$\prod_{i=1}^{l}\left(\prod_{j=1}^{k}\left(\frac{\exp(\boldsymbol{\theta}_j^{\mathrm{T}}\boldsymbol{x}_i)}{\sum_{t=1}^{k}\exp(\boldsymbol{\theta}_t^{\mathrm{T}}\boldsymbol{x}_i)}\right)^{y_{ij}}\right) \tag{6.14}$$

其中 y_{ij} 为第 i 个训练样本标签向量的第 j 个分量。将式 (6.14) 取对数，得到对数似然函数为

$$\sum_{i=1}^{l}\sum_{j=1}^{k}\left(y_{ij}\ln\frac{\exp(\boldsymbol{\theta}_j^{\mathrm{T}}\boldsymbol{x}_i)}{\sum_{t=1}^{k}\exp(\boldsymbol{\theta}_t^{\mathrm{T}}\boldsymbol{x}_i)}\right)$$

让对数似然函数取极大值等价于让下面的损失函数取极小值

$$L(\boldsymbol{\theta}) = -\sum_{i=1}^{l}\sum_{j=1}^{k}\left(y_{ij}\ln\frac{\exp(\boldsymbol{\theta}_j^{\mathrm{T}}\boldsymbol{x}_i)}{\sum_{t=1}^{k}\exp(\boldsymbol{\theta}_t^{\mathrm{T}}\boldsymbol{x}_i)}\right) \tag{6.15}$$

式 (6.15) 的目标函数称为交叉熵损失函数，与式 (6.8) 的定义一致，反映了预测值 $\boldsymbol{y}^*$ 与真实标签值 $\boldsymbol{y}$ 的差距，二者均为多项分布。这里对所有训练样本的交叉熵求和，实现时也可以使用均值。

对于 softmax 回归，最大化对数似然函数等价于最小化交叉熵损失函数。可以证明此交叉熵损失函数是凸函数，留给读者作为练习。

更一般地，在机器学习和深度学习中通常已知一个概率分布 p，算法要拟合一个概率分布 q，使得后者尽可能接近前者。可以通过最小化二者的交叉熵实现。logistic 回归、softmax 回归，以及使用 softmax 回归作为输出层的人工神经网络是典型的代表。

6.3　Kullback-Leibler 散度

KL 散度同样定义于两个概率分布之上，也用于度量两个概率分布之间的差异，通常用于构造目标函数以及对算法进行理论分析。

6.3.1　KL 散度的定义

KL 散度（Kullback-Leibler Divergence）也称为相对熵（Relative Entropy），同样用于衡量两个概率分布之间的差异。其值越大，则两个概率分布的差异越大；当两个概率分布完全相等时，KL 散度值为 0。

对于两个离散型概率分布 p 和 q，它们之间的 KL 散度定义为

$$D_{\mathrm{KL}}(p\|q) = \sum_{x}p(x)\ln\frac{p(x)}{q(x)} \tag{6.16}$$

其中 $p(x)$ 和 $q(x)$ 为这两个概率分布的概率质量函数。下面以实际例子来说明 KL 散度的计算。考虑表 6.6 中的两个概率分布。

表 6.6　两个离散型概率分布的概率质量函数

X	1	2	3	4
p	0.2	0.4	0.3	0.1
q	0.7	0.05	0.15	0.1

根据定义，它们的 KL 散度为

$$D_{\mathrm{KL}}(p\|q) = 0.2 \times \ln\frac{0.2}{0.7} + 0.4 \times \ln\frac{0.4}{0.05} + 0.3 \times \ln\frac{0.3}{0.15} + 0.1 \times \ln\frac{0.1}{0.1} = 0.79$$

计算表 6.7 中两个概率分布的 KL 散度。

表 6.7　两个离散型概率分布的概率质量函数

X	1	2	3	4
p	0.2	0.4	0.3	0.1
q	0.2	0.4	0.3	0.1

根据定义，它们的 KL 散度为

$$D_{\mathrm{KL}}(p\|q) = 0.2 \times \ln\frac{0.2}{0.2} + 0.4 \times \ln\frac{0.4}{0.4} + 0.3 \times \ln\frac{0.3}{0.3} + 0.1 \times \ln\frac{0.1}{0.1} = 0.0$$

显然，当 $p(x) = q(x)$ 时，有

$$\ln\frac{p(x)}{q(x)} \equiv \ln 1 = 0$$

因此

$$D_{\mathrm{KL}}(p\|q) = \sum_x p(x) \ln\frac{p(x)}{q(x)} = \sum_x p(x) \times 0 = 0$$

此时 KL 散度值为 0。

下面计算两个伯努利分布之间的 KL 散度。根据定义，两个伯努利分布 $B(p_1)$ 与 $B(p_2)$ 之间的 KL 散度为

$$D_{\mathrm{KL}}(p\|q) = p_1 \ln\frac{p_1}{p_2} + (1 - p_1) \ln\frac{1 - p_1}{1 - p_2}$$

稀疏自动编码器中使用了此结论，作为正则化项，确保神经网络输出结果的稀疏性。

对于两个连续型概率分布 p 和 q，它们之间的 KL 散度定义为

$$D_{\mathrm{KL}}(p\|q) = \int_{-\infty}^{+\infty} p(x) \ln\frac{p(x)}{q(x)} \mathrm{d}x \tag{6.17}$$

其中 $p(x)$ 和 $q(x)$ 为这两个概率分布的概率密度函数。式 (6.17) 是式 (6.16) 的极限形式，将求和换为定积分。推广到多维连续型概率分布，KL 散度通过多重积分定义。

下面计算正态分布之间的 KL 散度值。假设有两个正态分布 $N(\mu_1, \sigma_1^2)$ 和 $N(\mu_2, \sigma_2^2)$。根据定义，它们的 KL 散度为

$$\begin{aligned}
D_{\mathrm{KL}}(p_1\|p_2) &= \int_{-\infty}^{+\infty} p_1(x) \ln\frac{p_1(x)}{p_2(x)} \mathrm{d}x = \int_{-\infty}^{+\infty} p_1(x) \ln\left(\ln\frac{\frac{1}{\sqrt{2\pi}\sigma_1}\exp\left(-\frac{(x-\mu_1)^2}{2\sigma_1^2}\right)}{\frac{1}{\sqrt{2\pi}\sigma_2}\exp\left(-\frac{(x-\mu_2)^2}{2\sigma_2^2}\right)}\right)\mathrm{d}x \\
&= \int_{-\infty}^{+\infty} p_1(x)\left(\ln\frac{\sigma_2}{\sigma_1} + \frac{(x-\mu_2)^2}{2\sigma_2^2} - \frac{(x-\mu_1)^2}{2\sigma_1^2}\right)\mathrm{d}x \\
&= \ln\frac{\sigma_2}{\sigma_1}\int_{-\infty}^{+\infty} p_1(x)\mathrm{d}x + \int_{-\infty}^{+\infty}\frac{(x-\mu_2)^2}{2\sigma_2^2}p_1(x)\mathrm{d}x - \int_{-\infty}^{+\infty}\frac{(x-\mu_1)^2}{2\sigma_1^2}p_1(x)\mathrm{d}x
\end{aligned}$$

由于 $p_1(x)$ 是概率密度函数，因此有 $\int_{-\infty}^{+\infty} p_1(x)\mathrm{d}x = 1$。根据正态分布方差的计算公式，有

$$\int_{-\infty}^{+\infty}\frac{(x-\mu_1)^2}{2\sigma_1^2}p_1(x)\mathrm{d}x = \frac{1}{2\sigma_1^2}\int_{-\infty}^{+\infty}(x-\mu_1)^2 p_1(x)\mathrm{d}x = \frac{1}{2\sigma_1^2}\sigma_1^2 = \frac{1}{2}$$

因此 KL 散度可以简化为

$$D_{\mathrm{KL}}(p_1\|p_2) = \ln\frac{\sigma_2}{\sigma_1} + \int_{-\infty}^{+\infty}\frac{(x-\mu_2)^2}{2\sigma_2^2}p_1(x)\mathrm{d}x - \frac{1}{2}$$

而

$$\int_{-\infty}^{+\infty} \frac{(x-\mu_2)^2}{2\sigma_2^2} p_1(x)\mathrm{d}x = \frac{1}{2\sigma_2^2} \int_{-\infty}^{+\infty} (x-\mu_1+\mu_1-\mu_2)^2 p_1(x)\mathrm{d}x$$

$$= \frac{1}{2\sigma_2^2} \int_{-\infty}^{+\infty} ((x-\mu_1)^2 + 2(x-\mu_1)(\mu_1-\mu_2) + (\mu_1-\mu_2)^2) p_1(x)\mathrm{d}x$$

$$= \frac{1}{2\sigma_2^2} \left(\int_{-\infty}^{+\infty} (x-\mu_1)^2 p_1(x)\mathrm{d}x + \int_{-\infty}^{+\infty} (x-\mu_1)(\mu_1-\mu_2) p_1(x)\mathrm{d}x + \int_{-\infty}^{+\infty} (\mu_1-\mu_2)^2 p_1(x)\mathrm{d}x \right)$$

根据正态分布数学期望的计算公式，$\int_{-\infty}^{+\infty} x p_1(x)\mathrm{d}x = \mu_1$。因此有

$$\int_{-\infty}^{+\infty} (x-\mu_1)(\mu_1-\mu_2) p_1(x)\mathrm{d}x = (\mu_1-\mu_2) \left(\int_{-\infty}^{+\infty} x p_1(x)\mathrm{d}x - \mu_1 \int_{-\infty}^{+\infty} p_1(x)\mathrm{d}x \right)$$

$$= (\mu_1-\mu_2)(\mu_1-\mu_1) = 0$$

最终可以简化为

$$D_{\mathrm{KL}}(p_1\|p_2) = \ln \frac{\sigma_2}{\sigma_1} + \int_{-\infty}^{+\infty} \frac{(x-\mu_2)^2}{2\sigma_2^2} p_1(x)\mathrm{d}x - \frac{1}{2} = \ln \frac{\sigma_2}{\sigma_1} + \frac{1}{2\sigma_2^2}(\sigma_1^2 + (\mu_1-\mu_2)^2) - \frac{1}{2}$$

$$= \frac{1}{2} \left(\ln \frac{\sigma_2^2}{\sigma_1^2} + \frac{\sigma_1^2}{\sigma_2^2} + \frac{(\mu_1-\mu_2)^2}{\sigma_2^2} - 1 \right) \tag{6.18}$$

可以将式 (6.18) 的结论推广到多维正态分布。对于两个 d 维正态分布

$$p_1(\boldsymbol{x}) = \frac{1}{(2\pi)^{\frac{d}{2}} |\boldsymbol{\Sigma}_1|^{\frac{1}{2}}} \exp \left(-\frac{1}{2}(\boldsymbol{x}-\boldsymbol{\mu}_1)^{\mathrm{T}} \boldsymbol{\Sigma}_1^{-1}(\boldsymbol{x}-\boldsymbol{\mu}_1) \right)$$

和

$$p_2(\boldsymbol{x}) = \frac{1}{(2\pi)^{\frac{d}{2}} |\boldsymbol{\Sigma}_2|^{\frac{1}{2}}} \exp \left(-\frac{1}{2}(\boldsymbol{x}-\boldsymbol{\mu}_2)^{\mathrm{T}} \boldsymbol{\Sigma}_2^{-1}(\boldsymbol{x}-\boldsymbol{\mu}_2) \right)$$

它们的 KL 散度值为

$$D_{\mathrm{KL}}(p_1\|p_2) = \frac{1}{2} \left(\ln \frac{|\boldsymbol{\Sigma}_2|}{|\boldsymbol{\Sigma}_1|} - d + \mathrm{tr}(\boldsymbol{\Sigma}_2^{-1}\boldsymbol{\Sigma}_1) + (\boldsymbol{\mu}_2-\boldsymbol{\mu}_1)^{\mathrm{T}} \boldsymbol{\Sigma}_2^{-1}(\boldsymbol{\mu}_2-\boldsymbol{\mu}_1) \right) \tag{6.19}$$

式 (6.18) 与式 (6.19) 在形式上是统一的。如果第一个正态分布各个分量独立，即协方差矩阵是对角阵，第二个正态分布是标准正态分布，则二者之间的 KL 散度为

$$D_{\mathrm{KL}}(N((\mu_1,\cdots,\mu_d)^{\mathrm{T}},\mathrm{diag}(\sigma_1^2,\cdots,\sigma_d^2))\|N(\boldsymbol{0},\boldsymbol{I})) = \frac{1}{2} \sum_{i=1}^{d} (\sigma_i^2 + \mu_i^2 - \ln \sigma_i^2 - 1) \tag{6.20}$$

在变分自动编码器（VAE）中使用了此结果。

6.3.2　KL 散度的性质

KL 散度非负，对于任意两个概率分布 p 和 q，下面的不等式成立

$$D_{\mathrm{KL}}(p\|q) \geqslant 0 \tag{6.21}$$

式 (6.21) 也称为 Gibbs 不等式。当且仅当两个概率分布相等，即在所有点处

$$p(x) = q(x)$$

KL 散度有极小值 0。下面给出证明。根据定义，有

$$D_{\mathrm{KL}}(p\|q) = -\sum_x p(x) \ln \frac{q(x)}{p(x)} \geqslant -\sum_x p(x) \left(\frac{q(x)}{p(x)} - 1 \right) = -\sum_x q(x) + \sum_x p(x) = 0$$

这里利用了如下不等式，当 $x > 0$ 时，有

$$\ln x \leqslant x - 1$$

该结论在 1.2.5 节已经证明。由于 $p(x)$ 非负并且求和符号前面有负号，因此不等式反号。根据 KL 散度的定义，有

$$- \sum_x p(x) \ln \frac{q(x)}{p(x)} = - \sum_x p(x) \ln q(x) + \sum_x p(x) \ln p(x) \geqslant 0$$

因此 Gibbs 不等式也可以写成

$$- \sum_x p(x) \ln p(x) \leqslant - \sum_x p(x) \ln q(x)$$

即任意概率分布 p 的熵不大于 p 与其他概率分布 q 的交叉熵。

利用 Jensen 不等式也可以证明式 (6.21)。由于 $\ln x$ 是凹函数，因此有

$$D_{\mathrm{KL}}(p\|q) = - \sum_x p(x) \ln \frac{q(x)}{p(x)} = -E[\ln \frac{q(x)}{p(x)}] \geqslant - \ln \left(E\left[\frac{q(x)}{p(x)} \right] \right)$$

$$= - \ln \left(\sum_x p(x) \frac{q(x)}{p(x)} \right) = - \ln \left(\sum_x q(x) \right) = - \ln(1) = 0$$

对于连续型概率分布，可以得出相同的结论，将求和换成积分即可。对于连续型概率分布，严格来说，不要求在所有点处两个概率密度函数值相等，允许在无限可列个点处函数值不相等。

根据定义，KL 散度不具有对称性，即一般情况下

$$D_{\mathrm{KL}}(p\|q) \neq D_{\mathrm{KL}}(q\|p)$$

因此 KL 散度不是距离度量。KL 散度也不满足三角不等式。KL 散度具有数学期望的形式，因此可以用采样算法（如蒙特卡洛算法）来近似计算，这对算法的实现是重要的，在变分自动编码器中利用了这一性质的优势。

6.3.3 与交叉熵的关系

KL 散度与交叉熵均反映了两个概率分布之间的差异程度，下面推导它们之间的关系。根据 KL 散度与交叉熵、熵的定义，有

$$D_{\mathrm{KL}}(p\|q) = \sum_x p(x) \ln \frac{p(x)}{q(x)} = - \sum_x p(x) \ln q(x) + \sum_x p(x) \ln p(x) = H(p,q) - H(p)$$

因此 KL 散度是交叉熵与熵之差。如果 $p(x)$ 为已知概率分布，则其熵 $H(p)$ 为常数，此时 KL 散度与交叉熵只相差一个常数 $H(p)$。在机器学习中，通常要以概率分布 $p(x)$ 为目标，拟合出一个概率分布 $q(x)$ 来近似它。如果 $H(p)$ 是不变的，可以直接用交叉熵 $H(p, q)$ 来作为优化的目标。

6.3.4 应用——流形降维

KL 散度在机器学习中被广泛使用，用于衡量两个概率分布的差异，如距离度量学习中的 ITML 算法、流形学习降维中的 SNE 与 t-SNE 算法，以及变分推断。它也可以用作神经网络的损失函数，典型的是稀疏自动编码器和变分自动编码器，以及生成对抗网络。下面介绍它在流形降维算法中的应用。

数据降维是无监督学习的典型代表，用于特征的预处理与数据可视化。其目标是将向量变换

到低维空间，并保持数据在高维空间中的某些信息，以达到某种目的。流形（manifold）是几何中的一个概念，它是高维空间中的低维几何结构。例如三维空间中的球面是一个二维流形，给定半径之后其方程可以用两个参数（如经度与纬度）表示，可以简单地将流形理解成曲线、曲面在更高维空间的推广。

很多应用问题的数据在高维空间中的分布具有某种几何形状，位于一个低维的流形附近。例如同一个人的人脸图像所有像素拼接起来形成的向量在高维空间中的分布具有某种形状，受表情、光照、视角等因素的影响。流形学习假设原始数据在高维空间的分布位于某一更低维的流形上。对于降维，要保证降维之后的数据同样满足与高维空间流形有关的几何约束关系。

随机近邻嵌入（Stochastic Neighbor Embedding，SNE）（见参考文献 [4]）将向量组 $\boldsymbol{x}_i, i = 1, \cdots, l$ 变换到低维空间，得到向量组 $\boldsymbol{y}_i, i = 1, \cdots, l$。要求变换之后的向量组保持原始向量组在高维空间中的某些几何结构信息。它基于如下思想：在高维空间中距离很近的点投影到低维空间中之后也要保持这种近邻关系，在这里距离通过概率体现。假设在高维空间中有两个样本点 $\boldsymbol{x}_i$ 和 $\boldsymbol{x}_j$，$\boldsymbol{x}_j$ 以 $p_{j|i}$ 的概率成为 $\boldsymbol{x}_i$ 的邻居，将样本之间的欧氏距离转化成概率值，借助于正态分布，此概率的计算公式为

$$p_{j|i} = \frac{\exp(-\|\boldsymbol{x}_i - \boldsymbol{x}_j\|^2/2\sigma_i^2)}{\sum_{k \neq i} \exp(-\|\boldsymbol{x}_i - \boldsymbol{x}_k\|^2/2\sigma_i^2)}$$

其中 σ_i 表示以 $\boldsymbol{x}_i$ 为中心的正态分布的标准差，这个概率的计算公式类似于 softmax 回归。上式中除以分母是为了将所有值归一化成概率。由于不关心一个点与它自身的相似度，因此 $p_{i|i} = 0$。投影到低维空间之后仍然要保持这个概率关系。假设 $\boldsymbol{x}_i$ 和 $\boldsymbol{x}_j$ 投影之后对应的点为 $\boldsymbol{y}_i$ 和 $\boldsymbol{y}_j$，在低维空间中对应的近邻概率记为 $q_{j|i}$，计算公式与上面的相同，但标准差统一设为 $1/\sqrt{2}$，即

$$q_{j|i} = \frac{\exp(-\|\boldsymbol{y}_i - \boldsymbol{y}_j\|^2)}{\sum_{k \neq i} \exp(-\|\boldsymbol{y}_i - \boldsymbol{y}_k\|^2)}$$

上面定义的是点 $\boldsymbol{x}_i$ 与它的一个邻居点的概率关系，如果考虑所有其他点，这些概率值构成一个离散型概率分布 p_i，是所有样本点成为 $\boldsymbol{x}_i$ 的邻居的概率，这是一个多项分布。在低维空间中，对应的概率分布为 q_i，投影的目标是这两个概率分布尽可能接近，因此需要衡量两个概率分布之间的差距。这里用 KL 散度衡量两个多项分布之间的差异。由此得到投影的目标为最小化如下函数

$$L(\boldsymbol{y}_i) = \sum_{i=1}^{l} D_{\mathrm{KL}}(p_i|q_i) = \sum_{i=1}^{l} \sum_{j=1}^{l} p_{j|i} \ln \frac{p_{j|i}}{q_{j|i}} \tag{6.22}$$

式 (6.22) 对所有样本点的 KL 散度求和，l 为样本数。把概率的计算公式代入 KL 散度，可以将目标函数写成所有 $\boldsymbol{y}_i$ 的函数。求解式 (6.22) 的极小值即可得到降维后的结果 $\boldsymbol{y}_i$。整个降维的过程如图 6.4 所示。图 6.5 为 SNE 算法将 MNIST 手写数字图像降到二维平面后的结果。这里将图像所有像素拼接起来形成向量，28 像素 × 28 像素的图像展开之后是 784 维的向量，投影到二维空间之后可以清晰地看到这些手写数字在空间中的分布。

6.3.5 应用——变分推断

机器学习中某些问题需要对后验概率进行建模，在已知观测变量 $\boldsymbol{x}$ 的条件下计算隐变量 $\boldsymbol{z}$ 的条件概率，即后验概率 $p(\boldsymbol{z}|\boldsymbol{x})$。这称为统计推断。根据贝叶斯公式，有

$$p(\boldsymbol{z}|\boldsymbol{x}) = \frac{p(\boldsymbol{x}|\boldsymbol{z})p(\boldsymbol{z})}{p(\boldsymbol{x})} \tag{6.23}$$

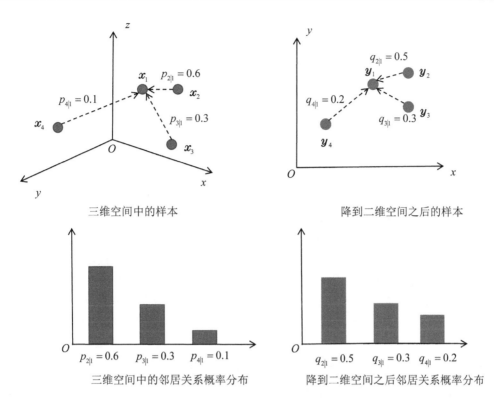

三维空间中的样本　　　　　　　　　　　　　降到二维空间之后的样本

三维空间中的邻居关系概率分布　　　　　降到二维空间之后邻居关系概率分布

图 6.4　SNE 降维算法的原理

图 6.5　SNE 降维算法将 MNIST 手写数字图像降到二维平面的结果

　　这称为贝叶斯推断（Bayesian Inference）。贝叶斯分类器是典型的例子，其观测变量为样本的特征向量，隐变量为样本的类别标签值。贝叶斯估计也是这种类型的任务。式 (6.23) 中的分母项一般通过联合概率密度函数 $p(\boldsymbol{x}, \boldsymbol{z})$ 对隐变量求积分而得到边缘概率 $p(\boldsymbol{x})$，对于离散型随机变量，为对隐变量求和。

由于

$$p(\boldsymbol{x}, \boldsymbol{z}) = p(\boldsymbol{x}|\boldsymbol{z})p(\boldsymbol{z})$$

因此式 (6.23) 可以写成

$$p(\boldsymbol{z}|\boldsymbol{x}) = \frac{p(\boldsymbol{x}|\boldsymbol{z})p(\boldsymbol{z})}{\int_{\boldsymbol{z}} p(\boldsymbol{x}|\boldsymbol{z})p(\boldsymbol{z})\mathrm{d}\boldsymbol{z}} \tag{6.24}$$

这里面临的困难是分母中的积分通常难以计算，尤其是 $\boldsymbol{z}$ 为高维向量、联合概率密度函数不是某些特定类型函数的情况下，这个多重积分无法得到解析解。由于变量的维数很高，用数值积分算法计算高维积分也非常困难。解决这一问题的一种思路是近似求解，可以分为两种类型：依赖于随机数的采样算法，即蒙特卡洛算法，不依赖于随机数的变分推断。

变分推断（Variational Inference）（见参考文献 [5]）也称为变分贝叶斯（Variational Bayesian）。它构造要计算的概率分布 $p(\boldsymbol{x})$ 的一个近似分布 $q(\boldsymbol{x})$，最小化二者的 KL 散度以得到 $q(\boldsymbol{x})$，此即原本需要计算的概率分布的近似值。

对于计算后验概率的问题，给定可见变量 $\boldsymbol{x}$，隐变量 $\boldsymbol{z}$ 的条件概率可以由一个变分分布来近似

$$p(\boldsymbol{z}|\boldsymbol{x}) \approx q(\boldsymbol{z})$$

由于构造了一个近似分布，因此需要用一个指标来衡量 $q(\boldsymbol{z})$ 和 $p(\boldsymbol{z}|\boldsymbol{x})$ 的差异并通过最小化该差异而确定 $q(\boldsymbol{z})$，常用的是 KL 散度。变分推断的目标是找到一个概率分布，使得它与要计算的后验概率分布的 KL 散度最小化

$$\min_{q} D_{\mathrm{KL}}(q(\boldsymbol{z})\|p(\boldsymbol{z}|\boldsymbol{x}))$$

根据 KL 散度的定义，由于 $p(\boldsymbol{z}|\boldsymbol{x}) = p(\boldsymbol{z}, \boldsymbol{x})/p(\boldsymbol{x})$，因此有

$$D_{\mathrm{KL}}(q(\boldsymbol{z})\|p(\boldsymbol{z}|\boldsymbol{x})) = \int_{\boldsymbol{z}} q(\boldsymbol{z}) \ln \frac{q(\boldsymbol{z})}{p(\boldsymbol{z}|\boldsymbol{x})}\mathrm{d}\boldsymbol{z} = \int_{\boldsymbol{z}} q(\boldsymbol{z}) \ln \frac{q(\boldsymbol{z})}{p(\boldsymbol{z}, \boldsymbol{x})/p(\boldsymbol{x})}\mathrm{d}\boldsymbol{z}$$
$$= \int_{\boldsymbol{z}} q(\boldsymbol{z}) \left(\ln \frac{q(\boldsymbol{z})}{p(\boldsymbol{z}, \boldsymbol{x})} + \ln p(\boldsymbol{x}) \right) \mathrm{d}\boldsymbol{z} \tag{6.25}$$

由于 $p(\boldsymbol{x})$ 与 $\boldsymbol{z}$ 无关，$q(\boldsymbol{z})$ 是概率密度函数，其积分为 1，因此有

$$\int_{\boldsymbol{z}} q(\boldsymbol{z}) \ln p(\boldsymbol{x})\mathrm{d}\boldsymbol{z} = \ln p(\boldsymbol{x}) \int_{\boldsymbol{z}} q(\boldsymbol{z})\mathrm{d}\boldsymbol{z} = \ln p(\boldsymbol{x})$$

式 (6.25) 可以变为

$$D_{\mathrm{KL}}(q(\boldsymbol{z})\|p(\boldsymbol{z}|\boldsymbol{x})) = \int_{\boldsymbol{z}} q(\boldsymbol{z}) \ln \frac{q(\boldsymbol{z})}{p(\boldsymbol{z}, \boldsymbol{x})}\mathrm{d}\boldsymbol{z} + \ln p(\boldsymbol{x}) \tag{6.26}$$

变形可以得到

$$\ln p(\boldsymbol{x}) = D_{\mathrm{KL}}(q(\boldsymbol{z})\|p(\boldsymbol{z}|\boldsymbol{x})) - \int_{\boldsymbol{z}} q(\boldsymbol{z}) \ln \frac{q(\boldsymbol{z})}{p(\boldsymbol{z}, \boldsymbol{x})}\mathrm{d}\boldsymbol{z} = D_{\mathrm{KL}}(q(\boldsymbol{z})\|p(\boldsymbol{z}|\boldsymbol{x})) + L(q(\boldsymbol{z})) \tag{6.27}$$

其中 $L(q(\boldsymbol{z}))$ 称为变分下界函数，也称为证据下界（Evidence Lower Bound, ELBO），它进一步可以分解为

$$L(q(\boldsymbol{z})) = -\int_{\boldsymbol{z}} q(\boldsymbol{z}) \ln \frac{q(\boldsymbol{z})}{p(\boldsymbol{z}, \boldsymbol{x})}\mathrm{d}\boldsymbol{z} = -\int_{\boldsymbol{z}} q(\boldsymbol{z}) \ln \frac{q(\boldsymbol{z})}{p(\boldsymbol{z})p(\boldsymbol{x}|\boldsymbol{z})}\mathrm{d}\boldsymbol{z} = -\int_{\boldsymbol{z}} q(\boldsymbol{z}) \left(\ln \frac{q(\boldsymbol{z})}{p(\boldsymbol{z})} + \ln \frac{1}{p(\boldsymbol{x}|\boldsymbol{z})} \right) \mathrm{d}\boldsymbol{z}$$
$$= E_{q(\boldsymbol{z})}[\ln p(\boldsymbol{x}|\boldsymbol{z})] - D_{\mathrm{KL}}(q(\boldsymbol{z})\|p(\boldsymbol{z}))$$

$p(\boldsymbol{x}|\boldsymbol{z})$ 和 $p(\boldsymbol{z})$ 通常易于计算。

式 (6.27) 是变分推断的核心。由于 $\ln p(\boldsymbol{x})$ 是一个常数，根据式 (6.27)，最大化 $L(q(\boldsymbol{z}))$ 等价

于最小化 $D_{\mathrm{KL}}(q(\boldsymbol{z})\|p(\boldsymbol{z}|\boldsymbol{x}))$。只要 $q(\boldsymbol{z})$ 选取得当，$L(q(\boldsymbol{z}))$ 是易于被优化的。可以限定 $q(\boldsymbol{z})$ 的类型，如正态分布，在这种类型中寻找最优解，从而最小化 $q(\boldsymbol{z})$ 与 $p(\boldsymbol{z}|\boldsymbol{x})$ 的 KL 散度。这样将泛函优化问题转化为函数优化问题，优化变量为概率分布 $q(\boldsymbol{z})$ 的参数。使用正态分布的原因是它的支撑区间是 $\mathbb{R}^n$，在整个区间上概率密度函数值非 0，且两个正态分布之间的 KL 散度可以得到解析解，这在 6.3.1 节已经推导。

在 6.3.2 节证明了 KL 散度非负，当且仅当两个概率分布完全相等时，其值为 0，因此根据式 (6.27)，有

$$\ln p(\boldsymbol{x}) \geqslant L(q(\boldsymbol{z}))$$

因此，$L(q(\boldsymbol{z}))$ 为对数似然函数 $\ln p(\boldsymbol{x})$ 的变分下界。可以从两个角度解释式 (6.27)。

（1）在给定 $p(\boldsymbol{x})$ 的前提下，最大化 ELBO 等价于最小化 KL 散度 $D_{\mathrm{KL}}(q(\boldsymbol{z})\|p(\boldsymbol{z}|\boldsymbol{x}))$，得到与想要的分布 $p(\boldsymbol{z}|\boldsymbol{x})$ 接近的概率分布 $q(\boldsymbol{z})$，从而完成统计推断。这适用于 KL 散度难以计算的情况，变分自动编码器采用了此思路。

（2）ELBO 是 $\ln p(\boldsymbol{x})$ 的下界，在该对数似然函数的表达式不确定或难以直接计算的时候，通过最大化 ELBO 可以最大化对数似然函数 $\ln p(\boldsymbol{x})$ 的值，以实现最大似然估计。EM 算法采用了此思路，ELBO 项 $-E_{q(z)}\left[\ln \dfrac{q(\boldsymbol{z})}{p(\boldsymbol{z},\boldsymbol{x})}\right]$ 即为 EM 算法 E 步中构造的数学期望 $E_{Q(z)}\left[\ln \left(\dfrac{p(\boldsymbol{x},z;\boldsymbol{\theta})}{Q(z)}\right)\right]$，EM 算法的原理在 5.7.6 节已经介绍。

6.4　Jensen-Shannon 散度

Jensen-Shannon 散度定义于两个概率分布之上，根据 KL 散度构造，同样描述了两个概率分布之间的差异，且具有对称性。

6.4.1　JS 散度的定义

JS 散度（Jensen-Shannon Divergence）衡量两个概率分布之间的差异。对于两个概率分布 p 和 q，它们的 JS 散度定义为

$$D_{\mathrm{JS}}(p\|q) = \frac{1}{2}D_{\mathrm{KL}}(p\|m) + \frac{1}{2}D_{\mathrm{KL}}(q\|m) \tag{6.28}$$

其中概率分布 m 为 p 和 q 的平均值

$$m(x) = \frac{1}{2}(p(x) + q(x))$$

是概率质量函数或概率密度函数 $p(x)$ 与 $q(x)$ 的均值。

6.4.2　JS 散度的性质

根据定义，JS 散度具有对称性

$$D_{\mathrm{JS}}(q\|p) = \frac{1}{2}D_{\mathrm{KL}}(q\|m) + \frac{1}{2}D_{\mathrm{KL}}(p\|m) = D_{\mathrm{JS}}(p\|q)$$

由于 KL 散度是非负的，JS 散度是 KL 散度的均值，因此 JS 散度非负。当且仅当两个概率分布相等时

$$m(x) = \frac{p(x) + q(x)}{2} = p(x) = q(x)$$

有

$$D_{\mathrm{JS}}(q\|p) = \frac{1}{2}D_{\mathrm{KL}}(q\|m) + \frac{1}{2}D_{\mathrm{KL}}(p\|m) = 0$$

它们的 JS 散度有最小值 0，这利用了 KL 散度极小值的结论。JS 散度越大，两个概率分布之间的差异越大。

6.4.3 应用——生成对抗网络

在 5.9 节介绍了采样算法，从一个已知的概率分布生成样本。现在面临一个更困难的问题，复杂随机数据的生成问题。数据生成模型以生成图像、声音、文字等数据为目标，生成的数据服从某种未知的概率分布。以图像生成为例，假设要生成狗、汉堡、风景等图像。算法输出向量 $\boldsymbol{x}$，该向量由图像的所有像素拼接而成。每类样本 $\boldsymbol{x}$ 都服从各自的概率分布，定义了对所有像素值的约束。例如，对于狗来说，如果图像看上去像真实的狗，则每个位置处的像素值必须满足某些约束条件，且各个位置处的像素值之间存在相关性。算法生成的样本 $\boldsymbol{x}$ 要有较高的概率值 $p(\boldsymbol{x})$，像真的样本。图 6.6 为典型的生成模型，即生成对抗网络所生成的逼真图像。

图 6.6　生成对抗网络生成的逼真图像

在 5.4.2 节介绍了逆变换采样算法，通过对简单概率分布随机数进行变换得到目标概率分布的随机数。复杂数据的生成同样可通过分布变换实现。假设输入随机向量 $\boldsymbol{z}$ 服从概率分布 $p(\boldsymbol{z})$，此分布的类型一般已知，称为隐变量，典型的是正态分布和均匀分布。通过函数 g 对此随机向量进行映射，得到输出向量

$$\boldsymbol{x} = g(\boldsymbol{z})$$

向量 $\boldsymbol{x}$ 服从真实样本的概率分布 $p_r(\boldsymbol{x})$。如果已知要生成的概率分布 $p_r(\boldsymbol{x})$，借助逆变换算法，可以人工显式地构造出分布变换来生成服从概率分布 $p_r(\boldsymbol{x})$ 的随机数。但一般的数据生成问题用这种方法存在以下问题。

（1）对于图像、声音生成等问题，样本所服从的概率分布 $p_r(\boldsymbol{x})$ 是未知的。我们只有一批服从这种未知概率分布的训练样本，而无法直接得到此概率分布的表达式。因此，无法人工设计针对它的分布变换。

（2）即使样本的概率分布 $p_r(\boldsymbol{x})$ 已知，当 $\boldsymbol{x}$ 维数很高且所服从的概率分布非常复杂时，很难人工设计出分布变换函数。

可以用机器学习的方法解决数据生成问题，分布变换函数 g 通过训练确定。给定一组样本 $\boldsymbol{x}_i, i = 1, \cdots, l$，它们采样自某种概率分布 $p_r(\boldsymbol{x})$。训练目标是模型生成的样本所服从的分布与真实的样本分布一致。

这里的映射函数是通过学习得到的而非人工设计的，在深度生成模型中，分布变换函数 $g(\boldsymbol{z})$

用神经网络表示，其输入为随机向量 z，输出为样本 x。主流的深度生成模型，如变分自动编码器、生成对抗网络均采用了这种思路。算法要解决如下关键问题。

（1）如何判断模型所生成的样本与真实样本的概率分布 $p_r(x)$ 是否一致。

（2）如何在训练过程中使映射函数生成的样本所服从的概率分布逐步趋向真实的样本分布。

变分自动编码器与生成对抗网络采用了不同的方法解决以上两个问题，下面介绍生成对抗网络的原理。

生成对抗网络（见参考文献 [6]）由一个生成模型和一个判别模型组成。生成模型用于学习真实样本数据的概率分布，并直接生成符合这种分布的数据，实现分布变换函数 $g(z)$；判别模型的任务是判断一个输入样本数据是真实样本还是由生成模型生成的，以指导生成模型的训练。在训练时，两个模型不断竞争，从而分别提高它们的生成能力和判别能力。

判别模型的训练目标是最大化判别准确率，即准确区分样本是真实数据还是由生成模型生成的。生成模型的训练目标是让生成的数据尽可能与真实数据相似，使得生成的样本被判别模型判定为真实样本，最小化判别模型的判别准确率。这是一对矛盾的模型。在训练时，采用交替优化的方式，每一次迭代时分两个阶段，第一阶段先固定判别模型，优化生成模型，使得生成的数据被判别模型判定为真实样本的概率尽可能高；第二阶段固定生成模型，优化判别模型，提高判别模型的分类准确率。

生成模型以随机噪声或类别之类的控制变量作为输入，一般用多层神经网络实现，其输出为生成的样本数据，这些样本数据和真实样本一起送给判别模型进行训练。判别模型是一个二分类器，判定一个样本是真实的还是生成的，一般也用神经网络实现。随着训练的进行，生成模型产生的样本与真实样本几乎没有差别，判别模型也无法准确地判断出一个样本是真实的还是生成模型生成的，此时的分类错误率为 0.5，系统达到平衡，训练结束。生成对抗网络的原理如图 6.7 所示。

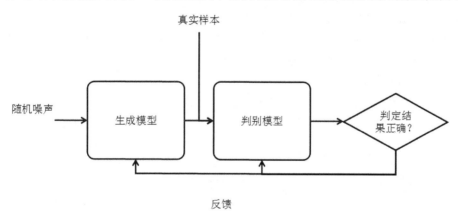

图 6.7　生成对抗网络结构

训练完成之后，就可以用生成模型来生成我们想要的数据，可以通过控制生成模型的输入，即隐变量和随机噪声 z 来生成想要的数据。

生成模型接受的输入是类别之类的隐变量和随机噪声，输出和训练样本相似的样本数据。其目标是从训练样本学习它们所服从的概率分布 p_g，假设随机噪声变量 z 服从的概率分布为 $p_z(z)$，则生成模型将这个随机噪声映射到样本数据空间。生成模型的映射函数为

$$G(z, \theta_g)$$

模型的输出为一个向量，如图像。θ_g 是生成模型的参数，通过训练得到。这个映射根据随机噪声

变量构造出服从某种概率分布的随机数。

判别模型一般是用于分类问题的神经网络，用于区分样本是生成模型产生的还是真实样本，这是一个二分类问题。当这个样本被判定为真实数据时，标记为 1，判定为来自生成模型时，标记为 0。判别模型的映射函数为

$$D(\boldsymbol{x}, \boldsymbol{\theta}_d)$$

其中 $\boldsymbol{x}$ 是模型的输入，是真实样本或生成模型产生的样本。$\boldsymbol{\theta}_d$ 是模型的参数，这个函数的输出值是分类结果，是一个标量。标量值 $D(\boldsymbol{x})$ 表示 $\boldsymbol{x}$ 来自真实样本而不是生成器生成的样本的概率，是 $(0,1)$ 内的实数，这类似于 logistic 回归预测函数的输出值。

训练的目标是让判别模型能够最大程度地正确区分真实样本和生成模型生成的样本；同时要让生成模型生成的样本尽可能地和真实样本相似。也就是说，判别模型要尽可能将真实样本判定为真实样本，将生成模型产生的样本判定为生成样本；生成模型要尽量让判别模型把自己生成的样本判定为真实样本。基于以上 3 个要求，对于生成模型，要最小化如下目标函数

$$\ln(1 - D(G(\boldsymbol{z})))$$

这意味着如果生成模型生成的样本 $G(\boldsymbol{z})$ 和真实样本越接近，则被判别模型判断为真实样本的概率就越大，即 $D(G(\boldsymbol{z}))$ 的值越接近于 1，目标函数的值越小。对于判别模型，要让真实样本尽量被判定为真实的，即最大化 $\ln D(\boldsymbol{x})$，这意味着 $D(\boldsymbol{x})$ 的值尽量接近于 1；对于生成模型生成的样本，$D(\boldsymbol{x})$ 的值尽量接近于 0，即最大化 $\ln(1 - D(G(\boldsymbol{z})))$。这样要优化的目标函数定义为

$$\min_G \max_D V(D, G) = E_{\boldsymbol{x} \sim p_{\text{data}}(\boldsymbol{x})}[\ln D(\boldsymbol{x})] + E_{\boldsymbol{z} \sim p_{\boldsymbol{z}}(\boldsymbol{z})}[\ln(1 - D(G(\boldsymbol{z})))] \tag{6.29}$$

其中 $P_{\text{data}}(\boldsymbol{x})$ 为真实样本的概率分布。在这里，判别模型和生成模型是目标函数的自变量，它们的参数是要优化的变量。在式 (6.29) 中，min 表示控制生成模型的参数让目标函数取极小值，max 表示控制判别模型的参数让目标函数取极大值。

控制生成模型时，目标函数前半部分与生成模型无关，可以当作常数；后半部分的取值要尽可能小，即 $\ln(1 - D(G(\boldsymbol{x})))$ 要尽可能小，这意味着 $D(G(\boldsymbol{z}))$ 要尽可能大，即生成模型生成的样本要尽可能被判别成真实样本。

下面对生成对抗网络的优化目标函数进行理论分析。

结论 1：如果生成模型固定不变，使得目标函数取得最优值的判别模型为

$$D_G^*(\boldsymbol{x}) = \frac{p_{\text{data}}(\boldsymbol{x})}{p_{\text{data}}(\boldsymbol{x}) + p_g(\boldsymbol{x})}$$

下面给出证明。将数学期望按照定义展开，要优化的目标是

$$\begin{aligned} V(G, D) &= \int_{\boldsymbol{x}} p_{\text{data}}(\boldsymbol{x}) \ln(D(\boldsymbol{x})) \mathrm{d}\boldsymbol{x} + \int_{\boldsymbol{z}} p_{\boldsymbol{z}}(\boldsymbol{z}) \ln(1 - D(g(\boldsymbol{z}))) \mathrm{d}\boldsymbol{z} \\ &= \int_{\boldsymbol{x}} (p_{\text{data}}(\boldsymbol{x}) \ln(D(\boldsymbol{x})) + p_g(\boldsymbol{x}) \ln(1 - D(\boldsymbol{x}))) \mathrm{d}\boldsymbol{x} \end{aligned}$$

其中 $p_g(\boldsymbol{x})$ 为生成模型生成的样本的概率分布，上式第 2 步对随机变量 $\boldsymbol{z}$ 进行了换元，$\boldsymbol{x} = g(\boldsymbol{z})$ 服从概率分布 $p_g(\boldsymbol{x})$。在这里，$p_{\text{data}}(\boldsymbol{x})$ 和 $p_g(\boldsymbol{x})$ 是常数，上式为 $D(\boldsymbol{x})$ 的函数。构造如下函数

$$f(x) = a \ln x + b \ln(1 - x)$$

我们要求它的极值，对函数求导并令导数为 0，解方程可以得到

$$x = a/(a + b)$$

函数在该点处取得极大值，我们要优化的目标函数是这样的函数的积分，因此结论 1 成立。将最

优判别模型的值代入目标函数中消掉 D，得到关于 G 的目标函数

$$C(G) = \max_D V(D, G) = E_{\boldsymbol{x} \sim p_{\text{data}}(\boldsymbol{x})}[\ln D_G^*(\boldsymbol{x})] + E_{\boldsymbol{z} \sim p_{\boldsymbol{z}}(\boldsymbol{z})}[\ln(1 - D_G^*(G(\boldsymbol{z})))]$$

$$= E_{\boldsymbol{x} \sim p_{\text{data}}(\boldsymbol{x})}[\ln D_G^*(\boldsymbol{x})] + E_{\boldsymbol{x} \sim p_g(\boldsymbol{x})}[\ln(1 - D_G^*(\boldsymbol{x}))]$$

$$= E_{\boldsymbol{x} \sim p_{\text{data}}(\boldsymbol{x})}\left[\ln \frac{p_{\text{data}}(\boldsymbol{x})}{p_{\text{data}}(\boldsymbol{x}) + p_g(\boldsymbol{x})}\right] + E_{\boldsymbol{x} \sim p_g(\boldsymbol{x})}\left[\ln \frac{p_g(\boldsymbol{x})}{p_{\text{data}}(\boldsymbol{x}) + p_g(\boldsymbol{x})}\right]$$

结论 2：当且仅当生成器所实现的概率分布与样本的真实概率分布相等

$$p_g(\boldsymbol{x}) = p_{\text{data}}(\boldsymbol{x})$$

目标函数取得极小值，且极小值为 $-\ln 4$，此时判别模型的准确率为 0.5。如果

$$p_g(\boldsymbol{x}) = p_{\text{data}}(\boldsymbol{x})$$

根据结论 1，此时的最优判别模型为

$$D_G^*(\boldsymbol{x}) = \frac{p_{\text{data}}(\boldsymbol{x})}{p_{\text{data}}(\boldsymbol{x}) + p_g(\boldsymbol{x})} = \frac{1}{2}$$

代入目标函数，可得

$$C(G) = E_{\boldsymbol{x} \sim p_{\text{data}}(\boldsymbol{x})}\left[\ln \frac{p_{\text{data}}(\boldsymbol{x})}{p_{\text{data}}(\boldsymbol{x}) + p_g(\boldsymbol{x})}\right] + E_{\boldsymbol{x} \sim p_g(\boldsymbol{x})}\left[\ln \frac{p_g(\boldsymbol{x})}{p_{\text{data}}(\boldsymbol{x}) + p_g(\boldsymbol{x})}\right]$$

$$= E_{\boldsymbol{x} \sim p_{\text{data}}(\boldsymbol{x})}\left[\ln \frac{1}{2}\right] + E_{\boldsymbol{x} \sim p_g(\boldsymbol{x})}\left[\ln \frac{1}{2}\right] = \ln \frac{1}{2} + \ln \frac{1}{2} = -\ln 4$$

因此结论成立。接下来证明仅有 $p_g(\boldsymbol{x}) = p_{\text{data}}(\boldsymbol{x})$ 时能达到此极小值。由于

$$E_{\boldsymbol{x} \sim p_{\text{data}}(\boldsymbol{x})}[-\ln 2] + E_{\boldsymbol{x} \sim p_g(\boldsymbol{x})}[-\ln 2] = -\ln 4$$

将 $C(G)$ 减掉 $-\ln 4$，有

$$C(G) = -\ln 4 + \ln 4 + E_{\boldsymbol{x} \sim p_{\text{data}}(\boldsymbol{x})}\left[\ln \frac{p_{\text{data}}(\boldsymbol{x})}{p_{\text{data}}(\boldsymbol{x}) + p_g(\boldsymbol{x})}\right] + E_{\boldsymbol{x} \sim p_g(\boldsymbol{x})}\left[\ln \frac{p_g(\boldsymbol{x})}{p_{\text{data}}(\boldsymbol{x}) + p_g(\boldsymbol{x})}\right]$$

$$= -\ln 4 + E_{\boldsymbol{x} \sim p_{\text{data}}(\boldsymbol{x})}\left[\ln \frac{2p_{\text{data}}(\boldsymbol{x})}{p_{\text{data}}(\boldsymbol{x}) + p_g(\boldsymbol{x})}\right] + E_{\boldsymbol{x} \sim p_g(\boldsymbol{x})}\left[\ln \frac{2p_g(\boldsymbol{x})}{p_{\text{data}}(\boldsymbol{x}) + p_g(\boldsymbol{x})}\right]$$

$$= -\ln 4 + D_{\text{KL}}\left(p_{\text{data}} \left\|\frac{p_{\text{data}} + p_g}{2}\right.\right) + D_{\text{KL}}\left(p_g \left\|\frac{p_{\text{data}} + p_g}{2}\right.\right)$$

$$= -\ln 4 + 2D_{\text{JS}}(p_{\text{data}} \| p_g)$$

6.4.2 节已经证明了两个概率分布之间的 JS 散度非负，并且只有当两个分布相等时取值为 0，因此结论 2 成立。这意味着 GAN 训练时的目标是最小化生成样本的概率分布与真实样本的概率分布的 JS 散度。

6.5 互信息

互信息（Mutual Information）定义于两个随机变量之间，反映了两个随机变量的依赖程度，即相关性程度。它可用于机器学习中的特征选择以及目标函数构造。

6.5.1 互信息的定义

互信息定义了两个随机变量的依赖程度。对于两个离散型随机变量 X 和 Y,它们之间的互信息定义为

$$I(X,Y) = \sum_x \sum_y p(x,y) \ln \frac{p(x,y)}{p(x)p(y)} \tag{6.30}$$

其中 $p(x,y)$ 为 X 和 Y 的联合概率,$p(x)$ 和 $p(y)$ 分别为 X 和 Y 的边缘概率。互信息反映了联合概率 $p(x,y)$ 与边缘概率之积 $p(x)p(y)$ 的差异程度。如果两个随机变量相互独立,则 $p(x,y) = p(x)p(y)$,因此它们越接近于相互独立,则 $p(x,y)$ 和 $p(x)p(y)$ 的值越接近。

根据定义,互信息具有对称性

$$I(X,Y) = I(Y,X)$$

下面举例说明互信息的计算,两个离散型随机变量的联合概率分布如表 6.8 所示。

表 6.8   两个离散型随机变量的联合概率分布

X ＼ Y	1	2
1	0.2	0.3
2	0.3	0.2

对 X 和 Y 的边缘概率分别如表 6.9 和表 6.10 所示。

表 6.9   对 X 的边缘概率分布

X	1	2
$p(x)$	0.5	0.5

表 6.10   对 Y 的边缘概率分布

Y	1	2
$p(y)$	0.5	0.5

根据定义,它们的互信息为

$$I(X,Y) = 0.2 \times \ln \frac{0.2}{0.5 \times 0.5} + 0.3 \times \ln \frac{0.3}{0.5 \times 0.5} + 0.3 \times \ln \frac{0.3}{0.5 \times 0.5} + 0.2 \times \ln \frac{0.2}{0.5 \times 0.5} = 0.02$$

对于两个连续型随机变量 X 和 Y,它们的互信息定义为如下的二重积分

$$I(x,y) = \int_{-\infty}^{+\infty} \int_{-\infty}^{+\infty} p(x,y) \ln \frac{p(x,y)}{p(x)p(y)} \mathrm{d}x\mathrm{d}y$$

这里将求和换成了定积分。其中 $p(x,y)$ 为联合概率密度函数,$p(x)$ 和 $p(y)$ 为边缘概率密度函数。

6.5.2 互信息的性质

如果两个随机变量相互独立,它们的互信息为 0。由于 X 和 Y 相互独立,因此

$$p(x,y) = p(x)p(y)$$

从而有

$$\ln \frac{p(x,y)}{p(x)p(y)} = \ln \frac{p(x)p(y)}{p(x)p(y)} \equiv 0$$

可以得到

$$I(X,Y) = \sum_x \sum_y p(x,y) \times 0 = 0$$

可以证明互信息是非负的

$$I(X,Y) \geqslant 0$$

首先可以证明下面不等式成立

$$\ln z \geqslant 1 - \frac{1}{z}, \quad z > 0$$

令 $f(z) = \ln z - 1 + \frac{1}{z}$，则有

$$f'(z) = \frac{1}{z} - \frac{1}{z^2} = \frac{1}{z}\left(1 - \frac{1}{z}\right)$$

当 $0 < z < 1$ 时，$f'(z) < 0$，函数单调减。当 $z > 1$ 时，$f'(z) > 0$，函数单调增。因此 1 是该函数的极小值点，$f(1) = 0$，不等式成立。

借助这个不等式，有

$$I(X,Y) = \sum_x \sum_y p(x,y) \ln \frac{p(x,y)}{p(x)p(y)} \geqslant \sum_x \sum_y p(x,y)\left(1 - \frac{p(x)p(y)}{p(x,y)}\right)$$

$$= \sum_x \sum_y p(x,y) - \sum_x \sum_y p(x)p(y) = 0$$

最后一步成立是因为

$$\sum_x \sum_y p(x,y) = 1$$

以及

$$\sum_x \sum_y p(x)p(y) = \sum_x \left(p(x)\sum_y p(y)\right) = \sum_x p(x) = 1$$

这里利用了下面的结论，由于是概率分布，因此有

$$\sum_x p(x) = 1 \qquad\qquad \sum_y p(y) = 1$$

两个随机变量之间的依赖程度越高，则互信息值越大，反之则越小，当变量之间完全独立时，互信息有最小值 0。

6.5.3　与熵的关系

下面推导互信息与联合熵、熵之间的关系。根据互信息的定义，有

$$I(X,Y) = \sum_x \sum_y p(x,y) \ln \frac{p(x,y)}{p(x)p(y)}$$

$$= \sum_x \sum_y p(x,y) \ln p(x,y) - \sum_x \sum_y p(x,y) \ln p(x) - \sum_x \sum_y p(x,y) \ln p(y)$$

$$= -H(X,Y) - \sum_x \left(\sum_y p(x,y)\right) \ln p(x) - \sum_y \left(\sum_x p(x,y)\right) \ln p(y)$$

$$= -H(X,Y) - \sum_x p(x) \ln p(x) - \sum_y p(y) \ln p(y)$$

$$= -H(X,Y) + H(X) + H(Y)$$

因此有

$$H(X,Y) = H(X) + H(Y) - I(X,Y)$$

即两个随机变量的联合熵等于它们各自的熵的和减去互信息。这与集合并运算的规律类似。互信息可以看作两个随机变量信息量的重叠部分，如图 6.8 所示。图中两个椭圆区域分别为两个随机变量的熵 $H(X)$ 和 $H(Y)$，它们重叠的部分为这两个随机变量之间的互信息 $I(X,Y)$，两个椭圆的并集为它们的联合熵 $H(X,Y)$。

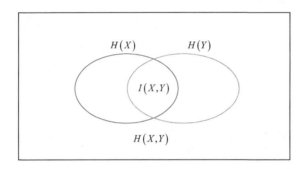

图 6.8   互信息与熵、联合熵之间的关系

当两个随机变量相互独立时，$I(X,Y) = 0$，从而有

$$H(X,Y) = H(X) + H(Y)$$

这与 6.1.4 节证明过的结论一致。由于互信息非负，因此有 $H(X,Y) \leqslant H(X) + H(Y)$。

可以证明下面的不等式成立

$$I(X,Y) \leqslant H(X)$$

根据互信息的定义，有

$$I(X,Y) = \sum_x \sum_y p(x,y) \ln \frac{p(x,y)}{p(x)p(y)} = -\sum_x \sum_y p(x,y) \ln p(x) + \sum_x \sum_y p(x,y) \ln \frac{p(x,y)}{p(y)}$$

$$= -\sum_x \left(\sum_y p(x,y) \right) \ln p(x) + \sum_x \sum_y p(x,y) \ln \frac{p(x,y)}{p(y)}$$

$$= -\sum_x p(x) \ln p(x) + \sum_x \sum_y p(x,y) \ln \frac{p(x,y)}{p(y)} = H(X) + \sum_x \sum_y p(x,y) \ln \frac{p(x,y)}{p(y)}$$

由于 $\dfrac{p(x,y)}{p(y)} \leqslant 1$ 以及 $p(x,y) \geqslant 0$，因此

$$\sum_x \sum_y p(x,y) \ln \frac{p(x,y)}{p(y)} \leqslant \sum_x \sum_y p(x,y) \ln 1 \leqslant 0$$

不等式成立。同样，可以证明

$$I(X,Y) \leqslant H(Y)$$

这意味着两个随机变量之间的互信息不大于其中任何一个随机变量的熵。这与图 6.8的解释是一致的，两个椭圆区域的交集不大于其中任何一个椭圆区域。

6.5.4　应用——特征选择

互信息可以用于特征选择。根据式 (6.30) 的定义,如果将 Y 看作样本的类别标签值,X 看作样本的特征值,则它们之间的互信息反映了类别与特征之间的相关程度。对于分类问题,应当选择能够体现类别特征的特征分量。计算所有候选特征与各个类别之间的互信息,然后对其进行排序,挑选出一部分互信息最大的特征,即可选择出对分类任务有用的特征,形成最后的特征向量。

6.6　条件熵

条件熵(Conditional Entropy)定义于两个随机变量之间,用于衡量在已知一个随机变量的取值的条件下另外一个随机变量的信息量。

6.6.1　条件熵定义

条件熵是给定 X 的条件下 Y 的条件概率 $p(y|x)$ 的熵 $H(Y|X=x)$ 对 X 的数学期望,对离散型概率分布,其计算公式为

$$H(Y|X) = -\sum_x \sum_y p(x,y) \ln \frac{p(x,y)}{p(x)} \tag{6.31}$$

其中 $p(x,y)$ 为 X 和 Y 的联合概率,$p(x)$ 为 X 的边缘概率。条件熵与联合熵的计算公式非常类似,只是对数函数中多了一个分母项。这里约定 $0 \ln 0/0 = 0$ 且

$$0 \ln c/0 = 0, \ c > 0$$

因为下面的极限成立

$$\lim_{x \to 0^+} x \ln \frac{c}{x} = 0$$

根据条件概率的计算公式,可以推导出式 (6.31) 的计算公式

$$H(Y|X) = \sum_x p(x) H(Y|X=x) = -\sum_x p(x) \sum_y p(y|x) \ln p(y|x) = -\sum_x \sum_y p(x,y) \ln p(y|x)$$

$$= -\sum_x \sum_y p(x,y) \ln \frac{p(x,y)}{p(x)} \tag{6.32}$$

条件熵的直观含义是根据随机变量 X 的取值 x 将整个数据集划分成多个子集,每个子集内的 x 相等,计算这些子集的熵,然后用 $p(x)$ 作为权重系数,对子集的熵进行加权平均。式 (6.32) 的第 2 步利用了熵的定义,第 3 步和第 4 步利用了 $p(x,y) = p(x)p(y|x)$。下面举例说明条件熵的计算。假设随机变量 X 表示性别,Y 表示是否患有某种疾病。X 和 Y 的联合概率分布如表 6.11 所示。

表 6.11　两个离散型随机变量的联合概率分布

X ＼ Y	0（不患病）	1（患病）
1（男性）	0.4	0.1
2（女性）	0.3	0.2

可以计算出 X 的边缘概率,如表 6.12 所示。

表 **6.12** 对 X 的边缘概率分布

X	1	2
$p(x)$	0.5	0.5

根据定义，其条件熵为

$$H(Y|X) = -0.4 \times \ln\frac{0.4}{0.5} - 0.1 \times \ln\frac{0.1}{0.5} - 0.3 \times \ln\frac{0.3}{0.5} - 0.2 \times \ln\frac{0.2}{0.5}$$
$$= 0.58$$

对于连续型概率分布，将式 (6.31) 的求和换成定积分，条件熵称为条件微分熵（Conditional Differential Entropy），是如下的二重积分

$$H(Y|X) = -\int_{-\infty}^{+\infty}\int_{-\infty}^{+\infty} p(x,y) \ln\frac{p(x,y)}{p(x)}\mathrm{d}x\mathrm{d}y$$

其中 $p(x,y)$ 为联合概率密度函数，$p(x)$ 是 X 的边缘概率密度函数。

6.6.2 条件熵的性质

可以证明条件熵是非负的。由于

$$\frac{p(x,y)}{p(x)} \leqslant 1$$

因此

$$-\ln\frac{p(x,y)}{p(x)} \geqslant 0$$

由于 $p(x,y) \geqslant 0$，根据式 (6.31)，有

$$H(Y|X) = -\sum_x\sum_y p(x,y) \ln\frac{p(x,y)}{p(x)} \geqslant 0$$

当且仅当 Y 完全由 X 确定时，$H(Y|X) = 0$。此时 $p(y|x) \equiv 1$，根据式 (6.32)，有

$$H(Y|X) = -\sum_x\sum_y p(x,y) \ln p(y|x) = -\sum_x\sum_y p(x,y) \ln 1 = 0$$

当且仅当这两个随机变量相互独立时，有

$$H(Y|X) = H(Y)$$

此时 $p(y|x) = p(y)$，根据式 (6.31)，有

$$H(Y|X) = -\sum_x p(x)\sum_y p(y|x) \ln p(y|x) = -\sum_x p(x)\sum_y p(y) \ln p(y) = -\sum_x p(x)H(Y) = H(Y)$$

6.1.3 节中决策树训练算法中的信息增益可以用条件熵进行定义。式 (6.7) 中等式右边的第二项即为条件熵。

6.6.3 与熵以及互信息的关系

根据条件熵与联合熵的定义，有

$$H(Y|X) = -\sum_x\sum_y p(x,y) \ln\frac{p(x,y)}{p(x)} = -\sum_x\sum_y p(x,y) \ln p(x,y) + \sum_x\sum_y p(x,y) \ln p(x)$$

$$(6.33)$$

$$= H(X,Y) + \sum_x \left(\sum_y p(x,y) \right) \ln p(x) = H(X,Y) + \sum_x p(x) \ln p(x) = H(X,Y) - H(X)$$

因此 X 对 Y 的条件熵 $H(Y|X)$ 是它们的联合熵 $H(X,Y)$ 与熵 $H(X)$ 的差值。这也符合条件熵的定义，两个随机变量 X 和 Y 的联合熵即它们所包含的信息量等于 X 所包含的信息量 $H(X)$ 与给定 X 的值时 Y 所包含的信息量 $H(Y|X)$ 之和。由于条件熵非负，根据式 (6.33) 可以得到 $H(X,Y) \geqslant H(X)$，类似地有 $H(X,Y) \geqslant H(Y)$，从而有 $H(X,Y) \geqslant \max(H(X),H(Y))$。

可以证明下面的等式成立

$$I(X,Y) = H(X) - H(X|Y) \tag{6.34}$$

即互信息等于熵与条件熵之差。根据互信息与条件熵的定义，有

$$I(X,Y) = \sum_x \sum_y p(x,y) \ln \frac{p(x,y)}{p(x)p(y)} = -\sum_x \sum_y p(x,y) \ln p(x) + \sum_x \sum_y p(x,y) \ln \frac{p(x,y)}{p(y)}$$

$$= -\sum_x \left(\sum_y p(x,y) \right) \ln p(x) - H(X|Y)$$

$$= H(X) - H(X|Y)$$

图 6.9 直观地显示了条件熵与各个量之间的关系。两个颜色的椭圆区域分别为熵 $H(X)$ 和 $H(Y)$，它们重叠的部分为互信息 $I(X,Y)$，它们的并集为联合熵 $H(X,Y)$。根据式 (6.33)，两个椭圆的并集 $H(X,Y)$ 减掉其中一个椭圆 $H(X)$ 或 $H(Y)$ 之后的区域为条件熵 $H(Y|X)$ 或 $H(X|Y)$。根据式 (6.34)，任何一个椭圆 $H(X)$ 或 $H(Y)$ 减掉它与另外一个椭圆的重叠部分 $I(X,Y)$ 之后剩下的部分也是条件熵 $H(X|Y)$ 或 $H(Y|X)$。条件熵分别是这两个椭圆非重叠的部分。

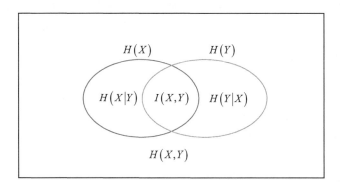

图 6.9　条件熵与联合熵、熵、互信息之间的关系

在 6.5.2 节已经证明了互信息是非负的，根据式 (6.34) 可得

$$H(X) \geqslant H(X|Y)$$

6.7　总结

图 6.10 列出了本章介绍的各个量之间的关系。熵和联合熵是最基本的量，其他的量都由它们衍生。

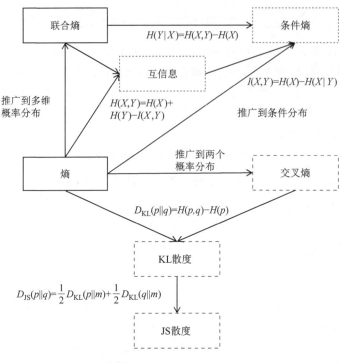

图 6.10　各个量之间的关系

图 6.10 中的边给出了各个量之间的等式关系。互信息由联合熵以及各边缘分布的熵决定，条件熵由联合熵与边缘分布的熵决定。KL 散度由熵与交叉熵决定，JS 散度由 KL 散度定义。

参考文献

[1] Cover T, Thomas J. Elements of information theory[M]. New York: Wiley,1991.

[2] Lin R J. Divergence measures based on the Shannon entropy[J]. IEEE Transactions on Information Theory. 37 (1): 145–151, 1991.

[3] Quinlan R. Induction of decision trees[J]. Machine Learning, 1(1): 81-106, 1986.

[4] Geoffrey E Hinton, Sam T Roweis. Stochastic Neighbor Embedding[C]. neural information processing systems, 2002.

[5] Blei D, Kucukelbir A, Mcauliffe J. Variational Inference: A Review for Statisticians[J]. Journal of the American Statistical Association, 2017.

[6] Ian G, Pouget-Abadie J, Mirza M, et al. Generative adversarial nets[C]. Advances in Neural Information Processing Systems, 2672-2680, 2014.

[7] 雷明. 机器学习——原理、算法与应用 [M]. 北京：清华大学出版社，2019.

第 7 章　随机过程

本章介绍随机过程的基本概念与原理，同样是概率论的延伸。随机过程对随时间或空间变化的随机变量集合建模，被广泛用于序列数据分析。在机器学习中，随机过程有大量的应用，如概率图模型、强化学习中的马尔可夫决策过程，以及贝叶斯优化中的高斯过程回归。对随机过程的系统学习可以阅读参考文献 [1]。

7.1　马尔可夫过程

随机过程（Stochastic Process）通常指随着时间或空间变化的一组随机变量，它在日常生活中随处可见，下面举例说明。股票价格随着时间波动，如果将每天的股票价格看作随机变量，一段时间内的股票价格就是随机过程。图 7.1 为股票的价格随着时间波动的曲线，即通常所说的 K 线图。

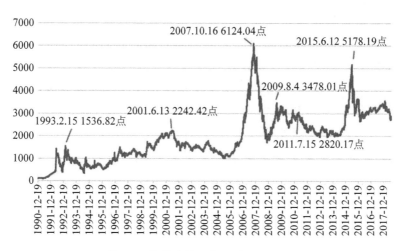

图 7.1　股票价格随着时间变动的曲线

人说话的声音信号也可看作随机过程。在时域中的声音信号是一个随着时间线变化的序列，每个时刻有一个振幅值，同样是随机变量。而且，各个时刻的声音振幅存在着概率相关性，以符合每种语言的发音规则。

随机过程是一个随机变量的集合。集合内的随机变量以时间或空间位置作为索引下标，通常是时间。如果时间是离散的，则为离散随机过程；否则为连续随机过程。如果对气温随着时间的变化进行建模，则为连续型随机过程，此时的时间是连续的。如果对每天的平均股价随着时间的变化进行建模，则为离散型随机过程。

通常情况下随机变量是系统的状态，它的值也可以是连续或离散的。例如，气温是连续值，取值为 $[-60, +50]$ 内的实数；天气是离散值，取值来自下面的集合

$$\{晴天, 阴天, 雨天\}$$

离散时间的随机过程可以写成如下随机变量序列的形式

$$X_0, \cdots, X_t, \cdots$$

其中 X_t 为随机变量，下标 t 为时刻值。各个时刻的随机变量之间存在着概率关系，这是随机过程建模的核心。我们通常需要计算这组随机变量的联合概率或条件概率。

7.1.1 马尔可夫性

马尔可夫过程（Markov Process）是随机过程的典型代表，以俄罗斯数学家 Andrey Markov 的名字命名。这种随机过程为随着时间进行演化的一组随机变量进行建模，假设系统在当前时刻的状态值只与上一个时刻的状态值有关，与更早的时刻无关，称为"无记忆性"（Memorylessness）。这一假设极大地简化了问题求解的难度。

对于随机过程中的随机变量序列 $X_0, \cdots, X_T$，通常情况下各个时刻的随机变量之间存在概率关系。如果只考虑过去的信息，则当前时刻的状态 X_t 与更早时刻的状态均有关系，即存在如下条件概率

$$p(X_t | X_0, \cdots, X_{t-1})$$

随机过程的核心是对该条件概率建模，根据它可以计算出很多有用的信息。随着时间的增长，如果考虑过去所有时刻的状态，计算量太大。对此条件概率进行简化可降低问题求解的难度。通常的一种简化是马尔可夫假设，如果满足

$$p(X_t | X_0, \cdots, X_{t-1}) = p(X_t | X_{t-1}) \tag{7.1}$$

即系统在当前时刻的状态只与上一时刻有关，与更早的时刻无关。式 (7.1) 的假设称为一阶马尔可夫假设，满足此假设的系统具有马尔可夫性。根据 5.5.2 节随机向量的链式法则，反复利用式 (7.1) 可以得到随机变量序列联合概率的一个简洁计算公式。

$$\begin{aligned}
p(X_0, \cdots, X_T) &= p(X_T | X_0, \cdots, X_{T-1}) p(X_0, \cdots, X_{T-1}) \\
&= p(X_T | X_{T-1}) p(X_0, \cdots, X_{T-1}) \\
&= p(X_T | X_{T-1}) p(X_{T-1} | X_0, \cdots, X_{T-2}) p(X_0, \cdots, X_{T-2}) \\
&= p(X_T | X_{T-1}) p(X_{T-1} | X_{T-2}) p(X_0, \cdots, X_{T-2}) \\
&\quad\vdots \\
&= p(X_T | X_{T-1}) p(X_{T-1} | X_{T-2}) \cdots p(X_1 | X_0) p(X_0)
\end{aligned}$$

即有

$$p(X_0, \cdots, X_T) = p(X_T | X_{T-1}) p(X_{T-1} | X_{T-2}) \cdots p(X_1 | X_0) p(X_0) \tag{7.2}$$

$p(X_0)$ 是初始时刻状态的概率。式 (7.2) 表明如果系统具有马尔可夫性，则序列的联合概率由各个时刻的条件概率值 $p(X_t | X_{t-1})$ 以及初始概率 $p(X_0)$ 决定。这极大地降低了计算联合概率的难度。

7.1.2 马尔可夫链的基本概念

根据系统状态是否连续、时间是否连续，可以将马尔可夫过程分为 4 种类型，如表 7.1 所示。本书重点讲述的是离散时间的马尔可夫过程。

表 7.1 马尔可夫过程的分类

	可数状态空间	连续状态空间
离散时间	有限或可数状态空间的马尔可夫链	可测状态空间的马尔可夫链
连续时间	连续时间的马尔可夫过程	具有马尔可夫性的连续型随机过程

时间或状态离散的马尔可夫过程称为马尔可夫链（Markov Chain）。对于前者，时间的取值是离散的，状态的取值可以是离散的，也可以是连续的。对于后者，状态的取值是离散的，时间的取值可以是离散的，也可以是连续的。本书重点介绍的是离散时间的马尔可夫链。这种随机过程可由状态转移概率 $p(X_t|X_{t-1})$ 描述条件概率。其含义为系统上一个时刻的状态为 X_{t-1}，下一个时刻转移到状态 X_t 的概率。对于有限或无限可数状态空间的马尔可夫链，可以用状态转移矩阵表示此条件概率值。如果系统有 m 个状态，则状态转移矩阵 $\boldsymbol{P}$ 是一个 $m \times m$ 的矩阵

$$\begin{pmatrix} p_{11} & \cdots & p_{1m} \\ \vdots & & \vdots \\ p_{m1} & \cdots & p_{mm} \end{pmatrix}$$

它的元素 p_{ij} 表示由状态 i 转到 j 的概率

$$p_{ij} = p(X_t = j | X_{t-1} = i)$$

在这里，状态的所有可能取值用从 1 开始的整数编号。由于概率是非负的，因此有下面的不等式约束

$$p_{ij} \geqslant 0 \tag{7.3}$$

当前时刻无论处于哪一个状态 i，在下一个时刻必然会转向 m 个状态中的一个，因此有下面的等式约束

$$\sum_{j=1}^{m} p_{ij} = 1, \ \forall i \tag{7.4}$$

这意味着状态转移矩阵任意一行元素之和为 1。

接下来重点考虑状态数有限的情况，其状态转移矩阵的尺寸是有限的。后面的很多结论均可以推广到状态数无限的情况。对于状态连续的马尔可夫链，每个时刻各个状态的值由概率密度函数描述，状态转移概率为条件密度函数。

如果任何时刻状态转移概率是相同的，则称为时齐马尔可夫链（Time Homogeneous Markov Chains）。此时只有一个状态转移矩阵，在各个时刻均适用。

下面以天气模型为例说明马尔可夫链的原理。假设天气有如下 3 种状态，它们的值设置为从 1 开始的整数。

$$\{晴天, 阴天, 雨天\}$$

每天只能处于 3 种状态中的一种。如果天气符合一阶马尔可夫假设，则今天的天气状态只与昨天有关，与更早时刻的天气无关。假设天气的状态转移矩阵为

$$P = \begin{pmatrix} 0.7 & 0.2 & 0.1 \\ 0.4 & 0.5 & 0.1 \\ 0.3 & 0.4 & 0.3 \end{pmatrix}$$

按照状态转移矩阵的定义，如果昨天为阴天，则今天为雨天的概率是 $p_{23} = 0.1$；如果昨天为阴天，则今天为晴天的概率是 $p_{21} = 0.4$。其对应的状态转移图（State Transition Diagram，也称为状态机，是计算机科学中常用的工具，用于编译器等领域）如图 7.2 所示，图 7.2 中每个顶点表示状态，边表示状态转移概率，这里是有向图，所有的边是有方向的。这种形式的图会经常被使用，图的概念将在第 8 章讲述。

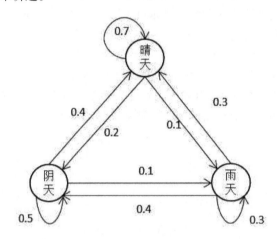

图 7.2　天气的状态机

系统初始时刻处于何种状态也是随机的，用行向量 $\boldsymbol{\pi}$ 表示。假设状态有 m 种，向量 $\boldsymbol{\pi}$ 需要满足

$$\pi_i \geqslant 0 \tag{7.5}$$

以及

$$\sum_{i=1}^{m} \pi_i = 1 \tag{7.6}$$

以保证 $\boldsymbol{\pi}$ 是一个合法的概率分布，这是一个多项分布。

以天气为例，假设初始时处于晴天的概率是 0.5，处于阴天的概率是 0.4，处于雨天的概率是 0.1，则 $\boldsymbol{\pi}$ 为

$$(0.5 \ \ 0.4 \ \ 0.1)$$

由于具有马尔可夫性，根据式 (7.2)，出现状态序列 $X_0, \cdots, X_T$ 的概率为

$$p(X_0, \cdots, X_T) = p(X_T|X_{T-1})p(X_{T-1}|X_{T-2})\cdots p(X_1|X_0)p(X_0) = \pi_{X_0} \prod_{t=1}^{T} p_{X_{t-1}X_t}$$

在这里，$p(X_0) = \pi_{X_0}$。对于天气问题，从初始时刻开始，连续 3 天全部为晴天的概率为

$$p(X_0 = 1, X_1 = 1, X_2 = 1) = p(X_0 = 1)p(X_1 = 1|X_0 = 1)p(X_2 = 1|X_1 = 1)$$

$$= \pi_1 \times p_{11} \times p_{11} = 0.5 \times 0.7 \times 0.7 = 0.245$$

现在计算某一天为晴天的概率。由于具有马尔可夫性，当天的天气只由前一天的天气决定，无论前一天是何种天气，当天都可能会转入晴天。根据全概率公式，有

$$p(X_t = 1) = p(X_{t-1} = 1)p(X_t = 1 | X_{t-1} = 1) + p(X_{t-1} = 2)p(X_t = 1 | X_{t-1} = 2)$$
$$+ p(X_{t-1} = 3)p(X_t = 1 | X_{t-1} = 3)$$
$$= 0.7 \times p(X_{t-1} = 1) + 0.4 \times p(X_{t-1} = 2) + 0.3 \times p(X_{t-1} = 3)$$

如果令时刻 t 各个状态出现的概率为向量 $\boldsymbol{\pi}_t$，根据前一个时刻的状态分布 $\boldsymbol{\pi}_{t-1}$，可以计算出当前时刻的状态分布 $\boldsymbol{\pi}_t$。由于状态转移矩阵的第 i 列为从上一个时刻的各个状态转入当前时刻的状态 i 的概率，根据全概率公式，t 时刻状态为 i 的概率为

$$\pi_{t,i} = \sum_{j=1}^{m} \pi_{t-1,j} p_{ji} \tag{7.7}$$

对于所有状态，写成矩阵形式为

$$\boldsymbol{\pi}_t = \boldsymbol{\pi}_{t-1} \boldsymbol{P} \tag{7.8}$$

式 (7.8) 建立了状态的概率分布随着时间线的递推公式。反复利用式 (7.8) 可以得到

$$\boldsymbol{\pi}_t = \boldsymbol{\pi}_{t-1} \boldsymbol{P} = \boldsymbol{\pi}_{t-2} \boldsymbol{P} \boldsymbol{P} = \cdots = \boldsymbol{\pi}_0 \boldsymbol{P}^t \tag{7.9}$$

根据式 (7.9)，给定初始的状态概率分布 $\boldsymbol{\pi}_0$ 和状态转移矩阵 $\boldsymbol{P}$，可以计算出任意时刻的状态概率分布。

将前面定义的状态转移概率进行推广可以得到多步状态转移概率，是从一个状态开始，经过多次状态转移，到达另外一个状态的概率。定义 n 步转移概率为从状态 i 经过 n 步转移到状态 j 的概率，记为

$$p_{ij}^{(n)} = p(X_n = j | X_0 = i)$$

对于时齐的马尔可夫链，有

$$p_{ij}^{(n)} = p(X_{k+n} = j | X_k = i) \tag{7.10}$$

对应地，以 n 步转移概率为元素的矩阵称为 n 步转移概率矩阵

$$\boldsymbol{P}^{(n)} = \begin{pmatrix} p_{11}^{(n)} & \cdots & p_{1m}^{(n)} \\ \vdots & & \vdots \\ p_{m1}^{(n)} & \cdots & p_{mm}^{(n)} \end{pmatrix}$$

如果 $n = 1$，则 n 步转移概率矩阵即为状态转移矩阵。

根据定义，n 步转移概率满足 Chapman–Kolmogorov 方程（简称 C-K 方程）。

$$p_{ij}^{(n)} = \sum_{k=1}^{m} p_{ik}^{(l)} p_{kj}^{(n-l)} \tag{7.11}$$

即从状态 i 经过 n 次转移进入状态 j 的概率，等于从状态 i 先经过 l 次转移进入状态 k 的概率乘以从状态 k 经过 $n-l$ 次转移进入状态 j 的概率，对所有状态 k 进行求和的结果。下面给出证明，根据全概率公式以及条件概率的定义，有

$$p_{ij}^{(n)} = p(X_{t+n} = j | X_t = i) = \frac{p(X_t = i, X_{t+n} = j)}{p(X_t = i)}$$
$$= \sum_{k=1}^{m} \frac{p(X_t = i, X_{t+l} = k, X_{t+n} = j)}{p(X_t = i, X_{t+l} = k)} \frac{p(X_t = i, X_{t+l} = k)}{p(X_t = i)}$$
$$= \sum_{k=1}^{m} p(X_{t+n} = j | X_{t+l} = k) p(X_{t+l} = k | X_t = i) = \sum_{k=1}^{m} p_{ik}^{(l)} p_{kj}^{(n-l)}$$

根据 C-K 方程，对于 n 步转移矩阵，有如下乘积关系

$$\boldsymbol{P}^{(n+l)} = \boldsymbol{P}^{(n)} \boldsymbol{P}^{(l)}$$

由此可以得到 n 步转移矩阵与状态转移矩阵之间的关系

$$\boldsymbol{P}^{(n)} = \boldsymbol{P}^n$$

7.1.3 状态的性质与分类

下面介绍马尔可夫链状态的重要性质。如果可以从状态 i 转移到状态 j，即存在 $n \geqslant 0$ 使得

$$p_{ij}^{(n)} > 0$$

则称从状态 i 到状态 j 是可达的，记为 $i \to j$。如果 $i \to j$ 且 $j \to i$，则称这两个状态是互通的，记为 $i \leftrightarrow j$。互通意味着可以在两个状态之间相互转移。

互通具有自反性。对于任意状态 i 有 $i \leftrightarrow i$。根据可达的定义，状态 i 经过 0 次转移可以进入状态 i。

互通具有对称性。如果 $i \leftrightarrow j$，则有 $j \leftrightarrow i$。根据互通的定义，这显然是成立的。

互通具有传递性。如果 $i \leftrightarrow j$ 且 $j \leftrightarrow k$，则有 $i \leftrightarrow k$。下面根据定义证明。由于 $i \leftrightarrow j$ 以及 $j \leftrightarrow k$，因此存在 n_1, n_2 使得 $p_{ij}^{(n_1)} > 0, p_{jk}^{(n_2)} > 0$。根据 C-K 方程，有

$$p_{ik}^{(n_1+n_2)} = \sum_{l=1}^{m} p_{il}^{(n_1)} p_{lk}^{(n_2)} \geqslant p_{ij}^{(n_1)} p_{jk}^{(n_2)} > 0$$

类似地可以证明 k 到 i 是可达的。因此互通是一种等价关系。所有互通的状态属于同一个等价类，可以按照互通性将所有状态划分成若干个不相交的子集。

如果一个马尔可夫链任意两个状态都是互通的，则称它是不可约（irreducible）的，否则是可约的。如果用状态转移图表示马尔可夫链，则不可约的马尔可夫链的任意两个顶点之间有路径存在，图是强连通的。下面举例说明。

考虑图 7.3 所示的马尔可夫链。从状态 3 和 4 无法到达状态 1 和 2，因此该马尔可夫链是可约的。状态 1 和 2 是互通的，状态 3 和 4 也是互通的。根据互通性可以将状态划分成 $\{1,2\}, \{3,4\}$ 两个子集。

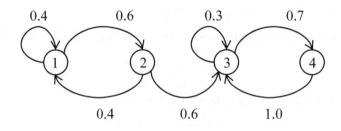

图 7.3 可约的马尔可夫链

考虑图 7.4 所示的马尔可夫链。任意两个状态之间都是可达的，因此是不可约的。

状态 i 的周期 $d(i)$ 定义为从该状态出发，经过 n 步之后回到该状态，这些 n 的最大公约数

$$d(i) = \gcd\{n > 0 : p_{ii}^{(n)} > 0\}$$

其中 gcd 为最大公约数。如果对所有 $n > 0$ 都有 $p_{ii}^{(n)} = 0$，则称周期为无穷大（$+\infty$）。如果状态的周期 $d(i) > 1$，则称该状态是周期的。如果状态的周期为 1，则它为非周期的。下面举例说明，

对于图 7.5 所示的马尔可夫链，所有状态的周期是 2。从每个状态回到该状态所经历的转移次数均为 2 的倍数。这也意味着对于所有状态，经过非 2 的倍数次的状态转移，一定不会回到此状态。

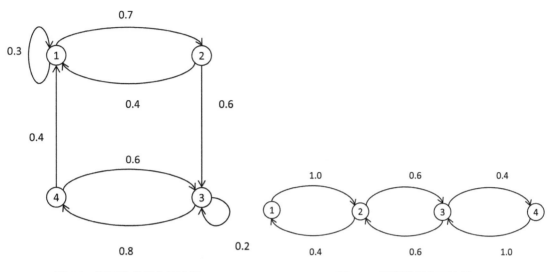

图 7.4　不可约的马尔可夫链　　　　图 7.5　周期性马尔可夫链

如果两个状态互通，则它们的周期相同。将 i 的周期记为 $d(i)$，j 的周期记为 $d(j)$。由于 i 与 j 互通，因此存在 n_1, n_2 使得

$$p_{ij}^{(n_1)} p_{ji}^{(n_2)} > 0$$

假设 $p_{ii}^{(s)} > 0$，则有

$$p_{jj}^{(n_1+n_2)} \geqslant p_{ji}^{(n_2)} p_{ij}^{(n_1)} > 0 \qquad\qquad p_{jj}^{(n_1+s+n_2)} \geqslant p_{ji}^{(n_2)} p_{ii}^{(s)} p_{ij}^{(n_1)} > 0$$

根据周期的定义，$d(j)$ 同时整除 $n_1 + n_2$ 与 $n_1 + n_2 + s$。只要 $p_{ii}^{(s)} > 0$，则

$$n_1 + s + n_2 - (n_1 + n_2) = s$$

可以被 $d(j)$ 整除。由于 s 是 $d(i)$ 的任意倍数，均能被 $d(j)$ 整除，因此 $d(j)$ 整除 $d(i)$。同样可证明 $d(i)$ 整除 $d(j)$，因此 $d(i) = d(j)$。

由此可以得到下面的推论。

（1）如果不可约的马尔可夫链有周期性状态 i，则其所有状态为周期性状态。

（2）对于不可约的马尔可夫链，如果一个状态 i 是非周期的，则所有的状态都是非周期的。

对于任意状态 i, j，定义 $f_{ij}^{(n)}$ 为从状态 i 出发在时刻 n 首次进入状态 j 的概率。即有

$$f_{ij}^{(0)} = 0 \qquad\qquad f_{ij}^{(n)} = p(X_n = j, X_k \neq j, k = 1, \cdots, n-1 | X_0 = i)$$

如果令

$$f_{ij} = \sum_{n=1}^{+\infty} f_{ij}^{(n)}$$

它表示从状态 i 出发迟早将转移到状态 j 的概率。如果 $i \neq j$，当且仅当从 i 到 j 可达时 f_{ij} 为正。f_{ii} 表示从状态 i 出发迟早会返回该状态的概率。如果 $f_{ii} = 1$，则称状态 i 是常返（recurrent）的，否则是非常返（transient）的。常返意味着从一个状态出发会以概率 1 再次进入该状态，迟早会返回该状态。

考虑图 7.6 所示的马尔可夫链。对于状态 1，一旦离开此状态，则无法再返回，有

$$f_{11}^{(1)} = 0.3, f_{11}^{(2)} = 0, f_{11}^{(3)} = 0, \cdots$$

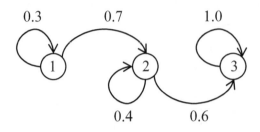

图 7.6　含有常返和非常返状态的马尔可夫链

从而有

$$f_{11} = 0.3 + 0 + 0 + \cdots = 0.3$$

状态 1 是非常返的。从该状态出发，有 0.7 的概率永远不会再返回此状态。对于状态 2，有

$$f_{22}^{(1)} = 0.4, f_{22}^{(2)} = 0, f_{22}^{(3)} = 0, \cdots$$

因此有

$$f_{22} = 0.4 + 0 + 0 + \cdots = 0.4$$

状态 2 是非常返的，从该状态出发，有 0.6 的概率永远不会再返回此状态。对于状态 3，有

$$f_{33}^{(1)} = 1.0, f_{33}^{(2)} = 0, f_{33}^{(3)} = 0, \cdots$$

因此有

$$f_{33} = 1.0 + 0 + 0 + \cdots = 1.0$$

状态 3 是常返的。

状态 i 是常返态的充分必要条件是 $\sum\limits_{n=1}^{+\infty} p_{ii}^{(n)} = +\infty$。下面给出证明。

分两种情况讨论。如果状态 i 是常返的，从 i 出发以概率 1 最终会返回到 i。根据马尔可夫性，回到状态 i 则意味着重新开始。因此，还将会以概率 1 返回到该状态。如此反复，返回该状态的次数是无限的。因此返回状态 i 的次数的数学期望是无限的。如果状态 i 是非常返的，则每次到达该状态时有正概率 $1 - f_{ii}$，它将永远不会返回此状态。故返回 i 的次数 X 服从参数为 $1 - f_{ii}$ 的几何分布，$p(X = n) = f_{ii}^n (1 - f_{ii}), n = 1, 2, \cdots$，其数学期望为 $1/(1 - f_{ii})$。

因此状态 i 为常返的，当且仅当

$$E[\text{到达 } i \text{ 的次数}|X_0 = i] = +\infty$$

如果令指示变量 I_n 表示从状态 i 出发，经过 n 次转移后的状态是否为 i

$$I_n = \begin{cases} 1, & X_n = i \\ 0, & X_n \neq i \end{cases}$$

则 $\sum\limits_{n=0}^{+\infty} I_n$ 表示到达 i 的次数。而

$$E\left[\sum_{n=0}^{+\infty} I_n | X_0 = i\right] = \sum_{n=0}^{+\infty} E[I_n|X_0 = i] = \sum_{n=0}^{+\infty} p_{ii}^{(n)}$$

因此，如果状态 i 是常返的，当且仅当 $\sum\limits_{n=0}^{+\infty} p_{ii}^{(n)} = +\infty$。

如果 i 是常返的，且 $i \leftrightarrow j$，则 j 是常返的。下面给出证明。由于 i 与 j 互通，因此存在 n_1, n_2 使得

$$p_{ij}^{(n_1)} > 0, p_{ji}^{(n_2)} > 0$$

根据 C-K 方程，对任意的 $s > 0$，有

$$p_{jj}^{(n_1+n_2+s)} \geqslant p_{ji}^{(n_2)} p_{ii}^{(s)} p_{ij}^{(n_1)}$$

由于 i 是常返的，根据上一个结论，有

$$\sum_s p_{jj}^{(n_1+n_2+s)} \geqslant p_{ji}^{(n_2)} p_{ij}^{(n_1)} \sum_s p_{ii}^{(s)} = +\infty$$

因此结论成立。

根据上一个结论，不可约的马尔可夫链所有状态的常返性相同，要么全是常返的，要么全是非常返的，不存在既有常返态又有非常返态的情况。

如果 $i \leftrightarrow j$，且 j 是常返的，则 $f_{ij} = 1$。下面给出证明。

假设 $X_0 = i$，由于 $i \leftrightarrow j$，因此存在 n 使得 $p_{ij}^{(n)} > 0$。如果 $X_n \neq j$，则第 1 次错过了进入状态 j 的机会。令 T_1 为下一次进入状态 i 的时刻，根据上一条结论，i 也是常返的，因此以概率 1，T_1 的值是有限的。如果 $X_{T_1+n} \neq j$，则第 2 次错过了进入 j 的机会。依此类推，首次进入 j 的机会数服从数学期望为 $1/p_{ij}^{(n)}$ 的几何分布，且以概率 1 为有限值。状态 i 是常返的，提供的这样的机会是无穷次的，因此结论成立。

如果一个状态 j 是非常返的，则对所有 i 均有

$$\sum_{n=1}^{+\infty} p_{ij}^{(n)} < +\infty$$

这意味着从任意状态 i 出发到达 j 的次数的数学期望是有限的。对非常返的状态 j，当 $n \to +\infty$ 时，$p_{ij}^{(n)} \to 0$。这可以根据上面的结论用反证法证明。

下面对常返的状态进一步分类。如果令 μ_{ii} 为返回 i 所需要的平均转移次数（平均返回时间），即下面的数学期望

$$\mu_{ii} = \begin{cases} +\infty, & i\text{是非常返的} \\ \sum\limits_{n=1}^{+\infty} n f_{ii}^{(n)}, & i\text{是常返的} \end{cases}$$

假设 i 是常返的，如果 $\mu_{ii} < +\infty$，则称它为正常返（Positive Recurrent）的，如果 $\mu_{ii} = +\infty$，则称为零常返的。正常返意味着从一个状态出发不但会以概率 1 再次返回该状态，而且返回该状态的平均时间是有限的，上面的级数收敛。零常返只能保证返回该状态的概率是 1，但平均返回时间是 $+\infty$，上面的级数发散。

假设状态 i 是常返的。如果 $\lim\limits_{n \to +\infty} p_{ii}^{(n)} > 0$，则它是正常返的；如果 $\lim\limits_{n \to +\infty} p_{ii}^{(n)} = 0$，则是零常返的。这一结论给出了判定状态是正常返还是零常返的方法。

如果一个马尔可夫链的状态数是有限的，则只存在正常返和非常返的状态，不存在零常返的状态。因此，有限状态、不可约马尔可夫链的所有状态都是正常返的。

7.1.4　平稳分布与极限分布

式 (7.9) 给出了马尔可夫链随着时间进行演化时状态的概率分布。反复用状态转移矩阵对状态的概率分布进行演化，可以发现马尔可夫链具有一个有趣的性质，对于任意的初始状态分布，随着状态转移的进行，最后系统状态的概率分布趋向于一个稳定的值。以 7.1.2 节的天气模型为例，状态的初始概率分布 π_0 如下

$$(0.5 \quad 0.4 \quad 0.1)$$

用状态转移矩阵按照式 (7.9) 迭代 50 次后的结果如图 7.7 所示。图中横轴表示迭代次数，即时刻 n，纵轴表示该时刻 3 种天气出现的概率 π_n，分别为 3 种颜色的曲线。

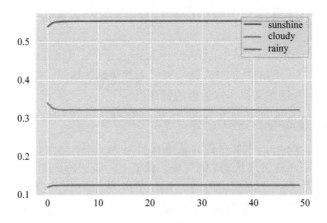

图 7.7　天气的状态随时间演化的结果

对应的 Python 代码如下。

```
import random
import math
import matplotlib.pyplot as plt
import numpy as np
%matplotlib inline
P = np.array([[0.7,0.2,0.1], [0.4,0.5,0.1], [0.3,0.4,0.3]], dtype='float32')
pi = np.array([[0.5,0.4,0.1]], dtype='float32')
value1 = []
value2 = []
value3 = []
for i in range(50):
  pi = np.dot(pi, P)
  value1.append(pi[0][0])
  value2.append(pi[0][1])
  value3.append(pi[0][2])
print(pi)
x = np.arange(50)
plt.plot(x,value1,label='sunshine')
plt.plot(x,value2,label='cloudy')
```

```
plt.plot(x,value3,label='rainy')
plt.legend()
plt.show()
```

从图 7.7 可以看到状态的概率向量最终收敛到下面的值

$$(0.554 \quad 0.321 \quad 0.125)$$

下面换一个初始概率分布。假设初始状态概率 π_0 是如下值

$$(0.1 \quad 0.1 \quad 0.8)$$

迭代 50 次后的结果如图 7.8 所示。可以看到,两次运行最终收敛到同样的结果。可以猜测:无论初始状态概率分布的取值如何,只要马尔可夫链满足一定的条件,最后的状态概率会收敛到一个固定值。由此定义平稳分布(Stationary Distribution)的概念。

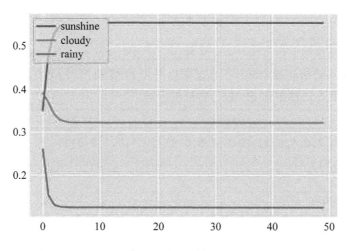

图 7.8 天气的状态随时间演化的结果

假设状态空间的大小为 m,向量 π 为状态的概率分布。对于状态转移矩阵为 P 的马尔可夫链,如果存在一个概率分布 π 满足

$$\pi P = \pi \tag{7.12}$$

则称此分布 π 为平稳分布。其意义为当前时刻的状态如果服从此分布,转移到下一个时刻之后还服从此分布,因此称为"平稳"。从另外一个角度看,上一个时刻处于某一状态的概率,与下一时刻从各个状态进入该状态的概率相等。这意味着以平稳分布作为初始状态分布,则经过任意次转移之后状态的概率分布不变。

根据定义,平稳分布是状态转移矩阵的转置矩阵 P^{T} 归一化的特征向量,且特征值为 1。对式 (7.12) 进行转置,可以得到

$$(\pi P)^{\mathrm{T}} = P^{\mathrm{T}} \pi^{\mathrm{T}} = \pi^{\mathrm{T}}$$

这就是特征值和特征向量的定义,特征值为 1。平稳分布是下面齐次方程的归一化非 $\mathbf{0}$ 解

$$(P^{\mathrm{T}} - I)x = 0 \tag{7.13}$$

给定一个马尔可夫链的状态转移矩阵 P,通过求解式 (7.13) 的线性方程组即可得到其平稳分布。齐次线性方程组的解不唯一,平稳分布必须满足式 (7.5) 和式 (7.6) 的约束条件,根据它可以确定唯一解。下面举例说明。

对于 7.1.2 节中天气模型的状态转移矩阵

$$P = \begin{pmatrix} 0.7 & 0.2 & 0.1 \\ 0.4 & 0.5 & 0.1 \\ 0.3 & 0.4 & 0.3 \end{pmatrix}$$

根据式 (7.12) 和式 (7.6) 的等式约束，其平稳分布满足如下线性方程组。

$$\begin{cases} \pi_1 = 0.7\pi_1 + 0.4\pi_2 + 0.3\pi_3 \\ \pi_2 = 0.2\pi_1 + 0.5\pi_2 + 0.4\pi_3 \\ \pi_3 = 0.1\pi_1 + 0.1\pi_2 + 0.3\pi_3 \\ \pi_1 + \pi_2 + \pi_3 = 1 \end{cases}$$

解此方程可以得到下面的唯一解。

$$\pi_1 = 0.554, \pi_2 = 0.321, \pi_3 = 0.125$$

这与图 7.7 和图 7.8 的结果一致。

下面计算所有可能的平稳分布。首先计算状态转移矩阵的特征值，然后求解式 (7.13) 的齐次方程组，由于齐次方程组的解不唯一，也需要加上式 (7.5) 和式 (7.6) 的约束条件以确定唯一解。下面对天气模型的状态转移矩阵 P^{T} 进行特征值分解。

```
import numpy as np
A = np.array ([[0.7,0.4,0.3],[0.2,0.5,0.4],[0.1,0.1,0.3]])
V, U = np.linalg.eig (A)
print (U)
print (V)
```

特征值分解的结果如下。

```
[[−8.48757801e−01 −7.07106781e−01 4.08248290e−01]
 [−4.92827110e−01 7.07106781e−01 −8.16496581e−01]
 [−1.91654987e−01 −2.01465978e−16 4.08248290e−01]]
[1. 0.3 0.2]
```

其特征值为 1、0.3、0.2。接下来计算每个特征值对应的特征向量。对于 $\lambda = 1$，有

$$P^{\mathrm{T}} - I = \begin{pmatrix} -0.3 & 0.4 & 0.3 \\ 0.2 & -0.5 & 0.4 \\ 0.1 & 0.1 & -0.7 \end{pmatrix} \xrightarrow{\text{初等行变换}} \begin{pmatrix} 1 & 0 & -\dfrac{31}{7} \\ 0 & 1 & -\dfrac{18}{7} \\ 0 & 0 & 0 \end{pmatrix}$$

式 (7.13) 齐次方程的通解为

$$\pi_1 = \frac{31}{7}t, \pi_2 = \frac{18}{7}t, \pi_3 = t$$

其中 t 为任意常数。由于要满足式 (7.6)，方程的唯一解为

$$\pi_1 = \frac{31}{56}, \pi_2 = \frac{18}{56}, \pi_3 = \frac{7}{56}$$

这与前面的结果一致。对于 $\lambda = 0.3$ 以及 $\lambda = 0.2$，这两个特征值不符合平稳分布定义的要求，不予考虑。因此 $\lambda = 1$ 时有唯一合法的解，平稳分布唯一。对于天气模型的例子，平稳分布存在且唯一。

并非所有马尔可夫链都存在平稳分布且唯一。下面举例说明。考虑如下的状态转移矩阵

$$\boldsymbol{P} = \begin{pmatrix} 1 & 0 & 0 \\ 0 & 1 & 0 \\ 0 & 0 & 1 \end{pmatrix}$$

该马尔可夫链是可约的，任意两个状态之间均不互通。显然 $\lambda = 1$ 是 $\boldsymbol{P}^{\mathrm{T}}$ 的 3 重特征值，对于该特征值有

$$\boldsymbol{P}^{\mathrm{T}} - \boldsymbol{I} = \begin{pmatrix} 0 & 0 & 0 \\ 0 & 0 & 0 \\ 0 & 0 & 0 \end{pmatrix}$$

任意非 $\boldsymbol{0}$ 向量都是式 (7.13) 方程的非 $\boldsymbol{0}$ 解，这意味着任意合法的概率分布 $\boldsymbol{\pi}$ 都是平稳分布。

下面给出马尔可夫链平稳分布存在性和唯一性的条件。

（1）如果一个马尔可夫链是非周期、不可约的，当且仅当所有状态都是正常返时，平稳分布存在且唯一。此时平稳分布等于极限分布

$$\pi_j = \lim_{n \to +\infty} p(X_n = j | X_0 = i) = \lim_{n \to +\infty} p_{ij}^{(n)} > 0, j = 1, \cdots, m$$

极限分布是当时间趋向于 $+\infty$ 时状态 j 出现的概率，与起始状态 i 无关，以任意状态 i 作为初始状态进行演化，最后转移到状态 j 的概率都是相等的。平稳分布也是当时间趋向于 $+\infty$ 时每个状态出现次数的比例。令 $N_i(n)$ 为到 n 时刻为止进入状态 i 的总次数，则有

$$\pi_i = \lim_{n \to +\infty} \frac{N_i(n)}{n}$$

（2）如果一个马尔可夫链是非周期、不可约的，且它的所有状态全是非常返的，或全是零常返的，则对 $\forall i, j$ 有

$$\lim_{n \to +\infty} p_{ij}^{(n)} = 0$$

此时平稳分布不存在。

（3）如果一个马尔可夫链是可约的，通常情况下存在多个平稳分布。这在前面已经举例说明。

如果一个马尔可夫链状态数是有限的，且是非周期、不可约的，则它的所有状态一定是正常返的，因此平稳分布存在且唯一。

限于篇幅，不证明这些结论，感兴趣的读者可以阅读参考文献 [1]。对于有限状态的马尔可夫链，也可以根据其状态转移矩阵的特征值与特征向量的特性进行证明，这需要使用 Gerschgorin 圆盘定理（Gerschgorin's Disk Theorem）。

下面讨论马尔可夫链的平稳分布与其极限分布的关系。极限分布是时间趋向 $+\infty$ 时每个状态 j 出现的概率。如果极限分布存在，则它与初始状态 i 无关。因此，可以简写为

$$\pi_j = \lim_{n \to +\infty} p(X_n = j), \ \forall j \in S \tag{7.14}$$

根据式 (7.14) 的定义，对式 (7.9) 两边同时取极限可以得到

$$\boldsymbol{\pi} = \lim_{n \to +\infty} \boldsymbol{\pi}_0 \boldsymbol{P}^{n+1} = \lim_{n \to +\infty} \boldsymbol{\pi}_0 \boldsymbol{P}^n \boldsymbol{P} = \left(\lim_{n \to +\infty} \boldsymbol{\pi}_0 \boldsymbol{P}^n \right) \boldsymbol{P} = \boldsymbol{\pi} \boldsymbol{P}$$

这意味着极限分布就是平稳分布。

根据上面的结论（1）以及 C-K 方程，如果平稳分布存在，则状态转移矩阵幂的极限也存在

且等于平稳分布，矩阵每一列的元素 p_{ij}^n 均等于状态 j 的平稳分布 π_j

$$\lim_{n \to +\infty} \boldsymbol{P}^{(n)} = \lim_{n \to +\infty} \boldsymbol{P}^n = \begin{pmatrix} \pi_1 & \pi_2 & \cdots & \pi_m \\ \pi_1 & \pi_2 & \cdots & \pi_m \\ \vdots & \vdots & & \vdots \\ \pi_1 & \pi_2 & \cdots & \pi_m \end{pmatrix}$$

对于天气模型，用式 (7.9) 迭代到 $n = 50$ 时 $\boldsymbol{P}^n$ 的值如下所示。

```
[[0.55357146 0.3214286  0.125]
 [0.5535716  0.32142866 0.12500003]
 [0.5535715  0.32142866 0.12500003]]
```

这个极限矩阵的所有行均相等。每次迭代之后矩阵 $\boldsymbol{P}^n$ 元素的值如图 7.9 所示。图中横轴同样为时刻 n，纵轴为状态转移矩阵各个元素的值，各时刻矩阵的元素值用 9 条颜色不同的曲线表示。

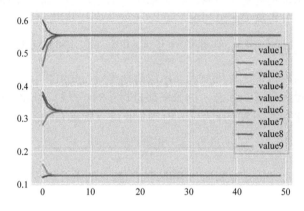

图 7.9   状态转移矩阵的极限

对应的 Python 代码如下。

```python
import random
import math
import matplotlib.pyplot as plt
import numpy as np
%matplotlib inline
P = np.array([[0.7,0.2,0.1], [0.4,0.5,0.1], [0.3,0.4,0.3]], dtype='float32')
Pn = np.array([[0.7,0.2,0.1], [0.4,0.5,0.1], [0.3,0.4,0.3]], dtype='float32')
value1 = []
value2 = []
value3 = []
value4 = []
value5 = []
value6 = []
value7 = []
value8 = []
value9 = []
```

```
for i in range(50):
  Pn= np.dot(Pn, P)
  value1.append(Pn[0][0])
  value2.append(Pn[0][1])
  value3.append(Pn[0][2])
  value4.append(Pn[1][0])
  value5.append(Pn[1][1])
  value6.append(Pn[1][2])
  value7.append(Pn[2][0])
  value8.append(Pn[2][1])
  value9.append(Pn[2][2])
print(Pn)
plt.plot(x,value1,label='value1')
plt.plot(x,value2,label='value2')
plt.plot(x,value3,label='value3')
plt.plot(x,value4,label='value4')
plt.plot(x,value5,label='value5')
plt.plot(x,value6,label='value6')
plt.plot(x,value7,label='value7')
plt.plot(x,value8,label='value8')
plt.plot(x,value9,label='value9')
plt.legend()
plt.show()
```

极限分布和平稳分布刻画了马尔可夫链的重要属性，在实际应用中具有重要的价值。

7.1.5 细致平衡条件

某些应用需要在给定状态概率分布 π 的条件下构造出一个马尔可夫链，即构造出状态转移矩阵 P，使得其平稳分布是 π。细致平衡条件（Detailed Balance）为解决此问题提供了方法。如果马尔可夫链的状态转移矩阵 P 和概率分布 π 对所有的 i 和 j 均满足

$$\pi_i p_{ij} = \pi_j p_{ji} \tag{7.15}$$

即对于 $\forall i, j$，处于状态 i 的概率乘以从状态 i 转移到状态 j 的概率等于处于状态 j 的概率乘以从状态 j 转移到状态 i 的概率，则 π 为马尔可夫链的平稳分布。式 (7.15) 称为细致平衡条件，下面给出证明。对任意的 i，根据式 (7.15)，有

$$\sum_{i=1}^{m} \pi_i p_{ij} = \sum_{i=1}^{m} \pi_j p_{ji} = \pi_j \sum_{i=1}^{m} p_{ji} = \pi_j$$

这里第 3 步利用了状态转移矩阵的特性 $\sum_{i=1}^{m} p_{ji} = 1$。上式写成矩阵形式为

$$\pi P = \pi$$

这就是平稳分布的定义。

需要注意的是，$\boldsymbol{P}$ 和 $\boldsymbol{\pi}$ 满足细致平衡条件是 $\boldsymbol{\pi}$ 为 $\boldsymbol{P}$ 的平稳分布的充分条件而非必要条件。对于 7.1.2 节中天气的状态转移矩阵

$$\boldsymbol{P} = \begin{pmatrix} 0.7 & 0.2 & 0.1 \\ 0.4 & 0.5 & 0.1 \\ 0.3 & 0.4 & 0.3 \end{pmatrix}$$

其平稳分布为

$$\boldsymbol{\pi} = (0.554 \quad 0.321 \quad 0.125)$$

在这里，细致平衡条件不成立。例如

$$\pi_1 p_{12} = 0.554 \times 0.2 \neq \pi_2 p_{21} = 0.321 \times 0.4$$

直观来看，平稳分布意味着对于任意一个状态，从所有状态转入到该状态的概率值与该状态的概率值相等。后者可以认为是从该状态转出去的概率值。即对于同一个状态来说，从其转出去的概率与转入的概率相等。细致平衡条件是一个更严格的要求，它要求对任意两个状态 i 与 j，从 i 转入 j 的概率与从 j 转入 i 的概率相等。显然，后者是前者的充分不必要条件。

对于状态连续的马尔可夫链，细致平衡条件同样成立。如果系统在 $\boldsymbol{x}$ 点处的概率密度函数为 $p(\boldsymbol{x})$，$p(\boldsymbol{x}'|\boldsymbol{x})$ 为从 $\boldsymbol{x}$ 转移到 $\boldsymbol{x}'$ 的条件密度函数，则细致平衡条件为

$$p(\boldsymbol{x})p(\boldsymbol{x}'|\boldsymbol{x}) = p(\boldsymbol{x}')p(\boldsymbol{x}|\boldsymbol{x}')$$

细致平衡条件将用于马尔可夫链蒙特卡洛采样算法的实现，将在 7.2 节详细讲述。

7.1.6　应用——隐马尔可夫模型

有些实际应用中不能直接观察到系统的状态值，状态的值是隐含的，只能得到一组称为观测的值。为此，对马尔可夫模型进行扩充，得到隐马尔可夫模型（Hidden Markov Model，HMM）。隐马尔可夫模型描述了观测变量和状态变量之间的概率关系。与马尔可夫模型相比，隐马尔可夫模型不但对状态建模，而且对观测值建模。不同时刻的状态值之间，同一时刻的状态值和观测值之间，都存在概率关系。

首先定义观测序列

$$\boldsymbol{x} = \{x_1, \cdots, x_T\}$$

它是直接能观察或者计算得到的值，是一个随机变量序列。任一时刻的观测值来自有限的观测集

$$V = \{v_1, \cdots, v_m\}$$

接下来定义状态序列

$$\boldsymbol{z} = \{z_1, \cdots, z_T\}$$

状态序列也是一个随机变量序列。任一时刻的状态值来自有限的状态集

$$S = \{s_1, \cdots, s_n\}$$

这与马尔可夫链中的状态定义相同。状态序列是一个马尔可夫链，其状态转移矩阵为 $\boldsymbol{A}$。状态随着时间线演化，每个时刻的状态值决定了观测值。同样，用正整数表示状态值和观测值。

下面举例说明状态和观测的概念。假如我们要识别视频中人的各种动作，状态即为要识别的动作，如站立、坐下、行走等，在进行识别之前无法得到其值。观测是能直接得到的值，如人体各个关键点的坐标，隐马尔可夫模型的作用是通过观测值推断出状态值，从而识别出动作。

除前面定义的状态转移矩阵之外，隐马尔可夫模型还有观测矩阵 $\boldsymbol{B}$，其元素为

$$b_{ij} = p(x_t = v_j | z_t = s_i)$$

该值表示 t 时刻状态值为 s_i 时观测值为 v_j 的概率。该矩阵满足和状态转移矩阵同样的约束条件

$$b_{ij} \geqslant 0 \qquad\qquad \sum_{j=1}^{n} b_{ij} = 1$$

观测矩阵的第 i 行是状态为 s_i 时观测值为各个值的概率分布。假设初始状态的概率分布为 $\boldsymbol{\pi}$，隐马尔可夫模型可以表示为五元组

$$\{S, V, \boldsymbol{\pi}, \boldsymbol{A}, \boldsymbol{B}\}$$

隐马尔可夫模型是增加观测模型之后的马尔可夫链。

在实际应用中，一般假设状态转移矩阵 $\boldsymbol{A}$ 和观测矩阵 $\boldsymbol{B}$ 在任何时刻都是相同的，即与时间无关，马尔可夫链是时齐的，从而简化了问题的计算。

观测序列是这样产生的：系统在 1 时刻处于状态 z_1，在该状态下得到观测值 x_1。接下来从 z_1 转移到 z_2，并在此状态下得到观测值 x_2。依此类推，得到整个观测序列。由于每一时刻的观测值只依赖于本时刻的状态值，因此出现状态序列 $\boldsymbol{z}$ 且观测序列为 $\boldsymbol{x}$ 的概率为

$$p(\boldsymbol{z}, \boldsymbol{x}) = p(\boldsymbol{z})p(\boldsymbol{x}|\boldsymbol{z}) = p(z_T|z_{T-1})p(z_{T-1}|z_{T-2})\cdots p(z_1|z_0)p(x_T|z_T)p(x_{T-1}|z_{T-1})\cdots p(x_1|z_1)$$

$$= \left(\prod_{t=1}^{T} a_{z_{t-1}z_t}\right)\prod_{t=1}^{T} b_{z_t x_t}$$

在这里，约定 $p(z_1|z_0) = p(z_1)$ 为状态的初始概率。这就是所有时刻的状态转移概率、观测概率的乘积。

仍然以 7.1.2 节的天气问题为例说明隐马尔可夫模型的原理。假设我们无法直接得知天气的情况，但能得知一个人在各种天气下的活动情况，这里的活动有 3 种情况

$$\{睡觉, 跑步, 逛街\}$$

在这个问题中，天气是状态值，活动是观测值。该隐马尔可夫模型如图 7.10 所示。

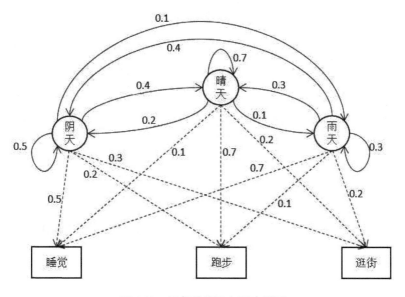

图 7.10　天气的隐马尔可夫模型

图中的圆形节点表示状态值，矩形节点表示观测值。实线表示状态转移概率，虚线表示观测概率。这一问题的观测矩阵为

$$B = \begin{pmatrix} 0.1 & 0.7 & 0.2 \\ 0.5 & 0.2 & 0.3 \\ 0.7 & 0.1 & 0.2 \end{pmatrix}$$

例如 $b_{13} = 0.2$ 表示在晴天的天气状态下观察到这个人逛街的概率是 0.2。状态转移矩阵为

$$A = \begin{pmatrix} 0.7 & 0.2 & 0.1 \\ 0.4 & 0.5 & 0.1 \\ 0.3 & 0.4 & 0.3 \end{pmatrix}$$

在隐马尔可夫模型中，状态和观测是根据实际问题人工设定的；状态转移矩阵和观测矩阵通过样本学习得到。在给定观测序列 x 的条件下，我们可以计算出状态序列 z 出现的概率即条件概率 $p(z|x)$。对隐马尔可夫模型的进一步了解可以阅读参考文献 [6]。

7.1.7　应用——强化学习

现实应用中的很多问题需要在每个时刻观察系统的状态然后作出决策，按照决策执行动作以达到某种预期目标。解决这类问题的机器学习算法称为强化学习（Reinforcement Learning，RL）。下面考虑几个典型的例子。

例 1：用机器学习实现围棋。算法需要观察当前的棋盘，确定在哪个位置放置棋子，目标是战胜对手。

例 2：汽车自动驾驶。算法需要观察当前的路况，确定路上的车、行人、其他障碍物。在得到自己所处的环境后确定汽车行驶的速度，目标是顺利到达目的地。

执行动作的实体称为智能体（Agent），智能体所处的系统称为环境。在每个时刻，智能体观察环境，得到一组状态值，然后根据状态来决定执行什么动作。执行动作之后，系统可能会给智能体一个反馈，称为回报或奖励（Reward）。回报的作用是告诉智能体之前执行的动作所导致的结果的好坏。这个过程的原理如图 7.11 所示。

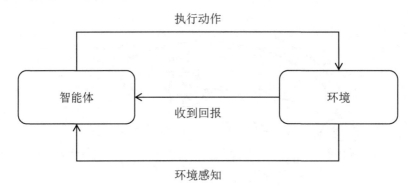

图 7.11　强化学习中智能体与环境的交互

在 4.9.3 节已经讲述，强化学习的目标是寻找一个策略函数 π，根据当前所处状态 s 确定要执行的动作 a

$$a = \pi(s)$$

训练算法最大化执行动作之后的累计回报以确定策略函数。

强化学习要对问题的不确定性建模，将解决的问题被抽象成马尔可夫决策过程（Markov Decision Process，MDP）。MDP 也是马尔可夫过程的扩展，在这种模型中，系统的状态同样随着时间线演化，不同的是，有智能体每个时刻观察系统的状态，然后执行动作，从而改变系统的状态，并且收到回报。

下面给出马尔可夫决策过程的定义。MDP 可以抽象成一个五元组，记为

$$\{S, A, p, r, \gamma\}$$

其中 S 为状态空间，A 为动作空间，p 为状态转移概率，r 为回报函数，γ 是折扣因子。下面对每个要素分别进行介绍。

（1）状态空间。所有状态组成的集合记 S，每个状态记为 s。状态可以是离散的，也可以是连续的。以围棋为例，状态就是当前的棋局，在棋盘的任何位置可以有白子、黑子，或是没有棋子。如果将这三种情况分别用 1,2,3 表示，则对于 19×19 的棋盘，所有可能的状态数为

$$3^{19 \times 19} = 3^{361}$$

这种情况的状态是离散的。对于自动驾驶的汽车，状态是连续的，汽车自身的位置、速度均为连续值。

（2）动作空间。所有能够执行的动作的集合记为 A，每个动作记为 a。动作可以是离散的，也可以是连续的。在每种状态 s 下，可以执行的动作的集合记为 $A(s)$。以围棋为例，动作是向空白的地方落子。对于自动驾驶的汽车，动作则是汽车的速度 $(v_x \ v_y)$，为连续值。

（3）状态转移概率。是当前时刻在状态 s 下执行动作 a、下一时刻进入状态 s' 的条件概率 $p(s'|s, a)$。即

$$p(s'|s, a) = p(s_{t+1} = s'|s_t = s, a_t = a)$$

与马尔可夫过程类似，状态转移概率必须满足如下的等式约束

$$\sum_{s'} p(s'|s, a) = 1$$

无论当前处于何种状态，执行任何动作后必然会转向后续状态中的某一个。由于具有马尔可夫性，下一个时刻的状态只与当前时刻的状态、当前时刻采取的动作有关，与更早时刻的状态与动作无关。与马尔可夫链不同的是下一时刻的状态不但与当前时刻的状态有关，而且与当前时刻执行的动作有关，动作会影响后续的状态。

状态转移概率用于对系统的不确定性进行建模，这对实际应用问题通常是必需的。以围棋为例，下一个时刻的棋局由当前时刻的棋局、当前时刻的落子动作，以及接下来对手在当前时刻的落子动作有关。而对手如何落子是不确定的，具有随机性。

通常情况下状态转移概率与具体的时刻无关，在所有时刻，其值都是相等的，从而简化问题的计算。

（4）回报函数。智能体当前时刻在状态 s 下执行动作 a、进入状态 s' 之后得到的立即回报，用回报函数建模。回报函数记为 $r(s, a, s')$，它由当前时刻的状态、当前时刻执行的动作、下一时刻的状态决定。在 t 时刻得到的立即回报记为 R_t。以围棋为例，假如在当前棋局下落子之后进入能够区分胜负的状态，如果获胜，则给予正的回报值，否则给予负的回报值。

（5）折扣因子。记为 γ，用于定义累计回报与价值函数，稍后会讲述。

从 0 时刻起，智能体在每个状态下执行动作，转入下一个状态，同时收到一个立即回报。这

一演化过程如下所示

$$s_0 \xrightarrow{a_0} s_1 \ r_1 \xrightarrow{a_1} s_2 \ r_2 \xrightarrow{a_2} s_3 \ r_3 \xrightarrow{a_3} s_4 \ r_4 \cdots$$

当前时刻处于状态 s 且执行动作 a 之后所得到的立即回报记为 $r(s, a)$。它是下一个时刻各种状态下得到的立即回报的数学期望

$$r(s, a) = E[R_{t+1} | s_t = s, a_t = a] = \sum_{s'} p(s'|s, a) r(s, a, s')$$

立即回报的数学期望取决于状态转移概率。马尔可夫决策过程是增加动作与奖励机制之后的马尔可夫过程。

下面以天气控制为例讲述马尔可夫决策过程的原理。现在对 7.1.2 节的天气模型进行扩充。如果没有人工干预，那么天气会按状态转移矩阵进行演化。假设可以执行动作对天气进行干预，以达到我们想要的效果。这里的动作是人工降雨，在每个时刻，可以执行人工降雨，也可以不执行人工降雨。如果在不下雨的天气时执行人工降雨成功，则奖励值为 1；如果人工降雨不成功，奖励值为 0。不执行人工降雨动作时，奖励值也为 0。

在各种天气下，采取人工降雨时的状态转移概率及回报值如表 7.2 所示。表中每一项由状态转移概率以及回报值构成。例如，表中倒数第 2 行第 1 列的 0.1, 0 表示当前时刻为阴天的状态下执行人工降雨动作，下一个时刻进入晴天的概率是 0.1，进入晴天的话得到的回报是 0。

表 7.2　采用人工降雨时的状态转移概率以及回报值

下一状态 当前状态	晴天		阴天		雨天	
	概率	回报	概率	回报	概率	回报
晴天	0.7	0	0.2	0	0.1	1
阴天	0.1	0	0.1	0	0.8	1
雨天	0.1	0	0.1	0	0.8	0

不采用人工降雨时的状态转移概率以及回报值如表 7.3 所示。

表 7.3　不采用人工降雨时的状态转移概率以及回报值

下一状态 当前状态	晴天		阴天		雨天	
	概率	回报	概率	回报	概率	回报
晴天	0.7	0	0.2	0	0.1	0
阴天	0.4	0	0.5	0	0.1	0
雨天	0.3	0	0.4	0	0.3	0

如果将此 MDP 用状态图表示，则如图 7.12 所示。图 7.12 中的顶点表示状态，边表示执行动作以及状态转移，包含了要执行的动作、状态转移的概率，以及发生状态转移后收到的回报值。以状态阴天为例，假设在此状态下执行人工降雨，降雨成功的概率是 0.8，降雨成功之后得到的回报是 1，用一条边表示此转移。

强化学习的目标是最大化累计回报。累计回报定义为从 t 时刻起，到 $T-1$ 时刻止，智能体在各个时刻执行动作后收到的立即回报之和

$$G_t = R_{t+1} + R_{t+2} + \cdots + R_T$$

如果状态一直演化不终止，则需要定义时间长度为无穷大的累计回报，是下面的级数

$$G_t = R_{t+1} + \gamma R_{t+2} + \gamma^2 R_{t+3} + \cdots = \sum_{k=0}^{+\infty} \gamma^k R_{t+k+1} \tag{7.16}$$

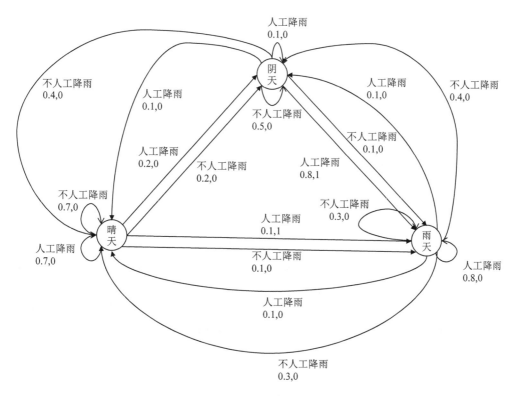

图 7.12 人工降雨模型的状态图

其中 γ 为折扣因子，其值满足 $0 < \gamma < 1$。使用折扣因子有如下几个原因。

（1）保证时间长度为无限的累计回报的级数收敛。如果不加折扣因子，则式 (7.16) 定义的无穷级数不收敛。

（2）体现未来的不确定性。未来的回报不确定性更大，其回报值应按照折扣因子以指数级衰减。

如果式 (7.16) 级数收敛，则有

$$G_t = R_{t+1} + \gamma R_{t+2} + \gamma^2 R_{t+3} + \gamma^3 R_{t+4} + \cdots = R_{t+1} + \gamma(R_{t+2} + \gamma R_{t+3} + \gamma^2 R_{t+4} + \cdots)$$
$$= R_{t+1} + \gamma G_{t+1}$$

由此建立了累计回报按照时间轴的递推公式。累计回报是定义状态价值函数和动作价值函数的基础，在 4.9.3 节已经讲述。对马尔可夫决策过程和强化学习的进一步了解可以阅读参考文献 [7]。

7.2 马尔可夫链采样算法

第 5 章讲述的采样算法对于高维空间的复杂概率分布将面临实现困难以及计算效率低的问题。对于一般的高维概率密度函数 $p(\boldsymbol{x})$，实现拒绝采样算法要找到合适的提议分布 $q(\boldsymbol{x})$ 以及常数 c 通常是困难的。马尔可夫链蒙特卡洛（Markov Chain Monte Carlo，MCMC）算法有效地解决了高维空间的采样问题，其核心思想是构造一个平稳分布为 $p(\boldsymbol{x})$ 的马尔可夫链，从该马尔可夫链进行采样。

7.2.1　基本马尔可夫链采样

首先考虑离散型概率分布。如果一个概率分布 $\boldsymbol{\pi}$ 是某个马尔可夫链的平稳分布，则根据马尔可夫链的状态转移矩阵 $\boldsymbol{P}$ 可以采样出此概率分布的样本。因此，如果已知状态转移矩阵，就可根据它采样出平稳分布的样本。MCMC 算法的思路就是构造平稳分布为 $\boldsymbol{\pi}$ 的马尔可夫链，从其产生样本。

算法迭代产生每一个样本，下一个样本的概率分布只依赖于当前的样本。从初始状态开始迭代，依次产生每个样本，当到达平稳状态之后，样本即服从平稳分布 $\boldsymbol{\pi}$。随着迭代的进行，样本逐步接近服从目标概率分布。

首先从任意概率分布 $\boldsymbol{\pi}_0$ 采样出第一个样本，即状态 x_0，可使用正态分布或其他简单的概率分布。由于

$$\boldsymbol{\pi}_1 = \boldsymbol{\pi}_0 \boldsymbol{P}$$

因此根据服从概率分布 $\boldsymbol{\pi}_0$ 的样本 x_0 和状态转移矩阵 $\boldsymbol{P}$ 可以采样出 $\boldsymbol{\pi}_1$ 的样本。做法很简单，用状态转移矩阵 $\boldsymbol{P}$ 对样本 x_0 进行状态转移，得到的样本 x_1 即服从概率分布 $\boldsymbol{\pi}_1$。这是一个多项分布采样问题，该分布的概率质量函数是状态转移矩阵的第 x_0 行。反复执行这一过程，直到采样出 x_t。如果此时已经进入平稳状态，则样本服从我们想要的概率分布 $\boldsymbol{\pi}$。然后取下面的样本作为采样结果

$$\{x_{t+1}, x_{t+2}, \cdots\}$$

对于连续型概率分布，根据状态转移的条件概率 $p(\boldsymbol{x}'|\boldsymbol{x})$ 进行采样，其他的原理是相同的。基本的马尔可夫链采样算法流程如算法 7.1 所示。

算法 7.1 基本的马尔可夫链采样算法

Input: 马尔可夫链的状态转移概率 $p(\boldsymbol{x}'|\boldsymbol{x})$，状态转移次数阈值 n_1，采样样本数 n_2
 从任意的概率分布采样出 $\boldsymbol{x}_0$
 for $t = 0$ to $n_1 + n_2 - 1$ **do**
  根据概率 $p(\boldsymbol{x}|\boldsymbol{x}_t)$ 采样出 $\boldsymbol{x}_{t+1}$
 end for
Output: $\{\boldsymbol{x}_{n_1+1}, \boldsymbol{x}_{n_1+2}, \cdots, \boldsymbol{x}_{n_1+n_2}\}$

此算法要求已知平稳分布 $\boldsymbol{\pi}$ 的状态转移概率，而它通常是未知的，因此限制了算法的使用。后面讲述的各种算法是针对此问题的改进。

7.2.2　MCMC 采样算法

现在的核心问题是如何构造出平稳分布为要采样的目标概率分布的马尔可夫链，更具体地，是构造出满足此要求的状态转移概率（状态转移矩阵）。MCMC 采样算法利用细致平衡条件解决此问题，算法构造满足细致平衡条件的状态转移概率，使其平稳分布为要采样的目标分布，然后从该状态转移概率进行采样。下面首先对离散型概率分布进行推导，然后将其用于连续型概率分布。

直接寻找满足细致平衡条件的状态转移概率是困难的。对于随意设定的状态转移概率矩阵 $\boldsymbol{P}$，通常情况下它不满足细致平衡条件

$$\pi_i p_{ij} \neq \pi_j p_{ji}$$

MCMC 采用了分阶段解决的思路，类似于拒绝采样算法。首先用任意设定的一个状态转移概率

进行采样，生成候选状态，然后用另外一个概率对候选状态进行筛选，生成下一个采样样本。这里引入一个新的矩阵 Q，其元素使得对任意给定的状态转移矩阵 A，以及所有状态 i, j 均满足细致平衡条件

$$\pi_i a_{ij} q_{ij} = \pi_j a_{ji} q_{ji} \tag{7.17}$$

在这里，$\pi_i, \pi_j, a_{ij}, a_{ji}$ 均为已知量，q_{ij}, q_{ji} 为未知量。方程 (7.17) 的解不唯一，让 Q 取下面一组特殊的值即可满足此要求

$$q_{ij} = \pi_j a_{ji} \qquad\qquad q_{ji} = \pi_i a_{ij} \tag{7.18}$$

将式 (7.18) 代入式 (7.17) 有

$$\pi_i a_{ij}(\pi_j a_{ji}) = \pi_j a_{ji}(\pi_i a_{ij})$$

如果令

$$p_{ij} = a_{ij} q_{ij} \tag{7.19}$$

则有

$$\pi_i p_{ij} = \pi_j p_{ji}$$

则 P 即为满足细致平衡条件要求的状态转移矩阵。根据式 (7.19)，采样分两步实现。首先用提议分布 a_{ij} 进行采样，其作用是从当前状态 $x_t = i$ 产生下一个时刻的候选状态 $x_{t+1} = j$。然后以 q_{ij} 为接受概率（或称为接受率），对 x_{t+1} 进行接受或拒绝。这两步体现在式 (7.19) 中为任意状态转移矩阵的元素 a_{ij} 与接受率 q_{ij} 相乘。

下面给出完整的算法流程。每次迭代时首先根据当前时刻样本 x_t 产生下一时刻样本的候选值 x_*，这通过按照 a_{ij} 采样而实现。然后以 q_{ij} 的概率接受此候选值，这种情况的下一个样本为此候选值，即

$$x_{t+1} = x_*$$

否则拒绝此候选值，下一个样本的值为上一时刻的样本值，即

$$x_{t+1} = x_t$$

该方法对连续型概率分布也适用。假设要采样的目标概率分布为 $p(\boldsymbol{x})$。根据细致平衡条件，需要构造一个马尔可夫链的条件概率 $p(\boldsymbol{x}'|\boldsymbol{x})$ 满足下面的要求

$$p(\boldsymbol{x})p(\boldsymbol{x}'|\boldsymbol{x}) = p(\boldsymbol{x}')p(\boldsymbol{x}|\boldsymbol{x}')$$

其平稳分布就是 $p(\boldsymbol{x})$。同样分两步完成采样。首先用提议分布 $g(\boldsymbol{x}'|\boldsymbol{x})$ 采样，根据 $\boldsymbol{x}$ 采样出 $\boldsymbol{x}'$，然后计算接受率 $A(\boldsymbol{x}, \boldsymbol{x}')$，对 $\boldsymbol{x}'$ 进行接受或拒绝。如果令

$$p(\boldsymbol{x}'|\boldsymbol{x}) = g(\boldsymbol{x}'|\boldsymbol{x})A(\boldsymbol{x}, \boldsymbol{x}')$$

则细致平衡条件可以满足

$$p(\boldsymbol{x})g(\boldsymbol{x}'|\boldsymbol{x})A(\boldsymbol{x}, \boldsymbol{x}') = p(\boldsymbol{x}')g(\boldsymbol{x}|\boldsymbol{x}')A(\boldsymbol{x}', \boldsymbol{x}) \tag{7.20}$$

接受率的计算公式为

$$A(\boldsymbol{x}, \boldsymbol{x}') = p(\boldsymbol{x}')g(\boldsymbol{x}|\boldsymbol{x}') \qquad\qquad A(\boldsymbol{x}', \boldsymbol{x}) = p(\boldsymbol{x})g(\boldsymbol{x}'|\boldsymbol{x}) \tag{7.21}$$

MCMC 算法的精髓在于通过引入接受率，将任意的马尔可夫链转化成符合细致平衡条件的马尔可夫链。算法实现简单，对应任意给定的目标分布 $p(\boldsymbol{x})$ 以及提议分布 $g(\boldsymbol{x}'|\boldsymbol{x})$ 均可实现采样。MCMC 采样算法的流程如算法 7.2 所示。

算法 7.2 MCMC 采样算法

Input: 目标分布 $p(\boldsymbol{x})$，提议分布 $g(\boldsymbol{x}'|\boldsymbol{x})$，状态转移次数阈值 n_1，样本数 n_2

　　从任意简单概率分布采样出初始状态 $\boldsymbol{x}_0$

　　for $t = 0$ **to** $n_1 + n_2 - 1$ **do**

　　　　使用提议分布 $g(\boldsymbol{x}|\boldsymbol{x}_t)$，根据 $\boldsymbol{x}_t$ 采样出 $\boldsymbol{x}_*$

　　　　$A(\boldsymbol{x}_t, \boldsymbol{x}_*) = p(\boldsymbol{x}_*)g(\boldsymbol{x}_t|\boldsymbol{x}_*)$

　　　　从均匀分布 $U[0,1]$ 采样出 u

　　　　if $u < A(\boldsymbol{x}_t, \boldsymbol{x}_*)$ **then**

　　　　　　$\boldsymbol{x}_{t+1} = \boldsymbol{x}_*$

　　　　else

　　　　　　$\boldsymbol{x}_{t+1} = \boldsymbol{x}_t$

　　　　end if

　　end for

Output: $\{\boldsymbol{x}_{n_1+1}, \boldsymbol{x}_{n_1+2}, \cdots, \boldsymbol{x}_{n_1+n_2}\}$

　　算法在实现时需要选择合适的提议分布。对提议分布 $g(\boldsymbol{x}'|\boldsymbol{x})$ 的要求：目标分布 $p(\boldsymbol{x})$ 所有能以非 0 概率密度值进入的状态 $\boldsymbol{x}$，提议分布都要能够以非 0 概率密度值进入该状态。也就是说，提议分布的支撑区间必须能覆盖目标分布的支撑区间。通常使用正态分布，因为它的支撑区间是 $\mathbb{R}^n$，能覆盖任意连续型概率分布的支撑区间。一种选择是对称的正态分布，以当前状态为 $\boldsymbol{x}_t$ 作为正态分布的均值。这种形式的提议分布为

$$g(\boldsymbol{x}|\boldsymbol{x}_t) \sim N(\boldsymbol{x}_t, \boldsymbol{\Sigma})$$

协方差矩阵可以设置为一个固定值，或者根据目标分布的特点设计。使用这种提议分布的采样算法称为随机漫步 MCMC 算法（random walk MCMC）。

7.2.3　Metropolis-Hastings 算法

　　Metropolis-Hastings 算法以其发明者 Metropolis 与 Hastings 的名字命名，解决了 MCMC 采样算法低效的问题。MCMC 采样算法的问题在于接受率的值很小时会导致多次尝试。如果 $A(\boldsymbol{x}, \boldsymbol{x}_*) = 0.1$，则

$$p(u < A(\boldsymbol{x}, \boldsymbol{x}_*)) = 0.1$$

只有 0.1 的概率能跳转到下一个状态，算法经过多次循环才能从 $\boldsymbol{x}$ 跳转到 $\boldsymbol{x}_*$。事实上，对式 (7.20) 两端同时乘以一个正常数 c，细致平衡条件仍然是满足的

$$c \times p(\boldsymbol{x})g(\boldsymbol{x}'|\boldsymbol{x})A(\boldsymbol{x}, \boldsymbol{x}') = c \times p(\boldsymbol{x}')g(\boldsymbol{x}|\boldsymbol{x}')A(\boldsymbol{x}', \boldsymbol{x})$$

即 $A(\boldsymbol{x}, \boldsymbol{x}')$ 和 $A(\boldsymbol{x}', \boldsymbol{x})$ 的值不唯一，可等比例缩放，只需要满足比例关系。根据该特性，我们可以对计算接受率的方法进行改进，保证接受率有较大的值。

　　对式 (7.20) 进行变形可以得到此比例关系

$$\frac{A(\boldsymbol{x}, \boldsymbol{x}')}{A(\boldsymbol{x}', \boldsymbol{x})} = \frac{p(\boldsymbol{x}')g(\boldsymbol{x}|\boldsymbol{x}')}{p(\boldsymbol{x})g(\boldsymbol{x}'|\boldsymbol{x})}$$

可以将接受率设定为

$$A(\boldsymbol{x}, \boldsymbol{x}') = \min\left(1, \frac{p(\boldsymbol{x}')g(\boldsymbol{x}|\boldsymbol{x}')}{p(\boldsymbol{x})g(\boldsymbol{x}'|\boldsymbol{x})}\right) \tag{7.22}$$

可以保证接受率不大于 1。按照这种接受率取值，如果

$$\frac{p(\boldsymbol{x}')g(\boldsymbol{x}|\boldsymbol{x}')}{p(\boldsymbol{x})g(\boldsymbol{x}'|\boldsymbol{x})} > 1$$

此时 $A(\boldsymbol{x}, \boldsymbol{x}') = 1$。如果

$$\frac{p(\boldsymbol{x}')g(\boldsymbol{x}|\boldsymbol{x}')}{p(\boldsymbol{x})g(\boldsymbol{x}'|\boldsymbol{x})} < 1$$

此时

$$A(\boldsymbol{x}, \boldsymbol{x}') = \frac{p(\boldsymbol{x}')g(\boldsymbol{x}|\boldsymbol{x}')}{p(\boldsymbol{x})g(\boldsymbol{x}'|\boldsymbol{x})}$$

这意味着

$$\frac{p(\boldsymbol{x})g(\boldsymbol{x}'|\boldsymbol{x})}{p(\boldsymbol{x}')g(\boldsymbol{x}|\boldsymbol{x}')} > 1$$

因此 $A(\boldsymbol{x}', \boldsymbol{x}) = 1$。无论哪种情况，$A(\boldsymbol{x}, \boldsymbol{x}') = 1$ 和 $A(\boldsymbol{x}', \boldsymbol{x}) = 1$ 必定有一个为 1。这意味着从 $\boldsymbol{x}$ 转到 $\boldsymbol{x}'$ 或者从 $\boldsymbol{x}'$ 转到 $\boldsymbol{x}$ 总有一个必定会发生，因此提高了采样效率。

Metropolis-Hastings 采样算法流程如算法 7.3 所示。

算法 7.3 Metropolis-Hastings 采样算法

Input: 目标分布 $p(\boldsymbol{x})$, 提议分布 $g(\boldsymbol{x}'|\boldsymbol{x})$, 状态转移次数阈值 n_1, 样本数 n_2

  从任意简单概率分布采样出 $\boldsymbol{x}_0$

  for $t = 0$ to $n_1 + n_2 - 1$ **do**

    使用提议分布 $g(\boldsymbol{x}|\boldsymbol{x}_t)$, 根据 $\boldsymbol{x}_t$ 采样出 $\boldsymbol{x}_*$

    $A(\boldsymbol{x}_t, \boldsymbol{x}_*) = \min\left(1, \dfrac{p(\boldsymbol{x}_*)g(\boldsymbol{x}_t|\boldsymbol{x}_*)}{p(\boldsymbol{x}_t)g(\boldsymbol{x}_*|\boldsymbol{x}_t)}\right)$

    从均匀分布 $U[0,1]$ 采样出 u

    if $u < A(\boldsymbol{x}_t, \boldsymbol{x}_*)$ **then**

      $\boldsymbol{x}_{t+1} = \boldsymbol{x}_*$

    else

      $\boldsymbol{x}_{t+1} = \boldsymbol{x}_t$

    end if

  end for

Output: $\{\boldsymbol{x}_{n_1+1}, \boldsymbol{x}_{n_1+2}, \cdots, \boldsymbol{x}_{n_1+n_2}\}$

Metropolis-Hastings 算法在解决 MCMC 采样效率问题的同时还带来了一个好处。对于概率分布 $p(\boldsymbol{x})$，如果我们不知道其概率密度函数的表达式而只知道正比于 $p(\boldsymbol{x})$ 的一个函数 $f(\boldsymbol{x})$

$$p(\boldsymbol{x}) \propto f(\boldsymbol{x})$$

算法也可对 $p(\boldsymbol{x})$ 采样。这是因为根据式 (7.22) 的接受率计算方式，将 $p(\boldsymbol{x})$ 乘以一个非 0 系数，接受率的值不变。某些实际应用的概率密度函数具有如下的形式

$$p(\boldsymbol{x}) = \frac{f(\boldsymbol{x})}{Z}$$

其中 Z 为归一化系数，通常是下面这种难以计算的积分

$$Z = \int_{\mathbb{R}^n} f(\boldsymbol{x}) \mathrm{d}\boldsymbol{x}$$

在 6.3.5 节变分推断中已经提及此类问题。对于这样的概率分布，Metropolis-Hastings 算法可以直接用 $f(\boldsymbol{x})$ 代替 $p(\boldsymbol{x})$ 进行计算。

对于高维概率分布的采样，Metropolis-Hastings 算法仍然面临效率问题。此外，算法还需要已知随机向量的联合概率分布，实际应用中的某些问题只知道各分量之间的条件分布。Gibbs 采样算法可以有效地解决这些问题。

7.2.4　Gibbs 算法

Gibbs 采样算法采用了与之前讲述的 MCMC 算法不同的思路构造满足细致平衡条件的状态转移概率，通过使用随机向量各分量之间的条件概率而实现。

首先以二维概率分布为例说明。对于概率分布 $p(x_1, x_2)$，有两个样本点

$$(x_1^{(1)}, x_2^{(1)})$$
$$(x_1^{(1)}, x_2^{(2)})$$

上标表示样本号。两个样本的第一个分量 x_1 相等。根据条件概率的计算公式，显然下式成立

$$p(x_1^{(1)}, x_2^{(1)})p(x_2^{(2)}|x_1^{(1)}) = p(x_1^{(1)})p(x_2^{(1)}|x_1^{(1)})p(x_2^{(2)}|x_1^{(1)})$$
$$p(x_1^{(1)}, x_2^{(2)})p(x_2^{(1)}|x_1^{(1)}) = p(x_1^{(1)})p(x_2^{(2)}|x_1^{(1)})p(x_2^{(1)}|x_1^{(1)})$$

因此有

$$p(x_1^{(1)}, x_2^{(1)})p(x_2^{(2)}|x_1^{(1)}) = p(x_1^{(1)}, x_2^{(2)})p(x_2^{(1)}|x_1^{(1)}) \tag{7.23}$$

式 (7.23) 表明，如果限定随机向量第一个分量的值 $x_1 = x_1^{(1)}$，以条件概率 $p(x_2|x_1^{(1)})$ 作为马尔可夫链的状态转移概率，则任意两个样本点之间的转移满足细致平衡条件。如果限定另外一个分量 x_2 的值，可以证明同样的结论成立。例如，有一个样本点 $(x_1^{(2)}, x_2^{(1)})$，则有

$$p(x_1^{(1)}, x_2^{(1)})p(x_1^{(2)}|x_2^{(1)}) = p(x_1^{(2)}, x_2^{(1)})p(x_1^{(1)}|x_2^{(1)})$$

下面将此结论推广到 n 维的情况。对于随机向量 $\boldsymbol{x} = (x_1, \cdots, x_n)$，假设其联合概率密度函数为 $p(\boldsymbol{x})$。第 i 个样本为

$$(x_1^{(i)}, x_2^{(i)}, \cdots, x_n^{(i)})$$

下一个样本为

$$(x_1^{(i+1)}, x_2^{(i+1)}, \cdots, x_n^{(i+1)})$$

可以按照下面的条件概率对 $x_1, \cdots, x_n$ 依次进行采样

$$p(x_j^{(i+1)}|x_1^{(i+1)}, \cdots, x_{j-1}^{(i+1)}, x_{j+1}^{(i)}, \cdots, x_n^{(i)})$$

$x_1^{(i+1)}, \cdots, x_{j-1}^{(i+1)}$ 是本轮采样时已经更新的分量，剩余的分量 $x_{j+1}^{(i)}, \cdots, x_n^{(i)}$ 则使用上一轮采样的值。按照这种方式构造状态转移概率，细致平衡条件成立

$$p\left(x_1^{(i+1)}, \cdots, x_{j-1}^{(i+1)}, x_j^{(i)}, x_{j+1}^{(i)}, \cdots, x_n^{(i)}\right) p\left(x_j^{(i+1)}|x_1^{(i+1)}, \cdots, x_{j-1}^{(i+1)}, x_{j+1}^{(i)}, \cdots, x_n^{(i)}\right)$$
$$= p\left(x_1^{(i+1)}, \cdots, x_{j-1}^{(i+1)}, x_j^{(i+1)}, x_{j+1}^{(i)}, \cdots, x_n^{(i)}\right) p\left(x_j^{(i)}|x_1^{(i+1)}, \cdots, x_{j-1}^{(i+1)}, x_{j+1}^{(i)}, \cdots, x_n^{(i)}\right)$$

Gibbs 采样算法实现时分两层循环。外循环控制采样的轮数；内循环为一轮采样，在内循环中对随机向量的每个分量按照其下标的顺序依次进行处理。算法生成的样本序列满足随机向量的联合概率分布。如果只取向量的某些分量，忽略其他的分量，则这些分量构成的向量序列满足它们的边缘概率分布。

整个采样过程是在随机向量各个分量之间轮换进行的，类似于最优化算法中的坐标下降法。对于二维的情况，采样的流程为

$$\left(x_1^{(1)}, x_2^{(1)}\right) \to \left(x_1^{(2)}, x_2^{(1)}\right) \to \left(x_1^{(2)}, x_2^{(2)}\right) \to \cdots \to \left(x_1^{(n)}, x_2^{(n)}\right)$$

下面以二维正态分布为例说明 Gibbs 算法的实现。图 7.13 和图 7.14 为 Gibbs 算法对二维正态分布的随机向量 (x, y) 的采样结果。此正态分布的均值向量为

$$\boldsymbol{\mu} = (\mu_1, \mu_2) = (5, -1)$$

协方差矩阵为

$$\boldsymbol{\Sigma} = \begin{pmatrix} \sigma_1^2 & \rho\sigma_1\sigma_2 \\ \rho\sigma_1\sigma_2 & \sigma_2^2 \end{pmatrix} = \begin{pmatrix} 1 & 1 \\ 1 & 4 \end{pmatrix}$$

其中 $\sigma_1 = 1, \sigma_2 = 2, \rho = 0.5$。根据 5.5.5 节所讲述的二维正态分布的性质，两个条件分布分别为

$$p(x|y) = N(\mu_1 + \rho\frac{\sigma_1}{\sigma_2}(y - \mu_2), (1 - \rho^2)\sigma_1^2) = N(5 + 0.25(y + 1), 0.75)$$

$$p(y|x) = N(\mu_2 + \rho\frac{\sigma_2}{\sigma_1}(x - \mu_1), (1 - \rho^2)\sigma_2^2) = N(-1 + (x - 5), 3)$$

算法根据这两个一维正态分布进行采样。首先设定 (x_1, y_1) 的值，然后根据 $p(x|y_1)$ 采样出 x_2，接下来根据 $p(y|x_2)$ 采样出 y_2；然后根据 $p(x|y_2)$ 采样出 x_3，依此类推，(x_i, y_i) 即为采样出的二维样本。

实现时采集了 5000 个样本，离散化时将区间等分为 50 份，统计每个区间内的样本数。样本各个分量的直方图如图 7.13 所示。

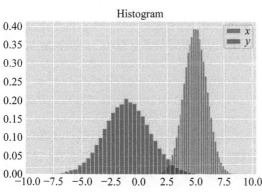
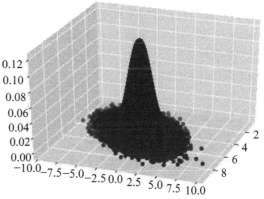

图 7.13　Gibbs 算法对二维正态分布的采样结果　　　**图 7.14　二维正态分布的 Gibbs 采样结果**

多维 Gibbs 采样算法的流程如算法 7.4 所示。

算法 7.4 多维 Gibbs 采样算法

Input: 目标分布 $p(x_1, x_2, \cdots, x_n)$，状态转移次数阈值 n_1，样本数 n_2
　　　随机初始化状态 $(x_1^{(0)}, x_2^{(0)}, \cdots, x_n^{(0)})$
　　for $t = 0$ to $n_1 + n_2 - 1$ **do**
　　　　从条件概率分布 $p(x_1|x_2^{(t)}, x_3^{(t)}, \cdots, x_n^{(t)})$ 采样出 $x_1^{(t+1)}$
　　　　从条件概率分布 $p(x_2|x_1^{(t+1)}, x_3^{(t)}, \cdots, x_n^{(t)})$ 采样出 $x_2^{(t+1)}$
　　　　$\cdots$
　　　　从条件概率分布 $p(x_j|x_1^{(t+1)}, \cdots, x_{j-1}^{(t+1)}, x_{j+1}^{(t)}, \cdots, x_n^{(t)})$ 采样出 $x_j^{(t+1)}$
　　　　$\cdots$
　　　　从条件概率分布 $p(x_n|x_1^{(t+1)}, x_2^{(t+1)}, \cdots, x_{n-1}^{(t+1)})$ 采样出 $x_n^{(t+1)}$
　　end for
Output: $\{(x_1^{(n_1+1)}, \cdots, x_n^{(n_1+1)}), (x_1^{(n_1+2)}, \cdots, x_n^{(n_1+2)}), \cdots, (x_1^{(n_1+n_2)}, \cdots, x_n^{(n_1+n_2)})\}$

由于 Gibbs 采样在高维问题中具有计算效率的优势，通常情况下 MCMC 采样使用 Gibbs 算法。Gibbs 采样要求随机向量至少是二维的，一维概率分布的采样无法使用此算法，而 Metropolis-Hastings 采样没有这个问题。

7.3   高斯过程

高斯过程以多维正态分布为基础，它假设随机变量序列的任意子序列均服从多维正态分布。高斯过程回归基于此概率分布给出了任意点处函数值的后验概率分布。这种随机过程在贝叶斯优化中有成功的应用。

7.3.1   高斯过程性质

在第 5 章介绍了多维高斯分布，它具有诸多优良的性质。高斯过程（Gaussian Process，GP）用于对一组随着时间增长的随机向量进行建模，在任意时刻，随机向量的所有子向量均服从高斯分布。假设有连续型随机变量序列 $x_1, \cdots, x_T$，如果该序列中任意数量的随机变量构成的向量

$$\boldsymbol{x}_{t_1, \cdots, t_k} = (x_{t_1} \ \cdots \ x_{t_k})^{\mathrm{T}}$$

均服从多维正态分布，则称此随机变量序列为高斯过程。特别地，假设当前有 k 个随机变量 $x_1, \cdots, x_k$，它们服从 k 维正态分布 $N(\boldsymbol{\mu}_k, \boldsymbol{\Sigma}_k)$。其中均值向量 $\boldsymbol{\mu}_k \in \mathbb{R}^k$，协方差矩阵 $\boldsymbol{\Sigma}_k \in \mathbb{R}^{k \times k}$。加入一个新的随机变量 x_{k+1} 之后，随机向量 $x_1, \cdots, x_k, x_{k+1}$ 服从 $k+1$ 维正态分布 $N(\boldsymbol{\mu}_{k+1}, \boldsymbol{\Sigma}_{k+1})$。其中均值向量 $\boldsymbol{\mu}_{k+1} \in \mathbb{R}^{k+1}$，协方差矩阵 $\boldsymbol{\Sigma}_{k+1} \in \mathbb{R}^{(k+1) \times (k+1)}$。由于正态分布概率密度函数的积分能得到解析解，因此可以方便地得到边缘概率与条件概率。均值向量与协方差矩阵的计算将在稍后讲述。

7.3.2   高斯过程回归

在机器学习中，算法通常情况下是根据输入值 $\boldsymbol{x}$ 预测出一个最佳输出值 y，用于分类或回归任务。这类算法将 y 看作普通的变量。某些情况下，我们需要的不是预测出一个函数值，而是给出这个函数值的后验概率分布 $p(y|\boldsymbol{x})$。此时将函数值看作随机变量。对于实际应用问题，一般是给定一组样本点 $\boldsymbol{x}_i, i = 1, \cdots, l$，根据它们拟合出一个假设函数，给定输入值 $\boldsymbol{x}$，预测其标签值 y 或者其后验概率 $p(y|\boldsymbol{x})$。高斯过程回归对应的是第二种方法。

高斯过程回归（Gaussian Process Regression，GPR）对表达式未知的函数（黑盒函数）的一组函数值进行贝叶斯建模，以给出函数值的概率分布。假设有黑盒函数 $f(\boldsymbol{x})$ 实现如下映射

$$\mathbb{R}^n \to \mathbb{R}$$

高斯过程回归可以根据某些点 $\boldsymbol{x}_i, i = 1, \cdots, t$ 以及在这些点处的函数值 $f(\boldsymbol{x}_i)$ 得到一个模型，拟合此黑盒函数。对于任意给定的输入值 $\boldsymbol{x}$ 可以预测出 $f(\boldsymbol{x})$，并给出预测结果的置信度。事实上，模型给出的是 $f(\boldsymbol{x})$ 的概率分布。

表 7.4 给出了一个样本集，由若干个点以及这些点处的函数值组成。现在要解决的问题是给定一个 x 值，如 $x = 2$，如何根据这些样本点计算出 $f(x)$ 的概率分布？

高斯过程回归假设黑盒函数在各个点处的函数值 $f(\boldsymbol{x})$ 都是随机变量，它们构成的随机向量服从多维正态分布。对于函数 $f(\boldsymbol{x})$，$\boldsymbol{x}$ 有若干个采样点 $\boldsymbol{x}_1, \cdots, \boldsymbol{x}_t$，在这些点处的函数值构成向量

$$f(\boldsymbol{x}_{1:t}) = (f(\boldsymbol{x}_1) \ \cdots \ f(\boldsymbol{x}_t))^{\mathrm{T}}$$

$\boldsymbol{x}_{1:t}$ 是 $\boldsymbol{x}_1, \cdots, \boldsymbol{x}_t$ 的简写，后面沿用此写法。高斯过程回归假设此向量服从 t 维正态分布

$$f(\boldsymbol{x}_{1:t}) \sim N(\mu(\boldsymbol{x}_{1:t}), \Sigma(\boldsymbol{x}_{1:t}, \boldsymbol{x}_{1:t})) \tag{7.24}$$

表 7.4 函数值的一组样本

x	$f(x)$
0.1	0.5
3.3	1.7
4.7	2.2
9.2	0.3
11.5	2.5
14.3	3.3

$\mu(x_{1:t})$ 是高斯分布的均值向量

$$\mu(x_{1:t}) = (\mu(x_1) \ \cdots \ \mu(x_t))^{\mathrm{T}}$$

$\Sigma(x_{1:t}, x_{1:t})$ 是协方差矩阵

$$\begin{pmatrix} cov(x_1, x_1) & \cdots & cov(x_1, x_t) \\ \vdots & & \vdots \\ cov(x_t, x_1) & \cdots & cov(x_t, x_t) \end{pmatrix} = \begin{pmatrix} k(x_1, x_1) & \cdots & k(x_1, x_t) \\ \vdots & & \vdots \\ k(x_t, x_1) & \cdots & k(x_t, x_t) \end{pmatrix}$$

问题的核心是如何根据样本值计算出正态分布的均值向量和协方差矩阵。均值向量通过使用均值函数 $\mu(x)$ 根据每个采样点 x 计算而得到。协方差通过核函数 $k(x, x')$ 根据样本点对 x, x' 计算得到，也称为协方差函数。核函数需要满足下面的要求。

（1）距离相近的样本点 x 和 x' 之间有更大的正协方差值，因为相近的两个点的函数值也相似，有更强的相关性。

（2）保证协方差矩阵是对称半正定矩阵。根据任意一组样本点计算出的协方差矩阵都必须是对称半正定矩阵。

下面介绍几种典型的核函数，通常使用的是高斯核与 Matern 核。高斯核定义为

$$k(x_1, x_2) = \alpha_0 \exp\left(-\frac{1}{2\sigma^2}\|x_1 - x_2\|^2\right)$$

α_0, σ 为核函数的参数。该核函数满足上面的要求。高斯核在支持向量机等机器学习算法中也有应用。

Matern 核定义为

$$k(x_1, x_2) = \frac{2^{1-\nu}}{\Gamma(\nu)}(\sqrt{2\nu}\|x_1 - x_2\|)^\nu \mathrm{K}_\nu(\sqrt{2\nu}\|x_1 - x_2\|)$$

其中 Γ 是伽马函数，K_ν 是贝塞尔函数（Bessel function），ν 是人工设定的正参数。计算任意两个样本点之间的核函数值，得到核函数矩阵 K 作为协方差矩阵的估计值。

$$K = \begin{pmatrix} k(x_1, x_1) & \cdots & k(x_1, x_t) \\ \vdots & & \vdots \\ k(x_t, x_1) & \cdots & k(x_t, x_t) \end{pmatrix} \tag{7.25}$$

接下来介绍均值函数的实现。可以使用下面的常数函数

$$\mu(x) = c$$

最简单地可以将均值统一设置为 0

$$\mu(x) = 0$$

即使将均值统一设置为常数，因为有协方差的作用，依然能够对数据进行有效建模。如果知

道目标函数 $f(\boldsymbol{x})$ 的结构，也可以使用更复杂的函数。

由于高斯过程回归由均值函数和协方差函数确定，因此可以写为

$$f(\boldsymbol{x}) \sim gp(\mu(\boldsymbol{x}), k(\boldsymbol{x}, \boldsymbol{x}'))$$

在计算出均值向量与协方差矩阵之后，可以根据此多维正态分布来预测 $f(\boldsymbol{x})$ 在任意点处函数值的概率分布。下面介绍预测算法的原理。

假设已经得到了一组样本值 $\boldsymbol{x}_{1:t}$ 以及其对应的函数值 $f(\boldsymbol{x}_{1:t})$，接下来要预测新的点 $\boldsymbol{x}$ 处函数值 $f(\boldsymbol{x})$ 的数学期望 $\mu(\boldsymbol{x})$ 和方差 $\sigma^2(\boldsymbol{x})$。如果令

$$\boldsymbol{x}_{t+1} = \boldsymbol{x}$$

加入该点之后 $f(\boldsymbol{x}_{1:t+1})$ 服从 $t+1$ 维正态正态分布。将均值向量和协方差矩阵进行分块，可以写成

$$\begin{pmatrix} f(\boldsymbol{x}_{1:t}) \\ f(\boldsymbol{x}_{t+1}) \end{pmatrix} \sim N \left(\begin{pmatrix} \mu(\boldsymbol{x}_{1:t}) \\ \mu(\boldsymbol{x}_{t+1}) \end{pmatrix}, \begin{pmatrix} \boldsymbol{K} & \boldsymbol{k} \\ \boldsymbol{k}^{\mathrm{T}} & k(\boldsymbol{x}_{t+1}, \boldsymbol{x}_{t+1}) \end{pmatrix} \right) \tag{7.26}$$

在这里 $f(\boldsymbol{x}_{1:t})$ 服从 t 维正态分布，其均值向量为 $\mu(\boldsymbol{x}_{1:t})$，协方差矩阵为 $\boldsymbol{K}$，它们可以利用样本集 $\boldsymbol{x}_i, i = 1, \cdots, t$ 根据均值函数和协方差函数算出。t 维列向量 $\boldsymbol{k}$ 根据 $\boldsymbol{x}_{t+1}$ 与 $\boldsymbol{x}_1, \cdots, \boldsymbol{x}_t$ 使用核函数计算

$$\boldsymbol{k} = (k(\boldsymbol{x}_{t+1}, \boldsymbol{x}_1) \ k(\boldsymbol{x}_{t+1}, \boldsymbol{x}_2) \ \cdots \ k(\boldsymbol{x}_{t+1}, \boldsymbol{x}_t))^{\mathrm{T}}$$

$\mu(\boldsymbol{x}_{t+1})$ 和 $k(\boldsymbol{x}_{t+1}, \boldsymbol{x}_{t+1})$ 同样可以算出。在这里并没有使用到 $f(\boldsymbol{x}_{1:t})$ 的值，它们在计算新样本点函数值的条件概率时才会被使用。

多维正态分布的条件分布仍为正态分布。可以计算出在已知 $f(\boldsymbol{x}_{1:t})$ 的情况下 $f(\boldsymbol{x}_{t+1})$ 所服从的条件分布，根据多维正态分布的性质，它服从一维正态分布

$$p(f(\boldsymbol{x}_{t+1})|f(\boldsymbol{x}_{1:t})) \sim N(\mu, \sigma^2) \tag{7.27}$$

对于式 (7.26) 的均值向量和协方差矩阵分块方案，根据式 (5.36) 可以计算出此条件分布的均值和方差。计算公式为

$$\mu = \boldsymbol{k}^{\mathrm{T}} \boldsymbol{K}^{-1}(f(\boldsymbol{x}_{1:t}) - \mu(\boldsymbol{x}_{1:t})) + \mu(\boldsymbol{x}_{t+1})$$

$$\sigma^2 = k(\boldsymbol{x}_{t+1}, \boldsymbol{x}_{t+1}) - \boldsymbol{k}^{\mathrm{T}} \boldsymbol{K}^{-1} \boldsymbol{k} \tag{7.28}$$

计算均值时利用了已有采样点处的函数值 $f(\boldsymbol{x}_{1:t})$。式 (7.28) 等号右侧的所有均值和协方差都已经被算出。μ 的值是 $\mu(\boldsymbol{x}_{t+1})$ 与根据已有的采样点数据所计算出的值 $\boldsymbol{k}^{\mathrm{T}} \boldsymbol{K}^{-1}(f(\boldsymbol{x}_{1:t}) - \mu(\boldsymbol{x}_{1:t}))$ 之和，与 $f(\boldsymbol{x}_{1:t})$ 有关。而方差 σ^2 只与核函数所计算出的协方差值有关，与 $f(\boldsymbol{x}_{1:t})$ 无关。

下面用一个例子说明高斯过程回归的原理，如图 7.15 所示。这里要预测的黑盒函数为

$$f(x) = x \sin(x)$$

其图像是图 7.15 中的虚线。在这里，我们并不知道该函数的表达式，只有它在 6 个采样点处的函数值，为图 7.15 中的圆点。高斯过程回归根据这 6 个点处的函数值预测出了在 $[0, 10]$ 区间内任意点处的函数值 $f(x)$ 的概率分布，即式 (7.27) 的条件概率。图 7.15 中的实线是高斯过程预测出的这些点处 $f(x)$ 的均值 μ。蓝色带状区域是预测出的这些点处的 95% 置信区间，根据该点处的均值 μ 和方差 σ^2 计算得到。均值和方差根据式 (7.28) 计算。

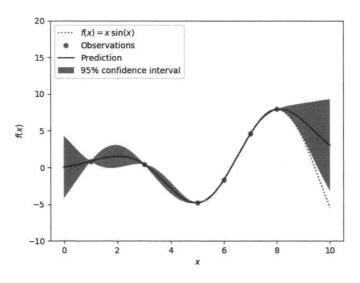

图 7.15 一个函数的高斯过程回归预测结果

7.3.3 应用——贝叶斯优化

黑盒优化问题是目标函数表达式未知的优化问题，只能根据给定的优化变量值通过实验或观测得到这些点处对应的目标函数值。在某些情况下，获取每个点处的目标函数值成本很高。由于没有目标函数的表达式 $f(\boldsymbol{x})$，因此无法使用梯度下降法等利用导数信息的优化算法。如果获取目标函数值的成本很高，那么还要求优化算法做尽可能少的搜索尝试。

解决黑盒优化问题通常有三类方法：网格搜索、随机搜索和贝叶斯优化。网格搜索将优化变量的可行域划分成网格，在网格中选取一些 $\boldsymbol{x}_i, i = 1, \cdots, n$，然后计算这些点处的目标函数值 $f(\boldsymbol{x}_i)$，最后返回它们的极大值作为问题的解（对于极大值问题）

$$\boldsymbol{x}^* = \arg \max_{\boldsymbol{x}_i} f(\boldsymbol{x}_i)$$

随机搜索的思路类似，算法在可行域内随机地选择一些点，然后比较这些点处的函数值，得到极值。这两类算法没有考虑各个采样点之间的关系以及已经探索的点的信息，因此比较低效。

贝叶斯优化（Bayesian Optimization Algorithm，BOA）（见参考文献 [2] ~ [5]）的思路是首先生成一个初始候选解集合，然后根据这些点寻找下一个最有可能是极值的点，将该点加入集合中，重复这一步骤，直至迭代终止。最后从这些点中找出函数极值点作为问题的解。由于求解过程中利用之前已搜索点的信息，因此比网格搜索和随机搜索更为有效。

这里的关键问题是如何根据已经搜索的点确定下一个搜索点，通过高斯过程回归和采集函数实现。高斯过程回归根据已经搜索的点估计其他点处目标函数值的均值和方差，如图 7.16 所示。图 7.16 中实线为真实的目标函数曲线，虚线为算法估计出的在每一点处的目标函数值。图中有 9 个已经搜索的点，用圆点表示。带状区域为在每一点处函数值的置信区间。函数值在以均值，即虚线为中心，与标准差成正比的区间内波动。图 7.16 的下图为采集函数曲线，该函数衡量了每个点值得探索的程度（或者说该点是极值点的可能性大小）。下一个采样点为采集函数的极大值点，以五角星表示。

在已搜索点处，虚线经过这些点，且方差最小；在远离搜索点处，方差更大。这也符合我们的直观认识，远离采样点处的函数值估计得更不可靠。根据均值和方差构造出采集函数（acquisition

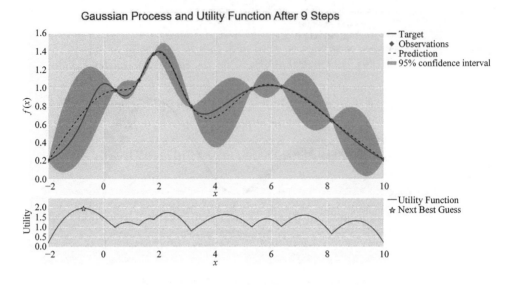

图 7.16 贝叶斯优化的原理

function），是对每一点是函数极值点的可能性的估计，反映了该点值得搜索的程度。该函数的极值点即为下一个搜索点。贝叶斯优化算法的流程如算法 7.5 所示。

算法 7.5 贝叶斯优化

选择 n_0 个采样点，计算 $f(\boldsymbol{x})$ 在这些点处的值
$n = n_0$
while $n < N$ **do**
    根据当前采样数据 $D = \{(\boldsymbol{x}_i, f(\boldsymbol{x}_i)), i = 1, \cdots, n\}$ 更新 $p(f(\boldsymbol{x})|D)$ 的均值和方差
    根据 $p(f(\boldsymbol{x})|D)$ 的均值和方差计算采集函数 $u(\boldsymbol{x})$
    根据采集函数的极大值确定下一个采样点 $\boldsymbol{x}_{n+1} = \arg\max_{\boldsymbol{x}} u(\boldsymbol{x})$
    计算在下一个采样点处的函数值: $f(\boldsymbol{x}_{n+1})$
    $n = n + 1$
end while
return: $\arg\max(f(\boldsymbol{x}_1), \cdots, f(\boldsymbol{x}_N))$ 以及对应的函数值

其核心由两部分构成。

（1）高斯过程回归，计算每一点处函数值的均值和方差。

（2）根据均值和方差构造采集函数，用于决定本次迭代时在哪个点处进行采样。

算法首先初始化 n_0 个候选解，通常在整个可行域内均匀地选取一些点。然后开始循环，每次增加一个点，直至找到 N 个候选解。每次寻找下一个点时，用已经找到的 n 个候选解建立高斯回归模型，得到任意点处的函数值的后验概率。然后根据后验概率构造采集函数，寻找函数的极大值点作为下一个搜索点。接下来计算在下一个搜索点处的函数值。算法最后返回 N 个候选解的极大值作为最优解。

用已有采样点预测任意点处函数值的后验概率分布的方法在 7.3.2 节已经介绍，这里重点介绍采集函数的构造。采集函数用于确定在何处采集下一个样本点，它需要满足下面的条件。

（1）在已有的采样点处采集函数的值更小，因为这些点已经被探索过，再在这些点处计算函数值对解决问题没有什么用。

（2）在置信区间更宽的点处采集函数的值更大，因为这些点具有更大的不确定性，更值得探索。

（3）在函数均值更大的点处采集函数的值更大，因为均值是对该点处函数值的估计值，这些点更可能在极值点附近。

$f(\boldsymbol{x})$ 是一个随机变量，直接用它的数学期望 $\mu(\boldsymbol{x})$ 作为采集函数并不是好的选择，因为没有考虑方差的影响。常用的采集函数有期望改进（expected improvement）、知识梯度（knowledge gradient）等，下面以期望改进为例进行说明。假设已经搜索了 n 个点，这些点中的函数极大值记为

$$f_n^* = \max(f(\boldsymbol{x}_1), \cdots, f(\boldsymbol{x}_n))$$

现在考虑下一个搜索点 $\boldsymbol{x}$，我们将计算该点处的函数值 $f(\boldsymbol{x})$。如果 $f(\boldsymbol{x}) \geqslant f_n^*$，则这 $n+1$ 个点处的函数极大值为 $f(\boldsymbol{x})$，否则为 f_n^*。对于第一种情况，加入这个新的点之后，函数值的改进为正值 $f(\boldsymbol{x}) - f_n^*$，对于第二种情况，则为 0。借助于下面的截断函数

$$a^+ = \max(a, 0)$$

我们可以将加入新的点之后的改进值写成

$$[f(\boldsymbol{x}) - f_n^*]^+$$

现在的目标是找到使得上面的改进值最大的 $\boldsymbol{x}$，但该点处的函数值 $f(\boldsymbol{x})$ 在我们找到这个点 $\boldsymbol{x}$ 并进行函数值计算之前又是未知的。由于我们知道 $f(\boldsymbol{x})$ 的概率分布，因此可以计算所有 $\boldsymbol{x}$ 处的改进值的数学期望，并选择数学期望最大的 $\boldsymbol{x}$ 作为下一个探索点。定义下面的期望改进函数

$$EI_n(\boldsymbol{x}) = E_n[[f(\boldsymbol{x}) - f_n^*]^+] \tag{7.29}$$

其中 $E_n[\cdot] = E[\cdot|\boldsymbol{x}_{1:n}, y_{1:n}]$ 表示根据前面 n 个采样点 $\boldsymbol{x}_1, \cdots, \boldsymbol{x}_n$ 以及这些点处的函数值 $y_1, \cdots, y_n$ 计算出的条件期望值。计算式 (7.29) 所采用的概率分布由式 (7.27) 定义，是 $f(\boldsymbol{x})$ 的条件概率。

由于高斯过程回归假设 $f(\boldsymbol{x})$ 服从正态分布，可以得到式 (7.29) 函数的解析表达式。假设在 $\boldsymbol{x}$ 点处的均值为 $\mu = \mu(\boldsymbol{x})$，方差为 $\sigma^2 = \sigma^2(\boldsymbol{x})$。令 $z = f(\boldsymbol{x})$，根据数学期望的定义有

$$EI_n(\boldsymbol{x}) = \int_{-\infty}^{+\infty} [z - f_n^*]^+ \frac{1}{\sqrt{2\pi}\sigma} \exp\left(-\frac{(z-\mu)^2}{2\sigma^2}\right) \mathrm{d}z = \int_{f_n^*}^{+\infty} (z - f_n^*) \frac{1}{\sqrt{2\pi}\sigma} \exp\left(-\frac{(z-\mu)^2}{2\sigma^2}\right) \mathrm{d}z$$

令 $t = \dfrac{z - \mu}{\sigma}$，则有

$$\int_{f_n^*}^{+\infty} (z - f_n^*) \frac{1}{\sqrt{2\pi}\sigma} \exp\left(-\frac{(z-\mu)^2}{2\sigma^2}\right) \mathrm{d}z = \int_{(f_n^*-\mu)/\sigma}^{+\infty} (\mu + \sigma t - f_n^*) \frac{1}{\sqrt{2\pi}} \exp\left(-\frac{t^2}{2}\right) \mathrm{d}t$$

$$= (\mu - f_n^*) \int_{(f_n^*-\mu)/\sigma}^{+\infty} \frac{1}{\sqrt{2\pi}} \exp\left(-\frac{t^2}{2}\right) \mathrm{d}t + \int_{(f_n^*-\mu)/\sigma}^{+\infty} \sigma t \frac{1}{\sqrt{2\pi}} \exp\left(-\frac{t^2}{2}\right) \mathrm{d}t$$

$$= (\mu - f_n^*) \left(\int_{-\infty}^{+\infty} \frac{1}{\sqrt{2\pi}} \exp\left(-\frac{t^2}{2}\right) \mathrm{d}t - \int_{-\infty}^{(f_n^*-\mu)/\sigma} \frac{1}{\sqrt{2\pi}} \exp\left(-\frac{t^2}{2}\right) \mathrm{d}t \right)$$

$$\quad + \sigma \int_{(f_n^*-\mu)/\sigma}^{+\infty} \frac{1}{\sqrt{2\pi}} \exp\left(-\frac{t^2}{2}\right) \mathrm{d}\frac{t^2}{2}$$

$$= (\mu - f_n^*)(1 - \Phi((f_n^* - \mu)/\sigma)) - \sigma \frac{1}{\sqrt{2\pi}} \exp\left(-\frac{t^2}{2}\right) \Big|_{(f_n^*-\mu)/\sigma}^{+\infty}$$

$$= (\mu - f_n^*)(1 - \Phi((f_n^* - \mu)/\sigma)) + \sigma \varphi((f_n^* - \mu)/\sigma)$$

其中 $\varphi(x)$ 为标准正态分布的概率密度函数，$\Phi(x)$ 是标准正态分布的分布函数。如果令 $\Delta(\boldsymbol{x}) =$

$\mu(\boldsymbol{x}) - f_n^*$，则有

$$EI_n(\boldsymbol{x}) = \Delta(\boldsymbol{x}) - \Delta(\boldsymbol{x})\Phi\left(-\frac{\Delta(\boldsymbol{x})}{\sigma(\boldsymbol{x})}\right) + \sigma(\boldsymbol{x})\varphi\left(\frac{\Delta(\boldsymbol{x})}{\sigma(\boldsymbol{x})}\right) \tag{7.30}$$

根据式 (7.28)，$\mu(\boldsymbol{x}), \sigma^2(\boldsymbol{x})$ 是 $\boldsymbol{x}$ 的函数，因此式 (7.30) 也是 $\boldsymbol{x}$ 的函数。期望改进不但考虑了每个点处函数值的均值与方差，而且考虑了之前的迭代已经找到的最优函数值。式 (7.30) 将每个点处的期望改进表示为该点的函数，下一步是求期望改进函数的极值以得到下一个采样点

$$\boldsymbol{x}_{n+1} = \arg\max EI_n(\boldsymbol{x})$$

这个问题易于求解。由于可以得到式 (7.30) 函数的一阶和二阶导数，梯度下降法和 L-BFGS 算法都可以解决此问题。

　　贝叶斯优化是求解低维黑盒优化问题的有效方法，在解决实际问题中得到了成功的应用。典型的是自动化机器学习（AutoML）中的自动调参技术，可以较低的成本自动地确定最优的超参数值，从而实现机器学习模型的调优。

参考文献

[1] Ross S. 随机过程 [M]. 2 版. 龚光鲁，译. 北京：机械工业出版社，2013.

[2] Brochu E, Cora V, Freitas N. A Tutorial on Bayesian Optimization of Expensive Cost Functions, with Application to Active User Modeling and Hierarchical Reinforcement Learning. arXiv: Learning, 2010.

[3] Pelikan M, Goldberg D, Cantupaz E. BOA: the Bayesian optimization algorithm[C]. genetic and evolutionary computation conference, 1999.

[4] Snoek J, Larochelle H, Adams R. Practical Bayesian Optimization of Machine Learning Algorithms[C]. neural information processing systems, 2012.

[5] Frazier P. A Tutorial on Bayesian Optimization. arXiv: Machine Learning, 2018.

[6] 雷明. 机器学习——原理、算法与应用 [M]. 北京：清华大学出版社，2019.

[7] Sutton R, Barto A. 强化学习 [M]. 俞凯，译. 2 版. 北京：电子工业出版社，2019.

第 8 章　　图论

图论（Graph Theory）是数学和计算机科学中的重要分支，在机器学习中也有应用，表示某些模型结构。概率图模型用图结构为一组随机变量建模，描述它们之间的概率关系。流形降维算法与谱聚类算法均使用了谱图理论。神经网络的计算图也是图的典型代表，图神经网络（Graph Neural Network）作为一种新的深度学习模型，与图论同样有密切的关系。本章介绍机器学习和深度学习中使用的图论知识，对于图论的全面学习可以阅读参考文献 [1]。

8.1　图的基本概念

本节介绍图的定义、邻接矩阵与加权度矩阵，并以深度学习中的计算图为例对它们在机器学习中的应用进行介绍。

8.1.1　图定义及相关术语

图是一种几何结构，对它的研究起源于哥尼斯堡七桥问题。在现代科学和工程中，图得到了广泛的使用，很多问题可以抽象成图结构。图 G 由顶点（Node）和边（Edge）构成，通常将顶点的集合记为 V，边的集合记为 E。边由它连接的起点和终点表示。图 8.1 是一个典型的图。

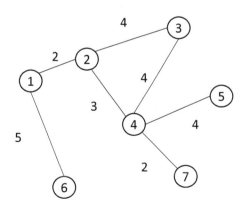

图 8.1　一个典型的图

图 8.1 中的图有 7 个顶点、7 条边。顶点的集合为

$$V = \{1, 2, 3, 4, 5, 6, 7\}$$

边的集合为

$$E = \{(1,2), (1,6), (2,3), (2,4), (3,4), (4,5), (4,7)\}$$

如果两个顶点之间有边存在，则称这两个顶点是相邻的。在图 8.1 中，顶点 1 和 2 是相邻的，它们之间有一条边。如果一条边的起点和终点相同，则称为自环。

图在日常生活中随处可见，如地图和地铁线路图。在地铁线路图中有若干个站点，各站点之间由线路连接。这些站点可以抽象为图的顶点，线路则为图的边。图 8.2 为北京地铁线路图。

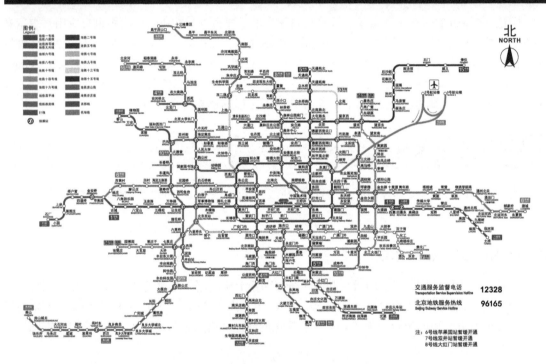

图 8.2　北京地铁线路图（来自北京地铁官方网站）

图的边可能带有权重，表示两个顶点之间的某种信息，例如两点之间的路线长度。在图 8.1 中，边 $(1,6)$ 的权重为 5。通常情况下，边的权重值表示顶点之间的距离或相似度。对于前者，权重越大说明两个顶点之间距离越远；对于后者，权重越大则说明两个顶点之间的联系越紧密。如不作特殊说明，均认为边的权重是正数。

如果图的边是无向的，则称图为无向图；如果边是有向的，则称图为有向图。例如，道路可能是双向通行的，此时的边为无向的；也可能是单向通行的，此时边是有向的。图 8.1 中的图为无向图，图 8.3 中的图为有向图。有向图的边带有箭头，指向边的终点。

假设不允许有自环边。对于 n 个顶点的无向图，任意两个顶点都可能有边连接，因此边的数量是下面的组合数

$$C_n^2 = n(n-1)/2$$

对于有向图，则为下面的排列数

$$P_n^2 = n(n-1)$$

任意两点都有边连接的图称为完全图（Completed Graph）。

如果有向图中从顶点 v_i 到顶点 v_j 有边连接，则称 v_i 为 v_j 的前驱顶点，v_j 为 v_i 的后续顶点。对于图 8.3，顶点 1 是顶点 2 的前驱，顶点 7 是顶点 4 的后续。

一个图的顶点子集以及子集中所有顶点对应的边构成的图称为这个图的子图（Sub-graph）。对于图 8.1 中的无向图，图 8.4 是它的一个子图。

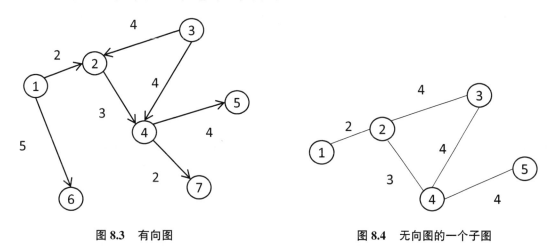

图 8.3　有向图　　　　　　　　　　图 8.4　无向图的一个子图

对于无向图，顶点的度（Degree）定义为与其有关的边的数量。对于图 8.1 中的顶点 2，与其有关的边有 3 条，分别为

$$(1,2),(2,3),(2,4)$$

因此该顶点的度为 3。顶点 i 的度记为 d_i。对于有向图，顶点的度分为出度和入度。出度是从顶点射出的边的数量。对于图 8.3 中的顶点 1，以它为起点的边有两条，分别为

$$(1,2),(1,6)$$

因此它的出度为 2。入度是射入某一顶点的边的数量。对于图 8.3 中的顶点 4，射入该顶点的边有两条，分别为

$$(2,4),(3,4)$$

因此其入度为 2。

对于无向图，所有顶点的度之和等于边的数量的两倍

$$\sum_{i=1}^{|V|} d_i = 2|E|$$

这是因为每一条边被两个顶点拥有，导致它们各自的度加 1。对于有向图，所有顶点的入度之和与出度之和相等，均等于边的数量。可以用图 8.1 和图 8.3 验证此结论。

8.1.2　应用——计算图与自动微分

深度学习库 TensorFlow 通过计算图（Computational Graph）描述模型的计算流程。模型在计算过程中的数据是计算图的顶点，边描述了对数据的运算以及流向。图 8.5 是一个简单的计算图。

对于一个顶点，如果它有前驱顶点，则这些前驱是被运算的对象（可以是标量、向量、矩阵等），该顶点是运算结果。

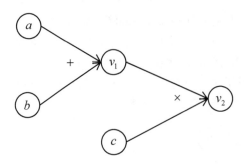

图 8.5   一个简单的计算图

图 8.5 所表示的运算为

$$(a+b) \times c$$

顶点 v_1, v_2 是表示中间结果和最终结果的变量。v_1 为 $a+b$，v_2 是最终的计算结果。

下面考虑更复杂的情况。5.2.2 节介绍的 logistic 回归是一种线性分类模型，它的预测函数为

$$\frac{1}{1+\exp(-\boldsymbol{w}^{\mathrm{T}}\boldsymbol{x}+b)}$$

对应的计算图如图 8.6 所示。

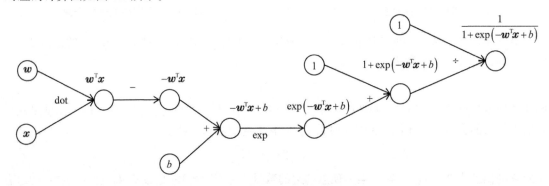

图 8.6   logistic 回归的计算图

图 8.6 中的 dot 表示向量内积，其他运算均为数学中的标准运算或函数。

机器学习模型在训练时需要计算目标函数对模型可学习参数的导数，然后用梯度下降法等优化算法更新参数的值。在 3.5.2 节介绍了反向传播算法，在 3.6.3 节介绍了自动微分的概念。接下来介绍自动微分的求解过程。

借助于计算图，可以很方便地实现自动微分算法。自动微分有前向模式与反向模式两种实现方案，下面分别介绍。

前向模式从计算图的起点（没有前驱顶点的顶点）开始，沿着计算图边的方向计算，直至到达计算图的终点。它根据模型输入变量的值计算出计算图的每个顶点的值 v_i 以及该顶点对求导变量的导数值 v_i'，并保留中间结果。每个顶点的值与导数值根据其前驱顶点的值计算。直至得到整个函数的值和其导数值。这个过程对应复合函数求导时从最内层逐步向外层求导。

需要再次强调的是，自动微分算法得到的是函数在某一点处的导数值而非导数的表达式。对于如下的复合函数

$$h(g_1(f_1(x_1, x_2), f_2(x_1, x_2)), g_2(f_3(x_1, x_2), f_4(x_1, x_2))) \tag{8.1}$$

现在要计算 $\dfrac{\partial h}{\partial x_1}$ 在某一点处的值。令

$$y_1 = f_1(x_1, x_2), y_2 = f_2(x_1, x_2), y_3 = f_3(x_1, x_2), y_4 = f_4(x_1, x_2)$$

$$z_1 = g_1(y_1, y_2), z_2 = g_2(y_3, y_4)$$

$$t = h(z_1, z_2)$$

从复合函数的最内层开始。首先计算 y_1, y_2, y_3, y_4 及 $\dfrac{\partial y_1}{\partial x_1}, \dfrac{\partial y_2}{\partial x_1}, \dfrac{\partial y_3}{\partial x_1}, \dfrac{\partial y_4}{\partial x_1}$ 的值，然后根据这些值计算出 z_1, z_2 以及 $\dfrac{\partial z_1}{\partial x_1}, \dfrac{\partial z_2}{\partial x_1}$ 的值。根据链式法则

$$\frac{\partial z_1}{\partial x_1} = \frac{\partial z_1}{\partial y_1}\frac{\partial y_1}{\partial x_1} + \frac{\partial z_1}{\partial y_2}\frac{\partial y_2}{\partial x_1} \qquad\qquad \frac{\partial z_2}{\partial x_1} = \frac{\partial z_2}{\partial y_3}\frac{\partial y_3}{\partial x_1} + \frac{\partial z_2}{\partial y_4}\frac{\partial y_4}{\partial x_1}$$

它们可以根据上一步得到的值算出。例如对于 $\dfrac{\partial z_1}{\partial x_1}$，在上一步已经计算出了 y_1 的值，g_1 的表达式是已知的，因此可以计算出 $\dfrac{\partial z_1}{\partial y_1}$ 的值，而 $\dfrac{\partial y_1}{\partial x_1}$ 的值在上一步已经算出。

最后计算出 t 以及 $\dfrac{\partial t}{\partial x_1}$ 的值，根据链式法则

$$\frac{\partial t}{\partial x_1} = \frac{\partial t}{\partial z_1}\frac{\partial z_1}{\partial x_1} + \frac{\partial t}{\partial z_2}\frac{\partial z_2}{\partial x_1}$$

在上一步已经算出了 z_1 的值，因此可以计算出 $\dfrac{\partial t}{\partial z_1}$ 的值，另外 $\dfrac{\partial z_1}{\partial x_1}$ 的值在上一步也已经算出。

下面举例说明前向算法完整的计算过程。对于如下的目标函数，计算它在点 $(x_1, x_2) = (2, 5)$ 处对 x_1 的偏导数

$$y = \ln(x_1) + x_1 x_2 - \sin(x_2)$$

首先将目标函数转化为图 8.7 所示的计算图。然后从起点 v_{-1} 和 v_0 开始，计算出每个顶点的函数值以及它们对 x_1 的导数值，直至到达终点 v_5。在这里，x_1 的值直接被赋给 v_{-1}，x_2 的值直接被赋给 v_0，v_5 的值即为 y。

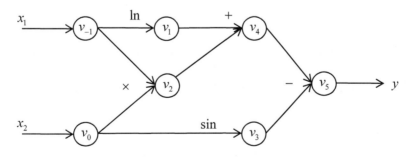

图 8.7　目标函数的计算图

前向模式的计算过程如表 8.1 所示，自变量也被转化成了计算图的顶点，其下标从 0 开始向负数方向进行编号，以与中间结果顶点进行区分。表 8.1 第一列为每个顶点的函数值以及计算公式，第二列为每个顶点对 x_1 的偏导数值以及计算公式。按照计算图中的顶点编号为序，依次根据前面的顶点计算出后续顶点的函数值和导数值。在这里，v_i' 表示 v_i 对 x_1 的偏导数。

表 8.1   前向模式的计算过程

前向计算函数值	前向计算导数值
$v_{-1} = x_1 = 2$ $v_0 = x_2 = 5$	$v'_{-1} = x'_1 = 1$ $v'_0 = x'_2 = 0$
$v_1 = \ln v_{-1} = \ln 2$ $v_2 = v_{-1} \times v_0 = 2 \times 5$ $v_3 = \sin v_0 = \sin 5$ $v_4 = v_1 + v_2 = 0.693 + 10$ $v_5 = v_4 - v_3 = 10.693 + 0.959$	$v'_1 = v'_{-1}/v_{-1} = 1/2$ $v'_2 = v'_{-1} \times v_0 + v'_0 \times v_{-1} = 1 \times 5 + 0 \times 2$ $v'_3 = v'_0 \times \cos v_0 = 0 \times \cos 5$ $v'_4 = v'_1 + v'_2 = 0.5 + 5$ $v'_5 = v'_4 - v'_3 = 5.5 - 0$
$y = v_5 = 11.652$	$y' = v'_5 = 5.5$

以顶点 v_2 为例，它依赖于顶点 v_{-1} 与 v_0，且

$$v_2 = v_{-1} \times v_0$$

因此，根据这两个前驱顶点的值可以计算出 v_2 的值

$$v_2 = 2 \times 5 = 10$$

同时还需要计算其导数值，根据乘法的求导公式，有

$$v'_2 = v'_{-1} v_0 + v_{-1} v'_0 = 1 \times 5 + 0 \times 2 = 5$$

每一步的求导都利用了更早步的求导结果，因此消除了重复计算，不会出现符号微分的表达式膨胀问题。

前向算法每次只能计算对一个自变量的偏导数，对于一元函数求导是高效的。对于实数到向量的映射，即 n 个一元函数

$$\mathbb{R} \to \mathbb{R}^n$$

同样只运行一次前向算法即可同时计算出每个函数对输入变量的导数值。对于向量到实数的映射函数

$$\mathbb{R}^n \to \mathbb{R}$$

即 n 元函数，则需要运行 n 次前向算法才能求得对每个输入变量的偏导数。对于神经网络，其目标函数是这种情况，用前向算法会低效。

反向模式是反向传播算法的一般化，其思路是根据计算图从后向前计算，依次得到目标函数对每个中间变量顶点的偏导数，直至到达自变量顶点处。在每个顶点处，根据该顶点的后续顶点计算其导数值。整个过程对应多元复合函数求导时从最外层逐步向内层求导。每次计算目标函数对中间层复合函数的偏导数，然后将其用于更内层。实现时需要先正向计算出每个顶点的函数值，因为计算导数的时候会使用它们。

对于式 (8.1) 的函数，如果用后向算法进行计算，则先计算出 y_1, y_2, y_3, y_4 的值，然后计算出 z_1, z_2 的值，最后计算出 t 的值。接下来反向计算导数。首先计算出 $\dfrac{\partial t}{\partial z_1}, \dfrac{\partial t}{\partial z_2}$ 的值，然后根据已有的值计算出 $\dfrac{\partial t}{\partial y_1}, \dfrac{\partial t}{\partial y_2}, \dfrac{\partial t}{\partial y_3}, \dfrac{\partial t}{\partial y_4}$ 的值，最后计算出 $\dfrac{\partial t}{\partial x_1}$ 的值。

对于前面的例子，反向模式的计算过程如表 8.2 所示，这里计算在点 $(x_1, x_2) = (2, 5)$ 处对 x_1 和 x_2 的偏导数。在这里，v'_i 均指 y 对 v_i 的偏导数，与表 8.1 的含义不同。

表 8.2 的第 1 列为前向计算函数值的过程，与前向算法相同。第 2 列为反向计算导数值的过

表 8.2 反向模式的计算过程

前向计算函数值	反向计算导数值
$v_{-1} = x_1 = 2$ $v_0 = x_2 = 5$	$v_5' = y' = 1$
$v_1 = \ln v_{-1} = \ln 2$ $v_2 = v_{-1} \times v_0 = 2 \times 5$ $v_3 = \sin v_0 = \sin 5$ $v_4 = v_1 + v_2 = 0.693 + 10$ $v_5 = v_4 - v_3 = 10.693 + 0.959$	$v_4' = v_5' \dfrac{\partial v_5}{\partial v_4} = v_5' \times 1 = 1$ $v_3' = v_5' \dfrac{\partial v_5}{\partial v_3} = v_5' \times (-1) = -1$ $v_2' = v_4' \dfrac{\partial v_4}{\partial v_2} = v_4' \times 1 = 1$ $v_1' = v_4' \dfrac{\partial v_4}{\partial v_1} = v_4' \times 1 = 1$ $v_0' = v_3' \dfrac{\partial v_3}{\partial v_0} = v_3' \times \cos v_0 = -0.284$ $v_{-1}' = v_2' \dfrac{\partial v_2}{\partial v_{-1}} = v_2' \times v_0 = 5$ $v_0' = v_0' + v_2' \dfrac{\partial v_2}{\partial v_0} = v_0' + v_2' \times v_{-1} = 1.716$ $v_{-1}' = v_{-1}' + v_1' \dfrac{\partial v_1}{\partial v_{-1}} = v_{-1}' + v_1' \times \dfrac{1}{v_{-1}} = 5.5$
$y = v_5 = 11.652$	$x_1' = v_{-1}' = 5.5$ $x_2' = v_0' = 1.716$

程。第 1 步计算 y 对 v_5 的导数值，由于 $y = v_5$，因此有

$$\frac{\partial y}{\partial v_5} = v_5' = 1$$

第 2 步计算 y 对 v_4 的导数值，v_4 只有一个后续顶点 v_5，且 $v_5 = v_4 - v_3$，根据链式法则，有

$$\frac{\partial y}{\partial v_4} = \frac{\partial y}{\partial v_5} \frac{\partial v_5}{\partial v_4} = v_5' \frac{\partial v_5}{\partial v_4} = v_5' \times 1 = 1$$

第 3 步计算 y 对 v_3 的导数值，v_3 也只有一个后续顶点 v_5 且 $v_5 = v_4 - v_3$，根据链式法则，有

$$\frac{\partial y}{\partial v_3} = \frac{\partial y}{\partial v_5} \frac{\partial v_5}{\partial v_3} = v_5' \frac{\partial v_5}{\partial v_3} = v_5' \times (-1) = -1$$

第 4 步计算 y 对 v_2 的导数值，v_2 只有一个后续顶点 v_4 且 $v_4 = v_1 + v_2$，根据链式法则，有

$$\frac{\partial y}{\partial v_2} = \frac{\partial y}{\partial v_4} \frac{\partial v_4}{\partial v_2} = v_4' \frac{\partial v_4}{\partial v_2} = v_4' \times 1 = 1$$

第 5 步计算 y 对 v_1 的导数值，v_1 只有一个后续顶点 v_4 且 $v_4 = v_1 + v_2$，根据链式法则，有

$$\frac{\partial y}{\partial v_1} = \frac{\partial y}{\partial v_4} \frac{\partial v_4}{\partial v_1} = v_4' \frac{\partial v_4}{\partial v_1} = v_4' \times 1 = 1$$

第 6 步计算 y 对 v_0 的导数值，v_0 有两个后续顶点 v_2 和 v_3，且 $v_2 = v_{-1} \times v_0, v_3 = \sin v_0$，根据链式法则，有

$$\frac{\partial y}{\partial v_0} = \frac{\partial y}{\partial v_2} \frac{\partial v_2}{\partial v_0} + \frac{\partial y}{\partial v_3} \frac{\partial v_3}{\partial v_0} = v_2' \times v_{-1} + v_3' \times \cos v_0 = 1.716$$

第 7 步计算 y 对 v_{-1} 的导数值，v_{-1} 有两个后续顶点 v_1 和 v_2，且 $v_1 = \ln v_{-1}, v_2 = v_{-1} \times v_0$，根据链式法则，有

$$\frac{\partial y}{\partial v_{-1}} = \frac{\partial y}{\partial v_1}\frac{\partial v_1}{\partial v_{-1}} + \frac{\partial y}{\partial v_2}\frac{\partial v_2}{\partial v_{-1}} = v_1' \times \frac{1}{v_{-1}} + v_2' \times v_0 = 5.5$$

最后一步可以得到 $\dfrac{\partial y}{\partial x_1}$ 和 $\dfrac{\partial y}{\partial x_2}$。

对于某一个顶点 v_i，假设它在计算图中有 k 个直接后续顶点 $v_{n_1}, \cdots, v_{n_k}$，根据链式法则，有

$$\frac{\partial f}{\partial v_i} = \sum_{j=1}^{k} \frac{\partial f}{\partial v_{n_j}}\frac{\partial v_{n_j}}{\partial v_i}$$

因此在反向计算时需要寻找它所有的后续顶点，收集这些顶点的导数值，然后计算本顶点的导数值。整个计算过程中不但利用了每个顶点的后续顶点的导数值 $\dfrac{\partial f}{\partial v_{n_j}}$，而且需要利用顶点的函数值 v_i 以计算 $\dfrac{\partial v_{n_j}}{\partial v_i}$，因此需要在前向计算时保存所有顶点的值，供反向计算使用。

如果要同时计算多个变量的偏导数，可借助雅可比矩阵完成。假设有顶点 $x_1, \cdots, x_m$，简写为向量 $\boldsymbol{x}$。每个顶点都有直接后续顶点 $y_1, \cdots, y_n$，简写为向量 $\boldsymbol{y}$。这对应如下映射函数

$$\boldsymbol{x} \to \boldsymbol{y}$$

反向算法根据目标函数对 $\boldsymbol{y}$ 的梯度计算出对 $\boldsymbol{x}$ 的梯度。根据 3.4.2 节推导的结果，有

$$\nabla_{\boldsymbol{x}} f = \left(\frac{\partial \boldsymbol{y}}{\partial \boldsymbol{x}}\right)^{\mathrm{T}} \nabla_{\boldsymbol{y}} f$$

其中 $\dfrac{\partial \boldsymbol{y}}{\partial \boldsymbol{x}}$ 为雅可比矩阵。

无论是前向模式还是反向模式，都需要按照一定的顺序依次处理计算图中的每个顶点，这依赖于图的遍历算法和拓扑排序算法，将在 8.3.1 节和 8.3.3 节介绍。

8.1.3　应用——概率图模型

概率图模型是概率论与图论相结合的产物。它用图表示随机变量之间的概率关系，对联合概率或条件概率建模。在这种图中，顶点是随机变量，边为变量之间的概率关系。如果是有向图，则称为概率有向图模型；如果是无向图，则称为概率无向图模型。概率有向图模型的典型代表是贝叶斯网络，概率无向图模型的典型代表是马尔可夫随机场。

图 8.8 是一个简单的概率有向图模型，也称为贝叶斯网络。

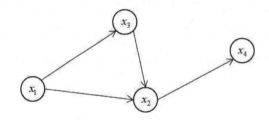

图 8.8　概率有向图模型

在图 8.8 中有 4 个顶点，对应于 4 个随机变量。边表示随机变量之间的条件概率，如果 x_i 到 x_j 有一条边，则表示它们之间存在条件概率关系 $p(x_j|x_i)$。以图 8.8 为例，所有随机变量的联合概率为

$$p(x_1, x_2, x_3, x_4) = p(x_1)p(x_2|x_1, x_3)p(x_3|x_1)p(x_4|x_2)$$

如果顶点 x_i 没有边射入，在联合概率计算公式的乘积项中会出现 $p(x_i)$。如果顶点 x_i 有前驱顶点 $v_{i_1}, \cdots, v_{i_n}$，则在乘积项中有 $p(x_i|x_{i_1}, \cdots, x_{i_n})$。根据顶点之间的条件概率关系可以实现因果推理。

8.1.4 邻接矩阵与加权度矩阵

邻接矩阵（Adjacent Matrix）是图的矩阵表示，借助它可以方便地存储图的结构，并用线性代数的方法解决图的问题。

如果图有 n 个顶点，则其邻接矩阵 W 为 $n \times n$ 的矩阵，矩阵元素 w_{ij} 表示边 (i, j) 的权重。如果两个顶点之间没有边连接，则在邻接矩阵中对应的元素为 0。

对于图 8.1 所示的无向图，其邻接矩阵为

$$\begin{pmatrix} 0 & 2 & 0 & 0 & 0 & 5 & 0 \\ 2 & 0 & 4 & 3 & 0 & 0 & 0 \\ 0 & 4 & 0 & 4 & 0 & 0 & 0 \\ 0 & 3 & 4 & 0 & 4 & 0 & 2 \\ 0 & 0 & 0 & 4 & 0 & 0 & 0 \\ 5 & 0 & 0 & 0 & 0 & 0 & 0 \\ 0 & 0 & 0 & 2 & 0 & 0 & 0 \end{pmatrix}$$

对于图 8.3 所示的有向图，其邻接矩阵为

$$\begin{pmatrix} 0 & 2 & 0 & 0 & 0 & 5 & 0 \\ 0 & 0 & 0 & 3 & 0 & 0 & 0 \\ 0 & 4 & 0 & 4 & 0 & 0 & 0 \\ 0 & 0 & 0 & 0 & 4 & 0 & 2 \\ 0 & 0 & 0 & 0 & 0 & 0 & 0 \\ 0 & 0 & 0 & 0 & 0 & 0 & 0 \\ 0 & 0 & 0 & 0 & 0 & 0 & 0 \end{pmatrix}$$

显然无向图的邻接矩阵为对称矩阵。借助于邻接矩阵，可以方便地在计算机中以数组的形式存储图。对于不带权重的图，如果两个顶点之间有一条边连接，则将邻接矩阵相应位置处的元素置为 1，否则置为 0。此时的邻接矩阵表示的是顶点之间的可达性信息。

在 8.1.1 节定义了顶点的度，加权度是其推广。对于无向图，顶点的加权度定义为与其相关的边的权重之和。如果图的邻接矩阵为 W，则顶点 i 的加权度为邻接矩阵第 i 行元素之和

$$d_i = \sum_{j=1}^{n} w_{ij} \tag{8.2}$$

对于图 8.1 中的顶点 2，其加权度为

$$2 + 4 + 3 = 9$$

加权度矩阵 D 是一个对角矩阵，其主对角线元素为每个顶点的加权度，其他位置的元素为 0。即

$$d_{ii} = d_i = \sum_{j=1}^{n} w_{ij}$$

对于图 8.1 所示的无向图，其加权度矩阵为

$$\begin{pmatrix} 7 & 0 & 0 & 0 & 0 & 0 & 0 \\ 0 & 9 & 0 & 0 & 0 & 0 & 0 \\ 0 & 0 & 8 & 0 & 0 & 0 & 0 \\ 0 & 0 & 0 & 13 & 0 & 0 & 0 \\ 0 & 0 & 0 & 0 & 4 & 0 & 0 \\ 0 & 0 & 0 & 0 & 0 & 5 & 0 \\ 0 & 0 & 0 & 0 & 0 & 0 & 2 \end{pmatrix}$$

如果一个图中存在孤立节点，则加权度矩阵为奇异矩阵，因为加权度矩阵中它对应位置处的主对角线元素为 0。否则，加权度矩阵是一个非奇异矩阵。

8.1.5 应用——样本集的相似度图

某些机器学习算法需要为样本集构造相似度图，典型的是流形学习降维算法与谱聚类算法。下面介绍如何根据一个向量集构造出它对应的相似度图。

有样本向量集 $x_1, \cdots, x_n$，为它们构造的图反映了样本之间的距离或相似度。图的顶点对应于每个样本点，边为样本点之间的相似度。如果样本点 x_i 和 x_j 的距离很近，则为图的顶点 i 和顶点 j 建立一条边；否则这两个样本点之间没有边。判断两个样本点是否接近的方法有两种。第一种方法是计算二者的欧氏距离，如果距离小于某一值 ε，则认为两个样本很接近

$$\|x_i - x_j\| < \varepsilon \tag{8.3}$$

其中 ε 是一个人工设定的阈值。这种方法称为阈值法。第二种方法是使用近邻规则，如果顶点 i 在顶点 j 最近的 k 个邻居顶点的集合中，或者顶点 j 在顶点 i 最近的 k 个邻居顶点的集合中，则认为二者距离很近。k 是人工设置的参数。

计算边的权重也有两种方法。第一种方法是如果顶点 i 和顶点 j 是连通的，则它们之间的边的权重为

$$w_{ij} = \exp\left(-\frac{\|x_i - x_j\|^2}{t}\right) \tag{8.4}$$

否则 $w_{ij} = 0$。其中 t 是一个人工设定的大于 0 的实数。根据式 (8.4)，两个样本点相距越近，边的权重越大。第二种方法是如果顶点 i 和顶点 j 是连通的，则它们之间的边的权重为 1，否则为 0。

下面举例说明。对于如下的样本集

$$x_1 = (1\ 0\ 1) \qquad x_2 = (0\ 0\ 1) \qquad x_3 = (1\ 0\ 0) \qquad x_4 = (5\ 2\ 1) \qquad x_5 = (5\ 3\ 1)$$

用式 (8.3) 判定两个样本点是否接近，阈值 $\varepsilon = 2$；用式 (8.4) 计算边的权重，参数 $t = 1$。下面进行计算。

首先计算所有两个样本点之间的欧氏距离

$$d_{12} = \sqrt{(1-0)^2 + (0-0)^2 + (1-1)^2} = 1 \qquad d_{13} = \sqrt{(1-1)^2 + (0-0)^2 + (1-0)^2} = 1$$

$$d_{14} = \sqrt{(1-5)^2 + (0-2)^2 + (1-1)^2} = \sqrt{20} \qquad d_{15} = \sqrt{(1-5)^2 + (0-3)^2 + (1-1)^2} = 5$$

$$d_{23} = \sqrt{(0-1)^2 + (0-0)^2 + (1-0)^2} = \sqrt{2} \qquad d_{24} = \sqrt{(0-5)^2 + (0-2)^2 + (1-1)^2} = \sqrt{29}$$

$$d_{25} = \sqrt{(0-5)^2 + (0-3)^2 + (1-1)^2} = \sqrt{34} \qquad d_{34} = \sqrt{(1-5)^2 + (0-2)^2 + (0-1)^2} = \sqrt{21}$$

$$d_{35} = \sqrt{(1-5)^2 + (0-3)^2 + (0-1)^2} = \sqrt{26} \qquad d_{45} = \sqrt{(5-5)^2 + (2-3)^2 + (1-1)^2} = 1$$

然后将距离阈值化。为距离小于阈值的所有顶点对建立一条边，存在下面的边

$$(1,2),(1,3),(2,3),(4,5)$$

接下来用式 (8.4) 计算这些边的权重

$$w_{12} = \exp\left(-\frac{1}{1}\right) = 0.37 \qquad\qquad w_{13} = \exp\left(-\frac{1}{1}\right) = 0.37$$

$$w_{23} = \exp\left(-\frac{2}{1}\right) = 0.14 \qquad\qquad w_{45} = \exp\left(-\frac{1}{1}\right) = 0.37$$

最后形成的相似度图如图 8.9 所示。在 8.4.3 节将使用这种图进行数据降维。

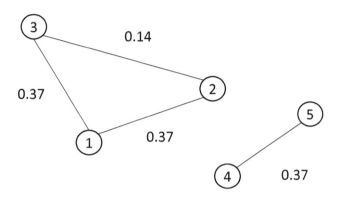

图 8.9   为样本集构造的相似度图

8.2   若干特殊的图

本节介绍一些特殊的图，包括连通图、二部图，以及有向无环图。它们在机器学习中被各种算法所使用。

8.2.1   连通图

首先定义路径的概念。图中依次连接多个相邻顶点的边序列

$$(v_1, v_2),(v_2, v_3),\cdots,(v_{k-1}, v_k)$$

称为路径，简记为

$$v_1 v_2 \cdots v_k$$

路径中允许出现重复的顶点，即经过同一个顶点多次。如果路径中顶点不重复，则称为简单路径。路径中边的数量称为路径长度。对于图 8.1 中的图，边序列

$$(1,2),(2,3),(3,4),(4,7)$$

是连接顶点 1 和 7 的一条路径，路径长度为 4。两个顶点之间的路径可能是不唯一的，例如

$$(1,2),(2,4),(4,7)$$

是顶点 1 和 7 之间的另外一条路径。

这与日常生活是相符的，从一个地点到另外一个地点可能有不止一条路可以走，一般会选择走路线最短的那条路。最短路径算法将在 8.3.2 节介绍。

对于无向图,如果两个顶点之间有至少一条路径存在,则称这两个顶点是连通的。如果图的任意两个顶点都是连通的,则称图是一个连通图。非连通图的极大连通子图称为连通分量(Connected Component),即这个子图是连通图,但加入任何一个顶点之后不再是连通图。

对于有向图,如果任意两个顶点之间都有路径存在,则称此图为强连通图。有向图的极大强连通子图称为强连通分量。

按照定义,图 8.1 中的无向图是连通图,任意两个顶点之间都有路径连通。图 8.3 中的有向图不是强连通图,从顶点 3 到顶点 1 没有路径。图 8.9 中的无向图不是连通图,{1, 2, 3},{4, 5} 是它的两个连通分量的顶点集合。

机器学习中的某些模型要求图是连通的,例如计算图必须是连通的,如果存在孤立节点,是没有意义的。

如果图的某一条路径的起点与终点相同,则称为回路,也称为环。图 8.1 中的路径

$$2 \to 3 \to 4 \to 2$$

为一条回路。对于某些应用,我们要求图中不允许出现回路。例如,对于计算图,如果出现回路,则说明程序存在“死”循环或者无限递归。

8.2.2 二部图

二部图(Bipartite Graph)又称为二分图。对于图 G,如果其顶点集 V 可划分为两个互不相交的子集 A 和 B,并且图中每条边 (i, j) 所关联的两个顶点 i 和 j 分别属于这两个不同的顶点集,即 $i \in A, j \in B$,则称图 G 是一个二部图。顶点子集 A 和 B 内部的顶点之间没有边存在。

图 8.10 是一个二部图,右边的顶点和左边的顶点是两个不相交的子集,子集内部的顶点之间均没有边连接,满足二部图的定义。

图 8.11 不是二部图,无论如何对 3 个顶点进行子集划分,均不能满足二部图的定义。

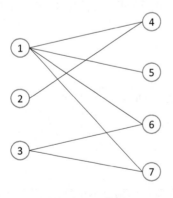 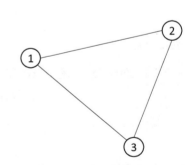

图 8.10　二部图   图 8.11　非二部图

下面给出二部图的判定规则。如果图 G 为二部图,则它至少有两个顶点,且其所有回路的长度均为偶数。任何无回路的图均为二部图。

根据这一规则,图 8.10 中的所有回路为

$$1 \to 6 \to 3 \to 7 \to 1$$

路径长度为偶数,因此是二部图。图 8.11 中的所有回路为

$$1 \to 2 \to 3 \to 1$$

路径长度为奇数，因此不是二部图。

神经网络中相邻两个层所有神经元构成的图为有向的二部图，层内的神经元之间没有连接关系，层之间的神经元有连接关系，如图 2.13 所示。受限玻尔兹曼机也是典型的二部图，将在 8.2.3 节介绍。

8.2.3 应用——受限玻尔兹曼机

受限玻尔兹曼机（Restricted Boltzmann Machine，RBM）是一种特殊的神经网络，其网络结构为二部图。这是一种随机神经网络。在这种模型中，神经元的输出值是以随机的方式确定的，而不像其他的神经网络那样是确定的。

受限玻尔兹曼机的变量（神经元）分为可见变量和隐变量两种类型，并定义了它们服从的概率分布。可见变量是神经网络的输入数据，如图像；隐变量可以看作从输入数据中提取的特征。在受限玻尔兹曼机中，可见变量和隐变量都是二元变量，其取值只能为 0 或 1，整个神经网络是一个二部图。

二部图的两个子集分别为隐藏节点集合和可见节点集合，只有可见单元和隐藏单元之间才会存在边，可见单元之间以及隐藏单元之间都不会有边连接。图 8.12 是一个简单的受限玻尔兹曼机。

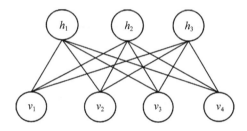

图 8.12 一个简单的 RBM

这个受限玻尔兹曼机有 4 个可见节点，它们形成可见变量向量 $\boldsymbol{v}$

$$(v_1 \ v_2 \ v_3 \ v_4)^{\mathrm{T}}$$

实际应用中，可见变量的值通常已知。网络有 3 个隐藏节点，它们形成隐变量向量 $\boldsymbol{h}$

$$(h_1 \ h_2 \ h_3)^{\mathrm{T}}$$

任意可见节点和隐藏节点之间都有边连接，因此一共有 12 条边。$(\boldsymbol{v}, \boldsymbol{h})$ 服从玻尔兹曼分布。玻尔兹曼分布定义为

$$p(x) = \frac{\mathrm{e}^{-\mathrm{energy}(x)}}{Z}$$

其中 energy 为能量函数，Z 为归一化因子。这是一个离散型概率分布。在 RBM 中，$(\boldsymbol{v}, \boldsymbol{h})$ 的联合概率定义为

$$p(\boldsymbol{v}, \boldsymbol{h}) = \frac{1}{Z} \exp(-E(\boldsymbol{v}, \boldsymbol{h})) = \frac{1}{Z} \exp(\boldsymbol{v}^{\mathrm{T}} \boldsymbol{W} \boldsymbol{h} + \boldsymbol{b}^{\mathrm{T}} \boldsymbol{v} + \boldsymbol{d}^{\mathrm{T}} \boldsymbol{h})$$

模型的参数包括权重矩阵 $\boldsymbol{W}$ 和偏置向量 $\boldsymbol{b}$，以及 $\boldsymbol{d}$。能量函数定义为

$$E(\boldsymbol{v}, \boldsymbol{h}) = -\boldsymbol{v}^{\mathrm{T}} \boldsymbol{W} \boldsymbol{h} - \boldsymbol{b}^{\mathrm{T}} \boldsymbol{v} - \boldsymbol{d}^{\mathrm{T}} \boldsymbol{h}$$

Z 是归一化因子，其定义为

$$Z - \sum_{(\boldsymbol{v}, \boldsymbol{h})} \exp(-E(\boldsymbol{v}, \boldsymbol{h}))$$

归一化因子是对可见变量、隐变量所有可能取值情况时的 $\exp(-E(\boldsymbol{v}, \boldsymbol{h}))$ 进行求和的结果。

RBM 是二部图与概率论相结合的产物。可见变量和隐变量服从玻尔兹曼分布，而且隐藏节点、可见节点集合内部没有边相互连接，此即受限玻尔兹曼机名称的来历。

由于变量的取值只能为 0 或 1，对于上面例子中的受限玻尔兹曼机，可以列出可见变量和隐变量取各种值时的概率，即联合概率质量函数，如表 8.3 所示。

由于篇幅的限制，表 8.3 只列出了一部分取值情况，在这里可见变量和隐变量有 7 个，因此所有的取值有 2^7 种情况。

表 8.3　RBM 变量值的概率分布

v_1	v_2	v_3	v_4	h_1	h_2	h_3	联合概率
0	0	0	0	0	0	1	0.2
0	0	0	0	0	1	1	0.2
0	0	0	0	1	1	1	0.3
0	0	0	1	1	1	1	0.01
0	0	1	1	1	1	1	0.01
0	1	1	1	1	1	1	0.02

8.2.4　有向无环图

如果有向图 G 没有回路存在，则称为有向无环图（Directed Acyclic Graph，DAG）。图 8.13 为一个有向无环图，图中没有任何回路。

图 8.14 不是有向无环图，$1 \rightarrow 2 \rightarrow 3 \rightarrow 1$ 为一条回路。

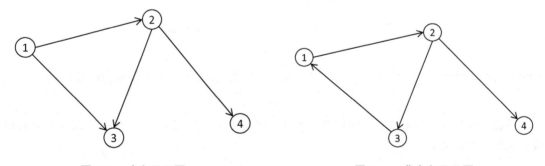

图 8.13　有向无环图　　　　　　　　图 8.14　非有向无环图

判断一个图是否为有向无环图可以通过拓扑排序算法实现。如果拓扑排序失败，则不是有向无环图。拓扑排序算法将在 8.3.3 节介绍。

在深度学习中，神经网络的计算图或拓扑结构图一般为有向无环图。所有连通的有向无环图均可视为一个合法的神经网络拓扑结构。

8.2.5　应用——神经结构搜索

神经结构搜索的目标是用算法自动找出具有高精度且低计算量、存储开销的神经网络结构，其基本概念已经在 4.7.3 节介绍。如果将神经网络的某些层进行标准化，则神经结构搜索的任务就是找出各个层，以及层之间的连接关系，称为拓扑结构。

神经网络的拓扑结构可以用图表示，类似于 8.1.2 节介绍的计算图。神经网络由多个层组成，各个层之间存在连接关系，因此可以将网络的拓扑结构表示为一个图。图 8.15 为一个 9 层的神经网络的拓扑结构图。

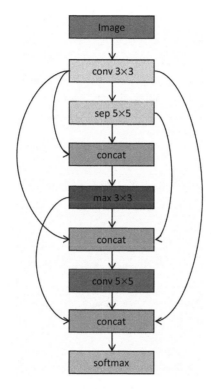

图 8.15　神经网络的拓扑结构图

图 8.15 中的 Image 为输入图像，是图的起始顶点，第 2 个顶点是 3×3 的卷积，依此类推，最后一个顶点是 softmax 回归。

拓扑结构图的顶点为神经网络的层或操作，边表示层之间的数据流动。利用这种图可以描述任意一个网络结构，神经结构搜索中将采用这种形式的表示。下面介绍如何用遗传算法搜索出最优的神经网络拓扑结构，以 Genetic CNN 为例（见参考文献 [3]）。首先随机初始化一些拓扑结构图，然后用遗传算法进行演化，直至收敛到一个好的网络结构。遗传算法的原理在 5.8.2 节已经介绍。

使用遗传算法求解 NAS 的思路是将子网络（算法要生成的神经网络）结构编码成二进制串，运行遗传算法得到适应度函数值（神经网络在验证集上的精度值）最大的网络结构，即为最优解。首先随机初始化若干个子网络作为初始解。遗传算法在每次迭代时首先训练所有子网络，然后计算它们的适应度值。接下来随机选择一些子网络进行交叉、变异，生成下一代子网络，然后训练这些子网络，重复这一过程，最后找到最优子网络。

首先要解决的问题是如何将网络结构编码成固定长度的二进制串。Genetic CNN 将网络划分为多个级（Stage），对每级的拓扑结构进行编码。级以池化层为界进行划分，是多个卷积层构成的单元，每组卷积核称为一个节点（Node）。数据经过每一级时，高度、宽度和深度不变。每一级内的卷积核有相同的通道数。每次卷积之后，执行批量归一化和 ReLU 激活函数。对全连接层不进行编码。

　　假设整个神经网络共有 S 级，级的编号为 $s = 1, \cdots, S$。第 s 级有 K_s 个节点，这些节点的编号为 $k_s = 1, \cdots, K_s$。第 s 级的第 k_s 个节点为 v_{s,k_s}。这些节点是有序的，只允许数据从低编号的节点流向高编号的节点，以保证生成的是有向无环图。每一级编码的比特数为

$$1 + 2 + \cdots + (K_s - 1) = \frac{1}{2} K_s (K_s - 1)$$

　　这与 8.1.1 节中的无向图边数量的最大值结论一致。节点 v_{s,k_s} 与 $v_{s,1}, \cdots, v_{s,k_s-1}$ 之间都可能有边连接，因此它需要 $k_s - 1$ 个比特。第 1 个节点不需要编码，因为没有编号更小的节点连接它；第 2 个节点 $v_{s,2}$ 可能有连接 $(v_{s,1}, v_{s,2})$；第 3 个节点可能有连接 $(v_{s,1}, v_{s,3})$，$(v_{s,2}, v_{s,3})$；其他依此类推。如果节点之间有边连接，则编码为 1；否则为 0。对于一个 S 级的网络，总编码比特数即长度为

$$L = \frac{1}{2} \sum_{s=1}^{S} K_s (K_s - 1)$$

　　图 8.16 是一个 2 级网络的编码结果。第 1 级有 4 个节点，第 2 级有 5 个节点。需要注意的是，为了保证数据的流入和流出，有特定的节点（A0、B0 和 A5、B6）充当输入与输出节点。

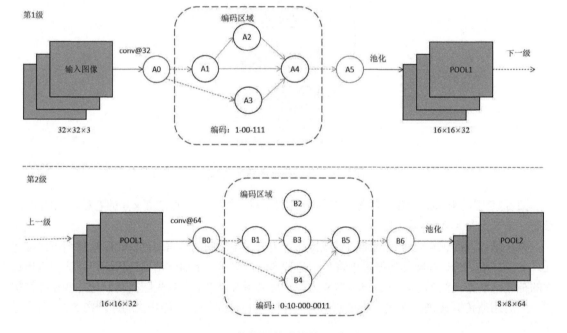

图 8.16　网络拓扑结构的二进制编码

　　为确保每个二进制串都是合法的，为每一级定义了两个默认节点。默认输入节点从上一级接收输入，然后将数据送入无前驱节点的所有节点。默认输出节点从无后续节点的所有节点接收数据，求和，然后执行卷积，将数据送入池化层。默认节点就是图 8.16 中的特定输入与输出节点。默认节点与其他节点之间的连接关系没有进行编码。需要注意的是，如果一个节点是孤立节点，既没有前驱，也没有后续，则忽略。也就是说，孤立节点不会和默认输入节点、默认输出节点建立连接。这样做是为了保证有更多节点的级可以模拟节点数更少的级所能表示的所有结构。

　　图 8.16 的上半部分为第 1 级，A0 为默认输入节点，A5 为默认输出节点。A1 ～ A4 为内部节点，需要进行编码。A2 的前驱为 A1，因此编码为 1；A3 没有前驱，因此编码为 00；A4 的前驱

为 A1、A2、A3，因此编码为 111。这一级的编码为 1-00-111。图 8.16 的下半部分为第 2 级，B0 为默认输入节点，B6 为默认输出节点。B1 ∼ B5 为内部节点，需要编码。B2 没有前驱，因此编码为 0；B3 的前驱为 B1，因此编码为 10；B4 没有前驱，因此编码为 000；B5 的前驱为 B3 和 B4，因此编码为 0011。这一级的完整编码为 0-10-000-0011。

由于每个编码位的取值有两种情况，对于编码长度为 L 的网络，所有可能的网络结构数为 2^L。如果一个网络有 3 级，即 $S = 3$，各级节点数为

$$(K_1, K_2, K_2) = (3, 4, 5)$$

编码长度 $L = 19$，所有可能的网络结构数为 $2^L = 524288$，这个量非常大，对于更深的网络，搜索空间更大。

这种编码方式可以表示各种典型的网络拓扑结构，包括 VGGNet、ResNet、DenseNet 等。这些典型网络结构的编码如图 8.17 所示，这里只对中间 4 个加底纹的节点进行编码。通过将基本块扩充，也可以支持某些特殊的网络，如 GoogLeNet 的 Inception 模块。

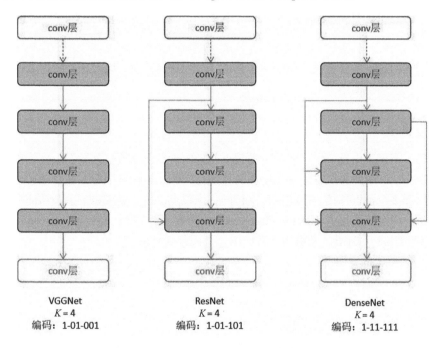

图 8.17　各种典型网络结构的二进制编码

在对网络进行二进制编码之后，接下来是标准的遗传算法流程。首先初始化 N 个随机的个体（子网络），然后执行 T 次循环。每次循环中有选择、变异、交叉这 3 种操作。遗传算法生成神经网络的结构之后，训练该网络，将其在验证集上的精度作为适应度函数。下面分别介绍这些步骤的细节。

（1）初始化。首先随机初始化 N 个长度为 L 的二进制串，表示 N 个网络结构。每个二进制位用伯努利分布的随机数生成，取值为 0 和 1 的概率各为 0.5。接下来训练这 N 个网络，得到它们的适应度函数值。

（2）选择。每次迭代的第一步是选择，上一轮迭代生成的 N 个个体都计算出了适应度函数值。这里使用俄罗斯"轮盘赌"来确定哪些个体可以生存，选择每个个体的概率与它的适应度函数成正比。因此之前表现好的神经网络有更大的概率被选中，表现差的网络被剔除。由于在迭代

过程中 N 的值不变，因此有些个体可能会被选中多次。

（3）变异与交叉。变异的做法是每个二进制位分别独立地以某一概率将其值取反，即将 0 变成 1，或将 1 变成 0。这个概率值被设置为 0.05，因此个体变异不会太多。交叉不是对二进制位而是对级进行的，即以一定的概率交换两个个体的某一级的二进制位编码。对于下面两个个体

$$1\text{-}00\text{-}100 \ 1\text{-}00\text{-}100 \qquad\qquad\qquad 0\text{-}10\text{-}111 \ 0\text{-}10\text{-}111$$

如果选择第 2 级进行交叉，则交叉之后的个体为

$$1\text{-}00\text{-}100 \ 0\text{-}10\text{-}111 \qquad\qquad\qquad 0\text{-}10\text{-}111 \ 1\text{-}00\text{-}100$$

（4）评估。在每次循环执行完上面的 3 个步骤之后，接下来要对生成的神经网络进行评估，计算它们的适应度函数值。如果某一网络结构之前没有被评估过，则对其进行训练，在验证集上得到精度值，作为适应度函数值。如果某一网络之前被评估过，此次也从头开始训练，然后计算它各次评估值的均值。

8.3 重要的算法

本节介绍图的若干重要算法，包括遍历算法、最短路径算法，以及拓扑排序算法，它们将在某些机器学习算法中被使用。

8.3.1 遍历算法

从图的某一个顶点出发，访问图中所有顶点，且使得每个顶点仅被访问一次，称为图的遍历（Traversing Graph）。图的遍历算法是求解图的连通性问题、拓扑排序等问题的基础。由于图中的一个顶点可以和多个顶点邻接，因此在每次访问一个顶点之后，要决定下一步访问哪个顶点。有两种遍历算法：深度优先搜索（Depth First Search，DFS）和广度优先搜索（Breadth First Search，BFS）。它们既适用于无向图，又适用于有向图，下面分别介绍。

考虑图 8.18 所示的无向图。

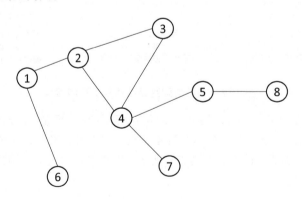

图 8.18   一个无向图

深度优先搜索从一个起始点 v_i 出发，先访问该顶点，然后将其访问标志位设置为已访问。接下来访问 v_i 的一个未被访问的邻接顶点 v_j，并将 v_j 的访问标志位设置为已访问。接下来再访问 v_j 的未被访问的邻接顶点。如果遇到一个顶点 v_k，该顶点没有未被访问的邻接顶点，则回退到 v_k 的上一个顶点 v_l，如果 v_l 还有其他未被访问的邻接顶点，则访问该邻接顶点；否则继续回

退，直到回退到一个具有还未被访问的邻接顶点的顶点。深度优先搜索可以借助数据结构中的栈实现，对其原理的进一步学习可以阅读数据结构教材。

对于图 8.18 中的无向图，假设从顶点 1 开始访问，下面列出深度优先搜索的处理步骤。

（1）访问顶点 1，顶点 1 有两个未被访问的邻接顶点，分别是 2 和 6。

（2）访问顶点 6，且顶点 6 没有未被访问的邻接顶点，因此回退到顶点 1。

（3）顶点 1 有 1 个未被访问的邻接顶点，顶点 2。访问顶点 2，顶点 2 有两个未被访问的顶点，分别是顶点 3 和顶点 4。

（4）访问顶点 3，顶点 3 有 1 个未被访问的顶点，是顶点 4。

（5）访问顶点 4，顶点 4 有两个未被访问的顶点，分别是顶点 5 和顶点 7。

（6）访问顶点 5，顶点 5 有 1 个未被访问的顶点，是顶点 8。

（7）访问顶点 8，顶点 8 没有未被访问的邻接顶点，回退到顶点 5。

（8）顶点 5 没有未被访问的邻接顶点，回退到顶点 4。

（9）顶点 4 有 1 个未被访问的顶点，顶点 7。访问顶点 7，此时所有顶点均已经被访问，遍历算法结束。

最后得到的深度优先搜索遍历结果为

$$1 \rightarrow 6 \rightarrow 2 \rightarrow 3 \rightarrow 4 \rightarrow 5 \rightarrow 8 \rightarrow 7$$

广度优先搜索从一个顶点 v_i 出发，先访问该顶点，然后将其访问标志位设置为已访问。接下来访问它的所有未被访问的邻接顶点，然后访问这些邻接顶点的邻接顶点，逐步扩散，直至所有顶点均被访问。广度优先搜索可以借助数据结构中的队列实现。

对于图 8.18 中的无向图，假设用广度优先搜索进行遍历，下面给出访问步骤。

（1）访问顶点 1，它有两个未被访问的邻接顶点，分别是顶点 2 和顶点 6。

（2）访问顶点 2，顶点 2 有两个未被访问的邻接顶点，分别是顶点 3 和顶点 4。

（3）访问顶点 6，顶点 6 没有未被访问的邻接顶点。

（4）访问顶点 3，顶点 3 有 1 个未被访问的邻接顶点，是顶点 4。

（5）访问顶点 4，顶点 4 有两个未被访问的邻接顶点，分别是顶点 5 和顶点 7。

（6）访问顶点 5，顶点 5 有一个未被访问的顶点，是顶点 8。

（7）访问顶点 7，顶点 7 没有未被访问的顶点。

（8）访问顶点 8，顶点 8 没有未被访问的顶点。

最后得到的广度优先搜索遍历结果为

$$1 \rightarrow 2 \rightarrow 6 \rightarrow 3 \rightarrow 4 \rightarrow 5 \rightarrow 7 \rightarrow 8$$

8.3.2 最短路径算法

对于很多实际应用，需要找到图中两点之间的最短路径。例如，对于导航软件，用户指定起点和终点之后，软件需要计算出这两点之间的最短路径。这称为最短路径问题，本节介绍经典求解算法，求解单源点最短路径问题的 Dijkstra 算法。

Dijkstra 算法由荷兰计算机科学家 Dijkstra 提出。算法可以得到某一起点到其他所有点的最短路径。核心思想是以起始点为中心向外逐步扩展，直至遇到终点。

假设有图 G，其顶点集合为 V、边的集合为 E、邻接矩阵为 W。给定起点 s 和终点 t，Dijkstra 算法定义如下两个集合。

已求得最短路径的顶点的集合，记为 S，初始时该集合中只有顶点 s。未确定最短路径的顶点的集合，记为 U，初始时该集合包含除 s 之外的所有顶点。

算法按最短路径长度递增的次序依次把 U 中的顶点加入 S 中。在加入的过程中，总保持从源点 s 到 S 中各顶点的最短路径长度不大于从源点 s 到 U 中任何顶点的最短路径长度。此外，每个顶点对应一个距离，S 中的顶点的距离就是从 s 到此顶点的最短路径长度，U 中顶点的距离是从 s 到此顶点只包括 S 的顶点为中间顶点的当前最短路径长度。具体的流程如算法 8.1 所示。其中 Dist 数组存储的是从 s 到每个顶点的最短路径长度，如果 s 到顶点 i 有边连接，则初始化为 w_{si}；否则初始化为 $+\infty$。

算法 8.1 Dijkstra 最短路径算法

初始化：$S = \{s\}, U = V/S$
初始化：$\text{Dist}[i] = w_{si}$ 或 $+\infty$
while $U \neq \varnothing$ **do**
　　$k = \arg\min_{i \in U} \text{Dist}[i]$
　　$S = S \cup \{k\}$
　　$U = U/\{k\}$
　　for $j \in U$ **do**
　　　　if $w_{kj} + \text{Dist}[k] < \text{Dist}[j]$ **then**
　　　　　　$\text{Dist}[j] = w_{kj} + \text{Dist}[k]$
　　　　end if
　　end for
end while

下面以图 8.1 所示的无向图为例，说明计算的具体流程。假设要计算从顶点 1 到其他顶点的最短路径。初始时集合 S 为 $\{1\}$，Dist 数组初始化为

$$(0\ 2\ \infty\ \infty\ \infty\ 5\ \infty)$$

集合 U 初始化为

$$\{2,3,4,5,6,7\}$$

第 1 次循环。在 U 中寻找 Dist 值最小的顶点，在这里为 2。接下来将顶点 2 加入集合 S 中，此时 S 变为 $\{1,2\}$，U 变为 $\{3,4,5,6,7\}$。接下来更新 Dist 数组的值

$$\text{Dist}[3] = \text{Dist}[2] + w_{23} = 2+4 = 6 \qquad \text{Dist}[4] = \text{Dist}[2] + w_{24} = 2+3 = 5$$

更新完之后 Dist 数组为

$$(0\ 2\ 6\ 5\ \infty\ 5\ \infty)$$

第 2 次循环。在 U 中寻找 Dist 值最小的顶点，在这里为 4。将顶点 4 加入 S，并从 U 中删除，此时 S 为 $\{1,2,4\}$，U 为 $\{3,5,6,7\}$。接下来更新 Dist 数组的值

$$\text{Dist}[5] = \text{Dist}[4] + w_{45} = 5+4 = 9 \qquad \text{Dist}[7] = \text{Dist}[4] + w_{47} = 5+2 = 7$$

更新完之后 Dist 数组为

$$(0\ 2\ 6\ 5\ 9\ 5\ 7)$$

第 3 次循环。在 U 中寻找 Dist 值最小的顶点，在这里为 6。将顶点 6 加入 S，并从 U 中删除，此时 S 为 $\{1,2,4,6\}$，U 为 $\{3,5,7\}$。接下来更新 Dist 数组的值，这里无须更新。

第 4 次循环。在 U 中寻找 Dist 值最小的顶点，在这里为 3。将顶点 3 加入 S，并从 U 中删除，此时 S 为 $\{1,2,3,4,6\}$，U 为 $\{5,7\}$。接下来更新 Dist 数组的值，这里无须更新。

第 5 次循环。在 U 中寻找 Dist 值最小的顶点，在这里为 7。将顶点 7 加入 S，并从 U 中删除，此时 S 为 $\{1,2,3,4,6,7\}$，U 为 $\{5\}$。接下来更新 Dist 数组的值，这里无须更新。

第 6 次循环。在 U 中寻找 Dist 值最小的顶点，在这里为 5。将顶点 5 加入 S，并从 U 中删除，此时 S 为 $\{1,2,6,3,4,7,5\}$，U 为 $\varnothing$，算法结束。

最短路径算法在流形降维的等距映射算法中被使用，用于计算流形上的测地距离。

8.3.3 拓扑排序算法

对于某些应用，我们需要生成图的所有顶点的一个有序序列。例如，对于神经网络的计算图，在使用自动微分算法时需要按照变量的计算顺序反向遍历整个图，依次处理每个顶点。拓扑排序（Topological Sorting）是完成这一任务的算法。

对于有向图 G，如果它满足某些条件，则可以按照某种规则将其所有顶点进行排序，形成一个线性序列

$$v_1, v_2, \cdots, v_n$$

该序列必须满足以下两个条件。

（1）每个顶点在序列中出现且只出现一次。

（2）如果在图 G 中存在一条从顶点 v_i 到 v_j 的路径，那么在序列中顶点 v_i 出现在 v_j 的前面。

排课是典型的拓扑排序应用，如图 8.19 所示。图中的顶点表示课程，边表示先修课程关系，如微积分是概率论的先修课程，则顶点 1 和顶点 3 有一条边连接。排课算法需要确定这些课程的教学顺序。一个排课方案显然不能违背先修课程的关系，例如不能把概率论排在微积分的前面。

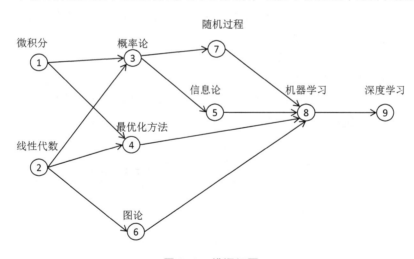

图 8.19 排课问题

图能够进行拓扑排序的充分必要条件是它是有向无环图。需要注意的是，有向无环图的拓扑排序结果可能不唯一。对于图 8.19，下面是它的两个合法的拓扑排序序列

$$1 \to 2 \to 3 \to 4 \to 6 \to 7 \to 5 \to 8 \to 9$$
$$1 \to 2 \to 4 \to 3 \to 6 \to 7 \to 5 \to 8 \to 9$$

在这两种方案中，只有 3 和 4 的顺序不同，既可以把概率论排在最优化方法的前面，也可以把最优化方法排在概率论的前面。

实现拓扑排序有两种思路，分别是基于贪心策略的方法和基于深度优先搜索的算法。下面介绍基于贪心策略的方法。

如果一个顶点的入度为 0，则它没有前驱，因此可以将该顶点输出到拓扑排序结果序列中。在该顶点被输出之后，它的所有后续节点都不再依赖于它，可以被处理了。贪心算法使用了这一思路。算法很简单，首先将没有前驱节点的顶点放入待处理列表，然后循环执行下面的操作。

（1）在待处理列表中选择第一个没有前驱节点的顶点，输出该顶点。

（2）从图中删除以该顶点为起点的所有边。删除这些边之后，如果出现没有前驱节点的顶点，则将它们放入待处理列表。

反复这一过程，直至所有顶点被处理完。如果在循环的过程中还有顶点未被处理且无法找到没有前驱顶点的节点，则说明有环出现，图无法拓扑排序。

对于图 8.19 中的有向图，下面用贪心算法进行处理。

（1）寻找入度为 0 的顶点，加入待处理列表，待处理列表为 $\{1, 2\}$。

（2）输出顶点 1，将其从待处理列表删除，删除边 $(1, 3)$、$(1, 4)$，待处理列表变为 $\{2\}$。

（3）输出顶点 2，将其从待处理列表删除，删除边 $(2, 3)$、$(2, 4)$、$(2, 6)$，此时顶点 3、4 和 6 的入度变为 0，将它们加入待处理列表，待处理列表变为 $\{3, 4, 6\}$。

（4）输出顶点 3，将其从待处理列表删除，删除边 $(3, 7)$、$(3, 5)$，此时顶点 5 和顶点 7 的入度变为 0，将它们加入待处理列表，待处理列表变为 $\{4, 6, 7, 5\}$。

（5）输出顶点 4，将其从待处理列表删除，删除边 $(4, 8)$，待处理列表变为 $\{6, 7, 5\}$。

（6）输出顶点 6，将其从待处理列表删除，删除边 $(6, 8)$，待处理列表变为 $\{7, 5\}$。

（7）输出顶点 7，将其从待处理列表删除，删除边 $(7, 8)$，待处理列表变为 $\{5\}$。

（8）输出顶点 5，将其从待处理列表删除，删除边 $(5, 8)$，此时顶点 8 的入度变为 0，将顶点 8 加入待处理列表，待处理列表变为 $\{8\}$。

（9）输出顶点 8，将其从待处理列表删除，删除边 $(8, 9)$，此时顶点 9 的入度变为 0，将顶点 9 加入待处理列表，待处理列表变为 $\{9\}$。

（10）输出顶点 9，将其从待处理列表删除，此时所有顶点均已处理完毕，算法结束。

这一过程如表 8.4 所示。

表 8.4　拓扑排序的计算过程

当前处理顶点	待处理顶点列表
	$\{1, 2\}$
1	$\{2\}$
2	$\{3, 4, 6\}$
3	$\{4, 6, 7, 5\}$
4	$\{6, 7, 5\}$
6	$\{7, 5\}$
7	$\{5\}$
5	$\{8\}$
8	$\{9\}$
9	

最后得到的拓扑排序结果为

$$1 \to 2 \to 3 \to 4 \to 6 \to 7 \to 5 \to 8 \to 9$$

在 8.1.4 节介绍了图的矩阵表示，在邻接矩阵和加权度矩阵的基础上可以定义拉普拉斯矩阵。借助图的拉普拉斯矩阵的特征值和特征向量来研究图，称为谱图理论（Spectral Graph Theory）。在机器学习领域，这是一种常用的手段。本节介绍未归一化的拉普拉斯矩阵与其性质，以及归一化的拉普拉斯矩阵与其性质。它们被用于流形学习算法、谱聚类算法、半监督学习算法，以及图神经网络。对谱图理论的系统学习可以阅读参考文献 [2]。

8.4.1 拉普拉斯矩阵

假设图 G 的邻接矩阵为 $\boldsymbol{W}$，加权度矩阵为 $\boldsymbol{D}$。拉普拉斯矩阵定义为加权度矩阵与邻接矩阵之差

$$\boldsymbol{L} = \boldsymbol{D} - \boldsymbol{W}$$

对于无向图，由于 $\boldsymbol{W}$ 和 $\boldsymbol{D}$ 都是对称矩阵，因此拉普拉斯矩阵也是对称矩阵。

以图 8.1 中的图为例，其拉普拉斯矩阵为

$$\begin{pmatrix} 7 & 0 & 0 & 0 & 0 & 0 & 0 \\ 0 & 9 & 0 & 0 & 0 & 0 & 0 \\ 0 & 0 & 8 & 0 & 0 & 0 & 0 \\ 0 & 0 & 0 & 13 & 0 & 0 & 0 \\ 0 & 0 & 0 & 0 & 4 & 0 & 0 \\ 0 & 0 & 0 & 0 & 0 & 5 & 0 \\ 0 & 0 & 0 & 0 & 0 & 0 & 2 \end{pmatrix} - \begin{pmatrix} 0 & 2 & 0 & 0 & 0 & 5 & 0 \\ 2 & 0 & 4 & 3 & 0 & 0 & 0 \\ 0 & 4 & 0 & 4 & 0 & 0 & 0 \\ 0 & 3 & 4 & 0 & 4 & 0 & 2 \\ 0 & 0 & 0 & 4 & 0 & 0 & 0 \\ 5 & 0 & 0 & 0 & 0 & 0 & 0 \\ 0 & 0 & 0 & 2 & 0 & 0 & 0 \end{pmatrix} = \begin{pmatrix} 7 & -2 & 0 & 0 & 0 & -5 & 0 \\ -2 & 9 & -4 & -3 & 0 & 0 & 0 \\ 0 & -4 & 8 & -4 & 0 & 0 & 0 \\ 0 & -3 & -4 & 13 & -4 & 0 & -2 \\ 0 & 0 & 0 & -4 & 4 & 0 & 0 \\ -5 & 0 & 0 & 0 & 0 & 5 & 0 \\ 0 & 0 & 0 & -2 & 0 & 0 & 2 \end{pmatrix}$$

根据定义，拉普拉斯矩阵每一行元素之和都为 0。下面介绍拉普拉斯矩阵的性质。

（1）对任意向量 $\boldsymbol{f} \in \mathbb{R}^n$ 有

$$\boldsymbol{f}^{\mathrm{T}} \boldsymbol{L} \boldsymbol{f} = \frac{1}{2} \sum_{i=1}^{n} \sum_{j=1}^{n} w_{ij} (f_i - f_j)^2 \tag{8.5}$$

（2）拉普拉斯矩阵是对称半正定矩阵。

（3）拉普拉斯矩阵的最小特征值为 0，其对应的特征向量为常向量 $\boldsymbol{1}$，所有分量为 1。

（4）拉普拉斯矩阵有 n 个非负实数特征值，并且满足

$$0 = \lambda_1 \leqslant \lambda_2 \leqslant \cdots \leqslant \lambda_n$$

下面给出这些结论的证明。根据加权度的定义，有

$$\boldsymbol{f}^{\mathrm{T}} \boldsymbol{L} \boldsymbol{f} = \boldsymbol{f}^{\mathrm{T}} \boldsymbol{D} \boldsymbol{f} - \boldsymbol{f}^{\mathrm{T}} \boldsymbol{W} \boldsymbol{f} = \sum_{i=1}^{n} d_{ii} f_i^2 - \sum_{i=1}^{n} \sum_{j=1}^{n} f_i f_j w_{ij} = \frac{1}{2} \left(2 \sum_{i=1}^{n} d_{ii} f_i^2 - 2 \sum_{i=1}^{n} \sum_{j=1}^{n} f_i f_j w_{ij} \right)$$

$$= \frac{1}{2} \left(\sum_{i=1}^{n} d_{ii} f_i^2 - 2 \sum_{i=1}^{n} \sum_{j=1}^{n} f_i f_j w_{ij} + \sum_{j=1}^{n} d_{jj} f_j^2 \right)$$

$$= \frac{1}{2} \left(\sum_{i=1}^{n} \sum_{j=1}^{n} w_{ij} f_i^2 - 2 \sum_{i=1}^{n} \sum_{j=1}^{n} f_i f_j w_{ij} + \sum_{j=1}^{n} \sum_{i=1}^{n} w_{ji} f_j^2 \right) = \frac{1}{2} \sum_{i=1}^{n} \sum_{j=1}^{n} w_{ij} (f_i - f_j)^2$$

因此结论（1）成立。根据结论（1），对任意非零向量 $\boldsymbol{f}$，有

$$\boldsymbol{f}^{\mathrm{T}}\boldsymbol{L}\boldsymbol{f} = \frac{1}{2}\sum_{i=1}^{n}\sum_{j=1}^{n}w_{ij}(f_i - f_j)^2 \geqslant 0$$

因此拉普拉斯矩阵是半正定的，结论（2）成立。由于

$$|\boldsymbol{L} - 0\cdot\boldsymbol{I}| = |\boldsymbol{L}| = |\boldsymbol{D} - \boldsymbol{W}| =$$

$$\begin{vmatrix} \sum_{j=1}^{n}w_{1j} - w_{11} & -w_{12} & \cdots & -w_{1n} \\ -w_{21} & \sum_{j=1}^{n}w_{2j} - w_{22} & \cdots & -w_{2n} \\ \vdots & \vdots & & \vdots \\ -w_{n1} & -w_{n2} & \cdots & \sum_{j=1}^{n}w_{nj} - w_{nn} \end{vmatrix} = \begin{vmatrix} \sum_{j=1,j\neq 1}^{n}w_{1j} & -w_{12} & \cdots & -w_{1n} \\ -w_{21} & \sum_{j=1,j\neq 2}^{n}w_{2j} & \cdots & -w_{2n} \\ \vdots & \vdots & & \vdots \\ -w_{n1} & -w_{n2} & \cdots & \sum_{j=1,j\neq n}^{n}w_{nj} \end{vmatrix}$$

将上面行列式的第 $2\sim n$ 列依次加到第 1 列，第 1 列的值全为 0

$$\begin{vmatrix} \sum_{j=1,j\neq 1}^{n}w_{1j} & -w_{12} & \cdots & -w_{1n} \\ -w_{21} & \sum_{j=1,j\neq 2}^{n}w_{2j} & \cdots & -w_{2n} \\ \vdots & \vdots & & \vdots \\ -w_{n1} & -w_{n2} & \cdots & \sum_{j=1,j\neq n}^{n}w_{nj} \end{vmatrix}$$

$$= \begin{vmatrix} \sum_{j=1,j\neq 1}^{n}w_{1j} - w_{12} - \cdots - w_{1n} & -w_{12} & \cdots & -w_{1n} \\ -w_{21} + \sum_{j=1,j\neq 2}^{n}w_{2j} - w_{23} - \cdots - w_{2n} & \sum_{j=1,j\neq 2}^{n}w_{2j} & \cdots & -w_{2n} \\ \vdots & \vdots & & \vdots \\ -w_{n1} - w_{n2} - \cdots - w_{n,n-1} + \sum_{j=1,j\neq n}^{n}w_{nj} & -w_{n2} & \cdots & \sum_{j=1,j\neq n}^{n}w_{nj} \end{vmatrix}$$

$$= \begin{vmatrix} 0 & -w_{12} & \cdots & -w_{1n} \\ 0 & \sum_{j=1,j\neq 2}^{n}w_{2j} & \cdots & -w_{2n} \\ \vdots & \vdots & & \vdots \\ 0 & -w_{n2} & \cdots & \sum_{j=1,j\neq n}^{n}w_{nj} \end{vmatrix} = 0$$

因此行列式 $|\boldsymbol{L}|$ 值为 0，故 0 是其特征值。如果 $\boldsymbol{f} = \boldsymbol{1}$，则有

$$\boldsymbol{L}\boldsymbol{f} = \boldsymbol{L}\boldsymbol{1} = (\boldsymbol{D} - \boldsymbol{W})\boldsymbol{1} = (d_{11}\cdots d_{nn})^{\mathrm{T}} - \left(\sum_{j=1}^{n}w_{1j}\cdots\sum_{j=1}^{n}w_{nj}\right)^{\mathrm{T}} = \boldsymbol{0}$$

因此 $\boldsymbol{1}$ 是对应的特征向量，由于拉普拉斯矩阵半正定，其特征值非负，结论（3）成立。根据结论（2）和结论（3），可以得到结论（4）。

　　根据定义，拉普拉斯矩阵不依赖于邻接矩阵 $\boldsymbol{W}$ 的主对角线元素。除主对角线元素之外，其他位置的元素都相等的各种不同的矩阵 $\boldsymbol{W}$ 都有相同的拉普拉斯矩阵。因此，图中的自环不影响图的拉普拉斯矩阵。

拉普拉斯矩阵以及它的特征值与特征向量可以描述图的重要性质。有下面重要结论：假设 G 是一个有非负权重的无向图，其拉普拉斯矩阵 L 的特征值 0 的重数 k 等于图的连通分量的个数。假设图的连通分量为 $A_1, \cdots, A_k$，则特征值 0 的特征空间由这些连通分量所对应的向量 $\mathbf{1}_{A_1}, \cdots, \mathbf{1}_{A_k}$ 所张成。

证明如下。先考虑 $k = 1$ 的情况，即图是连通的。假设 f 是特征值 0 的一个特征向量，根据特征值的定义，有

$$0 = f^{\mathrm{T}} L f = \frac{1}{2} \sum_{i=1}^{n} \sum_{j=1}^{n} w_{ij}(f_i - f_j)^2$$

这是因为 $Lf = 0f = \mathbf{0}$。因为图是连通的，因此所有的 $w_{ij} > 0$，要让上面的值为 0，必定有 $f_i - f_j = 0$。这意味着向量 f 的任意元素都相等，因此所有特征向量都是 $\mathbf{1}$ 的倍数，结论成立。

接下来考虑有 k 个连通分量的情况。不失一般性，我们假设顶点按照其所属的连通分量排序，这种情况下，邻接矩阵是分块对角矩阵，拉普拉斯矩阵也是这样的分块矩阵

$$L = \begin{pmatrix} L_1 & & & \\ & L_2 & & \\ & & \ddots & \\ & & & L_k \end{pmatrix}$$

显然，每个子矩阵 L_i 自身也是一个拉普拉斯矩阵，对应这个连通分量。对于这些子矩阵，上面的结论也是成立的，因此 L 的谱由 L_i 的谱相并构成，L 的特征值 0 对应的特征向量是 L_i 的特征向量将其余位置填充 0 扩充形成的。具体来说，特征向量 $\mathbf{1}_{A_i}$ 中第 i 个连通分量的顶点所对应的分量为 1，其余的全为 0，为如下形式

$$(0 \ \cdots \ 0 \ 1 \ \cdots \ 1 \ 0 \ \cdots \ 0)^{\mathrm{T}}$$

由于每个 L_i 都是一个连通分量的拉普拉斯矩阵，因此其特征向量的重数为 1，对应特征值 0。而 L 中与之对应的特征向量在第 i 个连通分量处的值为常数，其他位置为 0。因此矩阵 L 的 0 特征值对应的线性无关的特征向量的个数与连通分量的个数相等，并且特征向量是这些连通分量的指示向量。

下面用图 8.9 中的图进行说明。它有两个连通分量，顶点集合分别为 $\{1,2,3\}$ 和 $\{4,5\}$。其邻接矩阵为

$$W = \begin{pmatrix} 0 & 0.37 & 0.37 & 0 & 0 \\ 0.37 & 0 & 0.14 & 0 & 0 \\ 0.37 & 0.14 & 0 & 0 & 0 \\ 0 & 0 & 0 & 0 & 0.37 \\ 0 & 0 & 0 & 0.37 & 0 \end{pmatrix}$$

其加权度矩阵为

$$\boldsymbol{D} = \begin{pmatrix} 0.74 & 0 & 0 & 0 & 0 \\ 0 & 0.51 & 0 & 0 & 0 \\ 0 & 0 & 0.51 & 0 & 0 \\ 0 & 0 & 0 & 0.37 & 0 \\ 0 & 0 & 0 & 0 & 0.37 \end{pmatrix}$$

拉普拉斯矩阵为

$$\boldsymbol{L} = \boldsymbol{D} - \boldsymbol{W} = \begin{pmatrix} 0.74 & -0.37 & -0.37 & 0 & 0 \\ -0.37 & 0.51 & -0.14 & 0 & 0 \\ -0.37 & -0.14 & 0.51 & 0 & 0 \\ 0 & 0 & 0 & 0.37 & -0.37 \\ 0 & 0 & 0 & -0.37 & 0.37 \end{pmatrix}$$

它由如下两个子矩阵构成

$$\boldsymbol{L}_1 = \begin{pmatrix} 0.74 & -0.37 & -0.37 \\ -0.37 & 0.51 & -0.14 \\ -0.37 & -0.14 & 0.51 \end{pmatrix} \qquad\qquad \boldsymbol{L}_2 = \begin{pmatrix} 0.37 & -0.37 \\ -0.37 & 0.37 \end{pmatrix}$$

每个子矩阵对应于图的一个连通分量。0 是每个子矩阵的 1 重特征值,由于有两个连通分量,因此 0 是整个图的拉普拉斯矩阵的 2 重特征值。两个线性无关的特征向量为

$$\mathbf{1}_{A_1} = (1\ 1\ 1\ 0\ 0)^{\mathrm{T}} \qquad\qquad \mathbf{1}_{A_2} = (0\ 0\ 0\ 1\ 1)^{\mathrm{T}}$$

8.4.2   归一化拉普拉斯矩阵

8.4.1 节定义的拉普拉斯矩阵是未归一化的拉普拉斯矩阵,可以对其进行归一化从而得到归一化的拉普拉斯矩阵。有两种形式的归一化,第一种称为对称归一化,定义为

$$\boldsymbol{L}_{\mathrm{sym}} = \boldsymbol{D}^{-1/2} \boldsymbol{L} \boldsymbol{D}^{-1/2} = \boldsymbol{I} - \boldsymbol{D}^{-1/2} \boldsymbol{W} \boldsymbol{D}^{-1/2}$$

在这里,$\boldsymbol{D}^{1/2}$ 是加权度矩阵 $\boldsymbol{D}$ 的所有元素计算正平方根得到的矩阵,仍然是对角矩阵。$\boldsymbol{D}^{-1/2}$ 是 $\boldsymbol{D}^{1/2}$ 的逆矩阵,也是对角矩阵,其中对角线元素是 $\boldsymbol{D}$ 的主对角线元素逆的平方根。$\boldsymbol{L}_{\mathrm{sym}}$ 位置 $(i, j), i \neq j$ 的元素为将未归一化拉普拉斯矩阵对应位置处的元素 l_{ij} 除以 $\sqrt{d_{ii}d_{jj}}$ 后形成的,主对角线上的元素为 1

$$
\begin{aligned}
\boldsymbol{L}_{\mathrm{sym}} &= \begin{pmatrix} 1/\sqrt{d_{11}} & 0 & \cdots & 0 \\ 0 & 1/\sqrt{d_{22}} & \cdots & 0 \\ \vdots & \vdots & & \vdots \\ 0 & 0 & \cdots & 1/\sqrt{d_{nn}} \end{pmatrix} \begin{pmatrix} l_{11} & l_{12} & \cdots & l_{1n} \\ l_{21} & l_{22} & \cdots & l_{2n} \\ \vdots & \vdots & & \vdots \\ l_{n1} & l_{n2} & \cdots & l_{nn} \end{pmatrix} \begin{pmatrix} 1/\sqrt{d_{11}} & 0 & \cdots & 0 \\ 0 & 1/\sqrt{d_{22}} & \cdots & 0 \\ \vdots & \vdots & & \vdots \\ 0 & 0 & \cdots & 1/\sqrt{d_{nn}} \end{pmatrix} \\
&= \begin{pmatrix} 1 & l_{12}/\sqrt{d_{11}d_{22}} & \cdots & l_{1n}/\sqrt{d_{11}d_{nn}} \\ l_{21}/\sqrt{d_{22}d_{11}} & 1 & \cdots & l_{2n}/\sqrt{d_{22}d_{nn}} \\ \vdots & \vdots & & \vdots \\ l_{n1}/\sqrt{d_{nn}d_{11}} & l_{n2}/\sqrt{d_{nn}d_{22}} & \cdots & 1 \end{pmatrix}
\end{aligned}
$$

由于 $\boldsymbol{D}^{1/2}$ 和 $\boldsymbol{L}$ 都是对称矩阵,因此 $\boldsymbol{L}_{\mathrm{sym}}$ 也是对称矩阵。如果图是连通的,则 $\boldsymbol{D}$ 和 $\boldsymbol{D}^{1/2}$ 都是可逆的对角矩阵。

第二种称为随机漫步归一化，定义为

$$L_{\mathrm{rw}} = D^{-1}L = I - D^{-1}W$$

其位置 $(i, j), i \neq j$ 的元素为将未归一化拉普拉斯矩阵对应位置处的元素 l_{ij} 除以 d_{ii} 后形成的，主对角线元素也为 1

$$L_{\mathrm{rw}} = \begin{pmatrix} 1/d_{11} & 0 & \cdots & 0 \\ 0 & 1/d_{22} & \cdots & 0 \\ \vdots & \vdots & & \vdots \\ 0 & 0 & \cdots & 1/d_{nn} \end{pmatrix} \begin{pmatrix} l_{11} & l_{12} & \cdots & l_{1n} \\ l_{21} & l_{22} & \cdots & l_{2n} \\ \vdots & \vdots & & \vdots \\ l_{n1} & l_{n2} & \cdots & l_{nn} \end{pmatrix} = \begin{pmatrix} 1 & l_{12}/d_{11} & \cdots & l_{1n}/d_{11} \\ l_{21}/d_{22} & 1 & \cdots & l_{2n}/d_{22} \\ \vdots & \vdots & & \vdots \\ l_{n1}/d_{nn} & l_{n2}/d_{nn} & \cdots & 1 \end{pmatrix}$$

下面介绍这两种矩阵的重要性质。

（1）对任意向量 $f \in \mathbb{R}^n$，有

$$f^{\mathrm{T}}L_{\mathrm{sym}}f = \frac{1}{2}\sum_{i=1}^{n}\sum_{j=1}^{n}w_{ij}\left(\frac{f_i}{\sqrt{d_{ii}}} - \frac{f_j}{\sqrt{d_{jj}}}\right)^2$$

（2）λ 是矩阵 L_{rw} 的特征值，u 是特征向量，当且仅当 λ 是 L_{sym} 的特征值，并且其特征向量为

$$w = D^{1/2}u$$

（3）λ 是矩阵 L_{rw} 的特征值，u 是特征向量，当且仅当 λ 和 u 是下面广义特征值问题的解

$$Lu = \lambda Du$$

（4）0 是矩阵 L_{rw} 的特征值，其对应的特征向量为常向量 $\mathbf{1}$，即所有分量为 1。0 是矩阵 L_{sym} 的特征值，其对应的特征向量为 $D^{1/2}\mathbf{1}$。

（5）矩阵 L_{sym} 和 L_{rw} 是半正定矩阵，有 n 个非负实数特征值，并且满足

$$0 = \lambda_1 \leqslant \lambda_2 \leqslant \cdots \leqslant \lambda_n$$

结论（1）可以利用未归一化拉普拉斯矩阵的相应结论证明。对于任意 $f \in \mathbb{R}^n$，有

$$f^{\mathrm{T}}L_{\mathrm{sym}}f = f^{\mathrm{T}}D^{-1/2}LD^{-1/2}f = (D^{-1/2}f)^{\mathrm{T}}L(D^{-1/2}f)$$

$$= \left(\frac{f_1}{\sqrt{d_{11}}} \quad \cdots \quad \frac{f_n}{\sqrt{d_{nn}}}\right)L\left(\frac{f_1}{\sqrt{d_{11}}} \quad \cdots \quad \frac{f_n}{\sqrt{d_{nn}}}\right)^{\mathrm{T}} = \frac{1}{2}\sum_{i=1}^{n}\sum_{j=1}^{n}w_{ij}\left(\frac{f_i}{\sqrt{d_{ii}}} - \frac{f_j}{\sqrt{d_{jj}}}\right)^2$$

下面证明结论（2）。如果 λ 是矩阵 L_{rw} 的特征值，u 是对应的特征向量，则有

$$D^{-1}Lu = \lambda u$$

将上式左乘 $D^{1/2}$，可以得到

$$D^{-1/2}Lu = \lambda D^{1/2}u$$

令 $u = D^{-1/2}w$，有

$$D^{-1/2}LD^{-1/2}w = \lambda w$$

因此 λ 是矩阵 L_{sym} 的特征值，w 是对应的特征向量。反过来也可以进行类似的证明，因此结论（2）成立。这意味着 L_{sym} 与 L_{rw} 有相同的特征值。

结论（3）显然是成立的。假设 λ 是 L_{rw} 的特征值，u 是对应的特征向量，则有

$$D^{-1}Lu = \lambda u$$

上式两边左乘 D 可以得到

$$Lu = \lambda Du$$

因此 λ 是此问题的广义特征值，u 是广义特征向量。相反地，将上式左乘 D^{-1} 则可以证明 λ 是 L_{rw} 的特征值，u 是对应的特征向量。

由于

$$|L_{\text{sym}}| = |D^{-1/2}LD^{-1/2}| = |D^{-1/2}||L||D^{-1/2}| = 0$$

因此 0 是 L_{sym} 的特征值。类似地有

$$|L_{\text{rw}}| = |D^{-1}L| = |D^{-1}||L| = 0$$

因此 0 是 L_{rw} 的特征值。由于

$$L_{\text{sym}}D^{1/2}\mathbf{1} = D^{-1/2}LD^{-1/2}D^{1/2}\mathbf{1} = D^{-1/2}(L\mathbf{1}) = \mathbf{0}$$

在这里 $L\mathbf{1} = \mathbf{0}$，因此 $D^{1/2}\mathbf{1}$ 是 L_{sym} 的特征值 0 所对应的特征向量。类似地有

$$L_{\text{rw}}\mathbf{1} = D^{-1}(L\mathbf{1}) = \mathbf{0}$$

因此 $\mathbf{1}$ 是 L_{rw} 的特征值 0 所对应的特征向量。根据结论（1）到结论（4）可以得到结论（5）。

与未归一化的拉普拉斯矩阵类似，有下面的重要结论：假设 G 是一个有非负权重的无向图，其归一化拉普拉斯矩阵 L_{rw} 和 L_{sym} 的特征值 0 的重数 k 等于图的连通分量的个数。假设图的连通分量为 $A_1, \cdots, A_k$，对于矩阵 L_{rw}，特征值 0 的特征空间由这些连通分量所对应的向量 $\mathbf{1}_{A_1}, \cdots, \mathbf{1}_{A_k}$ 所组成。对于矩阵 L_{sym}，特征值 0 的特征空间由这些连通分量所对应的向量 $D^{1/2}\mathbf{1}_{A_1}, \cdots, D^{1/2}\mathbf{1}_{A_k}$ 所组成。证明方法和未归一化拉普拉斯矩阵类似，留给读者作为练习。

8.4.3　应用——流形降维

在 6.3.4 节介绍了流形降维的原理，本小节介绍另外一种算法，即拉普拉斯特征映射。拉普拉斯特征映射（Laplacian Eigenmap，LE）是基于图论的方法。它为样本点构造带权重的图，然后计算图的拉普拉斯矩阵，对该矩阵进行特征值分解，得到投影变换结果。这个结果对应于将样本点投影到低维空间，且保持样本点在高维空间中的相对距离信息。

假设有一批样本点 $x_1, \cdots, x_n$，它们是 $\mathbb{R}^D$ 空间的点，降维算法的目标是将它们变换为更低维的 $\mathbb{R}^d$ 空间中的点 $y_1, \cdots, y_n$，其中 $d \ll D$。在这里，假设 $x_1, \cdots, x_k \in M$，其中 M 为嵌入 $\mathbb{R}^D$ 空间中的一个流形。

根据一组数据点 $x_1, \cdots, x_n$，我们构造了带权重的图，其邻接矩阵为 W，加权度矩阵为 D，拉普拉斯矩阵为 L，假设这个图是连通的。如果不连通，可以将算法作用于各个连通分量上。首先考虑最简单的情况，将这组向量映射到一维直线上，保证在高维空间中相邻的点在映射之后距离越近越好。假设这些点映射之后的坐标为 $\mathbf{y} = (y_1, y_2, \cdots, y_n)^{\mathrm{T}}$，则目标函数可以采用下面的定义

$$\min_{\mathbf{y}} \sum_{i=1}^{n} \sum_{j=1}^{n} (y_i - y_j)^2 w_{ij} \tag{8.6}$$

这个目标函数意味着，如果 x_i 和 x_j 距离很近，则 y_i 和 y_j 也必须距离很近，否则会出现大的损失函数值，因为 w_{ij} 的值很大。反之，如果两个点 x_i 和 x_j 距离很远，则 w_{ij} 的值很小，如果 y_i 和 y_j 距离很远，也不会导致大的损失值。根据式 (8.5)，有

$$\frac{1}{2} \sum_{i=1}^{n} \sum_{j=1}^{n} (y_i - y_j)^2 w_{ij} = \boldsymbol{y}^{\mathrm{T}} \boldsymbol{L} \boldsymbol{y}$$

因此式 (8.6) 的最优化问题可以转化为

$$\min_{\boldsymbol{y}} \boldsymbol{y}^{\mathrm{T}} \boldsymbol{L} \boldsymbol{y} \quad \boldsymbol{y}^{\mathrm{T}} \boldsymbol{D} \boldsymbol{y} = 1$$

这里的等式约束条件 $\boldsymbol{y}^{\mathrm{T}} \boldsymbol{D} \boldsymbol{y} = 1$ 消除了投影向量 $\boldsymbol{y}$ 的缩放冗余,因为 $\boldsymbol{y}$ 与 $k\boldsymbol{y}$ 本质上是一个投影结果。矩阵 $\boldsymbol{D}$ 提供了对图的顶点的一种衡量,如果 d_{ii} 越大,则其对应的第 i 个顶点提供的信息越多,这也符合我们的直观认识,如果一个顶点连接的边的总权重越大,则其在图里起的作用也越大。上面的问题可以采用拉格朗日乘数法求解,构造拉格朗日乘子函数

$$L(\boldsymbol{y}, \lambda) = \boldsymbol{y}^{\mathrm{T}} \boldsymbol{L} \boldsymbol{y} + \lambda(\boldsymbol{y}^{\mathrm{T}} \boldsymbol{D} \boldsymbol{y} - 1)$$

对 $\boldsymbol{y}$ 求梯度并令梯度为 $\boldsymbol{0}$,可以得到

$$\nabla_{\boldsymbol{y}} L(\boldsymbol{y}, \lambda) = 2\boldsymbol{L}\boldsymbol{y} + 2\lambda \boldsymbol{D}\boldsymbol{y} = \boldsymbol{0}$$

由此可得

$$\boldsymbol{L}\boldsymbol{y} = \lambda \boldsymbol{D}\boldsymbol{y}$$

将上式左乘 $\boldsymbol{D}^{-1}$ 可以得到

$$\boldsymbol{D}^{-1}\boldsymbol{L}\boldsymbol{y} = \lambda \boldsymbol{y}$$

这就是第二种归一化拉普拉斯矩阵的特征值问题。最优投影结果是上面特征值问题的特征向量。由于要最小化 $\boldsymbol{y}^{\mathrm{T}} \boldsymbol{L} \boldsymbol{y}$,因此是除 0 之外最小的特征值对应的特征向量。前面已经证明,特征值 0 对应的特征向量是分量全为 1 的向量,这意味着所有向量投影后的坐标相同,均为 1,无有用信息。

下面把这个结果推广到高维,假设将向量投影到 d 维的空间,则投影结果是一个 $n \times d$ 的矩阵,记为 $\boldsymbol{Y} = (\boldsymbol{y}_1 \ \boldsymbol{y}_2 \ \cdots \ \boldsymbol{y}_d)$,其第 i 行为第 i 个样本点投影后的坐标。仿照一维的情况构造目标函数

$$\frac{1}{2} \sum_{i=1}^{n} \sum_{j=1}^{n} \|\boldsymbol{y}_i - \boldsymbol{y}_j\|^2 w_{ij} = \mathrm{tr}(\boldsymbol{Y}^{\mathrm{T}} \boldsymbol{L} \boldsymbol{Y})$$

这等价于求解如下问题

$$\min_{\boldsymbol{Y}} \mathrm{tr}(\boldsymbol{Y}^{\mathrm{T}} \boldsymbol{L} \boldsymbol{Y}) \qquad \boldsymbol{Y}^{\mathrm{T}} \boldsymbol{D} \boldsymbol{Y} = \boldsymbol{I}$$

这里加上了等式约束条件以消掉 $\boldsymbol{y}$ 的冗余,选用矩阵 $\boldsymbol{D}$ 来构造等式约束的原因和前面相同。这个问题的最优解与式 (8.6) 问题的解相同,是最小的 d 个非零特征值对应的特征向量。这些向量按照列构成矩阵 $\boldsymbol{Y}$。

下面介绍降维算法的流程。算法的第 1 步是为样本点构造加权图,图的顶点是每一个样本点,边为每个顶点与它的邻居顶点之间的相似度,每个顶点只和它的邻居有连接关系。具体的方法已经在 8.1.5 节介绍。

第 2 步是计算图的邻接矩阵和拉普拉斯矩阵,这两个矩阵的计算方法已经在 8.1.4 节和 8.4.1 节介绍。

第 3 步是特征映射。假设构造的图是连通的,如果不连通,则算法分别作用于每个连通分量上。根据前面构造的图计算它的拉普拉斯矩阵,然后求解如下广义特征值和特征向量问题

$$\boldsymbol{L}\boldsymbol{f} = \lambda \boldsymbol{D}\boldsymbol{f}$$

假设 $\boldsymbol{f}_0, \cdots, \boldsymbol{f}_{k-1}$ 是这个广义特征值问题的解，它们按照特征值的大小升序排列，根据前面的结论，$\boldsymbol{D}^{-1}\boldsymbol{L}$ 半正定且 0 是其特征值，其特征值满足

$$0 = \lambda_0 \leqslant \cdots \leqslant \lambda_{k-1}$$

去掉值为 0 的特征值 λ_0，用剩下的前 d 个特征值对应的特征向量构造投影结果，向量 $\boldsymbol{x}_i$ 的投影结果为这 d 个特征向量的第 i 个分量构成的向量

$$\boldsymbol{x}_i \rightarrow (\boldsymbol{f}_1(i) \quad \cdots \quad \boldsymbol{f}_d(i))^{\mathrm{T}}$$

是矩阵 $\boldsymbol{Y}$ 的第 i 行。

参考文献

[1] West D. 图论导引 [M]. 骆吉洲，李建中，译. 北京：电子工业出版社，2014.

[2] Fan，Chung R. Spectral Graph Theory[M]. 北京：高等教育出版社，2018.

[3] Xie L, Yuille A. Genetic CNN[C]. International Conference on Computer Vision, 2017.